U0342295

不锈钢中非金属夹杂物

任 英　张立峰　段豪剑　著

北 京
冶 金 工 业 出 版 社
2020

内 容 提 要

本书分四部分15章，第一部分介绍了不锈钢中非金属夹杂物研究进展，后三部分分别介绍了200系、300系、400系不锈钢中非金属夹杂物的生成、析出、演变规律，以及精炼处理、合金化处理、热处理等工序对不锈钢中非金属夹杂物的影响，并对不锈钢中非金属夹杂物控制中的关键问题进行了探讨。

本书专为高品质钢研发人员编写，可供钢铁冶金、材料科学等领域的科研、生产、设计、管理、教学人员阅读参考。

图书在版编目(CIP)数据

不锈钢中非金属夹杂物/任英，张立峰，段豪剑著．—北京：冶金工业出版社，2020.1

ISBN 978-7-5024-8169-8

Ⅰ.①不…　Ⅱ.①任…　②张…　③段…　Ⅲ.①不锈钢—非金属夹杂（金属缺陷）—研究　Ⅳ.①TG142.71

中国版本图书馆CIP数据核字（2019）第270583号

出 版 人　陈玉千
地　　址　北京市东城区嵩祝院北巷39号　邮编　100009　电话　(010)64027926
网　　址　www.cnmip.com.cn　电子信箱　yjcbs@cnmip.com.cn
责任编辑　刘小峰　曾　媛　美术编辑　郑小利　版式设计　孙跃红
责任校对　李　娜　责任印制　李玉山
ISBN 978-7-5024-8169-8
冶金工业出版社出版发行；各地新华书店经销；北京联合互通彩色印刷有限公司印刷
2020年1月第1版，2020年1月第1次印刷
169mm×239mm；25.25印张；4彩页；502千字；388页
120.00元

冶金工业出版社　投稿电话　(010)64027932　投稿信箱　tougao@cnmip.com.cn
冶金工业出版社营销中心　电话　(010)64044283　传真　(010)64027893
冶金工业出版社天猫旗舰店　yjgycbs.tmall.com
（本书如有印装质量问题，本社营销中心负责退换）

序

张立峰教授在美国、挪威、日本和德国等国际著名高校拥有近十四年教学和科研工作经历。2012 年初回国担任北京科技大学冶金与生态工程学院院长和教授。先后同宝钢、首钢和河钢等多家钢铁企业在洁净钢领域开展产学研合作研究，取得的科研成果和学术贡献令人瞩目，为企业创造了良好的经济效益，推动了国内洁净钢的发展。目前获得了中组部青年千人计划、教育部长江学者特聘教授、科技部万人计划中青年科技创新领军人才、国家杰出青年科学基金等多项人才荣誉称号，得到了国内外专家的广泛认同，是我国年轻一代冶金学者的杰出代表人物之一。任英博士和段豪剑博士是张立峰教授回国后培养的优秀学生，任英博士主要从事 200 系和 300 系奥氏体不锈钢中夹杂物控制研究，段豪剑博士主要从事 400 系铁素体不锈钢中夹杂物控制研究，他们共同承担了张立峰教授团队与宝钢、太钢、北海诚德等多个不锈钢先进企业的产学研合作，得到了同行和企业的广泛认可。

早在我于瑞典求学工作的时候，就和张立峰教授相识。此后，我们先后回国。我和张立峰教授在一次学术会议上针对夹杂物的控制有了深入的交流，张立峰教授对钢铁冶金科研探索的精神和严谨的态度让我肃然起敬，也产生了后续开展产学研合作的初步想法。最终，我们的产学研项目顺利开展，并且迅速取得了突破性进展，几项关键技术在企业得到了成功的应用，有效地解决了不锈钢冷轧板的多种缺陷。研发成果为企业钢材质量提升和新产品的研发奠定了重要的技术基础，获得了企业管理者和技术人员的高度评价。

不锈钢具有良好的耐腐蚀性能和力学性能，广泛应用于建筑、家电、汽车、能源及化工等领域。2018 年全球不锈钢粗钢产量超过 5000 万吨，我国不锈钢粗钢产量达 2600 万吨，已超全球产量的一半。在产量快速提升的同时，我国不锈钢生产仍存在产能过剩、生产装备落后、技术工艺水平较低等问题。尤其是不锈钢中非金属夹杂物对不锈钢表面质量影响很大，常导致不锈钢产品表面的线鳞缺陷、夹杂条纹缺陷、抛光合格率低等问题。洁净度是一些高端不锈钢产品自主生产的关键技术瓶颈。因此，针对不锈钢中非金属夹杂物开展深入研究，对推动不锈钢洁净化冶炼具有重要意义。

本书凝聚了张立峰教授团队在不锈钢中非金属夹杂物控制方面多年的研究成果，分别对200系、300系和400系不锈钢中非金属夹杂物的控制技术开展了深入研究。通过文献调研和实物分析，对比了国内外先进企业各类不锈钢中夹杂物的控制水平。针对200系和300系奥氏体不锈钢，对各类不锈钢中夹杂物的生成条件进行了系统的热力学预测。通过精炼渣、钙处理、合金化等方法改性不锈钢中非金属夹杂物，同时也研究了二次氧化对不锈钢中夹杂物的影响机理。通过对合金和辅料的严格控制显著提升了不锈钢洁净度水平，还创新性地系统介绍了热处理过程对不锈钢中非金属夹杂物演变的影响，为不锈钢产品中夹杂物的控制提供了新的技术思路。针对400系铁素体不锈钢，通过热力学计算预测氧化物和氮化物析出相的生成，重点统计了铸坯和轧板中氮化钛夹杂物的演变和分布规律，通过调整冷却、成分和铸坯修磨等工艺技术，显著降低了氮化钛条纹缺陷。这些研究成果具有深入的科学理论价值和应用实践意义。

此前已经出版的不锈钢相关书籍较多，但都主要是针对后续的轧制、应用和腐蚀方面的研究，没有专门从洁净度控制角度系统详实地介绍不锈钢冶炼工艺的著作。本书包括了热力学计算、动力学模型、数学模拟等多种夹杂物相关方法，介绍了热处理改性夹杂物方法、精炼渣改性夹杂物等创新理论，囊括了精炼渣钙质、合金辅料设计、耐火材料控制等一系列直接影响不锈钢洁净度水平的关键技术。本书内容全面、技术新颖、理论深入、应用效果显著，是洁净不锈钢生产方面的一部经典著作。因此，我郑重向广大高等院校老师和同学、研究院所的研究人员以及不锈钢企业的科研人员推荐本书，相信本书会对大家有所启迪、有所帮助、有所收获。

2019年5月30日

前　　言

2019年6月我出版了《钢中非金属夹杂物》一书，总结了我和我的学术梯队在钢中非金属夹杂物基础理论方面的知识内容和科研成果。针对实际钢种生产，随着其应用环境和性能要求不同，每个实际钢种中非金属夹杂物的控制策略也应当有所不同，本书主要介绍将非金属夹杂物理论基础应用于不锈钢的生产实例。很久以前，我原本以为不锈钢是一个单一的钢种，其非金属夹杂物类型和控制方法应该大致相同。然而，随着研究的深入，才理清了事实。不锈钢分为200系、300系和400系等上百个具体钢种，每个钢种的脱氧方式不同、合金含量不同、冶炼工艺不同，因而其非金属夹杂物的控制方略也不同。通过对200系、300系和400系不锈钢的几个典型钢种中夹杂物的控制方面系统研究，我和我的学术梯队总结了一些共性问题，并于近期完成了《不锈钢中非金属夹杂物》一书。

钢中非金属夹杂物对不锈钢的强度、硬度和表面质量等性质影响很大。同时，非金属夹杂物还可能引起不锈钢产品的很多缺陷，非金属夹杂物的控制已经成为不锈钢生产的关键任务之一。其实，不锈钢中非金属夹杂物的控制方法和思路与碳钢基本一致，主要也是尽可能减少非金属夹杂物的总量，对于残余在钢中的非金属夹杂物，需要通过精炼渣或合金处理改性，降低其对钢材性能的影响。所以，很多不锈钢中非金属夹杂物的控制方法和策略都是借鉴了碳钢的生产工艺。说到不锈钢中非金属夹杂物控制的不同之处，可能主要是由于一些不锈钢产品用于装饰和面板制造等领域，因此对不锈钢表面质量具有更高的要求，尤其是一些BA用途的高端不锈钢产品，被用于制造手机壳和手表链等产品，因此对不锈钢表面的洁净度和抛光性能提出了极高的要求。此前，我国自主生产的高端304不锈钢产品很难满足用户的需求，非金属夹杂物引起的产品线鳞缺陷和抛光缺陷是高端304不锈钢的最主要瓶颈问题之一。此外，一些含钛铁素体不锈钢中，由于较高含量钛的加入，导致含钛非金属夹杂物引起水口结瘤，同时凝固和冷却过程析出大量的氮化钛非金属夹杂物也会引起不锈钢产品的质量缺陷。因此，开展不锈钢中的非金属夹杂物控制的基础研究对推动我国企业高端不锈钢产品的自主生产和品质提升具有重大意义。

此前多年，不锈钢中非金属夹杂物的控制一直是国内外冶金工作者研究的热点问题，但是关于不锈钢中非金属夹杂物的控制策略还存在一定的争议。以最典型的不锈钢钢种 304 不锈钢为例，传统的 304 不锈钢中非金属夹杂物的控制方法是通过铝脱氧和高碱度渣精炼来降低 304 不锈钢中总氧和硫含量，从而提升不锈钢的洁净度水平。再通过钙处理的方法对钢中生成的氧化铝非金属夹杂物进行改性处理，减小氧化铝非金属夹杂物对钢材质量的危害，同时防止水口堵塞影响连铸过程生产的顺行。此工艺的特点是钢材洁净度高，非金属夹杂物数量较少，但生成的氧化铝非金属夹杂物的危害较大。为了避免铝脱氧后生成的氧化铝非金属夹杂物，常采用另一种控制思路，即用硅锰合金替代铝对 304 不锈钢进行脱氧，再通过精炼过程对非金属夹杂物进行进一步的改性控制。此前我国不锈钢企业生产的高端 304 不锈钢产品质量远低于日本日新制钢和韩国浦项等企业，很重要的原因之一就是精炼过程对非金属夹杂物控制和改性的方法还不够成熟。

当我在美国密苏里科技大学工作的时候，就针对不锈钢中非金属夹杂物开展了调研性研究。全面开展不锈钢中非金属夹杂物研究工作是在我回到北京科技大学工作以后。2013 年到 2015 年，我和我的学术梯队针对国内多个不锈钢公司的 304 不锈钢的非金属夹杂物引起的质量缺陷进行了深入的研究。针对 304 不锈钢而言，我们在精炼渣改质、精准钙处理和钢包软吹等方面取得了重要突破，提前实现了项目的所有技术指标，为该公司创造了良好的经济效益，也为我们后续产学研项目的继续合作奠定了良好的基础。我们也针对含钛铁素体不锈钢钛条纹缺陷控制研究，经过控制脱氧制度、控制冷却、产品修磨、加热处理等多方面的理论与实践研究，揭示了轧板中钛条纹缺陷的形成机理，并成功改善了轧板产品的缺陷，在现场得到了应用。

在后续的研究工作中，我们对不锈钢中非金属夹杂物的控制又开展了进一步深入研究，并逐渐形成了一套超纯净不锈钢冶炼关键技术，包括非金属夹杂物的成分设计、非金属夹杂物的多维无损表征、非金属夹杂物生成热力学、非金属夹杂物多元反应动力学、非金属夹杂物精准钙处理、精炼渣改性非金属夹杂物、合金辅料设计技术、钢包软吹和静置非金属夹杂物去除技术、非金属夹杂物二次氧化机理、凝固和冷却过程非金属夹杂物转变、热处理工艺对非金属夹杂物的影响等，基本上实现了整个生产流程非金属夹杂物的有效控制。这套技术先后在国内的多个不锈钢生产企业得到了很好的应用。

本书通过国内外的文献调研和产品调研，对比国内外不锈钢生产工艺和产品，确定304不锈钢中非金属夹杂物的控制目标，进行热力学计算研究304不锈钢中不同类别非金属夹杂物生成的热力学条件。研究渣中精炼渣成分含量对304不锈钢中非金属夹杂物的性质、总氧含量和硫含量、耐火材料的侵蚀的影响，从而提出最优的精炼渣成分。研究精确钙处理的控制对硅锰脱氧304不锈钢中非金属夹杂物改性的可行性和效果，建立了不同钢液成分对应的最优喂钙线量预报模型，同时研究确定了中间包二次氧化和热处理过程304不锈钢中非金属夹杂物的演变机理。最终，可根据304不锈钢的不同用途和非金属夹杂物的不同控制需求，确定最优的精炼、连铸和热处理工艺，实现对304不锈钢的各类非金属夹杂物的准确控制。

本书是对过去我们团队在不锈钢中非金属夹杂物方面所做工作的总结。本书从结构上分为四个部分：首先综述不锈钢中非金属夹杂物研究进展，然后分别对200系不锈钢、300系不锈钢和400系不锈钢中非金属夹杂物的控制方面进行了介绍。其中第二部分的200系不锈钢中非金属夹杂物控制与第三部分的300系不锈钢中非金属夹杂物的控制近似，主要是从缺陷的形成机理、国内外产品调研、非金属夹杂物的成分设计、硅铁合金的洁净度控制、精炼渣成分控制、非金属夹杂物上浮去除、加热处理改性非金属夹杂物等方面进行了介绍。第四部分的400系不锈钢中非金属夹杂物的控制中，首先介绍了400系不锈钢的产品缺陷的形成机理，然后对典型生产工艺下全流程洁净度和国内外产品洁净度水平进行了深入调研，尤其是对不锈钢铸坯和轧板中氮化钛非金属夹杂物的分布规律开展了系统分析，通过控制冷却和化学成分调整对氮化钛非金属夹杂物进行控制。全书包含了理论计算、数学模拟、实验室试验和工业试验等多个方面的工作。

目前国内的科研设备普遍好于国外，研究生的理论基础和勤奋度也普遍优于国外。这些年我在不锈钢中非金属夹杂物的领域取得的一些成果是和我梯队的年轻老师、博士生、硕士生一起努力奋战的结果。在这里，我要特别感谢任英、段豪剑、杨文、徐海坤、王文博、方文、张井伟、张莹、王强强、陈威、沈平、程礼梅、李燕龙等同学的努力工作。本书中一些章节来自于我指导学生的博士研究和硕士研究，例如300系不锈钢章节主要来源于任英的博士毕业论文和徐海坤的硕士毕业论文。同时非常感谢中组部、科技部、教育部、国家自然科学基金委、北京市科委、中国金属学会、广西省科技厅等机构对我科研工作的大力支持。

感谢众多不锈钢钢铁企业对我科研工作的大力支持和帮助，包括宝钢不锈钢有限公司、宝钢德盛不锈钢有限公司、太原钢铁集团有限公司、北海诚德镍业有限公司、青拓集团有限公司、酒泉钢铁集团公司、泰山钢铁集团有限公司等。

特别感谢江来珠院长在百忙之中为本书撰写序言。从江院长给予我们科研合作的机会开始，我们后续在不锈钢中非金属夹杂物控制方面取得了累累硕果。江院长正直率真的品格和对科研工作的执着，是我们学习的楷模。

还有很多对本书有重要贡献的学者们，这里无法一一表达感谢，敬请谅解。

希望本书的出版会给广大钢铁冶金师生和科研技术人员提供一定的借鉴，也衷心的希望能够为我国不锈钢生产关键技术水平和高端不锈钢钢种的自主研发贡献一份绵薄之力。

由于作者水平有限，本书不足之处敬请读者谅解。

张立峰

2020年1月1日于燕山大学

目　录

第一部分　不锈钢中非金属夹杂物研究进展

第二部分　200 系不锈钢中非金属夹杂物的控制

第三部分　300 系不锈钢中非金属夹杂物的控制

第四部分　400 系不锈钢中非金属夹杂物的控制

第一部分

不锈钢中非金属夹杂物研究进展

1 不锈钢中夹杂物控制综述

1.1 不锈钢简介

不锈钢是以提高耐蚀性为目的，含有铬或者含有铬、镍的合金钢。一般来说，铬的含量超过11%的钢称为不锈钢。不锈钢在空气中难以生锈，这是因为其表面形成了由铬的氧化物及氢氧化物构成的厚度约为1~2nm的钝化膜，防止基体的氧化[1]。

不锈钢具有良好的耐腐蚀、耐高温、耐磨损、外观精美等特性，被广泛应用于航天、原子能、海洋开发、汽车制造、医疗器械、建筑装修、家用电器、厨房器皿等领域。图1-1所示为近年来中国和世界不锈钢产量。2017年全球不锈钢粗钢产量超过5000万吨。我国不锈钢发展较晚，但在我国钢铁飞速发展的大背景下，几十年来我国的不锈钢生产取得了长足的进步，2017年我国不锈钢粗钢产量已达到2670.6万吨，占到了全球产量的一半。然而，目前我国不锈钢生产还存在产能过剩、生产装备落后、技术工艺水平较低等问题。

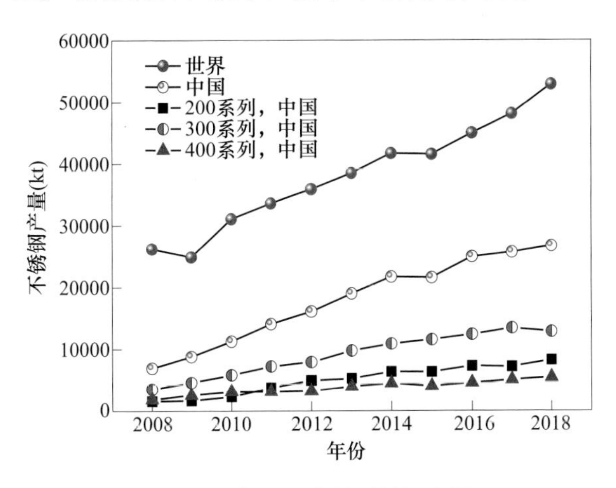

图1-1 中国和世界不锈钢产量

根据组织不同，不锈钢主要分为马氏体不锈钢、铁素体不锈钢、奥氏体不锈钢、奥氏体-铁素体双相不锈钢及沉淀硬化型不锈钢五类[1]。表1-1[2]列出了我国不锈钢钢种及一般情况下铬、镍、锰含量和典型代表牌号。根据不锈钢种成分分类，美国将不锈钢分为铬系（400 系列）、铬-镍系（300 系列）、铬-锰-镍（200 系列）及析出硬化系（600 系列），典型的代表性钢种见表 1-2[3]。其中，304 不锈钢是一种通用性的不锈钢，广泛用于制作综合性能良好，具有良好的耐蚀性、耐热性、低温强度和机械特性以及冲压、弯曲等热加工性、可焊性的产品，广泛应用于家庭用品、汽车配件、医疗器具、建筑材料、食品工业、农业、船舶部件、军工产品和航空航天等领域。为了保持不锈钢所固有的耐腐蚀性，304 不锈钢中最为重要的元素是镍、铬，钢必须含有 18%以上的铬、8%以上的镍含量，这也是把这类不锈钢称为 18/8 不锈钢的原因。304 不锈钢是按照美国 ASTM 标准生产出来的不锈钢的一个牌号，市场上常见的标识方法有 Cr19Ni10、SUS304，其中 06Cr19Ni10 一般表示国标标准生产，304 一般表示 ASTM 标准生产，SUS304 表示日标标准生产。

表 1-1　我国不锈钢钢种及铬、锰、镍含量和典型牌号[2]

钢种	铬、镍、锰含量（%）			典型牌号
	[Cr]≥	[Ni]≥	[Mn]≤	
铁素体钢	17.00	—	1.50	0Cr13，0Cr12Ti，00Cr12，1Cr17Mo，Y1Cr17，1Cr25Ti，00Cr18Mo2
奥氏体钢	18.00	8.00	2.00	0Cr18Ni9，Y1Cr18Ni9，0Cr17Ni12Mo2，00Cr17Ni14Mo2，1Cr18Ni9Ti
奥氏体钢（锰系）	15.00	3.00	≥4.00	1Cr17Mn6Ni5N，1Cr18Mn8Ni5N，1Cr17Mn6Ni5Cu3N，1Cr15Mn8Ni5Cu2
马氏体钢	13.00	≤0.75	1.50	1Cr13，1Cr13Ni2，Y1Cr13，9Cr18Mo，1Cr17Ni2，3Cr13Mo，Y11Cr17，Y3Cr13
双相钢	18.00	5.00	2.00	0Cr26Ni5Mo2，1Cr18Ni11Si4AlTi，00Cr18Ni5Mo3Si2，00Cr24Ni6Mo3N
沉淀硬化型钢	17.00	3.00	1.50	0Cr17Ni4Cu4Nb，0Cr17Ni7Al，0Cr15Ni7Mo2Al

表 1-2　不锈钢分类及典型钢种

系列	200	300	400	600
代表钢种	201	304	430/410	630
中国标准	1Cr17Mn6Ni5N	06Cr19Ni10	1Cr17/21Cr13	0Cr17Ni4Cu4Nb
组织类型	奥氏体	奥氏体	铁素体/马氏体	沉淀硬化型

我国不锈钢企业从生产设备、工艺技术以及产品质量和档次方面都与先进国家存在着一定的差距。首先，由于受到原料来源的制约，我国不锈钢中的各种杂

质元素的含量普遍较高；其次，大量中小型企业的生产装备相对落后，在很大程度上限制了高端产品的生产，以致国内需求的高端不锈钢产品不得不从国外高价进口。再者，由于许多数民营不锈钢企业受到技术力量薄弱、管理水平较低、工艺控制不严格和材料的利用率较低等诸多因素的影响，使其只能生产低端产品，且产品质量很不稳定。此外，冶炼周期长、铬的回收率低、精炼渣成分选择不合理和计算机控制应用不普及等因素都极大地影响了不锈钢材料和制品的质量。因此，我国必须通过产业的整合和重组，淘汰落后的生产设备和企业，加大重点企业技术改造的力度，大幅度地提高产品的质量和档次，才能用质优价廉的不锈钢产品占领国内外市场。为此，应进一步加强新工艺技术和新型不锈钢的研制，尤其是针对我国镍铬资源短缺的实际情况，大力研制新型的低镍高氮不锈钢，努力扩大 400 系列和 200 系列不锈钢的开发和应用，从而实现我国不锈钢产业和产品的跨越式发展[4]。

200 系列不锈钢是国际上通行的称呼，我国也称之为铬锰系不锈钢或锰系不锈钢或高锰低镍奥氏体不锈钢。最近几年，青山钢铁、德龙镍业和北海诚德等企业通过含镍铁水直接冶炼不锈钢的应用，使得我国 200 系不锈钢生产发展迅猛。锰是不锈钢冶炼中重要的合金化元素之一，电解锰、金属锰更是 200 系列（锰系）不锈钢主要的功能性原料，在 200 系列不锈钢冶炼生产中，对钢的合金化起着重要的作用。中国电解锰、金属锰国内消费量迅猛增长，其主要原因是我国钢铁工业及其特殊钢产业的快速发展，用于低合金钢、合金钢、不锈钢领域的电解锰、金属锰消费量高速增长，特别是以锰代镍、节镍型 200 系列不锈钢生产的快速发展，更是使电解锰、金属锰国内消费量大幅度增加[2]。

1.2 不锈钢冶炼工艺的发展

早期不锈钢冶炼以低碳废钢和低碳合金（铬铁、镍铁或镍）为原料。20 世纪 40 年代，美国人希尔蒂研究了 Cr-C 在不同温度下的平衡关系，发现并提出了高温脱碳保铬理论。60 年代后，德国的维顿公司和美国的联合碳化物公司分别成功研制了 VOD 和 AOD 精炼法，促进了使用低价原料（如高碳铬铁）冶炼不锈钢的生产。当前，国内外冶炼不锈钢采用的原料有废钢、铬铁合金、铬铁水、熔融还原铬矿、镍铁合金（包括镍板）、低镍生铁、铁水等。按主原料及冶炼工艺可区分为如下两种原料结构：(1) 不锈钢废钢+少量合金炉料结构。在经济发达的国家（如美国、欧洲等）拥有一定的不锈钢废钢资源，因而大多采用这种炉料结构生产不锈钢。(2) 脱磷铁水+适量不锈钢废钢+镍、铬合金。随着铁水脱磷技术的发展，以及 AOD 和 VOD 等脱碳精炼设施及技术的成熟和完善，此种原料结构得到了蓬勃发展，缓解了不锈钢废钢资源短缺的问题。

目前，世界上生产不锈钢的冶炼生产工艺路线主要有二步法和三步法。

EAF+AOD 二步法工艺占 70%，EAF+AOD+VOD 三步法工艺占 20%。随着不锈钢市场的激烈竞争，在追求质量品质的同时，产品价格也是影响产品市场占有率的重要因素，不锈钢冶炼过程引入了低磷铁水后，也产生了一步法不锈钢市场工艺流程。

一步法不锈钢市场工艺是以低磷铁水和合金作为原材料进入 AOD 炉进行冶炼的短流程。要求铁水具有合适的温度、碳含量、硅含量，以保证在 AOD 中精炼时的热平衡。它适用于合金含量不太高、质量等级要求不太高的品种。一步法冶炼的优点是生产流程短，冶炼费用和投资少；缺点是要求有低磷铁水，铁水预处理过程也会增加一些费用。在成分复杂、合金含量高的品种的生产过程中，AOD 加入的高碳合金量过大会影响整个冶炼过程的热平衡。二步法工艺于 20 世纪 60 年代末期开始采用，电弧炉仅作为初炼装置，钢水精炼在 AOD 或 VOD 炉中进行，即 EAF—AOD 工艺和 EAF—VOD 工艺。EAF—VOD 的工艺优点是氩气耗量低，还原用硅铁耗量少；缺点是设备投资较高，金属收得率降低，生产成本较高，冶炼周期长，与连铸不好配合。EAF—AOD 工艺的主要优点是对原料选择范围广，生产率高，生产成本较低，与连铸匹配较容易；缺点是生产低碳、低氮不锈钢（C+N≤250ppm）时氩气及还原用硅铁耗量大，处理周期长。不锈钢三步法工艺集合 AOD 和 VOD 工艺的优点形成了初炼 EAF—AOD—VOD 的三步法冶炼工艺，其工艺各环节分工明确，使操作最佳化，产品质量高、品种范围广，是生产超低碳、控氮或含氮不锈钢、超纯铁素体不锈钢及超高强度不锈钢的理想生产工艺。三步法工艺的主要优点有：氩气耗量低、还原用硅铁耗量低、原料成本低，可全部使用价廉的高碳铬铁及铬球团矿、金属收得率高、钢水质量好、处理周期短、与连铸配合好；其主要缺点是设备投资较大、生产成本较高[5]。目前，国外以铁水为原料采用三步法冶炼不锈钢的生产厂家主要有川崎千叶四厂、新日铁八幡厂等。国内太原钢铁和宝钢不锈钢分公司也分别投产了类似的生产线[4,6,7]。各工艺介绍如下：

（1）电炉冶炼工艺。用电弧炉直接生产不锈钢的一步法工艺已经基本被淘汰，目前电炉常被用作初炼炉。电炉冶炼所需的废钢、部分合金及部分造渣料在废钢配料间进行精确配料，装入料篮内，然后加入电炉。在电炉冶炼过程中，向电炉加入废钢和合金等炉料后，合上炉盖进行通电。在需要时将铁水兑入电炉内，然后继续通电冶炼。在熔池平稳操作阶段通过炉门氧枪对熔池进行吹氧助熔。进入还原期加入硅铁还原被氧化的金属元素，同时通过炉门喷粉枪喷入硅铁粉或碳粉提高还原效果。

（2）AOD 炉冶炼工艺。AOD 通常被称为氩氧炉，其主要功能为脱碳保铬，同时伴随着脱氧和脱硫的过程。AOD 是最常用的精炼炉，大量使用在二步法和三步法冶炼工艺中。AOD 炉的外形与常规炼钢转炉相似，在靠近底部的侧墙上布置有数支侧吹风嘴，风嘴为双层套管结构，中心管吹炼用气体（O_2、N_2、Ar），环缝吹惰性气体保护风嘴。AOD 炉的冶炼工艺可分为三个不同阶段：

1）AOD 炉脱碳期。脱碳是 AOD 炉的最基本、最主要的功能之一。根据装入 AOD 炉的金属液体的碳含量，AOD 炉脱碳可分为高速脱碳期和低速脱碳期，碳含量在 0.4%以上时为高速脱碳期，决定脱碳速度的是吹入预熔体中的氧流量。这一时期可以采用纯吹氧或高的氧氩比进行脱碳，缩短冶炼周期。由于快速发生硅氧、碳氧反应放出大量热能，使得 AOD 炉内钢液温度迅速升高，这有利于脱碳保铬，但温度太高会大大缩短 AOD 炉的炉衬使用寿命，因此应根据炉内液体温度的变化，适时加入废钢等冷却剂，将温度控制在理想的范围内。当预熔体中的碳含量小于 0.4%时，进入低速脱碳期，这一时期决定脱碳速度是碳氧反应速度，因此随着碳含量的降低要不断调节氧氩比，降低 CO 的分气压，尽可能提高脱碳速度，防止铬的大量氧化。传统的 AOD 炉脱碳工艺根据预熔体中的碳含量把氧氩比分成几个阶段。

2）AOD 炉还原期。脱碳终点时一般有 5%以下的铬被氧化，同时钢中氧含量也达到 700ppm 以上，这时需加入还原剂对钢水脱氧并还原渣中铬。AOD 炉通常采用的还原剂是硅铁或铝。为提高铬的回收率，还原期还应控制钢中的硅含量和钢渣的碱度。钢中含硅量控制在 0.5%左右，钢渣碱度控制在 2.0 左右，可使 AOD 炉铬的回收率达到 98%以上。为了控制钢渣碱度，石灰和白云石应分阶段加入。为了充分化渣，脱碳终点时应加入石灰量 10%~13%左右的萤石。

3）AOD 炉脱硫期。AOD 炉冶炼进入还原期后，加入大量脱氧剂，为 AOD 炉脱硫奠定基本条件。同时进行吹氩搅拌操作，为脱硫提供良好的动力学条件。因此，AOD 炉在还原精炼期可以很好地去除钢中硫。

（3）VOD 炉处理工艺。VOD 是不锈钢冶炼的深脱碳装置，由真空罐及真空排气系统、钢水罐、吹氧系统和合金添加设备等组成。VOD 处理工艺可分为三个不同的工艺步骤：

1）吹氧脱碳。吹氧脱碳期可分为主吹炼期和动态吹炼期，在主吹炼期脱碳速度主要取决于给氧强度。随着钢中碳含量的降低，脱碳速度由供氧强度、钢水温度、真空度、底吹强度等多种因素控制，这时进入动态吹炼脱碳期。

2）真空脱碳。钢水中的碳含量达到 0.07%时停止吹氧，如需进一步脱碳，应进行真空脱碳，这时脱碳通过降低真空度和加强底搅拌来实现，要求的终点碳越低，真空度也需越低，脱碳时间越长，一般为 15~30min。

3）还原处理。脱碳结束后，钢中铬含量一般下降 0.4%~0.8%，为了还原铬并对钢水脱氧、脱硫，必须对钢水进行还原处理，还原剂由硅铁、石灰、萤石等组成。进行还原处理后，绝大部分的铬、锰和铁可以被从渣中还原到钢水中，脱氧和脱硫的效果则取决于终渣的化学成分。

表1-3为国内外一些不锈钢炼钢厂的工艺流程。典型的冶炼生产工艺是选用EAF—AOD二步法或选用EAF—AOD—VOD三步法组织生产。随着转炉冶炼不锈钢技术的发展及不锈钢精炼技术的多样化，也出现了多种不锈钢精炼新工艺，如K-OBM、MRP-L、CLU、RH-OB（KTB）、ASEA-SKF等。

表1-3 国外几家主要炼钢厂的工艺流程[5,8-14]

厂 家	工 艺	主要品种
日本新日铁八幡厂	LD-OB+REDA+VOD+吹Ar站+CC	Cr-Ni系
日本新日铁周南	UHP，EAF+AOD+VOD+CC	Cr系、Cr-Ni系
日本新日铁公司室兰	铁水预处理+K-BOP+RH-OB+CC	Cr系、Cr-Ni系
川崎制铁千叶厂	DEP+SR-KCB+DC-KCB+VOD+CC	Cr系、Cr-Ni系
巴西阿谢西塔厂	EAF+MRP-L+LF+CC	Cr系
	DEP+EAF+MRP-L+VOD+LF+CC	
韩国浦项公司	EAF+AOD-L+VOD+CC	Cr系、Cr-Ni系
芬兰阿维斯塔波拉里特新炼钢厂	EAF+AOD+LF+CC	Cr系、Cr-Ni系
比利时ALZ钢厂	EAF+VOD+Ar station+CC	Cr系、Cr-Ni系
奥地利伯乐合金钢公司	EAF+AOD+VD/VOD+CC/MC	Cr系、Cr-Ni系
南非ISCOR Pretoria	DEP+UHP+K-OBM-S+VOD+CC	Cr系、Cr-Ni系
太钢	DEP+EAF+AOD+VOD+CC	Cr系、Cr-Ni系
酒钢	DEP+EAF+AOD+LF+CC	Cr系、Cr-Ni系
宝钢	DEP+EAF+AOD+VOD+CC	Cr系、Cr-Ni系
张家港浦项	EAF+AOD+VOD+CC	Cr系、Cr-Ni系
浦钢特钢	EAF+AOD+CC	Cr系、Cr-Ni系
台湾中钢	DEP+CSCB+VOD+CC	Cr系、Cr-Ni系
台湾华新丽华公司特钢厂	AC-EBT+MRP-BOF +VOD+CC	Cr系、Cr-Ni系
烨联不锈钢公司	AC-EAF+MRP-BOF+VOD+CC	Cr-Ni系
台湾东和钢铁公司	EBT-EAF+LF+CC	Cr系、Cr-Ni系
青山钢铁	RKEF+AOD+VOD+CC	Cr系、Cr-Ni系
德龙钢铁	RKEF+AOD+LF+CC	Cr-Ni系
北海诚德	烧结机+高炉/回转窑+AOD+LF+CC	Cr-Ni系

国内外炼钢厂的工艺特点如下：

（1）日本新日铁。新日铁八幡厂的工艺流程为LD-OB+REDA+VOD+吹Ar站+CC。其使用145t的转炉进行生产，经过脱磷、脱硅、脱硫的铁水兑入LD-OB转炉，转炉冶炼不锈钢时大致分为三个阶段：第一阶段是铁水脱碳期，此阶段的主要功能是用氧气进行铁水脱碳反应及热补偿作业；第二阶段为脱碳期，此阶段需从料仓连续添加大量的高碳铬铁及适量的高碳锰铁、镍料等合金料，以氧气来继续进行脱碳反应，温度应控制在1700℃以上，同时需通入较大流量的惰性气体进行底吹，增加钢水搅拌功能并降低CO分压，脱碳保铬；第三阶段为还原期，当碳脱至目标要求时，脱碳结束，此时渣中的氧化铬含量较高，可通过添加硅铁或铝进行还原，以回收金属铬。转炉冶炼结束后，钢水倒入VOD炉进行最终脱碳，并在喷粉冶金站上进行成分调整，最后钢水在立式板坯连铸机上铸成板坯[10]。

（2）太原钢铁有限公司。太原钢铁有限公司始建于1934年，是全球不锈钢行业领军企业之一，具备年产450万吨不锈钢的能力。太钢于20世纪80年代在国内首次采用AOD炉工艺技术。2002年以来，太钢经过大规模的技术改造和新不锈钢工程的建设，主要生产装备达到了世界领先水平，炼铁系统有1座4350m^{3}高炉、1座1800m^{3}高炉、1座1650m^{3}高炉；炼钢系统拥有世界先进的、具有专利技术的90t K-OBM-S顶底复吹不锈钢转炉，90t LF不锈钢精炼炉、90t VOD精炼炉、连铸机及配套工程，新不锈钢系统又建成了150t电炉、160t转炉、160t AOD炉、160t LF炉，以及2150直弧形连铸机，形成了完整的转炉炼不锈钢生产线；轧钢系统主要有1549和2250两条先进的热连轧生产线和12条宽幅不锈钢冷轧生产线等，全流程工艺装备达到国际先进水平。

（3）青山钢铁。青山钢铁是从事镍合金冶炼、不锈钢板带生产及销售的集团公司。在各种镍冶炼或提取工艺中，RKEF是一种能高效结合回转窑与矿热炉利用红土镍矿冶炼精制镍铁的生产工艺，此前在中国一直为空白。2010年，青拓等公司率先在国内攻克了RKEF生产工艺技术难题，利用进口红土镍矿，在福建建设了全封闭式RKEF镍铁生产线，成功缩短了从红土镍矿到不锈钢成品的生产流程，大幅度降低了不锈钢生产成本，从而掀开了国内红土镍矿冶炼的新篇章。目前，RKEF工艺在整个中国镍铁产能中的比重超过65%，青山钢铁已经逐渐成为我国产量最大的不锈钢生产企业。

1.3 非金属夹杂物对不锈钢性能的影响

1.3.1 夹杂物对不锈钢腐蚀性能的影响

对于不锈钢来说，首先要关注其耐腐蚀性能。不锈钢中的铬元素可以在不锈钢表面形成一层氧化膜，防止不锈钢基体生锈。然而，不锈钢中的非金属夹杂物会引起不锈钢的点状腐蚀，影响不锈钢的耐腐蚀性能。因此，研究不锈钢中非金属夹杂物引起点状腐蚀的形成机理非常重要。对不锈钢点状腐蚀影响较大的是硫化物夹杂，最常见的是MnS夹杂物引起的点状腐蚀。

为了确定MnS夹杂物对不锈钢表面的点状腐蚀结果的重要性，Hara等[15]对比了316L不锈钢表面有MnS的试样和没有MnS夹杂物的高纯试样，结果表明，含有MnS夹杂物的不锈钢表面发生了显著的点状腐蚀，而没有MnS夹杂物的高纯试样并没有发生明显的点状侵蚀。因此，不锈钢表层上的 MnS 夹杂物确实是引起点状腐蚀的主要原因，通过有效控制和去除不锈钢中表层的 MnS 夹杂物对降低不锈钢的点状腐蚀发生概率很有意义。Chiba 等[16] 对 NaCl 溶液中低硫 304 不锈钢的 MnS 夹杂物引起点状腐蚀的过程进行了原位显微观察。发现 1.0μm 的 MnS 夹杂物和钢基体之间为点状侵蚀的起点，且随着侵蚀时间的增长，侵蚀越来越严重，最终形成了一个大尺寸腐蚀坑，不锈钢中的 MnS 夹杂物的腐蚀过程原位观察结果如图 1-2 所示[16]。

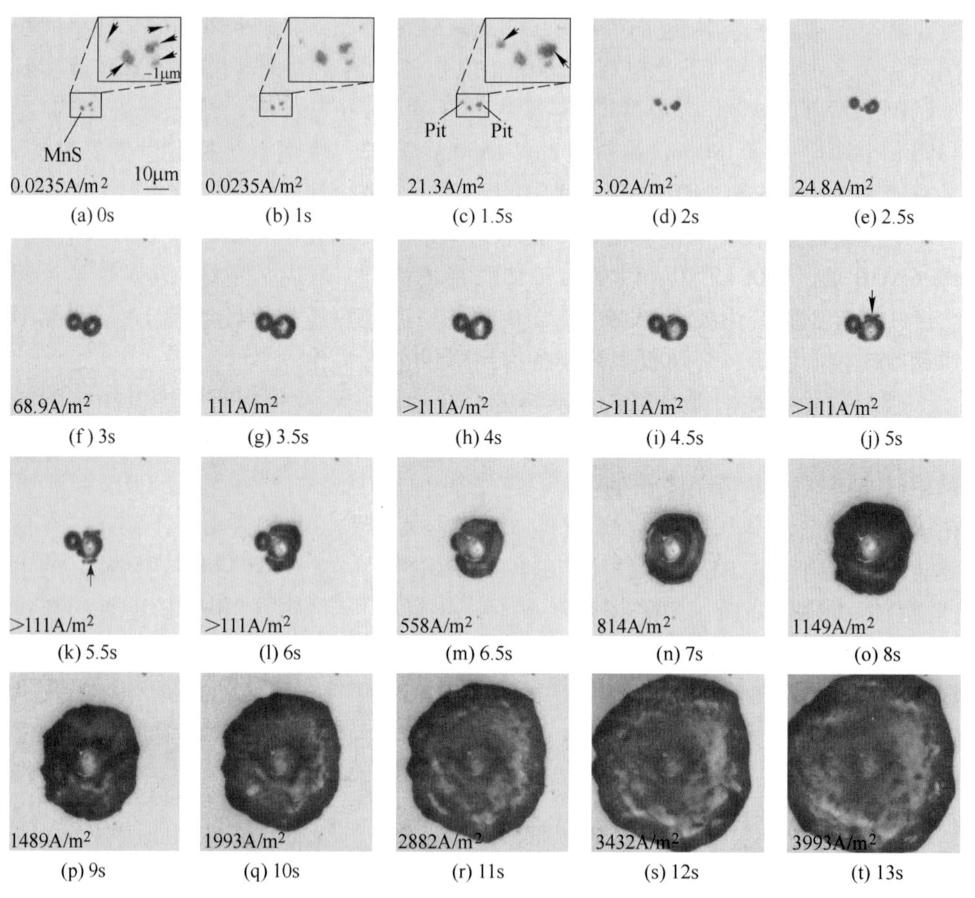

图 1-2　低硫 304 不锈钢的 MnS 夹杂物引起点状腐蚀的过程进行了原位显微观察[16]

不锈钢的点状腐蚀现象与夹杂物的尺寸有很大关系。研究表明，在对不锈钢表层进行了激光表层熔化处理后，不锈钢的表层抗点状腐蚀性能明显提升。基于这个现象，开发了扫描激光光电化学显微镜（ScaLPEM），可以获得比一般的光学显微镜更清晰的图像，典型结果如图 1-3 所示[17]。同时在不锈钢中的 MnS 夹杂物上发现了许多纳米尺寸的具有尖晶石结构的八面体 $MnCr_2O_4$ 晶体，产生局部 $MnCr_2O_4$/

MnS 纳米原电池，其作为反应位点并促进不锈钢中 MnS 夹杂物的溶解[18]。

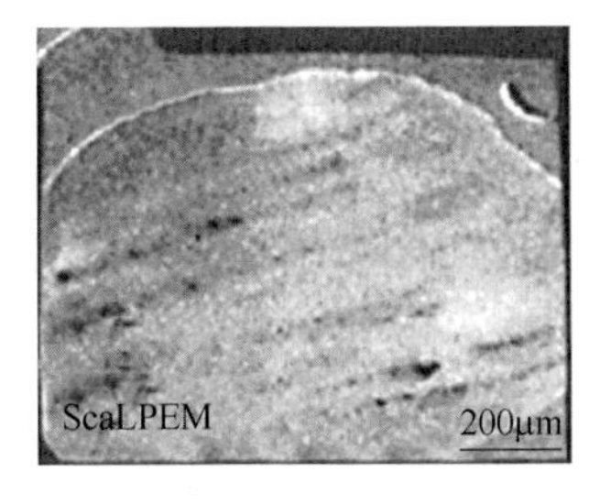

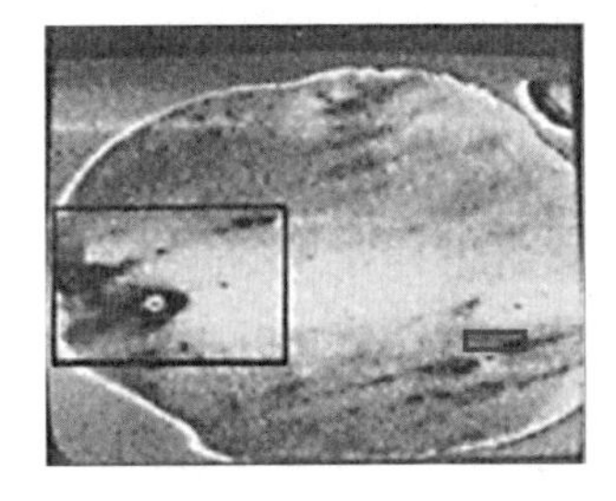
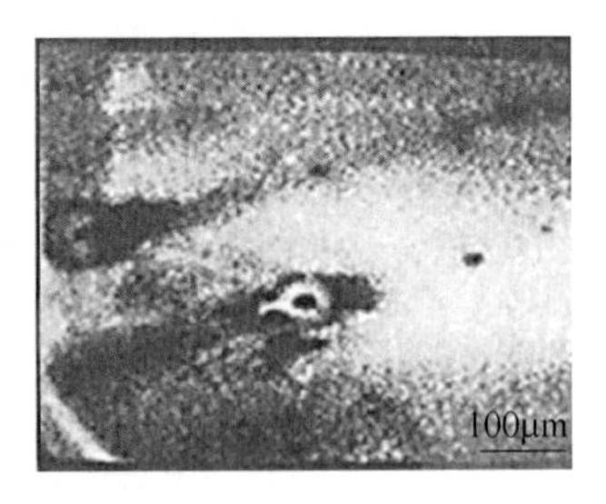

图 1-3 原位观察硫化物夹杂物的溶解和相引起的点状腐蚀[17]

Wranglen[19]提出的不锈钢的点状腐蚀机理，在不锈钢中硫化物夹杂物周围的氧化物膜更薄弱，其中氯离子吸附在硫化物夹杂物上，由于反应很容易发生，导致了硫化物离子溶解，具体如图 1-4 所示。图 1-5 所示为不锈钢的点状腐蚀过程中 MnS 夹杂物溶解机理示意图[20]。图中为原位观察硫化物夹杂物的溶解和相引起的点状腐蚀情况，确认了在夹杂物周围存在沉积的硫层。主要是因为硫化物夹杂物的溶解产生了硫代硫酸盐，从而导致了硫化物夹杂物周围发生点状腐蚀。[21]

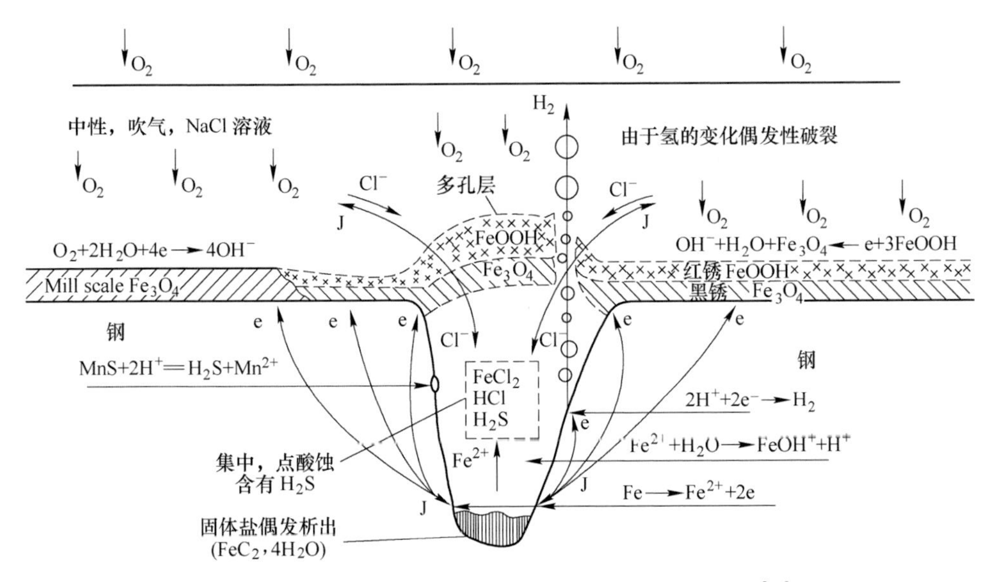

图 1-4 MnS 夹杂物引起不锈钢的点状腐蚀机理示意图[19]

除了硫化物夹杂物会引起夹杂物的点状腐蚀外，氧化物夹杂也会引起不锈钢的点状腐蚀。图 1-6[22]所示为不锈钢中的 Al_2O_3 夹杂物引起点状腐蚀过程观察结果。结果表明，Al_2O_3 夹杂物也可以引起周围的不锈钢产生点状腐蚀，引发点腐蚀的初始位置为 Al_2O_3 夹杂物与周围不锈钢的缝隙，钢基体溶解。同时，随着腐

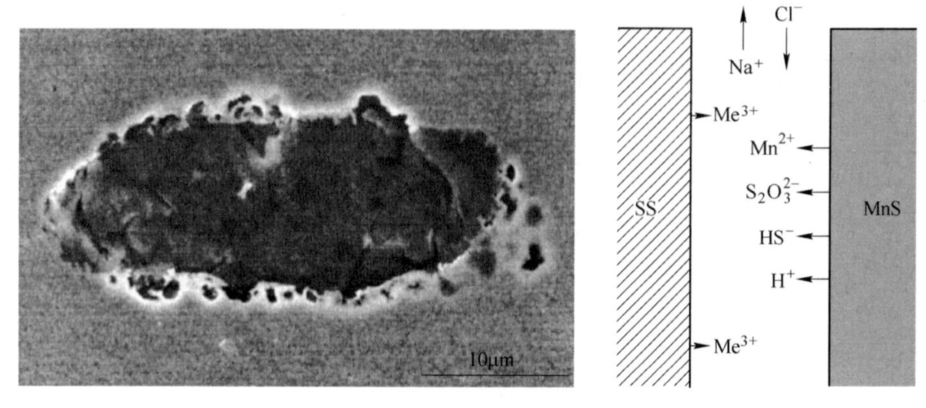

图 1-5　不锈钢的点状腐蚀过程中 MnS 夹杂物溶解机理示意图[20]

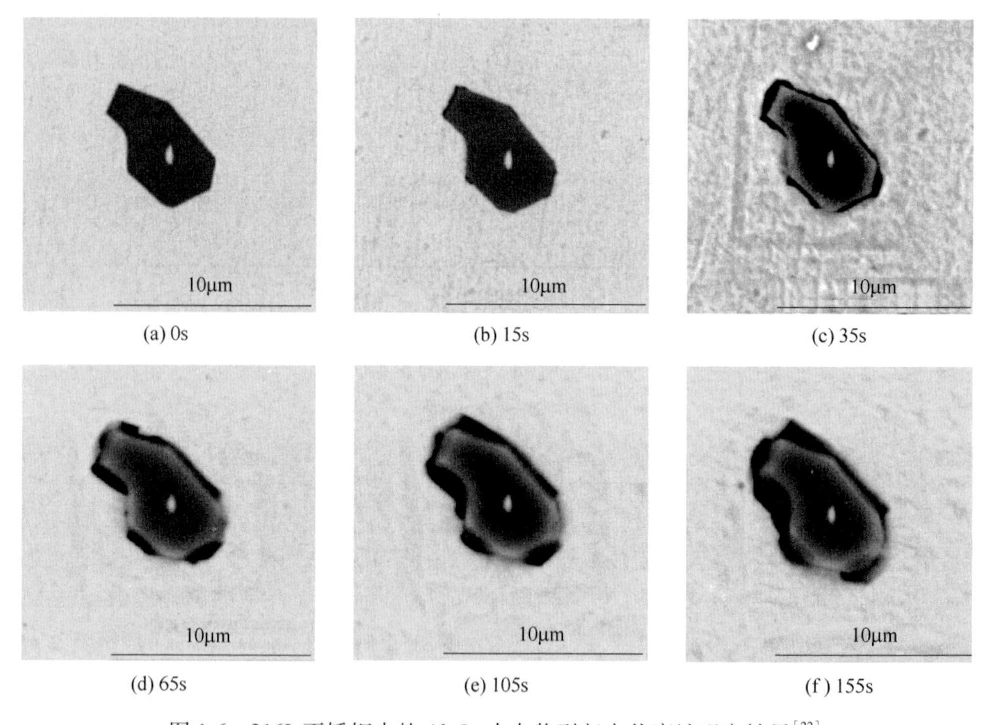

图 1-6　316L 不锈钢中的 Al_2O_3 夹杂物引起点状腐蚀观察结果[22]

蚀的进行，开始出现浅埋不锈钢表层内部的 Al_2O_3 夹杂物，说明沉积在钢基体表面下方的 Al_2O_3 夹杂物也会促进不锈钢的点腐蚀。研究发现，簇状聚集分布的氧化铝夹杂物对比单个氧化铝夹杂物更容易导致点腐蚀。

图 1-7 所示为 316L 不锈钢中的 Mg-Al-Ca-O 夹杂物引起点状腐蚀过程机理示意图[23]。通过扫描电子显微镜分析和电化学研究了两种夹杂物类型 $MgO\text{-}Al_2O_3$

和 $CaO\text{-}Al_2O_3$ 夹杂物在点状腐蚀形成中起重要作用。最早引起点腐蚀的夹杂物溶解位置位于不锈钢基体和夹杂物之间的界面中，夹杂物或不锈钢基体溶解后与新不锈钢基体的排斥作用是产生点状腐蚀的主要原因。

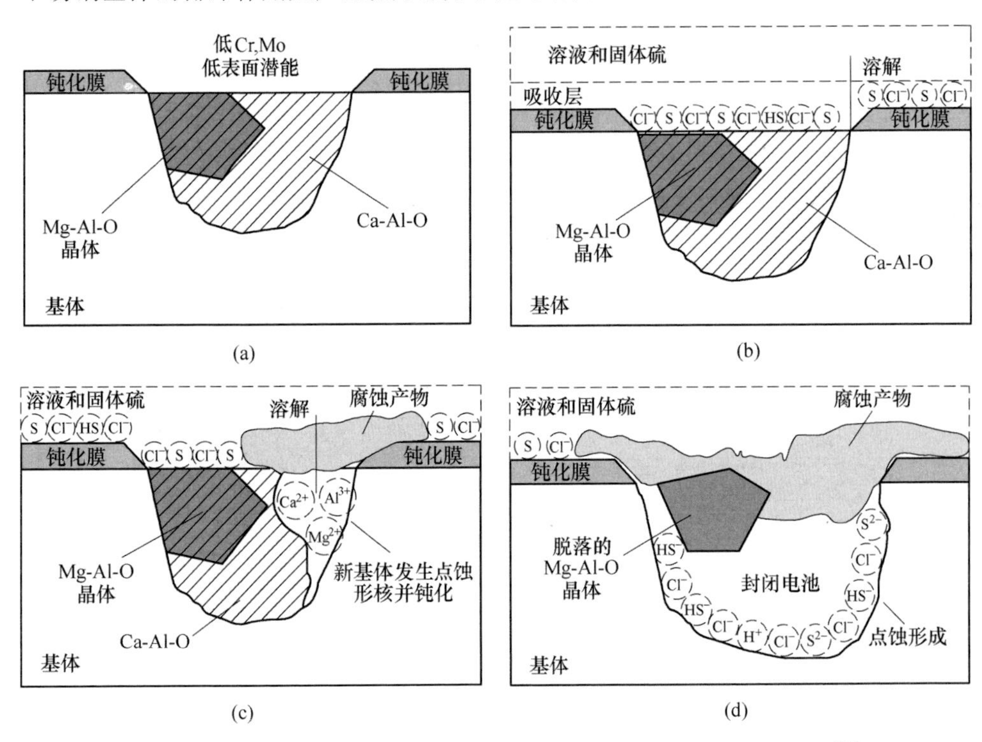

图 1-7 316L 不锈钢中的 Mg-Al-Ca-O 夹杂物引起点状腐蚀过程示意图[23]

研究表明，向不锈钢中添加钛合金对提升不锈钢钢基体的抗腐蚀性能有一定的好处。然而，向不锈钢中加入钛后会导致钢中生成大量的 TiN 夹杂物，而这些 TiN 夹杂物同样会引起不锈钢的点状腐蚀。图 1-8 所示为 444 不锈钢中的 TiN 夹杂物引起点状腐蚀过程的观察结果[24]。

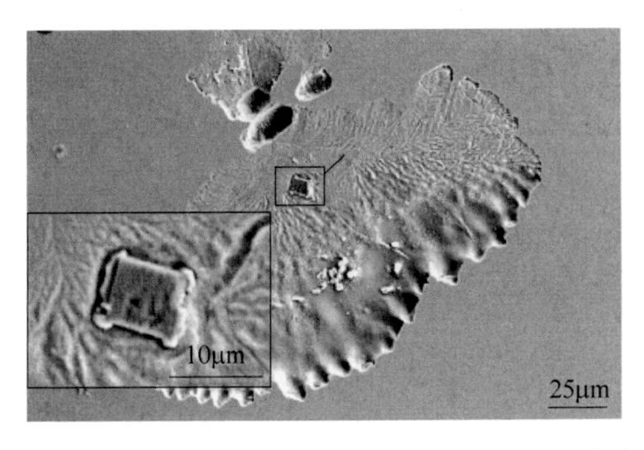

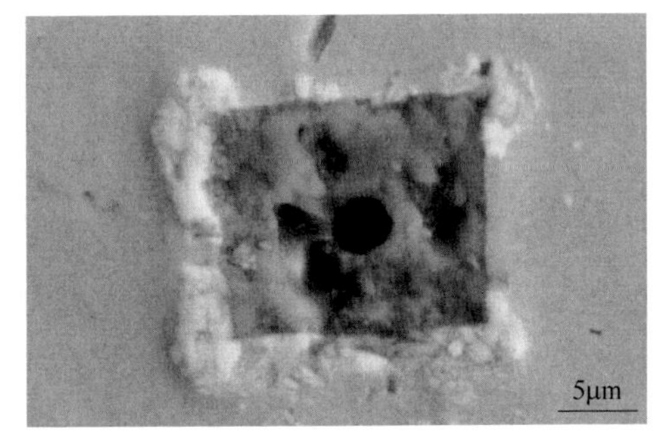

图 1-8 444 不锈钢中的 TiN 夹杂物引起点状腐蚀过程观察结果[24]

1.3.2　夹杂物对不锈钢质量缺陷和机械性能的影响

夹杂物是不锈钢洁净度控制的重中之重。夹杂物可能引起不锈钢中的各种生产质量缺陷，因此，很多情况下夹杂物的控制方向是为了避免不锈钢产品产生缺陷。图 1-9[25] 所示为夹杂物引起的 430 不锈钢表面线状缺陷。由图可见，在 430 不锈钢的轧板表面发现了长度达到厘米级别的线状缺陷。对缺陷进行电镜分析后发现，引起线状缺陷的原因主要是存在大量细小的镁铝尖晶石夹杂物，美铝尖晶石夹杂物熔点高、硬度高，在轧制过程中难以变形，对钢材质量危害很大。因此有必要对其进行改性处理控制，避免镁铝尖晶石夹杂物的生成。

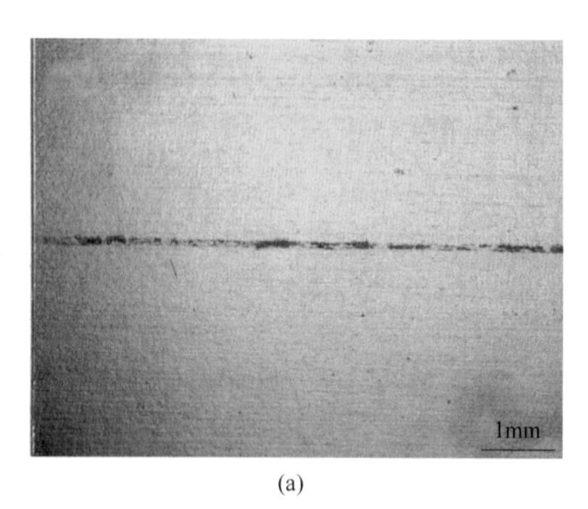

(a)

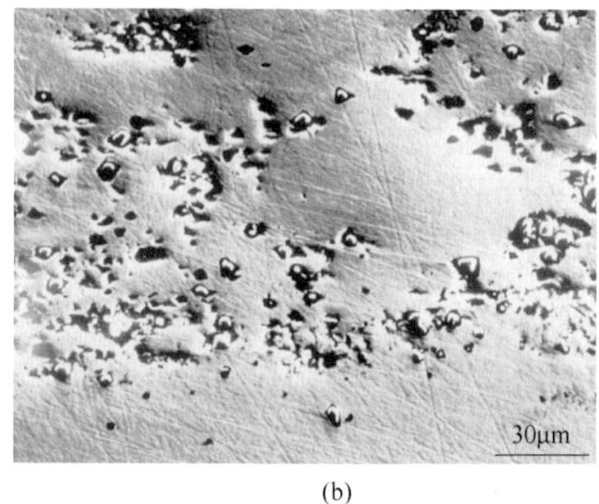

(b)

图 1-9　镁铝尖晶石夹杂物引起的 430 不锈钢表面线状缺陷[25]

图 1-10[25] 所示为镁铝尖晶石夹杂物引起的不锈钢深冲板起皮缺陷。在对不锈钢进行深冲后，不锈钢发生了贯穿深度很深的起皮缺陷，对起皮位置的物质进行成分分析，发现成分主要为镁铝尖晶石夹杂物。这主要是因为在对不锈钢基体进行深冲处理的过程中，镁铝尖晶石夹杂物变形能力较差，造成一定的开裂。

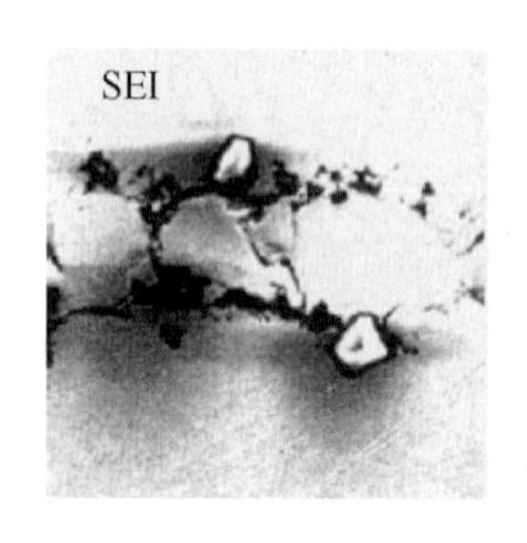

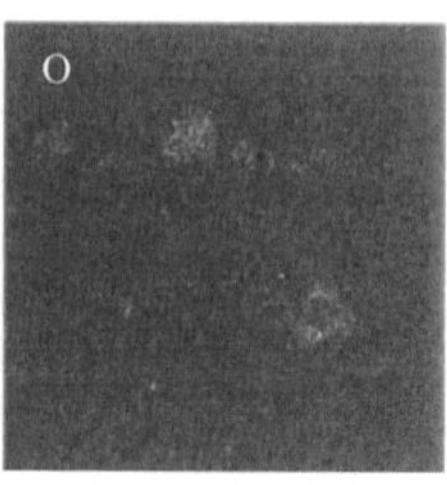

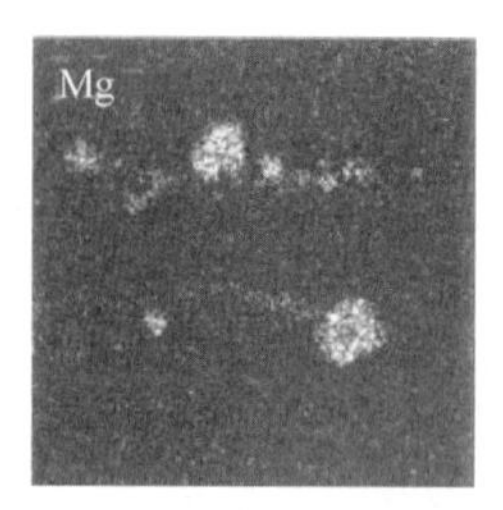

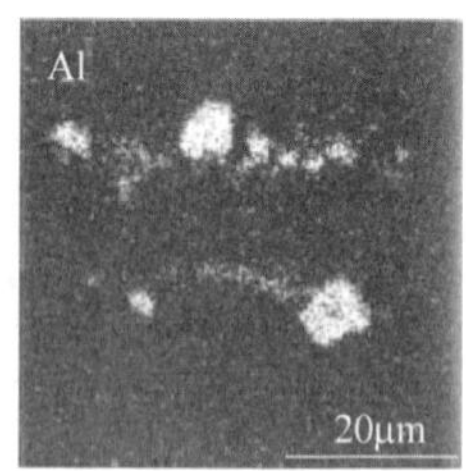

图 1-10　镁铝尖晶石夹杂物引起的不锈钢深冲板起皮缺陷[25]

在夹杂物周围产生裂纹的机理主要有以下三个过程：第一个过程是钢基体与夹

杂物发生了分离，第二个过程是夹杂物与钢基体在界面上发生了滑移。这两个过程中夹杂物上的应力水平非常高，然后可能在接触点导致夹杂物的断裂，此时钢基体中还没有产生裂缝。第三个过程是钢基体中开始产生裂缝并且沿着钢基体的晶界传播。典型的 MnS 和氧化物复合夹杂引起的不锈钢裂纹结果如图 1-11 所示[26]。

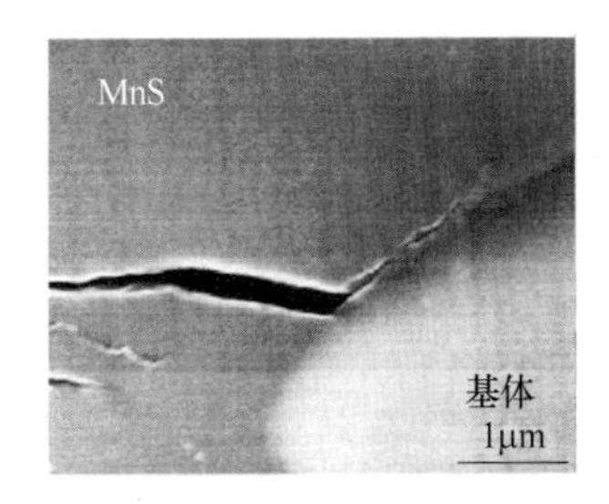

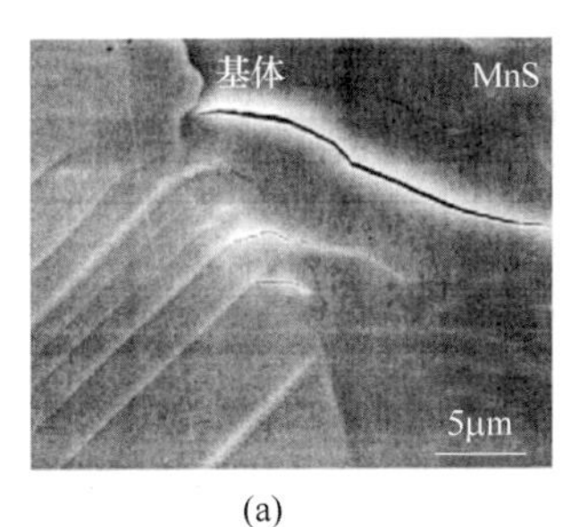

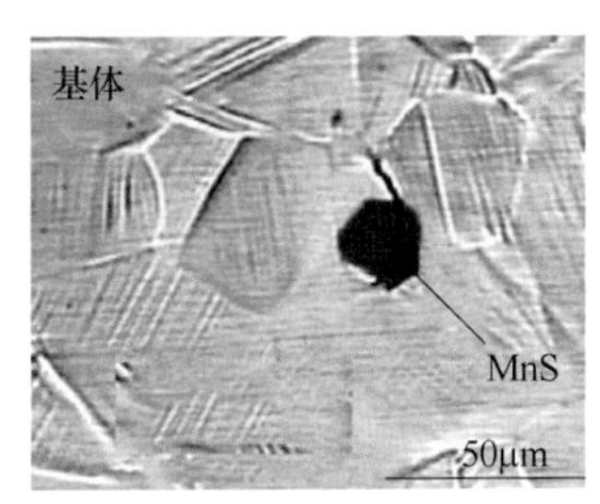

(a)

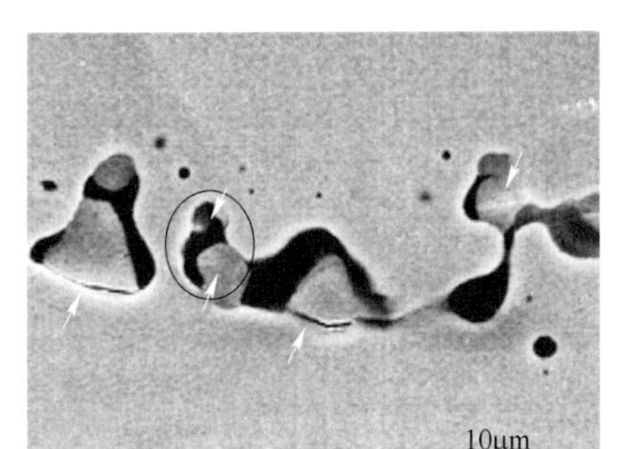

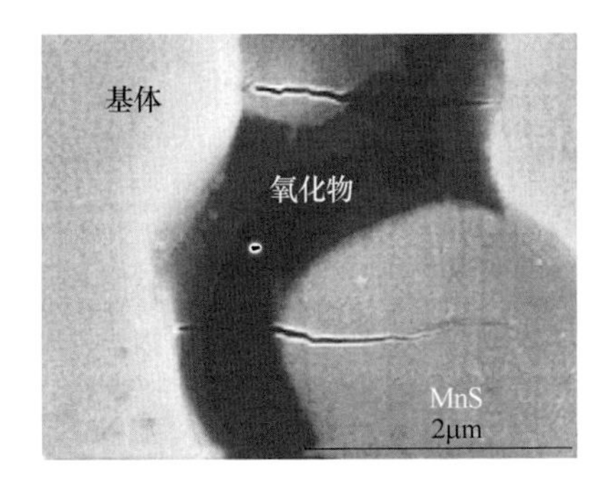

(b)

图 1-11　MnS 和氧化物复合夹杂引起的不锈钢裂纹[26]

不锈钢钢液中存在较多的高熔点夹杂物也会导致不锈钢连铸过程发生水口结瘤。图 1-12[27] 所示为氧化物夹杂引起的不锈钢水口结瘤情况。发现在水口壁上观察到的结瘤物中的主要氧化物为镁铝尖晶石氧化物，并且含有一定量的 CaO。实践结果表明，镁铝尖晶石夹杂物很容易导致水口结瘤，为了避免水口结瘤的发生，一方面，可以将钢中的夹杂物通过钙处理改性成液态钙铝酸盐夹杂物；另一方面也可以将夹杂物改性成 MgO 夹杂物。由于 MgO 夹杂物也不容易在水口内部发生堆积，故同样也不容易引起水口结瘤。

图 1-13[28] 所示为含钛铁素体不锈钢中夹杂物引起的结晶器“结鱼”和水口结瘤示意图。含钛铁素体不锈钢中的 TiN 夹杂物会引起结晶器“结鱼”，主要是由于钢中氮钛浓度积偏高，导致 TiN 夹杂物大量析出，并在结晶器弯月面聚集，与保护渣反应放出氮气，致使局部钢液温度下降凝固后形成的。TiN 夹杂物可能会引起水口结瘤，因为浇注过程中 TiN 夹杂物可能附着在浸入式水口内壁，同时二次氧化产生的 TiO_x 含量较高的复合氧化物也可能导致水口结瘤。

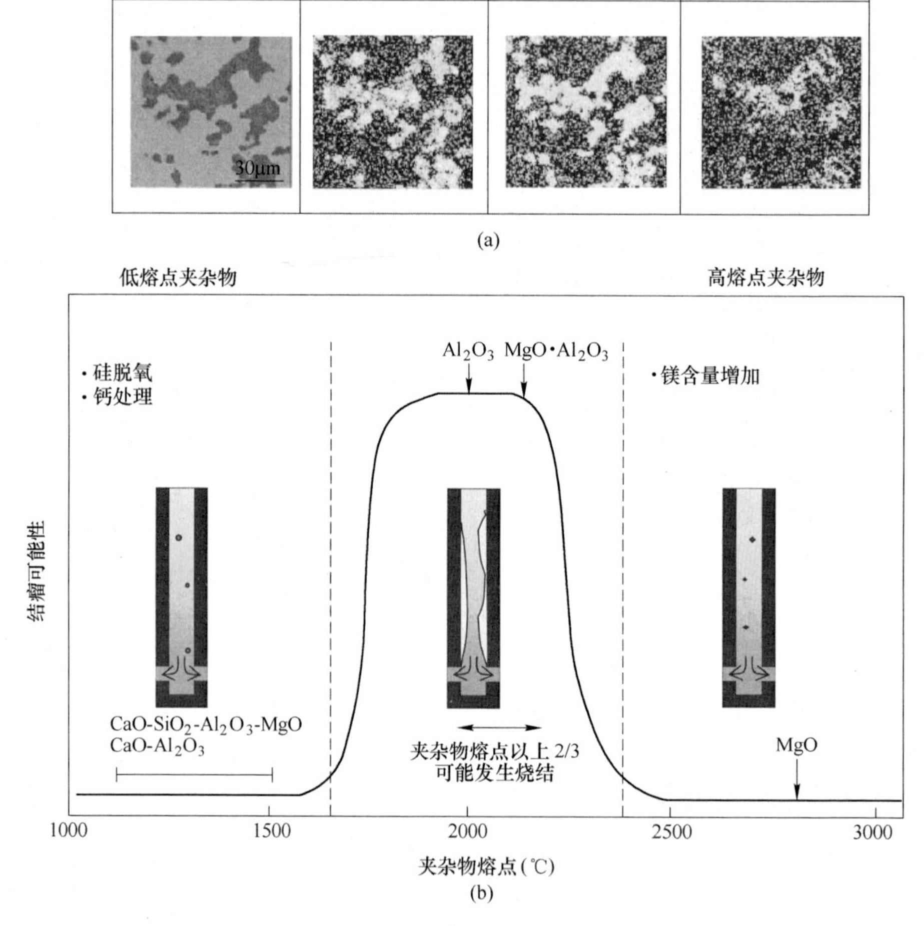

图 1-12　氧化物夹杂引起的不锈钢水口结瘤[27]

在钢产品的加工过程中，切削工具表面的微观结构容易磨损变形。通过钢中生成可变形夹杂物可以提高不锈钢的可加工性能，这个技术在不锈钢中也适用，结果见表 1-4[29]。对于奥氏体不锈钢来说，通过添加硫、铋、铜和钛，使得钢中能生成 MnS、$Ti_4C_2S_2$ 和 CuO，可以增加其加工性能。对于 316L 不锈钢，将钢中夹杂物控制为 $CaO-SiO_2-Al_2O_3$ 可以可有效地减少 316L 不锈钢加工过程中切削工具的磨损。对于双相不锈钢，可以通过添加硫和稀土增加使用寿命，但是生成的夹杂物容易引起耐腐蚀性的降低。对于易切削不锈钢来说，可以通过添加硫和钙显著增加其加工性能。

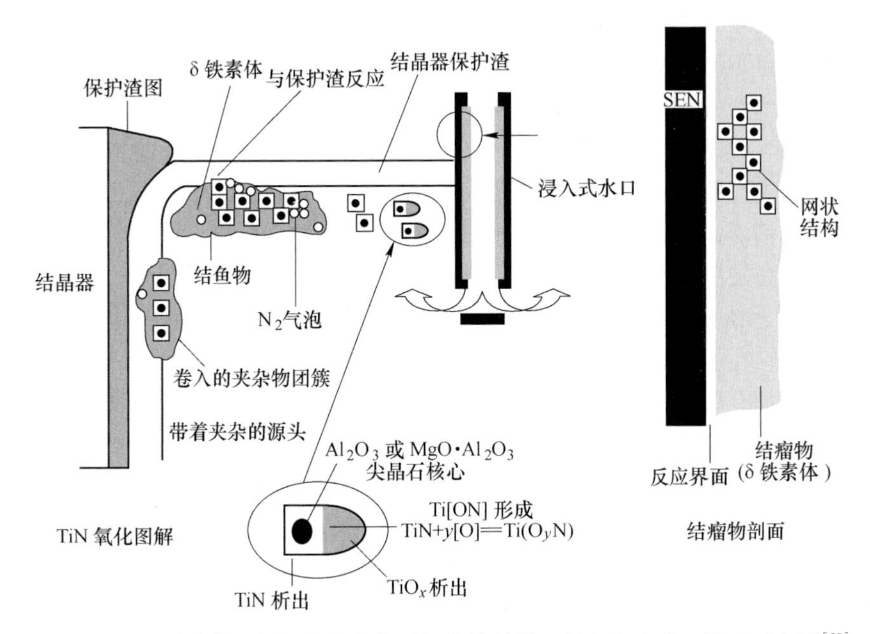

图 1-13 含钛铁素体不锈钢中夹杂物引起的结晶器"结鱼"和水口结瘤示意图[28]

表 1-4 夹杂物对不锈钢可加工性能的影响[29]

钢种	化学成分	夹杂物特征	加工性能	主要发现
奥氏体不锈钢	C：0.1%~0.01% S：0.02%~0.11% Cu 和 Ti 合金化	MnS $Ti_4C_2S_2$ CuO	磨损 切割力 切削性	添加硫、铋、铜和钛增加加工性能
316L 不锈钢	C：0.020%~0.027% S：0.022%~0.025% Ca：0.0002%~0.0045%	MnS，(Mn，Ca) S $CaO-SiO_2-Al_2O_3-MnS$	磨损 切割力 切削性	$CaO-SiO_2-Al_2O_3$ 是 316L 不锈钢较优的夹杂物
双相不锈钢	C：0.017%~0.021% S：0.005%~0.034% 添加稀土元素	稀土氧化物 氧硫化物 硫化物	寿命 磨损	添加硫和稀土增加了使用寿命，但是降低了耐腐蚀性
易切削不锈钢	C：0.04%~0.08% S：<0.1% Ca：<0.01%	$CaO-Al_2O_3-SiO_2-MnS$， MnS $CaO-SiO_2-Al_2O_3$	寿命 磨损 切割力	添加硫和钙增加加工性

1.4 不锈钢中夹杂物的生成

1.4.1 合金元素的来源和作用

（1）铝。铝是目前钢铁生产过程中最常用的脱氧剂之一。由于铝是极强的脱氧元素，所以它常被用为终脱氧剂[30-32]。铝脱氧钢中很容易生成 Al_2O_3 和

AlN[33]。小尺寸的 AlN 有时可以起到促进形核和细化组织的作用，然而大尺寸的簇状 Al_2O_3 会导致堵塞水口，影响钢铁生成的顺行。因此，加入适量的脱氧剂既可以节约成本，又可以提高钢的质量。

（2）镁。镁也是一种强脱氧剂，但是由于其熔点、沸点低的特性，很少被应用于工业生产脱氧。钢中镁的来源主要有三种可能：合金中的镁，渣中的 MgO 被还原进入钢液，以及耐火炉衬中的 MgO 被还原进入钢液。镁、铝与氧很容易形成高熔点高硬度的镁铝尖晶石夹杂物，严重影响产品质量[34-39]。

（3）钛。钛是一些高级别钢种中重要的合金元素。在不锈钢中，钛是铁素体形成元素，在 Fe-Cr 相图中可使 $\alpha+\gamma/\alpha$ 相界向低铬方向移动[40-42]。含钛铁素体不锈钢一般具有单一的纯铁素体组织。向钢中加入钛可使钢中铬的碳、氮化物转化形成钛的碳、氮化物并细化铁素体不锈钢的晶粒。钛的氧化物可以诱导晶内铁素体形核，有细化组织、提高钢材强度和韧性的效果[43,44]。同时，钛对镁铝尖晶石夹杂物也有一定的改性为低熔点复合夹杂物的作用[45,46]。

（4）钙。钙的脱氧能力也很强，其熔、沸点稍高于镁元素，在炼钢温度下同样很容易气化。然而，由于 Al_2O_3 会导致堵塞水口，以及高硬度的 $MgAl_2O_4$ 夹杂物对钢材的危害，通常会以喂入钙线的形式向钢中加入钙，将 Al_2O_3 和 $MgAl_2O_4$ 改性成低熔点的钙铝酸盐（$12CaO \cdot 7Al_2O_3$ 和 $3CaO \cdot Al_2O_3$）夹杂物，从而减小夹杂物的危害，保证生产顺行[47-52]。

（5）硅。硅是一种脱氧能力较强的元素，是镇静钢冶炼中必不可少的脱氧剂。单独用硅脱氧时，很容易生成固态 SiO_2，不利于脱氧产物的上浮去除。当硅含量达到1%左右时，氧含量可以降低到几十个 ppm，可见硅的脱氧能力不如铝和钛[53-55]。

（6）锰。锰的脱氧能力较弱，但其为最常用的脱氧元素之一。因为锰可以增强硅和铝的脱氧能力，因此经常与硅和铝一起使用进行复合脱氧；冶炼沸腾钢时，锰是无可替代的脱氧元素，因为其不会抑制碳氧反应，有利于获得良好的钢锭组织。用锰脱氧最低可使氧含量降到 100ppm 左右[56]。

（7）铬。铬是不锈钢获得不锈性和耐蚀性的最主要的元素，在铁素体不锈钢中也不例外，在氧化性介质中，铬能使不锈钢表面上迅速生成氧化铬的钝化膜，这层膜是非常致密和稳定的，即使被破坏也能迅速修复[57]。一般说来，随钢中铬量增加，铁素体不锈钢的耐点蚀、耐缝隙腐蚀性能提高。然而，随铁素体不锈钢中铬量增加，钢的耐应力腐蚀性能下降。

1.4.2　铝基脱氧不锈钢中夹杂物的生成

铝是目前钢铁生产过程中最常用的脱氧剂之一。铝脱氧钢中很容易生成的大尺寸簇状 Al_2O_3 会导致堵塞水口，影响钢铁的生产。图 1-14（a）[58]所示为 1873K 下钢液中 Al-O 平衡关系，当钢液中的溶解铝小于 1%时，钢液中的溶解氧随着铝含量的增加而减少，当溶解铝含量达到0.2%左右，氧含量可降到最低值3ppm左右。之后，随着铝含量的增加，氧含量又开始升高。图1-14（b）[59]所示为铬含量为16%的不锈钢液中铝脱氧平衡曲线，可以看出加入钢中的铬会降低不锈钢中铝脱氧的能力。

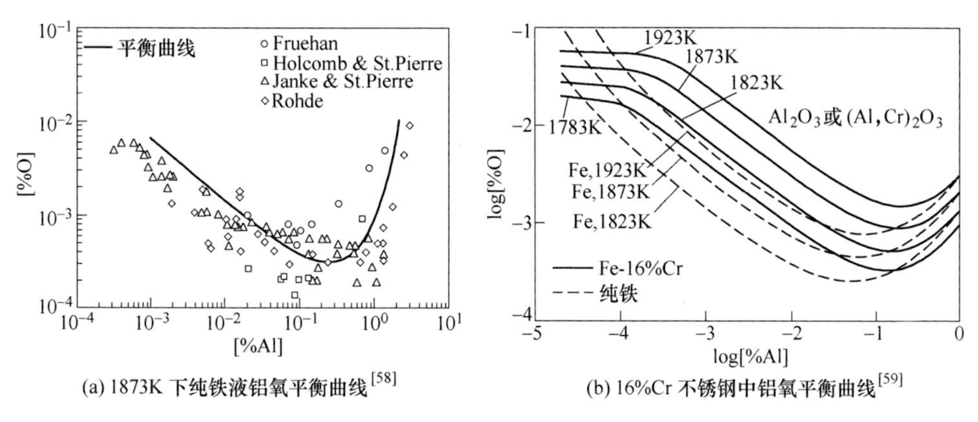

(a) 1873K 下纯铁液铝氧平衡曲线[58]　(b) 16%Cr 不锈钢中铝氧平衡曲线[59]

图1-14　钢液中铝脱氧平衡曲线

图1-15[60]所示为不锈钢中不同铝浓度下的夹杂物形貌。由图可知，当钢液中的铝浓度低于0.002%时，夹杂物的主要成分为Ca-Mg-Si-Al-O复合夹杂物；而当钢中铝含量超过0.01%时，钢中夹杂物主要为较大尺寸的Al_2O_3夹杂物。因此为了防止不锈钢中Al_2O_3夹杂物的生成，最好将铝含量控制在0.002%以下的较低含量。

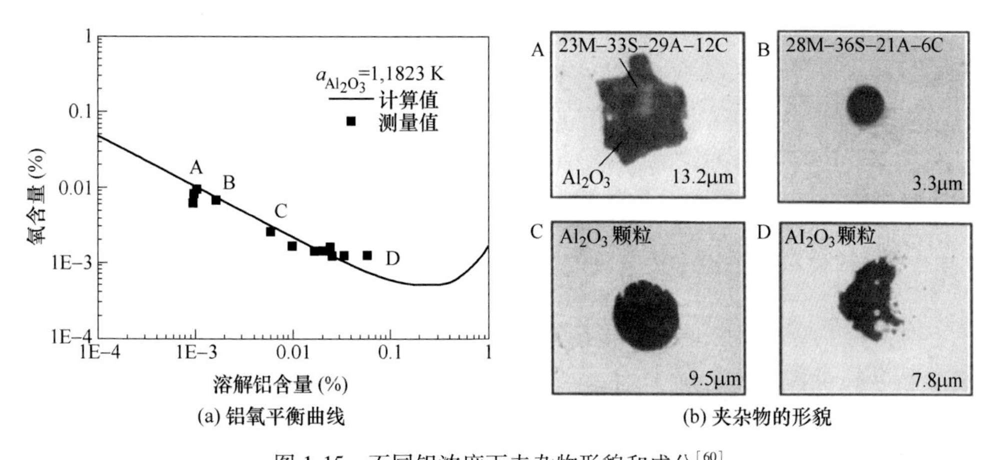

(a) 铝氧平衡曲线　(b) 夹杂物的形貌

图1-15　不同铝浓度下夹杂物形貌和成分[60]

近年来，由于MgO-C和MgO-CaO-C耐火材料的广泛应用，以及部分精炼渣中含有一定量的MgO，反应过程中渣和耐火材料中的镁会被逐渐还原进入钢中，很难避免镁铝尖晶石夹杂物的生成。图 1-16（a）所示为 1873K 下钢液中 Mg-Al-O 系夹杂物稳定相区。炼钢温度下，镁和铝脱氧有 MgO、Al_2O_3 和 $MgAl_2O_4$三种稳定相，增加镁脱氧剂和减少铝脱氧剂的加入量可以有效地避免 Al_2O_3 夹杂物的生成。在 Mg 含量为几个 ppm 时，很难避免 $MgAl_2O_4$生成，此时，通常采用钙处理的方法对其进行改性，减小其危害。如图 1-16（b）所示，在不锈钢中 $MgAl_2O_4$的生成同样难以避免。

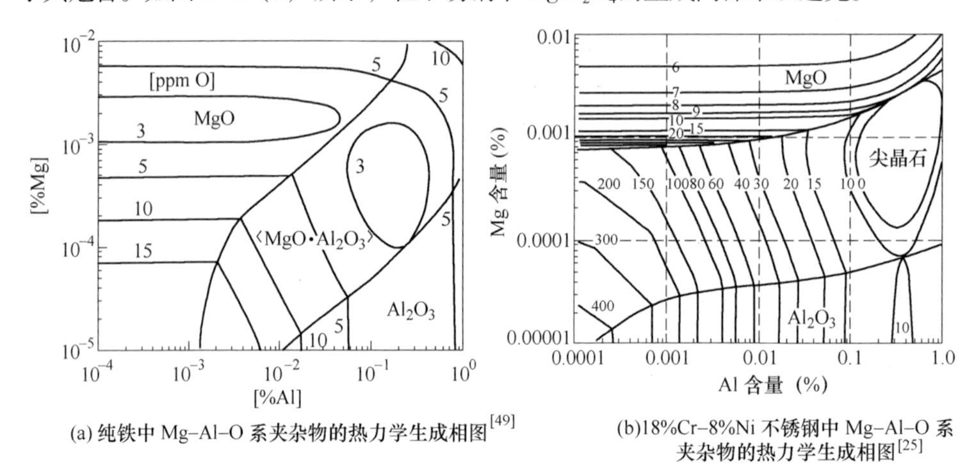

(a) 纯铁中 Mg–Al–O 系夹杂物的热力学生成相图[49]

(b)18%Cr–8%Ni 不锈钢中 Mg–Al–O 系夹杂物的热力学生成相图[25]

图 1-16　1873K 下钢液中 Mg-Al-O 系夹杂物的平衡生成相图

铬能使不锈钢表面上迅速生成氧化铬的钝化膜，这层膜是非常致密和稳定的。因此，铬是不锈钢获得不锈性和耐蚀性的最主要的元素。图 1-17[57] 所示为 1873K 下钢液中铬脱氧平衡曲线，铬有一定的脱氧能力，但是低于铝和硅。当钢液中的铬含量高于 3%时，生成的含铬夹杂物为 Cr_2O_3；铬含量低于 3%时，钢中生成的夹杂物为 $FeO\cdot Cr_2O_3$。

如图 1-18[61] 所示，由于铬的加入，在低镁高铝条件下，钢中可能会生成 Al_2O_3、$MgAl_2O_4$与 Cr_2O_3 结合的复合夹杂物。这些夹杂物与 Al_2O_3、$MgAl_2O_4$夹杂物性质相似，同样也需要变性处理的方式减小其危害。

1.4.3　硅基脱氧不锈钢中夹杂物的生成

为了避免 Al_2O_3 夹杂物的生成，人们通常采用硅对钢液进行脱氧。1873K 下钢液中 Si-O 平衡关系如图 1-19（a）所示，在硅含量在 0.001%～10%的范围内时，氧含量随着硅含量的增加而降低。当硅含量达到 1%左右时，氧含量可以降低到几十个 ppm，可见硅的脱氧能力较弱。在 18%Cr、0.15%Mn 和 0.05%C 的不锈钢中硅脱氧的平衡曲线如图 1-19（b）所示，1873K 下，当不锈钢中硅含量小于 0.7%时，受锰和铬含量的影响，钢中主要夹杂物为 $MnO\cdot Cr_2O_3$，钢中的氧含量受硅脱氧影响不大；而当不锈钢中硅含量超过 0.7%以后，钢中夹杂物主要

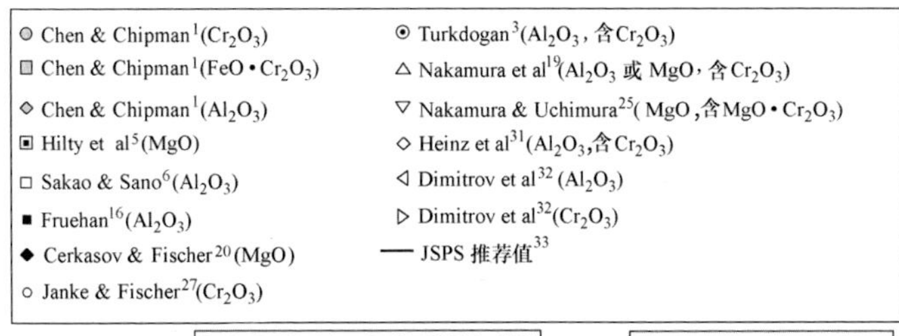

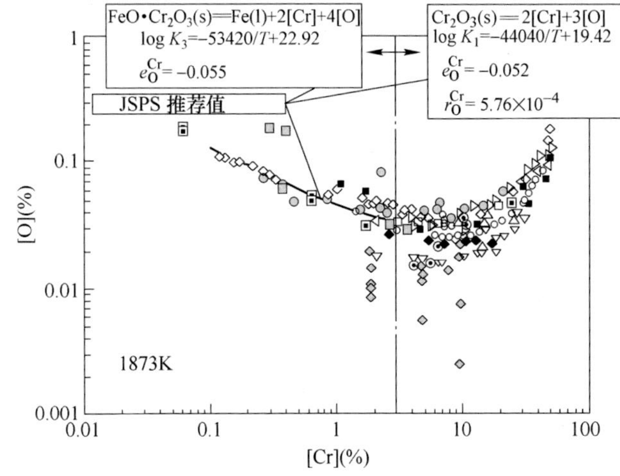

图 1-17　1873K 下纯铁液中铬脱氧平衡曲线[57]

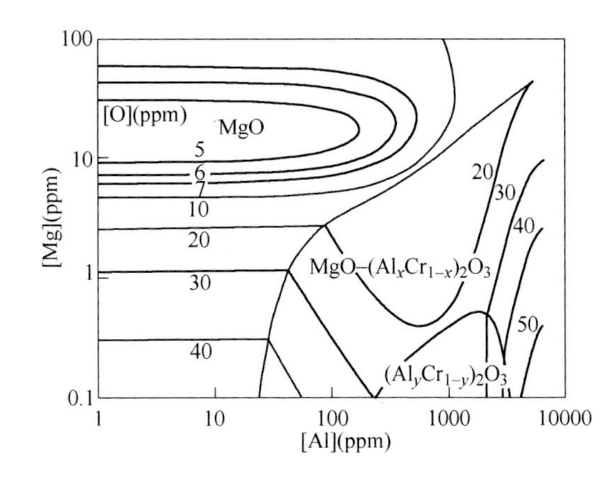

图 1-18　不锈钢中 Al-Mg-Cr-O 系夹杂物平衡生成相图[61]

为 SiO_2，钢中氧含量随硅含量的增加而降低。

一般铁合金和脱氧前的钢液中都不可避免地含有少量的铝，虽然铝含量很低，但是由于其强脱氧能力，其对硅脱氧不锈钢中夹杂物的影响很大。Hino

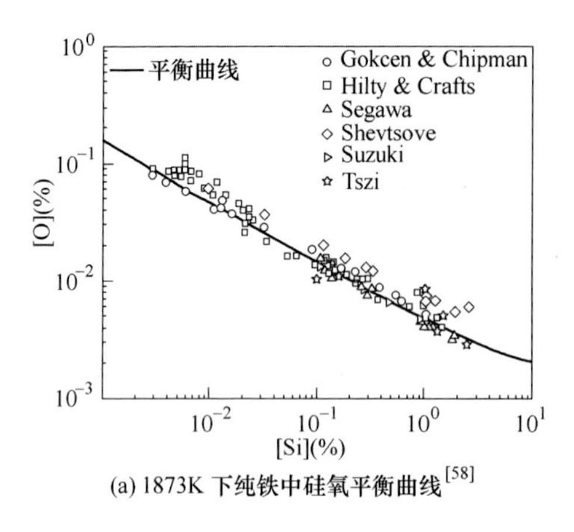

(a) 1873K 下纯铁中硅氧平衡曲线[58]

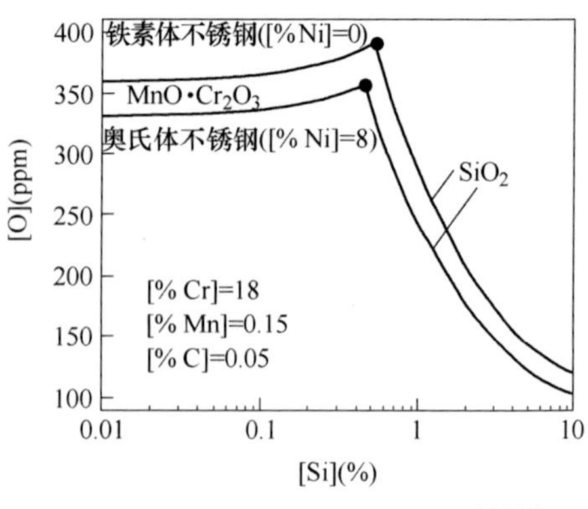

(b) 18%Cr-0.15%Mn-0.05%C-Ni 不锈钢中硅氧平衡曲线[59]

图 1-19　1873K 下钢液中 Si 脱氧平衡曲线

等[55]进行了不同铬含量钢液的脱氧平衡实验，评价了钢液中硅、铝、氧的平衡关系，并根据其研究结果和发表的热力学数据，分别计算了 1823K 下钢液铬含量分别为 13%和 20%时，Si-Al 复合脱氧产物的稳定区图，如图 1-20 所示。

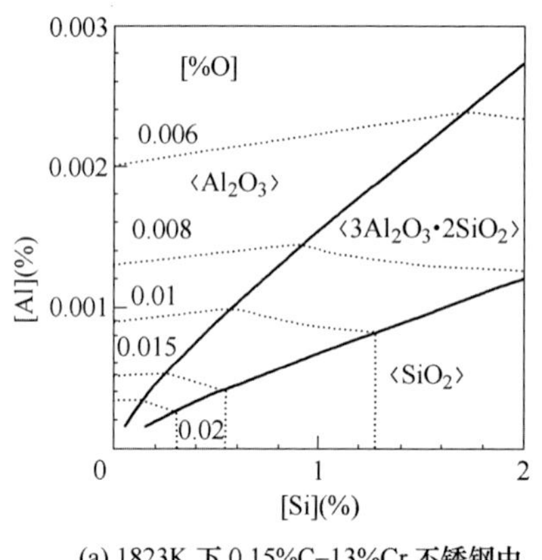

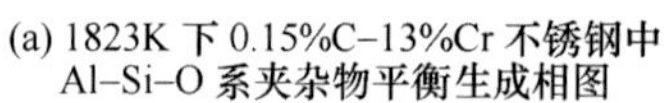
(a) 1823K 下 0.15%C-13%Cr 不锈钢中 Al-Si-O 系夹杂物平衡生成相图

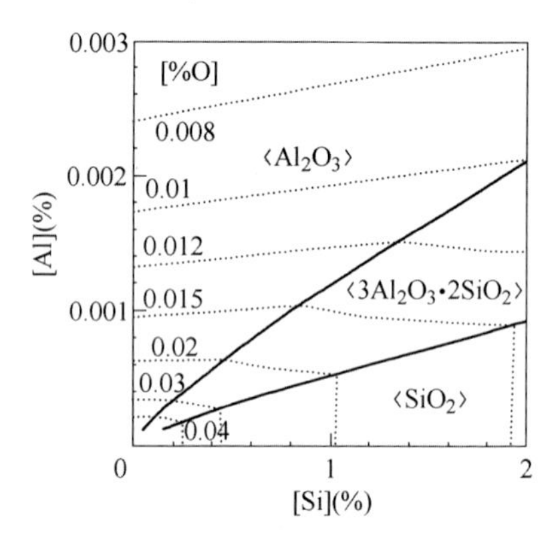

(b) 1823K 下 0.15%C-20%Cr 不锈钢中 Al-Si-O 系夹杂物平衡生成相图

图 1-20　不锈钢中 Al-Si-O 系夹杂物平衡生成相图[55]

李光强教授等[62]研究了不同比例的铝硅复合脱氧对钢中总氧的影响，吨钢中共加入 2kg 的脱氧剂，结果如图 1-21 所示。8 组试验经增氧过程后初始氧含量为 0.03%左右，加入脱氧合金后的 10min 内，钢液中氧含量迅速下降，随着时间的推移氧含量缓慢下降，在 70min 后基本达到平衡。在加入 Fe-Ti 合金以后，由于钛的脱氧作用，钢液中的氧含量会继续下降。其中脱氧剂质量比为 Si/Al = 2.5 时，氧含量降低至 0.0035%。随着硅钙合金的加入，钢液中氧含量变化不大，个别试样中氧含量上升，可能因为硅钙合金的加入使钢液剧烈搅动并与空气接触使钢液增氧造成的。仅以钢中氧含量来看，当脱氧剂质量比为 Si/Al = 2.5 时，钢中全氧含量达到试验条件下最低值 0.0034%，优于采用全铝脱氧的效果。

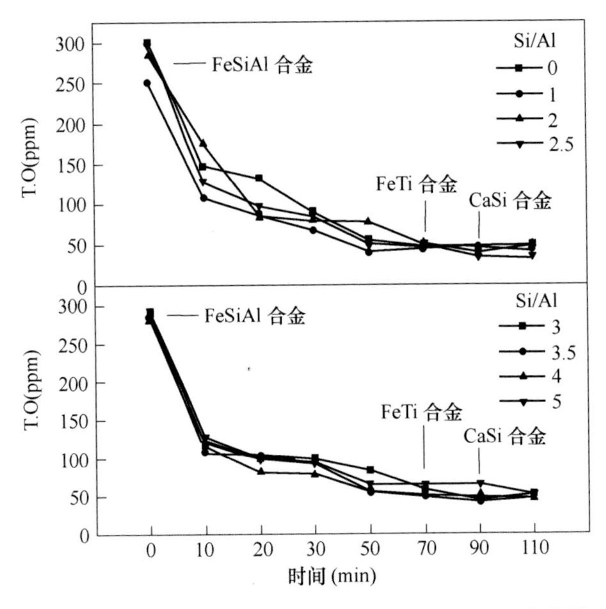

图 1-21 不同 Si/Al 含量的钢样精炼过程中全氧含量的变化情况[62]

Park 等[53]研究了不同硅铁合金对不锈钢中夹杂物的影响，脱氧剂加入量和钢中夹杂物的形貌如图 1-22 所示。用高铝硅铁（Al 1.13%）对钢液进行脱氧，当

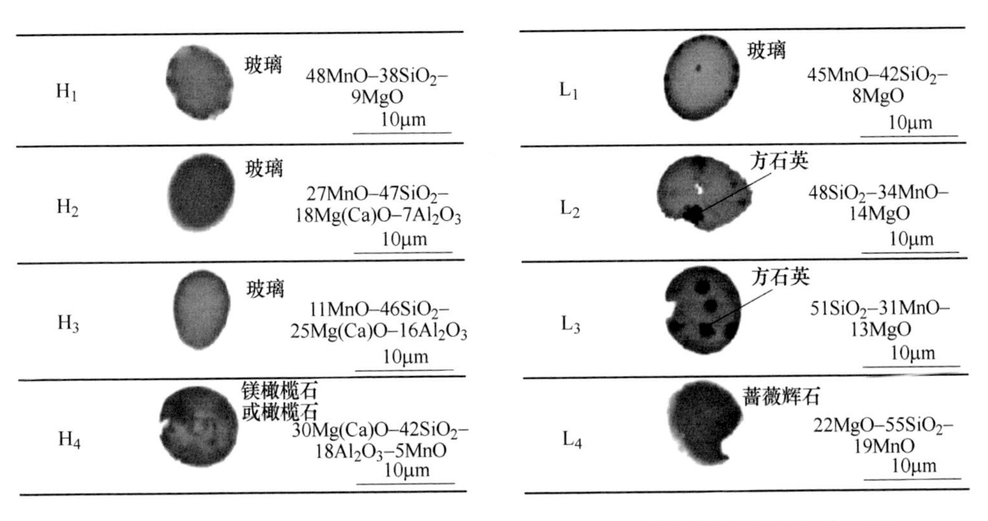

图 1-22 加入不同脱氧剂后钢中夹杂物的形貌与成分[53]

钢中硅含量少于 1.3%时，钢中夹杂物主要为硅锰酸盐（H_1 和 H_2），当钢中硅含量达到 3.3%时，钢中夹杂物主要为硅镁酸盐（H_4）。用低铝硅铁（Al 0.17%）对钢液进行脱氧，当钢中硅含量为 0.8%时，夹杂物的形貌为均匀的液态夹杂物，随着硅含量增加到 2.4%（L_2 和 L_3），钢液继续增加到 3.3%。最后，生成了不规则的（Mg，Mn）SiO_3 夹杂物（L_4）。

Mizuno[63]研究了 304 不锈钢脱氧合金硅铁中铝和钙对夹杂物成分影响，不同成分下的 FeSi 合金对冶炼过程中夹杂物的变化影响很大，如图 1-23 所示。其研究指出合金中的铝会促进 $MgO \cdot Al_2O_3$的形成，钙则抑制 $MgO \cdot Al_2O_3$ 的形成。研究发现，通过使用低铝低钙硅铁和高铝高钙硅铁都可以有效减小不锈钢中镁铝尖晶石夹杂物的生成。

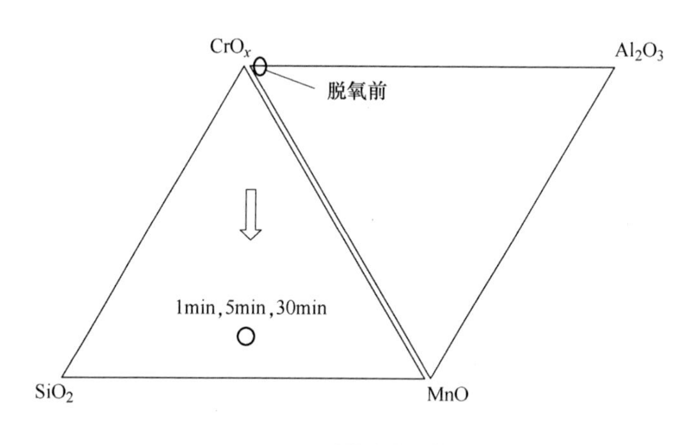

(a) 低铝低钙硅铁

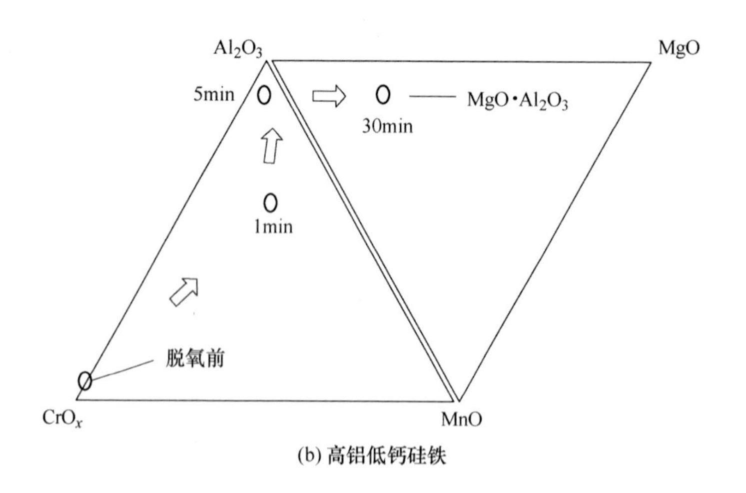

(b) 高铝低钙硅铁

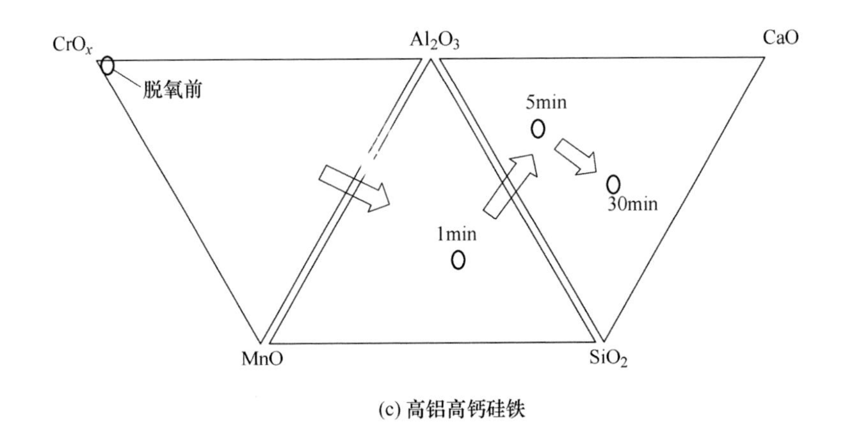

(c) 高铝高钙硅铁

图 1-23 硅铁合金成分对不锈钢中夹杂物的影响

1.5 不锈钢中夹杂物的改性

对于钢中夹杂物的改性，主要有两种方法。第一种为通过精炼过程渣钢反应对钢中夹杂物进行改性处理，Suito[64]认为当存在足够充分的动力学条件，即钢液、精炼渣和夹杂物完全达到平衡时，钢中的夹杂物的成分应该与顶渣成分接近，说明精炼渣对夹杂物的改性不可忽视。但是由于现场实际生产过程中，不能保证足够长时间的精炼时间和足够充分的渣钢传质反应动力学条件，很难保证将钢中的大多数夹杂物改性。因此，还可以采用第二种钙处理的方法，直接将钙线加入钢液当中，由于钙很活泼、气化点低，可以迅速与钢中的夹杂物直接反应，达到改性的目的。

1.5.1 铝基脱氧不锈钢中夹杂物的改性

对于不锈钢中夹杂物的控制主要存在两种不同的观点，第一种就是用铝脱氧，通过铝的极强的脱氧能力，很容易将不锈钢的总氧降低到一个很低的水平，这是为了尽可能地减少钢中夹杂物的总量，然后再用钙处理的方法，将剩余在钢中没有上浮的夹杂物钙处理为液态钙铝酸盐夹杂物，从而减小其对不锈钢材的危害[25,60]。

图 1-24（a）所示的阴影区域为铝脱氧后 Al_2O_3-CaO-MgO 系的低熔点夹杂物成分区域，即 $12CaO \cdot 7Al_2O_3$ 附近的低熔点区，图 1-24（b）所示的阴影区域为铝脱氧后 Al_2O_3-SiO_2-CaO 系的低熔点夹杂物成分区域。该区的夹杂物在炼钢温度下为液态，浇注时不易引起水口结瘤；同时采用高碱度渣精炼，可有效地降低钢中硫含量，从而提高钢材性能。

铝脱氧钢脱氧后产生大量的 Al_2O_3 夹杂物，此类夹杂物容易引起水口堵塞，同时轧制过后容易形成大尺寸点链状夹杂物，易导致裂纹。钢中的夹杂物很难被

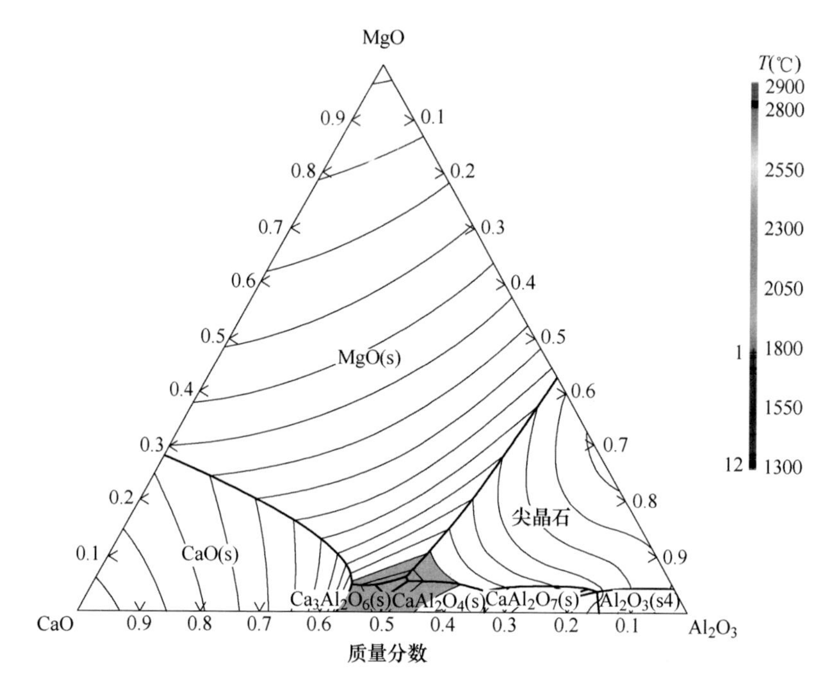

(a) Al_2O_3–CaO–MgO系低熔点夹杂物成分区域

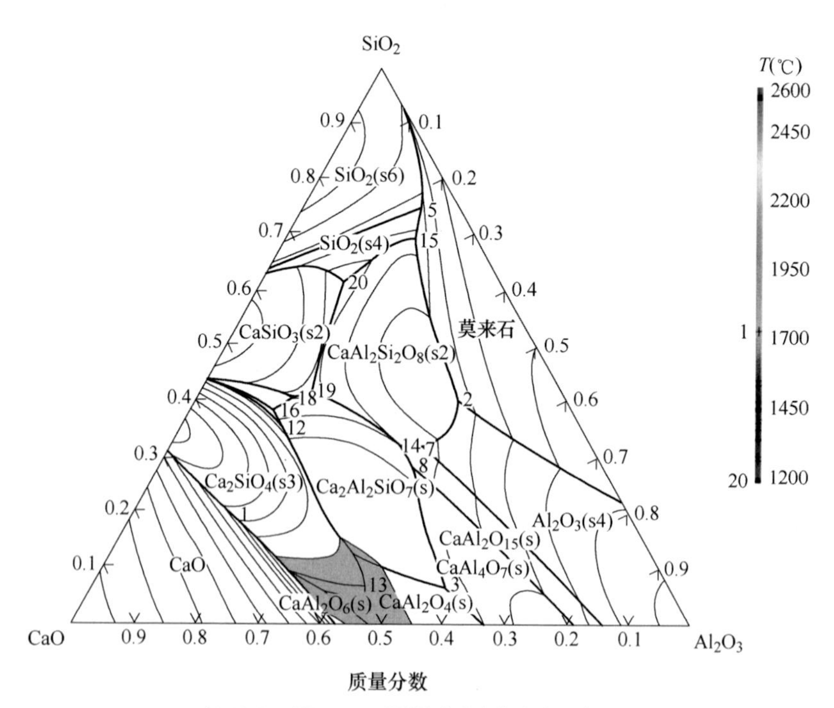

(b) Al_2O_3–SiO_2–CaO系低熔点夹杂物成分区域

图 1-24　铝脱氧不锈钢中夹杂物的低熔点区域

全部去除，因此，需要对这类夹杂物进行钙处理将其改性为低熔点钙铝酸盐夹杂物，减小其对钢材性能的影响。图 1-25 所示为 1873K 下钢液中 Al-Ca-O 系夹杂物的生成相图[65]，通过计算，可以得到低熔点钙铝酸盐夹杂物生成所需的钢液成分，从而从热力学上确定出合理的喂钙量。

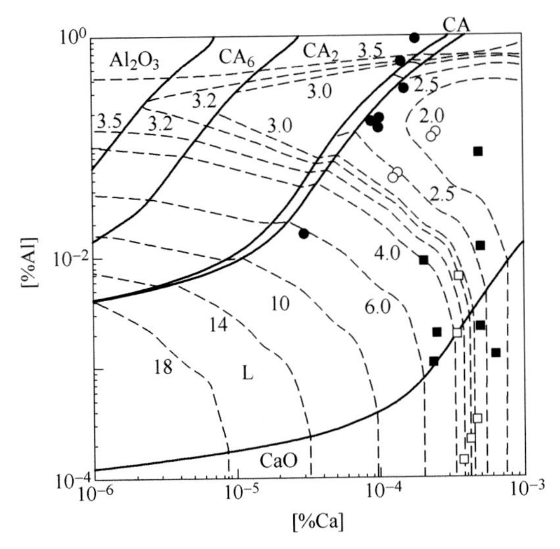

图 1-25　1873K 下钢液中 Al-Ca-O 系夹杂物的生成相图[65]

钢中的镁铝尖晶石夹杂物尺寸较小但危害很大，通过搅拌以及吹气等去除夹杂物手段很难将这类夹杂物去除干净，因此，同样需要用钙处理的方法将钢中的镁铝尖晶石夹杂物改性成为低熔点的钙铝酸盐夹杂物。目前，对于钢中镁铝尖晶石夹杂物改性已经有大量实验室实验和工业实验研究[66]。图 1-26[58] 所示为 1873K 下钢液和 18%Cr-8%Ni 不锈钢中，Al-Mg-Ca-O 系夹杂物的生成相图的计算结果。由

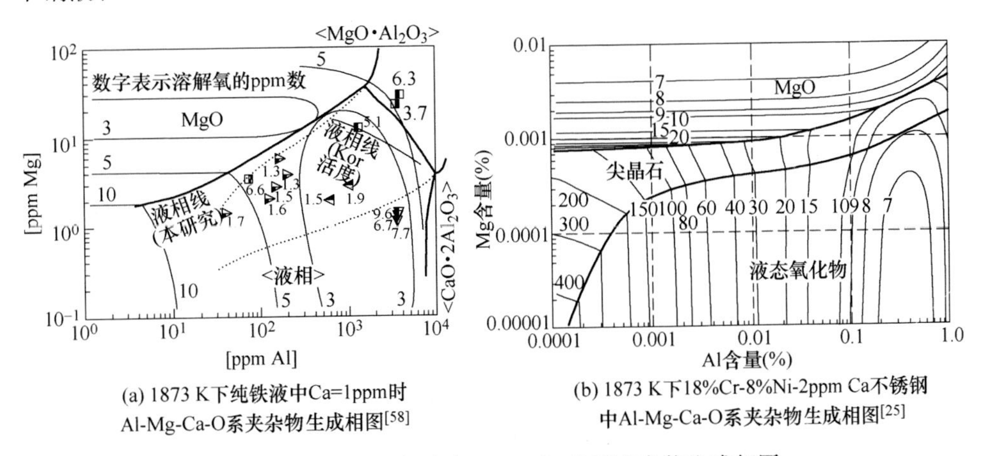

(a) 1873 K下纯铁液中Ca=1ppm时Al-Mg-Ca-O系夹杂物生成相图[58]

(b) 1873 K下18%Cr-8%Ni-2ppm Ca不锈钢中Al-Mg-Ca-O系夹杂物生成相图[25]

图 1-26　1873K 下钢液中 Al-Mg-Ca-O 系夹杂物生成相图

图可知，钢中的 Ca 含量达到 1～2ppm 时，就可以将钢中的镁铝尖晶石夹杂物改性成为低熔点的钙铝酸盐夹杂物。

Park 等[67-69]针对渣成分对不锈钢中夹杂物成分的影响进行了很多研究。在铬含量为 16%的不锈钢中，夹杂物中的 MgO 和 Al_2O_3 摩尔比随着渣中的 MgO 和 Al_2O_3 的活度比例呈现斜率为 1 的线性关系，如图 1-27[69]所示。在铬含量为 13%不锈钢中，当渣中 Al_2O_3 活度小于 TiO_2 活度时，夹杂物中的 MgO 和 Al_2O_3 含量随渣中 Al_2O_3 活度增加而没有变化；当渣中 Al_2O_3 活度大于渣中 TiO_2 时，夹杂物中的 MgO 和 Al_2O_3 含量随渣中 Al_2O_3 活度增加而增加，结果如图 1-28[67]所示。

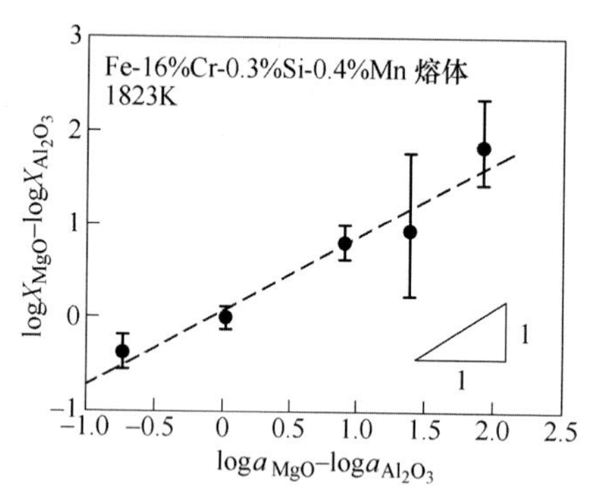

图 1-27 渣中 MgO 和 Al_2O_3 活度对夹杂物中 MgO 和 Al_2O_3 含量的影响[69]

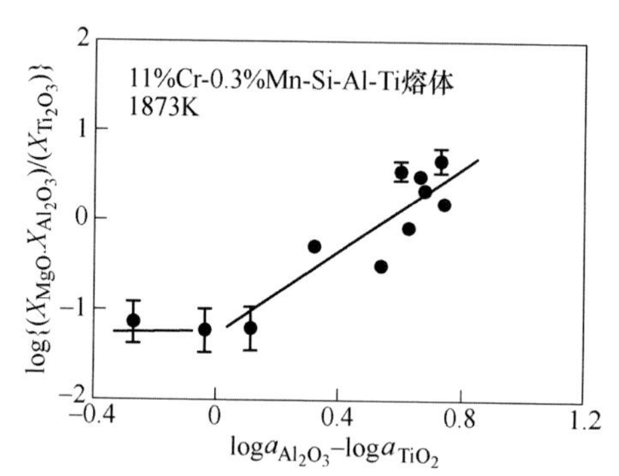

图 1-28 渣中 TiO_2 和 Al_2O_3 活度对夹杂物中 MgO、Al_2O_3 和 TiO_2 含量的影响[67]

Park 等研究了 40%CaO-10%MgO-10%CaF_2-Al_2O_3-SiO_2 精炼渣中 SiO_2 含量对铝脱氧钢中夹杂物成分的影响，结果如图 1-29 所示[70]。随着渣中 SiO_2 含量的增加，反应后夹杂物中 SiO_2 和 CaO 含量增加。同时其开发了渣-钢-夹杂物-耐火材料的反应动力学模型，可对精炼渣钢中非金属夹杂物的成分变化进行预测。

钛是一些高级别钢种中重要的合金元素，钛的氧化物可以诱导铁素体形核，提升产品质量，尤其是在含钛铁素体不锈钢中得到了广泛的应用。同时，近年来的研究[49]表明，虽然从热力学上来讲，极少量钙的加入就可以成功地将镁铝尖晶石改性为液态低熔点夹杂物，但是因为动力学原因，钙处理钢中的大尺寸 MgO-Al_2O_3 尖晶石夹杂物时，只是在该夹杂物的外面包上了一层液态的 CaO-Al_2O_3层，而夹杂物核心仍然是原始的 MgO-Al_2O_3 尖晶石夹杂物，并没有真正变性为液态夹杂物。可以推测，通过钛处理的方法将镁铝尖晶石夹杂物控制到低熔点区域，同样可以达到改性的目的。通过计算，MgO-Al_2O_3-TiO_2 三元相图中确实存在一个液相区，如图 11-30[67]所示的深色区域，证明确实存在钛处理将镁铝尖晶改性的可能性[20]。

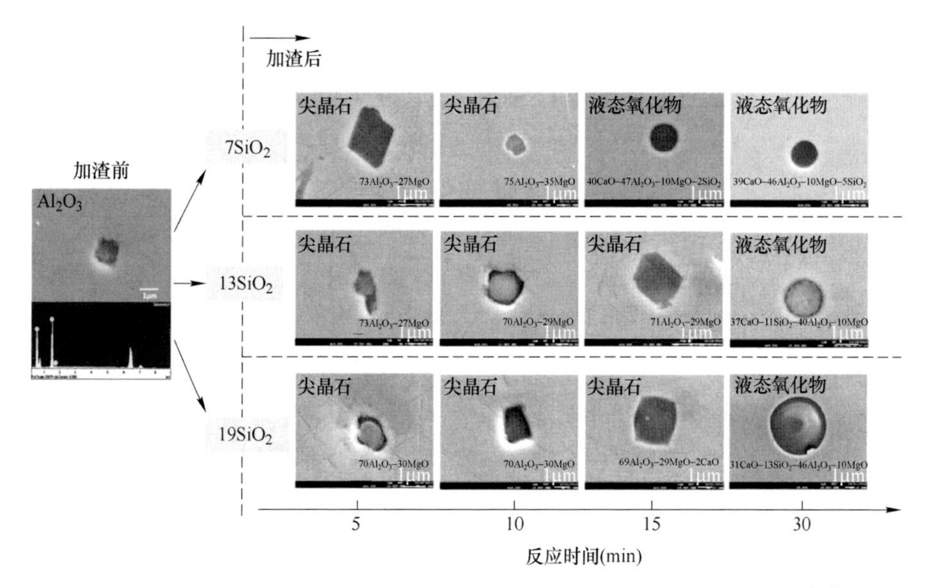

图 1-29 精炼渣中 SiO_2 含量对铝镇静钢中尖晶石夹杂物改性效果的影响[70]

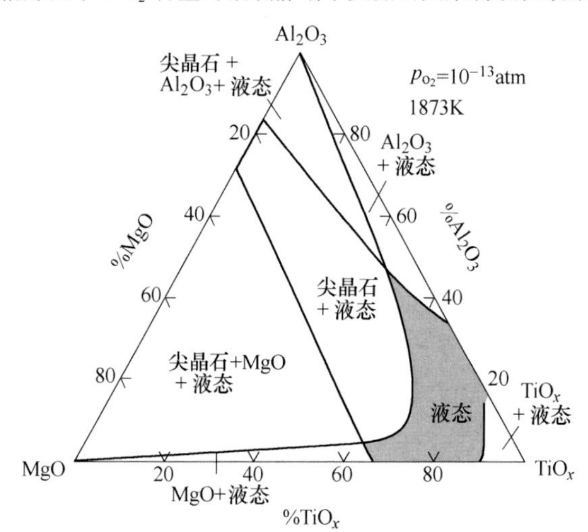

图 1-30 1873K 下钢中 MgO-Al_2O_3-TiO_2 夹杂物控制的目标成分区域[67]

要把夹杂物控制在目标成分范围内，需要对钢液成分进行控制。Park 等[67]计算得出了 11% Cr、0.5% Si、0.3% Mn、0.0005% Mg 情况下，不锈钢中 Al-Mg-Ti-O 夹杂物的热力学稳定相图，如图 11-31 所示。随着钢中钛含量的不断增加，钢中镁铝尖晶石夹杂物的生成区域逐渐减小，这说明向钢液中加钛有利于夹杂物的液态化控制。同时，由于钛这种金属是近些年才逐渐被人们广泛应用，目前钢中 Al-Mg-Ti-O 之间的基础热力学数据测量[19,21]结果相差较大，正确性还有待进一步研究。

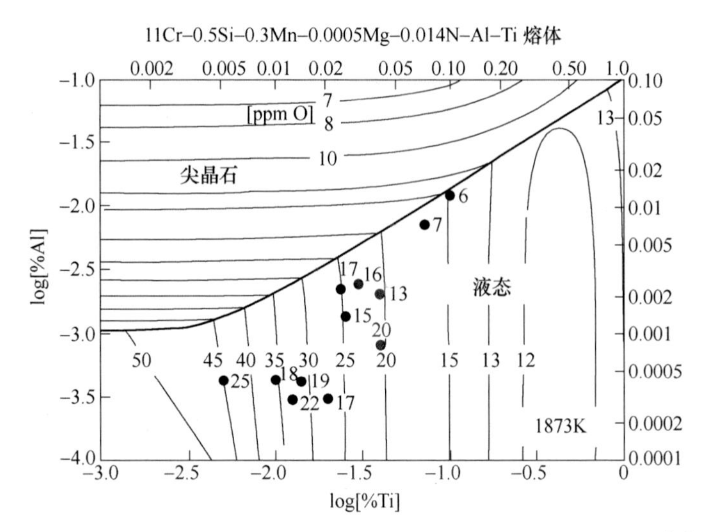

图 1-31　1873K 下不锈钢中 Al-Mg-Ti-O 系夹杂物的平衡稳定相图[67]

Seo 等[71]研究了铝脱氧后，钛和钙的加入顺序对钢中 Al_2O_3 和镁铝尖晶石夹杂物改性为液态夹杂物的影响。如图 1-32 所示，采用铝脱氧后，先加入钛，会加剧渣中 MgO 的还原，使镁进入钢液中与 Al_2O_3 形成镁铝尖晶石，再进行钙处理时，对夹杂物改性作用减小。相反，先加入钙可以得到球状的低熔点夹杂物，抑制或减少铝镁尖晶石的形成，同时可以使将大多数夹杂物成功改性为液态钙铝酸盐。

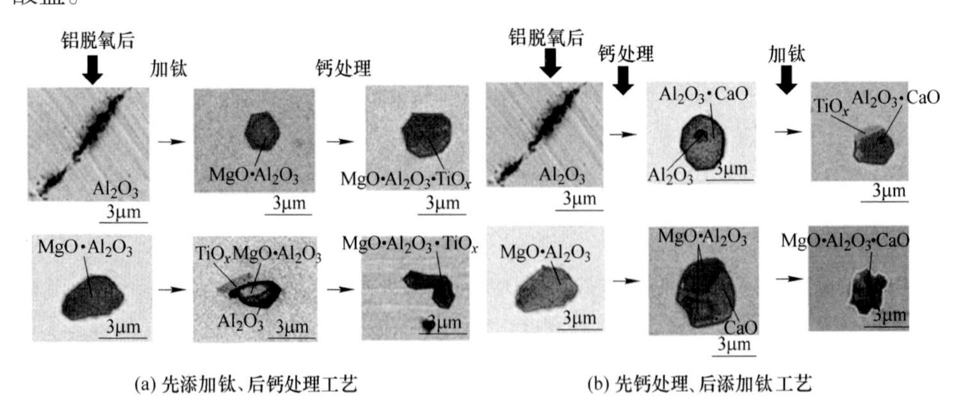

图 1-32　钛和钙加入顺序对铝脱氧不锈钢中夹杂物的影响[71]

1.5.2　硅基脱氧不锈钢中夹杂物的改性

不锈钢中夹杂物控制的第二种观点就是用硅基脱氧，即通过向钢中加入硅铁、硅锰合金对钢液进行脱氧。由于硅的脱氧能力较弱，很难将钢中的总氧降低到很低的水平，通常配合加入锰合金进行复合脱氧。相对于铝脱氧不锈钢，钢中夹杂物经过上浮长大去除后，仍然存在较多的夹杂物，但是由于硅脱氧后产生的夹杂物具有一定变形能力，对钢材性能的影响较小[72,73]。

图 1-33（a）所示的阴影区域为硅脱氧后 Al_2O_3-CaO-SiO_2 系的低熔点夹杂物成分区域，图 1-33（b）所示的阴影区域为硅脱氧后 Al_2O_3-MnO-SiO_2 系的低熔点夹杂物成分区域，即 $3MnO \cdot Al_2O_3 \cdot 3SiO_2$ 附近的低熔点区域。该类夹杂物中 Al_2O_3 含量低，具有较低的熔点，在热轧轧制过程中具有一定的较好的变形能力。

硅脱氧不锈钢在生产过程中需要严格控制各种原材料中的铝含量，采用低碱度渣精炼等工艺，采用镁质耐火材料，并要求较长的精炼时间，生产难度较大，成本较高，精炼渣硫容量不高。当然还有一些企业采用硅铝复合脱氧的方法，将两种方法相结合[74]。

实际生产过程中，硅铁合金中也都有一定量的铝，由于铝与氧结合的能力远大于硅和锰，因此，实际工业生产中许多用 Si-Mn 脱氧也需要考虑铝含量对夹杂物的影响。1873K 下 Si-Mn-Al-O 系生成相图如图 1-34[75] 所示，随着钢中的锰含量增加，液态夹杂物的稳定区域逐渐增加，因此在成分要求允许范围内，增加钢中锰含量，有利于钢中液态夹杂物的生成。同时，随着钢中铝含量的增加，夹杂物的液相区域明显变窄。

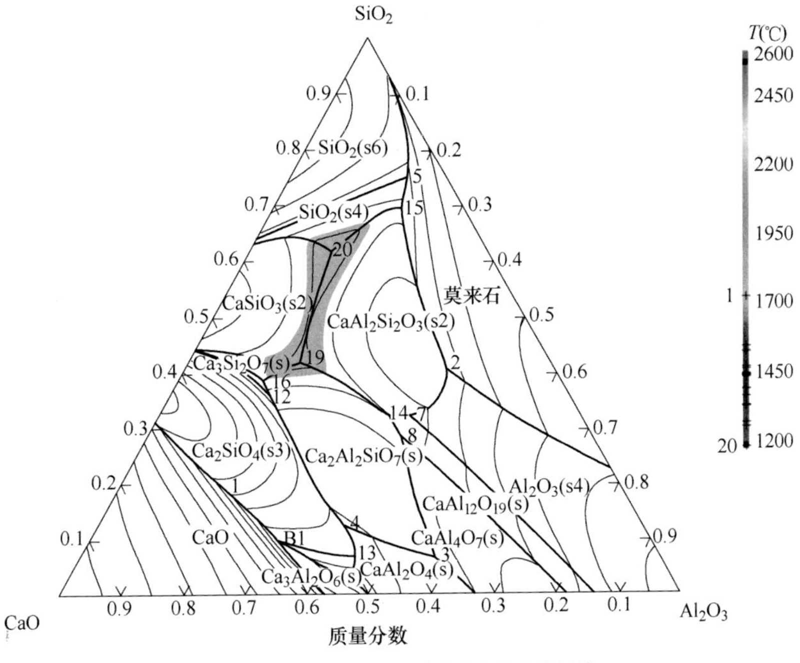

(a)Al_2O_3–CaO–SiO_2 系低熔点夹杂物成分区域

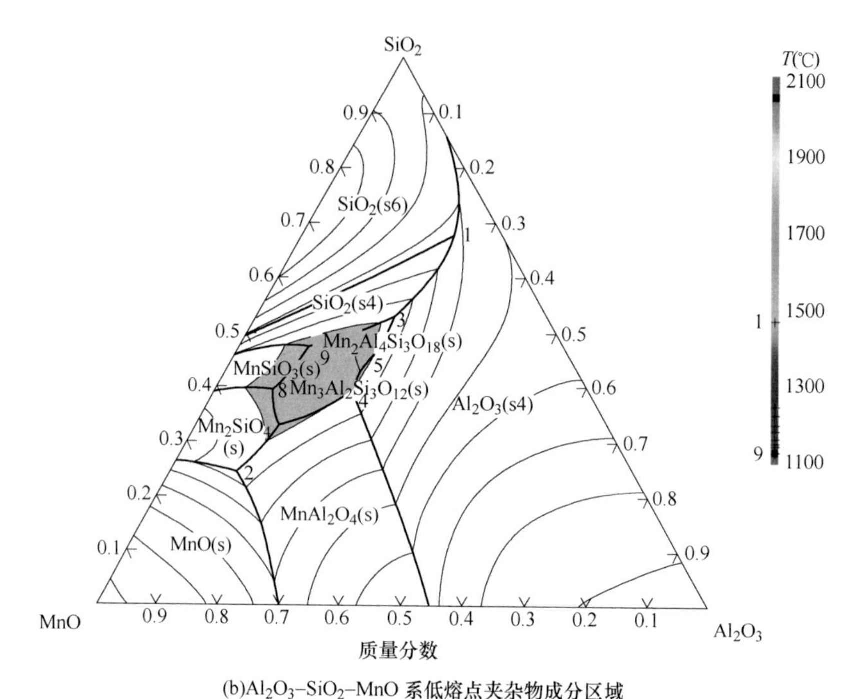

(b)Al_2O_3-SiO_2-MnO 系低熔点夹杂物成分区域

图 1-33　硅脱氧不锈钢中夹杂物的低熔点区域

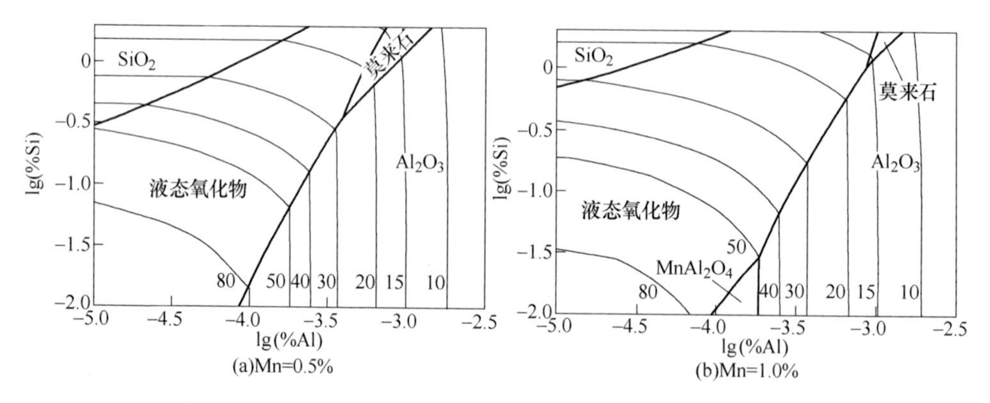

图 1-34　1873K 下纯铁液中 Si-Mn-Al-O 系夹杂物生成相图[75]

图 1-35[76] 所示为精炼渣成分对不锈钢夹杂物中 MgO-Al_2O_3 含量的影响。不同数字代表反应后夹杂物中 MgO-Al_2O_3 含量。随着精炼渣碱度降低，夹杂物中 MgO-Al_2O_3 含量降低；同时，随着渣中 Al_2O_3 含量的降低，夹杂物中的 MgO-Al_2O_3 含量降低。为了降低反应后不锈钢夹杂物中的 MgO-Al_2O_3 含量，精炼过程应当采用在图 1-35 中的阴影区域的低碱度低 Al_2O_3 精炼渣。

Suito[77] 对 CaO-SiO_2-Al_2O_3 三元系进行了热力学计算，结果表明，当夹杂物

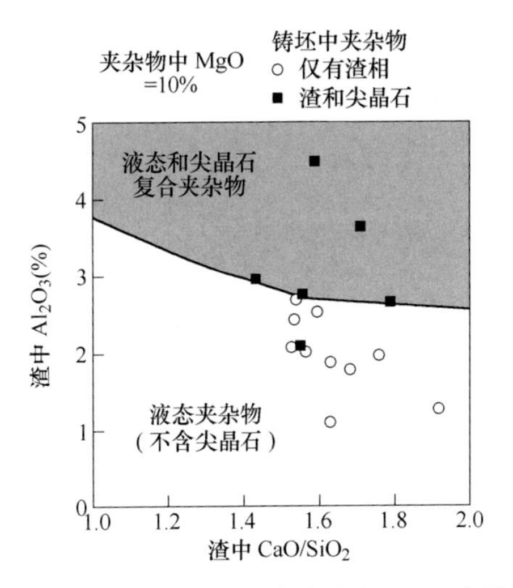

图 1-35　精炼渣成分对不锈钢夹杂物中 Al_2O_3 含量的影响[76]

成分落在 $12CaO \cdot 7Al_2O_3$ 附近的低熔点区时，钢液平衡 [Al]>20ppm，[O]<20ppm。Kang[75]通过热力学计算和实验证明系统预测了不同条件下硅锰脱氧钢夹杂物的成分，Mn%+Si%=1，Mn/Si=2.5 可以实现对夹杂物低熔点、塑性化的控制，如图 1-36 所示。Park[78]研究了 Si-Mn 脱氧钢中精炼渣碱度对夹杂物中 Al_2O_3

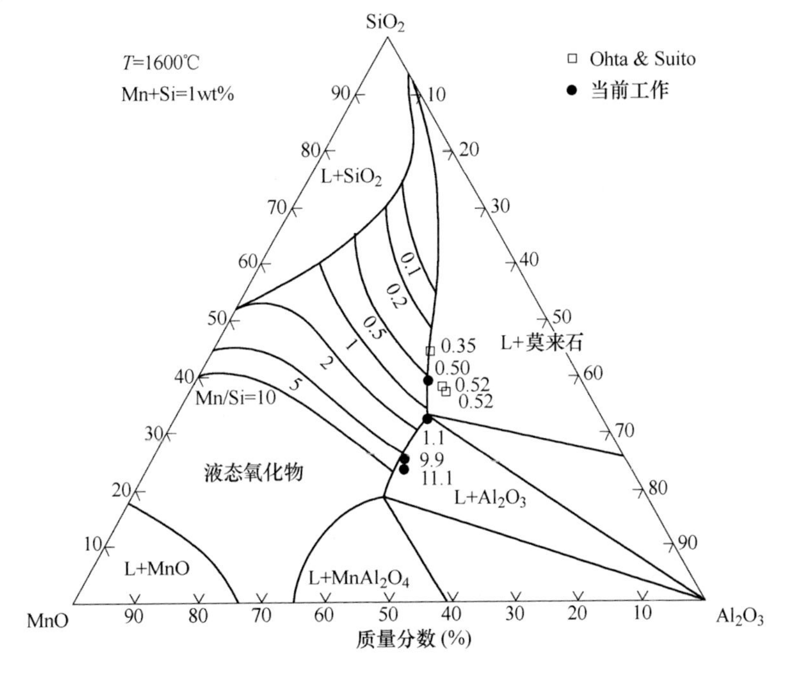

图 1-36　硅锰脱氧钢夹杂物成分模型预测与实验结果比较（1600℃）[75]

含量的影响，夹杂物中 MnO/SiO_2 在 0.8 左右，在碱度大于 1.5 时，夹杂中 Al_2O_3 含量达到 40%，趋于稳定，实现了通过钢液成分对夹杂物成分中 Al_2O_3 含量的一个基本预测，如图 1-37 所示。

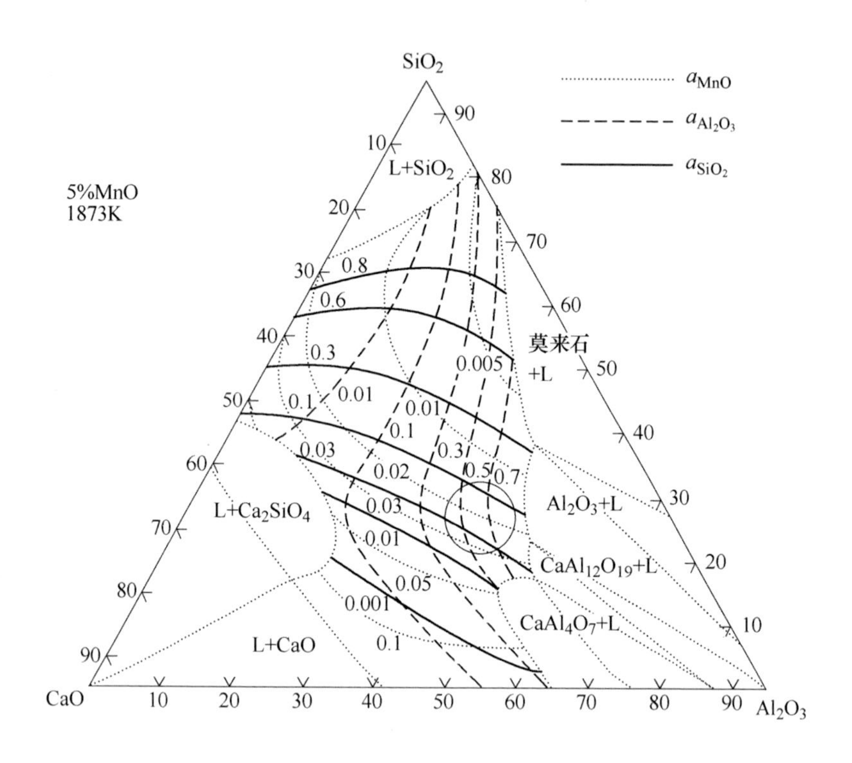

图 1-37　1600℃下 Al_2O_3-SiO_2-CaO-5%MnO 组分等活度线[78]

Park 等[69]研究了精炼渣成分对不锈钢中夹杂物的影响。从 AOD 到钢包的精炼过程中，夹杂物中 Al_2O_3 含量与 MgO 含量均有所上升，作者认为是由于作为脱氧元素的硅还原了耐火材料与渣中的 MgO 与 Al_2O_3 所致。中间包浇注过程中，MgO 和 Al_2O_3 含量显著上升，从中间包到铸坯的冷却过程中尖晶石相可能在钙硅酸盐组织中析出生长。同时，钢液转移到钢包后观察到了含铬的 MnO-SiO_2 类夹杂物。在钢包过程中 MnO 和 Cr_2O_3 开始被硅还原，从钢包到连铸结晶器过程中夹杂物中 MnO 和 Cr_2O_3 又被铝还原，夹杂物的演变过程如图 1-38 所示。当 Al_2O_3 含量低于 20%时夹杂物中几乎没有尖晶石相，但当 Al_2O_3 含量大于 20% 时，含尖晶石的夹杂物数量迅速增加，如图 1-38 所示。

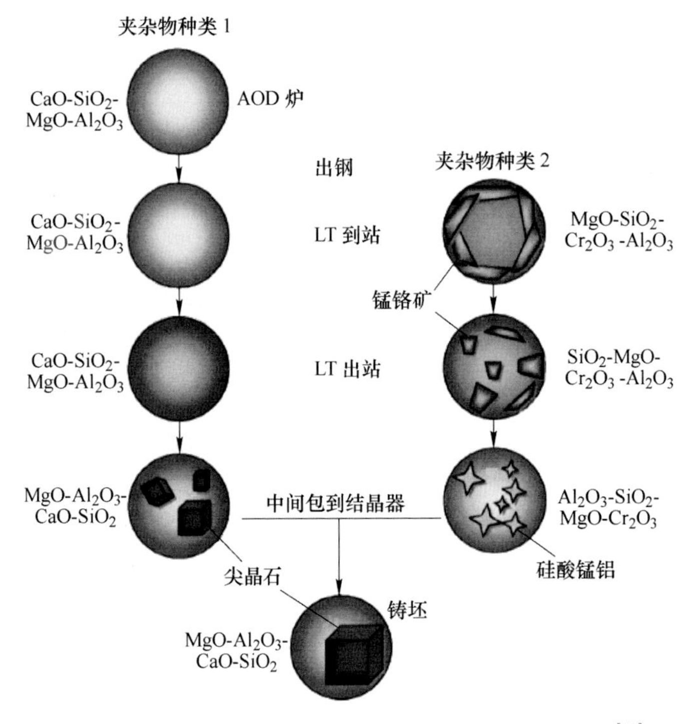

图 1-38 16Cr14Ni 不锈钢中 $MgO\text{-}Al_2O_3$ 夹杂物形成机理[69]

1.6 不锈钢中夹杂物的去除

1.6.1 夹杂物上浮去除

钢包吹氩是一种简单有效地去除钢中夹杂物的精炼方法，同时可以均匀钢液的温度和成分。钢包底吹氩去除钢液中的夹杂物机理是基于气泡的浮选作用，即夹杂物与氩气泡碰撞到一起并且黏附在气泡壁上，然后随着气泡的上浮从而被去除。气泡捕获夹杂物粒子的过程主要为以下几步[79,80]：（1）气泡接近夹杂物；（2）形成液膜；（3）夹杂物在气泡表面进行滑移；（4）气泡与夹杂物进一步接近，液膜变薄并破裂，形成夹杂物、气泡和钢液的三相界面；（5）夹杂物与气泡黏附；（6）夹杂物随着气泡上浮，如图 1-39 所示。

朱苗勇教授等[82]采用计算流体力学与总量平衡模型的耦合模型对钢包吹氩过程中夹杂物的行为进行了系统模拟。在该模型中，同时考虑到了夹杂物的长大和夹杂物的去除，如图 1-40 所示。研究发现，在较大吹气量范围内，双孔吹氩时对去除夹杂物的效果明显好于单孔吹氩的效果，同时，中心吹氩的效果稍好于偏孔吹氩的效果。气泡上浮过程中产生的尾流同样会促进夹杂物的上浮去除。

张立峰教授等[83]提出的夹杂物粒子聚合机理如下：在钢液中，弥散分布的

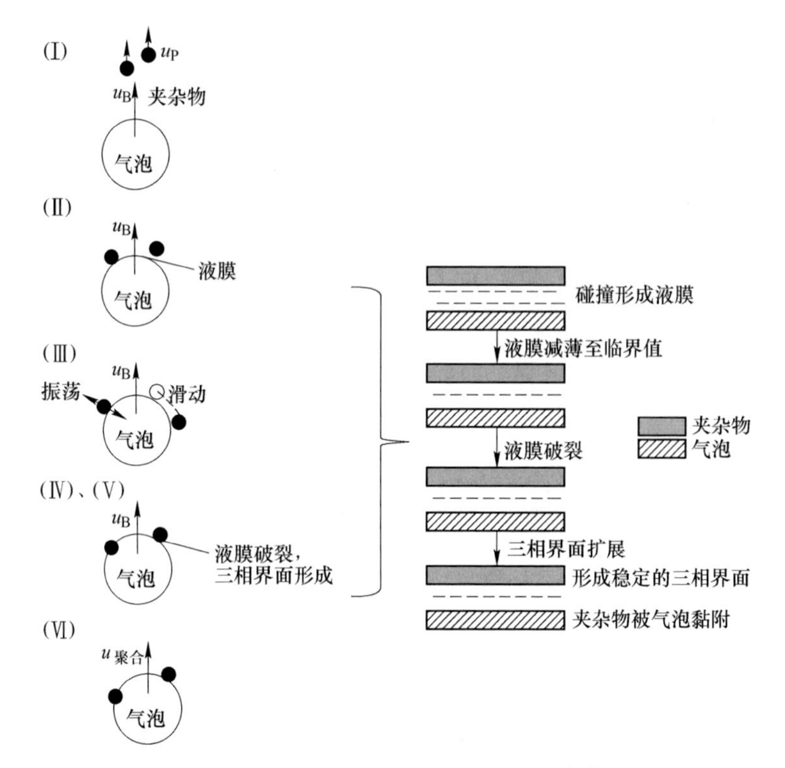

图 1-39　气泡吸附去夹杂物的微过程[81]

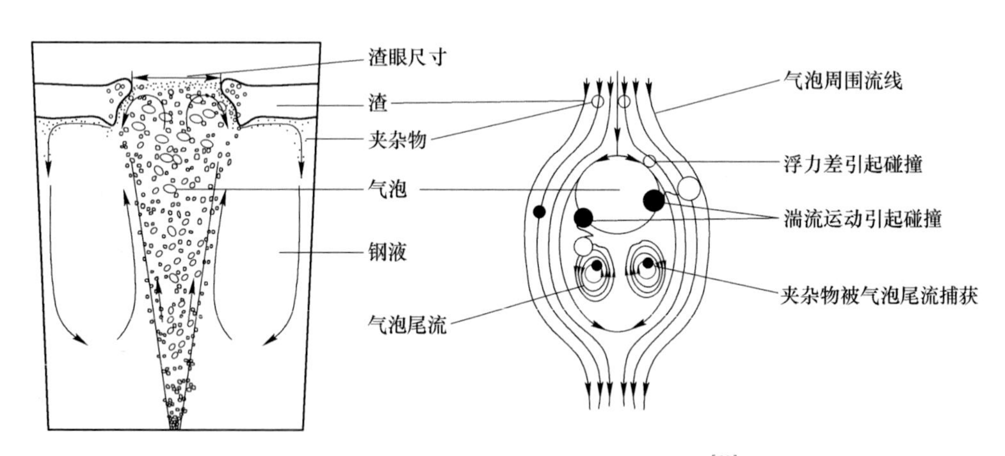

图 1-40　钢包吹氩过程中夹杂物的去除过程[82]

夹杂物粒子由于随机运动而相互靠近，夹杂物粒子间距大于临界聚合间距时，夹杂物粒子间依然充满钢液，不会有空腔形成；而在夹杂物粒子间距小于临界聚合间距时，只要夹杂物间的能量扰动大于该间距条件下空腔形成的活化能，空腔将在夹杂物粒子间形成。稳定能随着夹杂物粒子表面间距的减小而降低，即夹杂物间距越小，体系的能量越低，因此，空腔形成后夹杂物粒子将会自发靠近，以降低体系中的总自由能。最终，夹杂物粒子相互接触，此时体系的自由能最低，是空腔形成的最终状态，即平衡态。夹杂物粒子间形成空腔的过程如图 1-41[83] 所示。夹杂物粒子间的空腔达到平衡态后，烧结过程会使得夹杂物粒子发生黏结，关于夹杂物粒子间的烧结过程还有待进一步研究。

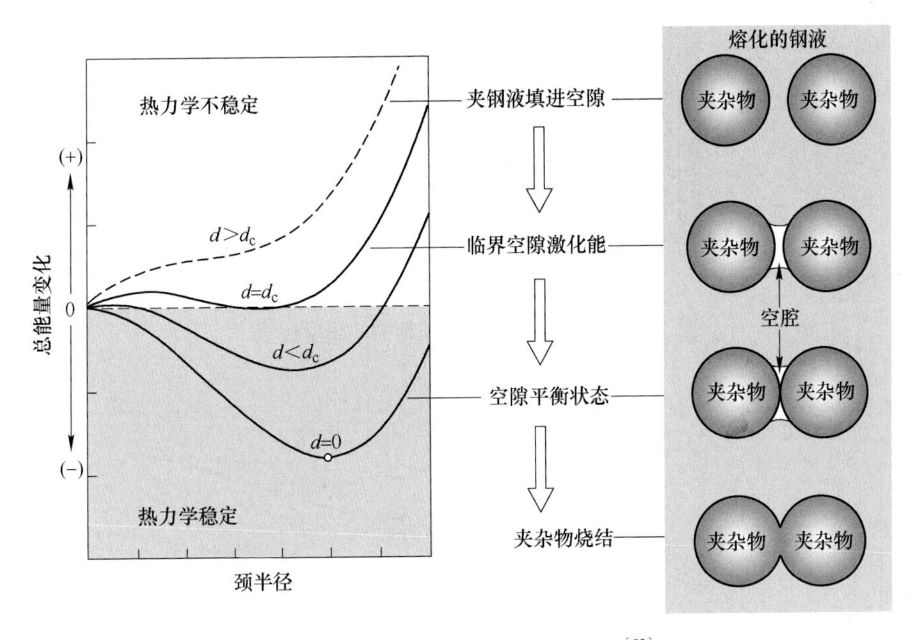

图 1-41 固体夹杂物粒子聚合机理[83]

对于夹杂物的长大主要有三种机理：（1）夹杂物间的湍流随机碰撞；（2）夹杂物间的湍流剪切碰撞；（3）夹杂物间的斯托克斯碰撞。对于夹杂物的去除主要考虑六种机理：（1）钢包壁面对夹杂物的去除；（2）夹杂物自身的上浮去除；（3）气泡与夹杂物碰撞而上浮去除；（4）气泡与夹杂物的湍流随机碰撞而去除；（5）气泡与夹杂物的湍流随机剪切而去除；（6）夹杂物被气泡尾流捕捉去除。图 1-42 所示为 Felice 等[84] 计算得到的在钢包吹氩过程中夹杂物的尺寸的演变行为，可以看出，随着吹氩时间的增加，小尺寸的夹杂物长大为大尺寸的夹杂物，同时，夹杂物也会被去除。

张立峰教授等[85] 采用组分传输方程建立了钢包吹氩过程的夹杂物去除模型，气泡浮选去除夹杂物以源项的形式进行考虑，精炼渣吸附去除夹杂物通过边界条件进行考虑。图 1-43 所示结果表明仅考虑气泡浮选去除夹杂物而不考虑精炼渣吸附去除夹杂物时，夹杂物去除率与吹氩时间近似于正比例关系，并且不同尺寸夹杂物的去除速率相差不大。

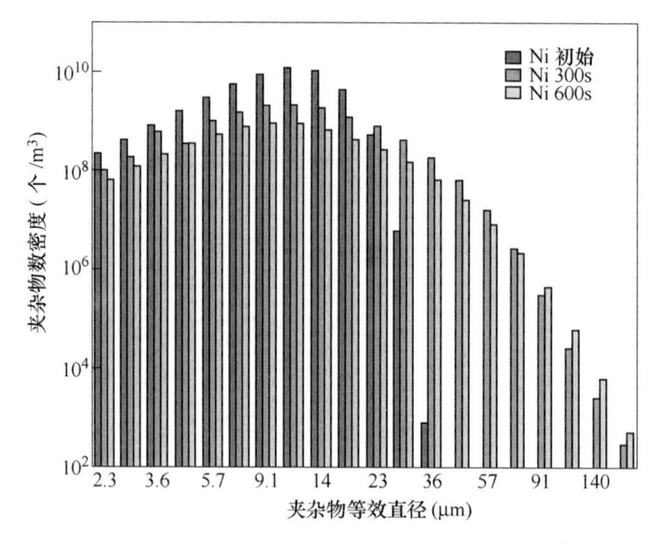

图 1-42　钢包吹氩过程中夹杂物的去除过程[84]

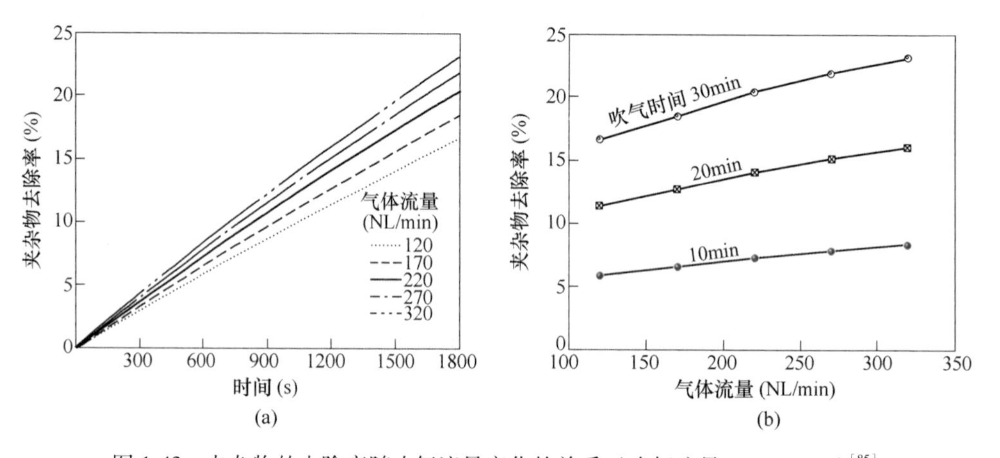

图 1-43　夹杂物的去除率随吹氩流量变化的关系（吹氩流量 220NL/min）[85]

1.6.2　夹杂物顶渣吸附去除

由于钢中非金属夹杂物密度小于钢液密度，夹杂物会上浮到渣钢界面，随后在渣、钢和夹杂物界面，夹杂物的行为可能包括：（1）从钢中进入精炼渣；（2）停留在渣钢界面处；（3）重新回到钢液中。关于夹杂物上浮去除能力的影响因素和夹杂物去除的机理已有大量研究[86-92]。为了实现对钢中夹杂物的有效去除，一方面，可以提升夹杂物上浮的动力学条件，使夹杂物能够更快地上浮；另一方面，可以提高精炼渣对夹杂物的吸附能力，使得夹杂物到达渣钢界面后更容易地实现有效去除。

Valdez 等[89]研究了熔渣对固态氧化物夹杂的吸附能力。研究发现夹杂物的溶解时间与精炼渣的过饱和度和渣黏度的比值（$\Delta C/\eta$）成反比。图 1-44 所示为计算的 1873K 时不同成分的 $CaO-SiO_2-Al_2O_3$ 液态渣的 $\Delta C/\eta$ 值。CaO 接近饱和、SiO_2 很少、Al_2O_3 饱和的精炼渣有利于 Al_2O_3 夹杂物的快速溶解去除。Choi 等[87]也研究了 Al_2O_3 在液态 $CaO-SiO_2-Al_2O_3$ 渣系中的溶解速度，如图 1-45 所示。结果表明，CaO 饱和的 $CaO-Al_2O_3$ 二元渣系有利于 Al_2O_3 夹杂物的快速溶解去除；在相同的 SiO_2/Al_2O_3 比例的条件下，Al_2O_3 夹杂物的溶解速率随渣中 CaO 含量的升高而加快；在相同的 CaO 含量的条件下，渣中 Al_2O_3 含量升高可以提升 Al_2O_3 夹杂物的溶解速率。近年来，Park 等研究了硅钢脱氧钢中夹杂物溶解速率与精炼渣的关系，也发现了类似的规律，结果如图 1-46[93]所示。

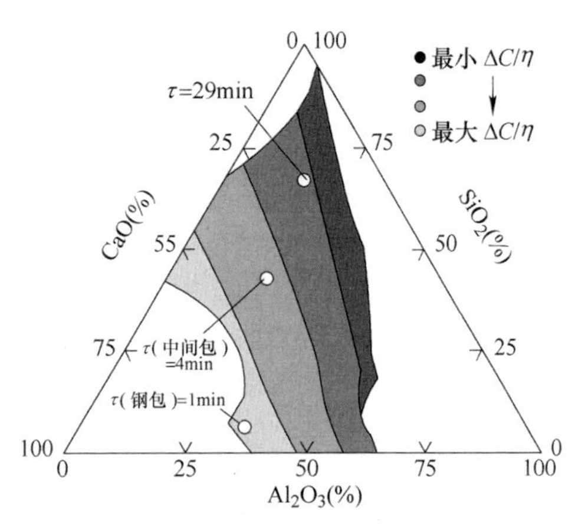

图 1-44　1873K 下不同成分 $CaO-SiO_2-Al_2O_3$ 渣系中 $\Delta C/\eta$ 分布[89]

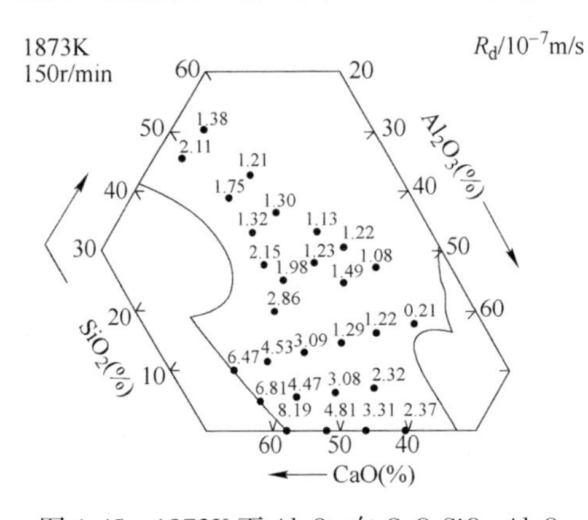

图 1-45　1873K 下 Al_2O_3 在 $CaO-SiO_2-Al_2O_3$ 渣中的溶解速率[87]

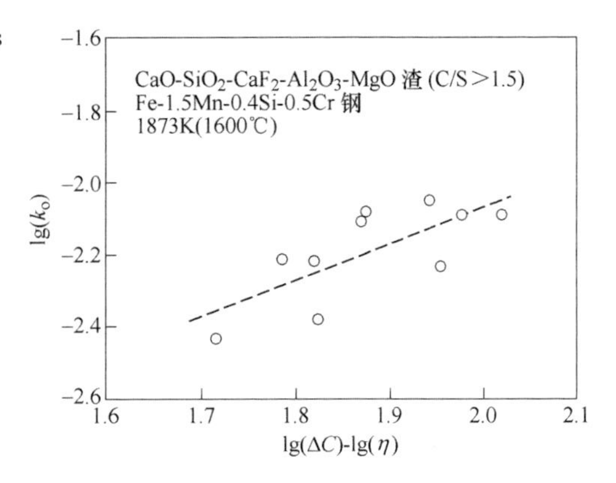

图 1-46　1873K 下 Al_2O_3 在 $CaO-SiO_2-Al_2O_3-CaF_2$ 精炼渣的过饱和度和渣黏度对硅锰脱氧钢中夹杂物溶解速率的影响[93]

1.7　二次氧化对夹杂物的影响

连铸过程中的二次氧化定义为从钢包到结晶器过程中，脱氧钢中的元素与氧发生的反应[94]。连铸过程中的二次氧化可能会导致钢中的氧含量上升、产生大量夹杂物，并且可能会堵塞水口[95]。二次氧化过程中的氧可能会来源于空气、渣和耐火材料等[96]。其中，吸收空气中的氧很容易导致钢液的二次氧化，因为从钢包开浇到稳定浇注过程中，很难完全避免吸收空气[97]。

二次氧化对钢中夹杂物的尺寸、数量和成分影响很大[96,98]。目前，对于夹杂物在二次氧化过程中变化的研究，大多数都集中在对铝脱氧钢，而对硅脱氧钢中夹杂物在二次氧化过程中变化的研究很少[99-101]。通常，铝脱氧钢的二次氧化会导致钢中氧含量的上升，同时钢中强脱氧元素铝会随之下降并生成 Al_2O_3[102]。图 1-35[97] 所示为开浇过程中中间包中［N］和［Al］$_s$ 的变化。由图 1-47（a）可知，钢包开浇时由于不稳定浇注过程吸收空气，造成了钢中［N］含量明显增加。同时由于吸收了大量的空气，造成中间包开始时［Al］$_s$ 的氧化并下降，如图 1-47（b）所示。不难推断，钢中会有更多的 Al_2O_3 夹杂物生成。

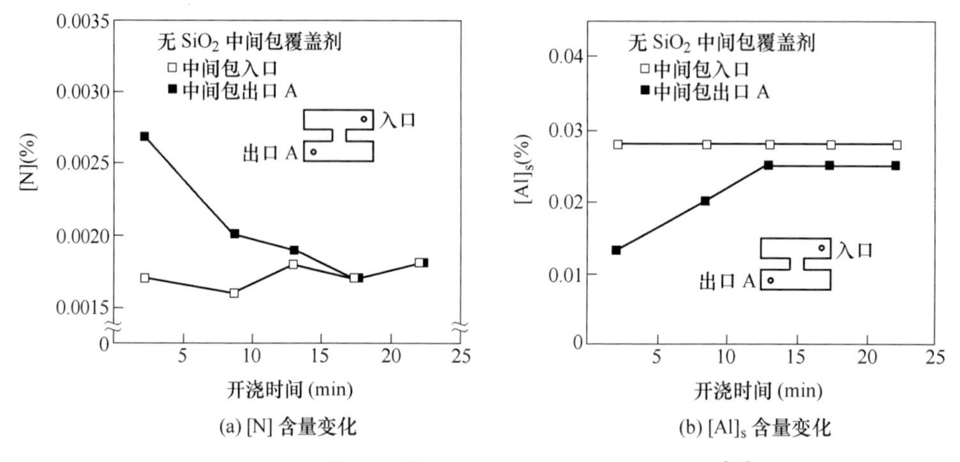

图 1-47　开浇过程中间包中［N］和［Al］$_s$ 的变化[97]

对于铝脱氧钙处理钢，二次氧化会对夹杂物的成分产生很大的影响。Pistorius 等[103]计算了氧含量对铝脱氧钙处理钢中夹杂物成分的影响，如图 1-48 所示。发现随着钢中氧含量的增加，夹杂物中的 Al_2O_3 含量明显增加，同时，液态夹杂物的比例明显减小。杨光维等[104]的工业试验研究同样发现类似的现象，如图 1-49 所示。RH 出站时，钢中夹杂物已经很好地被控制为液态钙铝酸盐。在中间包发生了二次氧化，夹杂物中 Al_2O_3 含量明显增加，大部分夹杂物都偏出了液态钙铝酸盐的低熔点区域。在随后的铸坯和轧板中，夹杂物的成分仍旧为 Al_2O_3 含量很高的夹杂物。因此，减小二次氧化对钢中夹杂物的控制非常重要。

任英等人建立了热力学计算模型，可以预测钙处理铝脱氧钢在不同条件下中间包不同位置处夹杂物的成分与数量变化。中间包出口处夹杂物数量随二次氧化吸氧量的变化如图 1-50 所示。可以看出，换包操作时二次氧化不严重时，钢水吸氧量约为 5ppm，夹杂物成分变化不大；而钢包开浇时二次氧化严重，钢水吸

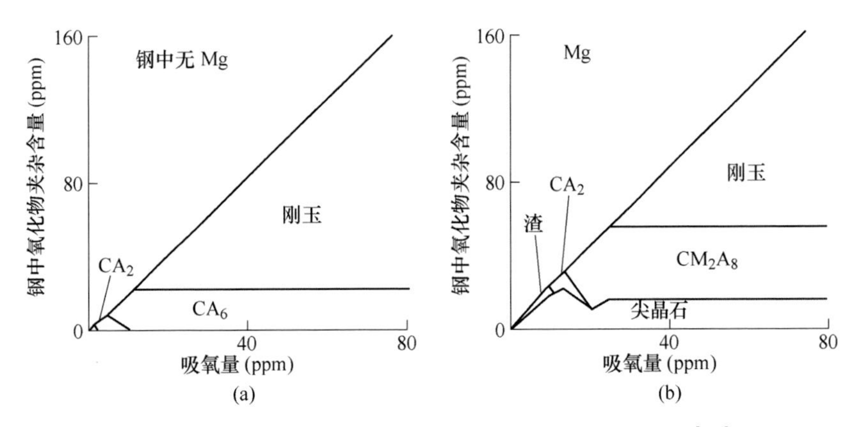

图 1-48 氧含量对铝脱氧钙处理钢中夹杂物成分的影响[103]

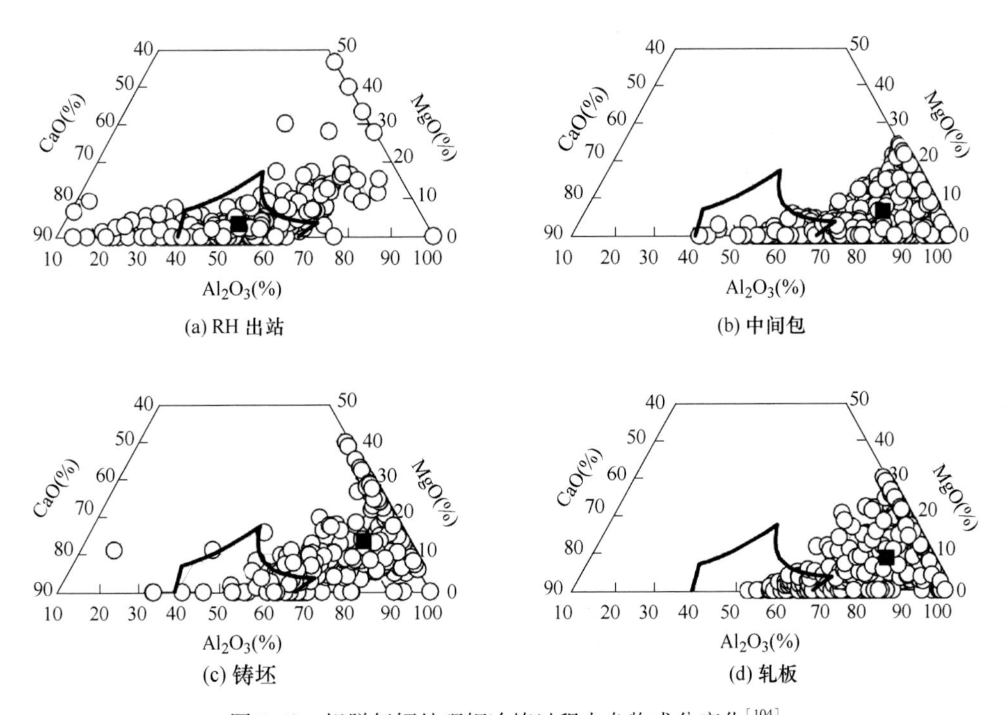

图 1-49 铝脱氧钙处理钢冶炼过程夹杂物成分变化[104]

氧量约为 20ppm，夹杂物中 Al_2O_3 含量大幅上升[105]。

Van Ende 等人开发了 PDF 模型[106]，如图 1-51（a）~（c）所示，选取的夹杂物的尺寸区间不同，夹杂物的分布曲线不同。但是应用 PDF 模型消除了尺寸分布区间对夹杂物的分布曲线的影响。同时，反应不同时刻夹杂物的尺寸分布曲线不同，如图 1-52 所示。反应刚开始时，杂物的尺寸与夹杂物的数密度的对数值呈曲线关系，随着反应逐渐达到稳定，曲线逐渐呈现线性关系。因此，PDF 可

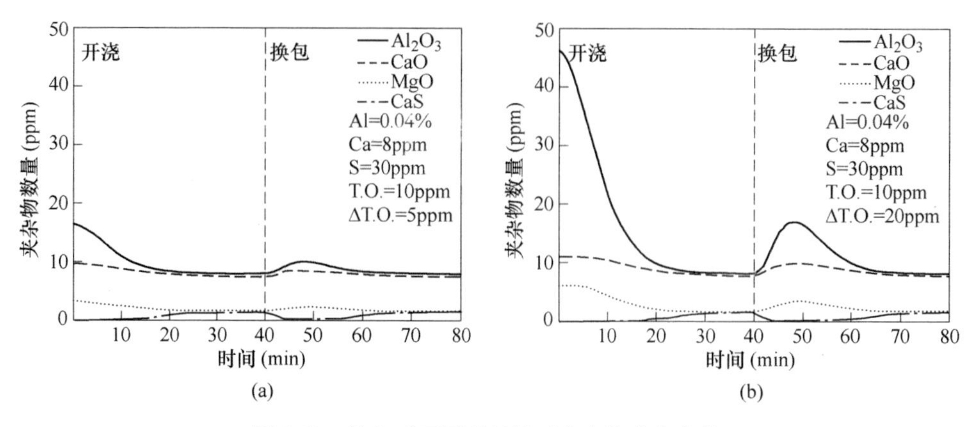

图 1-50　换包时不同吸氧量下夹杂物成分变化

以很好地应用于解释说明二次氧化过程中夹杂物的数量和尺寸变化：在二次氧化之前，PDF 曲线应该基本为一条直线；二次氧化以后，PDF 曲线为一条曲线。

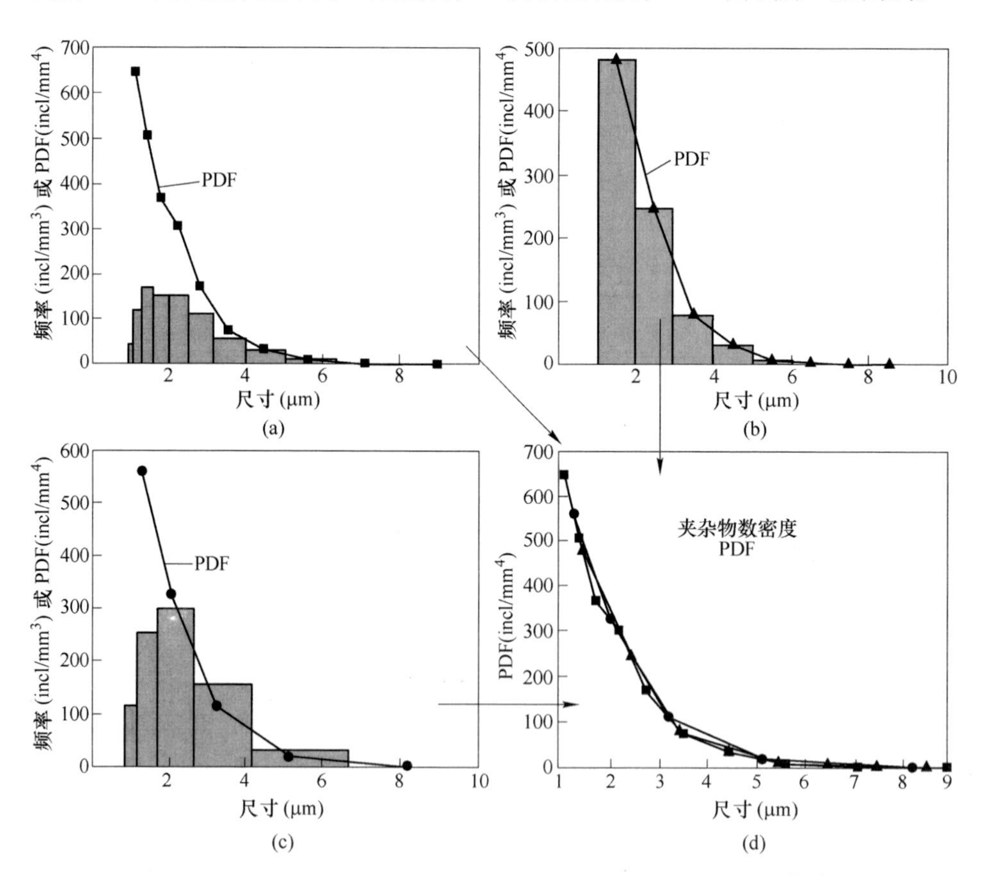

图 1-51　夹杂物尺寸区间对夹杂物分布曲线的影响及 PDF 模型[106]

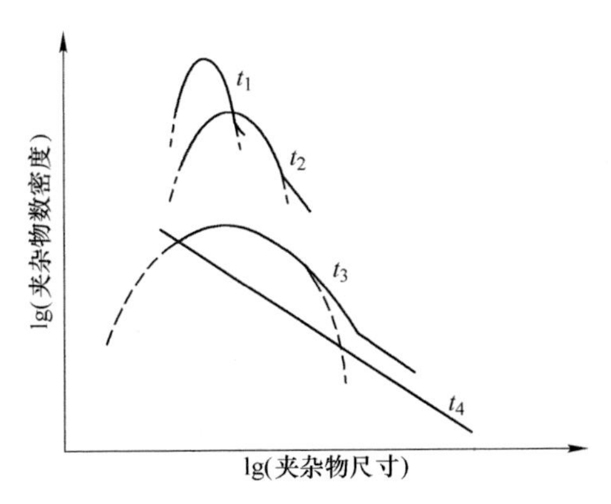

图 1-52　不同时刻夹杂物的尺寸与夹杂物的数密度的关系[106]

1.8　热处理对不锈钢中氧化夹杂物成分的影响

在不锈钢的热处理过程中，由于钢中有很高含量的合金元素，钢中氧化夹杂物可能与钢基体反应，从而导致氧化夹杂物成分发生很大的变化。早在 1967 年，Takahashi 等[107]就报道了 304 不锈钢中夹杂物在 1073～1473K 的热处理过程中的转变，如图 1-53 所示。夹杂物可能会从热处理前的 $MnO-SiO_2$ 转变为热处理后的 $MnO-Cr_2O_3$，其实验条件为空气气氛，文章中没有报道夹杂物的数量变化关系，所以无法判断夹杂物是由于原始夹杂物的自身转变引起的，还是由于加热过程中由于二次氧化析出了较多夹杂物造成的。

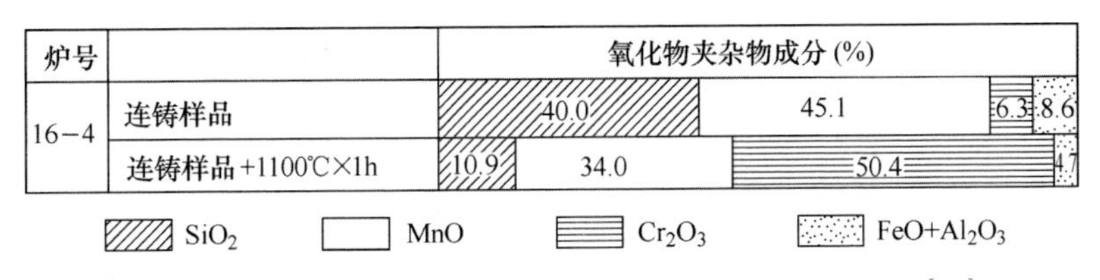

图 1-53　热处理过程 304 不锈钢中夹杂物成分和尺寸变化[107]

Takano 等[108]对 17Cr-9Ni 不锈钢热处理过程中夹杂物的变化进行了研究，其实验同样是在空气条件下进行的。其在前人基础上对热处理前后不锈钢样品中的夹杂物数量和尺寸分布进行了分析，结果如图 1-54 所示。发现 Al-Ca 脱氧的不锈钢样品在空气气氛条件下进行热处理，夹杂物基本不会发生变化。然而，对硅锰脱氧的不锈钢样品在空气气氛下进行热处理会生成大量的 $MnO-Cr_2O_3$ 夹杂物。

Takano 等[108]还对比了铝脱氧和硅锰脱氧奥氏体不锈钢的晶粒组织，发现硅锰脱氧奥氏体不锈钢晶粒组织明显细化，这主要是由于硅锰脱氧奥氏体不锈钢在 1250℃下的热处理过程中会生成小尺寸 $MnO-Cr_2O_3$ 夹杂物，这些 500nm 以下的

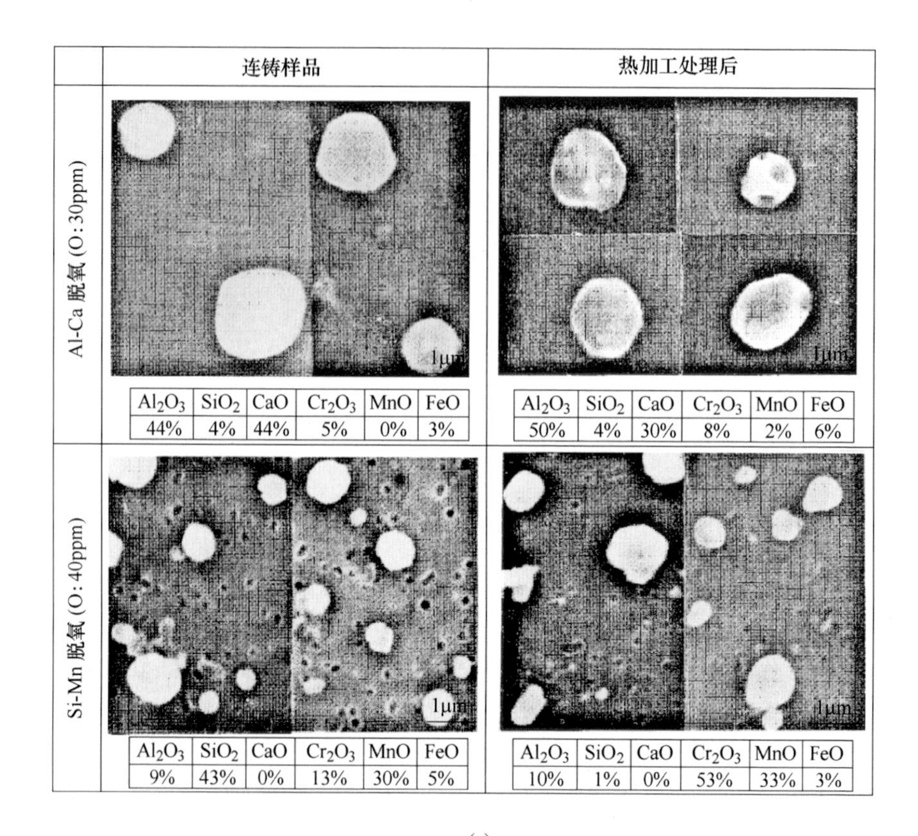

(a)

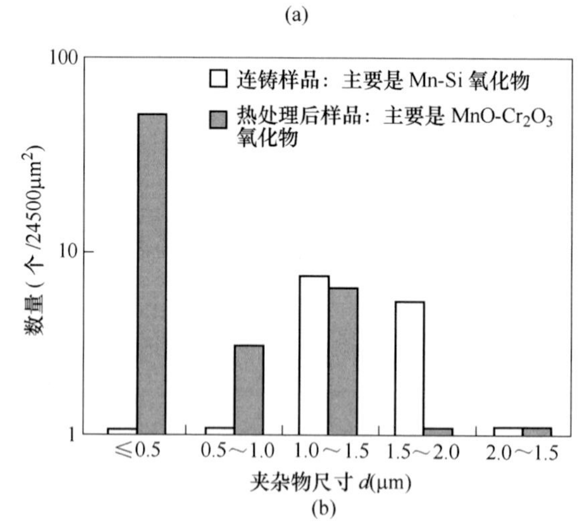

(b)

图 1-54　热处理过程 17Cr-9Ni 不锈钢中夹杂物成分和尺寸变化[108]

夹杂物可以钉扎奥氏体晶界，从而起到了抑制晶粒长大的作用，如图 1-55 所示。然而，已有研究结果还存在一些不足之处：（1）只是在最终的样品中观察到小

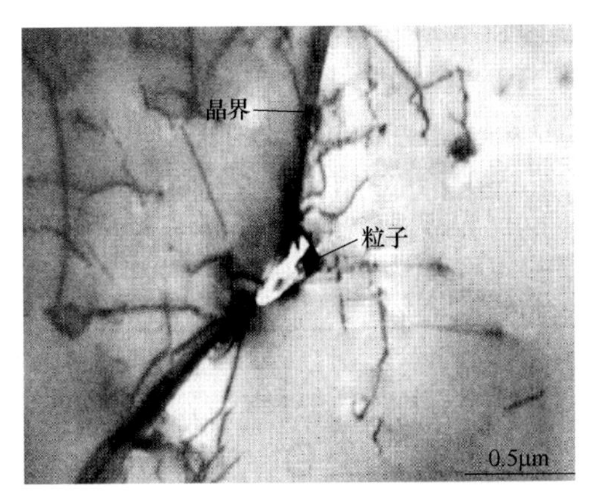

(a)

脱氧	凝固	退火	热加工
(1) Al-Ca	$CaO \cdot Al_2O_3$ ($d \geqslant 1\mu m$) (稳定)	$CaO \cdot Al_2O_3$ ($d \geqslant 1\mu m$)	晶界 $CaO \cdot Al_2O_3$ ($d \geqslant 1\mu m$)
(2) Si-Mn (O＞100ppm)	$MnO \cdot Cr_2O_3$ ($d \geqslant 1\mu m$) (稳定)	$MnO \cdot Cr_2O_3$ ($d \geqslant 1\mu m$)	$MnO \cdot Cr_2O_3$ ($d \geqslant 1\mu m$)
(3) Si-Mn (O=50ppm)	$MnO \cdot SiO_2$ ($d=1\mu m$) (不稳定)	$MnO \cdot Cr_2O_3$ ($d=0.2\mu m$) 破裂 (消失沉淀)	晶界 $MnO \cdot Cr_2O_3$ ($d=0.2\mu m$) 钉扎

(b)

图 1-55 奥氏体不锈钢中 $MnO-Cr_2O_3$ 夹杂物钉扎晶界[108]

尺寸 $MnO-Cr_2O_3$ 夹杂物在奥氏体晶界上生成的现象，并没有揭示和确定热处理过程小尺寸 $MnO-Cr_2O_3$ 夹杂物钉扎晶界的过程和机理；（2）没有确定有细化晶粒效果的小尺寸 $MnO-Cr_2O_3$ 夹杂物的生成条件；（3）没有提出钢液成分、热处理温度、时间和气氛等影响因素对 $MnO-Cr_2O_3$ 夹杂物细化固态钢晶粒组织的影响。

Shibata 等[109,110]研究了 $MnO-SiO_2$ 渣系和 Fe-Cr 合金的固态加热反应，同样发现了热处理过程中夹杂物由 $MnO-SiO_2$ 到 $MnO-Cr_2O_3$ 的转变过程，还研究了不锈钢中 Si、Mn、Ni 和 Cr 对热处理过程中夹杂物成分变化的影响，确定了不锈钢与夹杂物反应的转变条件，如图 1-56 所示。此外，通过热力学计算对不锈钢中夹

项　目	氧化物形貌	平均成分 (mol%)
连铸样品	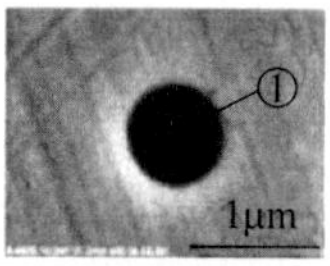 ① 1μm	① $47MnO-47SiO_2-6Cr_2O_3$
热处理后	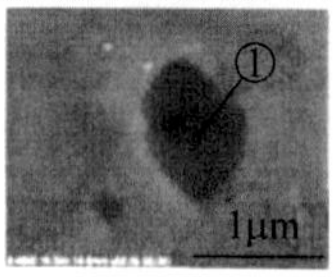 ① 1μm	① $55MnO-45Cr_2O$

(a)

样品		铸态	5min	10min	60min
Fe-10%Cr	低 -Si (0.08%)	○	◑	◑	●
	高 -Si (0.30%)	○	○	○	○
Fe-5%Cr	低 -Si (0.03%)	○ ●	●	●	●
	中 -Si (0.15%)	○	○	○	●
	高 -Si (0.43%)	○	○	○	○
Fe-1%Cr	低 -Si (0.03%)	○	○	○	○
	高 -Si (0.36%)	○	○	○	○

（表头斜线：加热时间 / 样品）

○ $MnO-SiO_2$种类

◑ $MnO-SiO_2$种类和 $MnO-Cr_2O_3$种类

● $MnO-Cr_2O_3$种类

(b)

图 1-56　热处理前后 Fe-Cr 不锈钢中典型夹杂物[109]

杂物的变化进行了讨论。但是其实验仍旧是在空气条件下进行的，无法判断原有试样中的内生夹杂物是否发生了转变。

1.9 稀土元素在不锈钢中的应用

1.9.1 稀土元素性质

稀土元素最早从稀少的矿物中发现，当时把不溶于水的物质称为“土”，故称稀土。目前已经探明的稀土元素共 17 种，包括镧系元素镧（La）、铈（Ce）、镨（Pr）、钕（Nd）、钷（Pm）、钐（Sm）、铕（Eu）、钆（Gd）、铽（Tb）、镝（Dy）、钬（Ho）、铒（Er）、铥（Tm）、镱（Yb）、镥（Lu），以及与镧系的 15 个元素密切相关的两个元素钪（Sc）和钇（Y），通常将从镧（La）到钆（Gd）定义为轻稀土，其余为重稀土。

中国稀土产量居世界首位，表 1-5[111] 给出了常见稀土元素的部分物理性质。稀土元素的化学性质非常活泼，能与钢液中 O、S、Al_2O_3、MnS、AlN 等夹杂物反应。与钙、镁等活泼元素相比，稀土元素在钢水中的收得率较高，这为其在钢中的应用创造了条件。

表 1-5 常见稀土元素的部分物理性质[111]

元素	原子量	离子半径（nm）	密度（g/cm^3）	熔点（℃）	沸点（℃）	氧化物熔点（℃）	电阻（Ω · m）
镧（La）	139	0. 122	6. 19	921	3457	2217	56. 8
铈（Ce）	140	0. 118	6. 768	799	3426	2397	75. 3
钕（Nd）	144	0. 115	7. 007	1024	3074	2270	64. 3
钐（Sm）	150	0. 113	7. 504	1072	1791	2345	88. 0
钇（Y）	89	0. 106	4. 472	1522	3338	2410	64. 9

图 1-57[112] 所示为 1650℃下稀土元素氧化物与其他氧化物形成的吉布斯自由

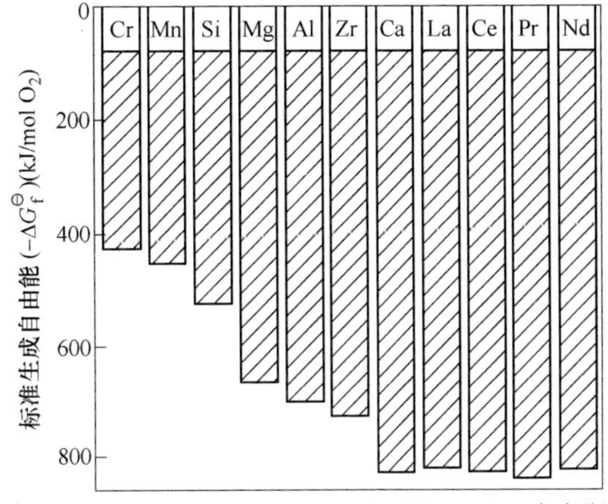

图 1-57 1650℃下稀土元素氧化物与其他氧化物形成的吉布斯自由能[112]

能。由图可知，钢中的稀土元素与氧的结合能力极强，很容易生成稀土氧化物；同时也说明了稀土元素很容易将钢中的 MnO、SiO_2、MgO、Al_2O_3、ZrO_2、CaO 等氧化物夹杂变性成为稀土氧化物。图 1-58[112] 所示为钢中稀土元素夹杂物生成的吉布斯自由能，可以发现，除了稀土氧化物外，钢中极易生成稀土硫化物和稀土氧硫化物。

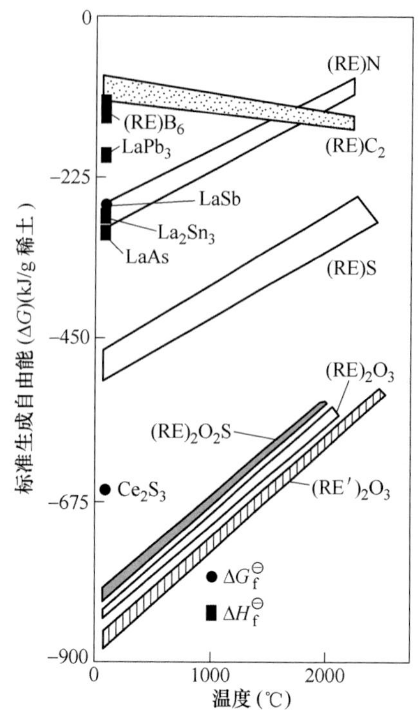

图 1-58 钢中稀土元素夹杂物生成的吉布斯自由能[112]

稀土元素具有强化学活性和大原子尺寸等特点，是冶金工业中重要的添加剂，可用作钢的深度净化剂、夹杂物的变质剂和高附加值钢铁材料的重要微合金元素。在钢中添加稀土元素既是提高钢材品质的有效手段，又是发展钢材新品种的重要措施之一。迄今为止，国内外众多学者对稀土元素在钢中的冶金和物理化学行为、稀土元素在钢中的作用机理等方面开展了研究。通过添加稀土元素，可以提升钢材的强度、韧性、耐腐蚀等性能。充分利用中国丰富的稀土资源，大力发展高品质稀土钢，是中国钢铁材料升级换代的重要途径之一[113]。

1.9.2 稀土对不锈钢中夹杂物的影响

RE 对钢液中 Al_2O_3、MnS、AlN 等夹杂物非常敏感，与这些夹杂物反应可重新形成一系列细小复杂、形状各异的改性 RE 氧化物和 RE 氧硫化物，以及以 Al_2O_3、MnS、微量 Ca 硬质点等为核心，外层为含有 RE 的复杂组态的改性夹杂物。同时，RE 除了对夹杂物具有变质变性作用，对夹杂物还具有变形的作用，可以使钢液中链状、尖角状、长条状等有害非金属性夹杂物变形为等轴状，或趋近于纺锤状、球状 RE 复杂态化合物，从而显著提高钢的韧塑性、抗高温氧化性等性能，特别是钢的冲击韧性和各向异性[114]。

张少华等[115]研究表明，在 434 铁素体不锈钢中添加稀土铈会改变钢中夹杂物的形状和尺寸，未添加稀土前钢中夹杂物主要为 SiO_2、MnO 复合夹杂，SiO_2 夹杂与 MnS 夹杂。加入一定量的稀土铈后钢中 SiO_2 与铈反应生成以 SiO_2 为核心外围包裹铈元素的 $Ce_2O_3 \cdot SiO_2$ 复合夹杂物，同时铈还可以与硫化物夹杂反应生成球形的铈的硫氧化物夹杂；但当铈含量超过一定范围后，钢中大量的含铈夹杂物会聚集在一起，形成大尺寸复合夹杂物（图 1-59）。Kown 等[116]研究了稀土对 25Cr-20Ni-1Mn-1Si 不锈钢夹杂物的影响，在未经铝脱氧前其夹杂物主要为硅酸锰（铬），只加入铈而不加铝进行脱氧条件下，钢中有铈的氧化物夹杂，其含量随时间逐渐减少，最终恢复成 $MnO-SiO_2-Cr_2O_3$ 系夹杂。先加入铝脱氧，再加铈会得到 $AlCeO_3$ 类型夹杂。但夹杂物中 Ce_2O_3 含量随铝的加入一直降低，最后形成 $Al_2O_3-CeAl_{11}O_{18}$复杂夹杂物。

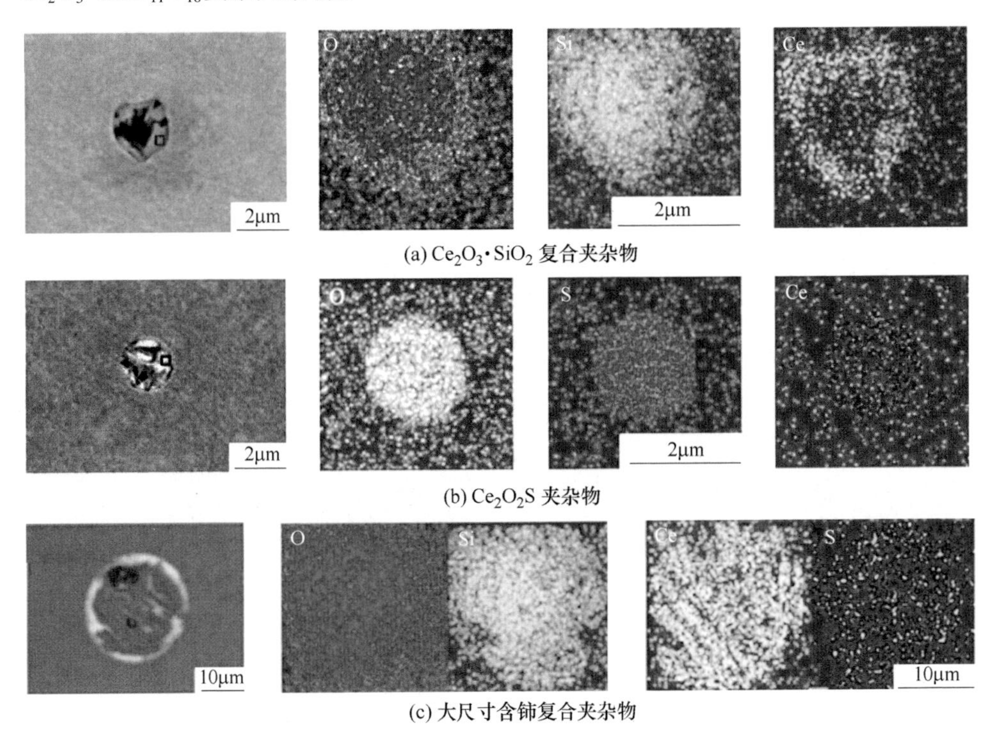

(a) $Ce_2O_3 \cdot SiO_2$ 复合夹杂物

(b) Ce_2O_2S 夹杂物

(c) 大尺寸含铈复合夹杂物

图 1-59 添加稀土后 434 铁素体不锈钢中夹杂物 SEM 照片

Kim[117]研究发现添加稀土后双相不锈钢中夹杂物由原来的（Mn，Cr）硫化物夹杂、（Mn，Cr，Fe）硫氧化物夹杂、（Mn，Cr）硫化物和（Mn，Cr，Fe，Si）氧化物复合夹杂转变为（Mn，Cr，Si，Al，Ce）氧化物和（Mn，Cr，Fe，Si）硫氧化物的复合夹杂物，如图 1-60 所示。并且添加稀土后，夹杂物的数量增多，但面积减小，且钢中小尺寸夹杂居多，夹杂物平均尺寸减小。

Ma 等[118]通过分析 AOD 出钢过程中添加稀土（含 La、Ce 等）的 2205 双相不锈钢热轧圆坯中的夹杂物发现，钢中夹杂物种类可分为 RE_2O_3、RE_xO_yS、$Cr_2O_3-RE_2O_3$、$Cr_2O_3-RE_xO_yS$、$(Ca, Mg, Cr, RE)_xO_y$、$(Ca, Mg, Cr, RE)_x(O, S)_y$ 六种（主要为圆形或纺锤形），以 RE_2O_3、RE_xO_yS、$Cr_2O_3-RE_2O_3$、$(Ca, Mg, Cr, RE)_xO_y$四种为主，RE_2O_3 数量最多，且稀土氧化物夹杂数量比稀

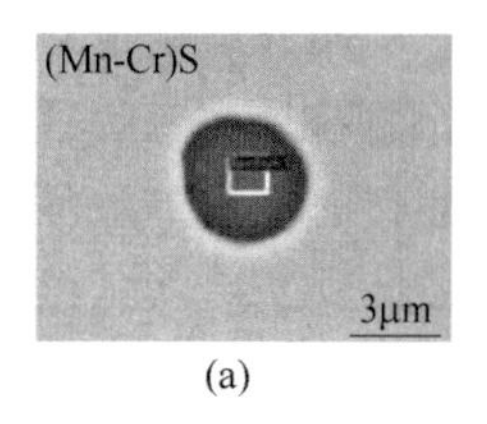

(a)

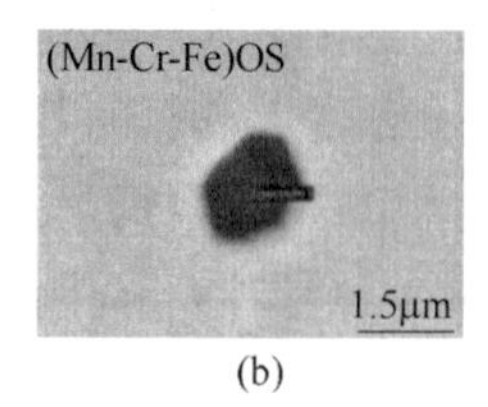

(b)

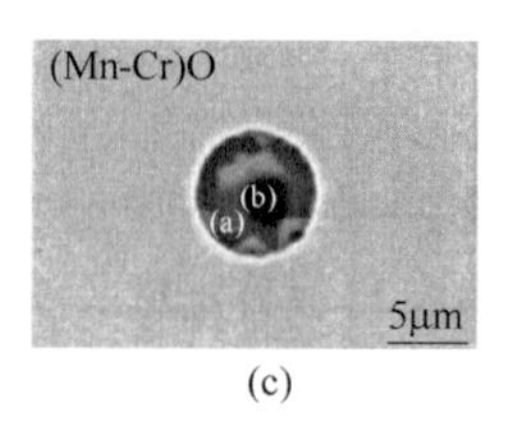

(c)

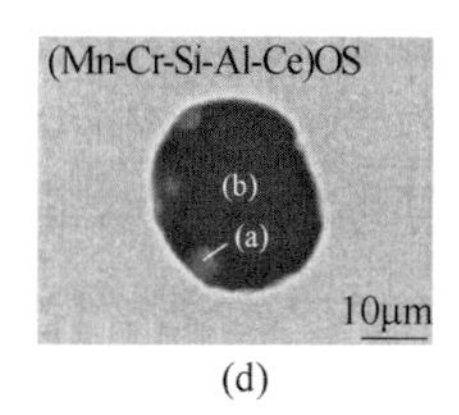

(d)

图 1-60　双相不锈钢中夹杂物 SEM-EDS 结果

（a）～（c）未加稀土；（d）添加稀土[117]

土硫氧化物夹杂多。从圆坯边缘到中心，RE_2O_3 和 RE_xO_yS 逐渐增多，而 $(Ca, Mg, Cr, RE)_xO_y$ 和 $(Ca, Mg, Cr, RE)_x(O, S)_y$ 逐渐减少，大部分夹杂物尺寸都小于 3μm，且随着夹杂物尺寸的增加其数量会逐渐减少。尺寸大于 5μm 的夹杂（主要为 $(Ca, Mg, Cr, RE)_xO_y$ 和 $(Ca, Mg, Cr, RE)_x(O, S)_y$）主要分布在圆坯边缘及直径 1/4 的位置。沿轧制方向的夹杂物尺寸略微大于垂直轧制方向的夹杂物尺寸，即稀土夹杂在轧制过程中有轻微的变形。钢中稀土氧化夹杂、稀土硫氧化物夹杂、大尺寸硫氧化物夹杂如图 1-61 所示[118]。

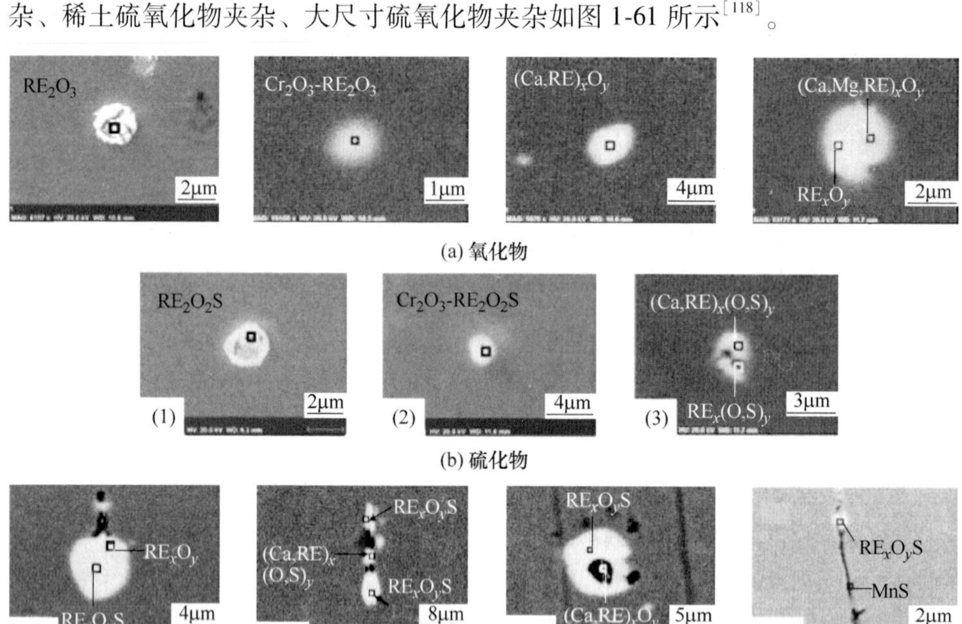

图 1-61　2205 双相不锈钢中的夹杂物形貌[118]

Liu 等[119]研究稀土金属对 21Cr-11Ni 奥氏体不锈钢中夹杂物的影响时发现，未经稀土处理的钢中夹杂物为长条状硫化物夹杂，加入稀土金属后，钢中夹杂物转变为稀土夹杂物，主要为球形的稀土硫化物和稀土氧硫化物夹杂，如图 1-62

所示。Liu 等[120]还观测了稀土金属对 2205 双相不锈钢夹杂物形貌和成分的影响，并对添加稀土前后钢中夹杂物的转变机理进行了研究。在添加稀土前，钢中夹杂物主要为较小尺寸硅铝酸盐和 MnS 复合夹杂；添加稀土后，钢中夹杂物转变为更小尺寸的具有较好变形性的球形稀土复合夹杂物，主要是 RES 包裹 RE_2O_2S 的复合夹杂物。

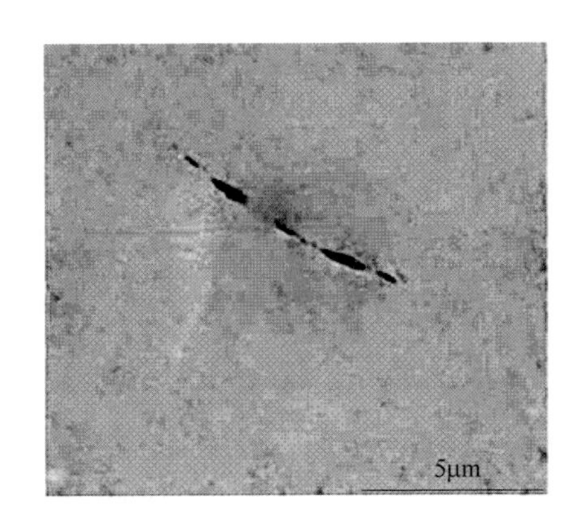

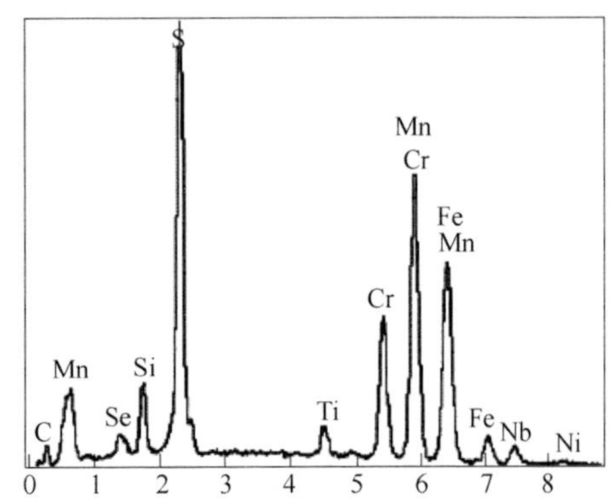

(a) 未加稀土

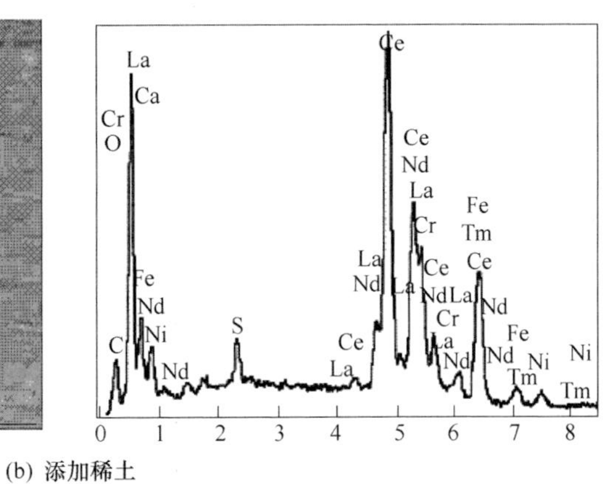

(b) 添加稀土

图 1-62 稀土对 21Cr-11Ni 钢中夹杂物形貌及成分的影响[119]

Shi 等[121]研究发现 304 不锈钢中夹杂物尺寸随钇含量的增加先减小后增大，钢的抗点蚀性随着钇含量的增加先变弱，再增强，后减弱；随着钢中钇含量的增加（0~0.049%），夹杂物的演变为，最初主要为（Al，Mn）氧化物和（Al，Mn）氧化物包裹的（Al，Si，Mn）氧化物夹杂，随后产生 MnS 夹杂、（Al，Y）硫氧化物包裹的（Al，Y）氧化物夹杂、MnS 包裹的（Y，Mn）硫氧化物夹杂，之后形成规则或不规则的 Y_2O_3 夹杂，最后产生 YN 夹杂，结果如图 1-63 所示。

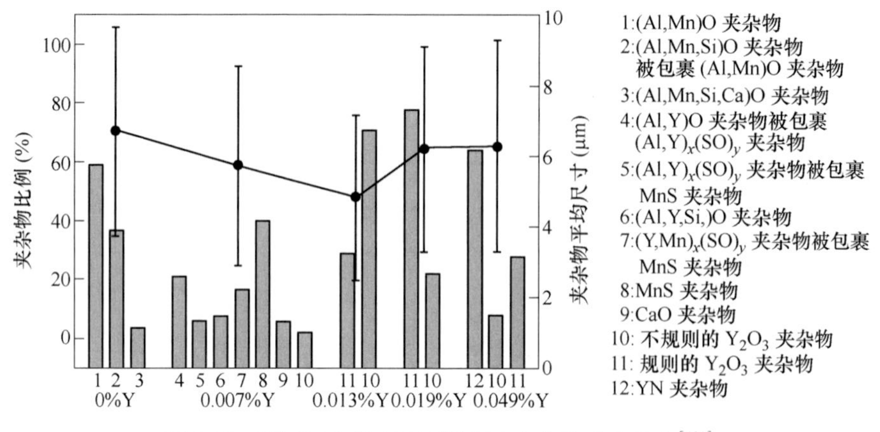

图 1-63　不同钇含量 304 不锈钢中夹杂物成分分布[121]

1.9.3　稀土对不锈钢凝固组织的影响

稀土元素影响钢的凝固过程和改变凝固组织，扩大铸锭中等轴晶的区域范围，同时缩小柱状晶的区域，并且减小等轴晶粒尺寸。稀土元素在扩大等轴晶区域以及减小等轴晶粒尺寸时通过不同的作用机制：（1）细小的稀土夹杂物在凝固过程中，作为非自发形核的活性质点增加晶粒形核数量；（2）低熔点稀土元素富集在界面上致使枝晶熔断游离，增加形核数量，同时促进等轴晶粒的细化；（3）在晶核表面的稀土元素富集吸附形成薄膜，在提高晶核稳定性的同时阻止了合金原子的扩散引起的晶粒长成，因此使晶粒细化。

在钢液凝固过程中，稀土夹杂物分布在枝晶间，成为新生枝晶的结晶核心，进而增加枝晶数目，使得一次枝晶臂间距变小，因此稀土具有减小一次枝晶间距的作用。Zhang 等[115]通过研究铈对 434 铁素体不锈钢凝固组织的影响发现，未添加铈的 434 铁素体不锈钢凝固组织主要为粗大的柱状晶，只在中心位置存在少量的等轴晶；而加入一定量的铈后，等轴晶区显著增加，凝固组织得到明显改善；但当铈含量超过一定范围后，钢的凝固组织并未改善，不同铈含量 434 铁素体不锈钢凝固组织如图 1-64 所示。

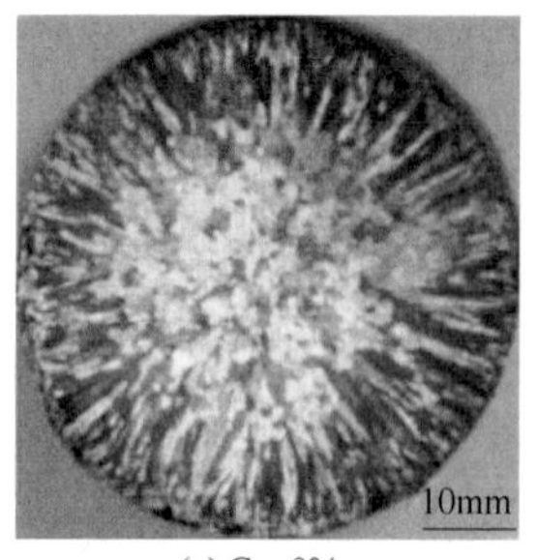

(a) Ce=0%

(b) Ce=0.011%

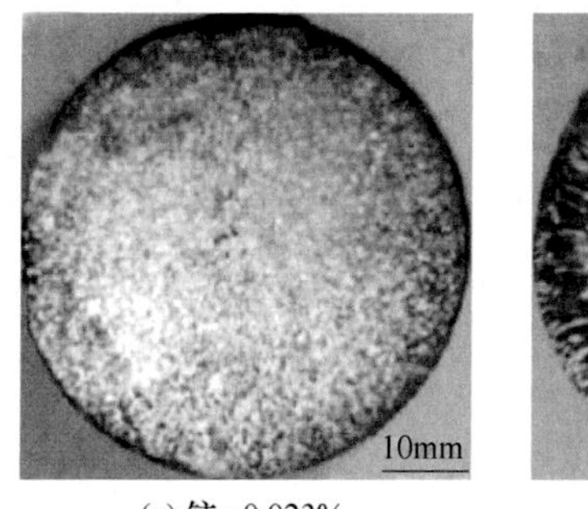

(c) 铈 =0.023%

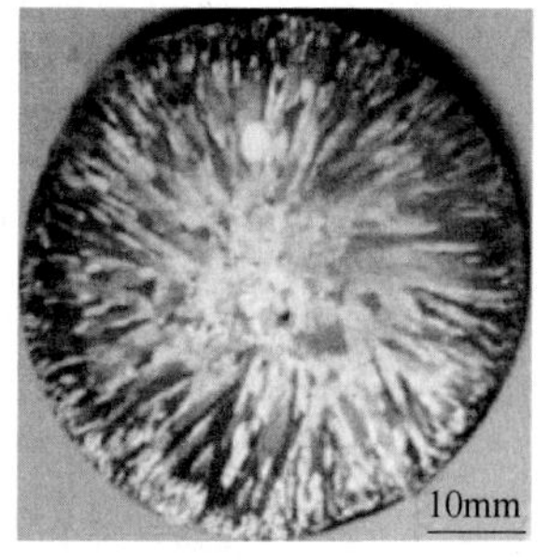

(d) 铈 =0.034%

图 1-64　不同铈含量 434 铁素体不锈钢的凝固组织[115]

图 1-65[122]所示为不同铈含量对 00Cr17Mo 不锈钢热处理后的金相组织的影响。不加稀土试样的组织较粗大、晶粒大小不一、分布不均匀；加稀土试样的组织均为等轴状的铁素体组织，并且较不加稀土试样组织晶粒更为细小、均匀。铈加入 00Cr17Mo 不锈钢中，可以起到细化晶粒的作用，且在此实验条件下铈含量仅为 27ppm 时就可以有很好地细化晶粒效果。

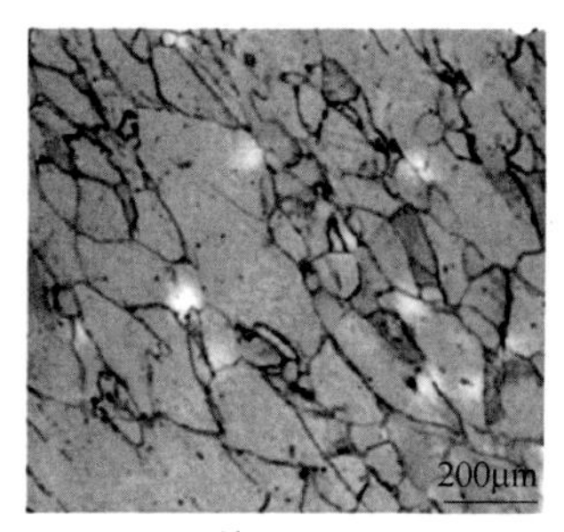

0 号 Ce=0%

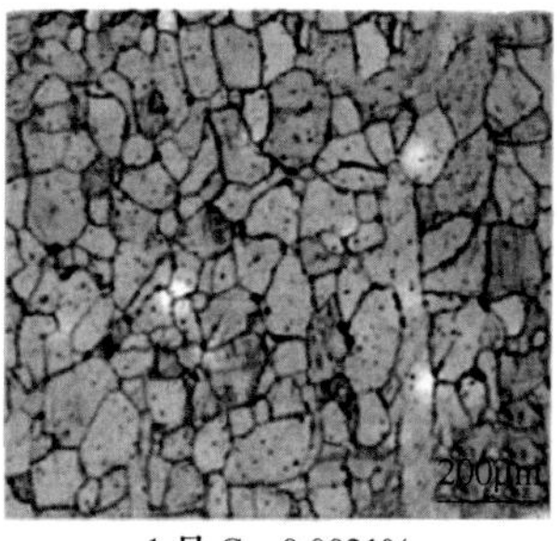

1 号 Ce=0.0021%

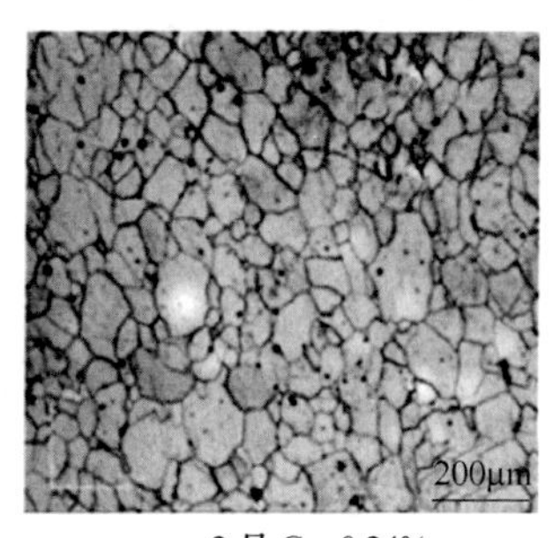

2 号 Ce=0.24%

图 1-65　不同铈含量对 00Cr17Mo 不锈钢热处理后的金相组织的影响

图 1-66 所示为镧和铈的混合稀土对 430 铁素体不锈钢晶粒细化的作用。随着钢中混合稀土含量的增加，不锈钢晶粒尺寸先增加后降低，其中钢中稀土含量为 0. 037%时，晶粒尺寸最小。这是因为稀土的原子半径远大于铁原子半径，其在钢中的固溶必然引起系统能量的增加，为了降低晶格畸变能，稀土原子往往偏聚在晶界上，降低表面张力。这些在晶界偏聚的稀土原子，在晶粒长大、晶界移动的过程当中能够对晶界起到拖拽的作用，减缓晶界的运动阻止晶粒长大，从而使稀土有细化铁素体晶粒的作用。

Park 等[124]研究了 Fe-Ni-Mn-Mo 合金经不同脱氧方式后其中复合夹杂物对其凝固组织的影响。在脱氧 30min 情况下，加入 Mg-Ti 脱氧时，有细小的等轴晶形成，加入 Mg-Al 和 Ce-Al 脱氧时，能观察到部分等轴晶，而经 Ti-Al 脱氧的试样

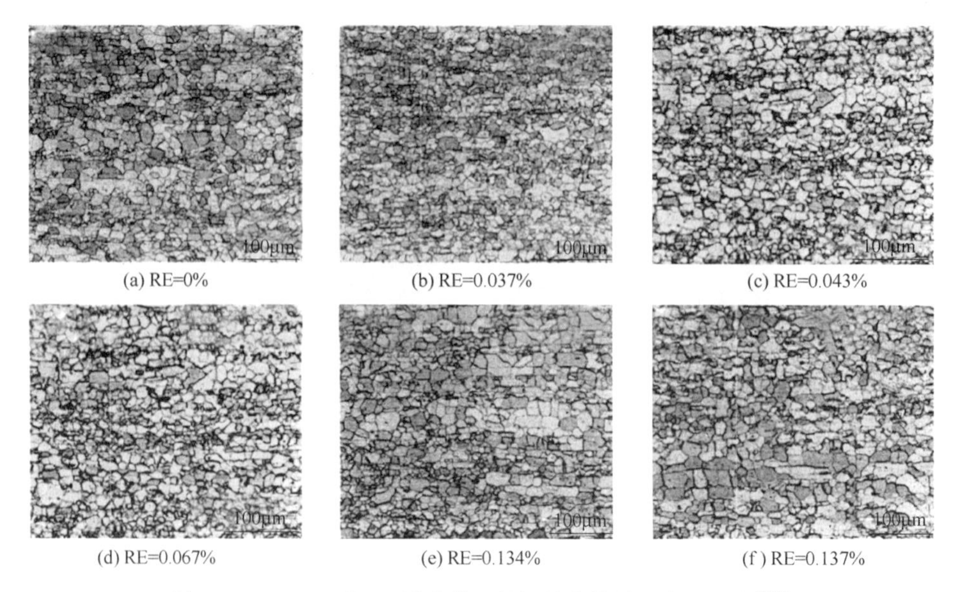

(a) RE=0%　(b) RE=0.037%　(c) RE=0.043%
(d) RE=0.067%　(e) RE=0.134%　(f) RE=0.137%

图 1-66　La+Ce 对 430 铁素体不锈钢铁素体晶粒度的影响[123]

中只有非常少的等轴晶形成。在脱氧 60min 情况下，加入 Mg-Ti 脱氧时，未观察到等轴晶；而样品中的等轴晶分数随 Mg-Al 含量增加而降低，如图 1-67 所示。

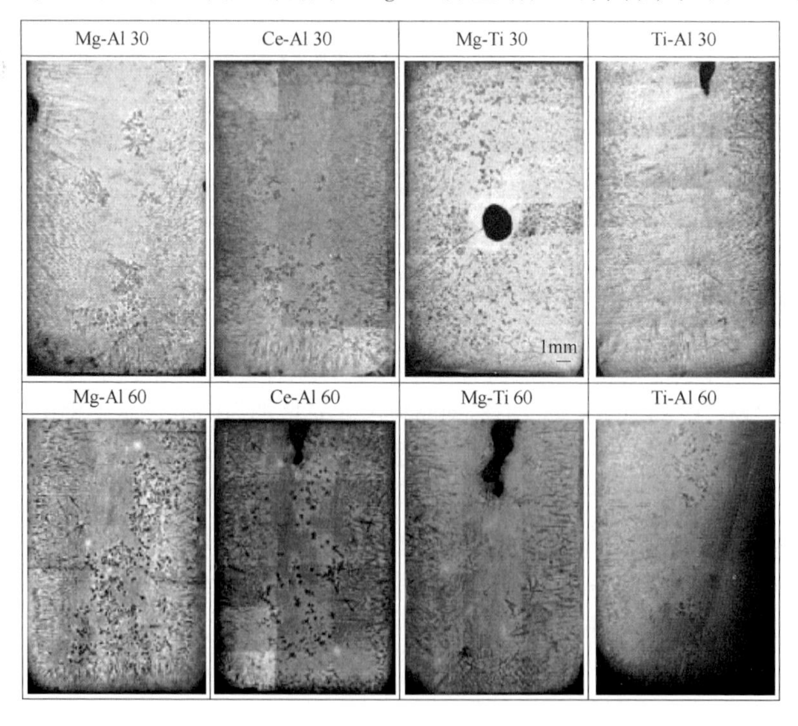

图 1-67　不同脱氧方式后 30min 及 60min 时合金的凝固组织[124]

此外，在考虑不同脱氧方式过程中夹杂物演变情况的基础上，对几种复合夹杂物促进细化晶粒的作用进行了评估，复合夹杂物 Ce_2O_3、$MgAl_2O_4$ 和 MgO（$MgAl_2O_4$）-Ti 对 δ 铁素体形核有促进作用，其中 MgO（$MgAl_2O_4$）-Ti 复合夹杂物的效果最显著，而 Al_2O_3 和 Ti_2O_3 并不能促进等轴晶的形成，因此，采用 Mg-Ti 和 Mg-Al 脱氧比采用 Ti-Al 和 Ce-Al 脱氧，在迅速冷却过程中能获得更好的细化晶粒的效果。

1.9.4　稀土对不锈钢性能的影响

图 1-68[125] 所示为铈含量对 202 不锈钢力学性能的影响。由图可知，在 202 不锈钢中加入铈后，202 不锈钢的抗拉强度、屈服强度、横向延伸率和横向断面收缩率等力学性能都有所提高；且随着钢中铈含量的增加，202 不锈钢的力学性能先增加后降低；当能铈含量为 0.016%时，202 不锈钢的力学性达到最大值。此外，也有研究发现加入适量的稀土可以显著改善 202 不锈钢高温拉伸性能，使得 202 不锈钢的断面收缩率在整个温度范围内显著提升，缩小高温拉伸的脆性温度区间，结果如图 1-69[126] 所示。

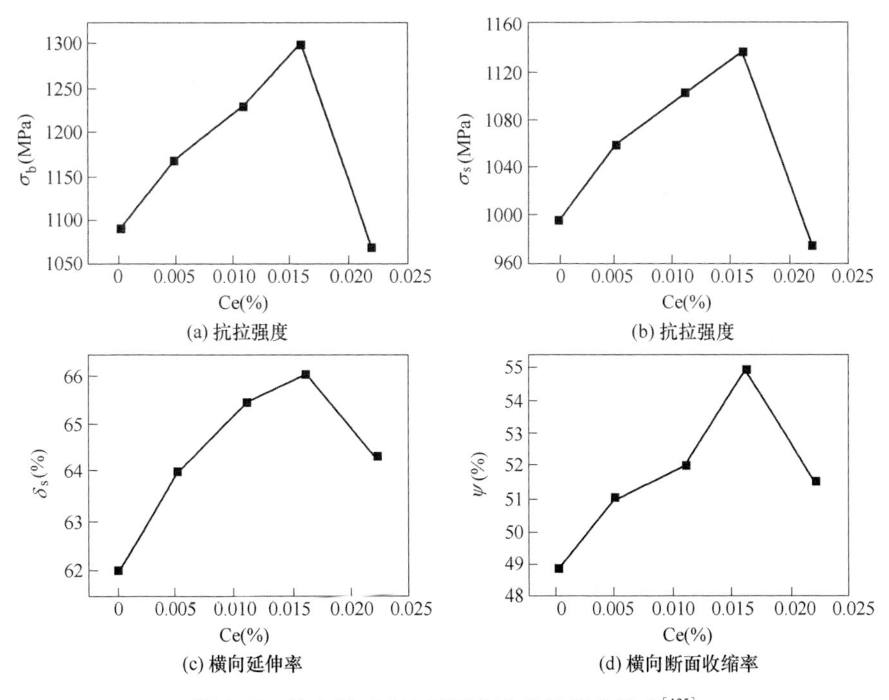

图 1-68　铈含量对 202 不锈钢力学性能的影响[125]

Liu 等[127] 发现添加铈后的 2Cr13 钢中的夹杂物由最初的 MnS 和 Al_2O_3 被改性为 CeS 和 Ce_2O_2S，钢的断裂由解理断裂转变为延性断裂，断口形貌如图 1-70 所

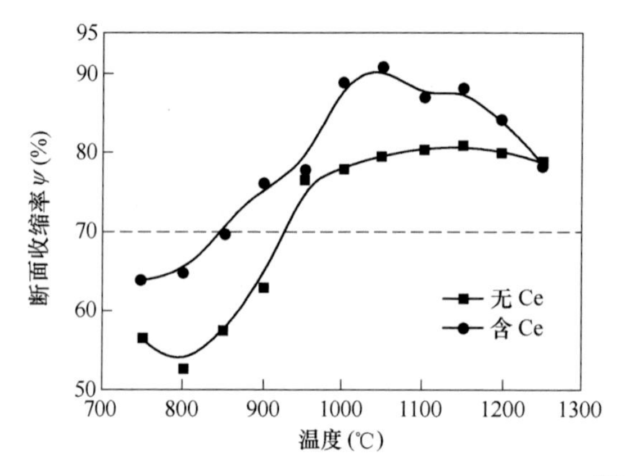

图 1-69　稀土含量对 202 不锈钢高温拉伸性能的影响[126]

示，在钢材产生断裂过程中，球形的稀土夹杂物对应力集中的吸收效果十分显著，当裂纹扩展到稀土夹杂物时会受到阻碍，钢的冲击韧性增强。

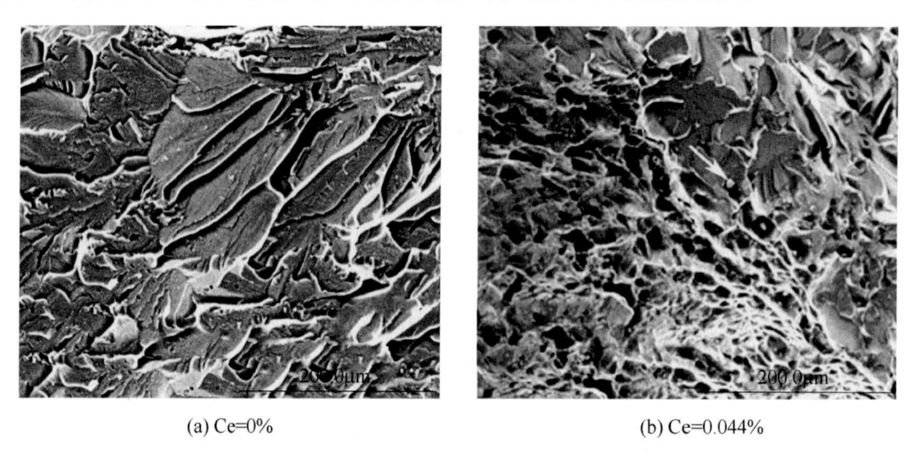

(a) Ce=0%　　(b) Ce=0.044%

图 1-70　2Cr13 不锈钢断口电镜形貌

Chen 等[128]发现添加稀土钇的 21Cr-11Ni 不锈钢中存在流线型结构，如图1-71所示。该流线型结构由沿轧制方向不均匀分布的稳定的高钇氧化物颗粒组成，这些高钇氧化物颗粒会通过促进再结晶过程的形核进而导致流线形结构的晶粒与其他区域相比更小，同时，这种流线型结构也会导致钢在室温下的横向冲击韧性明显降低，拉伸伸长率明显减小。此外，钇可以改善 21Cr-11Ni 不锈钢在 973~1173K 之间的热塑性，特别是在 1073K 的温度下的热塑性，通过 EPMA 检测 1073K 下钢断口附近随机选取的晶界位置上硫的偏析发现，在未添加钇的钢中晶界位置处硫存在明显的偏析，而添加钇的钢中则未发现硫在晶界的偏析，如图1-72所示。由此推测，钇的添加减少了钢中硫在晶界位置的偏析，使晶界内聚力增加进而有效抑制晶间破坏，最终使钢的热塑性得到提升。

(a) 未加钇

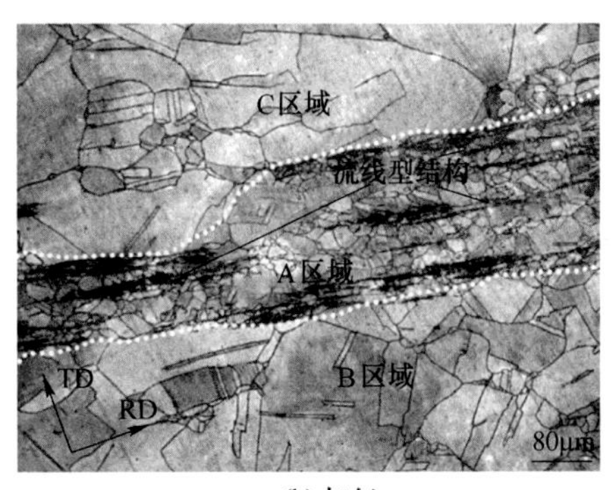

(b) 加钇

图 1-71 热轧+退火条件下钢的初始组织结构

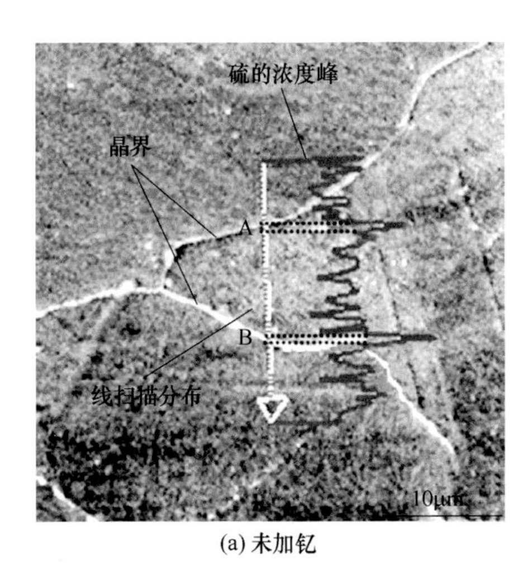

(a) 未加钇

(b) 加钇

图 1-72 钇加入对不锈钢断口附近晶界的硫偏析的影响

Pillis 等[129]研究了添加不同种类稀土氧化物对 900℃下 AISI 304L 不锈钢氧化行为的影响。结果表明，添加稀土氧化物后，试样增重都较不添加稀土氧化物的试样增重小，如图 1-73 所示，即稀土氧化物的添加提高了 AISI 304L 不锈钢的抗氧化行为。经研究表明，在不添加稀土的 FeCr 合金中，由于氧和铬沿晶界的扩散，会生成氧化铬并且氧化层较厚，而在含 RE 的 FeCr 合金中，氧化铬的生长是主要受氧离子扩散影响，氧化物层薄且有较好的韧性，氧化物层黏附效果更好。稀土离子会在合金和氧化物的晶界位置发生偏聚，并且稀土的离子半径明显大于钢中的元素铁和铬，稀土离子在合金或氧化物晶界处的偏聚会阻碍阳离子的扩散，进而使阴离子扩散转变为主要的扩散，从而决定了氧化物的生长。

Samanta 等[130]研究了添加铈、铌和铈+铌对 AISI 316L 不锈钢抗氧化能力的

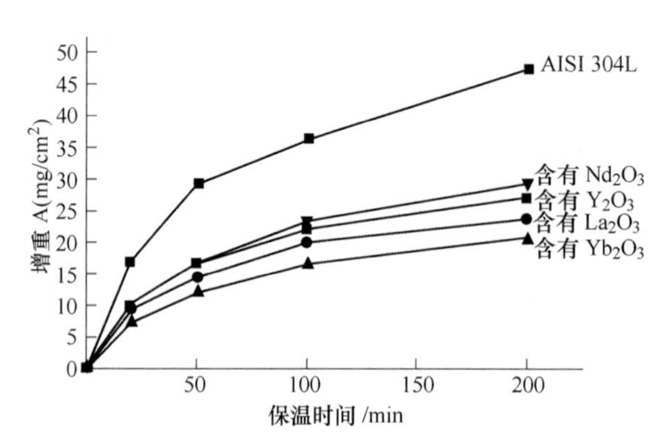

图 1-73　添加不同种类稀土氧化物的 AISI 304L
不锈钢在 900℃下保温不同时间后试样的增重[129]

影响。不同稀土添加条件下的 AISI 316L 不锈钢焊接区域单位面积增重结果如图 1-74所示。从图中可以看出，添加铈和铌可以提高 AISI 316L 不锈钢的抗氧化能力，并且同时添加铈和铌对提高 AISI 316L 不锈钢抗氧化能力的效果最明显，铈提高 AISI 316L 不锈钢抗氧化能力的作用比相同含量的铌更强。

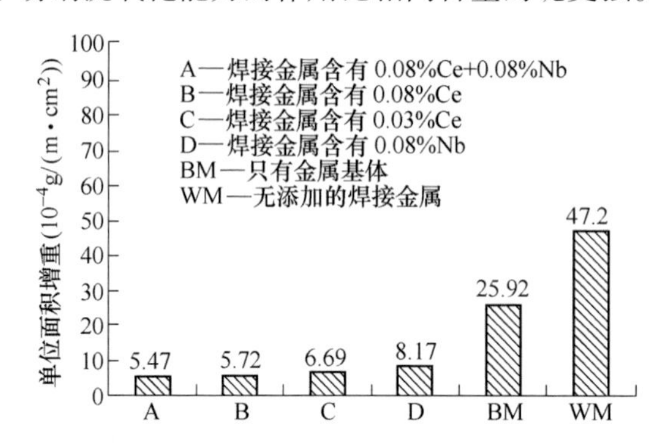

图 1-74　不同稀土添加条件下的 AISI 316L 不锈钢焊接区域单位面积增重[130]

Kim 等[117]的研究表明，双相不锈钢的点蚀会在钢中夹杂物与钢基体界面产生，之后在 α 相中产生，最终传播到 γ 相；添加稀土后，钢中夹杂物与钢基体间界面面积减小，产生点蚀的位置也相应减少，且点蚀不会从稀土氧化物夹杂处发生，进而提高了钢的耐点蚀性。添加稀土钢中点蚀会首先在 α 相产生，之后传播到 γ 相，添加稀土与不添加稀土钢中点蚀产生及传播示意图如图 1-75 所示。

Shi 等[121]研究了稀土钇处理的 304 不锈钢中夹杂物演变对其抗点蚀性能的影响。结果表明，304 不锈钢中夹杂物尺寸随钇含量的增加先减小后增大，钢的抗点蚀性随着钇含量的增加先变弱，再增强，后减弱；随着钢中钇含量的增加（0~0.049%），夹杂物的演变如下：最初主要为（Al，Mn）氧化物和（Al，Mn）氧

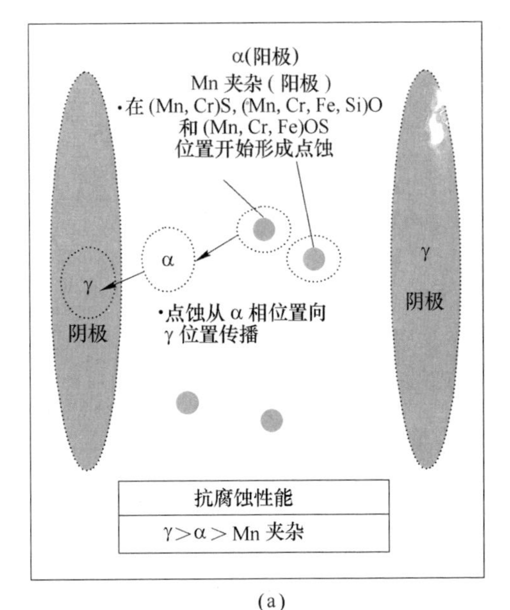

(a)

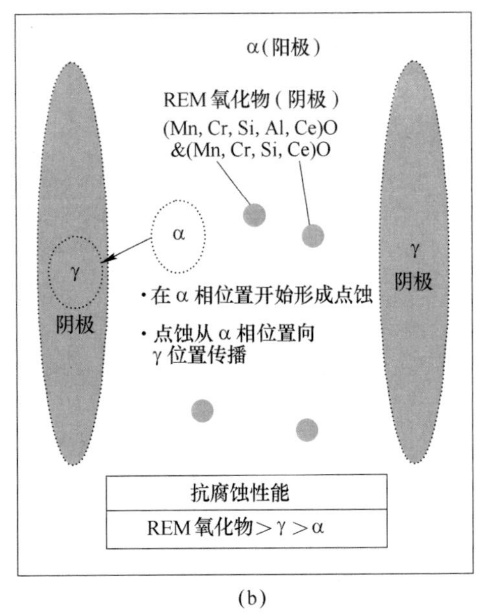

(b)

图 1-75　不添加稀土（a）与添加稀土（b）钢中点蚀产生及传播示意图[117]

化物包裹的（Al，Si，Mn）氧化物夹杂，随后产生 MnS 夹杂、（Al，Y）硫氧化物包裹的（Al，Y）氧化物夹杂、MnS 包裹的（Y，Mn）硫氧化物夹杂，之后形成规则或不规则的 Y_2O_3 夹杂。随着钇含量的增加（0.013%～0.019%）规则 Y_2O_3 夹杂比例增加。钢中钇含量较低时产生的 MnS 夹杂和复合夹杂及钇含量相对较高时产生的 YN 夹杂都会降低钢的抗点蚀性能，规则 Y_2O_3 夹杂的抗点蚀性最好，且钢中规则 Y_2O_3 夹杂数量越多钢的抗点蚀性越强。如图 1-76 所示为 304 不锈钢中钇含量为 0.013%，分别侵蚀 0s、5s、15min、18min 时钢中规则 Y_2O_3 与不规则 Y_2O_3 夹杂物的形貌。Zhang 等[131]的研究表明，钇合金化能提高 304 不锈钢的耐腐蚀性，增强 304 不锈钢表面钝化膜在稀硫酸溶液中的抗腐蚀性划痕性能，还能改善钝化膜的力学性能，增强其对剪切和压痕的抵抗力，此外，还会提高钝化膜的抗电化学腐蚀性能。

综上所述，前人已经对不锈钢中稀土的应用方面做了大量基础研究，然而仍旧存在如下不足之处，有待进一步深入研究：（1）稀土对不锈钢组织和性能的改进机理还不清晰，需要证明到底是合金元素的作用还是氧化物粒子的作用。（2）单质和复合稀土的作用方面，稀土元素种类众多，目前大多为对单元素稀土影响研究，多元素复合影响机理仍需进行大量工作。（3）稀土在不锈钢中应用产业化研究，此前大多为实验室基础研究，实际工业化应用较少，有待开展研究工作。

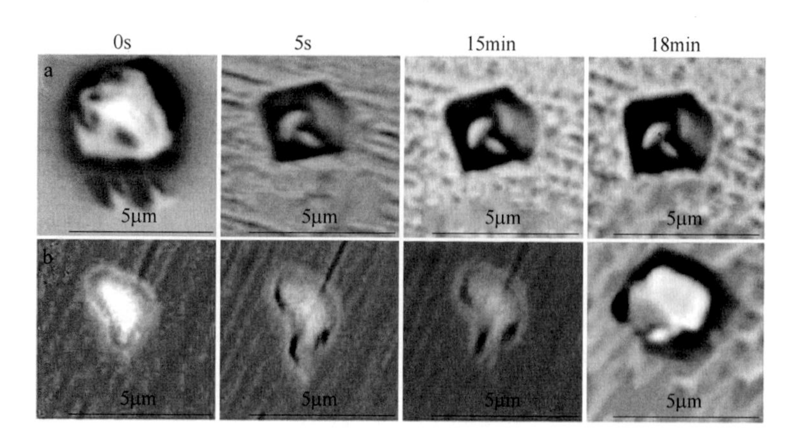

图 1-76　304 不锈钢中钇含量为 0.013%，分别侵蚀 0s、5s、15min、18min 时钢中规则 Y_2O_3 与不规则 Y_2O_3 夹杂物的形貌[121]

1.10　小结

国内外不同级别不锈钢夹杂物成分控制研究结果见表 1-6。对于 300 系不锈钢来说，主要研究对象为 304 不锈钢和 316 不锈钢，发现铝脱氧后总氧可降到很低水平，但是产生的高 Al_2O_3 类夹杂物对不锈钢危害很大；目前主要采用硅脱氧、低碱度精炼渣进行精炼控制，此类夹杂物总数量较多，但是生成的硅酸盐类夹杂物对钢质量危害低得多。对于 400 系不锈钢，多采用铝脱氧，即使硅锰脱氧的 400 不锈钢中其钢液成分中的铝含量也明显高于 300 系不锈钢，然后通过高碱度精炼渣吸附去除夹杂物，部分 400 系不锈钢进行钙处理并进行钛合金化处理，此外由于钛的加入，导致 400 系不锈钢中产生了 TiN 夹杂物的控制问题。对于 200 系不锈钢，由于其对夹杂物和钢水洁净度水平的要求较低，因此对其研究报道相对较少，但是，因其同样为奥氏体不锈钢，故其夹杂物的控制方法与 300 系不锈钢类似。

表 1-6　国内外不锈钢夹杂物成分控制关键参数

研究者	钢种	脱氧剂	钙处理	渣		钢		夹杂物		参考文献
				碱度 (CaO/SiO_2)	Al_2O_3 (%)	$[Al]_s$ (ppm)	T.O (ppm)	Al_2O_3 (%)	夹杂物类型	
Kim 等	304	Si	否	1.8	5	15	NA	30	$CaO-SiO_2-Al_2O_3-MgO-TiO_2$	[132]
Nishi 和 Shinme	304	Al	否	1.9	10.9	220	22	78	$MgO\cdot Al_2O_3$	[133]

续表 1-6

研究者	钢种	脱氧剂	钙处理	渣		钢		夹杂物		参考文献
				碱度（CaO/SiO_2）	Al_2O_3（%）	$[Al]_s$（ppm）	T.O（ppm）	Al_2O_3（%）	夹杂物类型	
Todoroki 和 Mizuno	304	Si	否	1.7	2.8	10	35	35	$CaO-SiO_2-Al_2O_3-MgO$	[134]
		Al	否	$SiO_2=0$	9.3	700	4	40	$MgO\cdot Al_2O_3$，MgO 和 $CaO-Al_2O_3-MgO$	[135]
		Al	否	5.0	8.5	100	5	60	$MgO\cdot Al_2O_3$	[136]
Sakata	304	Si	否	1.5~1.7	2.0~5.0	10~50	30	50	MgO 和 $MgO\cdot Al_2O_3$	[137]
Ehara 等	304	Si	否	1.6	1.5	6	NA	12	$CaO-SiO_2-Al_2O_3-MgO$	[76]
姜周华等	304	Si	否	2.0	8.0	NA	30	24	$CaO-SiO_2-Al_2O_3-MgO$	[138]
茅卫东	304	Si	否	2.2	0.3	30	30.7	50	$CaO-SiO_2-Al_2O_3-MgO-TiO_2$	[139]
翟俊等	310	Al	是	15	2.1	—	25	40~60	$CaO-Al_2O_3$	[140]
Jönsson 等	316	Si	否	—	—	40	20	62	$Al_2O_3-MgO-MnO-TiO_2$	[141]
			是	—	—	40	59	24	$CaO-SiO_2-Al_2O_3-MgO$	
殷雪等	316	Si	否	—	—	50	30	10	$CaO-SiO_2-Al_2O_3-MgO$	[142]
Park 等	316	Si	否	1.8	0	9	14	0	$MgO-MnO-SiO_2$	[53]
Park 等	316	Si	否	2.2	0	22~76	—	0.8~12	$CaO-SiO_2-Al_2O_3-MgO$	[53]
李吉东等	316	Si	否	1.6	0	40	15	—	$CaO-SiO_2-Al_2O_3$	[143]
Park 等	409	Si	否	1~4	5~19	7~110	18~34	20~70	$MgO-Al_2O_3-TiO_2$	[67]
付邦豪等	409	Si	否	2.4	10	90	23	—	$MgO-Al_2O_3-TiO_2$	[144]
王建新等	410	Si	否	2.0	2	—	21	10~20	$CaO-SiO_2-Al_2O_3-MgO$	[145]
赵建伟	410	Si	否	—	—	88	26	23~72	$MgO-Al_2O_3$ 和 $CaO-SiO_2-Al_2O_3-MgO$	[146]
Park 等	430	Al	是	—	—	23~412	9~60	55~99	$CaO-Al_2O_3$	[60]
Park 等	430	Al	否	$SiO_2=0$	39~64	62~201	4~14	80~95	$MgO-Al_2O_3$	[69]
Pak 等	430	Si	否	1	2~4	26~32	17	—	$MgO-Al_2O_3$	[147]
Okuyama 等	430	Al	否	1.8	20	500	4	25	$MgO-Al_2O_3$	[34]
易忠烈等	430	Si	否	2.2	1.6	—	43	20~35	$CaO-SiO_2-Al_2O_3-MgO$	[148]

第二部分

200 系不锈钢中非金属夹杂物的控制

2　200 系不锈钢全流程洁净度调研

200 系不锈钢中的镍含量较低，为了促进奥氏体组织的形成，加入了较高含量的金属锰，因此 200 系不锈钢也被称为节镍型不锈钢。在 200 系不锈钢的生产过程中，夹杂物引起的轧板线鳞缺陷是企业面临的主要问题之一。本章研究了 200 系不锈钢典型线鳞缺陷和轧板异物压入缺陷的生成机理，研究了典型 200 系不锈钢生产全流程钢液、精炼渣和夹杂物的演变行为，发现和提出了当前工艺存在的主要问题，为后续解决夹杂物引起的质量缺陷提供方向。

2.1　200 系不锈钢中夹杂物的控制目标

2.1.1　BN4 不锈钢轧板线鳞缺陷分析

图 2-1 所示是 BN4 不锈钢轧板上线鳞缺陷样品的照片，可以看出该缺陷有将近 10cm 长，但是因为被酸洗过，引起缺陷的物质大部分被侵蚀掉。图 2-2 所示为该缺陷样品部分区域的分析示意图，该样品上数字标识区域的成分见表 2-1。由图可知，引起该缺陷的物质主要为 Mn-Cr-Al-Mg-O 型杂质。图 2-3 所示则是某一局部区域的面扫描结果，进一步确定 BN4 钢板缺陷是由 Al_2O_3 和 MnO 含量较高的 Al_2O_3-MgO-MnO-Cr_2O_3 复合夹杂物引起。

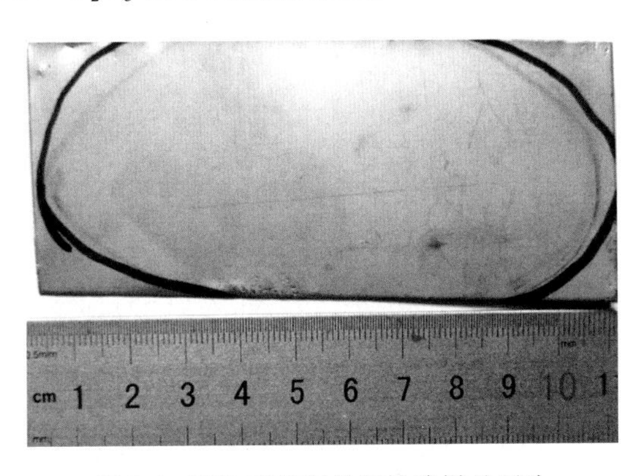

图 2-1　BN4 不锈钢轧板缺陷样品照片

为了更好地分析引起缺陷的物质来源，除了对缺陷部位进行分析，还对钢板中的夹杂物进行了 ASPEX 电镜分析。BN4 不锈钢板中夹杂物的典型形貌如图 2-4

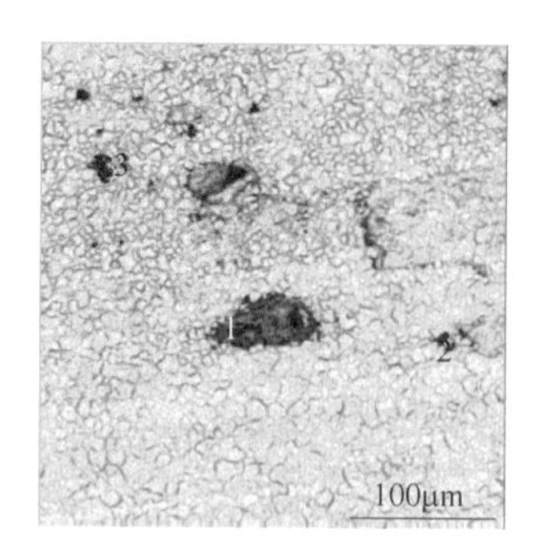

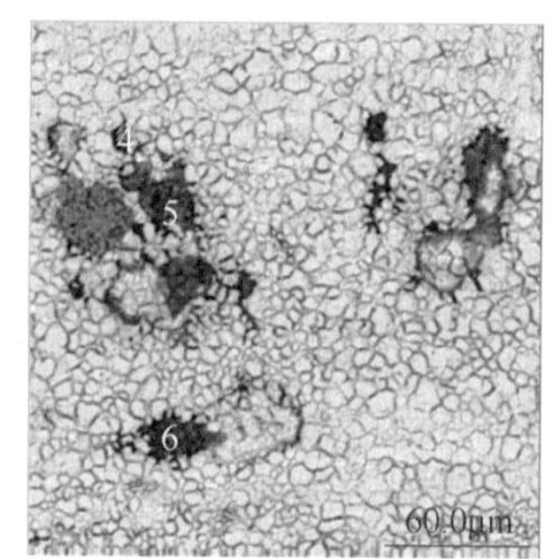

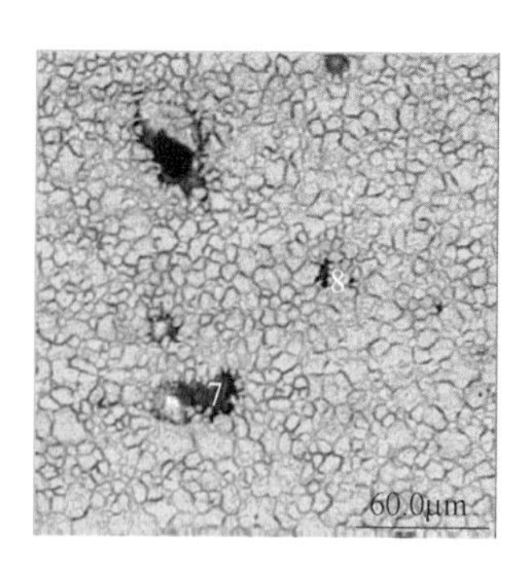

图 2-2　BN4 不锈钢轧板缺陷样品缺陷部分分析

表 2-1　BN4 不锈钢轧板缺陷样品缺陷氧化物成分　　(%)

区域	Cr_2O_3	MnO	CaO	SiO_2	Al_2O_3	MgO
1	10.26	74.21	1.10	0.00	12.29	2.14
2	24.27	30.98	0.00	0.00	37.13	7.61
3	13.10	33.10	0.00	0.00	43.14	10.65
4	15.02	52.22	0.00	0.00	28.61	4.16
5	4.94	39.10	0.00	0.00	45.72	10.25
6	8.17	39.48	0.00	0.00	42.03	10.31
7	27.29	29.16	0.00	0.00	37.85	5.70
8	5.66	33.85	0.00	0.00	50.09	10.41

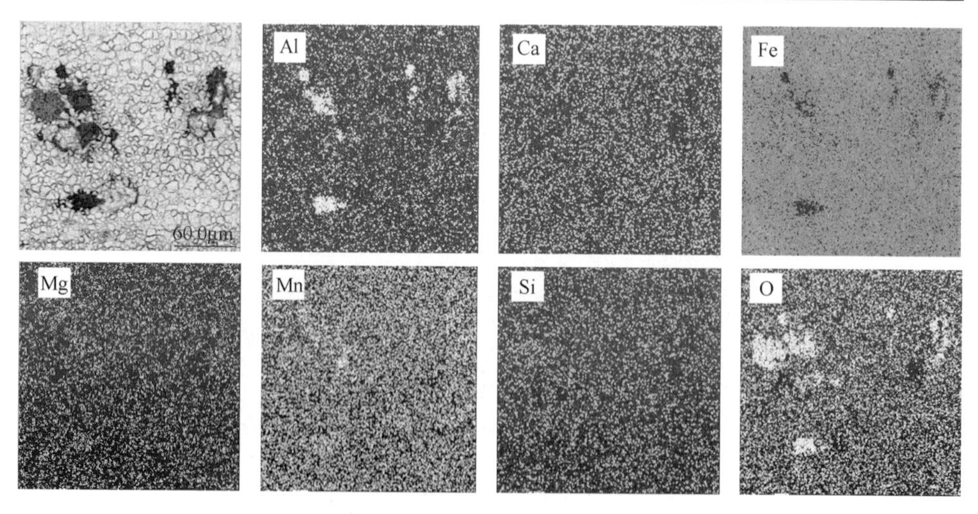

图 2-3　BN4 不锈钢轧板缺陷样品部分区域面扫描结果

所示，轧板中夹杂物主要为 Cr_2O_3-MnO-Al_2O_3，还含有部分 TiO_2。对所有夹杂物扫描结果统计，夹杂物数密度为 14.57 个/mm^2，面积分数 13.50ppm，夹杂物平均直径为 1.09μm，最大直径 3.13μm，夹杂物在相图中的分布如图 2-5 所示。对比夹杂物平均成分与缺陷成分，缺陷部位的 Al_2O_3 含量明显偏高，因此控制夹杂物中 Al_2O_3 含量对控制 BN4 不锈钢线鳞缺陷有一定的帮助。

表 2-2　BN4 不锈钢轧板中夹杂物平均成分

成分	MgO	Al_2O_3	SiO_2	CaO	MnO	TiO_2	CaS	MnS	Na_2O	K_2O
实际检测（%）	3.53	17.22	9.27	6.59	45.86	7.47	1.63	0.79	7.65	3.53
归一化后（%）	3.92	19.15	10.31	7.32	50.99	8.31				

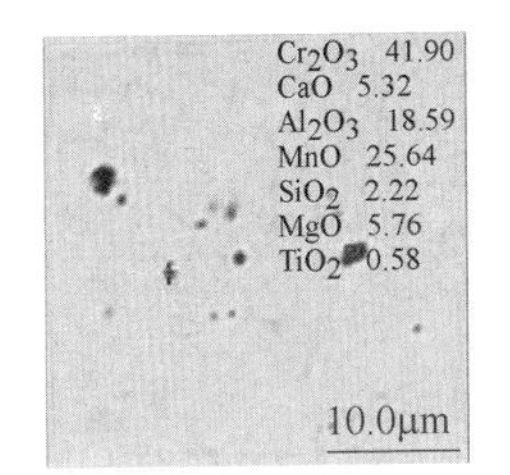

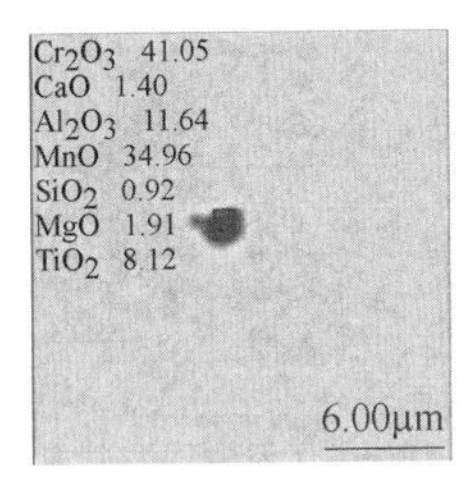

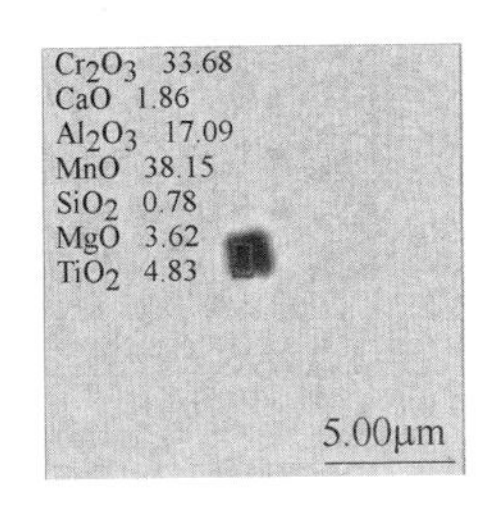

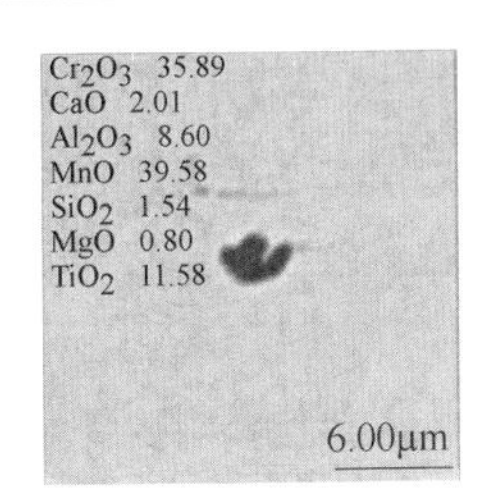

图 2-4　BN4 不锈钢轧板中典型夹杂物形貌

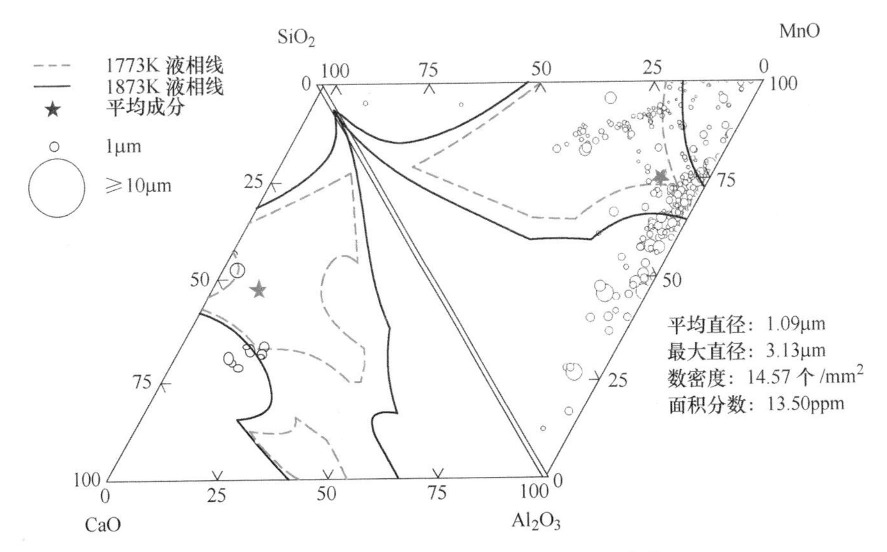

图 2-5　BN4 不锈钢轧板中夹杂物成分分布

对 BN4 不锈钢的线鳞缺陷率和不同坯号的关系进行了统计，结果如图 2-6 所示。其中 T：头坯，一个浇次的第一块；1：交接坯，一炉的第一块；2：正常坯，一炉的第二块；3：正常坯，一炉的第三块；4：多数为正常坯，一炉的第四块；5：多数为交接坯，一炉的第五块；W：尾坯，一个浇次的最后一块。BN4 不锈钢的平均线鳞缺陷率为 14.08%，其中正常坯的线鳞缺陷率明显低于平均水平。因为连铸过程对头坯和尾坯切割了 1.0~1.5m，头坯线鳞率超过了 30%，说明头坯的切割长度可能不够；尾坯的线鳞缺陷率与正常坯缺陷率水平相似，说明尾坯的切割长度较为合理。值得注意的是，第一块和第五块交接坯的线鳞缺陷率明显高于平均水平，因此有必要在浇注换包时进行留钢操作，防止卷渣造成线鳞缺陷。

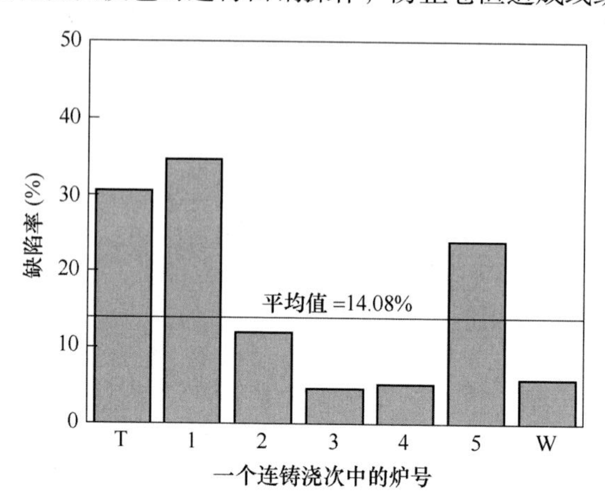

图 2-6　BN4 不锈钢的线鳞缺陷率与铸坯号的关系

2.1.2　J1 不锈钢异物压入缺陷

图 2-7 所示是 J1 不锈钢中发生的异物压入缺陷的宏观形貌。可以看出该片异物尺寸较大，长度约为 5mm。对该异物处进行面扫描，结果如图 2-8 所示，结果表明压入的异物中 Fe_2O_3 含量较高，与周围铁、铬、锰含量较高的钢基体存在明显差异。将图 2-8 中某部位放大后的照片如图 2-9 所示，其各位置成分组成见表 2-3，可以发现异物中铁含量较高，推断可能来源于铸坯火焰切割时的切割渣没有被清理干净。

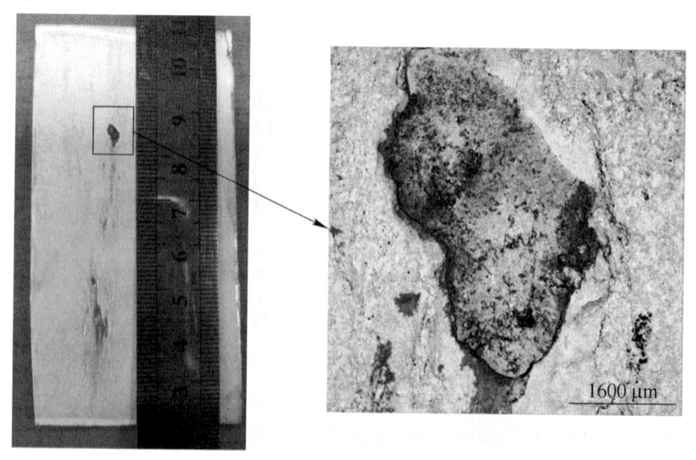

图 2-7　J1 不锈钢轧板异物压入缺陷宏观形貌

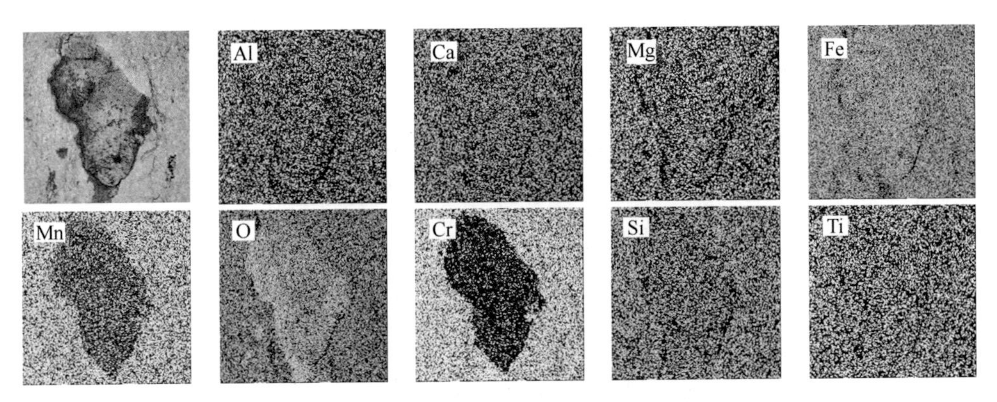

图 2-8 轧板异物压入缺陷面扫描结果

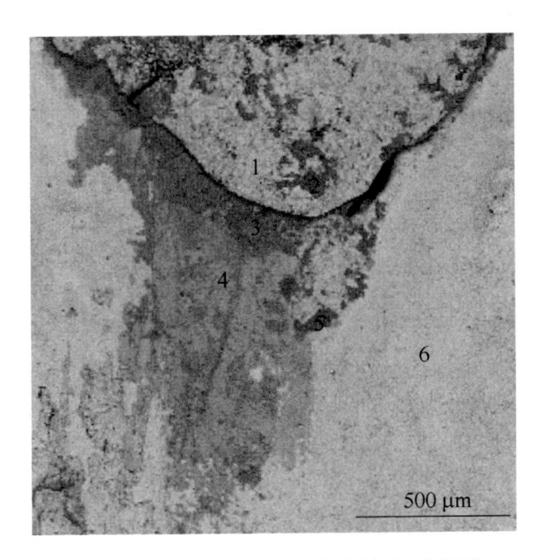

图 2-9 轧板异物压入缺陷放大后照片

表 2-3 图 2-9 所示区域成分 (%)

编号	Fe	Cr	Mn	Al	Si	Ca
1	95.92	0.94	1.47	0.63	1.05	0.00
2	92.78	0.86	0.86	1.37	2.06	2.06
3	94.93	2.13	2.62	0.00	0.16	0.16
4	47.51	34.08	16.29	0.12	1.74	0.25
5	94.99	1.94	1.94	0.48	0.00	0.65
6	73.21	15.17	10.52	0.00	1.11	0.00

在铸坯的火焰切割过程中会有铸坯切割渣产生，其可以被磁铁吸附。将其进行冷镶、磨抛操作后进行电镜扫描，其形貌及成分分别如图 2-10 和表 2-4 所示，电镜面扫描结果如图 2-11 所示。可以看出，铸坯切割渣中主要由铁含量较高的

相与富含锰、铬的部分组成，与轧板中压入的异物成分类似。因此可以基本判定，此轧板中的异物压入缺陷是由铸坯切割渣造成。

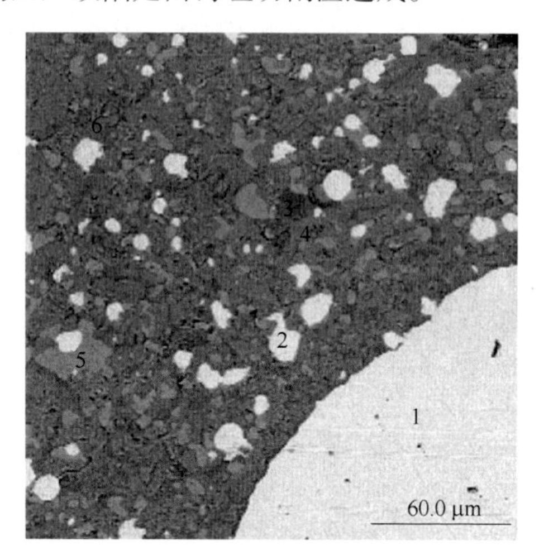

图 2-10　铸坯切割渣放大后照片

表 2-4　图 2-10 所示区域成分　（%）

编号	Fe	Cr	Mn	Al	Si	Ca
1	97. 6	0. 1	0. 2	0. 2	0. 1	0. 0
2	94. 1	3. 4	1. 1	0. 0	0. 2	0. 0
3	7. 0	0. 9	57. 1	0. 1	0. 0	0. 0
4	14. 8	2. 8	72. 1	0. 1	0. 1	0. 1
5	17. 2	2. 3	70. 4	0. 2	0. 2	0. 0
6	7. 5	1. 3	56. 9	0. 3	22. 9	0. 0

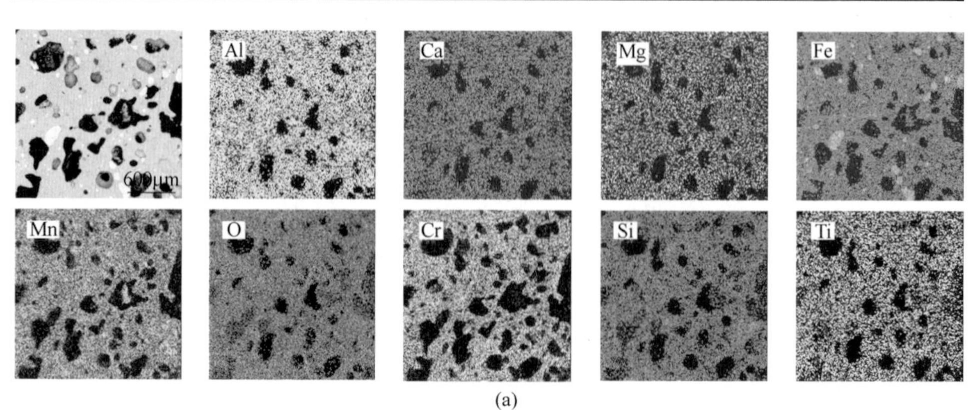

(a)

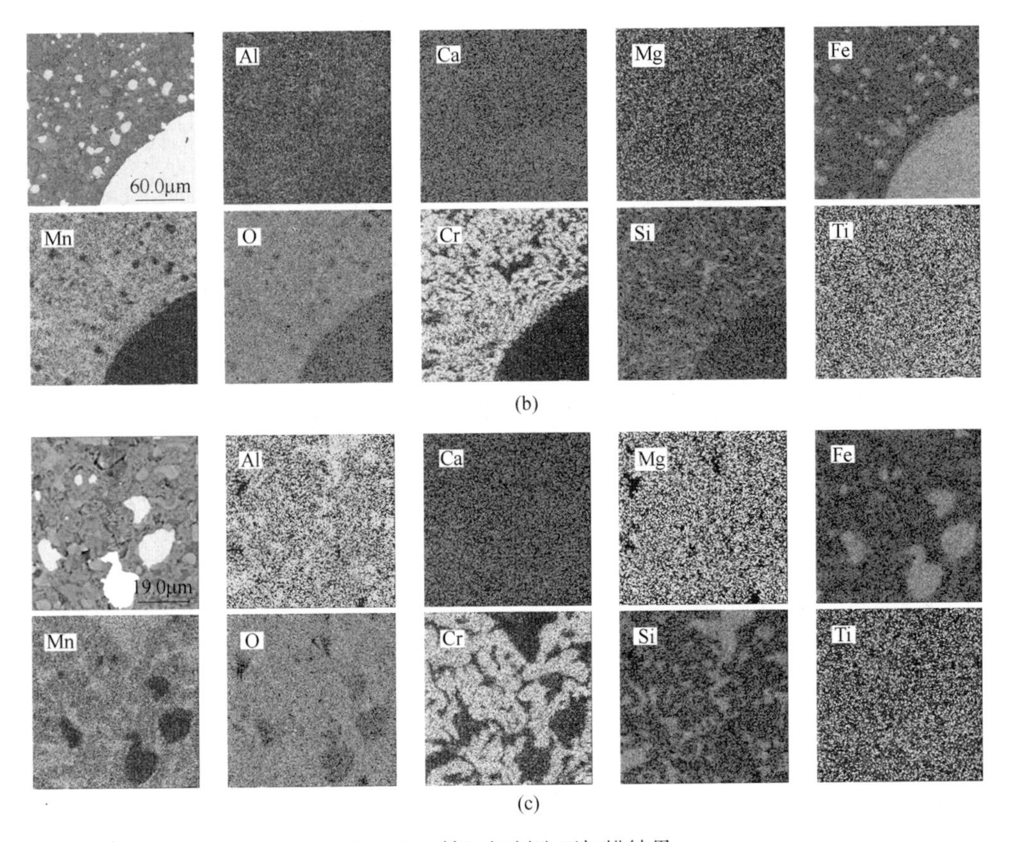

(b)

(c)

图 2-11 铸坯切割渣面扫描结果

2.2 200系不锈钢生产全流程钢中非金属夹杂物的演变

2.2.1 渣和钢液成分变化

选取典型200系不锈钢进行工业试验，生成工艺流程为AOD→LF→连铸。主要钢液成分为：Cr 13%~15%，Mn 10%，C 0.05%。AOD出钢时不添加硅钙钡合金，在AOD精炼、LF精炼和连铸阶段分别取样进行分析，分析所取钢水样位置为AOD出站、LF进站、LF软吹0min、LF软吹5min、LF软吹10min、LF软吹15min、LF静置5min、LF静置10min、LF静置15min、LF静置20min、中间包浇注中期出口，具体取样方案和生产流程如图2-12所示。

200系不锈钢精炼渣主要成分为$CaO-SiO_2-MgO-CaF_2$，其中含有少量的Al_2O_3。全流程炉渣成分的变化检测结果如图2-13所示，可以看出精炼渣碱度在1.75~1.80左右，炉渣中Al_2O_3含量在冶炼全流程中不断升高，从LF进站时的1.32%升高至LF静置20min的1.48%，说明钢液中的铝进入到炉渣中形成Al_2O_3。

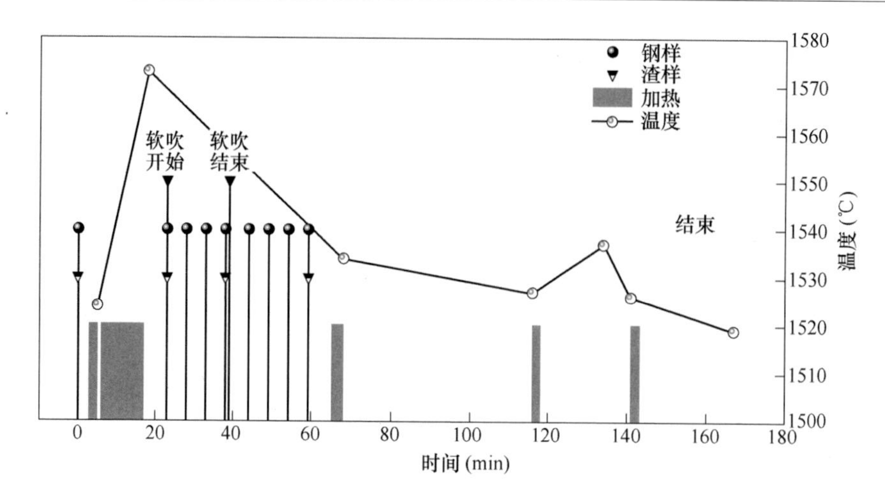

图 2-12 不加硅钙钡合金炉次取样记录及生产流程图

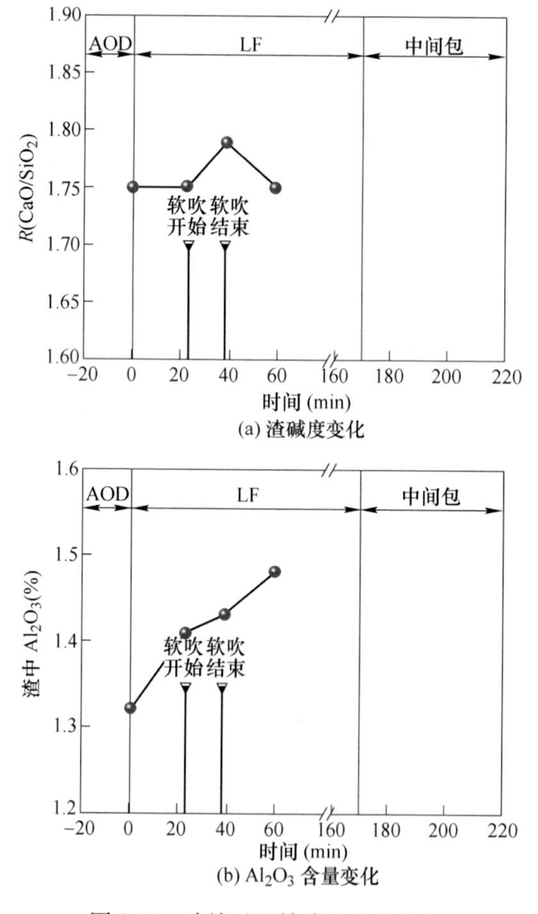

图 2-13 冶炼过程精炼渣成分变化

由于 LF 精炼过程中没有添加合金和辅料，因此渣中铝增加的来源可能主要有三种：一种可能是钢液中的酸溶铝反应生成 Al_2O_3 进入到渣中，另一种可能是 Al_2O_3 含量较高的夹杂物上浮进入到渣中，还可能是耐火材料中还有一定含量的 Al_2O_3 被浸湿进入到精炼渣中。

全流程 200 系不锈钢中 $[Al]_s$ 和 T. Ca 含量的检测结果如图 2-14 所示。全流程钢液中 $[Al]_s$ 含量变化不大，约为 10ppm 左右，由于 LF 精炼过程中没有添加合金和辅料，说明此过程中精炼渣碱度较为合适，过高的碱度会造成精炼渣中的 Al_2O_3 向钢液中传质 $[Al]_s$。不锈钢钢液中的 T. Ca 含量则在 LF 精炼过程中大幅下降，至 LF 出站时，T. Ca 含量约为 2ppm。造成 T. Ca 含量降低的原因主要有两方面：一是含 CaO 夹杂物上浮去除进入到钢液当中；二是钢液中的溶解钙与精炼渣反应生成 CaO 进入到了精炼渣中。当前条件下钢中 T. Ca 含量明显降低也说明了精炼渣成分较为合理，达到了降低钢液中铝和钙含量的目的。

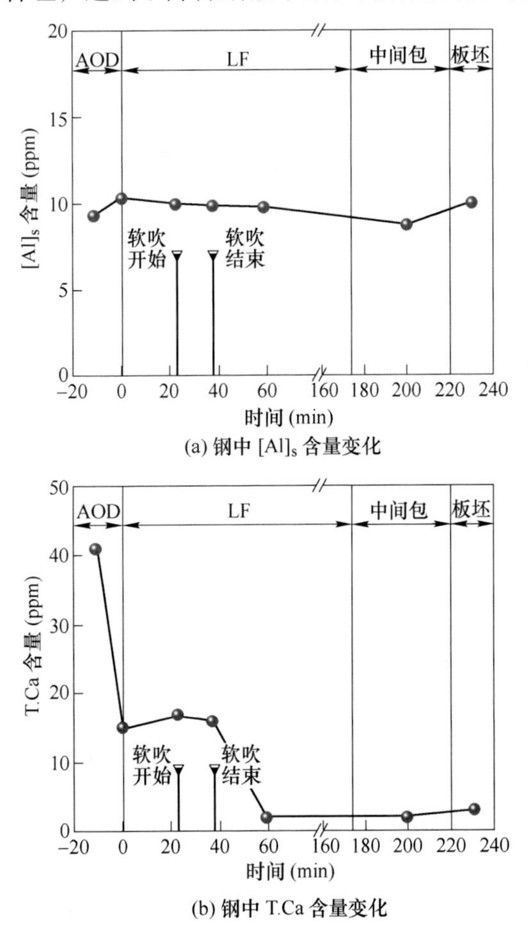

(a) 钢中 $[Al]_s$ 含量变化

(b) 钢中 T.Ca 含量变化

图 2-14　冶炼过程钢液成分检测结果

全流程钢中 T. O 含量和 T. N 含量的检测结果如图 2-15 所示，AOD 出站，钢液中 T. O 含量较高，这主要是由于 AOD 精炼末期脱氧造成夹杂物大量生成。随着从 AOD 到 LF 精炼过程钢包静置夹杂物上浮去除，到 LF 进站时钢中 T. O 含量已经明显降低。LF 精炼过程中钢中 T. O 含量呈现逐渐降低的趋势，这是由软吹和钢包静置过程中夹杂物上浮去除造成的。中间包浇注中期试样 T. O 与 T. N 含量均有一定上升，说明中间包浇注过程中发生了一定的二次氧化。最后铸坯中 T. O 含量约为 18ppm，与中间包样品接近。

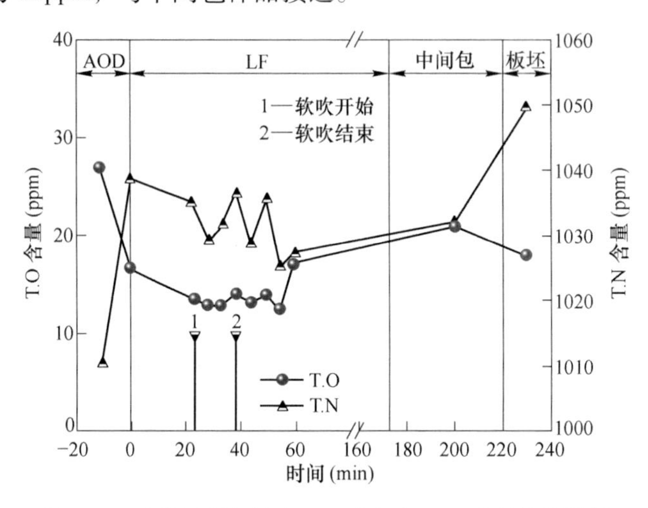

图 2-15 冶炼过程钢液中 T. O 含量与 T. N 含量检测结果

2. 2. 2 夹杂物的形貌演变

分别对 200 系不锈钢冶炼过程中 AOD 还原期结束、LF 出站、铸坯和轧板中的夹杂物形貌进行二维金相检测和电解侵蚀检测，对应的夹杂物的成分见表 2-5。AOD 出站时，钢中夹杂物主要为 SiO_2-CaO-Al_2O_3-MnO，夹杂物中含有少量的 MnS，此时夹杂物中的 Al_2O_3 含量在 20%以下。图 2-16 中（1）、（2）为 AOD 出站时夹杂物传统金相形貌，二维形状为圆形或椭圆形，其中的浅色相即为析出的

表 2-5 200 系不锈钢 AOD 还原期结束钢中夹杂物成分 （%）

No.	MgO	Al_2O_3	SiO_2	CaO	TiO_x	MnS	MnO	合计
（1） 1	0. 00	2. 97	12. 06	1. 77	0. 00	52. 12	31. 07	100. 00
（1） 2	0. 00	0. 00	23. 79	0. 00	0. 00	0. 00	76. 21	100. 00
（1） 3	0. 81	10. 85	11. 74	0. 93	5. 53	9. 37	60. 76	100. 00
（2）	4. 51	16. 28	38. 32	39. 95	0. 00	0. 95	0. 00	100. 00
（3）	0. 00	17. 50	42. 50	2. 50	6. 00	9. 90	21. 60	100. 00
（4）	0. 00	13. 30	38. 50	0. 00	4. 80	43. 40	0. 00	100. 00

MnS 夹杂物。图 2-16 中（3）、（4）的电解侵蚀后夹杂物的三维形貌为球形或近球形，夹杂物的成分与二维金相检测样品夹杂物的成分近似。

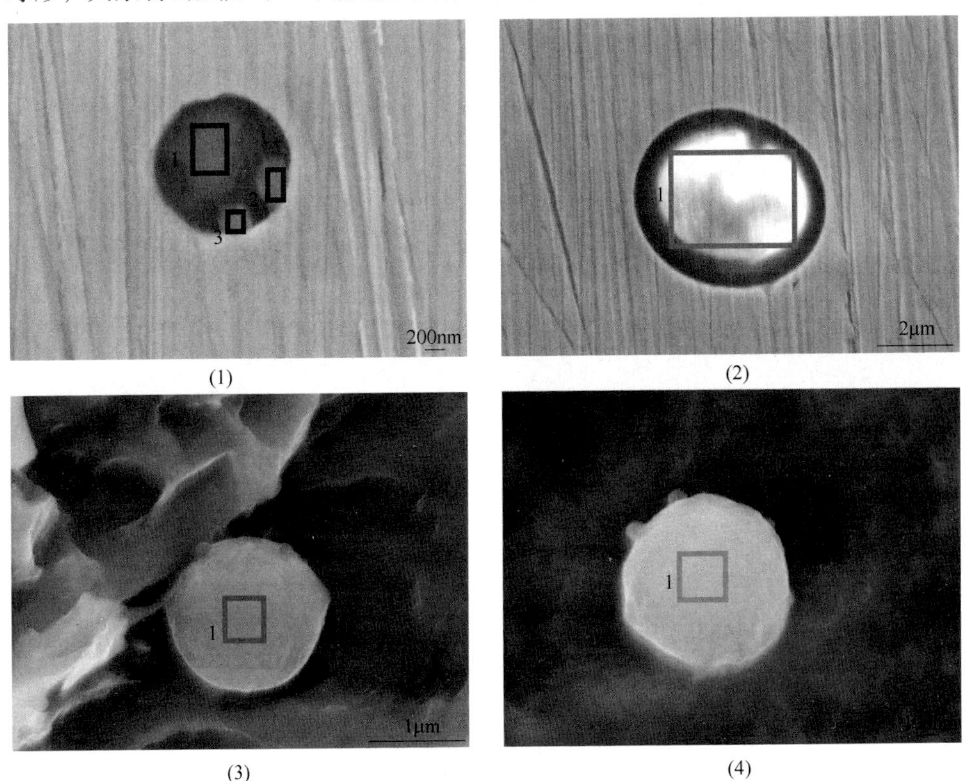

图 2-16　200 系不锈钢 AOD 还原期结束钢中夹杂物形貌
（1），（2）二维；（3），（4）电解侵蚀

LF 炉出站时，钢中夹杂物主要为 Al_2O_3-SiO_2-CaO-MgO，此时夹杂物中的 Al_2O_3 含量仍在 20%以下，与 AOD 出站时相比增加并不明显。由传统金相法检测 LF 炉出站的钢中夹杂物形貌如图 2-17 中（1）、（2）所示，钢中夹杂物的二维形貌为圆形，深色氧化物相的表面有浅色点状的 MnS 夹杂物析出，这主要是由于取样后冷却过程中少量 MnS 析出造成的。图 2-17 中（3）、（4）的电解侵蚀后夹杂物的三维形貌为球形，对应的夹杂物的成分见表 2-6。

表 2-6　200 系不锈钢 LF 出站钢中夹杂物成分　　（%）

No.	MgO	Al_2O_3	SiO_2	CaO	TiO_x	MnS	MnO	合计
（1）	7.63	18.77	27.95	30.10	3.23	1.39	10.92	100.00
（2）1	7.66	17.74	29.10	29.59	3.90	3.29	8.73	100.00
（2）2	4.54	9.50	17.97	15.03	0.00	30.91	22.05	100.00
（3）	0.00	15.80	8.00	0.00	4.20	71.90	0.00	100.00
（4）	22.60	12.80	44.80	10.30	1.60	5.10	2.70	100.00

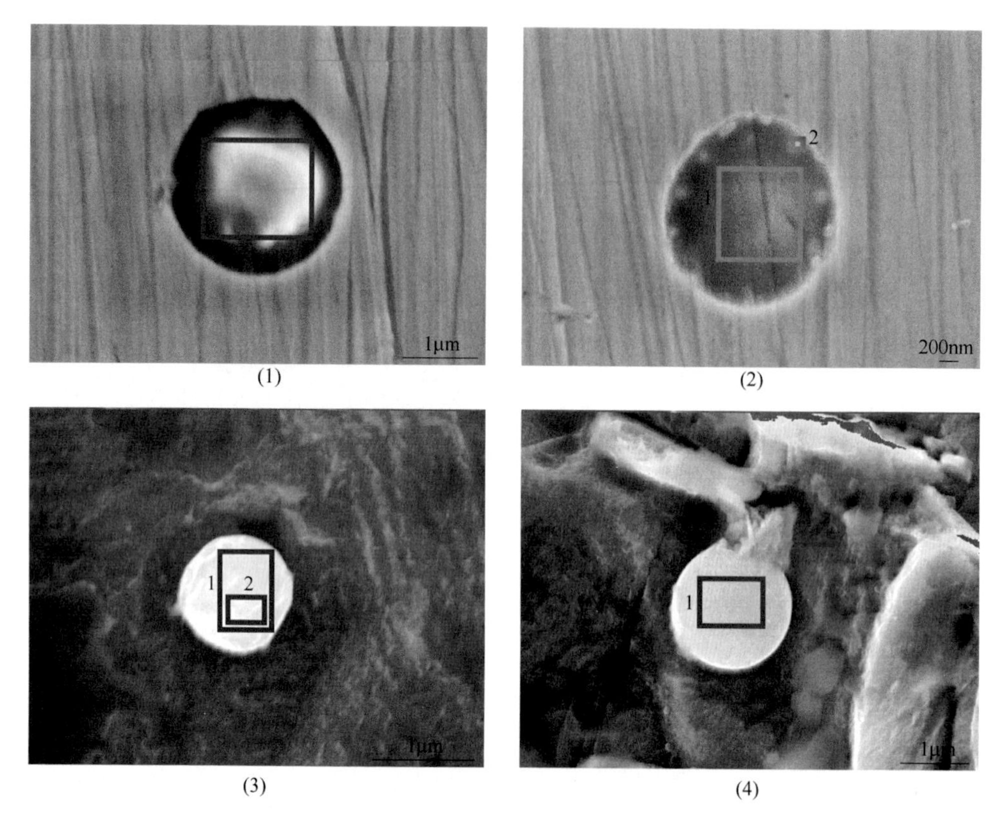

图 2-17　200 系不锈钢 LF 出站钢中夹杂物形貌

（1），（2）二维；（3），（4）电解侵蚀

图 2-18 所示为金相法和电解侵蚀法检测的铸坯中的夹杂物形貌，夹杂物的二维和三维形貌检测结果都表明氧化物夹杂为球形，夹杂物主要成分为 Al_2O_3-SiO_2-MnO-CaO，夹杂物表面存在 MnS，同时发现有椭球形的 MnS 含量较高的夹杂物生成。此时出现了部分 Al_2O_3 含量超过 20%的夹杂物，这可能是连铸过程中钢

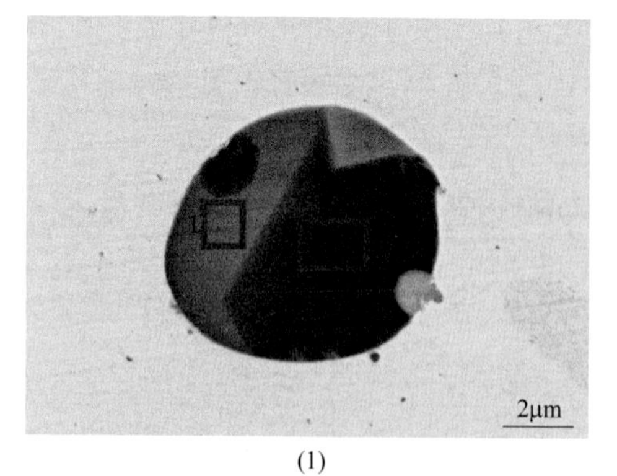

(1)

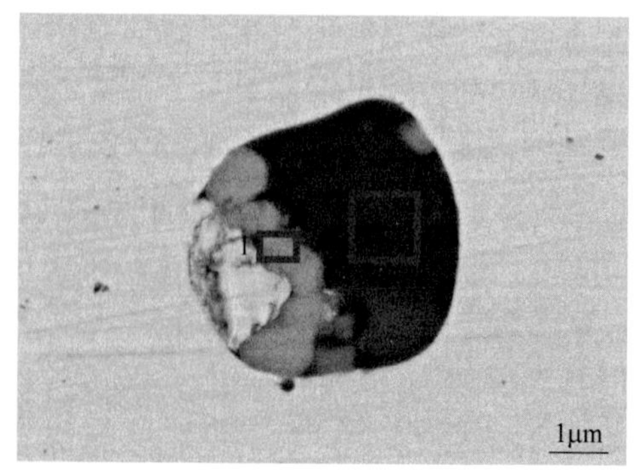

(2)

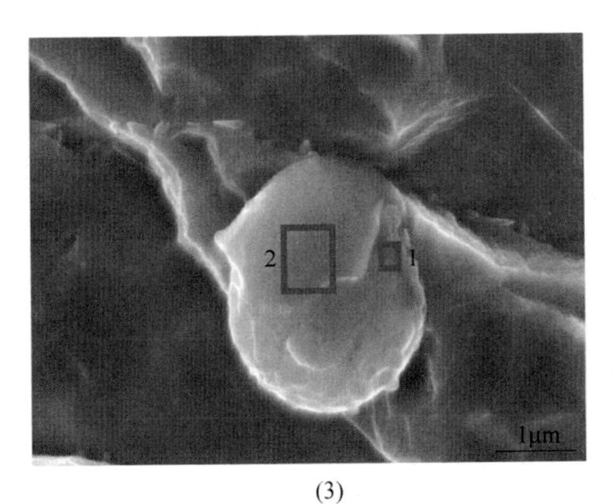

(3)

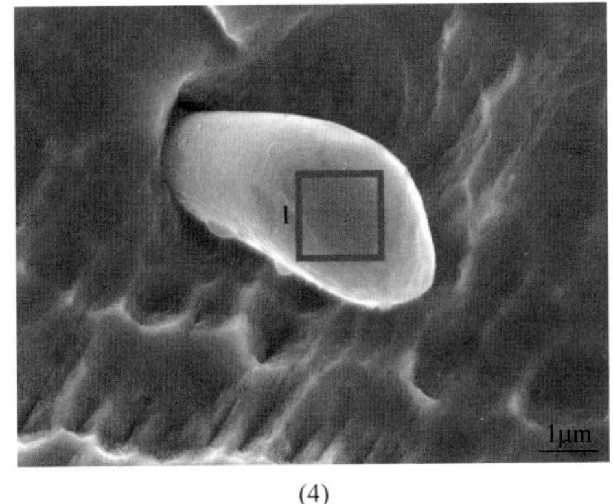

(4)

图 2-18 200系不锈钢铸坯中夹杂物形貌
（1），（2）二维；（3），（4）电解侵蚀

液二次氧化造成的，氧化铝含量较高的夹杂物对钢材的性能影响较大，需要对连铸过程的二次氧化进行有效控制。对应的夹杂物的成分见表 2-7。图 2-19 所示为电解提取出的铸坯中大量夹杂物形貌，尺寸大都在 8μm 以下，许多夹杂物的表面都存在 MnS，说明铸坯凝固过程 MnS 在夹杂物表面析出。

表 2-7 200系不锈钢铸坯中夹杂物成分 （%）

No.	MgO	Al_2O_3	SiO_2	CaO	TiO_x	MnS	MnO	合计
（1）1	6.36	20.35	35.21	34.21	0.00	3.86	0.00	100.00
（1）2	1.90	7.62	23.55	27.92	3.08	0.00	35.93	100.00
（2）1	0.00	3.18	6.44	4.89	0.00	84.68	0.81	100.00
（2）2	4.03	21.18	32.33	33.59	0.00	0.00	8.87	100.00
（3）1	0.00	10.80	24.80	3.60	27.20	33.60	0.00	100.00
（3）2	12.20	32.80	14.30	6.50	6.40	28.00	0.00	100.00
（4）	0.00	4.50	13.40	0.00	5.00	77.10	0.00	100.00

图 2-20 和表 2-8 所示为金相法和电解侵蚀法检测的轧板中夹杂物形貌和成分。金相法检测的冷轧板中的夹杂物轧后形状略有改变，部分夹杂物呈点链状，可能是由于将单个夹杂物轧碎形成的。夹杂物主要成分为 Al_2O_3-SiO_2-CaO-MnO，其中存在较高含量的 CaO 和 Al_2O_3，检测发现轧板中的大尺寸长条形夹杂物主要成分为 Al_2O_3-SiO_2-CaO 含量较高的夹杂物，而很少发现 Al_2O_3-SiO_2-MnO 含量较高的夹杂物，这说明 Al_2O_3-SiO_2-MnO 类夹杂物的轧制过程变形能力比 Al_2O_3-SiO_2-CaO 夹杂物更好。电解侵蚀法检测的冷轧板中的夹杂物由原来的球形或半球形变成现在的椭球形，或者为棱角分明的断裂状态，但是夹杂物的变形幅度不是很大，大多数夹杂物尺寸在 5μm 以下。

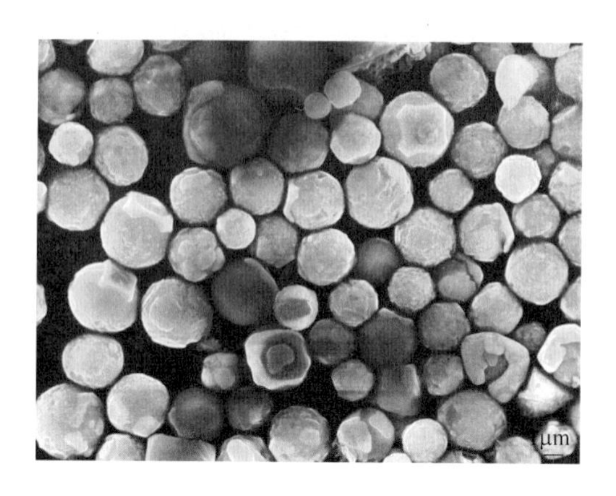

图 2-19　200 系不锈铸坯钢中夹杂物电解提取形貌

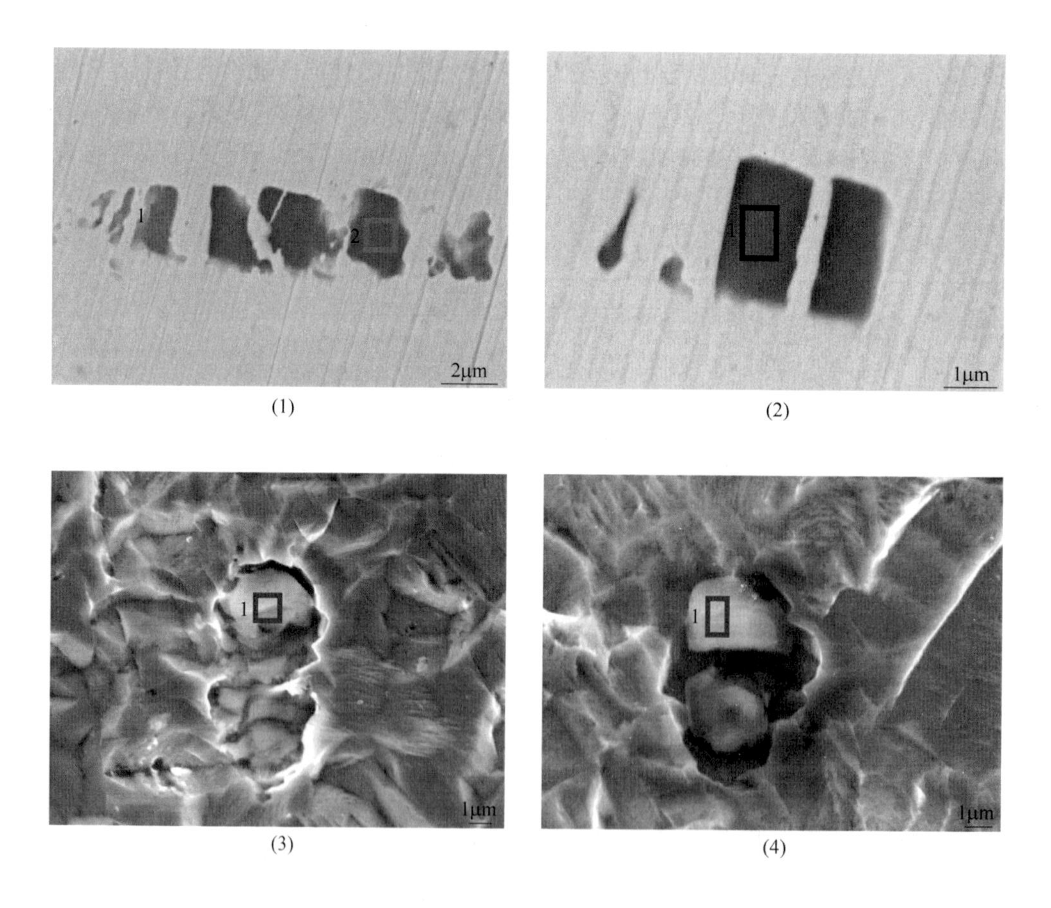

图 2-20　200 系不锈轧板钢中夹杂物形貌

（1），（2）二维；（3），（4）电解侵蚀

表 2-8 200 系不锈轧板钢中夹杂物成分 (%)

No.	MgO	Al_2O_3	SiO_2	CaO	TiO_x	MnS	MnO	合计
(1) 1	6. 97	22. 85	35. 38	34. 81	0. 00	0. 00	0. 00	100. 00
(1) 2	5. 06	20. 88	33. 33	18. 71	0. 00	0. 00	22. 02	100. 00
(2)	5. 66	20. 71	32. 94	33. 95	0. 00	0. 00	6. 74	100. 00
(3)	10. 30	25. 70	45. 90	16. 10	0. 00	0. 00	2. 00	100. 00
(4)	0. 00	5. 90	62. 00	27. 40	0. 00	0. 00	4. 80	100. 00

2. 2. 3 夹杂物成分和尺寸演变

AOD 出站夹杂物成分如图 2-21 所示，夹杂物平均成分见表 2-9。试样的扫描面积为 26. 88mm^2，共扫描到 546 个平均直径 1μm 以上的夹杂物，夹杂物的平均直径为 1. 27μm，最大直径为 7. 55μm，夹杂物的数密度为 20. 31 个/mm^2，面积分数为 30. 17ppm。从中可以看出 SiO_2-Al_2O_3-MnO 夹杂物数量较多，夹杂物中 MnO 含量较高，这主要是由于脱氧过程中加入了大量的金属锰造成的。同时钢液中也有一定数量 Al_2O_3-SiO_2-CaO 夹杂物，推测这部分夹杂物可能来源于钢液吹气造成的卷渣和精炼渣乳化造成的。

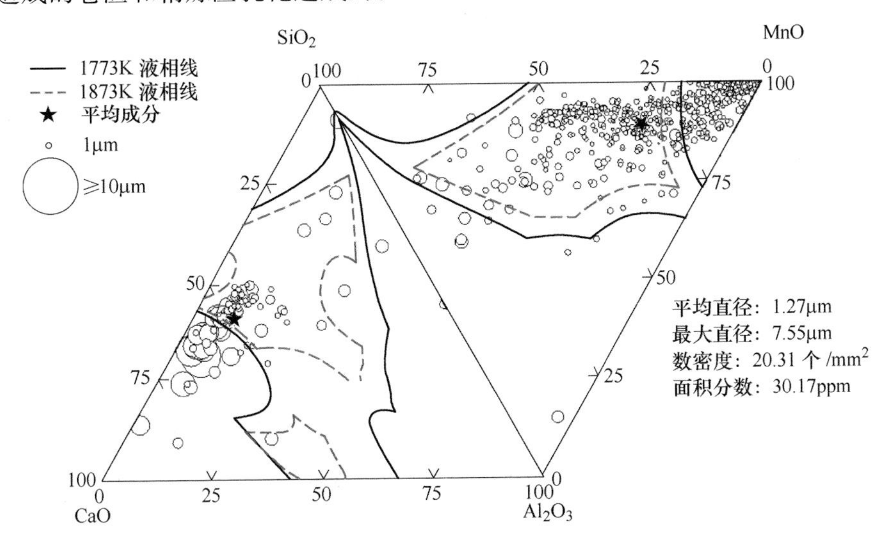

图 2-21 AOD 出站夹杂物三元相图

表 2-9 AOD 出站夹杂物平均成分

成分	MgO	Al_2O_3	SiO_2	CaO	MnO	Cr_2O_3	CaS	MnS	TiO_2
实际检测（%）	6. 11	6. 88	16. 62	12. 69	38. 17	2. 93	2. 38	6. 10	8. 13
归一化后（%）	7. 33	8. 25	19. 93	15. 21	45. 77	3. 52			

LF 进站夹杂物成分如图 2-22 所示，夹杂物平均成分见表 2-10。试样的扫描面积为 26.88mm^2，共扫描到 124 个平均直径 1μm 以上的夹杂物，夹杂物的平均直径为 1.60μm，最大直径为 7.59μm，夹杂物的数密度为 4.61 个/mm^2，面积分数为 10.59ppm。从中可以看出，经过 AOD 出站后的一段镇静和吹氩过程后，夹杂物数量明显降低，洁净度明显提升。Al_2O_3-SiO_2-CaO 夹杂物数量较多，其中 CaO 含量约为 50%，Al_2O_3 含量约为 10%，此类夹杂物与精炼渣成分类似，因此可能是精炼渣卷入或乳化造成的。同时也有一定数量的 SiO_2-Al_2O_3-MnO 夹杂物。

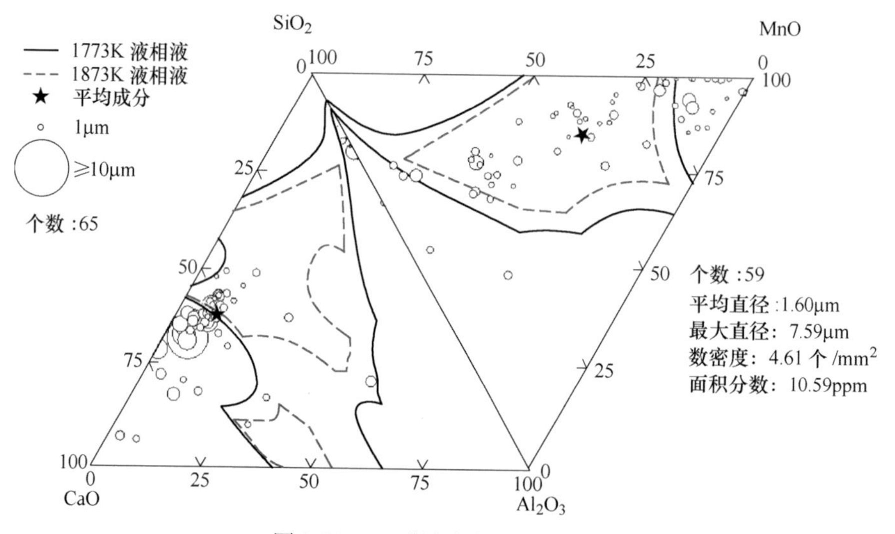

图 2-22　LF 进站夹杂物三元相图

表 2-10　LF 进站夹杂物平均成分

成分	MgO	Al_2O_3	SiO_2	CaO	MnO	Cr_2O_3	CaS	MnS	TiO_2
实际检测（%）	4.52	7.91	22.98	20.36	23.03	5.38	6.59	3.77	5.45
归一化后（%）	5.37	9.39	27.30	24.19	27.36	6.39			

LF 软吹前夹杂物成分如图 2-23 所示，夹杂物平均成分见表 2-11。试样的扫描面积为 32.00mm^2，共扫描到 286 个平均直径 1μm 以上的夹杂物，夹杂物的平均直径为 1.25μm，最大直径为 7.41μm，夹杂物的数密度为 8.94 个/mm^2，面积分数为 12.82ppm。从中可以看出，随着钢液中的 T.Ca 含量下降，钢中生成了更多球状的 SiO_2-Al_2O_3-MnO 夹杂物，MnO 含量约为 50%~70%。同时也有一定数量的 Al_2O_3-SiO_2-CaO 夹杂物，说明此类夹杂物没有完全上浮去除。

表 2-11　LF 软吹 0min 夹杂物平均成分

成分	MgO	Al_2O_3	SiO_2	CaO	MnO	Cr_2O_3	CaS	MnS	TiO_2
实际检测（%）	4.83	7.88	19.59	17.42	37.49	2.89	2.49	0.43	6.98
归一化后（%）	5.36	8.74	21.74	19.34	41.61	3.20			

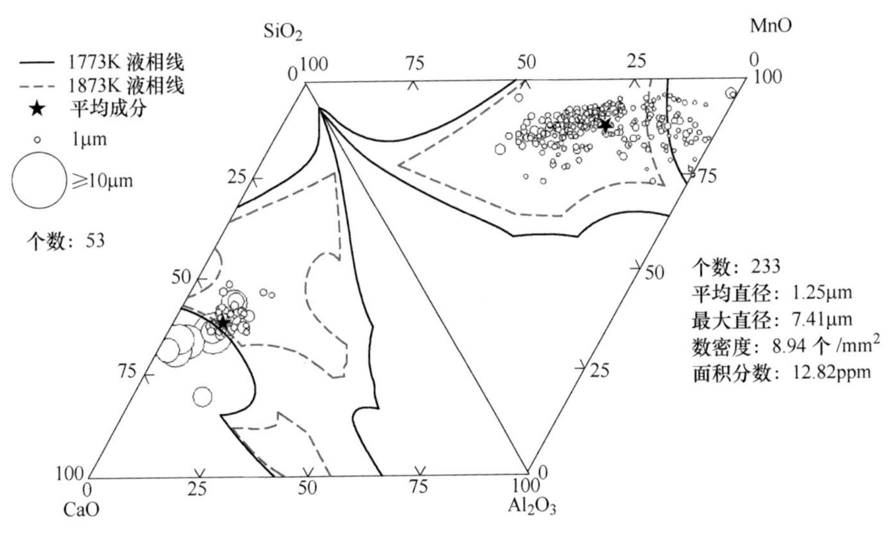

图 2-23 LF 软吹 0min 夹杂物三元相图

LF 软吹 5min 时夹杂物成分如图 2-24 所示，夹杂物平均成分见表 2-12。试样的扫描面积为 26.88mm^2，共扫描到 350 个平均直径 1μm 以上的夹杂物，夹杂物的平均直径为 1.43μm，最大直径为 28.28μm，夹杂物的数密度为 13.02 个/mm^2，面积分数为 14.69ppm。从中可以看出 SiO_2-Al_2O_3-MnO 夹杂物数量进一步增加，同时 Al_2O_3-SiO_2-CaO 夹杂物的数量进一步降低，这也是由于钢液中 T. Ca 含量逐渐降低造成的。

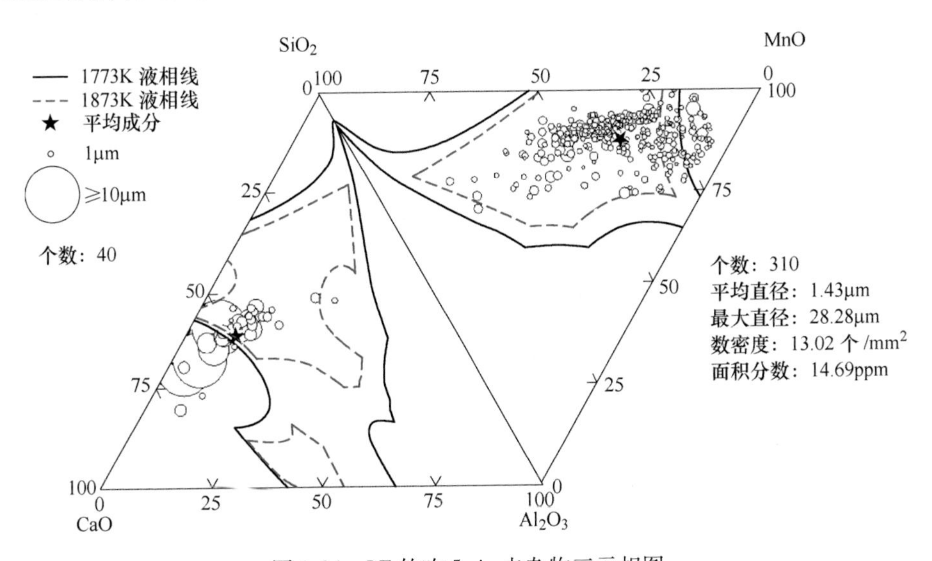

图 2-24 LF 软吹 5min 夹杂物三元相图

表 2-12　LF 软吹 5min 夹杂物平均成分

成分	MgO	Al_2O_3	SiO_2	CaO	MnO	Cr_2O_3	CaS	MnS	TiO_2
实际检测（%）	4. 90	8. 39	18. 91	13. 06	40. 26	4. 01	3. 37	0. 43	6. 67
归一化后（%）	5. 47	9. 38	21. 12	14. 59	44. 97	4. 48			

LF 软吹 10min 时夹杂物成分如图 2-25 所示，夹杂物平均成分见表 2-13。试样的扫描面积为 40. 96mm^2，共扫描到 404 个平均直径 1μm 以上的夹杂物，夹杂物的平均直径为 1. 28μm，最大直径为 7. 30μm，夹杂物的数密度为 9. 02 个/mm^2，面积分数为 13. 70ppm。SiO_2-Al_2O_3-MnO 夹杂物数量较多，同时也有少量的 Al_2O_3-SiO_2-CaO 夹杂物，此时夹杂物的成分与软吹 5min 时类似。

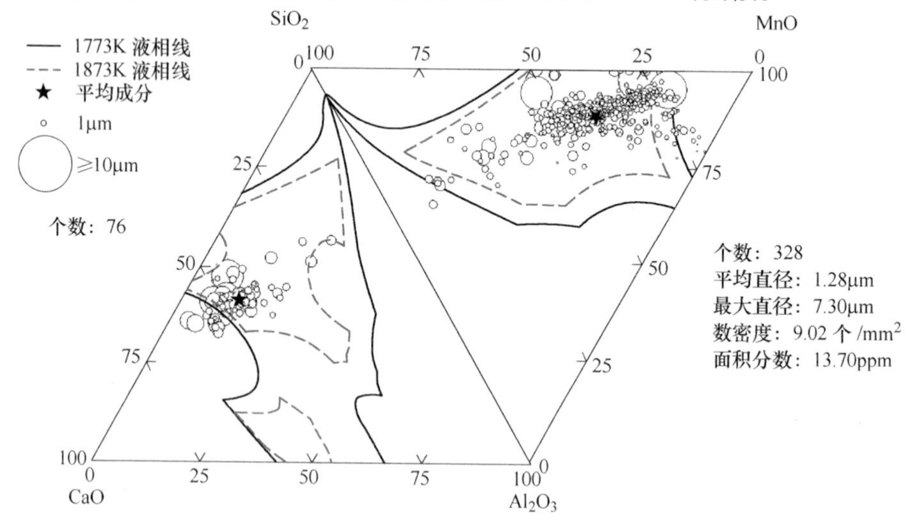

图 2-25　LF 软吹 10min 夹杂物三元相图

表 2-13　LF 软吹 10min 夹杂物平均成分

成分	MgO	Al_2O_3	SiO_2	CaO	MnO	Cr_2O_3	CaS	MnS	TiO_2
实际检测（%）	4. 63	9. 07	21. 64	18. 59	33. 59	0. 30	3. 08	1. 46	7. 64
归一化后（%）	5. 27	10. 33	24. 64	21. 16	38. 25	0. 34			

LF 软吹 15min 时夹杂物成分如图 2-26 所示，夹杂物平均成分见表 2-14。试样的扫描面积为 30. 72mm^2，共扫描到 379 个平均直径 1μm 以上的夹杂物，夹杂物的平均直径为 1. 36μm，最大直径为 6. 15μm，夹杂物的数密度为 12. 34 个/mm^2，面积分数为 18. 72ppm。从中可以看出 SiO_2-Al_2O_3-MnO 夹杂物数量较多，同时也有一定数量 Al_2O_3-SiO_2-CaO 夹杂物，软吹 10min 后，夹杂物的成分和尺寸基本呈现波动变化，说明此时 200 系不锈钢软吹时间 10min 以上较为合适。

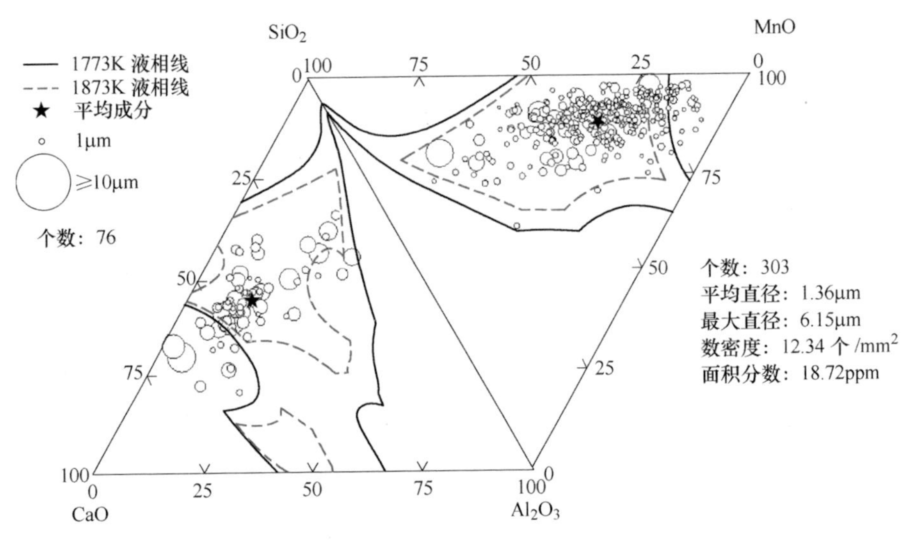

图 2-26　LF 软吹 15min 夹杂物三元相图

表 2-14　LF 软吹 15min 夹杂物平均成分

成分	MgO	Al_2O_3	SiO_2	CaO	MnO	Cr_2O_3	CaS	MnS	TiO_2
实际检测（%）	4.19	8.64	21.78	15.08	35.88	4.56	3.94	0.52	5.42
归一化后（%）	4.64	9.59	24.16	16.73	39.81	5.06			

LF 静置 5min 时夹杂物成分如图 2-27 所示，杂物平均成分如表 2-15 所示。试样的扫描面积为 26.88mm^2，共扫描到 310 个平均直径 1μm 以上的夹杂物，夹

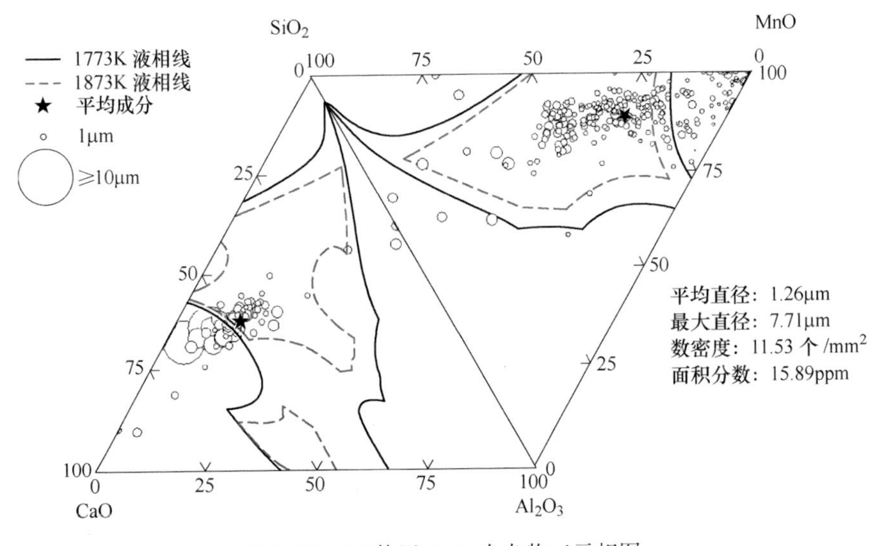

图 2-27　LF 静置 5min 夹杂物三元相图

杂物的平均直径为 1. 26μm，最大直径为 7. 71μm，夹杂物的数密度为 11. 53 个/mm²，面积分数为 15. 89ppm。夹杂物的成分变化不大，主要为 SiO_2-Al_2O_3-MnO-CaO，随着钢包静置过程的进行，夹杂物的数密度和面积分数略有降低。

表 2-15　LF 静置 5min 夹杂物平均成分

成分	MgO	Al_2O_3	SiO_2	CaO	MnO	Cr_2O_3	CaS	MnS	TiO_2
实际检测（%）	4. 19	8. 64	21. 78	15. 08	35. 88	4. 56	3. 94	0. 52	5. 42
归一化后（%）	4. 64	9. 59	24. 16	16. 73	39. 81	5. 06			

LF 静置 10min 时夹杂物成分如图 2-28 所示，夹杂物平均成分见表 2-16。试样的扫描面积为 35. 84mm²，共扫描到 330 个平均直径 1μm 以上的夹杂物，夹杂物的平均直径为 1. 27μm，最大直径为 9. 47μm，夹杂物的数密度为 9. 21 个/mm²，面积分数为 13. 15ppm。夹杂物的成分变化不大，主要为 SiO_2-Al_2O_3-MnO-CaO，随着钢包静置过程的进行，夹杂物的数密度和面积分数进一步降低。

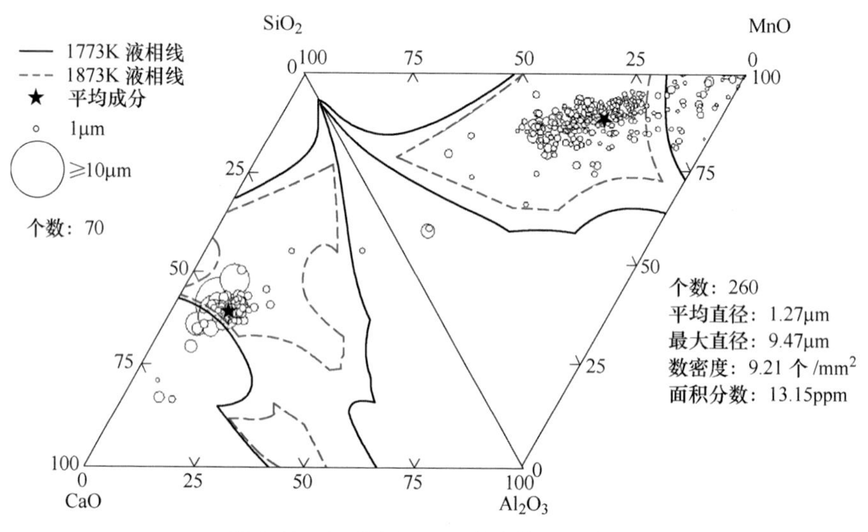

图 2-28　LF 静置 10min 夹杂物三元相图

表 2-16　LF 静置 10min 夹杂物平均成分

成分	MgO	Al_2O_3	SiO_2	CaO	MnO	Cr_2O_3	CaS
实际检测（%）	4. 19	8. 64	21. 78	15. 08	35. 88	4. 56	3. 94
归一化后（%）	4. 64	9. 59	24. 16	16. 73	39. 81	5. 06	

LF 静置 15min 时夹杂物成分如图 2-29 所示，夹杂物平均成分见表 2-17。试样的扫描面积为 19. 20mm²，共扫描到 154 个平均直径 1μm 以上的夹杂物，夹杂物的平均直径为 1. 26μm，最大直径为 4. 67μm，夹杂物的数密度为 8. 13 个/mm²，面积分数为 9. 52ppm。夹杂物的成分变化不大，主要为 SiO_2-Al_2O_3-MnO-

CaO，但是随着钢包静置过程的进行，夹杂物的数密度和面积分数又进一步降低。

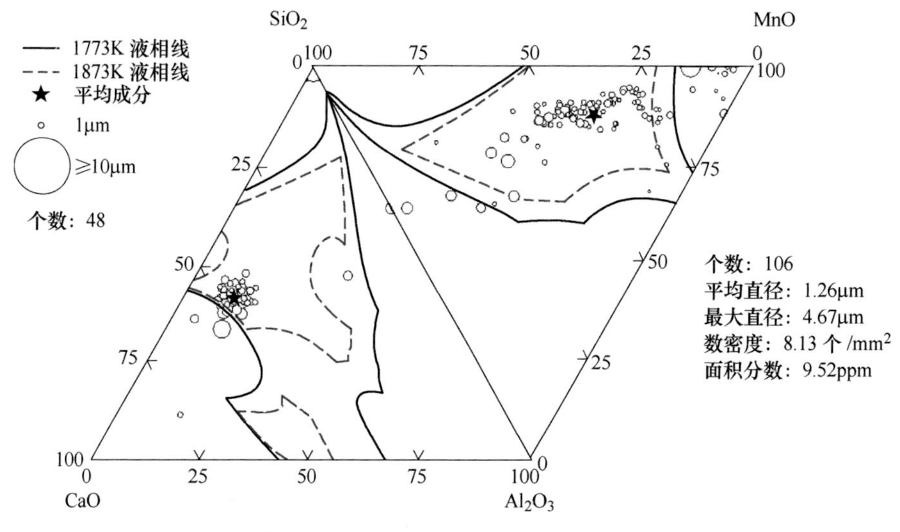

图 2-29 LF 静置 15min 夹杂物三元相图

表 2-17 LF 静置 15min 夹杂物平均成分

成分	MgO	Al_2O_3	SiO_2	CaO	MnO	Cr_2O_3	CaS	MnS	TiO_2
实际检测（%）	5.56	8.38	22.13	18.83	33.49	3.67	2.74	0.51	4.70
归一化后（%）	6.04	9.10	24.04	20.46	36.38	3.98			

LF 静置 20min 时夹杂物成分如图 2-30 所示，夹杂物平均成分见表 2-18。试

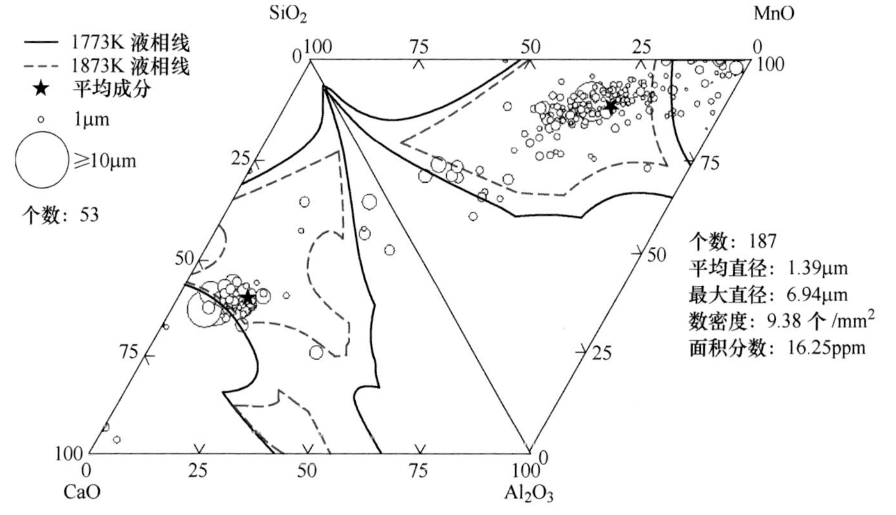

图 2-30 LF 静置 20min 夹杂物三元相图

样的扫描面积为 25.60mm²，共扫描到 240 个平均直径 1μm 以上的夹杂物，夹杂物的平均直径为 1.39μm，最大直径为 6.94μm，夹杂物的数密度为 9.38 个/mm²，面积分数为 16.25ppm。夹杂物的成分变化不大，主要为 SiO_2-Al_2O_3-MnO-CaO，但是随着钢包静置超过 15min，夹杂物的数密度和面积分数有所波动回升，这说明钢包静置过程超过 15min，夹杂物的去除效果并不明显，因此当前条件下钢包静置时间为 15min 更为合理。

表 2-18　LF 静置 20min 夹杂物平均成分

成分	MgO	Al_2O_3	SiO_2	CaO	MnO	Cr_2O_3	CaS	MnS	TiO_2
实际检测（%）	3.83	8.77	20.56	16.26	38.69	3.68	3.03	0.68	4.50
归一化后（%）	4.17	9.55	22.39	17.72	42.15	4.01			

中间包浇注 21min（浇注中期）时出口夹杂物成分如图 2-31 所示，夹杂物平均成分见表 2-19。试样的扫描面积为 31.36mm²，共扫描到 617 个平均直径 1μm 以上的夹杂物，夹杂物的平均直径为 1.25μm，最大直径为 5.19μm，夹杂物的数密度为 19.67 个/mm²，面积分数为 24.81ppm。夹杂物中的 MnO 含量明显增加，且新生成的夹杂物尺寸明显更小，由于钢液中有 10%左右的 Mn，因此说明连铸过程发生了二次氧化，导致钢液中大量的 Mn 被氧化生成了很多 MnO 含量较高的 SiO_2-Al_2O_3-MnO 夹杂物。

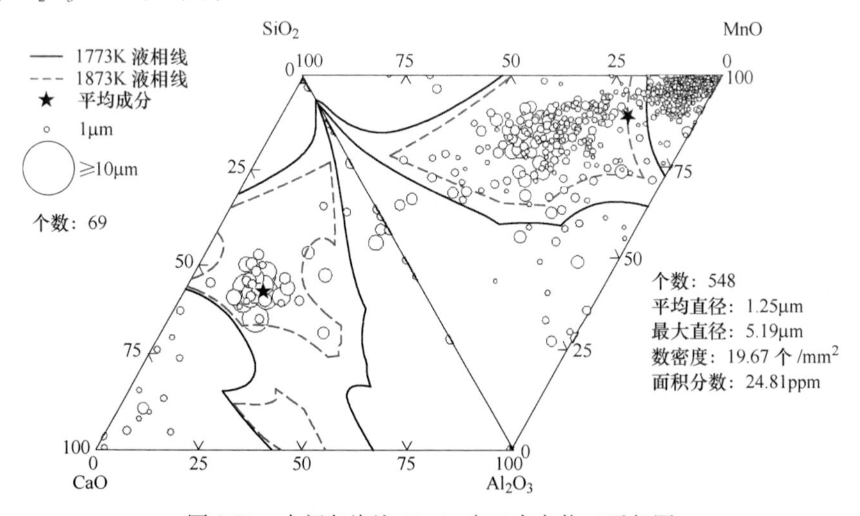

图 2-31　中间包浇注 21min 出口夹杂物三元相图

表 2-19　中间包浇注 21min 出口夹杂物平均成分

成分	MgO	Al_2O_3	SiO_2	CaO	MnO	Cr_2O_3	CaS	MnS	TiO_2
实际检测（%）	3.83	8.77	20.56	16.26	38.69	3.68	3.03	0.68	4.50
归一化后（%）	4.17	9.55	22.39	17.72	42.15	4.01			

铸坯内弧处出口夹杂物成分如图 2-32 所示，夹杂物平均成分见表 2-20。试样的扫描面积为 25.28mm^2，共扫描到 629 个平均直径 1μm 以上的夹杂物，夹杂物的平均直径为 1.45μm，最大直径为 8.89μm，夹杂物的数密度为 24.88 个/mm^2，面积分数为 50.67ppm。从中可以看出铸坯中生成了大量的 MnO-Cr_2O_3 夹杂物，这主要是由于在 1000~1300℃的温度范围内的冷却过程中新生成了 MnO-Cr_2O_3 夹杂物，同时 SiO_2-Al_2O_3-MnO 夹杂物数量较多，也有少量大尺寸 Al_2O_3-SiO_2-CaO 夹杂物。

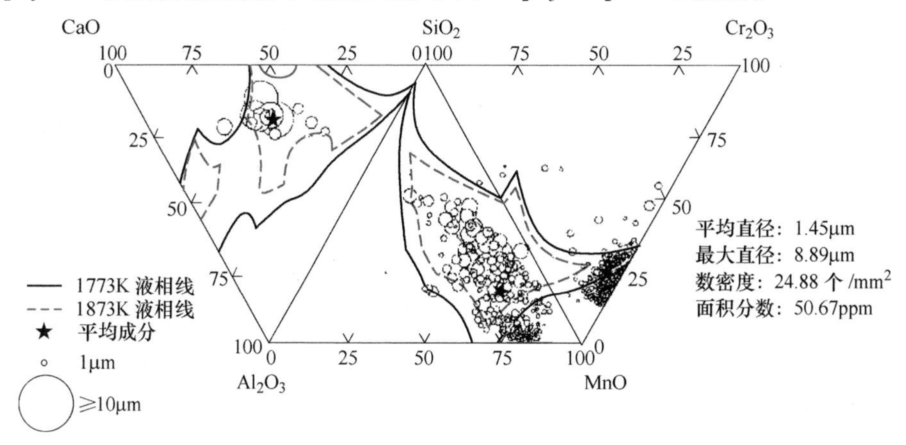

图 2-32　铸坯内弧处夹杂物三元相图

表 2-20　铸坯内弧处夹杂物平均成分

成分	MgO	Al_2O_3	SiO_2	CaO	MnO	Cr_2O_3	CaS	MnS	TiO_2
实际检测（%）	1.81	10.10	7.37	2.71	49.33	11.00	1.44	4.06	12.18
归一化后（%）	2.20	12.27	8.95	3.29	59.93	13.36			

全流程夹杂物平均尺寸变化如图 2-33 所示。从中可以看出，夹杂物平均尺寸在冶炼全流程中变化不大，约为 1.2~1.5μm。全流程夹杂物数密度与面积分数变化分别如图 2-34 和图 2-35 所示。LF 软吹过程中，夹杂物的数密度和面积分数都显著增加，这说明了当前工艺下 LF 精炼软件效果较差，可能是由于吹氩流量过大造成了卷渣或精炼渣乳化，建议降低 LF 软吹过程中的吹氩流量。在 LF 静置过程中夹杂物数密度呈下降趋势，静置过程 15min 时夹杂物的数密度和面积分数达到最小值，在静置 20min 时夹杂物数密度与面积分数均有所回升，说明 LF 静置 15min 时对夹杂物的去除可以达到较好效果。

冶炼全流程夹杂物平均成分变化如图 2-36 所示。其中，Al_2O_3 平均含量变化不大，约为 6%~13%；SiO_2 平均含量变化不大，约为 20%~25%；CaO 平均含量在 LF 精炼过程中在 15%~25%间波动变化；MnO 平均含量略有增加，约为 40%。整个 LF 精炼过程中夹杂物的成分基本变化不大，这也说明了当前精炼渣成分没有造成夹杂物中 Al_2O_3 平均含量的增加，说明当前精炼渣成分较为合理。

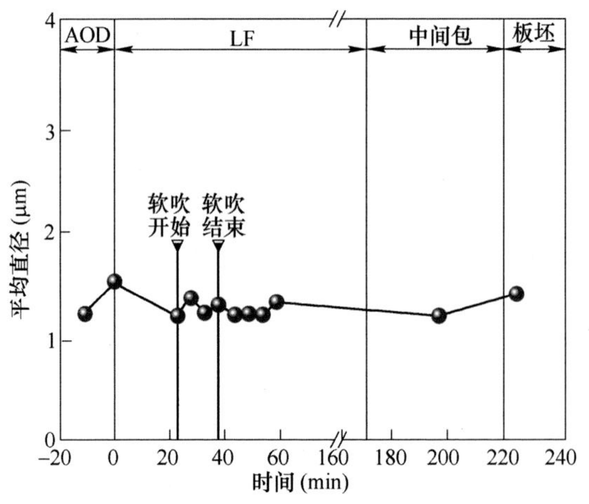

图 2-33　全流程夹杂物平均尺寸变化

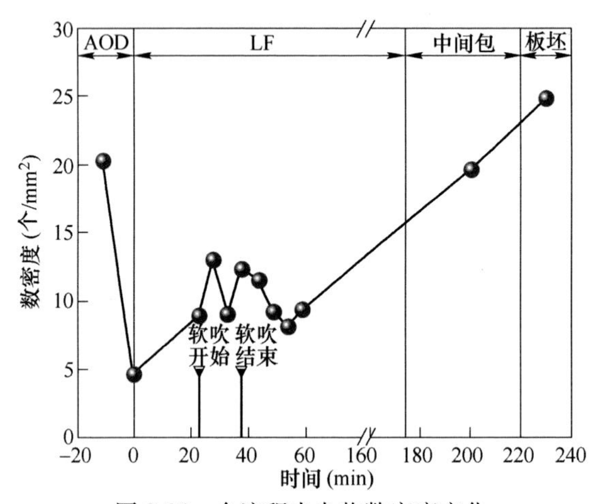

图 2-34　全流程夹杂物数密度变化

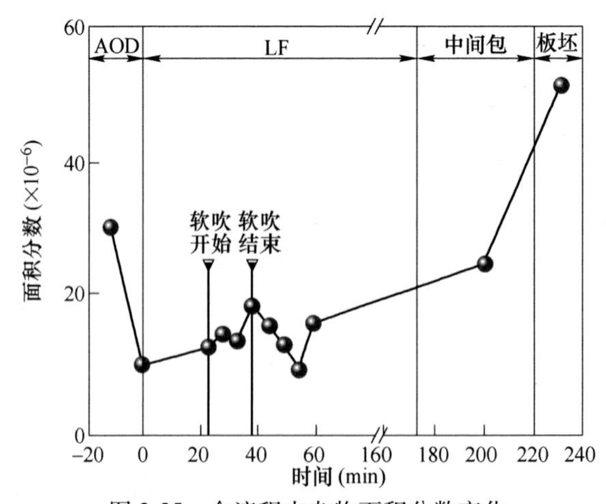

图 2-35　全流程夹杂物面积分数变化

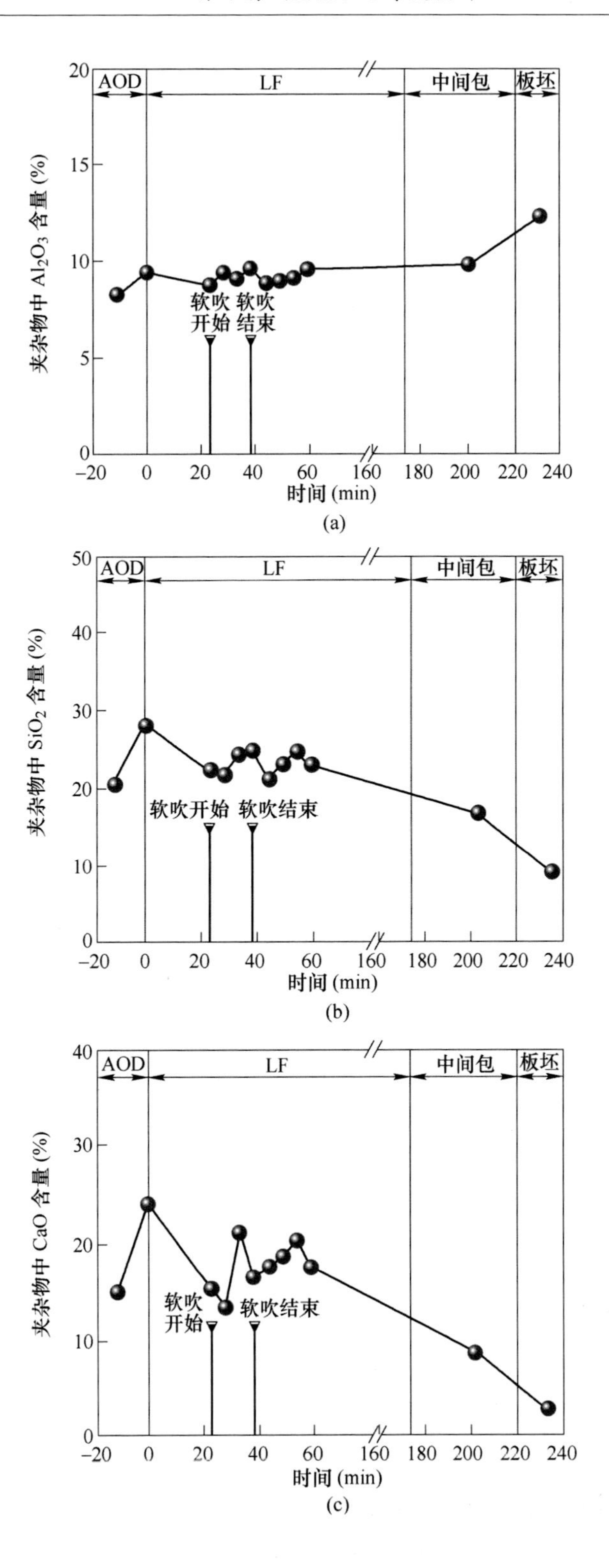

AOD
LF
中间包
板坯
夹杂物中 Al_2O_3 含量 (%)
软吹开始
软吹结束
时间 (min)
(a)
AOD
LF
中间包
板坯
夹杂物中 SiO_2 含量 (%)
软吹开始
软吹结束
时间 (min)
(b)
AOD
LF
中间包
板坯
夹杂物中 CaO 含量 (%)
软吹开始
软吹结束
时间 (min)
(c)

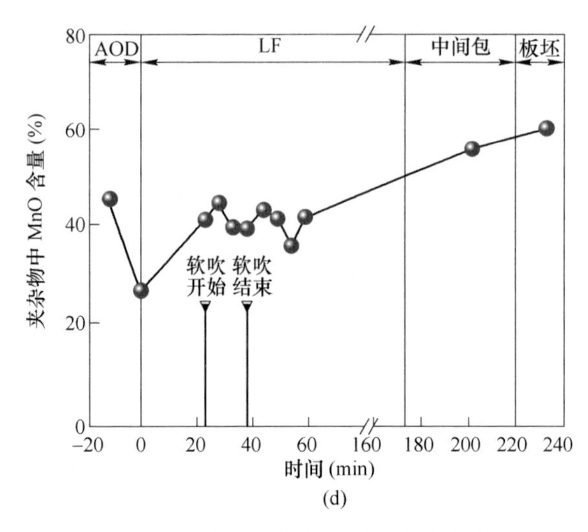

图 2-36　全流程夹杂物平均成分变化

2.3　小结

（1）BN4 不锈钢钢板上的线鳞缺陷是由 Al_2O_3 和 MnO 含量较高的 Al_2O_3-MgO-MnO-Cr_2O_3 复合夹杂物引起。对比夹杂物平均成分与缺陷成分，缺陷部位明显 Al_2O_3 含量偏高，因此控制夹杂物中 Al_2O_3 含量对控制 BN4 不锈钢线鳞缺陷有一定的帮助。

（2）BN4 不锈钢的头坯线鳞率超过了 30%，说明头坯的切割长度可能不够。尾坯的线鳞缺陷率与正常坯的缺陷率水平相似，说明尾坯的切割长度较为合理。交接坯的线鳞缺陷率明显高于平均水平，因此有必要在浇注换包时进行留钢操作，防止卷渣造成线鳞缺陷。

（3）J1 不锈钢中发生的异物压入缺陷尺寸较大，长度约为 5mm。压入的异物中 Fe_2O_3 含量较高，与周围铁、铬、锰含量较高的钢基体存在明显差异，与铸坯切割渣的成分类似。推断此轧板中的异物压入缺陷是由铸坯切割渣造成的。

（4）200 系不锈钢精炼渣主要成分为 CaO-SiO_2-MgO-CaF_2，AOD 脱碳期过程中，精炼渣碱度为 1.1 左右，AOD 还原期加入石灰后，精炼渣碱度提升到了 1.8 左右，随后的整个 LF 精炼过程中精炼渣碱度保持不变。精炼渣中含有少量的 Al_2O_3。

（5）全流程钢液中 $[Al]_s$ 含量变化不大，由于 LF 精炼过程中没有添加合金和辅料，当前精炼渣没有造成精炼渣中的 Al_2O_3 向钢液中传质 $[Al]_s$。不锈钢钢液中的 T. Ca 含量在 LF 精炼过程中大幅下降，原因是含 CaO 夹杂物上浮去除进入钢液中，以及钢液中的溶解钙与精炼渣反应生成 CaO 进入到了精炼渣中。说明此过程中1.8左右的精炼渣碱度较为合适，达到了降低钢中铝含量和钙含量的目的。

（6）200系不锈钢精炼和连铸过程夹杂物成分发生的变化为：AOD还原期开始，由于硅锰合金的加入，钢中夹杂物主要成分为MnO-SiO_2，然而，随着精炼渣碱度的提升和硅铁合金的加入，以及伴随着精炼渣的卷渣和乳化，夹杂物中Al_2O_3和CaO含量分别逐渐超过10%和20%。LF精炼过程中，夹杂物中SiO_2含量波动变化，夹杂物中MnO含量有所上升。

（7）200系不锈钢精炼和连铸全流程夹杂物平均尺寸变化不大。LF软吹过程中，夹杂物的数密度和面积分数都显著增加，说明当前工艺下LF精炼软件效果较差，可能是由于吹氩流量过大造成了卷渣或精炼渣乳化，建议降低LF软吹过程中的吹氩流量。在LF静置过程中夹杂物数密度呈下降趋势，静置过程15min时夹杂物的数密度和面积分数达到最小值，在静置20min时夹杂物数密度与面积分数均有所回升，说明LF静置15min时对夹杂物的去除可以达到较好效果。

（8）利用小样电解提取到的夹杂物可以看出，氧化物夹杂基本都呈现圆球或椭球状，与金相检测方法的结果基本吻合，这主要是由于钢中生成的夹杂物都为液态夹杂物。检测发现轧板中的大尺寸长条形夹杂物主要为Al_2O_3-SiO_2-CaO含量较高的夹杂物，很少发现Al_2O_3-SiO_2-MnO含量较高的夹杂物，这说明Al_2O_3-SiO_2-MnO类夹杂物的轧制过程变形能力比Al_2O_3-SiO_2-CaO夹杂物更好。

3 合金化处理对200系不锈钢中夹杂物生成的影响研究

合金化处理后，加入的合金元素熔化后直接进入钢液，迅速与钢中非金属夹杂物发生明显的反应，因此研究合金化处理对200系不锈钢中夹杂物的影响非常重要。本章首先计算了200系不锈钢合金脱氧过程脱氧平衡曲线以及夹杂物生成的热力学条件，为实践过程中夹杂物的控制奠定理论基础。同时，一些企业在生产过程中试图通过加入硅钙钡合金提升200系不锈钢的洁净度水平，然而效果并不显著。本章详细对比研究了硅钙钡合金对200系不锈钢洁净度水平的影响，为200系不锈钢合金化处理改性钢中夹杂物奠定基础。

3.1 200系不锈钢合金脱氧夹杂物生成热力学

本节应用FactSage热力学计算软件对高温下200系不锈钢钢液成分对钢中各类夹杂物生成的影响进行了预测，计算过程中选择FactPS、FToxid、FTmisc数据库。图3-1所示为1600℃下0.06%C-17%Cr-4%Ni-7.5%Mn-Fe不锈钢中Al-O平衡曲线。随着钢液中的[Al]含量增加，钢中平衡的[O]含量逐渐降低。当钢中[Al]含量在50ppm以上时，钢中生成夹杂物为Al_2O_3；当钢中[Al]含量在5ppm以下时，钢中开始出现Cr_2O_3夹杂物；当钢液中[Al]含量在5~50ppm之间时，钢中生成液态夹杂物。钢中平衡的[O]含量最低可以达到10ppm左右。

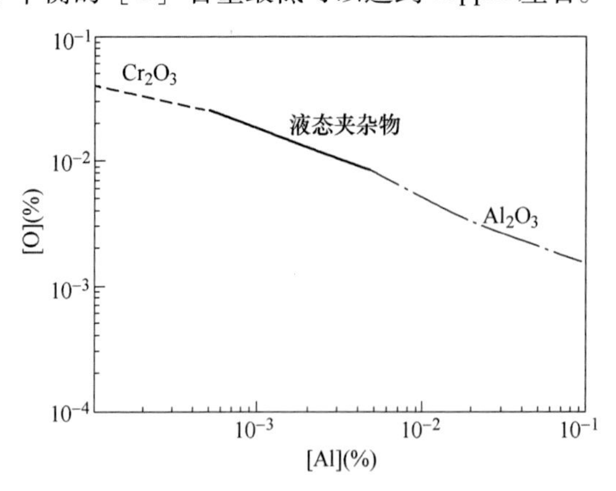

图3-1 1600℃下0.06%C-17%Cr-4%Ni-7.5%Mn-Fe不锈钢中Al-O平衡曲线

图3-2所示为FactSage热力学计算软件计算的1600℃下0.06%C-17%Cr-4%Ni-7.5%Mn-Fe不锈钢中Si-O平衡曲线。随着钢液中的［Si］含量增加，钢中平衡的［O］含量呈下降趋势，钢中总氧含量最低降低到几十个ppm，这主要是因为钢中7.5%的Mn导致的，在Si含量为0.01%～10%的范围内，钢中生成的夹杂物为液态夹杂物。

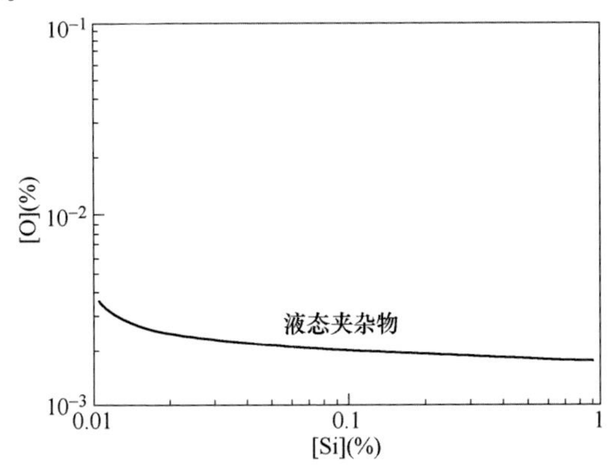

图3-2　1600℃下0.06%C-17%Cr-4%Ni-7.5%Mn-Fe不锈钢中Si-O平衡曲线

图3-3所示为FactSage热力学计算软件计算的1600℃下0.06%C-17%Cr-4%Ni-7.5%Mn-Fe不锈钢中Ti-O平衡曲线。随着钢液中的［Ti］含量增加，钢中平衡的［O］含量逐渐降低。当钢中［Ti］含量在0.03%以下时，钢中生成夹杂物为液态夹杂物；当钢中［Ti］含量在0.03%～0.07%时，钢中生成Ti_3O_5夹杂物；当钢液中［Ti］含量超过0.07%时，钢中开始出现Ti_2O_3夹杂物。钢中平衡的［O］含量最低可以达到20ppm左右。

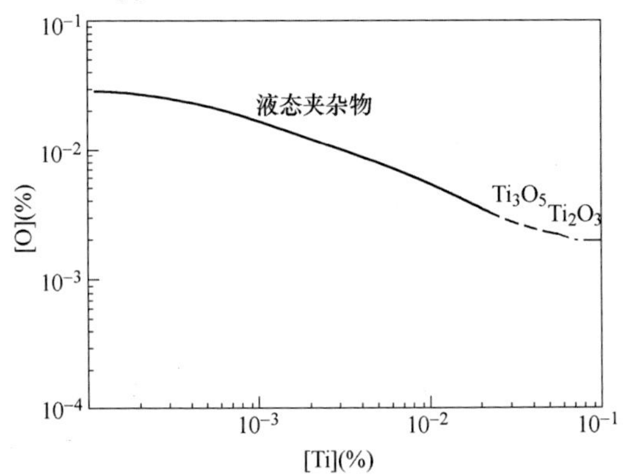

图3-3　1600℃下0.06%C-17%Cr-4%Ni-7.5%Mn-Fe不锈钢中Ti-O平衡曲线

图3-4所示为FactSage热力学计算软件计算的1600℃下0.06%C-17%Cr-4%Ni-Fe不锈钢中Mn-O平衡曲线。随着钢液中的［Mn］含量增加，钢中平衡的

[O] 含量呈现略有降低的趋势。当钢中 [Mn] 含量较低时，钢中生成夹杂物为 Cr_2O_3；当钢中 [Mn] 含量在 3%时，钢中生成液态夹杂物，且钢液中 [O] 含量降低更为明显。

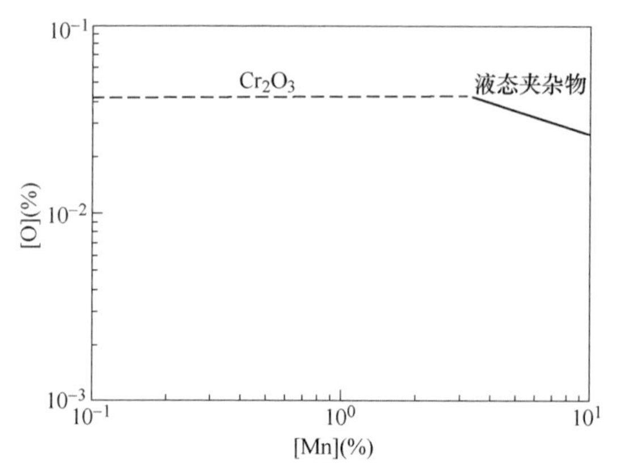

图 3-4　1600℃下 0. 06%C-17%Cr-4%Ni-Fe 不锈钢中 Mn-O 平衡曲线

图 3-5 所示为基于 Wagner 公式编程计算的 1600℃下 0. 06%C-17%Cr-4%Ni-7. 5%Mn-Fe 不锈钢中 Mg-O 平衡曲线。随着钢液中的 [Mg] 含量增加，钢中平衡的 [O] 含量先降低后增加，钢中总氧含量最低可降到 4ppm，钢中生成的夹杂物主要为 MgO 类夹杂物。

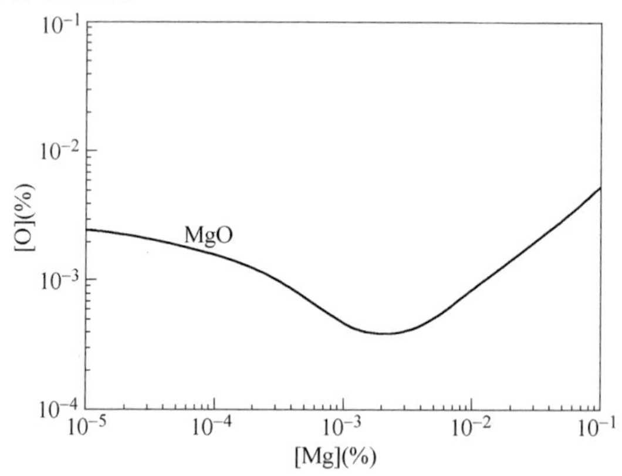

图 3-5　1600℃下 0. 06%C-17%Cr-4%Ni-7. 5%Mn-Fe 不锈钢中 Mg-O 平衡曲线

图 3-6 所示为基于 Wagner 公式编程计算的 1600℃下 0. 06%C-17%Cr-4%Ni-7. 5%Mn-Fe 不锈钢中 Ca-O 平衡曲线。随着钢液中的 [Ca] 含量增加，钢中平衡的 [O] 含量先降低后增加，钢中总氧含量最低降低到 2ppm，钢中生成的夹杂物主要为 CaO 类夹杂物。

图 3-7 所示为 FactSage 热力学软件计算的 1600℃下 0. 06%C-17%Cr-4%Ni-7. 5%Mn-Fe 不锈钢中 Al-Mg-O 夹杂物生成相图。当钢中的 [Mg] 含量极低时，

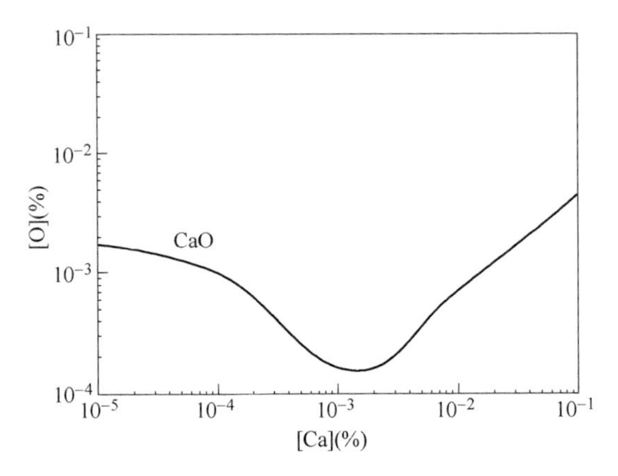

图3-6　1600℃下0.06%C-17%Cr-4%Ni-7.5%Mn-Fe不锈钢中Ca-O平衡曲线

钢中夹杂物主要为 Al_2O_3；当钢中的［Mg］含量超过1ppm时，钢中开始生成 $MgO \cdot Al_2O_3$ 夹杂物；当钢中的［Mg］含量超过约10ppm时，钢中夹杂物主要为MgO。由于200系不锈钢中有较高含量的锰，在钢中［Al］和［Mg］含量都较低的区域内，钢中生成 $MnO \cdot Al_2O_3$ 夹杂物。

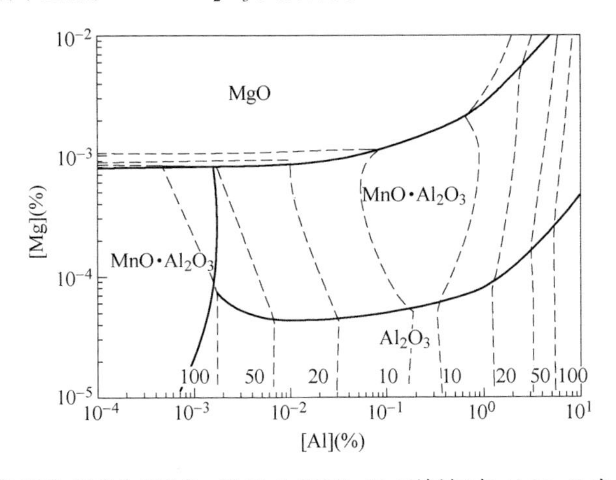

图3-7　1600℃下0.06%C-17%Cr-4%Ni-7.5%Mn-Fe不锈钢中Al-Mg-O夹杂物生成相图

图3-8所示为FactSage热力学软件计算的1600℃下0.06%C-17%Cr-4%Ni-7.5%Mn-Fe不锈钢中Si-Mn-O夹杂物生成相图。在完全没有铝加入的条件下，当钢液中［Si］含量较高且［Mn］含量较低时，钢中生成的夹杂物主要为 SiO_2；当钢液中［Si］含量较低且［Mn］含量较高时，钢中生成的夹杂物主要为液相夹杂物。400系不锈钢中Si-Mn-O夹杂物生成相图与300系结果类似，是因为钢中的镍含量对夹杂物的生成影响较小造成的。

图3-9所示为FactSage热力学软件计算的0.06%C-17%Cr-4%Ni-7.5%Mn-Fe

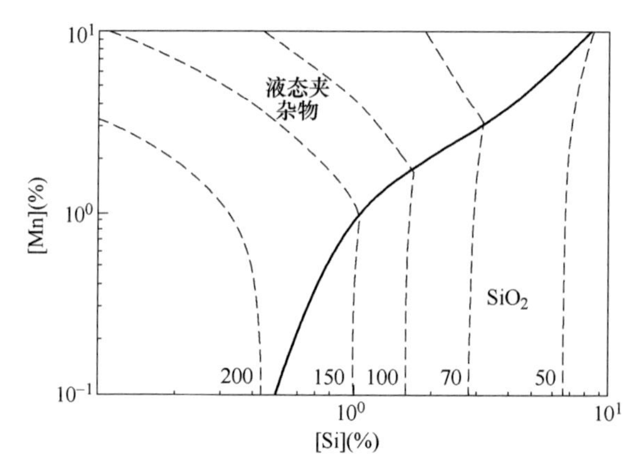

图3-8 1600℃下0.06%C-17%Cr-4%Ni-7.5%Mn-Fe不锈钢中Si-Mn-O夹杂物生成相图

不锈钢中Al-Si-Mn-O夹杂物生成相图。钢中加入7.5%的［Mn］时，液相夹杂物的阴影区域明显增加，有利于液相夹杂物的控制，这也是200系不锈钢中线鳞缺陷率更低的原因之一。在钢中［Si］含量较高时，不锈钢中主要为SiO_2夹杂物；在钢中［Al］含量较高时，主要生成Al_2O_3夹杂物。

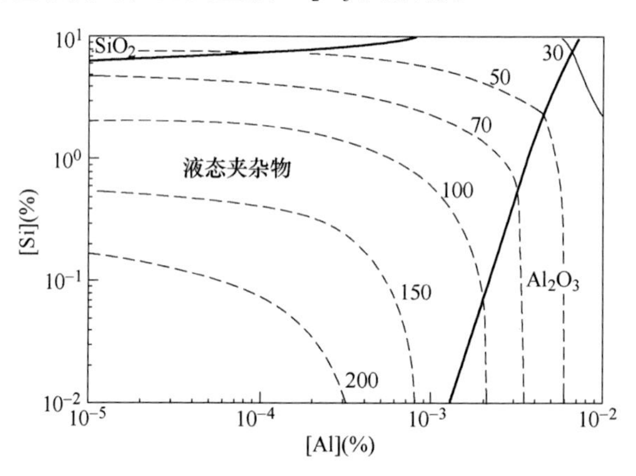

图3-9 1600℃下0.06%C-17%Cr-4%Ni-7.5%Mn-Fe不锈钢中Al-Si-Mn-O夹杂物生成相图

3.2 硅钙钡合金对200系不锈钢中夹杂物的影响

3.2.1 加硅钙钡合金炉次夹杂物的演变

为了研究200系不锈钢冶炼过程添加硅钙钡合金对其中夹杂物的影响，进行了两炉对比试验研究，其中一炉没有添加硅钙钡合金，具体结果已经在2.2节中介绍。另外一炉在AOD出钢过程中添加硅钙钡合金，添加硅钙钡合金的炉次工艺操作为：AOD出钢时添加硅钙钡合金（Si>45%，Ba>10%，Ca>15%），其他工艺与之前介绍的工艺近似。在AOD精炼、LF精炼和连铸阶段分别取样进行分析，分析所取钢水样位置为AOD扒渣时、AOD还原末期、AOD出钢、LF进站、LF精炼9min、LF精炼44min、LF精炼56min、LF出站、中间包浇注中期出口。精炼和连铸过程现场取样记录及相关参数如图3-10所示。

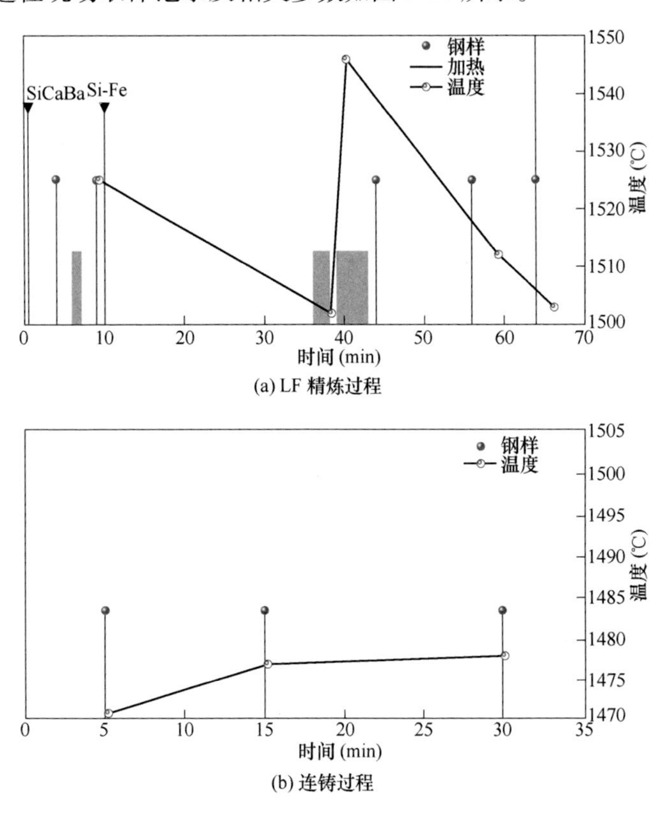

(a) LF 精炼过程

(b) 连铸过程

图3-10 200系不锈钢精炼和连铸取样及温度记录

图3-11所示为200系不锈钢精炼过程渣的成分变化。由图可知，AOD脱碳期，精炼渣碱度为1.1左右，AOD还原期加入石灰后，精炼渣碱度提升到了1.8左右，随后的整个LF精炼过程中精炼渣碱度保持不变。由渣 Al_2O_3 的变化趋势可知，随着AOD过程精炼渣碱度提高，渣中 Al_2O_3 含量降低，说明高碱度精炼渣导致渣中 Al_2O_3 向钢中传质，随着LF精炼的进行，渣中 Al_2O_3 有所上升。图3-12所示为200系不锈钢精炼过程 $[Al]_s$ 和T. Ca含量变化。从AOD到LF精炼过程，钢中 $[Al]_s$ 和T. Ca含量上升，这是由于AOD出钢过程中添加了硅钙钡合金，也可能是添加铁合金中含有较高含量铝和钙造成的。连铸过程钢中 $[Al]_s$ 和T. Ca含量略有下降，这可能是钢液二次氧化造成的。

AOD终点样品中夹杂物主要为球形的MnO含量很高的 SiO_2-MnO夹杂物，夹杂物的主要成分在 Al_2O_3-CaO-SiO_2-MnO四元系中的位置如图3-13所示。夹杂物的平均成分见表3-1。试样的扫描面积为11.52mm²，共扫描到218个夹杂物，最

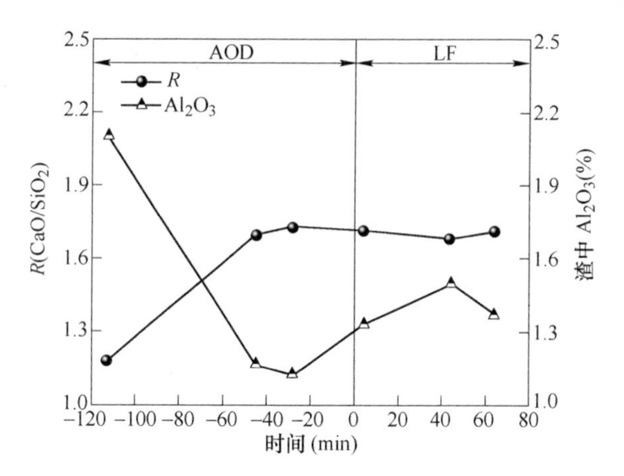

图 3-11　200 系不锈钢精炼过程渣成分变化

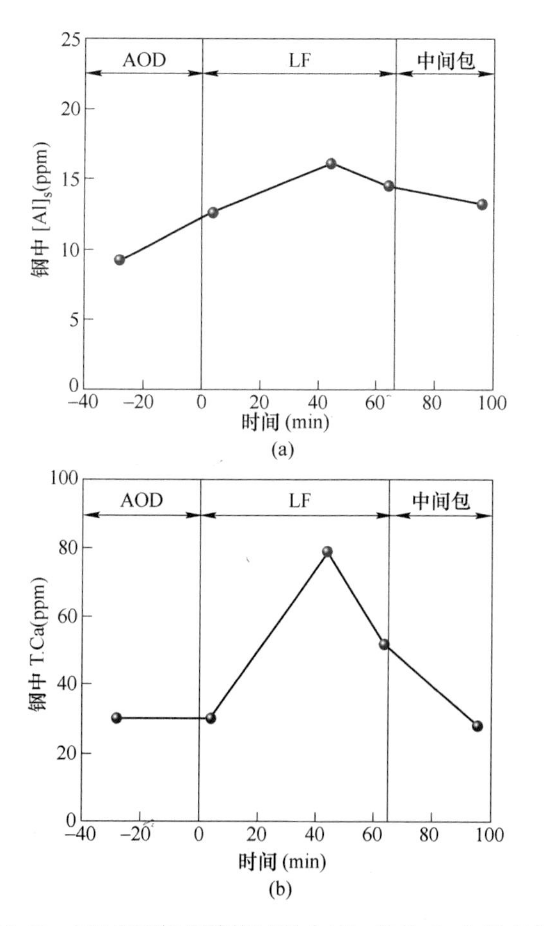

图 3-12　200 系不锈钢精炼过程 $[Al]_s$ 和 T. Ca 含量变化

大夹杂物直径为9.84μm，夹杂物平均直径为1.32μm，数量密度为18.92个/mm^2，面积分数为34.52ppm。对ASPEX电镜扫描结果进行统计，结果显示夹杂物中MnO含量很高，夹杂物中SiO_2等其他氧化物含量都很低。

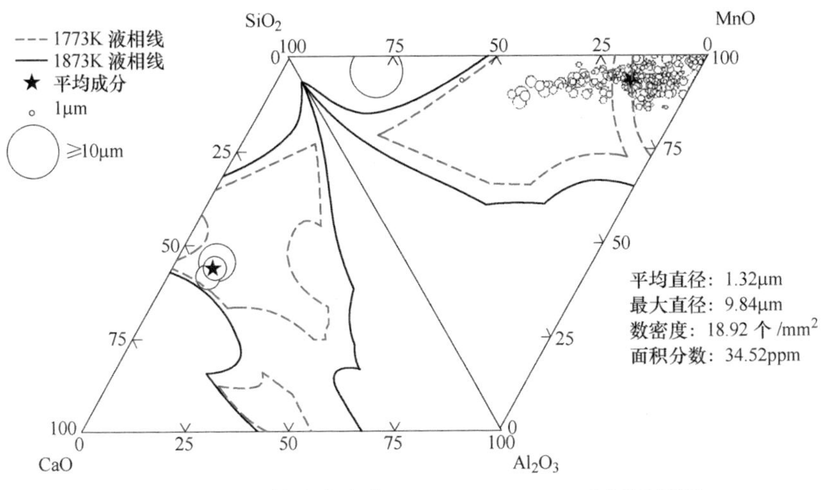

图3-13 AOD终点夹杂物Al_2O_3-CaO-SiO_2-MnO四元相图

表3-1 AOD终点钢中夹杂物平均成分

成分	MgO	Al_2O_3	SiO_2	CaO	MnO	Cr_2O_3	CaS	MnS	TiO_2
实际检测（%）	2.33	4.57	10.82	3.85	55.44	2.98	3.28	8.82	7.91
归一化后（%）	2.92	5.71	13.53	4.81	69.30	3.73			

LF进站样品中夹杂物主要为球形的MnO含量很高的SiO_2-MnO-Al_2O_3-CaO夹杂物，夹杂物的主要成分在Al_2O_3-CaO-SiO_2-MnO四元系中的位置如图3-14所示。

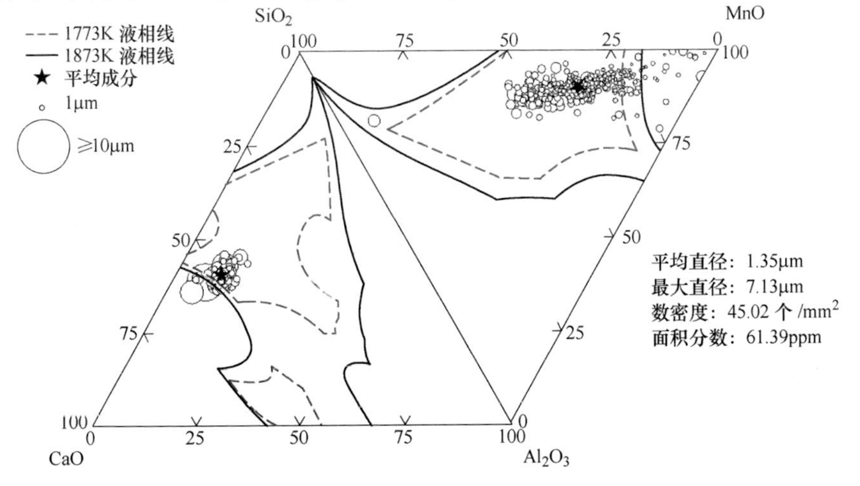

图3-14 LF进站夹杂物Al_2O_3-CaO-SiO_2-MnO四元相图

夹杂物的平均成分见表 3-2。试样的扫描面积为 10. 24mm^2，共扫描到 461 个夹杂物，最大夹杂物直径为 7. 13μm，夹杂物平均直径为 1. 35μm，数量密度为 45. 02 个/mm^2，面积分数为 61. 39ppm。对 ASPEX 电镜扫描结果进行统计，由于硅钙钡合金的加入，夹杂物中 MnO 含量仍然很高，但相比 AOD 终点有所下降，夹杂物中 Al_2O_3、CaO 和 SiO_2 的含量都明显增加。

表 3-2　LF 进站钢中夹杂物平均成分

成分	MgO	Al_2O_3	SiO_2	CaO	MnO	Cr_2O_3	CaS	MnS	TiO_2
实际检测（%）	3. 03	6. 65	20. 77	20. 20	37. 45	1. 82	4. 46	0. 73	4. 88
归一化后（%）	3. 37	7. 40	23. 10	22. 46	41. 65	2. 03			

LF 精炼 44min 时样品中夹杂物主要为球形的 SiO_2-MnO-Al_2O_3-CaO 夹杂物，夹杂物的主要成分在 Al_2O_3-CaO-SiO_2-MnO 四元系中的位置如图 3-15 所示。夹杂物的平均成分见表 3-3。试样的扫描面积为 10. 24mm^2，共扫描到 275 个夹杂物，最大夹杂物直径为 51. 12μm，夹杂物平均直径为 2. 06μm，数量密度为 26. 86 个/mm^2，面积分数为 383. 77ppm。对 ASPEX 电镜扫描结果进行统计，夹杂物中 Al_2O_3、CaO 和 SiO_2 的含量都继续增加，MnO 含量继续降低。随着夹杂物中 CaO 含量的升高，钢中出现了很多大尺寸的夹杂物。

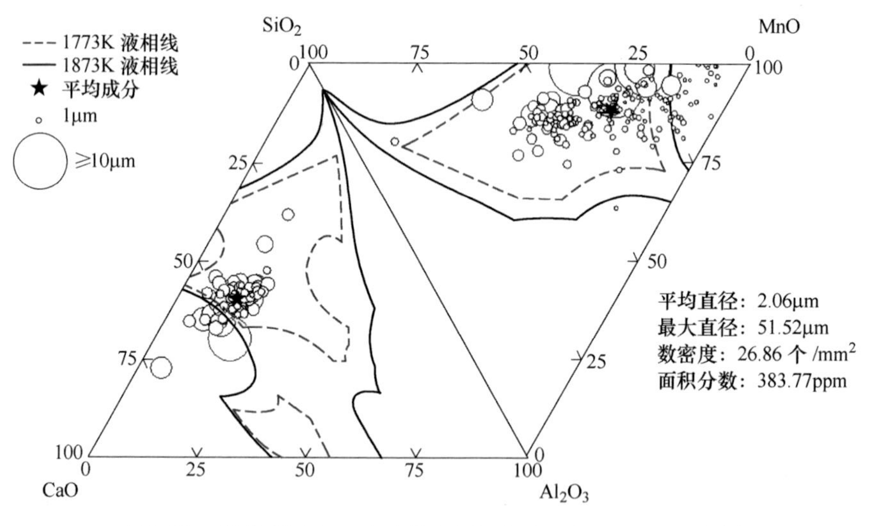

图 3-15　LF 精炼 44min 夹杂物 Al_2O_3-CaO-SiO_2-MnO 四元相图

表 3-3　LF 精炼 44min 钢中夹杂物平均成分

成分	MgO	Al_2O_3	SiO_2	CaO	MnO	Cr_2O_3	CaS	MnS	TiO_2
实际检测（%）	3. 71	8. 61	21. 13	19. 31	33. 94	2. 18	3. 22	1. 38	6. 53
归一化后（%）	4. 17	9. 68	23. 77	21. 73	38. 19	2. 45			

LF出站时样品中夹杂物主要为球形的SiO_2-MnO-Al_2O_3-CaO夹杂物，夹杂物的主要成分在Al_2O_3-CaO-SiO_2-MnO四元系中的位置如图3-16所示。夹杂物的平均成分见表3-4。试样的扫描面积为9.60mm^2，共扫描到149个夹杂物，最大夹杂物直径为8.95μm，夹杂物平均直径为1.74μm，数量密度为15.52个/mm^2，面积分数为47.62ppm。对ASPEX电镜扫描结果进行统计，夹杂物中MnO含量有所回升，大尺寸夹杂物明显降低，这是LF后期软吹促进大尺寸夹杂物上浮去除造成的。

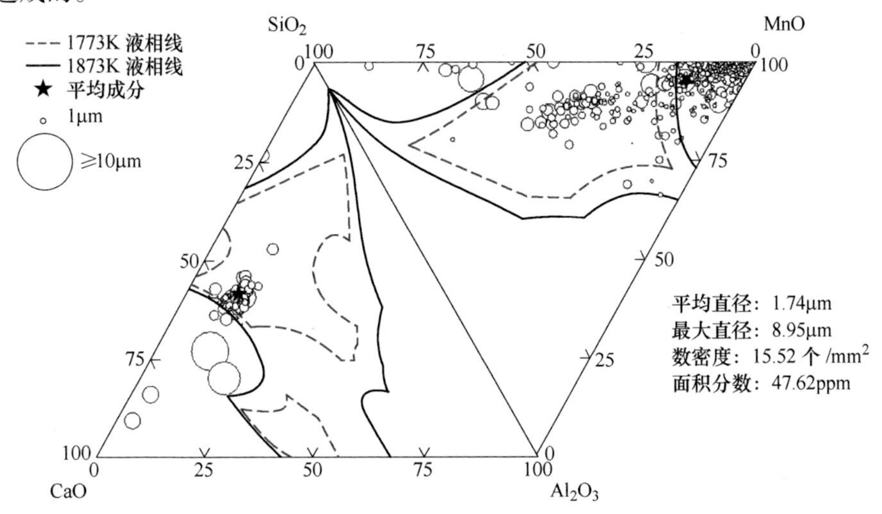

图3-16 LF出站夹杂物Al_2O_3-CaO-SiO_2-MnO四元相图

表3-4 LF出站钢中夹杂物平均成分

成分	MgO	Al_2O_3	SiO_2	CaO	MnO	Cr_2O_3	CaS	MnS	TiO_2
实际检测（%）	2.36	4.12	12.00	8.05	55.42	4.50	2.62	4.34	6.60
归一化后（%）	2.73	4.76	13.88	9.31	64.12	5.21			

中间包浇注15min时中间包出口位置样品中夹杂物主要为球形的SiO_2-MnO-Al_2O_3-CaO夹杂物，夹杂物的主要成分在Al_2O_3-CaO-SiO_2-MnO四元系中的位置如图3-17所示。夹杂物的平均成分见表3-5。试样的扫描面积为10.24mm^2，共扫描到136个夹杂物，最大夹杂物直径为8.95μm，夹杂物平均直径为2.39μm，数量密度为13.28个/mm^2，面积分数为119.07ppm。对ASPEX电镜扫描结果进行统计，夹杂物数密度明显增加，这是因为连铸过程发生了二次氧化。同时，二次氧化还造成钢中铝和钙等强脱氧元素氧化，导致夹杂物中Al_2O_3、CaO和SiO_2的含量明显增加。

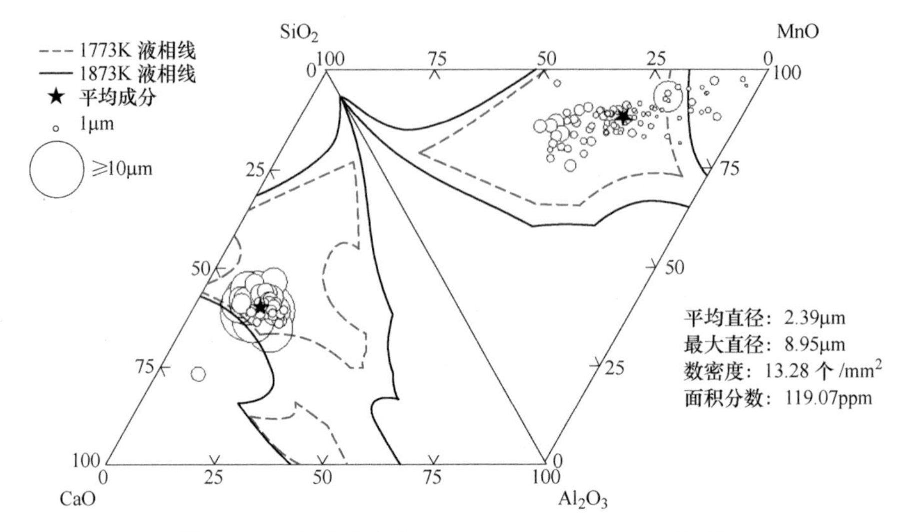

图 3-17　中间包夹杂物 Al_2O_3-CaO-SiO_2-MnO 四元相图

表 3-5　中间包钢中夹杂物平均成分

成分	MgO	Al_2O_3	SiO_2	CaO	MnO	Cr_2O_3	CaS	MnS	TiO_2
实际检测（%）	3.56	9.18	22.87	21.05	34.00	1.77	2.74	0.31	4.50
归一化后（%）	3.85	9.93	24.74	22.78	36.79	1.91			

图 3-18 所示为 200 系不锈钢精炼和连铸过程中夹杂物数量和尺寸的变化。随着精炼和连铸过程中的进行，夹杂物平均尺寸整体呈上升趋势，其中 LF 精炼末期夹杂物尺寸下降，这是由软吹过程夹杂物上浮去除造成的。此外，夹杂物面积百分数在整个过程中波动变化。整个过程中，夹杂物的数密度呈现先增加后降低的趋势，其中最高时达到了接近 400 个/mm^2。

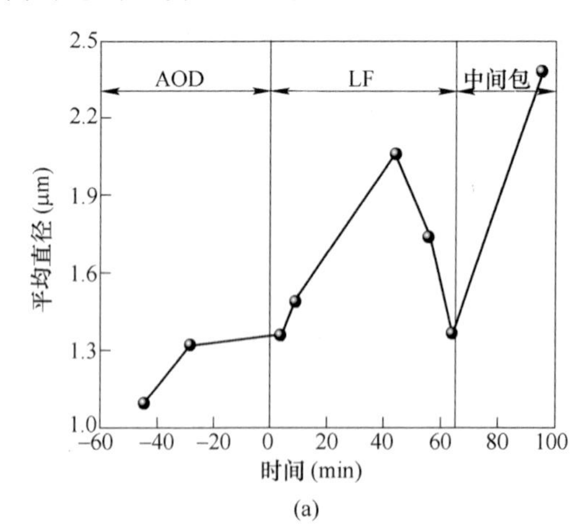

(a)

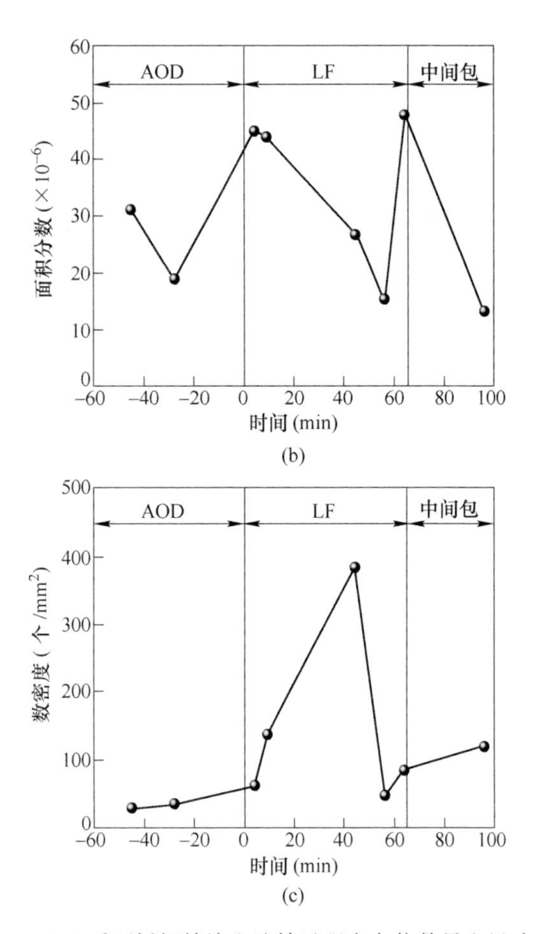

图 3-18 200系不锈钢精炼和连铸过程夹杂物数量和尺寸变化

图3-19所示为200系不锈钢精炼和连铸过程中夹杂物的成分变化。AOD还

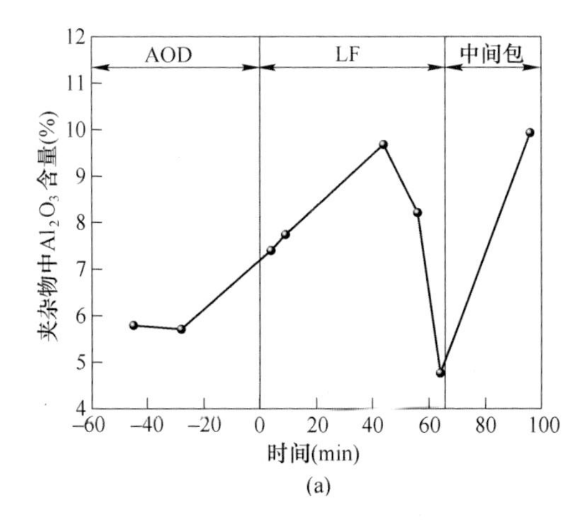

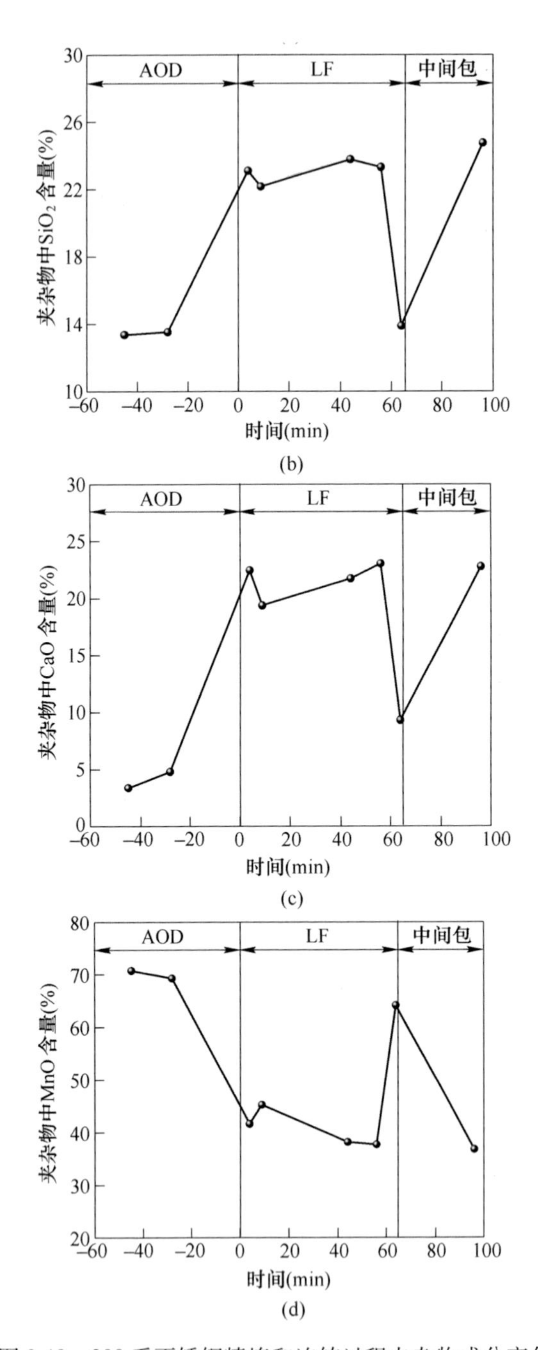

图 3-19　200 系不锈钢精炼和连铸过程夹杂物成分变化

原期开始，由于硅锰合金的加入，锰含量接近 10%，钢中夹杂物主要成分为 $MnO\text{-}SiO_2$，其中 Al_2O_3 和 CaO 含量都低于 6%。然而，随着精炼渣碱度的提升和硅铁合金的加入，夹杂物中 Al_2O_3 和 CaO 含量分别逐渐超过10%和20%；同时，夹杂物中 SiO_2 含量也随之上升。由于锰的脱氧能力较弱，随着钢中铝和钙等强脱氧元素含量的提升，夹杂物中 MnO 含量逐渐从70%降低到了40%。夹杂物中 Al_2O_3 和 CaO 含量的上升将会导致钢中非金属夹杂物变性能力降低，且容易导致线鳞缺陷。

3.2.2　添加和不加硅钙钡炉次洁净度对比

炉渣的碱度是炉渣最重要的性质之一，图3-20所示为以上所调研的两炉样品在精炼过程所用炉渣的碱度结果。由图中可以看出，两炉炉渣碱度类似，均约为1.7~1.8。渣中 Al_2O_3 含量如图3-21所示，可以看出两炉炉渣中 Al_2O_3 含量均为约1.3%~1.5%。说明两炉精炼渣条件类似，加入硅钙钡合金对于精炼渣的成分改变不大。

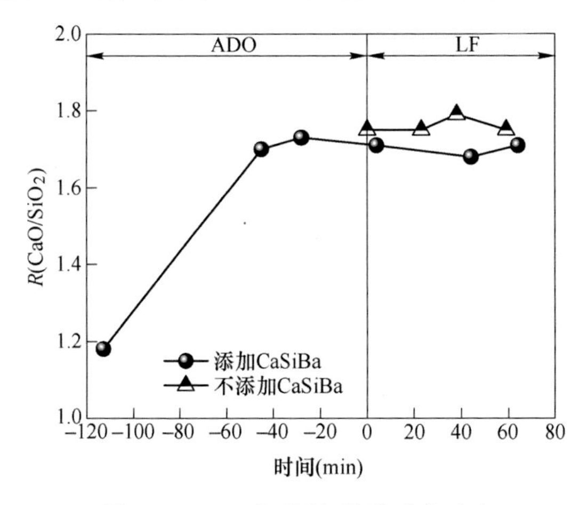

图3-20　200系不锈钢炉渣碱度对比

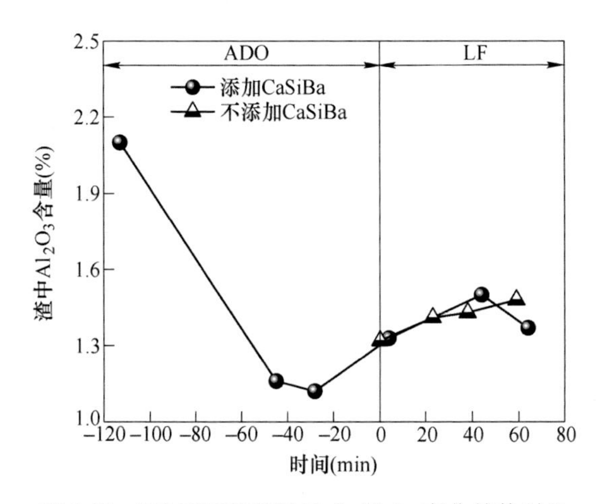

图3-21　200系不锈钢炉渣中 Al_2O_3 变化趋势对比

图 3-22 所示为两炉钢中［Al］$_s$ 含量的对比结果。对于未添加硅钙钡合金的炉次，钢中［Al］$_s$ 含量在全流程冶炼中保持稳定，约为 10ppm，而对于添加了硅钙钡合金的炉次，钢中［Al］$_s$ 在 LF 进站初期则呈上升趋势。总体来看，未添加硅钙钡合金炉次的 Al_2O_3 含量高于添加了硅钙钡合金的炉次。两炉钢液中 T. Ca 含量的结果如图3-23所示，可以看出未添加硅钙钡合金炉次的 T. Ca 含量在冶炼全流程期间持续下降，至 LF 出站时已经降低到 2~3ppm 的极低水平，且含量远低于高碱度炉次。

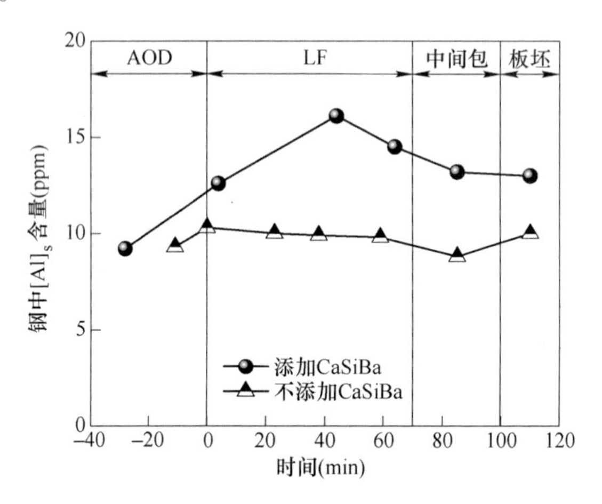

图 3-22　200 系不锈钢钢中［Al］$_s$ 含量对比

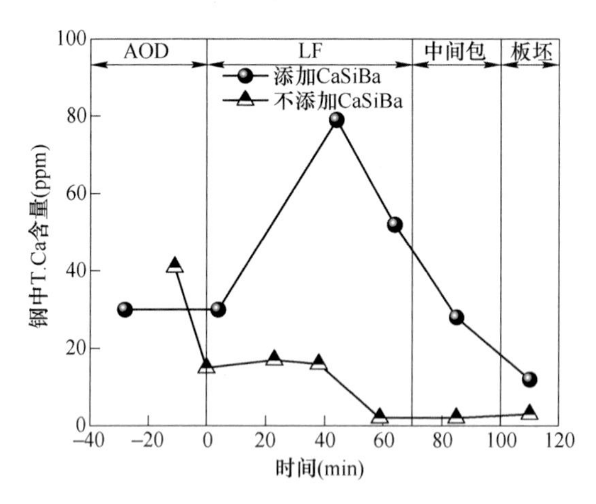

图 3-23　200 系不锈钢钢中 T. Ca 含量对比

夹杂物的尺寸是钢中夹杂物的一个重要性质，两炉夹杂物的尺寸对比如图3-24所示。从图中可以看出，全流程的夹杂物平均尺寸都在 1~2μm，其中高碱度炉次夹杂物平均尺寸较低碱度炉次大，这是由于添加硅钙钡合金后钢中主要为

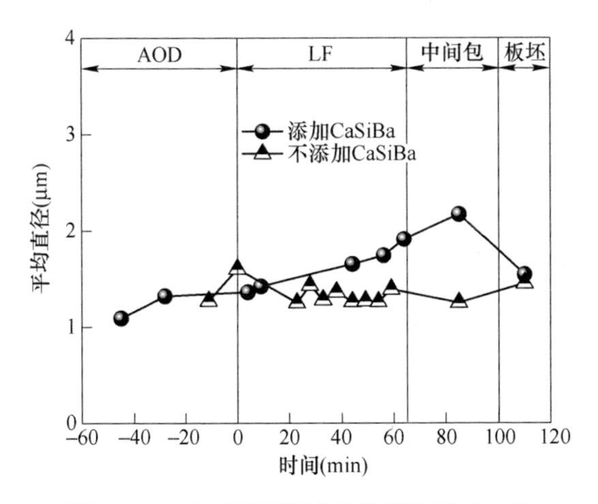

图 3-24　200 系不锈钢夹杂物平均尺寸对比

Al_2O_3-SiO_2-CaO 夹杂物，该类夹杂物平均尺寸较大；而未添加硅钙钡合金时钢中主要为 SiO_2-Al_2O_3-MnO 夹杂物，该类夹杂物平均尺寸较小。图 3-25 和图 3-26 所示分别为两个炉次中夹杂物的数密度和面积分数的结果对比，可以明显看出未添加硅钙钡合金炉次夹杂物数密度和面积分数均较添加硅钙钡合金炉次更低。

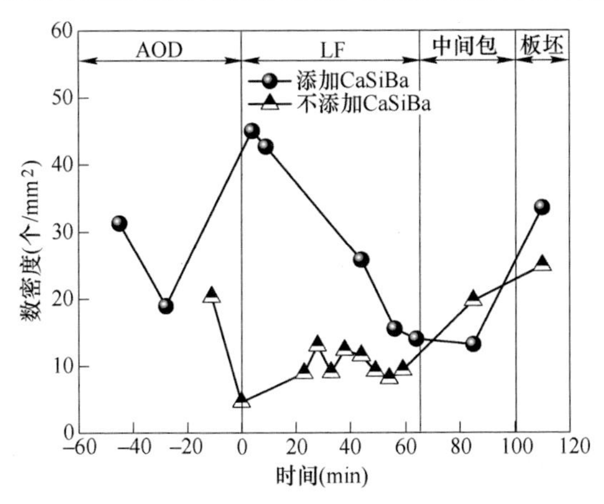

图 3-25　200 系不锈钢夹杂物数密度对比

图 3-27～图 3-30 分别为钢液中夹杂物中 Al_2O_3、SiO_2、CaO 和 MnO 含量的结果对比，全流程两炉夹杂物中 Al_2O_3 含量、SiO_2 含量差别不大，但未添加硅钙钡合金炉次中 CaO 含量明显低于添加了硅钙钡合金的炉次，MnO 含量则远高于添加了硅钙钡合金的炉次。这是由于 AOD 出钢时添加了硅钙钡合金使得钢中夹杂物主要为 Al_2O_3-SiO_2-CaO，从而 CaO 平均含量较高；AOD 出钢时不加入硅钙钡合金使得钢中夹杂物主要为 SiO_2-Al_2O_3-MnO 夹杂物，从而 MnO 平均含量较高。

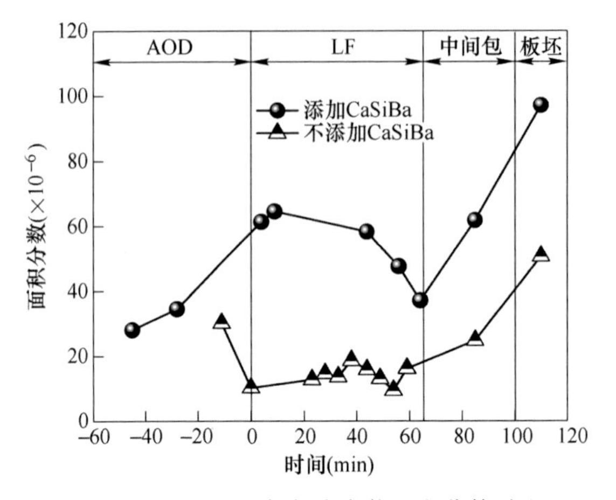

图 3-26　200 系不锈钢夹杂物面积分数对比

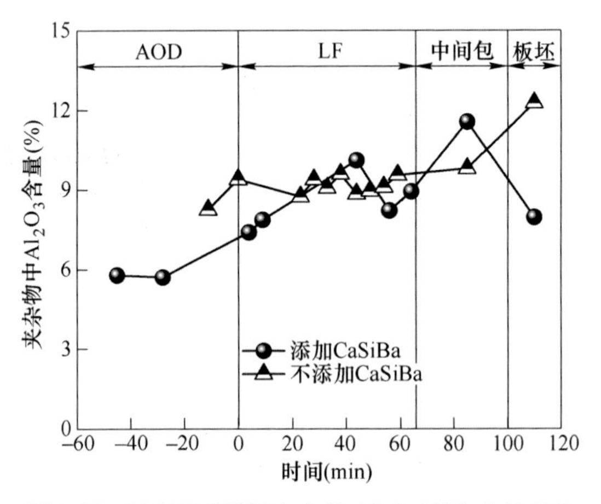

图 3-27　200 系不锈钢夹杂物 Al_2O_3 平均含量对比

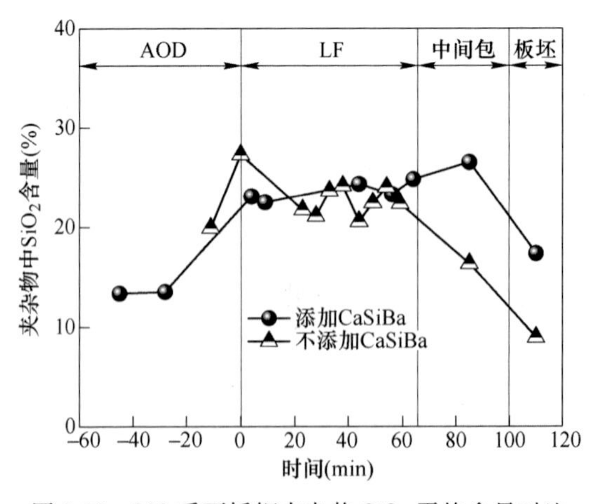

图 3-28　200 系不锈钢夹杂物 SiO_2 平均含量对比

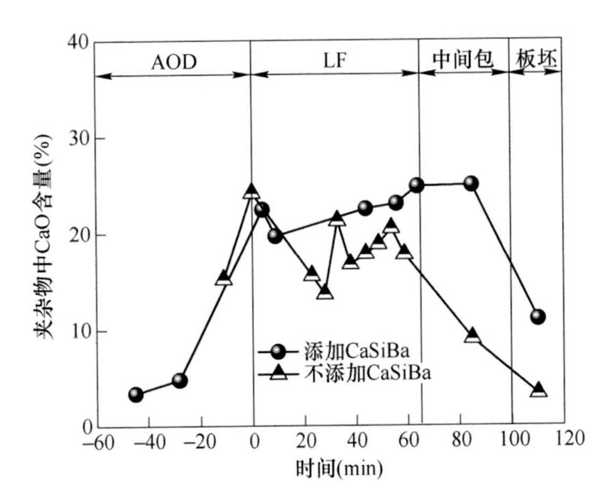

图 3-29 200 系不锈钢夹杂物 CaO 平均含量对比

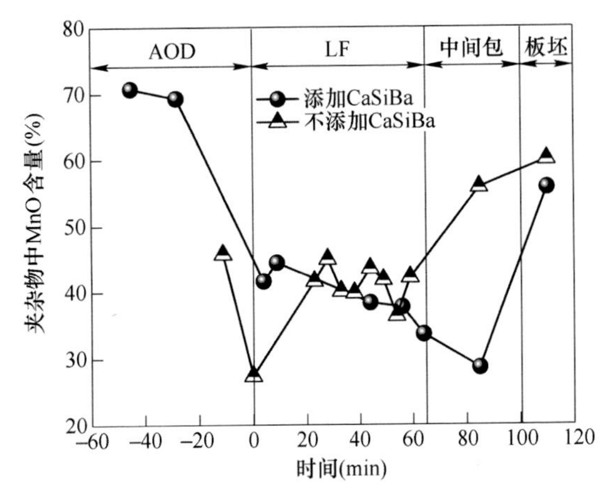

图 3-30 200 系不锈钢夹杂物 MnO 平均含量对比

3.3 小结

(1) 计算了 200 系不锈钢中 Al-O、Si-O、Mn-O、Mg-O、Ca-O、Ti-O 的一元脱氧平衡曲线，可根据钢液成分对钢中的氧含量进行预测。

(2) 由于 200 系不锈钢主要为硅锰脱氧钢，且钢中 $MgO \cdot Al_2O_3$ 夹杂物对 200 系不锈钢危害较大，因此计算了 200 系不锈钢中 Mg-Al-O、Si-Mn-O、Al-Si-Mn-O 系夹杂物生成相图。可根据钢液成分预测各种类型夹杂物的生成。

(3) 对 200 系不锈钢 AOD 出钢添加硅钙钡合金和不添加硅钙钡工艺炉次进行夹杂物取样调研，不添加硅钙钡炉次钢中 $[Al]_s$ 含量与 T. Ca 含量均远低于添加硅钙钡炉次。不添加硅钙钡炉次钢中主要为 SiO_2-Al_2O_3-MnO 复合夹杂物，平均尺寸较小，夹杂物数密度与面积分数较小；添加硅钙钡炉次钢中主要是 SiO_2-Al_2O_3-CaO-MnO 复合夹杂物，夹杂物平均尺寸相对较大，且精炼过程中不断增大，夹杂物数密度与面积分数较大。不添加硅钙钡炉次冶炼全流程夹杂物中 Al_2O_3 平均含量和 SiO_2 平均含量与添加硅钙钡差别不大，但 CaO 显著较低。

（4）硅钙钡合金具有良好的脱氧能力，对于一些要求超低氧的钢种，使用硅钙钡合金进行脱氧是其中的选择之一。然而对硅锰脱氧钢来说，由于硅钙钡合金中有一定的钙和少量的铝，为了防止钢中 CaO 和 Al_2O_3 夹杂物的生成，应当尽量少地使用硅钙钡合金。

4 不同精炼渣碱度对200系不锈钢的影响

精炼渣改性夹杂物是200系不锈钢中夹杂物控制的重要手段，其精炼渣改性策略与300系的奥氏体不锈钢近似，即在硅锰脱氧避免夹杂物中 Al_2O_3 夹杂物生成的同时，通过低碱度精炼渣去除钢中的酸溶铝含量，进一步防止夹杂物中 Al_2O_3 含量的上升。本章节通过实验室试验研究了不同精炼渣碱度对200系不锈钢中非金属夹杂物的影响，为生产实践过程中200系不锈钢精炼渣渣系的选择和调整提供方向。

4.1 实验方法

实验过程中详细的操作步骤如下：（1）设置硅钼炉升温，以10℃/min的速率升温至700℃，从硅钼炉下端通入高纯度氩气，排空20min，并加入石墨保护坩埚及装有150g左右200系不锈钢铸坯钢样MgO坩埚；（2）排空结束后硅钼炉继续以10℃/min的速率升温至1600℃并保温；（3）将装有30g左右渣料的铁皮放入MgO坩埚中，以加入渣的时间作为钢渣反应的计时起点，钢渣反应时长2h；（4）钢渣反应时间达2h后设置硅钼炉降温，以10℃/min的速率降温至1400℃时将MgO坩埚从炉内取出，空冷至室温，然后进行钢渣分离。实验中所用200系不锈钢铸坯样成分见表4-1。钢渣反应中分别采用初始碱度为1.6、1.8、2.0、2.2和2.4的渣，反应前各碱度渣初始成分见表4-2。五个不同碱度钢渣反应实验中钢样及渣的配比为5∶1。

表4-1 BN4不锈钢铸坯钢样成分 （%）

成分	C	Si	Mn	P	Cr	Ni	Cu	N
含量	0.055	0.36	6.1	0.035	16.1	4.1	1.62	0.95

表4-2 反应前精炼渣初始成分 （%）

初始碱度	CaO	SiO_2	MgO	Al_2O_3	CaF_2	合计
1.6	46.7	29.3	3.8	1.4	18.8	100
1.8	48.3	26.9	3.9	1.5	19.5	100
2.0	49.7	24.8	4.0	1.5	20	100
2.2	52.0	23.7	3.8	1.4	19.1	100
2.4	54.2	22.6	3.6	1.4	18.2	100

4.2　碱度变化对钢液成分的影响

经过 2h 的钢渣反应，精炼渣的成分发生了变化。表 4-3 给出了调整精炼渣碱度组实验钢渣反应结束之后精炼渣的基本化学组成。选取反应后渣中的 MgO 随精炼渣碱度的变化进行具体分析，结果如图 4-1 所示。由图可知，随着精炼渣碱度增大，渣中 MgO 含量逐渐减小，说明精炼渣碱度越小，耐火材料侵蚀越严重。

表 4-3　调整精炼渣碱度实验反应后精炼渣成分 

编号	CaO	SiO_2	MgO	Al_2O_3	CaF_2	Cr_2O_3	MnO	Fe_2O_3	合计
R1	25. 27	20. 73	29. 33	7. 08	16. 55	0. 13	0. 45	0. 29	100
R2	24. 60	17. 74	33. 52	8. 57	14. 82	0. 08	0. 28	0. 20	100
R3	32. 16	22. 97	19. 00	2. 39	22. 71	0. 08	0. 25	0. 17	100
R4	38. 90	23. 47	9. 59	6. 41	21. 01	0. 09	0. 29	0. 07	100
R5	38. 41	22. 17	10. 95	5. 99	21. 92	0. 07	0. 21	0. 07	100

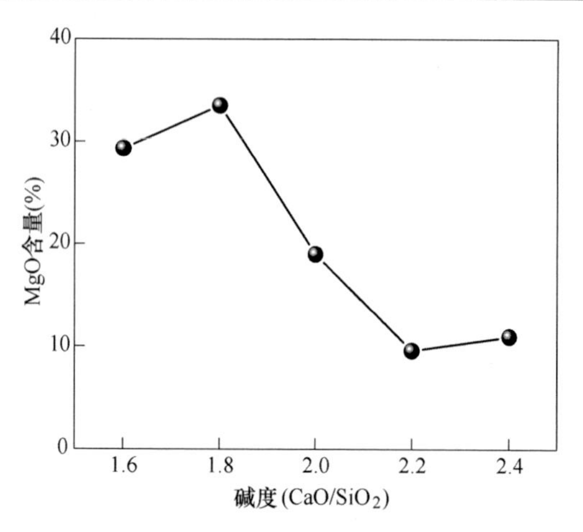

图 4-1　精炼渣中 MgO 含量随精炼渣碱度的变化

经过 2h 的钢渣反应，钢液成分发生了变化。表 4-4 为调整精炼渣碱度组实验反应后的钢液成分，分别对钢中的 T. N、T. O 和 $[Al]_s$ 含量进行了分析。选取反应后钢中的 T. O 变化进行具体分析，结果如图 4-2 所示，钢中总氧随渣碱度升高波动变化，略有降低。将钢中 $[Al]_s$ 随精炼渣碱度的变化做图 4-3 可知，精炼渣碱度从 1. 6 增加到 2. 0 过程中，钢中 $[Al]_s$ 含量略有增加；当渣碱度超过 2. 0 后，随精炼渣碱度增加，钢中 $[Al]_s$ 含量迅速上升。因此，为了降低钢中的 $[Al]_s$ 含量，应适当降低精炼渣碱度。

表 4-4　调整精炼渣碱度组实验反应后钢液成分

编号	渣碱度	T. O（ppm）	$[Al]_s$（%）
R1	1. 6	16. 64	0. 0013
R2	1. 8	17. 47	0. 0020
R3	2. 0	11. 03	0. 0013
R4	2. 2	17. 40	0. 0063
R5	2. 4	13. 26	0. 0040

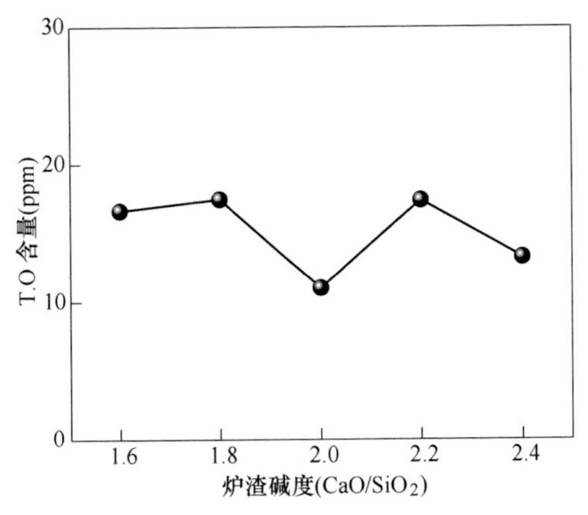

图 4-2　钢中总氧随渣碱度的变化

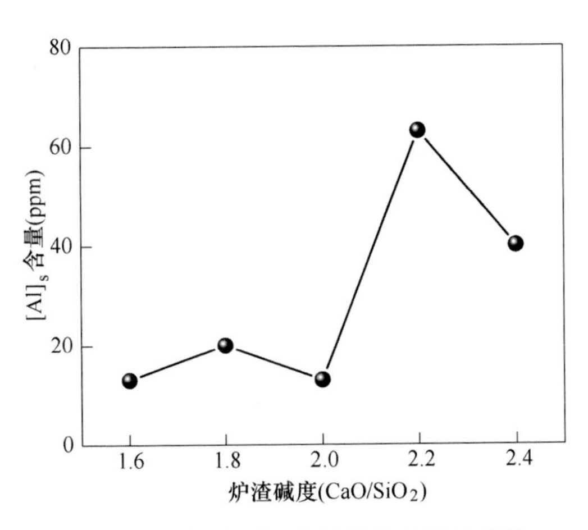

图 4-3　钢中 $[Al]_s$ 含量随渣碱度的变化

4. 3　碱度变化对夹杂物的影响

4. 3. 1　碱度为 1. 6 时钢中的夹杂物

$R=1.6$ 时，平衡反应后，夹杂物形貌和成分分别如图 4-4 和图 4-5 所示。夹

杂物主要成分为 $MgO-Al_2O_3-SiO_2-MnO$，绝大多数夹杂物成分位于低熔点区域之外，夹杂物最大直径 10.63μm，夹杂物最小直径 1.01μm，夹杂物平均直径 1.75μm，夹杂物形状主要为球形。

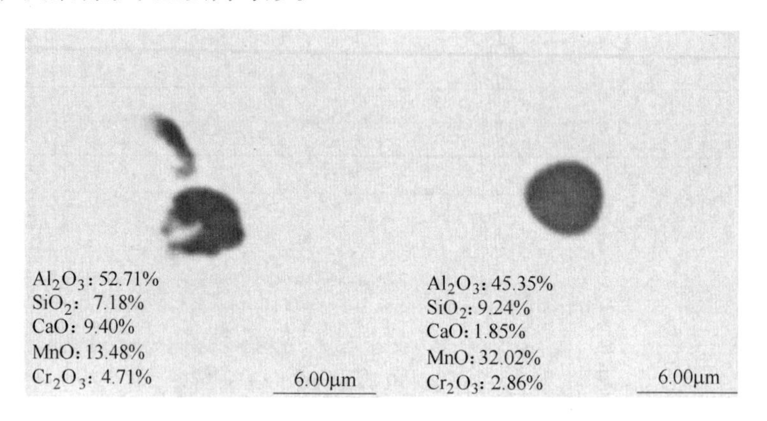

图 4-4　$R=1.6$ 时钢中夹杂物的形貌

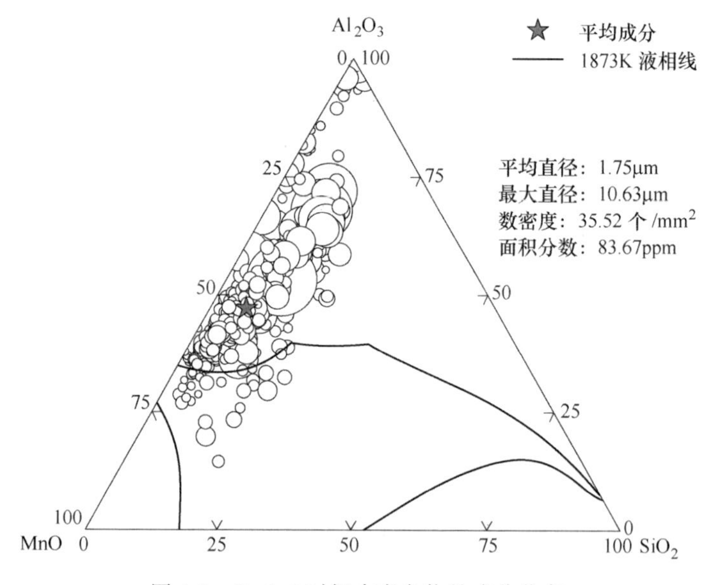

图 4-5　$R=1.6$ 时钢中夹杂物的成分分布

4.3.2　碱度为 1.8 时钢中的夹杂物

$R=1.8$ 时，平衡反应后，夹杂物形貌和成分分布分别如图 4-6 和图 4-7 所示。夹杂物主要成分为 $MgO-Al_2O_3-SiO_2-MnO$，Al_2O_3、MgO 和 MnO 含量略有增加，SiO_2 含量略有减少，夹杂物成分位于低熔点区域之外。夹杂物最大直径 16.33μm，夹杂物最小直径 1.01μm，夹杂物平均直径 1.71μm，夹杂物尺寸有所降低，夹杂物形状为球形。

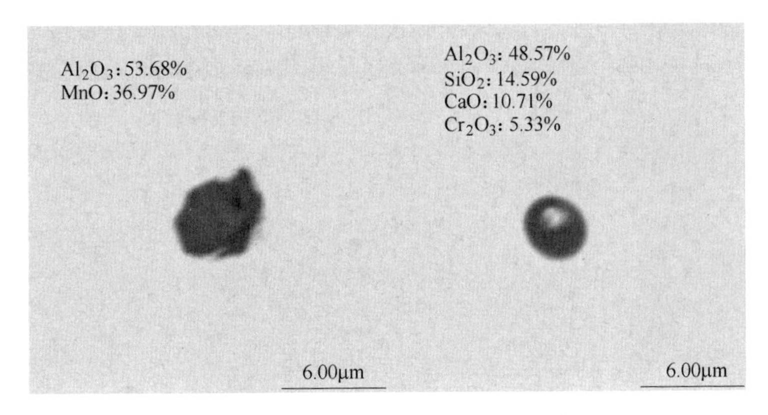

图 4-6　$R=1.8$ 时钢中夹杂物的形貌

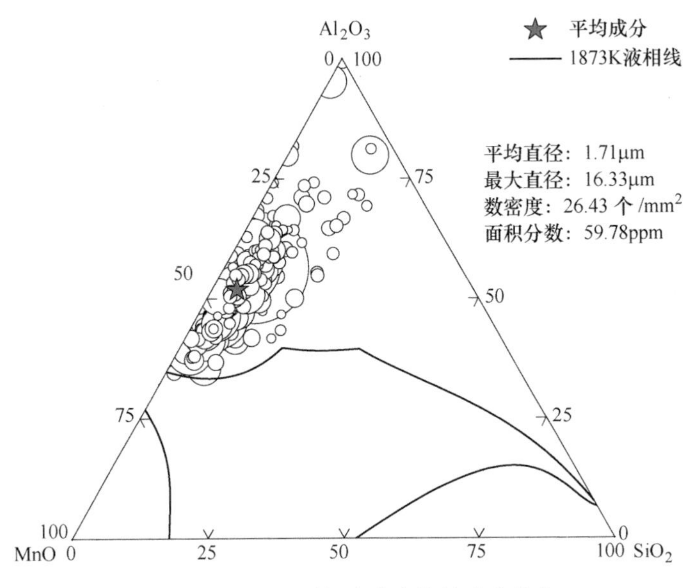

图 4-7　$R=1.8$ 时钢中夹杂物的成分分布

4.3.3　碱度为2.0时钢中的夹杂物

$R=2.0$ 时，平衡反应后，夹杂物形貌和成分分布分别如图 4-8 和图 4-9 所示。夹杂物主要成分为 $MgO-Al_2O_3-SiO_2-MnO$，Al_2O_3 和 MgO 含量略有增加，MnO 含量略有降低，绝大多数夹杂物成分位于低熔点区域之外。夹杂物中开始有纯的 Al_2O_3 夹杂物生成。夹杂物最大直径 7.18μm，夹杂物最小直径 1.00μm，夹杂物平均直径 1.57μm，夹杂物尺寸降低，夹杂物形状为球形。

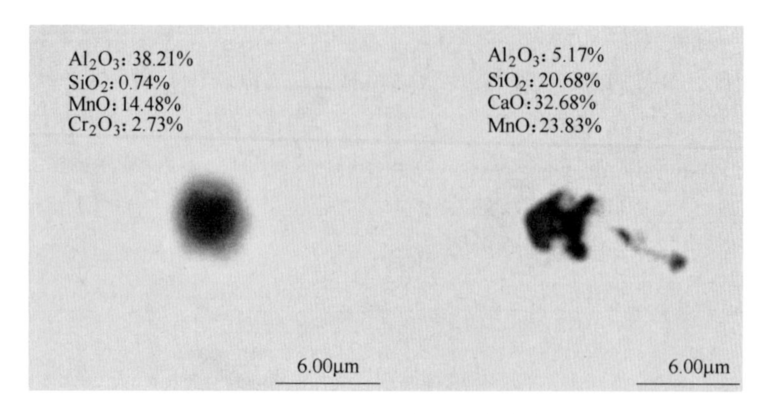

图 4-8　R = 2.0 时钢中夹杂物的形貌

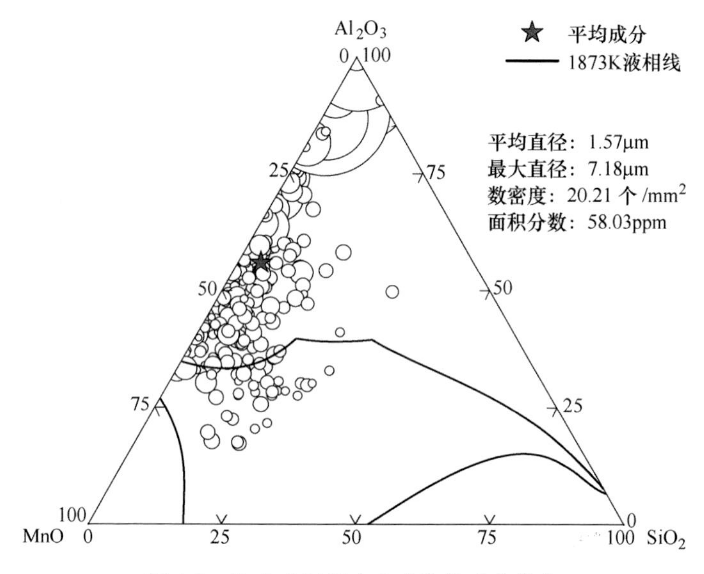

图 4-9　R = 2.0 时钢中夹杂物的成分分布

4.3.4　碱度为 2.2 时钢中的夹杂物

R = 2.2 时，平衡反应后，夹杂物形貌和成分分布分别如图 4-10 和图 4-11 所示。夹杂物主要成分为 MgO-Al_2O_3-MnO，Al_2O_3 含量显著升高，SiO_2 和 MnO 含量略有降低，夹杂物成分远离低熔点区域，夹杂物基本为 Al_2O_3 含量很高的夹杂物。夹杂物最大直径 11.32μm，夹杂物最小直径 1.01μm，夹杂物平均直径 1.71μm，夹杂物尺寸升高，夹杂物形状为棱角分明的夹杂物。

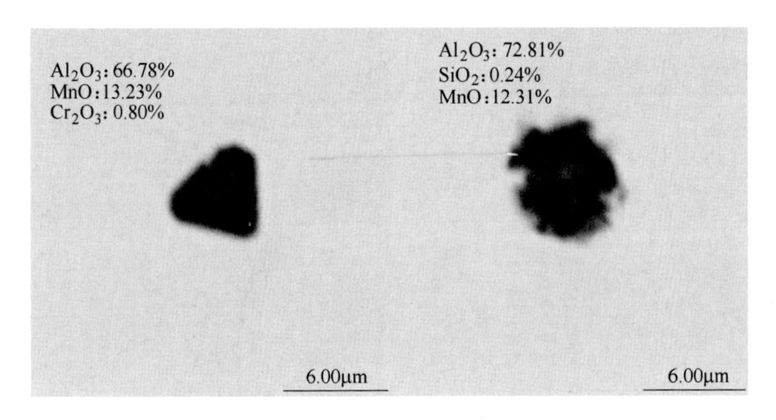

图 4-10 $R=2.2$ 时钢中夹杂物的形貌

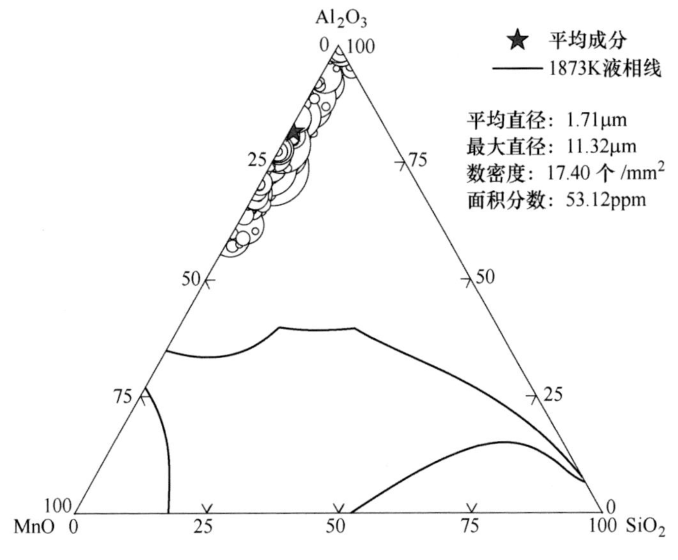

图 4-11 $R=2.2$ 时钢中夹杂物的成分分布

4.3.5 碱度为2.4时钢中的夹杂物

$R=2.4$ 时，平衡反应后，夹杂物形貌和成分分布分别如图 4-12 和图 4-13 所示。夹杂物主要成分为 $MgO-Al_2O_3-SiO_2-MnO$，Al_2O_3 和 MgO 含量有所降低，MgO 含量略有升高。夹杂物最大直径 7.40μm，夹杂物最小直径 1.01μm，夹杂物平均直径 1.63μm，夹杂物尺寸降低，夹杂物形状为球形。

4.3.6 夹杂物随碱度变化的演变

夹杂物成分随精炼渣碱度变化的演变如图 4-14 所示。图 4-14（a）中随精炼

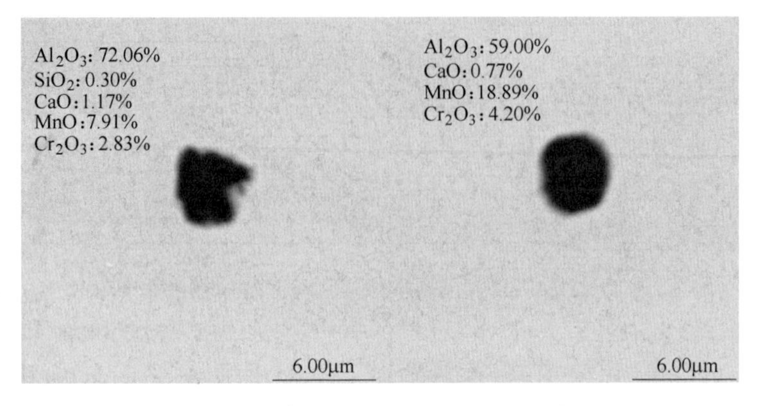

图 4-12　$R=2.4$ 时钢中夹杂物的形貌

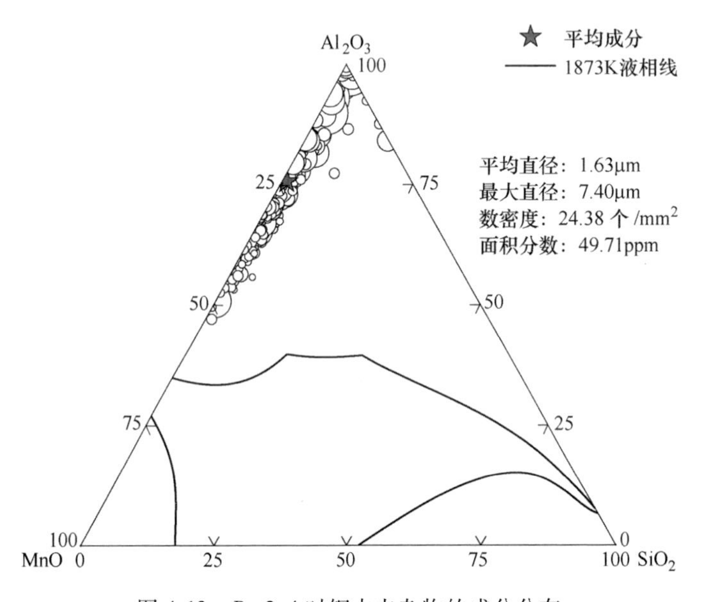

图 4-13　$R=2.4$ 时钢中夹杂物的成分分布

渣碱度增加，夹杂物中的 Al_2O_3 和 CaO 含量呈增加的趋势；图 4-14（b）中 SiO_2 和 MnO 含量随精炼渣碱度增加而降低。成分变化说明低碱度有利于夹杂物中 Al_2O_3 的去除和夹杂物的低熔点化控制。

夹杂物数量和尺寸随精炼渣碱度变化的演变如图 4-15 和图 4-16 所示。随精炼渣碱度增加，不锈钢中夹杂物的数密度呈降低趋势，最大为 35.52 个/mm^2，最小为 17.40 个/mm^2，说明低碱度条件下，钢中夹杂物数量较多，不锈钢洁净度较低，这与低碱度下钢中总氧较高一致。随精炼渣碱度从 1.6 增加到 2.4，不锈钢中夹杂物的平均直径从 1.75μm 降低到 1.60μm，说明低碱度条件下的液态夹杂物尺寸高于固态夹杂物尺寸。

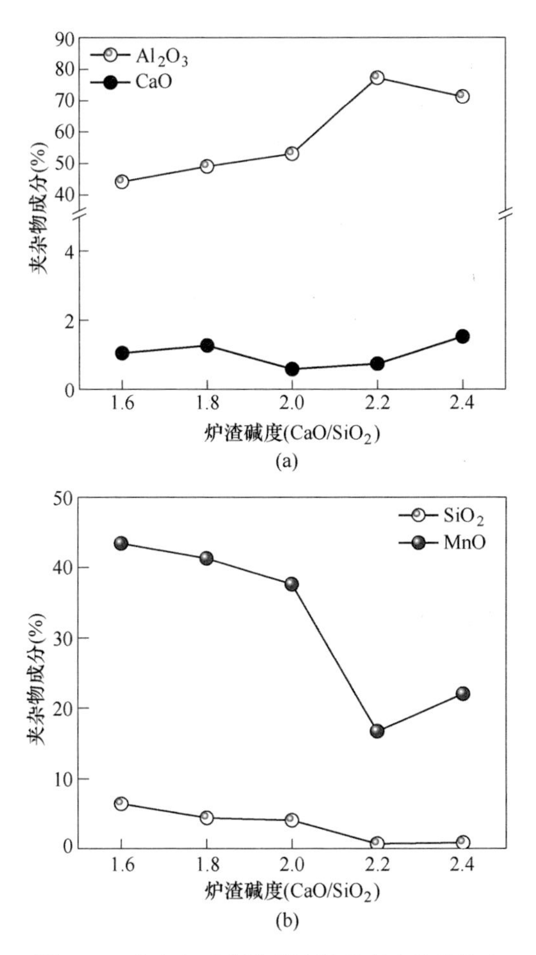

图 4-14 夹杂物成分随精炼渣碱度变化的演变

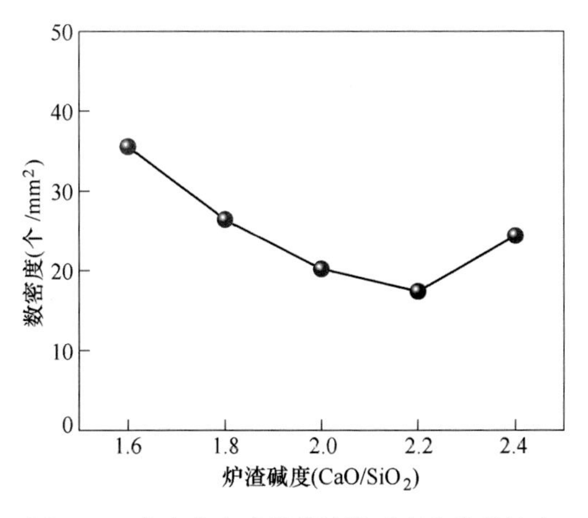

图 4-15 夹杂物密度随精炼渣碱度变化的演变

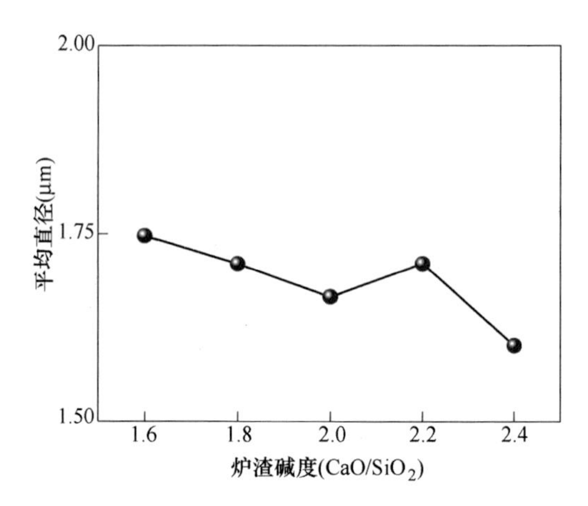

图 4-16　夹杂物尺寸随精炼渣碱度变化的演变

4.4　小结

（1）随精炼渣碱度增大，200 系不锈钢精炼渣中 MgO 含量逐渐减小，说明精炼渣碱度越小，耐火材料侵蚀越严重；

（2）随精炼渣碱度增加，200 系不锈钢的夹杂物中 Al_2O_3 含量逐渐增加，碱度控制在 2.0 以下，对减少夹杂物中的 Al_2O_3 含量有明显效果；

（3）随精炼渣碱度增加，200 系不锈钢中 T. O 逐渐减小，夹杂物数量减小，说明高碱度有利于 200 系不锈钢洁净度的控制。

200 系不锈钢中非金属夹杂物控制的关键问题

（1）200 系不锈钢轧板的表面线鳞缺陷生成机理和控制：200 系不锈钢线鳞缺陷是由 Al_2O_3 和 MnO 含量较高的 Al_2O_3-MgO-MnO-Cr_2O_3 复合夹杂物引起，因此控制夹杂物中 Al_2O_3 含量是改善 200 系不锈钢轧板的表面线鳞缺陷的关键。连铸头坯、尾坯和交接坯的线鳞缺陷率明显高于正常炉次，应该严格控制 200 系不锈钢的洁净度水平，对头坯和尾坯开展洁净度定量分析，确定合理的切割长度。对交接坯的控制，需要做好保护浇注，防止钢包下渣和连铸卷渣。

（2）非金属夹杂物的成分：200 系不锈钢精炼和连铸过程夹杂物主要为从 MnO-SiO_2 向 Al_2O_3-SiO_2-MnO 复合夹杂物转变，形状为球形。由于钢水中钢的锰含量很高，甚至超过 7%，因此夹杂物中的 MnO 含量较高，相对熔点较低，变形能力较好，这也是 200 系不锈钢中夹杂物线鳞缺陷率通常比 300 系不锈钢更低一些的原因之一。

（3）精炼渣渣系优化：主要成分为 CaO-SiO_2-MgO-CaF_2，随炉渣碱度增大，渣中 MgO 含量逐渐减小，说明炉渣碱度越小，耐火材料侵蚀越严重。随炉渣碱度增加，夹杂物中 Al_2O_3 含量逐渐增加，碱度控制在 2.0 以下，对减少夹杂物中的 Al_2O_3 含量有明显效果。随炉渣碱度增加，钢中 T.O 逐渐减小，夹杂物数量减小，说明高碱度有利于洁净度的控制。

（4）钢包静置时间：在 LF 软吹过程中夹杂物数密度呈下降趋势，静置过程中，随着钢包镇定时间延长，钢中总氧、夹杂物的数密度和面积分数逐渐降低，在静置 15min 时达到最小值。在静置 20min 时夹杂物数密度与面积分数均有所回升，说明 LF 静置 15min 时对夹杂物的去除可以达到较好效果。200 系不锈钢对钢水洁净度要求相对较低，因此一些企业生产时由于生产节奏的原因，精炼时间不够，无法保证充足的钢包静置时间，导致夹杂物没有充分上浮去除。

（5）硅钙钡合金对 200 系不锈钢洁净度的影响：不添加硅钡钙炉次钢中 $[Al]_s$ 含量与 T.Ca 含量均远低于添加硅钡钙炉次。不添加硅钡钙炉次钢中主要为 SiO_2-Al_2O_3-MnO 复合夹杂物，平均尺寸较小，夹杂物数密度与面积分数较小；添加硅钡钙炉次钢中主要是 SiO_2-Al_2O_3-MnO 复合夹杂物，夹杂物平均尺寸相对较大，夹杂物数密度与面积分数较大。说明硅钡钙合金的添加不但没有降低钢水洁净度，还引进了很多新的小尺寸夹杂物生成。因此，200 系不锈钢不建议添加硅钙钡合金。

第三部分

300 系不锈钢中非金属夹杂物的控制

5　300 系不锈钢全流程洁净度调研

根据对国内外不锈钢中非金属夹杂物的控制现状的调研，当前 300 系不锈钢生产最主要的夹杂物控制路线为通过硅和锰合金对钢液进行脱氧，再通过渣精炼对钢中非金属夹杂物进行有效改性控制。硅锰脱氧 304 不锈钢中的非金属夹杂物主要有两类，即 Al_2O_3-SiO_2-MnO 类和 Al_2O_3-SiO_2-CaO 类。其中夹杂物中的 CaO 主要有两种来源，第一种为铁合金和耐火材料中的杂质元素钙，可以通过控制合金和耐火材料的纯度有效避免；第二种为渣中的 CaO 发生卷渣或乳化进入钢中，属于外来夹杂物，可以通过减小液面波动进行防止。本章研究了不锈钢中不同非金属夹杂物的变形能力、304 不锈钢典型缺陷的生成机理，对比了国内外先进企业 304 不锈钢中非金属夹杂物的控制水平，以及对其生产全流程夹杂物的演变行为进行了研究，发现和提出当前工艺存在的主要问题。

5.1　300 系不锈钢中夹杂物的控制目标

5.1.1　不锈钢中夹杂物的变形能力

图 5-1 所示为 304 不锈钢冷轧板中最典型的两类夹杂物。其中 B 类夹杂物主要成分为 Al_2O_3 含量较高的夹杂物，此类夹杂物在冷轧过程中变形能力较差，轧制过程夹杂物破碎，大多数颗粒表现出棱角分明，形成点链状，对 304 不锈钢产

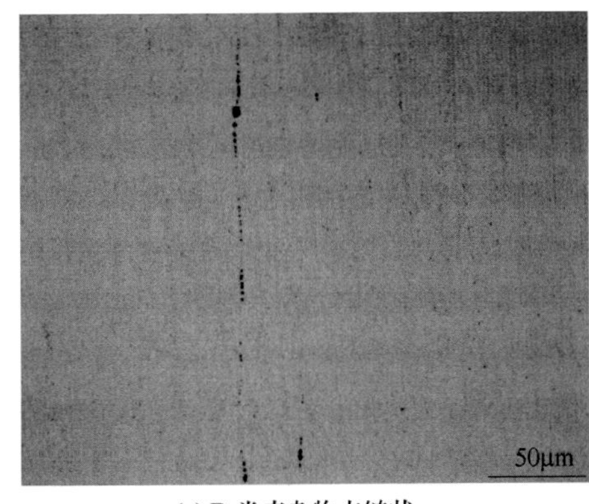

(a) B 类夹杂物点链状

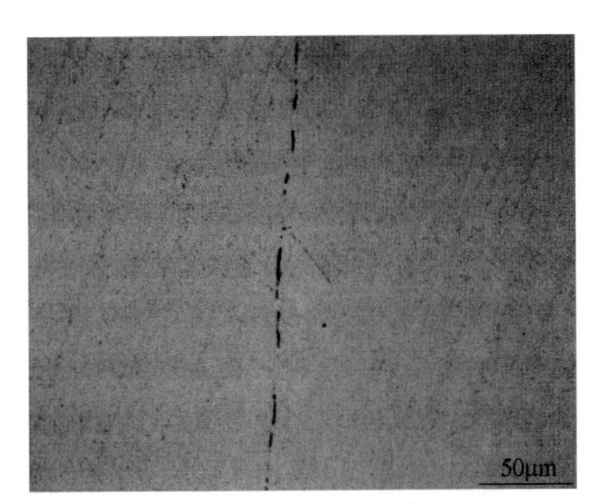

(b) C 类夹杂物细条状

图 5-1　304 不锈钢冷轧板中典型夹杂物

品质量危害较大。图中 C 类夹杂物的主要成分为 Al_2O_3 含量较低的 Al_2O_3-SiO_2-CaO-MnO 类夹杂物，此类夹杂物的变形能力较好，轧制过程中夹杂物随着钢基体一起发生塑性变形，夹杂物颗粒表面圆润，形成细条状，此类夹杂物对 304 不锈钢产品质量危害较小。

Al_2O_3-SiO_2-MnO 类夹杂物的三元相图如图 5-2 所示。其中 B 区域为该夹杂物的低熔点区域，此区域内夹杂物的熔点低至 1100℃，304 不锈钢的热轧温度为 1200℃左右，因此热轧过程中 B 区域内的夹杂物主要为液态，此时夹杂物可以很好地随着热轧过程钢基体形变而变形。因此，对于等级要求较低的热轧不锈钢产品，只需要将夹杂物控制到 B 区域内的成分，即可实现热轧过程夹杂物的塑性变形，避免热轧产品缺陷的产生。然而，在不锈钢的冷轧过程中，冷轧轧制温度很低，此时整个 Al_2O_3-SiO_2-MnO 三元相图上所有夹杂物都为固态，因此再把夹杂物控制到低熔点区域并不合理。张立峰教授等[149]研究表明 Al_2O_3-SiO_2-MnO 三元相图中的 A 区域为该夹杂物的低杨氏模量区域，此区域内的夹杂物在低温情况下变形能力最好。因此，对于较高等级的冷轧不锈钢产品，需要进一步降低钢中的

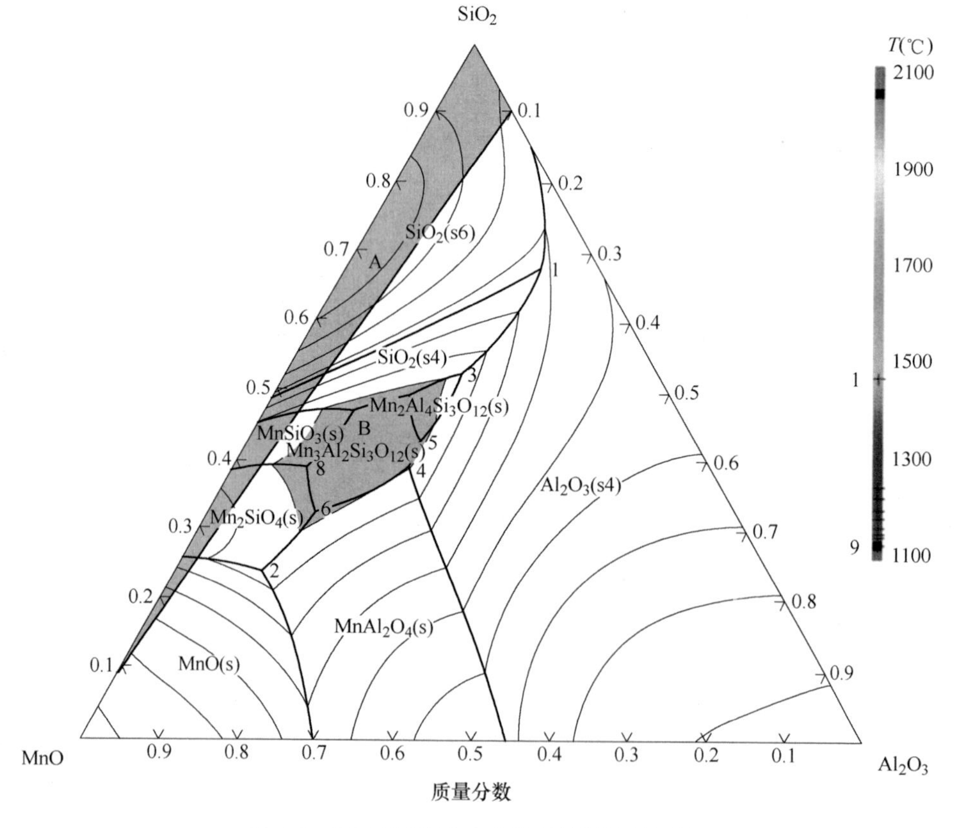

图 5-2　304 不锈钢中夹杂物的控制目标区域

铝含量，将夹杂物控制在三元相图的 A 区域内，即可实现冷轧过程夹杂物的塑性变形，避免冷轧产品上夹杂物缺陷的产生。

5.1.2　300 系不锈钢轧板典型缺陷分析

304 不锈钢的冷轧板上容易出现线鳞缺陷，肉眼即可观测，长度约为 20～80mm，宽度为 0.5～2.0mm。此类缺陷在钢卷的上下表面均能发现，呈现出断续、不规则的分布特征，其形貌如图 5-3 所示。由于 304 不锈钢对表面质量和美观程度要求很高，此类线鳞危害较大，需要进行严格控制。

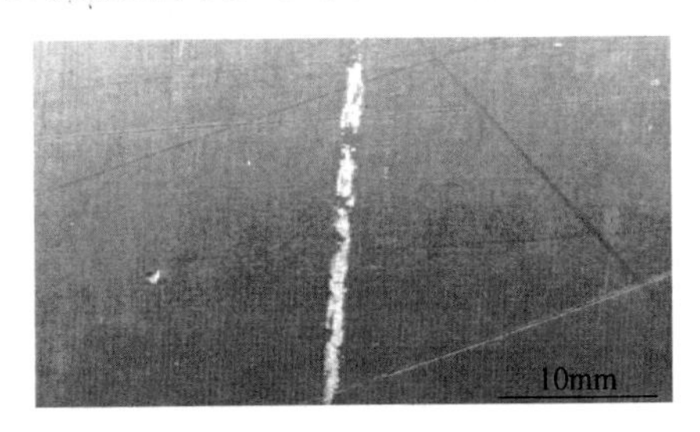

(a)宏观形貌

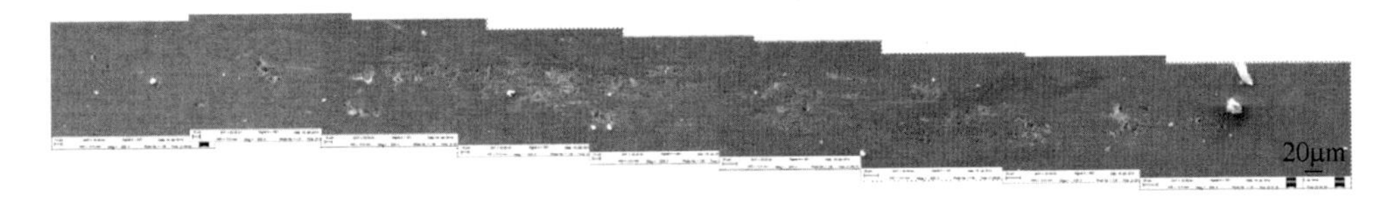

(b)微观形貌

图 5-3　304 不锈钢轧板表面线鳞缺陷形貌

图 5-4 所示为 304 不锈钢轧板中 $MgO \cdot Al_2O_3$ 尖晶石类线鳞缺陷局部形貌，典型成分见表 5-1。线鳞缺陷的主要成分为 $MgO \cdot Al_2O_3$-SiO_2-CaO-MnO，与内生

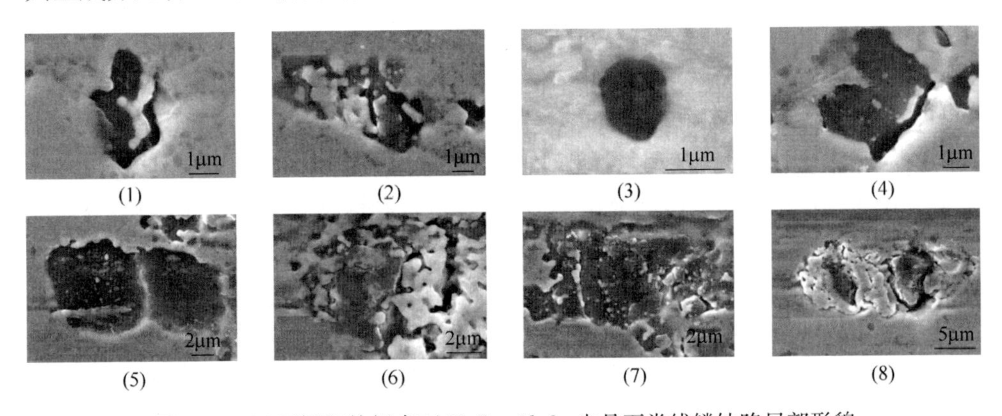

图 5-4　304 不锈钢轧板表面 $MgO \cdot Al_2O_3$ 尖晶石类线鳞缺陷局部形貌

夹杂物成分近似；其中许多局部成分中 MgO 和 Al_2O_3 很高。因此降低夹杂物中的 MgO 和 Al_2O_3 含量是降低304不锈钢轧板表面线鳞缺陷的关键。同时，部分夹杂物中的 CaO 含量较高，也需要加以关注。

表 5-1 某厂 304 不锈钢轧板与日新制钢样板成分对比 (%)

编号	MgO	Al_2O_3	SiO_2	CaO	MnO	CaS	MnS	TiO_2	合计
(1)	29.92	63.35	2.19	1.74	0.00	0.00	0.00	2.80	100.00
(2)	11.35	6.63	37.97	41.75	2.30	0.00	0.00	0.00	100.00
(3)	25.50	62.63	3.08	1.93	3.81	0.00	0.00	3.03	100.00
(4)	29.51	66.23	4.26	0.00	0.00	0.00	0.00	0.00	100.00
(5)	10.92	5.79	39.34	43.95	0.00	0.00	0.00	0.00	100.00
(6)	15.35	8.52	37.64	38.50	0.00	0.00	0.00	0.00	100.00
(7)	28.81	71.19	0.00	0.00	0.00	0.00	0.00	0.00	100.00
(8)	27.55	64.41	4.06	0.86	0.00	0.00	0.00	3.12	100.00

图5-5所示为304不锈钢轧板中 CaO-SiO_2 类线鳞缺陷局部形貌，典型成分面扫描如图5-6所示。对其进行能谱分析发现，轧板缺陷中含有较高含量的 CaO-SiO_2。由于是通过硅锰进行脱氧，且钢中硅的含量较高，夹杂物中的 SiO_2 不可避免。可以通过降低夹杂物中的 CaO 含量，来抑制 CaO-SiO_2 类夹杂物引起的线鳞缺陷。

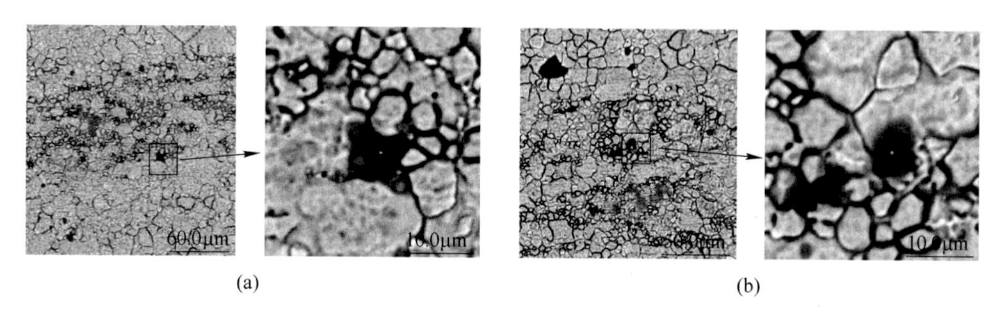

图5-5 304不锈钢轧板表面的 CaO-SiO_2 类线鳞缺陷局部形貌

对304不锈钢的线鳞缺陷率和不同坯号的关系进行了统计，结果如图5-7所示。其中T：头坯，一个浇次的第一块铸坯；1：交接坯，一炉的第一块；2：正常坯，一炉的第二块；3：正常坯，一炉的第三块；4：多数为正常坯，一炉的第四块；5：多数为交接坯，一炉的第五块；W：尾坯，一个浇次的最后一块。304不锈钢的平均线鳞缺陷率为6.94%，其中正常坯的线鳞缺陷率明显低于平均水平，头坯线鳞率超过了14%，高于平均水平，尾坯的线鳞缺陷率明显高于正常坯的缺陷率水平。连铸过程对头坯和尾坯切割了1.0~1.5m，但切割长度可能不

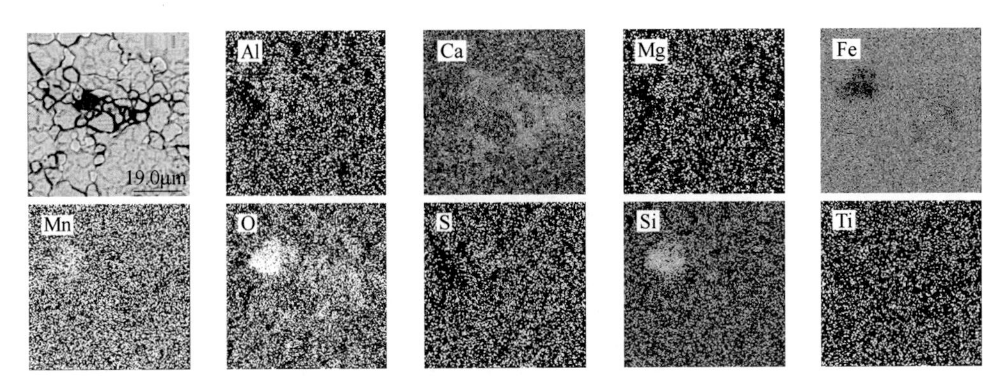

图 5-6 304 不锈钢轧板表面 $CaO-SiO_2$ 类线鳞缺陷的局部面扫描

够。值得注意的是，第一块交接坯的线鳞缺陷率明显高于平均水平，因此有必要进行浇注换包留钢操作，防止钢包下渣造成线鳞缺陷；同时可以通过对第一炉进行渣改性和加强钢包镇定等方式提升其洁净度水平，防止线鳞缺陷的发生。

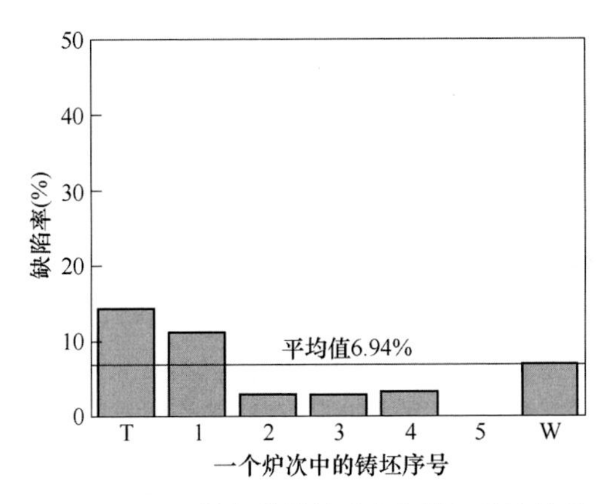

图 5-7 304 不锈钢线鳞缺陷率与铸坯号的关系

高端的 BA/80 等级 304 不锈钢钢板对表面抛光性能要求很高。304 不锈钢表面抛光点状缺陷扫描电镜观察和能谱分析结果如图 5-8[139] 所示。缺陷处夹杂物部分已经脱落，存在明显的孔洞，缺陷处主要成分为 $MgO-Al_2O_3-SiO_2-CaO$，为典型的夹杂物成分。如果继续抛光，则很有可能使夹杂物发生再脱落，“点状”缺陷将更为严重。判断该表面抛光“点状”缺陷主要是 Al_2O_3 或 $MgO \cdot Al_2O_3$ 尖晶石等脆性夹杂物，在轧制加工过程中当钢基体发生塑性变形时脆裂形成链状分布，抛光处理后部分夹杂物脱落形成的。因此，要解决 304 不锈钢的抛光点状缺陷，需要将夹杂物中 Al_2O_3 或 $MgO \cdot Al_2O_3$ 含量降低到极低的水平，提升夹杂物在冷轧过程中变形能力。

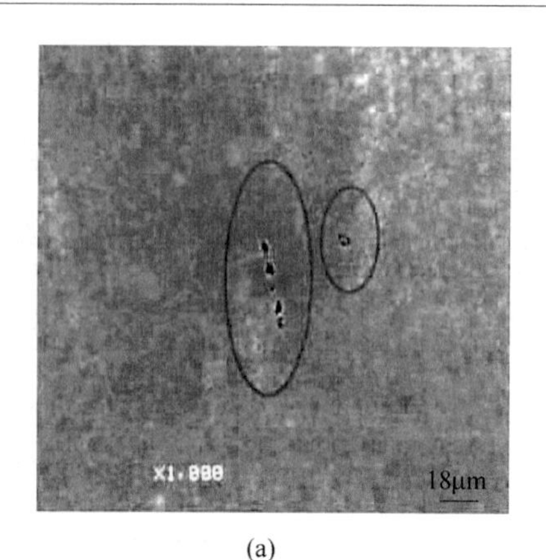

(a)

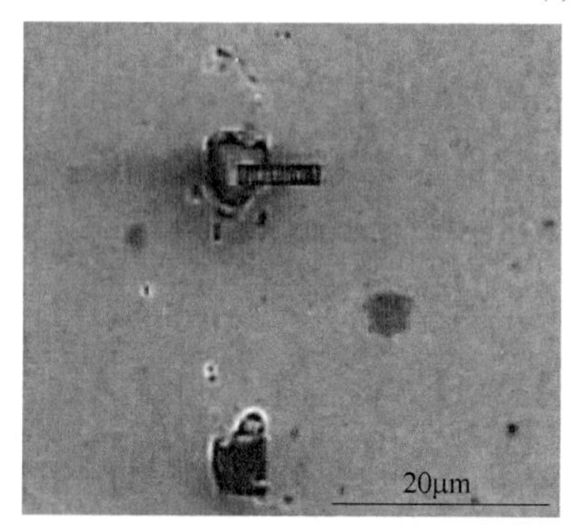

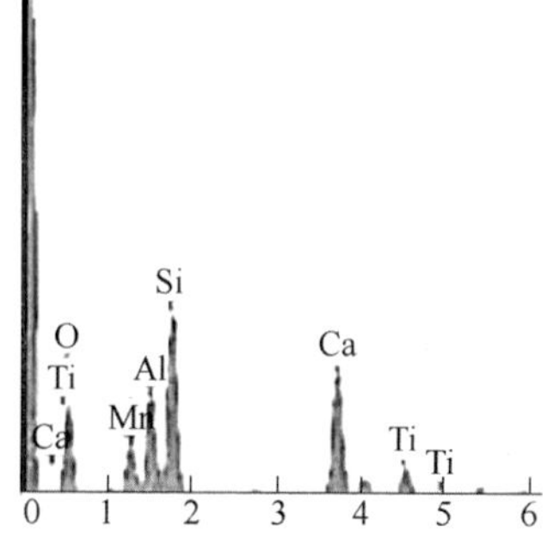

(b)

图 5-8　304 不锈钢表面抛光点状缺陷[139]

5.1.3　国内外 300 系不锈钢产品夹杂物对比

表 5-2 为我国不锈钢企业 304 不锈钢轧板与国际先进不锈钢生产企业日新制钢样板成分对比。我国轧板中 $[Al]_s$ 和 T. Ca 都接近 50ppm，远远高于日新产品，这也是我国产品线鳞缺陷和抛光缺陷产生过多的主要原因。我国产品中 T. O 和硫含量分别为 57ppm 和 24ppm，明显低于日新制钢产品中 T. O 和硫含量的 86ppm 和 43ppm，说明我国不锈钢产品一味地追求低 T. O 和低硫含量，并没有显著降低我国产品的缺陷率和提升使用性能，这也在一定程度上说明了洁净化不锈钢并不是夹杂物越少越好。即使存在较多数量的夹杂物，但是如果其对钢的性能没有危害，就是很好的洁净不锈钢。同时，根据日新制钢产品中低铝、低钙、高氧、高硫的特征，可以推断日新制钢采用了低碱度精炼渣进行夹杂物改性。此外，我国 304 不锈钢产品并没有进行钙处理，钢中 T. Ca 含量达到了 43ppm，而日新制钢产品中 T. Ca 含量为 5ppm，远低于我国产品，证明日新制钢的 304 不锈钢没有进行钙处理。

表 5-2 我国 304 不锈钢轧板与日新制钢样板成分对比

编号	T. Mg (%)	[Al]$_s$ (%)	T. S (%)	T. Ca (%)	[Si] (%)	[Mn] (%)	[Ti] (%)	T. O (ppm)	T. N (ppm)
我国轧板	0.0019	0.0047	0.0024	0.0048	0.47	1.06	0.003	56.85	378.6
日新样板	0.0016	0.0012	0.0043	0.0005	0.48	1.06	0.002	86.3	195.9

图 5-9 和表 5-3 所示为我国 304 不锈钢轧板中夹杂物的形貌和成分。多数夹杂物被轧碎，少数夹杂物只是简单地变形，夹杂物塑性较差，此类夹杂物危害较大。夹杂物的成分为 Al_2O_3 含量约 45%，MgO 含量约 25%，CaO 含量约 8%，MnO 含量约 10%，基本没有 MnS。

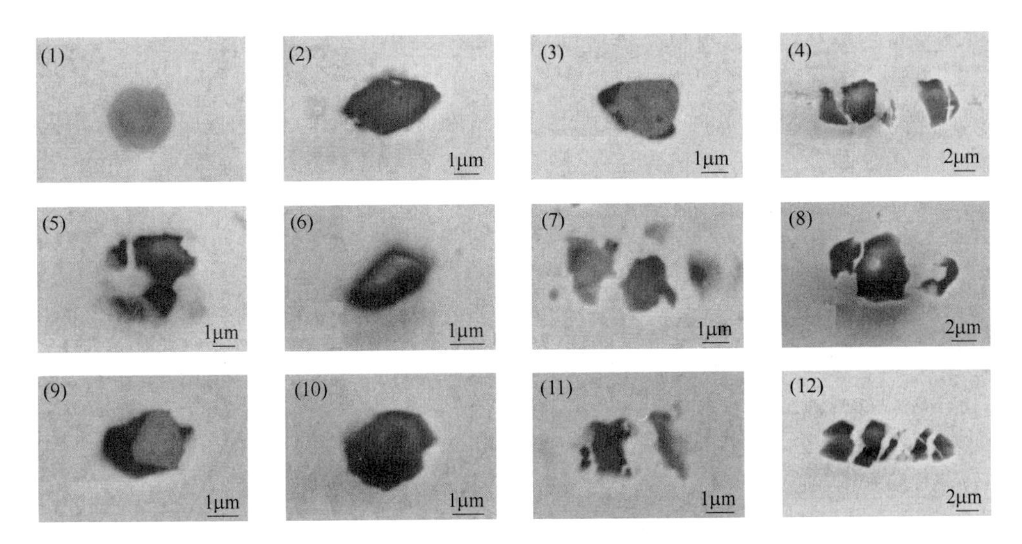

图 5-9 我国 304 不锈钢轧板中夹杂物形貌

表 5-3 我国 304 不锈钢轧板中夹杂物成分 (%)

编号	MgO	Al_2O_3	SiO_2	CaO	MnO	MnS	TiO_2	合计
(1)	0.00	45.59	0.00	0.00	33.84	0.00	20.57	100.00
(2)	48.33	2.16	34.76	4.79	6.93	1.82	1.22	100.00
(3)	20.34	51.54	5.44	3.20	12.63	0.00	6.85	100.00
(4)	26.42	62.95	3.91	2.54	4.19	0.00	0.00	100.00
(5)	26.96	59.96	3.84	3.05	6.19	0.00	0.00	100.00
(6)	15.65	17.76	37.25	18.45	6.51	0.00	4.38	100.00

续表 5-3

编号	MgO	Al_2O_3	SiO_2	CaO	MnO	MnS	TiO_2	合计
(7)	18.66	13.74	47.14	15.81	1.44	0.00	3.21	100.00
(8)	30.99	58.47	4.24	2.37	2.82	0.00	1.12	100.00
(9)	10.95	27.61	16.17	11.41	16.20	0.00	17.68	100.00
(10)	18.14	50.91	5.64	3.90	15.83	0.00	5.59	100.00
(11)	22.89	29.74	32.45	13.77	0.00	0.00	1.16	100.00
(12)	25.13	45.27	16.89	7.38	5.34	0.00	0.00	100.00
平均成分	24.41	37.55	17.97	6.83	8.59	0.13	4.51	100.00

图 5-10 和表 5-4 所示为日新制钢 304 不锈钢轧板样板中夹杂物形貌和成分。个别夹杂物被轧碎，大多数夹杂物有一定程度的变形，夹杂物塑性较好，此类夹杂物危害不大。夹杂物中 Al_2O_3 含量基本都在 25%以下，基本没有 MgO，CaO 含量较少，MnO 含量和 MnS 含量较高。这与日新制钢产品中［Al］$_s$ 和 T. Ca 含量极低有直接关系。

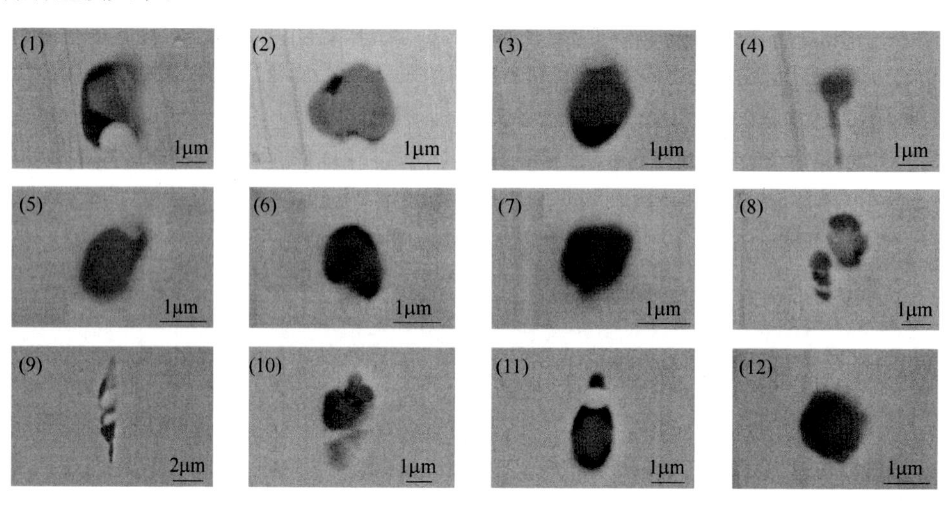

图 5-10　日新制钢轧板样板中夹杂物形貌

表 5-4　日新制钢轧板样板中夹杂物成分　（%）

编号	MgO	Al_2O_3	SiO_2	CaO	MnO	MnS	TiO_2	合计
(1)	4.12	34.29	9.38	2.20	44.22	0.00	5.79	100.00
(2)	0.00	17.94	6.02	0.00	61.58	2.77	11.70	100.00
(3)	0.00	20.37	12.84	3.09	58.23	0.00	5.46	100.00
(4)	0.00	15.06	2.78	0.00	37.12	35.73	9.31	100.00
(5)	0.00	16.45	0.00	1.36	63.44	6.49	12.26	100.00

续表 5-4

编号	MgO	Al_2O_3	SiO_2	CaO	MnO	MnS	TiO_2	合计
(6)	0.00	27.29	7.42	2.08	55.02	0.00	8.19	100.00
(7)	0.00	6.03	0.00	0.00	49.82	35.15	9.00	100.00
(8)	0.00	7.86	0.00	0.00	9.06	83.09	0.00	100.00
(9)	0.00	0.00	0.00	0.00	0.00	100.00	0.00	100.00
(10)	0.00	9.86	0.00	0.00	61.35	16.09	12.71	100.00
(11)	0.00	22.31	9.26	2.33	54.29	0.00	11.81	100.00
(12)	0.00	21.43	4.58	0.00	61.07	0.00	12.91	100.00
平均成分	0.34	16.57	4.36	0.92	46.27	23.28	8.26	100.00

表5-5为我国304不锈钢轧板与日新制钢304不锈钢产品中夹杂物平均成分对比。我国产品所含夹杂物中MgO、CaO和SiO_2含量较高，Al_2O_3含量为37.55%，远高于日新产品，MnS含量很低；日新制钢产品中MgO、Al_2O_3、CaO、SiO_2含量很低，MnO和MnS含量很高；极低的Al_2O_3含量和极高MnO含量使夹杂物的变形能力更强，这可能是日新产品质量较好的直接原因；日新制钢夹杂物中CaO含量为0.7%，远低于国产产品中的6%左右，也明显证明了日新制钢没有进行钙处理。结果表明，降低钢中的$[Al]_s$和T.Ca含量，从而降低夹杂物中的Al_2O_3和CaO含量，是目前我国304不锈钢夹杂物控制的主要方向和目标。

表5-5 我国304不锈钢轧板与日新制钢304产品中夹杂物平均成分对比 (%)

样品	MgO	Al_2O_3	SiO_2	CaO	MnO	MnS	TiO_2	合计
我国轧板	24.41	37.55	17.97	6.83	8.59	0.13	4.51	100.00
日新样板	0.21	14.21	3.19	0.70	48.40	24.11	9.18	100.00

5.2 300系不锈钢生产全流程钢中非金属夹杂物的演变

5.2.1 渣和钢液成分变化

304不锈钢为300系不锈钢的最典型钢种，生产工艺路线：电炉→AOD→LF→连铸。(1) 电炉主要参数：钢水量为100t，冶炼时间约为70min。(2) AOD主要作用：脱碳作用、脱氧还原作用、脱硫作用。(3) LF主要参数：冶炼时间约50min，前期根据AOD过程测出的成分，进行成分微调、温度微调、硬吹均匀成分，后期进行软吹去除夹杂物，钢包镇定为20min左右，没有钙处理工艺。(4) 连铸主要参数：浇注时间为约60min；铸坯断面为1200mm×200mm，拉速为1.1m/min。

对304不锈钢生产过程取样，加料、温度变化、钢样和渣样示意图如图5-11

所示。钢样取样位置为：AOD 脱碳期 1/2、AOD 脱碳期结束、还原期 1/2、还原期结束、脱硫期 1/2、脱硫期结束、AOD 出钢、炉后钢包（扒渣后）、LF 进站、调好成分（软吹前）、出站，钢包静止过程每隔 5min 取一个、中间包过程每隔 5~10min取一个，对铸坯内弧到外弧进行取样分析；并在每一炉的电炉出站、AOD 还原期 1/2、还原期结束、脱硫期 1/2、脱硫期结束、AOD 炉后钢包、LF 进站、调好成分（软吹前）、出站 8 个位置对精炼渣进行了取样。

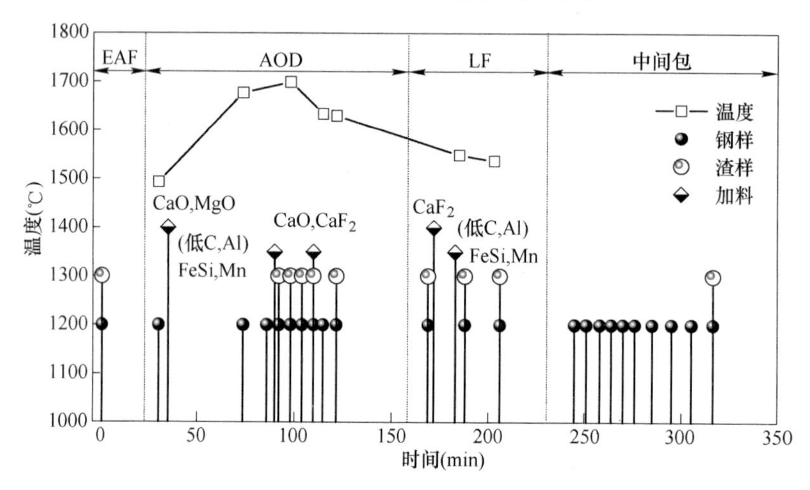

图 5-11　304 不锈钢生产过程取样示意

对 304 不锈钢生产过程钢样和渣样进行了分析检测，具体方法如下：（1）钢液成分分析。对钢样进行钻屑，在国家钢铁材料测试中心用 ICP 进行 $[Al]_s$ 和 T. Mg 含量测量，用碳硫分析仪检测钢中的［S］含量。（2）钢中 T. O 和 T. N 含量分析。将钢样用线切割切出一个直径为 5mm 的圆棒，用 Leco 氧氮分析仪进行氧氮分析。（3）精炼渣成分分析。把所有精炼渣磨成粉末，用荧光分析进行成分检测。（4）夹杂物分析方法为一般金相显微镜法、电解侵蚀法和电解提取法。一般金相显微镜法：试样经过粗磨、细磨和抛光三道工序制成能在光学显微镜和扫描电子显微镜下观察的金相试样。在电镜下随机观察 20 个夹杂物并进行能谱分析，个别典型夹杂物进行面扫描或线扫描。电解侵蚀法：采用有机电解液。将电解的钢样做阳极，不锈钢片做阴极。在一定温度、恒流下，进行电解实验。电解后，用 SEM 观察电极上的夹杂物。有机电解液可将夹杂物周围的不锈钢基体侵蚀，揭示夹杂物的三维形态而不破坏夹杂物的形貌和成分。电解提取法：采用有机电解液。将电解的钢样做阳极，不锈钢片做阴极。在一定温度、恒流下，进行电解实验。电解后，采用超声波清洗钢样，淘洗电解液，烘干，使用 SEM 观察夹杂物。电解提取法可完全分离钢中的夹杂物，从而能够得到全尺寸大小的夹杂物，并且能够保证所得夹杂物没有成分、形貌上的损失。

图 5-12 和图 5-13 所示为整个冶炼过程精炼渣成分变化。AOD 加入 CaO 后，渣中 CaO 增加，LF 精炼渣中 CaO 逐渐降低，整个过程中 SiO_2 含量略有下降。从 AOD 开始，渣中 Al_2O_3 和 MgO 含量逐渐增加，MnO 含量下降，AOD 过程中 S 含量逐渐增加，这是由于精炼渣脱硫造成的。脱氧后的整个冶炼过精炼渣碱度保持在 2.2~2.4。根据第 1 章中文献调研结果，本研究中我国企业当前精炼渣碱度显著高于国际上硅锰脱氧 304 不锈钢精炼渣碱度，这可能是造成夹杂物中 Al_2O_3 含量增加的主要原因之一。

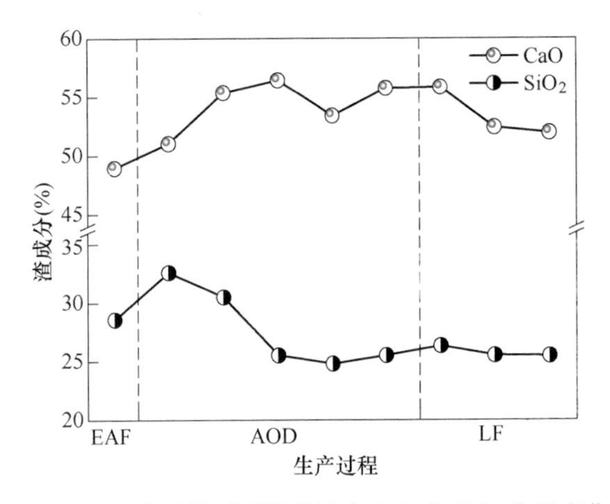

图 5-12　整个冶炼过程精炼渣中 CaO 和 SiO_2 含量变化

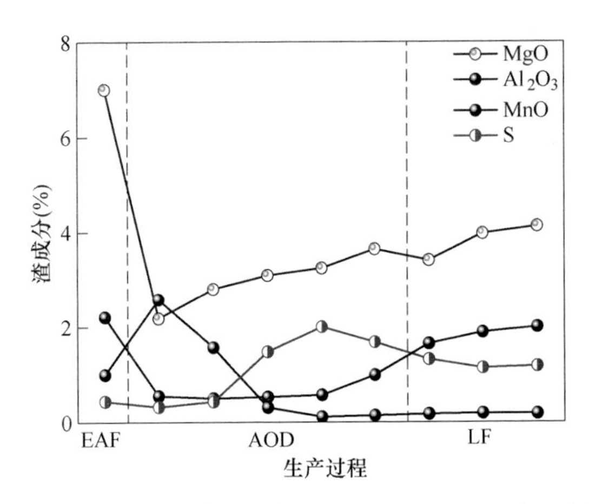

图 5-13　整个冶炼过程精炼渣中 MgO、Al_2O_3、MnO 和 S 含量变化

整个冶炼过程钢液中的 T. O 和 T. N 含量成分变化如图 5-14 所示。由图可知，在 AOD 冶炼脱碳期结束，钢中总氧为 840ppm，加入硅铁和锰铁脱氧剂后，钢中总氧迅速降至 300ppm 以下，脱硫期总氧继续降低；在 AOD 转换到 LF 炉期间，T. O 略有回升，可能是由于扒渣卷渣或者二次氧化造成的；在 LF 精炼过程中钢

中 T. O 一直降低，这可能是因为夹杂物去除造成的。连铸过程中 T. O 为 60ppm 左右，铸坯中总氧为 39ppm。从 AOD 结束起，AOD 中 T. N 含量逐渐降低，随后 T. O 和 T. N 波动变化。铸坯中的 T. O 和 T. N 含量低于中间包过程取样值，可能是取样过程氧化造成的。

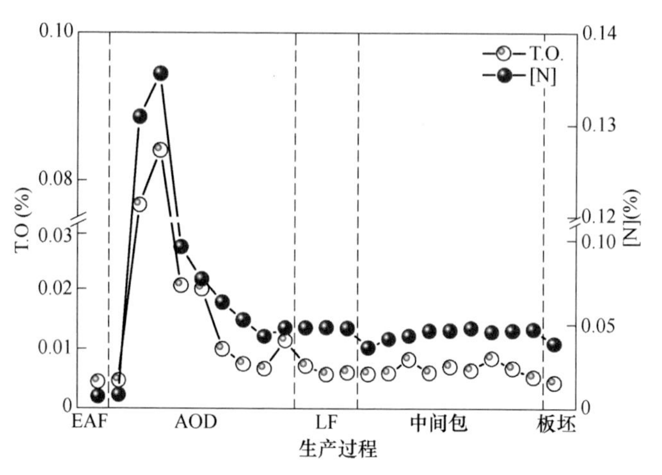

图 5-14　整个冶炼过程 T. O 和 T. N 含量变化

图 5-15 所示为整个冶炼过程渣碱度［Al］$_s$ 和 T. Mg 成分变化。LF 合金化之前钢中［Al］$_s$ 含量较低。加入硅铁和电解锰合金进行合金化后，钢中［Al］$_s$ 含量有所升高，这说明添加的铁合金中可能含有一定含量的金属铝，导致了钢液中［Al］$_s$ 含量上升，这可能是造成精炼过程夹杂物中 Al_2O_3 含量增加的另一个主要原因，因此有必要对铁合金的洁净度水平开展进一步调研，研究结果在后文中进行了详细的介绍。T. Mg 的变化趋势与［Al］$_s$ 的变化趋势基本一致。中间包浇注过程，钢中［Al］$_s$ 含量基本保持稳定。

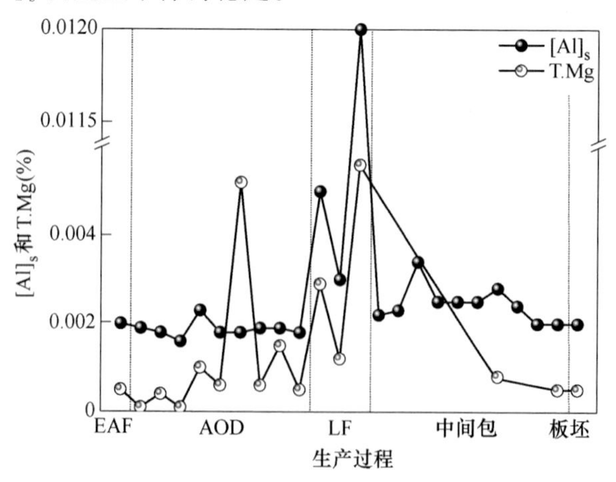

图 5-15　整个冶炼过程渣碱度［Al］$_s$ 和 T. Mg 含量变化

5.2.2　夹杂物的演变

图 5-16 所示为金相法检测的 AOD 还原期结束、AOD 脱硫期结束、AOD 炉后钢包、LF 进站、LF 软吹前（调好成分）、LF 出站、中间包（浇注 1/2）和铸坯

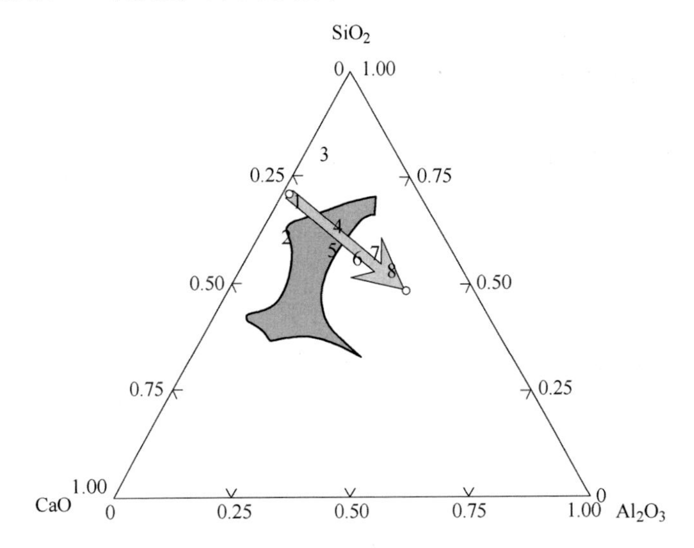

(a) Al_2O_3-SiO_2-CaO 系夹杂物的成分演变

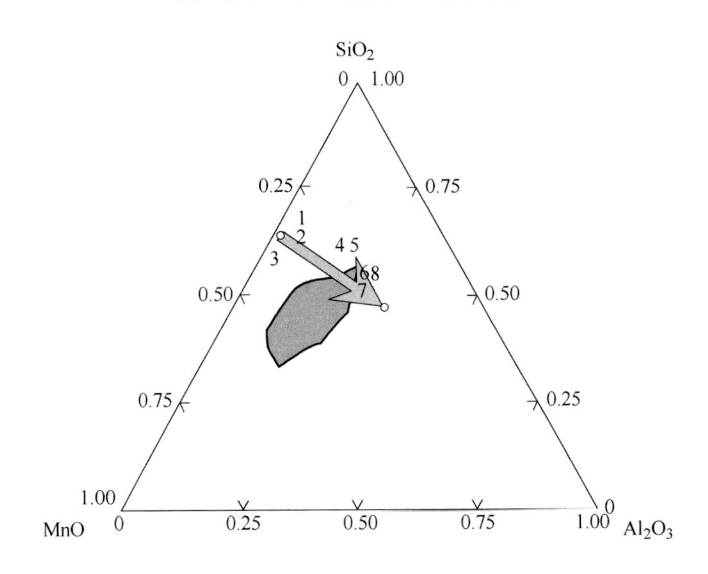

(b) Al_2O_3-SiO_2-MnO 系夹杂物的成分演变

图 5-16　冶炼过程夹杂物的成分演变

1—AOD 还原期结束；2—AOD 脱硫期结束；3—AOD 炉后钢包；4—LF 进站；
5—LF 软吹前；6—LF 出站；7—中间包（浇注 1/2）；8—铸坯

的整个冶炼过程的 Al_2O_3-SiO_2-CaO 系和 Al_2O_3-SiO_2-MnO 系夹杂物成分演变。整个过程夹杂物中 Al_2O_3 夹杂物成分逐渐增加。随着反应的进行，钢中夹杂物平均成分先进入低熔点区，又逐渐远离低熔点区域。

300 系不锈钢 AOD 还原期结束钢中夹杂物形貌和成分如图 5-17 和表 5-6 所示。AOD 出站时，钢中夹杂物主要为 SiO_2-CaO-Al_2O_3-MgO，夹杂物中 Al_2O_3 含量略有增加，夹杂物中含有少量的 MnS。图 5-17 中（1）、（2）为 AOD 出站时夹杂物传统金相形貌，二维形状为圆形或椭圆形。图 5-17 中（3）、（4）为电解侵蚀和酸侵蚀后夹杂物的三维形貌，形状主要为球形或近球形。

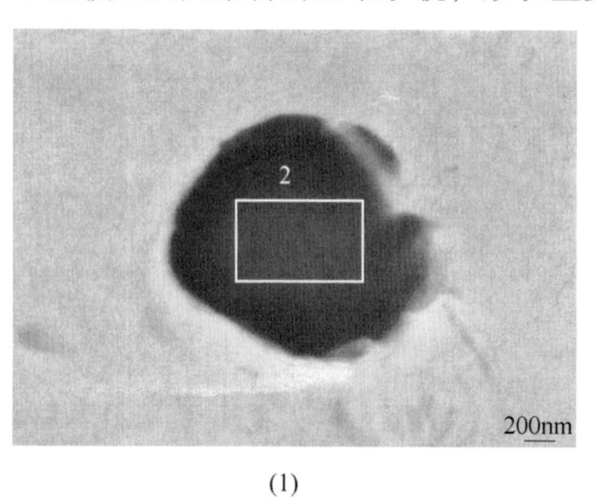

(1)

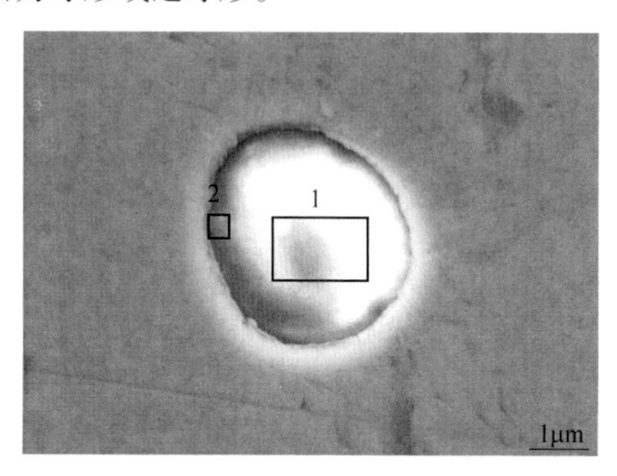

(2)

(3)

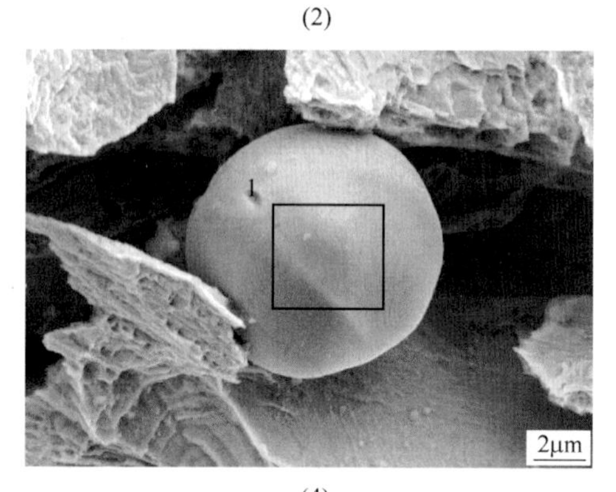

(4)

图 5-17　300 系不锈钢 AOD 还原期结束钢中夹杂物形貌

（1），（2）二维；（3），（4）电解侵蚀

表 5-6　300 系不锈钢 AOD 还原期结束钢中夹杂物成分　（%）

编号	MgO	Al_2O_3	SiO_2	CaO	TiO_x	MnS	MnO	合计
（1）	8.57	12.97	41.79	36.66	0.00	0.00	0.00	100.00
（2）1	2.58	9.40	37.55	46.71	3.77	0.00	0.00	100.00
（2）2	2.42	8.42	35.79	49.73	3.65	0.00	0.00	100.00
（3）	2.80	6.74	22.87	65.55	0.00	2.04	0.00	100.00
（4）	4.57	6.28	29.65	59.50	0.00	0.00	0.00	100.00

300 系不锈钢 LF 炉出站时钢中夹杂物形貌和成分如图 5-18 和表 5-7 所示。LF 炉出站时，钢中夹杂物主要为 Al_2O_3-SiO_2-CaO-MgO，夹杂物中 Al_2O_3 含量增加。由传统金相法检测 LF 炉出站时钢中夹杂物形貌如图 5-18 中（1）、（2）所示，夹杂物的二维形貌为圆形。图 5-18 中（3）、（4）表明，电解侵蚀后夹杂物的三维形貌为球形或半球形。

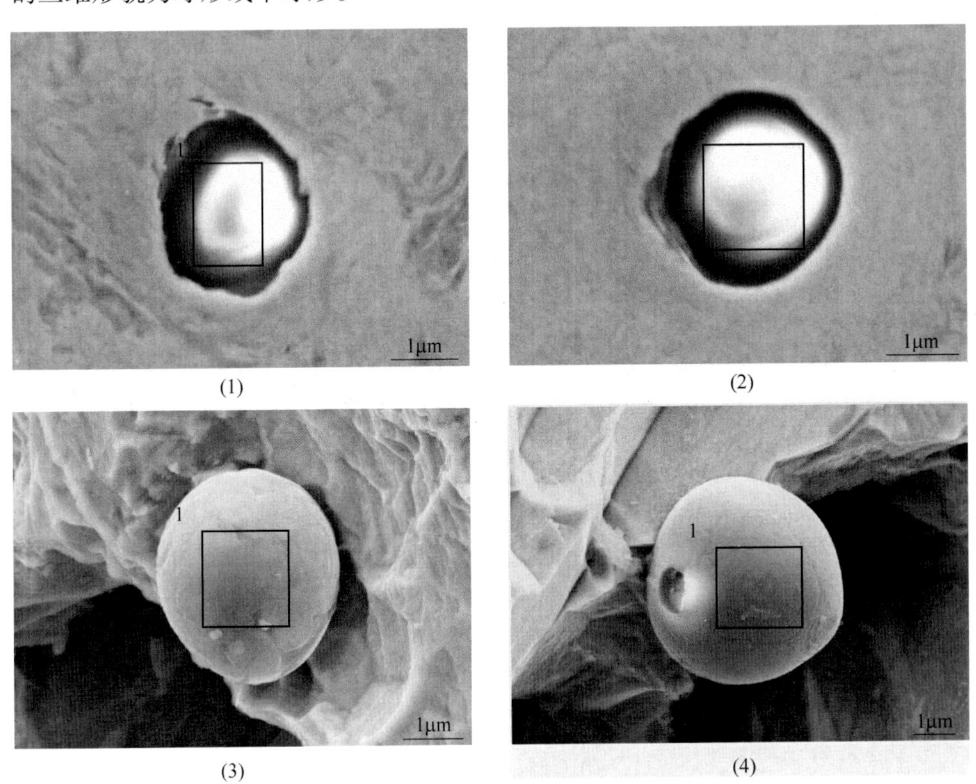

(1)　(2)　(3)　(4)

图 5-18　300 系不锈钢 LF 出站钢中夹杂物形貌

（1），（2）二维；（3），（4）电解侵蚀

表 5-7　300 系不锈钢 LF 出站钢中夹杂物成分　（%）

编号	MgO	Al_2O_3	SiO_2	CaO	TiO_x	MnS	MnO	合计
（1）	7.22	22.67	36.48	28.15	3.54	0.00	1.95	100.00
（2）	7.95	19.80	38.78	33.46	0.00	0.00	0.00	100.00
（3）	6.19	21.70	35.46	30.83	5.82	0.00	0.00	100.00
（4）	2.67	11.91	36.62	43.93	2.50	2.36	0.00	100.00

图 5-19 和表 5-8 为金相法和电解侵蚀法检测的铸坯中的夹杂物形貌和成分，夹杂物的二维和三维形貌检测结果都表明夹杂物为球形，夹杂物主要成分为

Al_2O_3-SiO_2-MnO-CaO，夹杂物表面存在较多的 MnS。图 5-20 所示为电解提取出的铸坯中大量夹杂物形貌，尺寸大都在 5μm 以下，少数夹杂物在 10μm 以上，许多氧化物夹杂的表面都存在 MnS，说明铸坯凝固过程 MnS 在氧化物夹杂表面析出。

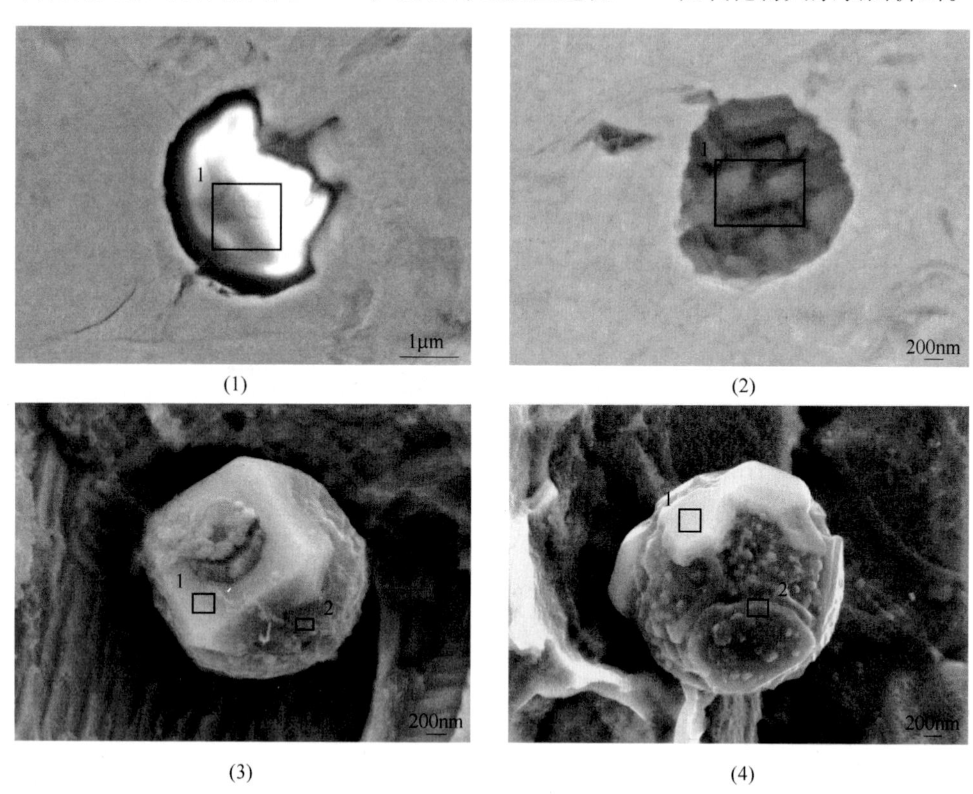

图 5-19 300 系不锈钢铸坯中夹杂物形貌

(1)，(2) 二维；(3)，(4) 电解侵蚀

表 5-8 300 系不锈钢铸坯钢中夹杂物成分 (%)

编号	MgO	Al_2O_3	SiO_2	CaO	TiO_x	MnS	MnO	合计
(1)	0.96	19.75	44.84	24.33	0.00	0.00	10.12	100.00
(2)	0.00	22.47	20.06	0.00	48.90	2.32	6.25	100.00
(3) 1	0.00	50.93	22.61	9.39	17.08	0.00	0.00	100.00
(3) 2	0.00	23.46	14.63	4.45	0.00	53.77	3.70	100.00
(4) 1	1.82	47.03	33.57	9.91	7.67	0.00	0.00	100.00
(4) 2	0.00	14.35	6.85	0.00	0.00	59.60	19.20	100.00

图 5-21 和表 5-9 所示为金相法和电解侵蚀法检测的轧板中的夹杂物形貌和成分。金相法检测的冷轧板中的夹杂物轧后形状略有改变，部分夹杂物呈点链状，

图 5-20　300 系不锈铸坯钢中夹杂物电解提取形貌

可能是将单个夹杂物轧碎形成的，夹杂物主要成分为 Al_2O_3-SiO_2-CaO，夹杂物中存在较高含量的 Al_2O_3。电解侵蚀法检测的冷轧板中的夹杂物由原来的球形或半球形变成现在的椭球形，但是夹杂物的变形幅度不是很大。大多数夹杂物尺寸在 5μm 以下。

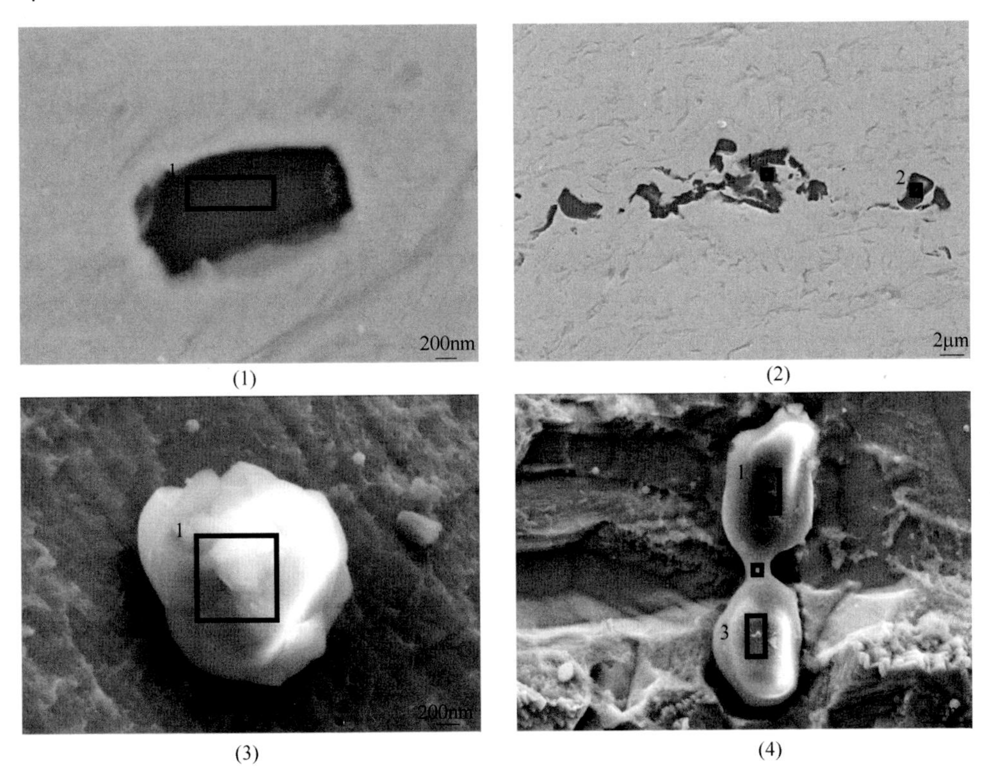

图 5-21　300 系不锈轧板钢中夹杂物形貌

(1)，(2) 二维；(3)，(4) 电解侵蚀

表 5-9 300 系不锈轧板钢中夹杂物成分 (%)

编号	MgO	Al_2O_3	SiO_2	CaO	TiO_x	MnS	MnO	合计
(1)	4.34	19.88	40.10	26.79	8.89	0.00	0.00	100.00
(2) 1	4.04	24.53	30.51	38.22	0.00	2.69	0.00	100.00
(2) 2	3.78	25.57	31.84	38.81	0.00	0.00	0.00	100.00
(3)	5.41	26.54	35.46	19.80	12.79	0.00	0.00	100.00
(4) 1	7.08	23.98	37.98	26.71	4.25	0.00	0.00	100.00
(4) 2	2.80	14.26	37.43	39.76	0.00	5.75	0.00	100.00
(4) 3	6.74	23.09	36.53	23.25	3.90	6.48	0.00	100.00

5.3 小结

(1) 线鳞缺陷局部位置成分中有很高的 MgO、Al_2O_3 和 CaO，降低夹杂物中的 MgO、Al_2O_3 和 CaO 含量成为解决线鳞缺陷的关键。

(2) 抛光缺陷主要原因为夹杂物中 MgO 和 Al_2O_3 含量过高，夹杂物的变性能力较差，抛光后夹杂物从轧板表面脱落，形成孔洞。

(3) 我国产品中 $[Al]_s$ 和 T. Ca 含量高，T. O 和硫含量低；夹杂物中 MgO、CaO、SiO_2 含量较高，Al_2O_3 含量为 37.55%，远高于日新产品。日新制钢产品中 $[Al]_s$ 和 T. Ca 含量较低，T. O 和硫含量较高；夹杂物中 MgO、Al_2O_3、CaO、SiO_2 含量较低，MnO、MnS 含量最高；极低的 Al_2O_3 含量和极高 MnO 含量使夹杂物的变形能力很强，这可能是日新制钢产品质量较好的直接原因。

(4) 我国不锈钢产品一味地追求低 T. O 和低硫含量，但并没有显著降低我国产品的缺陷率和提升使用性能，这也在一定程度上说明了洁净化不锈钢指的并不是夹杂物越少越好，即使存在较多数量的夹杂物，但是如果其对钢的性能没有危害，就是很好的洁净不锈钢。

(5) 根据日新制钢产品中低铝、低钙、高氧、高硫的特征，可以推断日新制钢采用了低碱度精炼渣进行夹杂物改性。日新制钢 T. Ca 含量为 5ppm，夹杂物 CaO 含量为 0.7%，证明日新制钢没有进行钙处理。

(6) 对于要求较低的热轧不锈钢产品，只需要将夹杂物控制到 Al_2O_3-SiO_2-MnO 低熔点区域内的成分，即可实现热轧过程夹杂物的塑性变形，避免热轧产品缺陷的产生。对于要求较高的冷轧不锈钢产品，需要进一步降低钢中的铝含量，将夹杂物控制为 Al_2O_3 含量极低的低杨氏模量区域内的成分，以实现冷轧过程夹杂物的塑性变形，避免冷轧产品缺陷的产生。

(7) AOD 脱碳期吹氧过程中，钢中 T. O 和 T. N 迅速大幅上升，加入脱氧剂后钢中 T. O 和 T. N 又迅速降低。LF 过程 T. O 和 T. N 略有降低，个别样品中 T. O 和 T. N 有所回升，可能是二次氧化造成的。

（8）AOD 冶炼过程加入脱氧合金后，夹杂物成分主要为 SiO_2-MnO-CaO。从 AOD 结束到 LF 精炼开始，夹杂物中 Al_2O_3 含量逐渐增加，夹杂物成分偏离低熔点区，随后成分波动变化。要想解决夹杂物中 Al_2O_3 含量较高的问题，需要进一步研究找到精炼过程钢液中铝含量增加的主要原因。

（9）脱氧后的整个精炼过程渣碱度保持在 2.2~2.4。根据第 1 章中文献调研结果，本研究中我国企业当前精炼渣碱度显著高于国际上硅锰脱氧不锈钢精炼渣碱度，这可能是造成精炼过程夹杂物中 Al_2O_3 含量增加的主要原因之一。

（10）LF 合金化加入合金后，钢中 $[Al]_s$ 含量明显升高，这说明所添加的铁合金中可能含有一定含量的金属铝，导致了钢液中 $[Al]_s$ 含量的上升，这可能是造成精炼过程夹杂物中 Al_2O_3 含量增加的另一个主要原因之一。

6 合金化处理对300系不锈钢中夹杂物生成的影响研究

合金化处理是影响钢中非金属夹杂物生成的最直接方法之一。本章首先计算了300系不锈钢合金脱氧过程脱氧平衡曲线以及夹杂物生成的热力学条件；其次，由于为了避免氧化铝夹杂物的生成，304不锈钢采用硅锰合金进行复合合金化脱氧，然而当前生产用铁合金质量和水平参差不齐，对不锈钢中夹杂物的控制水平产生了严重的影响，因此本章系统研究了合金化处理用铁合金的洁净度对不锈钢中夹杂物的影响规律；再次，研究了精确钙处理的控制对304不锈钢中夹杂物改性的可行性，建立了304不锈钢中夹杂物的精确钙处理模型，可实现根据304不锈钢中不同钢液成分对最优喂钙线量进行精确计算；最后，通过现场实验验证了钙处理变性夹杂物的效果，从而实现了304不锈钢夹杂物钙处理改性的精确控制。

6.1 300系不锈钢合金脱氧夹杂物生成热力学

本节应用FactSage热力学计算软件对高温下Cr-Fe不锈钢钢液成分对钢中各类夹杂物生成的影响进行了预测，计算过程中选择FactPS、FToxid、FTmisc数据库。图6-1所示为1873K下Cr -Fe不锈钢中Al-O平衡曲线。在纯铁液中，随着钢液中的［Al］含量增加，钢中平衡的［O］含量先降低后略有增加。随着钢中铬含量从0%增加到20%，当钢液中的［Al］不变时，平衡的［O］含量上升，

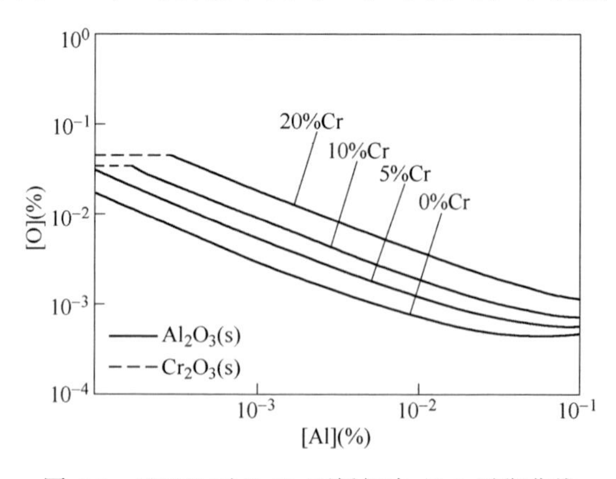

图6-1 1873K下Cr-Fe不锈钢中Al-O平衡曲线

说明铬含量的增加会导致［Al］的脱氧能力下降。当钢液中存在10%Cr和20%铬时，在低铝浓度下，钢中会形成Cr_2O_3夹杂物。

图6-2所示为FactSage热力学软件计算的1873K下Cr-Fe不锈钢中Si-O平衡曲线。在纯铁液中，随着钢中［Si］含量的增加，钢中［O］含量逐渐降低，当［Si］含量超过8%时，钢中［O］含量开始回升。随着钢中铬含量从0%增加到20%，钢中硅元素的脱氧能力下降。当钢液中存在5%、10%和20%的铬时，在低硅浓度下，钢中会形成Cr_2O_3夹杂物。

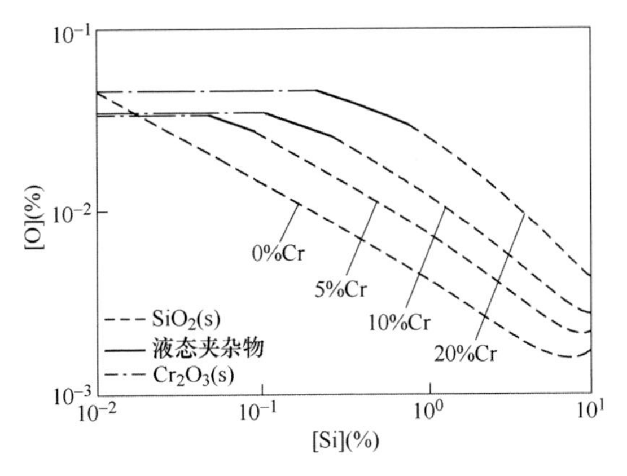

图6-2　1873K下Cr-Fe不锈钢中Si-O平衡曲线

图6-3所示为基于Wagner模型编程计算的1873K下Cr-Fe不锈钢中Mg-O平衡曲线。在纯铁液中，随着钢中［Mg］含量的增加，钢中［O］含量先降低后增加，氧含量最低可达到几个ppm。随着钢中铬含量从0%增加到20%，钢中镁元素的脱氧能力基本变化不大，略有降低。同时，随着钢中铬含量增加，钢中形成夹杂物主要为MgO。

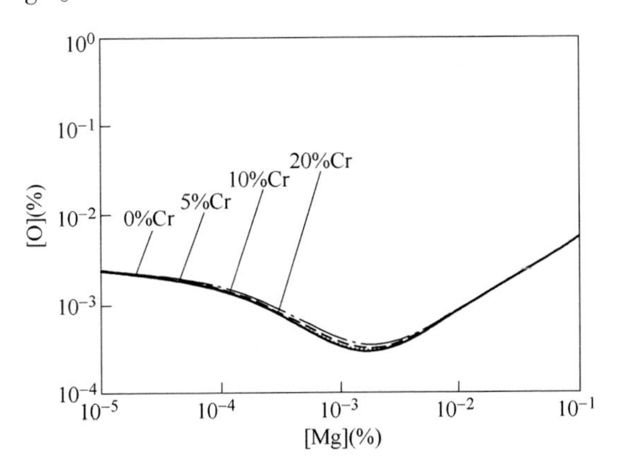

图6-3　1873K下Cr-Fe不锈钢中Mg-O平衡曲线

图6-4所示为基于Wagner模型编程计算的1873K下Cr-Fe不锈钢中Ca-O平衡曲线。在纯铁液中，随着钢中［Ca］含量的增加，钢中［O］含量先降低后增加，氧含量最低可达到几个ppm。随着钢中铬含量从0%增加到20%，钢中钙元素的含量有所降低。同时，随着钢中铬含量增加，钢中形成的夹杂物主要为CaO。

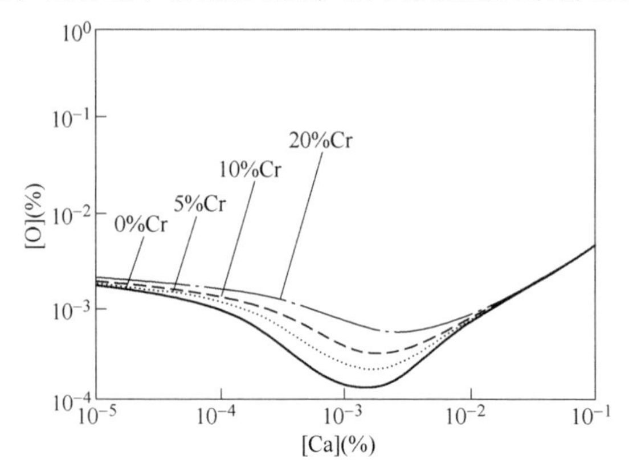

图6-4　1873K下Cr-Fe不锈钢中Ca-O平衡曲线

图6-5所示为FactSage热力学软件计算的1873K下0.05%C-18%Cr-8%Ni-Fe不锈钢中Al-Mn-O夹杂物生成相图。当钢中的脱氧元素为Si和Mn时，钢中夹杂物的主要类型可能为$MnO \cdot Al_2O_3$、Al_2O_3和液相夹杂物。当钢中的［Al］含量较低且［Mn］含量较高时，钢中生成的夹杂物为液相夹杂物；当钢中的［Al］含量较高且［Mn］含量较低时，钢中生成的夹杂物为Al_2O_3。在Al_2O_3和液相夹杂物的生成区域之间，会有$MnO \cdot Al_2O_3$夹杂物生成。

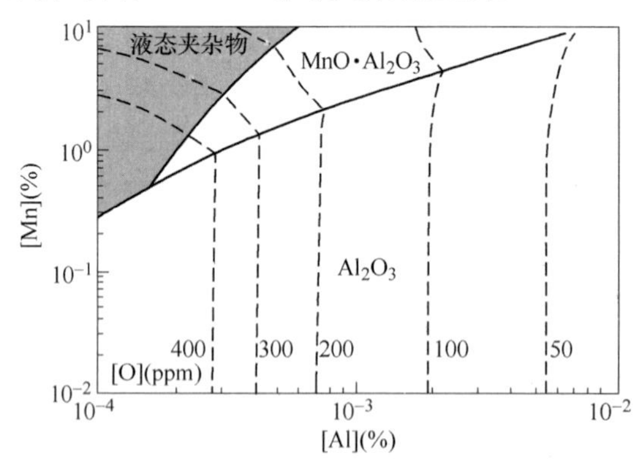

图6-5　1873K下0.05%C-18%Cr-8%Ni-Fe不锈钢中Al-Mn-O夹杂物生成相图

图6-6所示为FactSage热力学软件计算的0.05%C-18%Cr-8%Ni-Fe不锈钢中Al-Si-O夹杂物生成相图。在没有钙加入的条件下，钢中生成的夹杂物相为SiO_2、Al_2O_3和液相夹杂物。当钢液中［Al］含量低于5ppm、［Si］含量高于1%，钢

中生成的夹杂物为 SiO_2 夹杂物；当钢液中［Al］含量低于5ppm、［Si］含量低于1%，钢中生成的夹杂物为液相夹杂物；当钢中［Al］含量大于10ppm时，钢中夹杂物主要为 Al_2O_3 夹杂物。因此，为了降低夹杂物中的 Al_2O_3 含量，需要降低钢液中的［Al］含量。

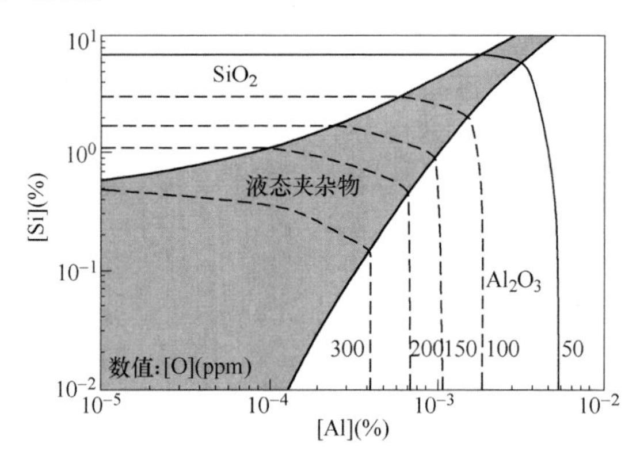

图6-6 1873K下0.05%C-18%Cr-8%Ni-Fe不锈钢中Al-Si-O夹杂物生成相图

图6-7所示为FactSage热力学软件计算的0.05%C-18%Cr-8%Ni-Fe不锈钢中Si-Mn-O夹杂物生成相图。在完全没有铝加入的条件下，当钢液中［Si］含量较高且［Mn］含量较低时，钢中生成的夹杂物主要为 SiO_2；当钢液中［Si］含量较低且［Mn］含量较高时，钢中生成的夹杂物主要为液相夹杂物。

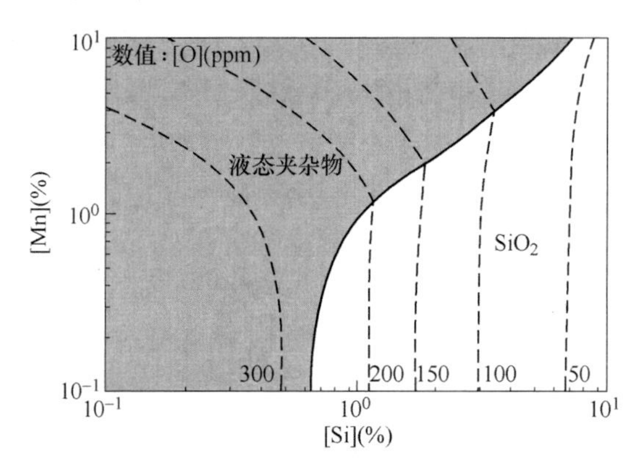

图6-7 1873K下0.05%C-18%Cr-8%Ni-Fe不锈钢中Si-Mn-O夹杂物生成相图

图6-8所示为FactSage热力学软件计算的0.05%C-18%Cr-8%Ni-Fe不锈钢中Al-Mg-O夹杂物生成相图。当钢中的［Mg］含量很低时，钢中夹杂物主要为 Al_2O_3；当钢中的［Mg］含量超过1ppm时，钢中开始生成 $MgO \cdot Al_2O_3$ 夹杂物；当钢中的［Mg］含量超过约10ppm时，钢中夹杂物主要为MgO。

图6-9所示为FactSage热力学软件计算的0.05%C-18%Cr-8%Ni-Fe不锈钢中

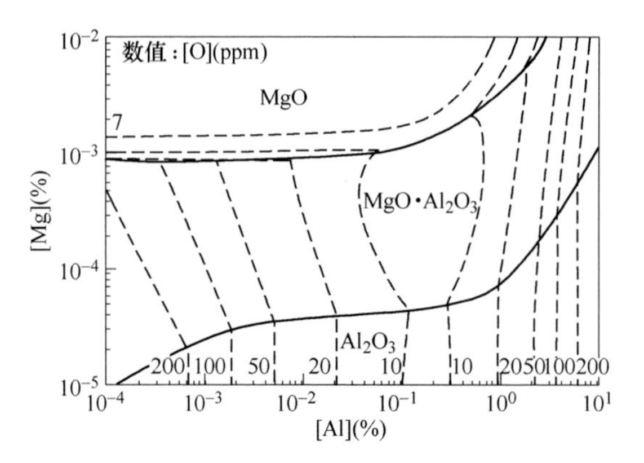

图 6-8 1873K 下 0.05%C-18%Cr-8%Ni-Fe 不锈钢中 Al-Mg-O 夹杂物生成相图

Al-Ca-O 夹杂物生成相图。当钢液中［Ca］含量较低时，钢中夹杂物主要为固态 $CaO \cdot 2Al_2O_3$ 和 $CaO \cdot 6Al_2O_3$ 夹杂物，证明此时钙处理改性不充分；当钢液中［Ca］含量超过 1ppm 时，钢中生成的夹杂物主要为液态钙铝酸盐，此阴影区域即为钙处理的目标成分区域；当钢液中的［Ca］超过约 10ppm 时，钢中开始生成固态 CaO 夹杂物，说明此时钙处理加钙过量。

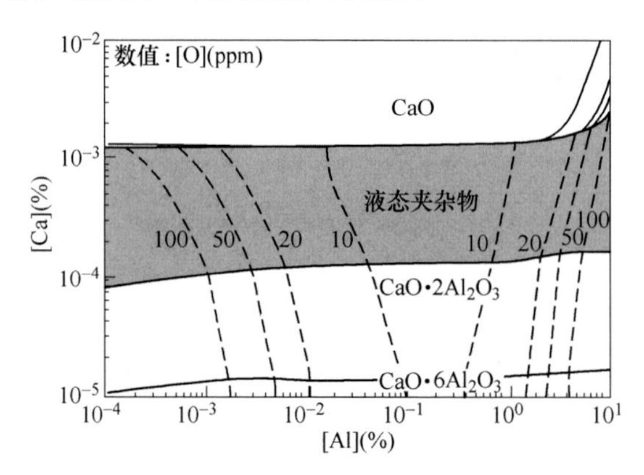

图 6-9 1873K 下 0.05%C-18%Cr-8%Ni-Fe 不锈钢中 Al-Ca-O 夹杂物生成相图

图 6-10 所示为 FactSage 热力学软件计算的 0.05%C-18%Cr-8%Ni-2ppm Ca-Fe 不锈钢中 Al-Mg-Ca-O 夹杂物生成相图。当钢液中加入 2ppm 的［Ca］时，钢中生成夹杂物的主要类型为液相夹杂物、$MgO \cdot Al_2O_3$ 和 MgO 夹杂物。图中液相夹杂物的阴影区域为此体系夹杂物控制的目标钢液成分区域；当钢中的［Mg］含量不足 1ppm 时，钢中生成的夹杂物基本为液相夹杂物。随着钢中［Mg］含量增加，钢中先后生成$MgO \cdot Al_2O_3$ 和 MgO 夹杂物。

图 6-11 所示 FactSage 热力学软件为计算的 0.05%C-18%Cr-8%Ni-1%Mn-Fe 不锈钢中 Al-Si-Mn-O 夹杂物生成相图。与图 10-4 相比，钢中加入 1%的［Mn］时，图中液

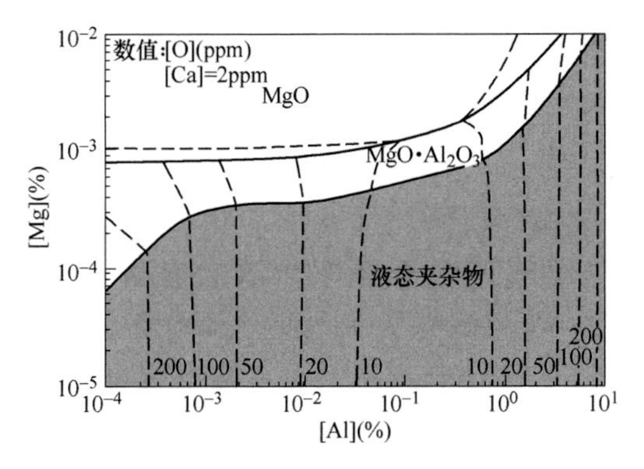

图6-10　1873K下0.05%C-18%Cr-8%Ni-2ppm Ca-Fe不锈钢中Al-Mg-Ca-O夹杂物生成相图

相夹杂物的阴影区域明显增加，因此有利于液相夹杂物的控制。在钢中［Si］含量较高时，不锈钢中主要为SiO_2夹杂物；在钢中［Al］含量较高时，主要生成Al_2O_3夹杂物。

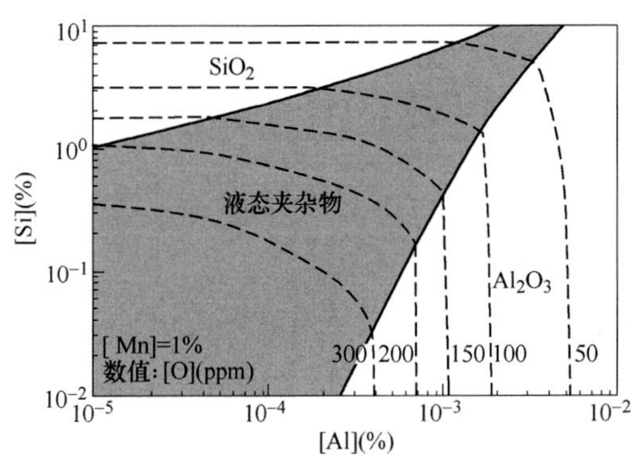

图6-11　1873K下0.05%C-18%Cr-8%Ni-1%Mn-Fe不锈钢中Al-Si-Mn-O夹杂物生成相图

图6-12所示为FactSage热力学软件计算的0.05%C-18%Cr-8%Ni-1ppm Ca-Fe

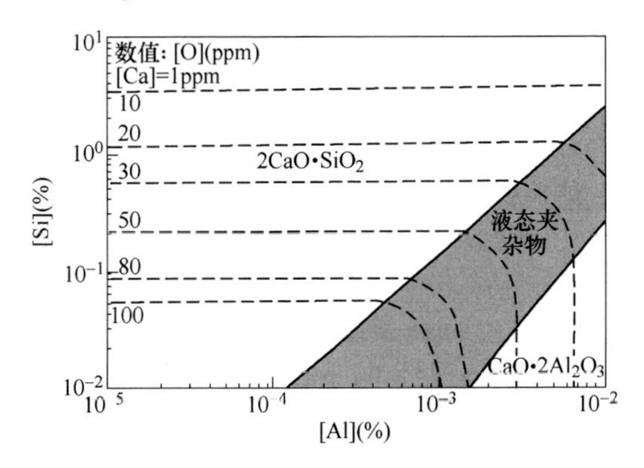

图6-12　1873K下0.05%C-18%Cr-8%Ni-1ppm Ca-Fe不锈钢中Al-Si-Ca-O夹杂物生成相图

不锈钢中 Al-Si-Ca-O 夹杂物生成相图。在图中阴影区域的钢液成分下，加入 1ppm 的［Ca］可以有效地将钢中的夹杂物改性成为液相夹杂物；当钢中［Al］含量较高时，钢中生成的夹杂物主要为 $CaO \cdot 2Al_2O_3$；当钢中［Si］含量较高时，钢中生成的夹杂物主要为 $2CaO \cdot SiO_2$。

6.2　硅铁合金的洁净度对 300 系不锈钢中夹杂物的影响研究

6.2.1　实验方法

实验装置如图 6-13 所示。本研究首先用热电偶对硅钼炉 1873K 温度下的恒温区的位置进行了测量，得到了 1873K 下反应管内恒温区所处的位置和恒温区的高度。将 150g 成分为表 6-1 所示的 304 不锈钢在氧化镁坩埚（直径 30mm 和高度 100mm）中加热到 1600℃，在不锈钢钢基体熔化后加入 1g 硅铁合金对钢液进行合金处理。为了研究硅铁合金化后钢中夹杂物的瞬态变化，分别在加硅铁前的 1min，加硅铁后的 4min、10min 和 30min 用石英管对钢液进行取样，取出的样品直接用水冷将钢液冷却到室温，整个实验加料和取样过程示意图如图 6-14 所示。本实验共做了三组实验，每组实验只有加入硅铁的成分不同，见表 6-2，其他实验条件一致。

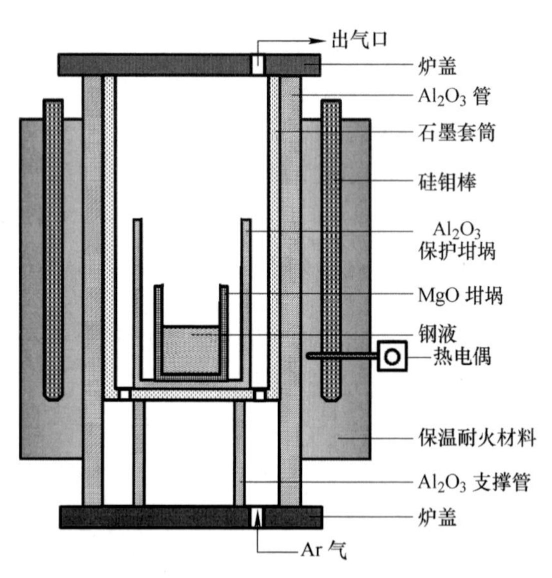

图 6-13　实验电阻炉示意图

表 6-1　初始 304 不锈钢基体化学成分　（%）

C	Si	Mn	T. Mg	Ni	Cr	T. O	T. Al	T. Ca
0. 05	0. 18	1. 20	0. 0009	8	18	0. 0085	<0. 0005	<0. 0005

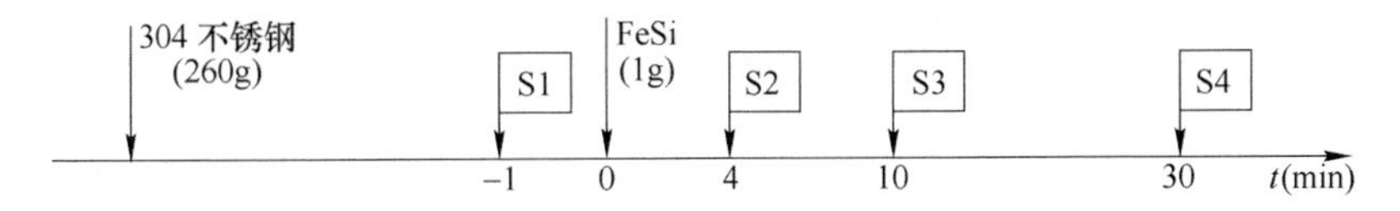

图 6-14 实验加料和取样过程示意图

表 6-2 硅铁的化学成分 (%)

编号	硅铁种类	[Si]	T. Al	T. Ca
1	低钙低铝硅铁	72	0. 0024	<0. 05
2	高铝低钙硅铁	72	1. 6	<0. 05
3	高钙低铝硅铁	72	<0. 02	1. 3

图 6-15 所示为不同硅铁中典型相的成分面扫描结果。在低铝低钙硅铁中，硅铁的主要相成分为高硅相和高铁相，没有发现较高含量的高铝相和高钙相。在高铝低钙硅铁中，除了高硅相和高铁相以外，还发现了明显的高铝相，这部分铝与铁共存，以金属相的形式存在。在低铝高钙硅铁中，主要相也为高硅相和高铁相，此外发现了明显的高钙相，这部分钙与硅共存，同样也以金属相的形式存在。硅铁加入到钢液中后，其中的铝和钙将会直接影响夹杂物的成分。

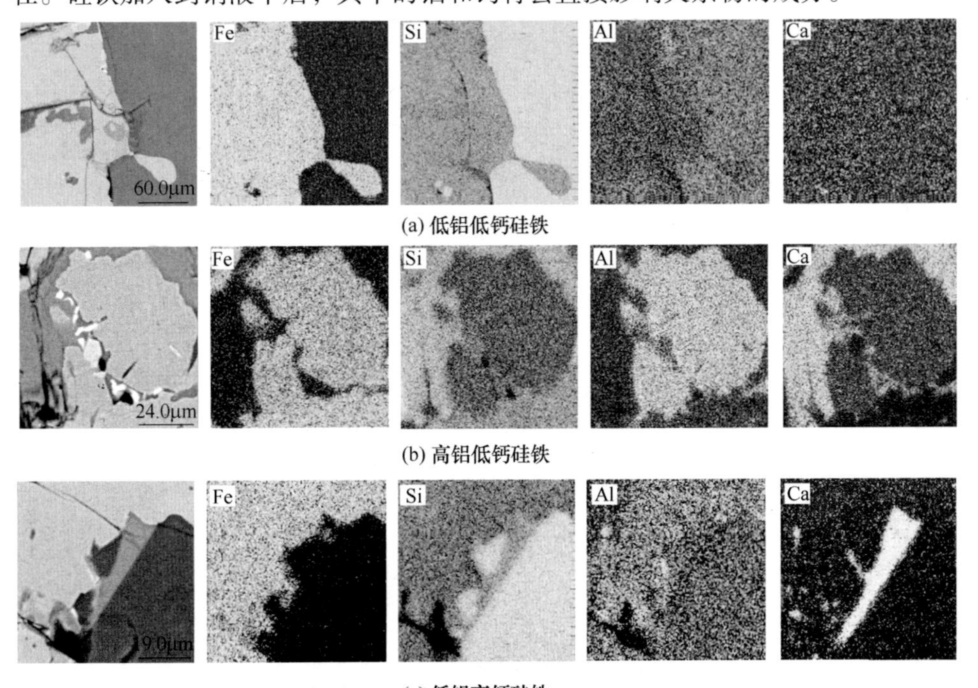

图 6-15 不同硅铁中典型的相成分面扫描

6.2.2　不同硅铁加入后夹杂物的成分演变

图 6-16 所示为加入低铝低钙硅铁后夹杂物的成分演变。加硅铁前，304 不锈钢中夹杂物的主要成分为 MnO-SiO_2；加入低铝低钙硅铁后，夹杂物中的主要成分基本不变，随着精炼时间从 4min 增加到 30min，夹杂物的成分一直保持为 MnO-SiO_2。说明低铝低钙硅铁对夹杂物的成分影响很小，不会对夹杂物产生危害。

图 6-17 所示为加入高铝低钙硅铁后夹杂物的成分演变。加硅铁前，304 不锈钢中夹杂物的主要成分为 MnO-SiO_2；加入高铝低钙硅铁后，夹杂物中的 Al_2O_3 含量明显增加，同时有纯的 Al_2O_3 夹杂物生成。随着精炼时间从 4min 增加到 30min，夹杂物的成分向 Al_2O_3 夹杂物的方向移动。说明高铝低钙硅铁会导致高 Al_2O_3 夹杂物的生成，对 304 不锈钢的危害很大。

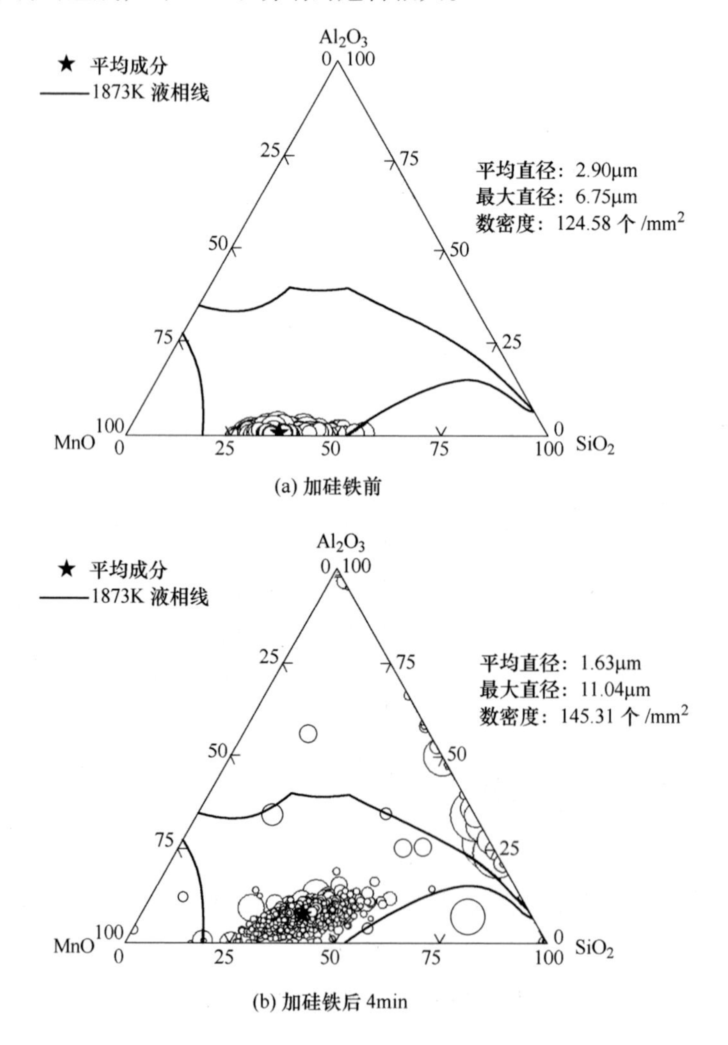

(a) 加硅铁前

(b) 加硅铁后 4min

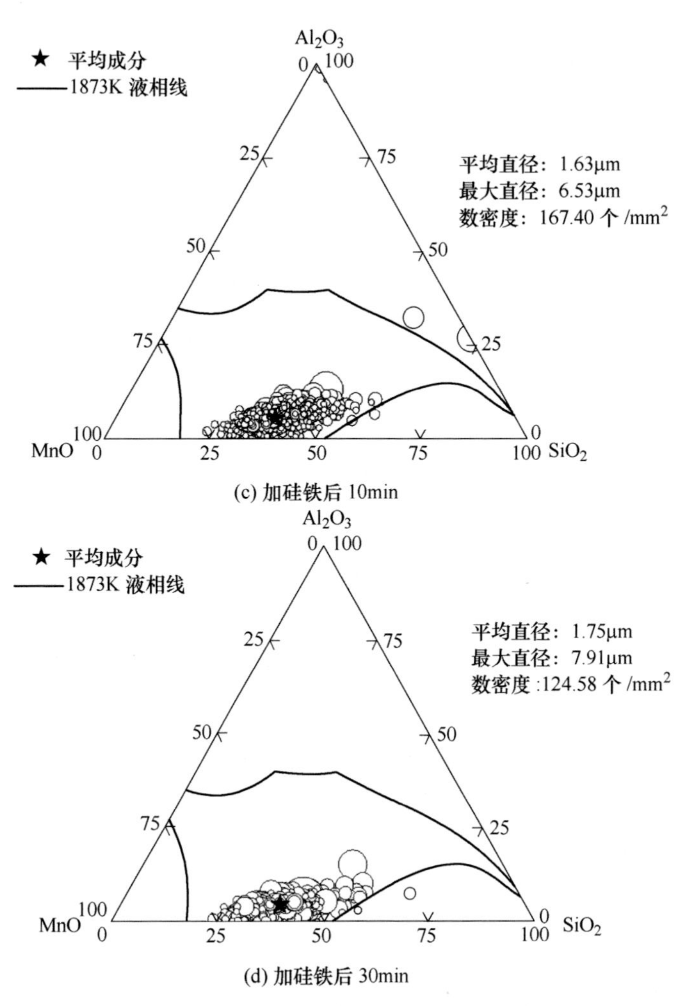

图 6-16　加入低铝低钙硅铁后夹杂物的演变

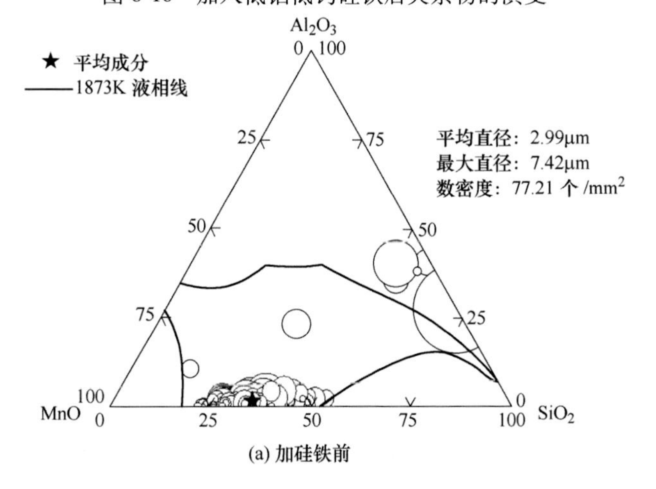

(a) 加硅铁前

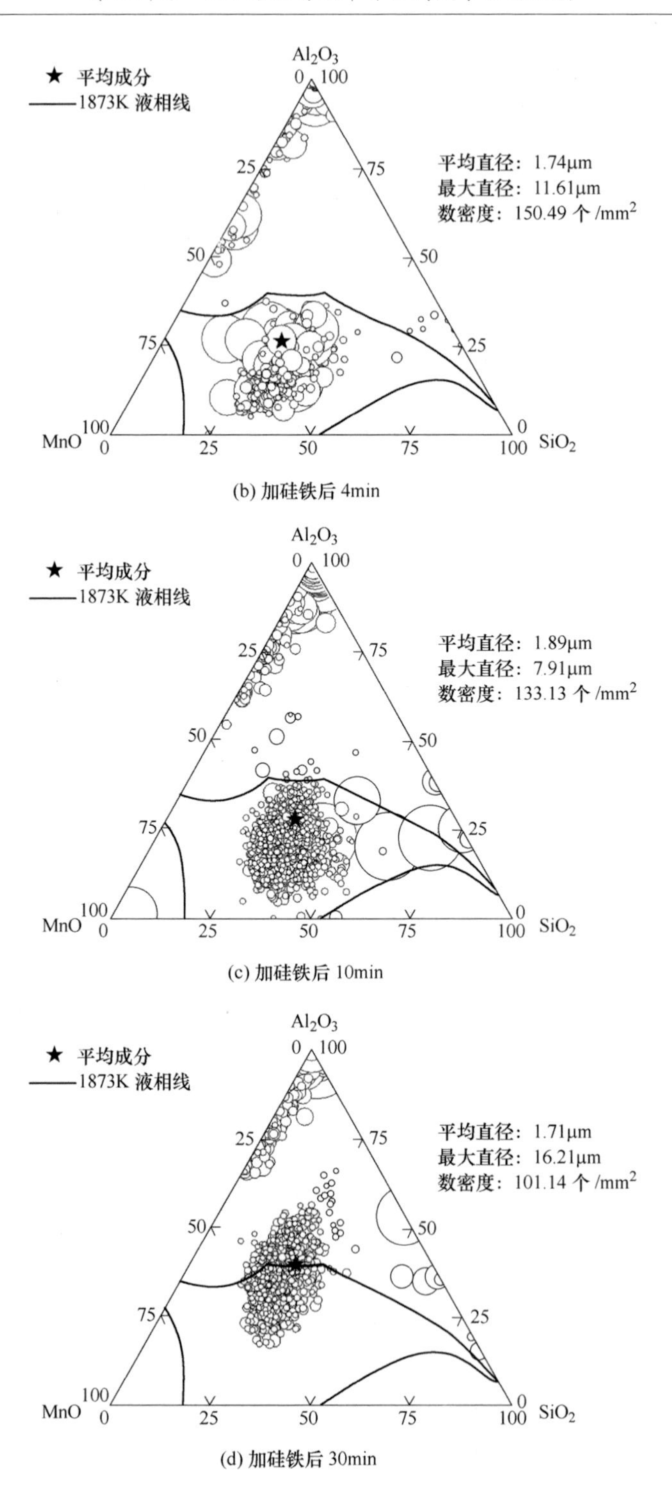

(b) 加硅铁后 4min

(c) 加硅铁后 10min

(d) 加硅铁后 30min

图 6-17　加入高铝低钙硅铁后夹杂物的演变

图6-18所示为加入低铝高钙硅铁后夹杂物的成分演变。加硅铁前，304不锈钢中夹杂物的主要成分为MnO-SiO_2；加入低铝高钙硅铁后，夹杂物中的CaO含量明显增加。随着精炼时间从4min增加到30min，夹杂物的成分由MnO-SiO_2向Al_2O_3-SiO_2-CaO夹杂物转变。说明低铝高钙硅铁会导致高CaO夹杂物的生成，对夹杂物产生改性作用。

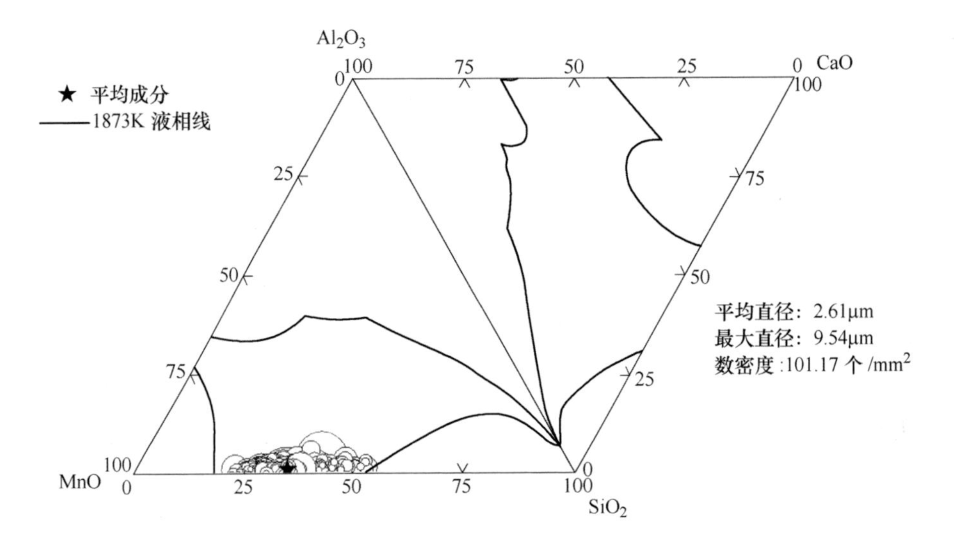

(a) 加硅铁前

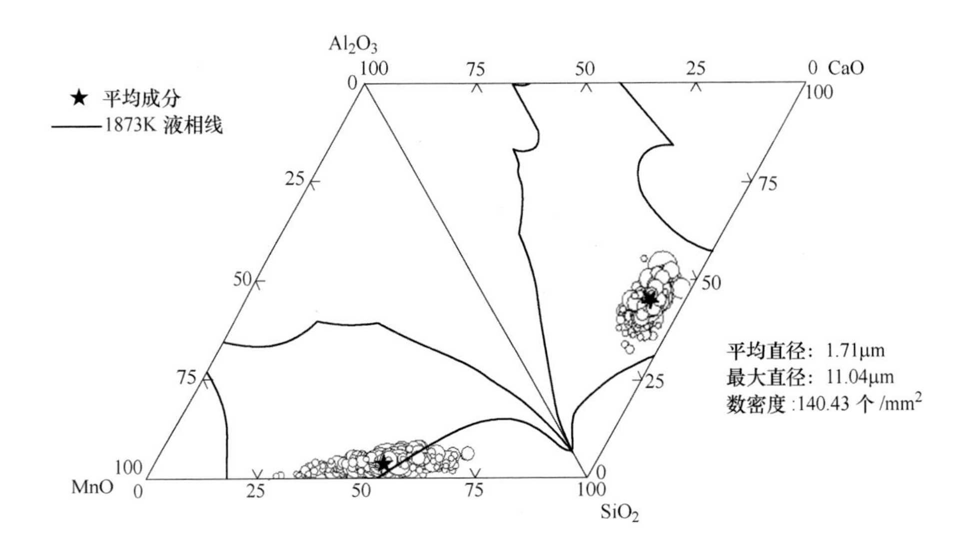

(b) 加硅铁后4min

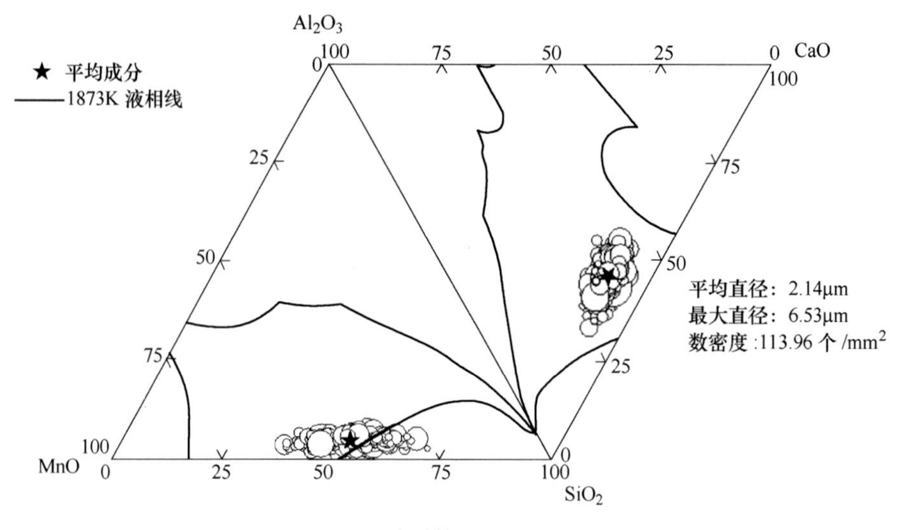

(c) 加硅铁后 10min

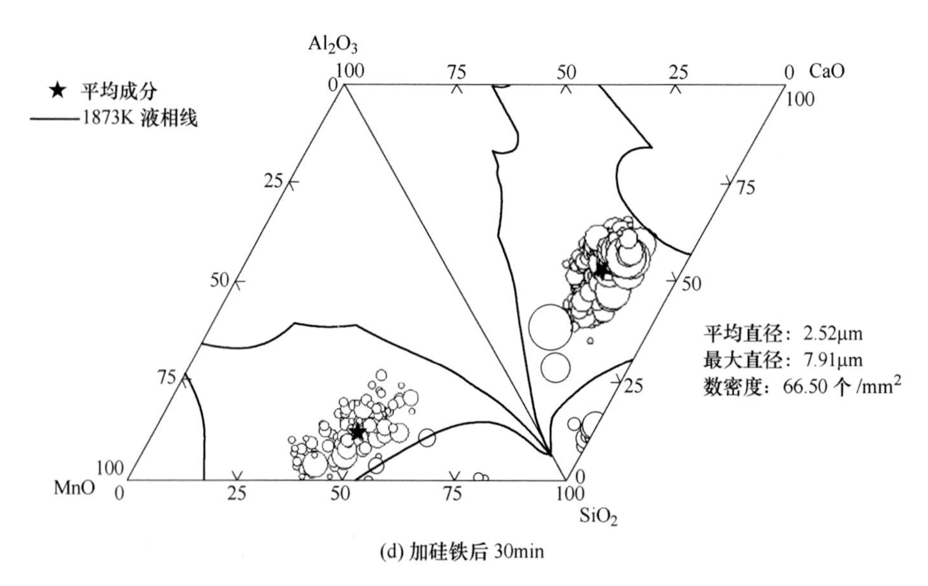

(d) 加硅铁后 30min

图 6-18　加入低铝高钙硅铁后夹杂物的演变

6.2.3　不同硅铁对夹杂物的影响对比

图 6-19 所示为不同硅铁对夹杂物的成分影响的对比结果。加入低铝低钙硅铁后，夹杂物中的 Al_2O_3 和 CaO 含量基本保持不变，略有波动，说明低铝低钙硅铁合金化对 304 不锈钢中夹杂物的成分影响较小。加入高铝硅铁后，304 不锈钢中夹杂物中 Al_2O_3 含量显著增加至 30%以上，夹杂物中的 MnO、SiO_2 和 Cr_2O_3 含

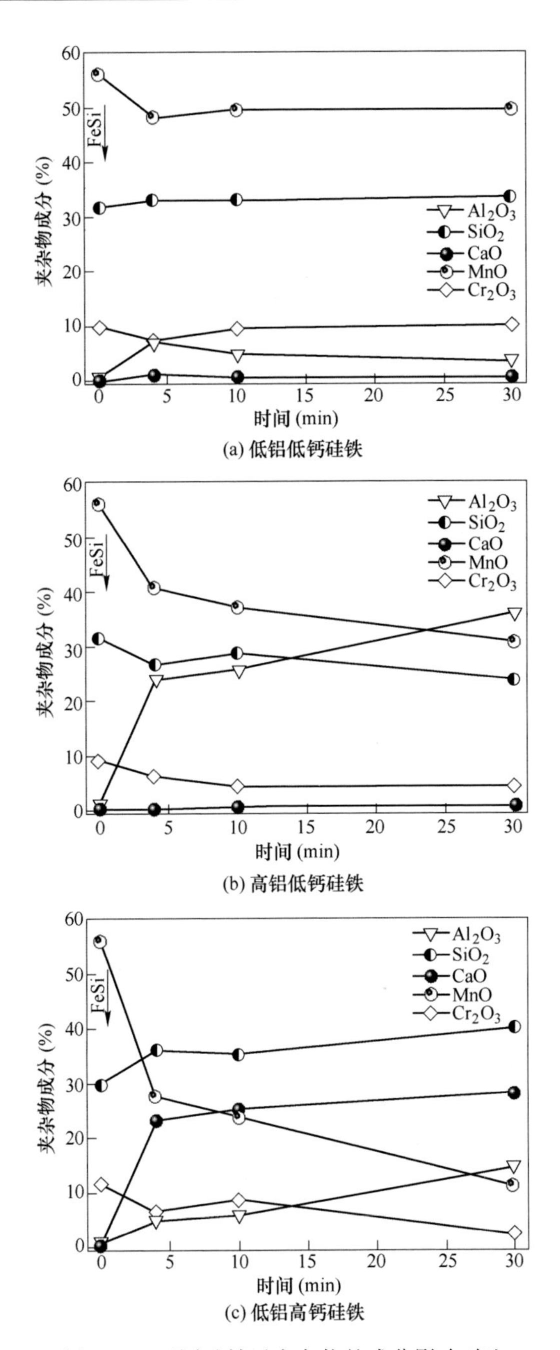

(a) 低铝低钙硅铁

(b) 高铝低钙硅铁

(c) 低铝高钙硅铁

图 6-19 不同硅铁对夹杂物的成分影响对比

量均有所下降，说明硅铁中的铝杂质元素显著增加了夹杂物中的 Al_2O_3 含量，危害极大。加入低铝高钙硅铁后，夹杂物中的 CaO 显著增加，且夹杂物中的 Al_2O_3

含量略有增加，同时夹杂物中的 MnO 含量显著降低，说明硅铁中的铝杂质元素还原了夹杂物中的 MnO，显著增加了夹杂物中的 CaO 含量。

图 6-20 所示为不同硅铁对夹杂物的尺寸影响对比。加硅铁后，304 不锈钢中

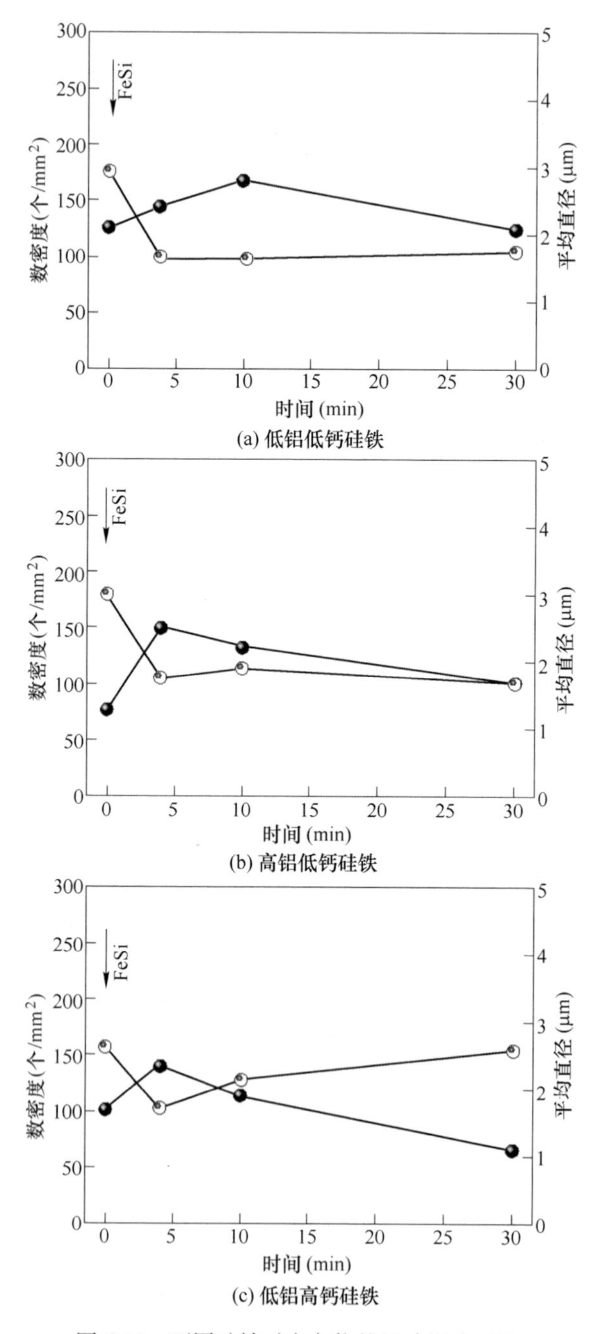

图 6-20　不同硅铁对夹杂物的尺寸影响对比

夹杂物数密度先增加后减小，加入三种不同硅铁后，夹杂物的数密度变化规律基本一致。向钢中加入低铝低钙硅铁和高铝低钙硅铁，夹杂物的尺寸变小。而加入低铝高钙硅铁后，夹杂物的尺寸先减小后增大，这是因为加入低铝高钙硅铁后生成的小尺寸 Al_2O_3-SiO_2-CaO 夹杂物尺寸逐渐长大。

图 6-21 所示为不同硅铁对夹杂物的成分影响热力学计算。通过 FactSage7. 0 热力学计算软件进行了计算，选取了 FactPS、FToxid、FTmisc 数据库，初始钢液成分见表 6-1。图 6-21（a）中，随着钢中铝含量的逐渐增加，夹杂物中的 Al_2O_3 含量显著增加，同时钢中的 MnO、SiO_2 和 Cr_2O_3 含量均有所下降，这与观察到的实验结果相一致。当钢中的 T. Al 含量低于 39ppm 时，液相夹杂物中的 Al_2O_3 含量增加；当钢中的 T. Al 含量超过 39ppm 时，夹杂物中开始生成固态 Al_2O_3 相；当钢中的 T. Al 含量超过 80ppm 时，夹杂物完全转变为固态 Al_2O_3 夹杂物。图 6-21（b）中，随着钢中钙含量的逐渐增加，夹杂物中的 CaO 含量逐渐增加，夹杂

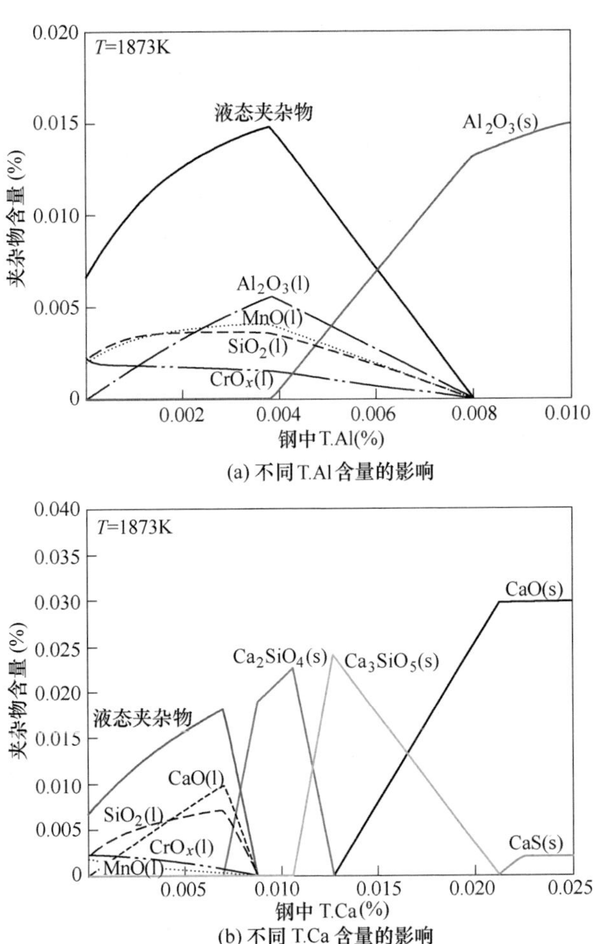

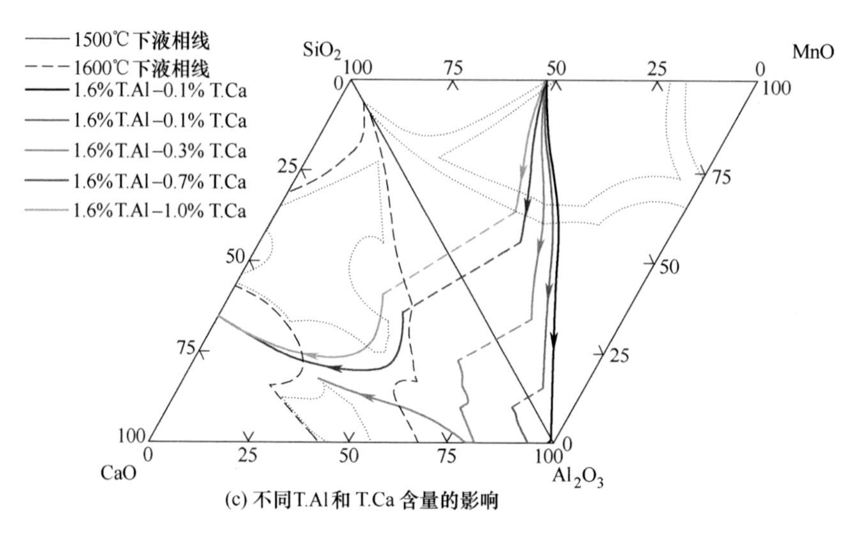

(c) 不同T.Al和 T.Ca 含量的影响

图 6-21　不同硅铁对夹杂物的成分影响热力学计算

物的转变路径为液态夹杂物→2CaO · SiO_2→3CaO · SiO_2→CaO-CaS。图 6-21（c）中，研究了加入不同铝和钙含量硅铁后夹杂物的成分转变。假设硅铁中有 1.6%的铝和 0.01%~1%含量的钙，随着硅铁的加入，夹杂物中的 Al_2O_3 和 CaO 含量显著增加。随着硅铁中钙含量的增加，夹杂物的成分转变路径向 Al_2O_3-SiO_2-CaO 相图中的 CaO-SiO_2 线靠近，减少了夹杂物中 Al_2O_3 夹杂物的形成。由此，可以说明硅铁中含有一定含量的钙可以抑制硅铁中的铝引起 Al_2O_3 夹杂物的生成。

6.3　300 系不锈钢中夹杂物的精准钙处理研究

6.3.1　钙处理对不锈钢中夹杂物的影响

通常钙处理主要是为了改性铝脱氧钢中的氧化铝夹杂物。对于硅锰脱氧钢来说，钙处理工艺对其夹杂物的影响机理以及作用并不清楚。因此本节针对硅锰脱氧 304 不锈钢在钢包精炼过程的钙处理改性夹杂物进行深入研究。选取的 304 不锈钢典型成分见表 6-3。在 AOD 冶炼之后的 100t 钢包精炼过程分别进行了两炉对比试验，两炉实验的主要区别为一炉没有进行钙处理，另一炉进行了钙处理，生产和取样示意图如图 6-22 所示。没有进行钙处理的炉次，在精炼过程中的取样位置为 LF 进站、调渣后、软吹前和 LF 出站。对进行了钙处理的炉次，在 LF 精炼过程中喂入钙线 220m，在精炼过程中的取样位置为 LF 进站、调渣后、软吹前、钙处理前、钙处理后和 LF 出站。通过 XRF 荧光分析测试精炼渣的主要成分，通过 ICP 测量钢中［Al］$_s$ 和 T. Ca 的主要成分，通过 LECO 氧氮分析仪和碳硫分析仪检测钢中的 T. O 和 T. S 含量。

表 6-3　304 不锈钢典型化学成分　(%)

元素	C	Si	Mn	Cr	Ni	T. Al	T. S	T. O(ppm)
含量	0. 05	0. 5	1. 0	18	8	10	40	40

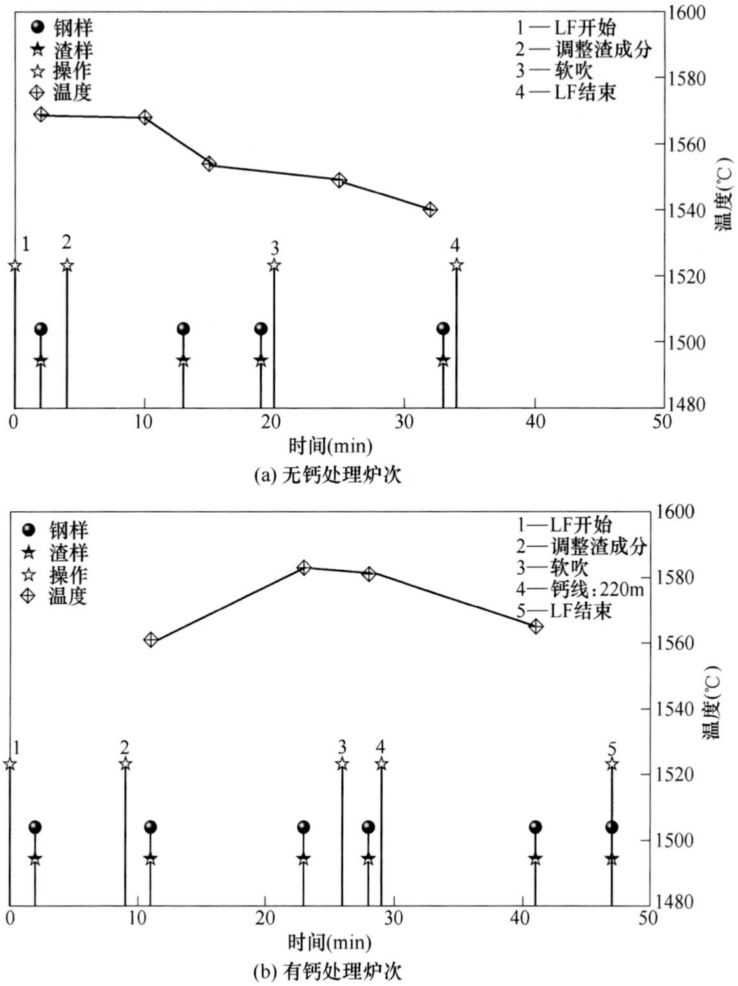

(a) 无钙处理炉次

(b) 有钙处理炉次

图 6-22　钙处理对比实验取样示意图

硅锰脱氧 304 不锈钢精炼渣的主要成分为 $CaO\text{-}SiO_2\text{-}MgO\text{-}CaF_2$，其中 MgO 主要来源于耐火材料，$CaF_2$ 的作用主要是降低精炼渣的黏度，两炉实验中 MgO 和 CaF_2 含量相似。图 6-23 所示为钙处理对比实验精炼渣碱度对比。LF 进站时，两炉实验的精炼渣的碱度较高，通过改制剂的加入使得精炼渣碱度降低为 1.7 左右。由图可知两炉实验精炼渣碱度基本类似，因此可以排除精炼渣成分对夹杂物影响的干扰。

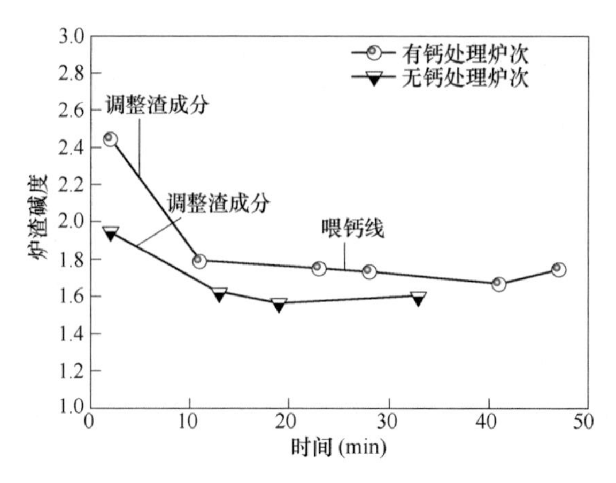

图 6-23　钙处理对比实验精炼渣碱度对比

图 6-24 所示为钙处理对比实验钢中［Al］$_s$、T. Ca 和 T. O 含量的对比。由图可知，两炉实验的［Al］$_s$ 含量基本一致，在 10ppm 左右上下波动变化。两炉实

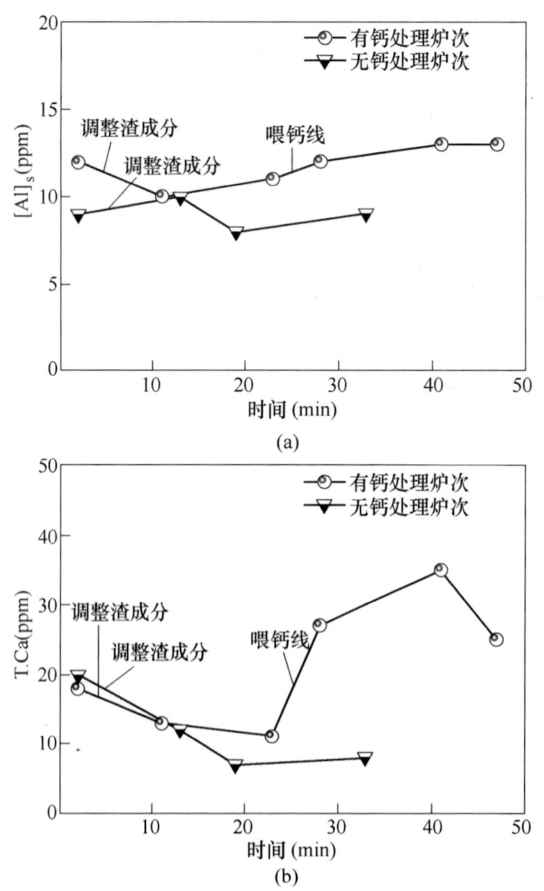

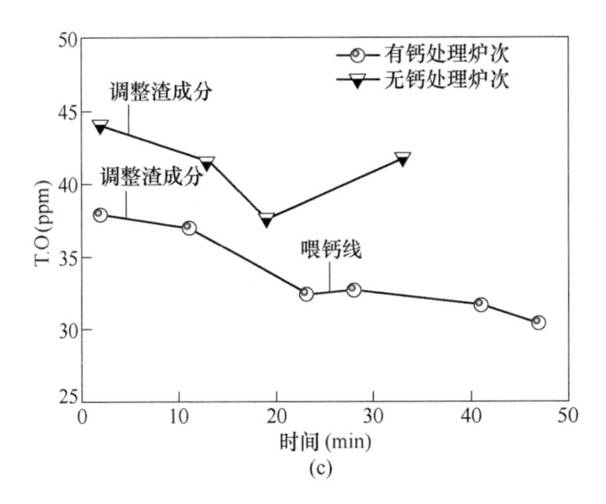

(c)

图6-24　钙处理对比实验钢中［Al］$_s$、T. Ca和T. O含量的对比

验中LF进站时的T. Ca含量基本一致，都为20ppm左右；调渣后碱度降低，钢中的T. Ca含量呈现下降趋势。在没有进行钙处理的炉次，LF出站时T. Ca含量降低到了10ppm以下。在进行了钙处理的炉次，钙处理后钙含量迅速上升至25ppm以上。从两炉实验的T. O含量可以看出，随着钢包精炼的进行，钢中T. O呈现降低的趋势，这可能是由于夹杂物上浮去除引起的。钙处理后并没有引起钢中T. O含量的显著上升。

图6-25所示为没有进行钙处理的炉次在精炼过程中夹杂物的演变。从三元相图中可以看出，LF进站时夹杂物主要为Al_2O_3-SiO_2-CaO-MnO，Al_2O_3-SiO_2-MnO类夹杂物的尺寸明显小于Al_2O_3-SiO_2-CaO类夹杂物；进行渣成分调整后，

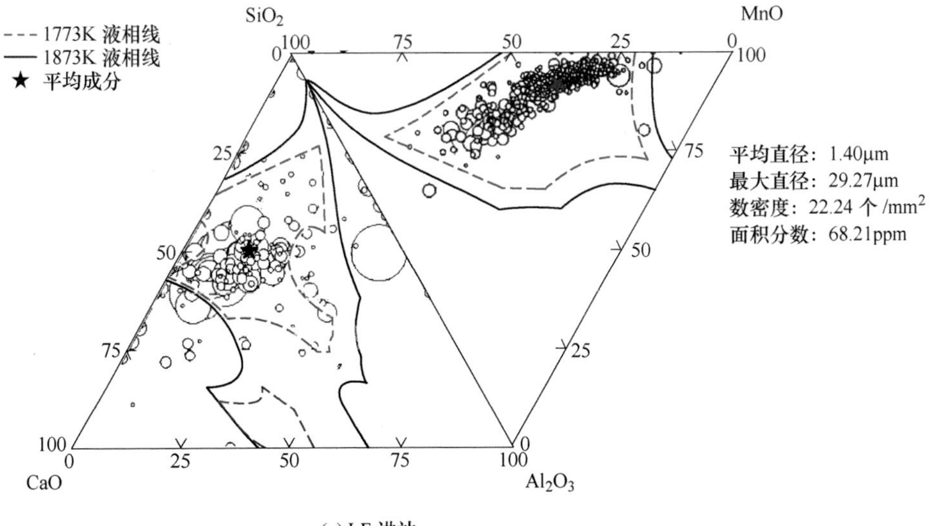

(a) LF进站

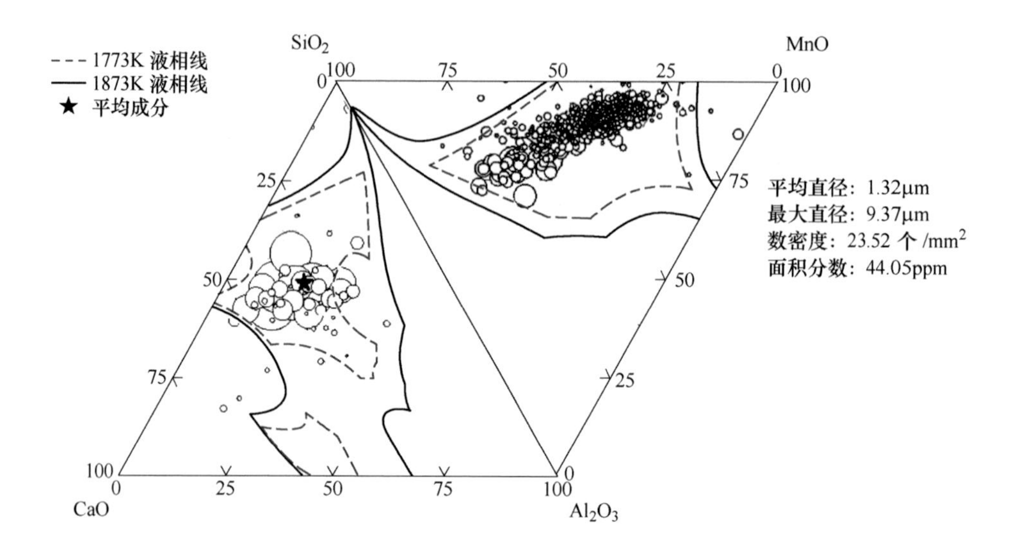
SiO₂
MnO
1773K 液相线
1873K 液相线
★ 平均成分
平均直径：1.32μm
最大直径：9.37μm
数密度：23.52 个 /mm²
面积分数：44.05ppm
CaO
Al₂O₃
0
25
50
75
100

(b) 调渣后

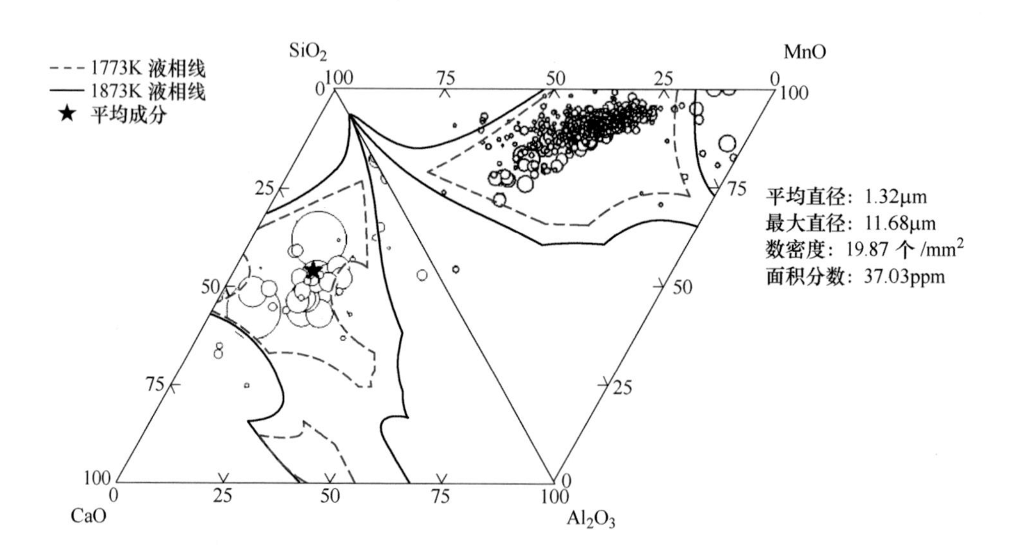
SiO₂
MnO
1773K 液相线
1873K 液相线
★ 平均成分
平均直径：1.32μm
最大直径：11.68μm
数密度：19.87 个 /mm²
面积分数：37.03ppm
CaO
Al₂O₃
0
25
50
75
100

(c) 软吹前

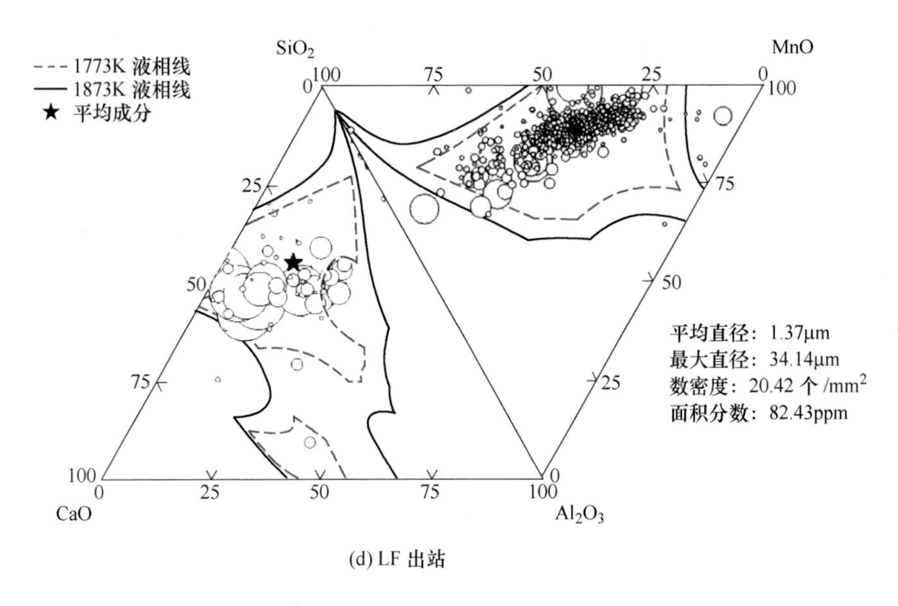

(d) LF 出站

图 6-25 未进行钙处理的炉次在精炼过程中夹杂物的演变

精炼渣的碱度降低，夹杂物中的 CaO 含量逐渐降低，Al_2O_3-SiO_2-CaO 夹杂物数量减少，Al_2O_3-SiO_2-MnO 夹杂物数量增多；LF 出站时，夹杂物主要为 Al_2O_3-SiO_2-MnO 类。图 6-26 所示为没有进行钙处理的炉次在精炼过程中夹杂物的典型面扫描结果，结果显示此时夹杂物主要成分为 Al_2O_3-SiO_2-MnO，含有少量的 CaO 和 MnS，尺寸较小。

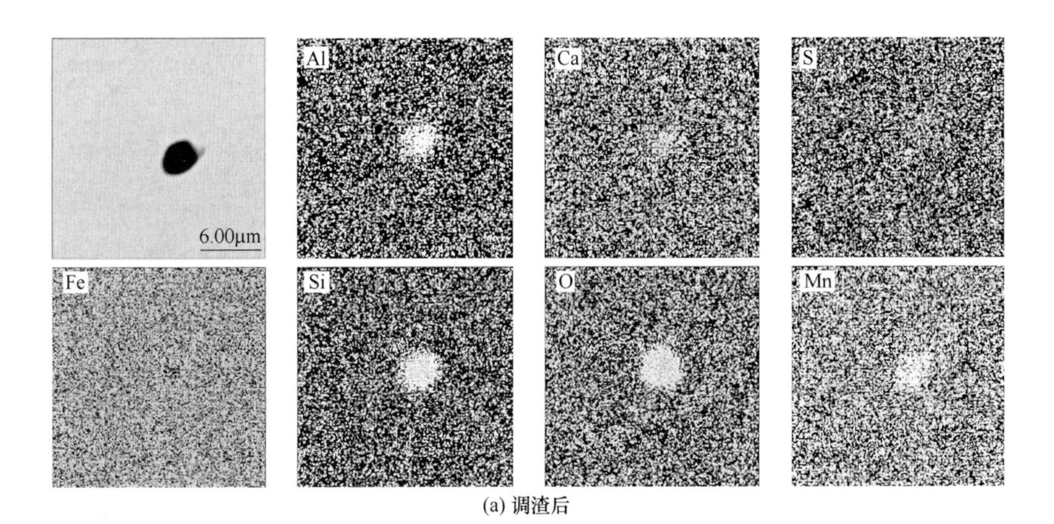

(a) 调渣后

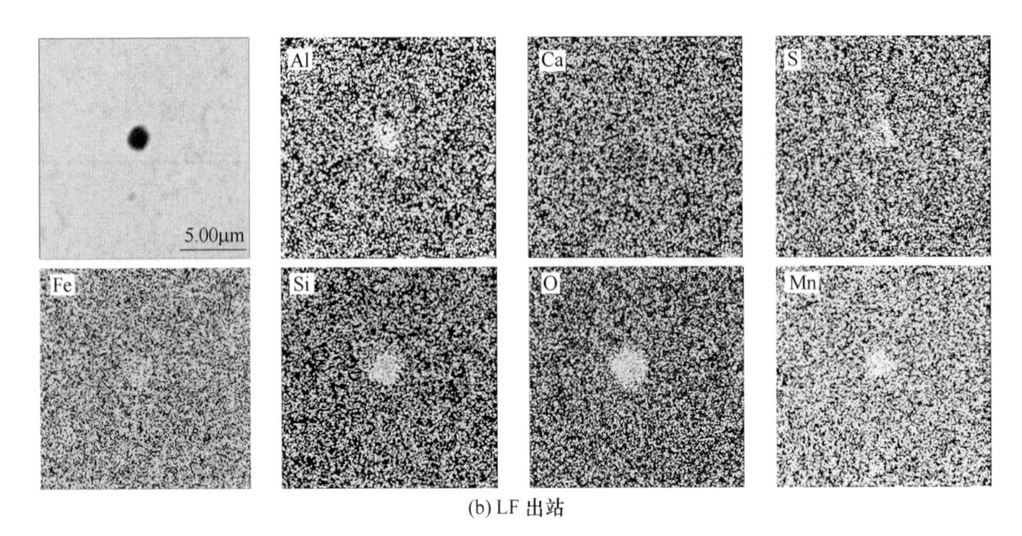

(b) LF 出站

图 6-26 没有进行钙处理的炉次在精炼过程中典型夹杂物面扫描

图 6-27 所示为进行钙处理的炉次在精炼过程中夹杂物的演变。LF 进站时夹杂物同样主要为 Al_2O_3-SiO_2-CaO-MnO；进行调渣后，精炼渣的碱度降低，Al_2O_3-SiO_2-MnO 夹杂物数量略有增多；钙处理后，夹杂物完全转变为 Al_2O_3-SiO_2-CaO 类夹杂物，且部分夹杂物成分位于液相区之外，这是由于喂入了较高含量的钙造成的；LF 出站时，夹杂物主要为 Al_2O_3-SiO_2-CaO 类。图 6-28 所示为有进行钙处理的炉次在精炼过程中夹杂物的典型面扫描结果，钙处理前夹杂物主要成分为 Al_2O_3-SiO_2-CaO-MnO 复合夹杂物，钙处理后夹杂物完全转变为 Al_2O_3-SiO_2-CaO 类。

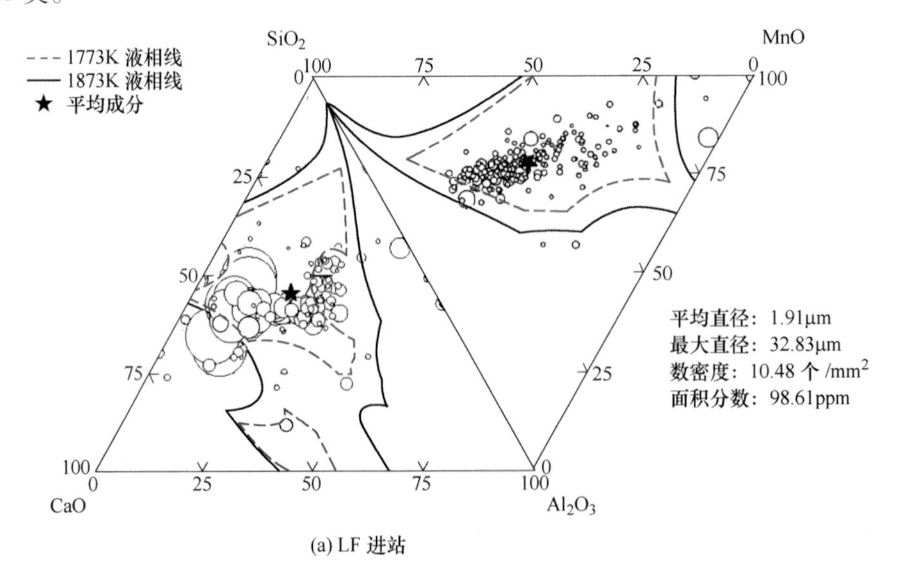

(a) LF 进站

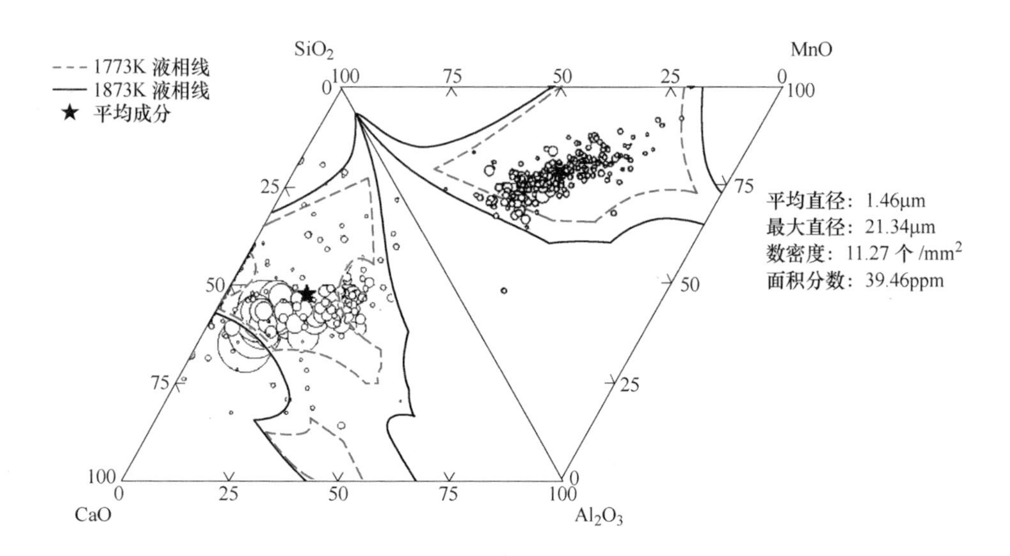

1773K 液相线
1873K 液相线
★ 平均成分
SiO2
MnO
CaO
Al2O3
100
75
50
25
0
平均直径：1.46μm
最大直径：21.34μm
数密度：11.27 个 /mm2
面积分数：39.46ppm

(b) 调渣后

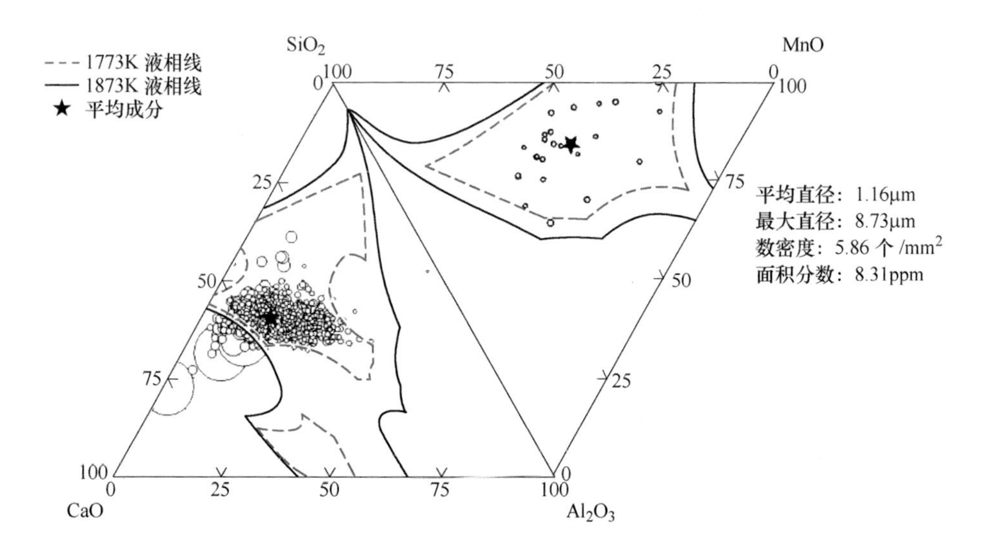

1773K 液相线
1873K 液相线
★ 平均成分
SiO2
MnO
CaO
Al2O3
100
75
50
25
0
平均直径：1.16μm
最大直径：8.73μm
数密度：5.86 个 /mm2
面积分数：8.31ppm

(c) 钙处理后

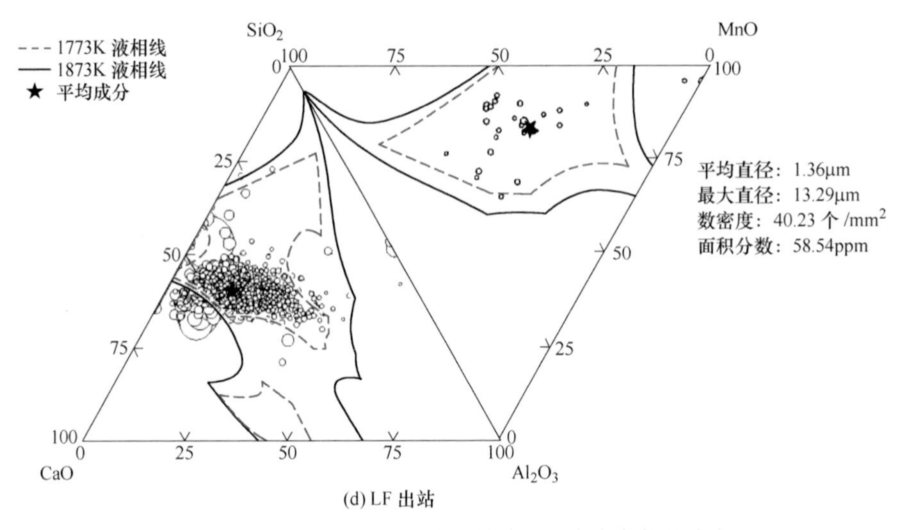

(d) LF 出站

图 6-27　进行钙处理的炉次在精炼过程中夹杂物的演变

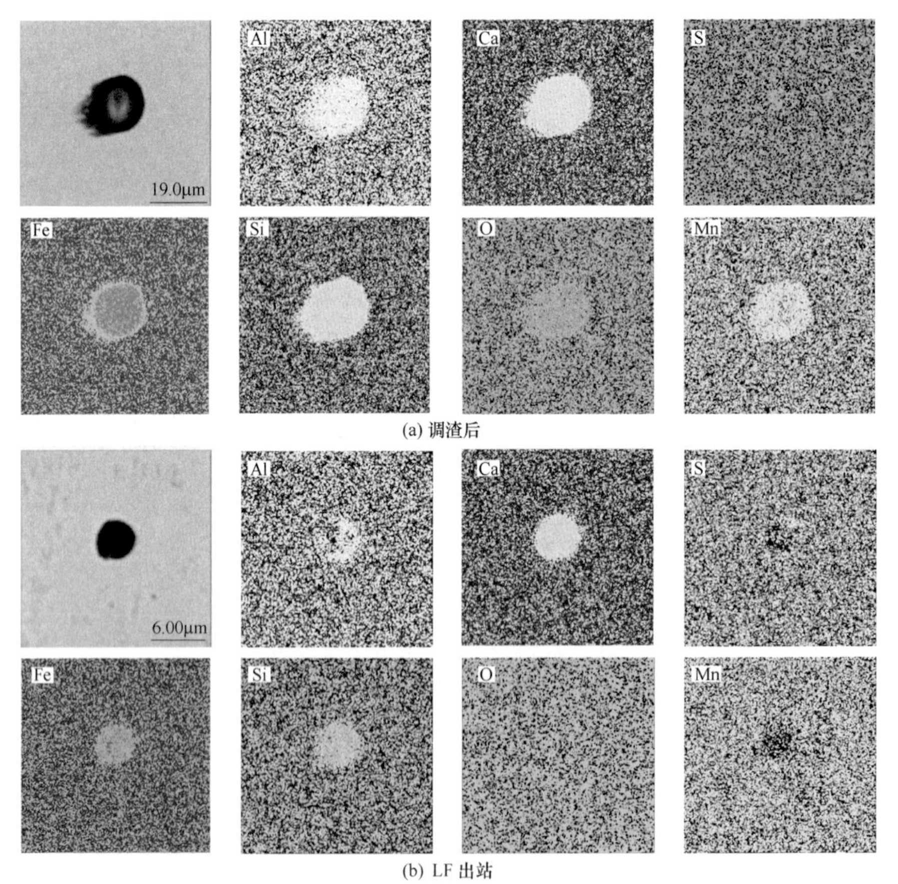

(a) 调渣后

(b) LF 出站

图 6-28　进行钙处理的炉次在精炼过程中典型夹杂物面扫描

图6-29所示为钙处理对夹杂物平均成分的影响。无钙处理炉次，LF进站时夹杂物初始成分为Al_2O_3-SiO_2-CaO-MnO，其中Al_2O_3和CaO含量都分别为10%左右；进行调渣后，精炼渣的碱度降低，夹杂物中MnO含量有所上升，夹杂物中CaO含量显著降低，夹杂物中Al_2O_3和SiO_2含量基本不变；钙处理后，夹杂物中的CaO含量迅速从10%增加到了35%左右，夹杂物中的Al_2O_3、SiO_2和MnO含量都有所降低，夹杂物完全转变为Al_2O_3-SiO_2-CaO类。

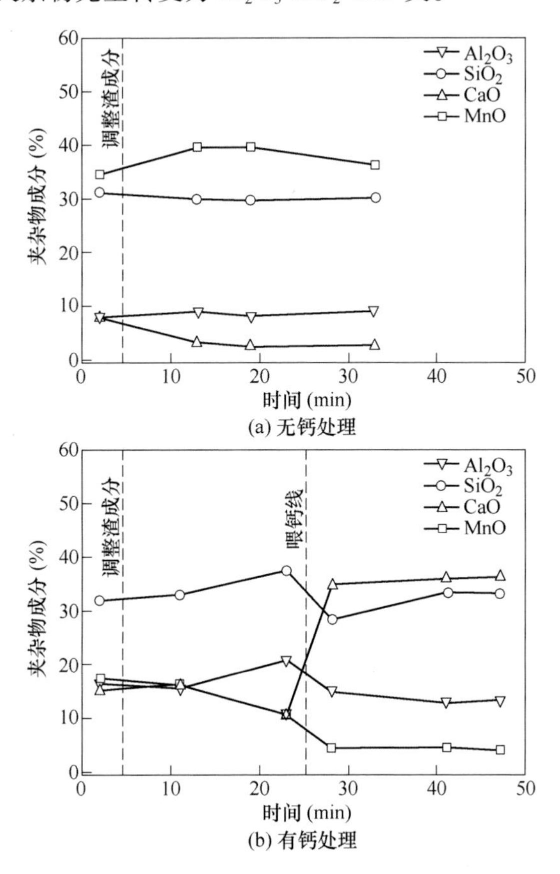

图6-29　钙处理对夹杂物平均成分的影响

图6-30所示为钙处理对夹杂物平均尺寸和数量的影响。图中实心点为夹杂物的数密度，空心点代表夹杂物的平均尺寸。无钙处理炉次，整个LF精炼过程，夹杂物的数密度略有降低，这主要是由夹杂物在软吹过程上浮去除引起的。夹杂物的平均尺寸基本保持不变。钙处理炉次中，在钙处理前夹杂物的尺寸和数量都略有降低，这可能是由于大尺寸夹杂物上浮去除引起的。钙处理后，夹杂物数量几乎变大4倍，夹杂物的尺寸略有降低。说明钙处理后导致钢中新生成大量小尺寸的Al_2O_3-SiO_2-CaO类夹杂物。

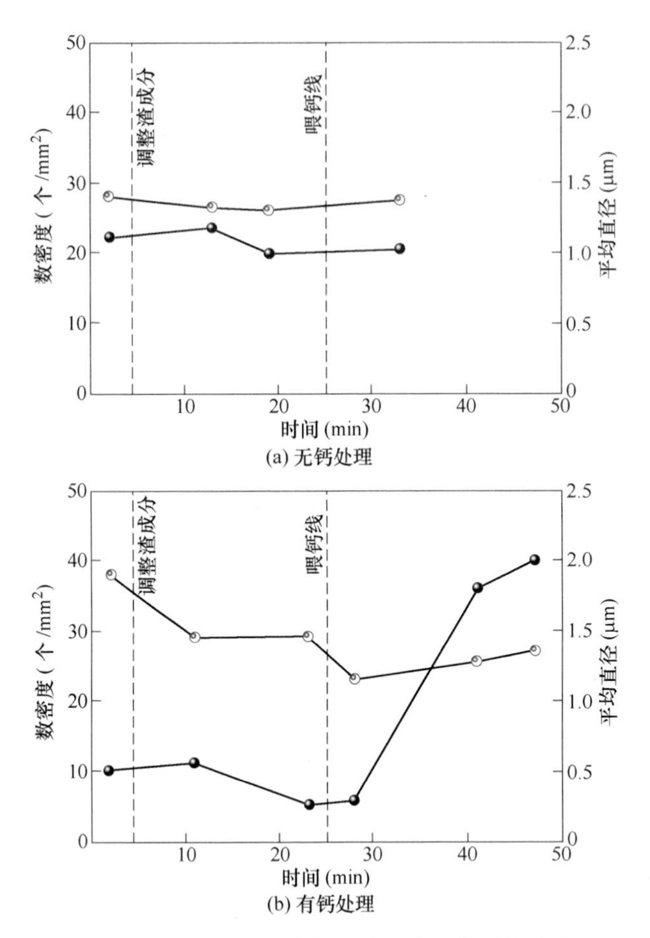

图 6-30　钙处理对夹杂物平均尺寸和数量的影响

图 6-31 所示为钙处理对硅锰脱氧 304 不锈钢中夹杂物成分影响的热力学计算。通过 FactSage7.0 热力学计算软件进行了计算，选取了 FactPS、FToxid、FTmisc 数据库。初始钢液成分见表 6-3。随着钢中钙含量的增加，夹杂物中的 CaO 含量逐渐增加，主要成分由 Al_2O_3-SiO_2-MnO 转变为 Al_2O_3-SiO_2-CaO，最后再转变为 CaO 夹杂物。图中计算结果与实验结果基本一致，证明了本计算的准确性。运用此方法，计算了钙处理对不同初始钢液成分的硅锰脱氧不锈钢夹杂物演变的影响，结果如图 6-32 所示。不同初始 T. Al 含量对夹杂物转变路径的影响很大，随着钢中 T. Al 含量的增加，从初始夹杂物开始，夹杂物的整个转变过程中 Al_2O_3 含量都更高，因此建议必须严格降低钢中的 T. Al 含量。初始钢中不同的锰含量和不同的硅含量对夹杂物的成分影响较小，Mn 含量变化的主要影响为稍稍改变了钢中初始夹杂物的成分，硅含量对夹杂物的整个转变路径略有改变。

铝是炼钢生产过程中最常用的脱氧剂之一，铝与氧结合生成的 Al_2O_3 夹杂物

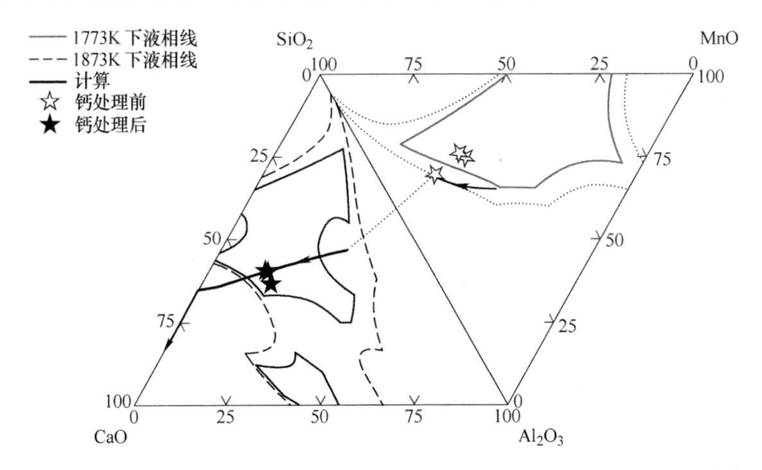

图 6-31 钙处理对硅锰脱氧304不锈钢中夹杂物成分影响的热力学计算

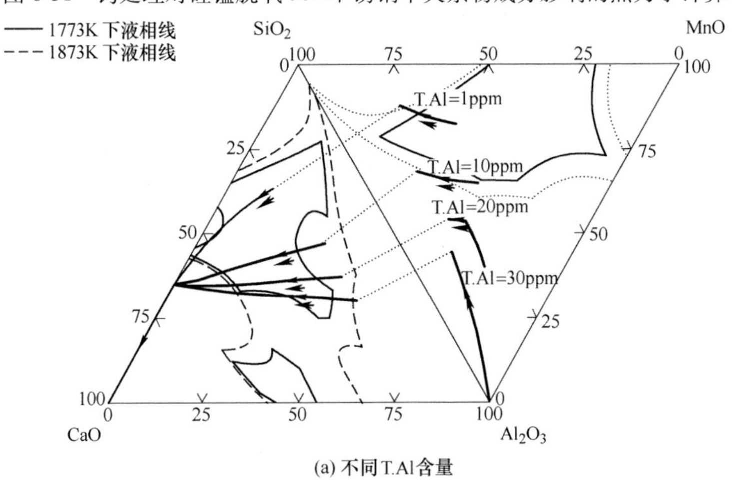

(a) 不同T.Al含量

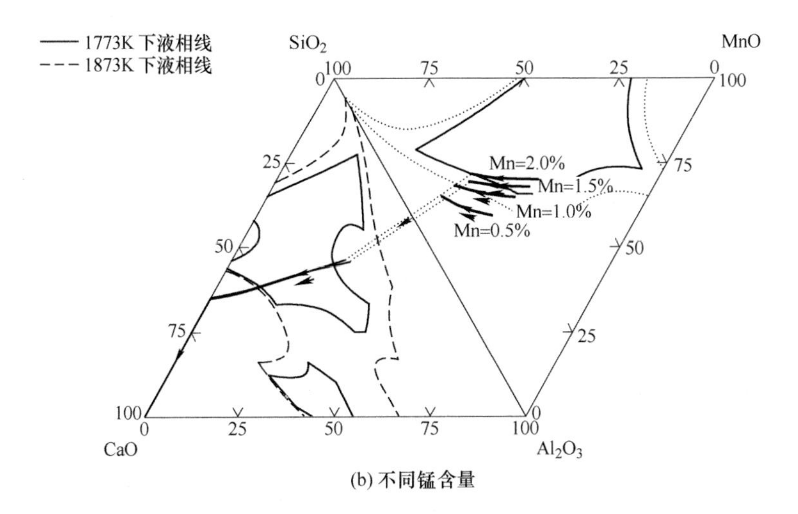

(b) 不同锰含量

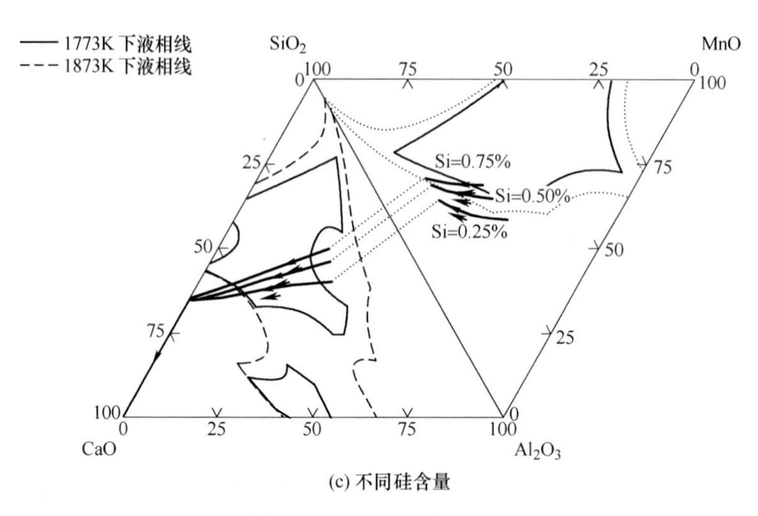

(c) 不同硅含量

图 6-32　钙处理对不同初始钢液成分的硅锰脱氧 304 不锈钢夹杂物演变的影响

由于其熔点高、硬度高的性质，对钢材的性能有极大的危害。钙处理技术是由于钙与氧的结合能力更强，通过向钢水中加入钙，可使脱氧产生的 Al_2O_3 夹杂物变性成的低熔点的钙铝酸盐夹杂物。在多种钙铝酸盐夹杂物中，$12CaO \cdot 7Al_2O_3$ 和 $3CaO \cdot Al_2O_3$ 熔点较低，是钙处理的主要目标产物。对于镁铝尖晶石夹杂物，钙处理同样可以实现降低夹杂物熔点，提升夹杂物变形能力的目标。在生产 304 不锈钢的过程中加入硅铁合金进行脱氧，由于脱氧硅铁合金中有一定含量的铝，导致夹杂物中 Al_2O_3 偏高，这同样需要进行钙处理，以降低夹杂物中的 Al_2O_3 含量，增加夹杂物的变形能力。因此，钙处理技术同样适用于一些硅脱氧钢。

为了研究钙处理对夹杂物变形能力的影响，对进行钙处理的轧材和未进行钙处理的轧材中夹杂物的形貌以及成分进行了比较。图 6-33 所示为未经钙处理的轧材中典型的夹杂物形貌。未经钙处理时，不锈钢轧材中的夹杂物形状为块状，存在很多 Al_2O_3、$MgO \cdot Al_2O_3$ 等高熔点、高硬度、变形能力较差的夹杂物，夹杂物表面附有部分 MnS，为凝固过程中析出，只有个别夹杂物中 MnO 组分含量较高。

图 6-34 所示为经钙处理后的轧材中典型的夹杂物形貌。经过钙处理之后，大多数夹杂物为链状、长条状，表明夹杂物在轧制过程中可变形，反映出经过钙处理后夹杂物有较好的变形能力。经过钙处理后的轧材中夹杂物中的 MnO 含量降低，CaO 和 SiO_2 含量升高，Al_2O_3 含量及镁铝尖晶石含量明显降低。

6.3.2　精准钙处理模型的建立

硅锰脱氧 304 不锈钢夹杂物主要成分为 Al_2O_3-MgO-SiO_2-CaO-MnO，由于夹杂物的复杂性，很难用传统的热力学计算方法对钙处理过程进行热力学计算。故通

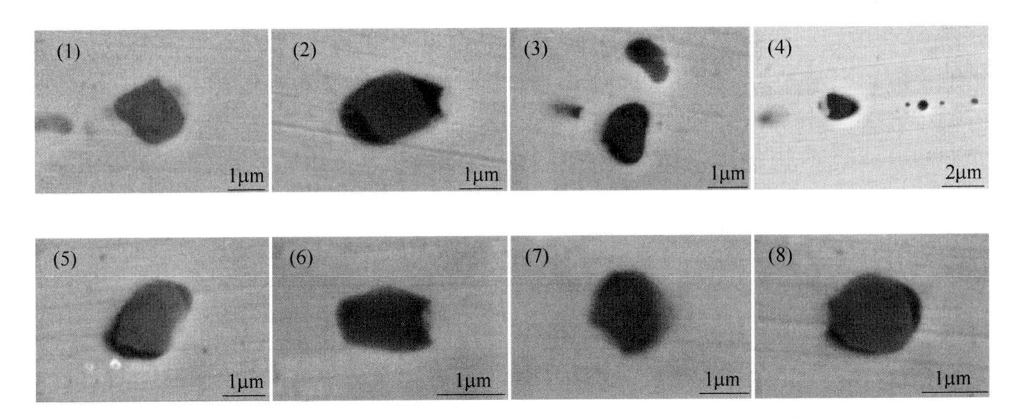

图 6-33　未经钙处理轧材中典型夹杂物形貌

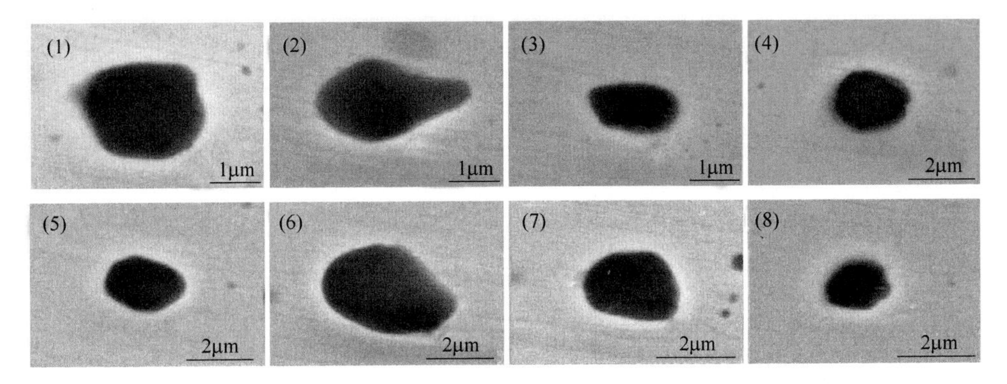

图 6-34　钙处理后轧材中典型夹杂物形貌

过 FactSage 热力学软件进行 1873K 下“钢液-夹杂物”热力学平衡计算，计算吨钢不同钙加入量下夹杂物的生成相图，根据相图中低熔点夹杂物的区域，得出一定钢液成分下钙处理最优的钙加入量。通过热力学计算软件与自主编写程序的结合，可以实现钢液中不同［Al］、T. Mg、T. S 和［O］等含量下的最优钙处理加钙量。计算过程中选择 FactSage 热力学软件的 FactPS、FToxid、FTmisc 数据库。在不同钙加入量下，通过对“钢液-夹杂物”在 1873K 下的热力学平衡计算得到不同钢液成分下的夹杂物的生成相图。

在计算 Si 脱氧不锈钢最优钙加入量的过程中，计算所用的钢液成分见表6-4。计算过程中将钢中［Al］、T. S 和 T. O 设为变量，根据通常硅脱氧钢钢液洁净度，钙处理计算范围为［Al］= 10 ~ 60ppm，T. S = 20 ~ 100ppm，T. O 为 30ppm、40ppm 和 50ppm。计算过程中假定总氧含量全部以夹杂物中的氧的形式存在，通过现场 LF 过程取样，对夹杂物成分及钢液成分进行检测，对钢中［Al］$_s$ 含量与钢中夹杂物成分关系进行拟合，确定夹杂物各组分相对含量与钢中［Al］$_s$ 关系，如图 6-35 所示。随着钢中 $[Al]_s$ 含量从 10ppm 上升到 100ppm，夹杂物中 MnO 迅速下降，在 $[Al]_s$ 达到 40ppm 以上时，夹杂物中平均 MnO 含量小于 10%；随着钢中 $[Al]_s$ 增加，夹杂物中 SiO_2、Al_2O_3 和 CaO 都有所增加，在 $[Al]_s$ 达到 20ppm 以后，夹杂物中 Al_2O_3 超过 25%，在更高的 $[Al]_s$ 条件下，夹杂物中 Al_2O_3 含量甚至超过 30%。

表 6-4　304 不锈钢钢液成分　　（%）

元素	C	P	Cr	Ni	Ti	Si	Mn	N	Al_s(ppm)	T. S(ppm)
含量	0.048	0.024	18.1	8.00	0.003	0.48	1.07	0.04	10~60	20~100

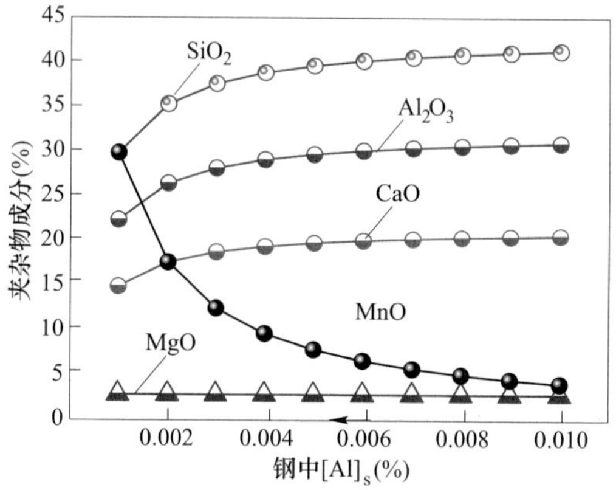

图 6-35　LF 过程钢液中 $[Al]_s$ 含量对夹杂物成分的影响

在典型的钢液成分下，加入不同的钙时，钢液成分与夹杂物成分关系如图 6-36所示。计算过程中，钢液中钙的加入量不断增加，吨钢加钙量每增加 2g 做一次“钢液-夹杂物”平衡计算，分析不同钙加入量下钢液夹杂物成分变化。在每种钢液成分下得出一个夹杂物生成相图。由图可以看出，钢中加入钙后与夹杂物中组分的反应顺序为 $MnO \rightarrow Al_2O_3 \rightarrow SiO_2$。

在钢液-夹杂物相图 6-36 中，阴影区域为确定的合适的钙处理区域。在计算所得的大量相图中，存在几个较为特殊的点，其中点①为液态夹杂物最大量；点②为液态夹杂物 SiO_2 相最大值；点③为 CaS 开始析出；点④为 CaO 开始析出。考虑到夹杂物中 Al_2O_3 含量偏高，在钢液中加入钙，目标是降低夹杂物中 Al_2O_3 的相对含量，故当液态夹杂物中的 SiO_2 达到最大值时，即 Ca 加入钢液开始与 SiO_2 反应时为最优加钙量点，所以图中②点处的钙加入量为钙处理过程中最合适的钙加入量点。反应后的夹杂物主要为 $CaO-SiO_2-Al_2O_3$ 系夹杂物，夹杂物中 Al_2O_3 含量得到了有效控制。

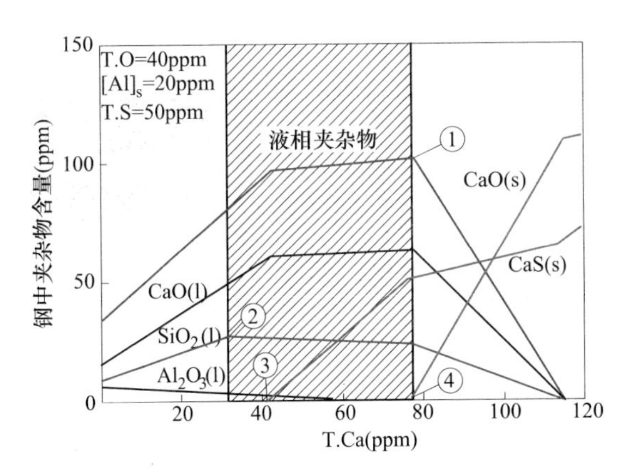

图 6-36 钢中钙含量与夹杂物成分的关系

在不同成分钢液条件下作 1873K 下的夹杂物生成相图，夹杂物成分随着钢水中钙加入量的增加不断变化。FactSage 计算得到的在钢中不同 T. O 条件下最优的钙加入量如图 6-37 所示。由图可知，在较低的 T. S 含量条件下，钙处理过程所需的钙的加入量基本一致。因此，在 T. S 含量控制较低的情况下，钙处理可以加入相同长度的钙线；当 T. S 含量较高时，钙处理过程所需的加钙量迅速增大，在生成 CaO 的同时产生大量的 CaS。当 T. S 含量大于一定值时，最优的钙加入量随着钢中［Al］$_s$ 含量的增大而增大。随着钢中的 T. O 含量增加，钢中夹杂物的数量增加，则需要的加钙量也增加。计算结果可以有效用于指导现场生产过程中根据钢液成分确定最优的喂钙线量。

在 FactSage 热力学计算中，加入的钙的形式为纯钙，且计算过程中不考虑钙的气化过程。因此，加入的钙的质量在钙处理过程中将全部转化为钢中的钙含量 T. Ca，钙的收得率 η 见式（6-1）：

$$\eta = \frac{m(\text{T. Ca})}{m(\text{CaSi 中的 Ca})} \times 100\% \tag{6-1}$$

硅钙线参数：$D=0.013\text{m}$；$w(\text{Ca})=35\%$，$w(\text{Si})=65\%$；$\rho_{\text{CaSi}}=2057\text{kg/m}^3$。

收得率参数：假定 5%，10%，15%。

由此计算得到硅钙线加入长度 L_{CaSi}：

$$L_{\text{CaSi}} = \frac{m_{\text{最优Ca加入量}}/\eta/\text{T. Ca}}{\rho_{\text{CaSi}} \cdot \left(\frac{\pi D^2}{4}\right)} \tag{6-2}$$

将 D、$w(\text{Ca})$、η、ρ_{CaSi}代入得 L_{CaSi}（假定钢包容量 120t），表6-5为钙处理计算的 T. O 为 60ppm，不同收得率条件下喂入钙线长度，其他 T. O 条件下喂钙线长度可依此计算。

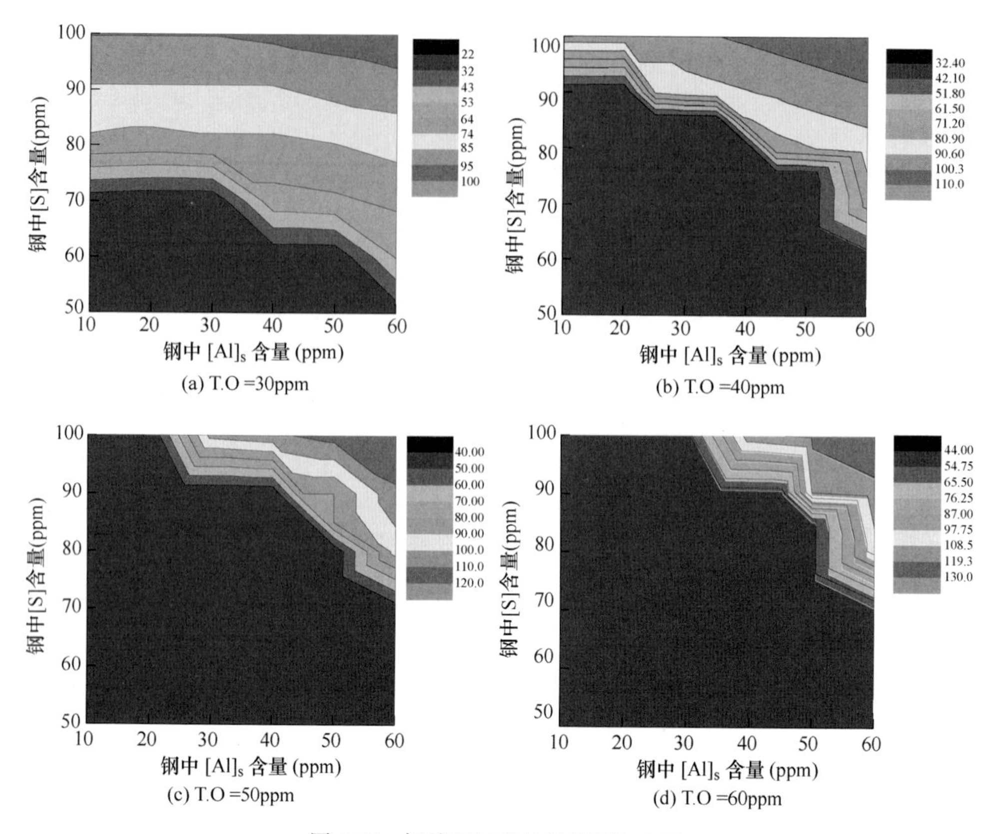

(a) T.O =30ppm
(b) T.O =40ppm
(c) T.O =50ppm
(d) T.O =60ppm

图 6-37　钙处理过程的最优钙加入量

表 6-5　不同钢液成分条件下最优喂钙线量结果（T. O = 60ppm）

T. O（ppm）	Al（ppm）	T. S（ppm）	喂 CaSi 线长度（m/t）	喂入长度（m）		
				5%收得率	10%收得率	15%收得率
60	10	20	73. 29	1356. 9	678. 4	452. 3
60	10	30	109. 93	1356. 9	678. 4	452. 3
60	10	40	146. 58	1356. 9	678. 4	452. 3
60	10	50	183. 22	1356. 9	678. 4	452. 3
60	10	60	219. 87	1306. 6	653. 3	435. 5
60	10	70	256. 51	1306. 6	653. 3	435. 5
60	10	80	293. 16	1306. 6	653. 3	435. 5
60	10	90	329. 80	1306. 6	653. 3	435. 5
60	10	100	366. 45	1256. 4	628. 2	418. 8
60	20	20	73. 29	1356. 9	678. 4	452. 3
60	20	30	109. 93	1306. 6	653. 3	435. 5

续表 6-5

T. O（ppm）	Al（ppm）	T. S（ppm）	喂 CaSi 线长度（m/t）	喂入长度（m）		
				5%收得率	10%收得率	15%收得率
60	20	40	146. 58	1306. 6	653. 3	435. 5
60	20	50	183. 22	1306. 6	653. 3	435. 5
60	20	60	219. 87	1306. 6	653. 3	435. 5
60	20	70	256. 51	1256. 4	628. 2	418. 8
60	20	80	293. 16	1256. 4	628. 2	418. 8
60	20	90	329. 80	1256. 4	628. 2	418. 8
60	20	100	366. 45	1256. 4	628. 2	418. 8
60	30	20	73. 29	1356. 9	678. 4	452. 3
60	30	30	109. 93	1306. 6	653. 3	435. 5
60	30	40	146. 58	1306. 6	653. 3	435. 5
60	30	50	183. 22	1306. 6	653. 3	435. 5
60	30	60	219. 87	1306. 6	653. 3	435. 5
60	30	70	256. 51	1256. 4	628. 2	418. 8
60	30	80	293. 16	1256. 4	628. 2	418. 8
60	30	90	329. 80	1256. 4	628. 2	418. 8
60	30	100	366. 45	1256. 4	628. 2	418. 8
60	40	20	73. 29	1356. 9	678. 4	452. 3
60	40	30	109. 93	1306. 6	653. 3	435. 5
60	40	40	146. 58	1306. 6	653. 3	435. 5
60	40	50	183. 22	1306. 6	653. 3	435. 5
60	40	60	219. 87	1306. 6	653. 3	435. 5
60	40	70	256. 51	1256. 4	628. 2	418. 8
60	40	80	293. 16	1256. 4	628. 2	418. 8
60	40	90	329. 80	1256. 4	628. 2	418. 8
60	40	100	366. 45	2914. 8	1457. 4	971. 6
60	50	20	73. 29	1356. 9	678. 4	452. 3
60	50	30	109. 93	1306. 6	653. 3	435. 5
60	50	40	146. 58	1306. 6	653. 3	435. 5
60	50	50	183. 22	1306. 6	653. 3	435. 5
60	50	60	219. 87	1306. 6	653. 3	435. 5
60	50	70	256. 51	1306. 6	653. 3	435. 5
60	50	80	293. 16	1256. 4	628. 2	418. 8

续表 6-5

T. O (ppm)	Al (ppm)	T. S (ppm)	喂 CaSi 线长度 (m/t)	5%收得率	10%收得率	15%收得率
60	50	90	329. 80	2764. 0	1382. 0	921. 3
60	50	100	366. 45	3065. 6	1532. 8	1021. 9
60	60	20	73. 29	1356. 9	678. 4	452. 3
60	60	30	109. 93	1356. 9	678. 4	452. 3
60	60	40	146. 58	1356. 9	678. 4	452. 3
60	60	50	183. 22	1306. 6	653. 3	435. 5
60	60	60	219. 87	1306. 6	653. 3	435. 5
60	60	70	256. 51	1306. 6	653. 3	435. 5
60	60	80	293. 16	2613. 3	1306. 6	871. 1
60	60	90	329. 80	2914. 8	1457. 4	971. 6
60	60	100	366. 45	3216. 3	1608. 2	1072. 1

6.4 小结

（1）计算了 Fe-Cr 不锈钢中 Al-O 和 Si-O 等一元脱氧平衡曲线，可根据钢液成分对钢中的氧含量进行预测。计算了 304 不锈钢中二元 Al-Si-O 系、Al-Mn-O 系、Si-Mn-O 系、Al-Mg-O 系、Al-Ca-O 系，以及三元 Al-Mg-Ca-O 系、Al-Si-Ca-O 系、Al-Si-Mn-O 系夹杂物生成相图，可根据钢液成分预测各种类型夹杂物的生成。

（2）304 不锈钢中夹杂物的主要成分为 $MnO-SiO_2$。加入低铝低钙硅铁后，夹杂物中的主要成分基本不变，随着精炼时间从 4min 增加到 30min，夹杂物的成分一直保持为 $MnO-SiO_2$。说明低铝低钙硅铁对夹杂物的成分影响很小，不会对夹杂物产生危害。加入高铝低钙硅铁后，夹杂物中的 Al_2O_3 含量明显增加，同时有纯的 Al_2O_3 夹杂物生成。随着精炼时间从 4min 增加到 30min，夹杂物的成分向 Al_2O_3 夹杂物的方向移动。说明高铝低钙硅铁会导致高 Al_2O_3 夹杂物的生成，对 304 不锈钢的危害很大。加入低铝高钙硅铁后，夹杂物中的 CaO 含量明显增加。随着精炼时间从 4min 增加到 30min，夹杂物的成分由 $MnO-SiO_2$ 向 $Al_2O_3-SiO_2-CaO$ 夹杂物转变，说明低铝高钙硅铁会导致高 CaO 夹杂物的生成，对夹杂物产生改性作用。

（3）加硅铁后，304 不锈钢中夹杂物数密度先增加后减小，加入三种不同硅铁后，夹杂物的数密度变化规律一致。向钢中加入低铝低钙硅铁和高铝低钙硅铁，夹杂物的尺寸变小。而加入低铝高钙硅铁后，最后生成了较大尺寸的夹杂物。随着含铝或者含钙硅铁的加入，夹杂物中的 Al_2O_3 和 CaO 含量显著增加，说明硅铁中含有一定含量的钙可以抑制硅铁中的铝引起的 Al_2O_3 夹杂物的生成。

（4）LF 进站时夹杂物主要为 Al_2O_3-SiO_2-CaO-MnO。没有钙处理的炉次，LF 出站时夹杂物主要为 Al_2O_3-SiO_2-MnO；有钙处理的炉次，钙处理后夹杂物中 CaO 含量增加，MnO 含量逐渐降低，LF 出站时夹杂物主要为 Al_2O_3-SiO_2-CaO。硅锰脱氧不锈钢经过钙处理后夹杂物中 CaO 含量明显增加，夹杂物的变形能力有所提升。

（5）建立了 304 不锈钢夹杂物精准钙处理模型，可根据不同钢液成分确定出最优加钙量。随钢中 T. O 增加，所需钙加入量增大；T. S 含量达到一定值后，随 T. S 含量增加，所需钙含量增加。对于 T. S 含量过高的钢水，采用钙处理会产生大量高熔点 CaS 夹杂物。

7 精炼渣成分对300系不锈钢中夹杂物的影响研究

传统的铝脱氧不锈钢都是通过高碱度精炼渣提升钢材的洁净度，减少钢中夹杂物数量。但是即使把钢中总氧降低到很低的水平也不能解决其夹杂物中 Al_2O_3 含量过高造成的线鳞缺陷问题。本章通过实验室试验研究了不同精炼渣成分对不锈钢中非金属夹杂物的影响，并通过工业试验降低硅脱氧不锈钢的精炼渣碱度，使得生成的夹杂物虽然数量较多，但是显著地降低了夹杂物中的 Al_2O_3 含量，有效地降低了304不锈钢产品的线鳞缺陷率。此外，还基于FactSage热力学软件，建立了渣-钢-夹杂物平衡反应热力学模型，可广泛地应用于预测不同精炼渣成分对钢液成分、脱硫、夹杂物成分、夹杂物熔点等的影响。

7.1 精炼渣成分对不锈钢夹杂物影响的实验研究

7.1.1 实验方法

钢渣反应实验前，首先使用双铂铑热电偶对Si-Mo炉1873K温度下的恒温区的位置进行了测量，得到了1873K下反应管内恒温区所处的位置和恒温区的高度。实验装置如图7-1所示。实验过程中详细的操作步骤如下：（1）将150g的

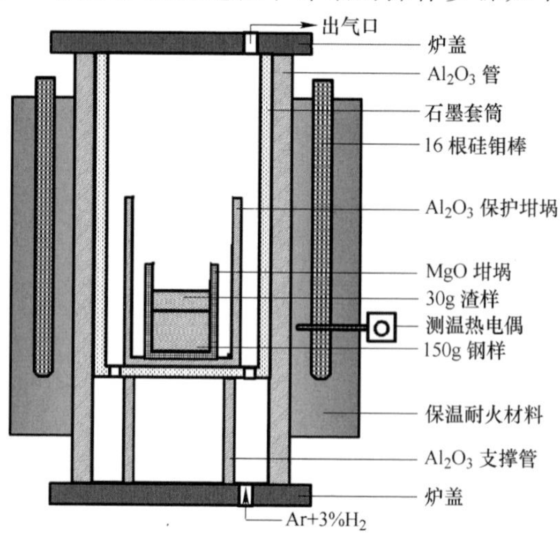

图7-1 实验装置

304不锈钢铸坯钢样与30g精炼渣料装入MgO坩埚中，并将坩埚放置于恒温区，封闭Si-Mo炉上下端。（2）从Si-Mo炉下端通入高纯度的氩气和3%氢气，排空10min后，准备升温。（3）分两段升温，首先将炉内温度升高到1273K，保温5min；然后将温度升高到1873K，由此作为实际钢渣反应的计时起点，保温2.5h。（4）当Si-Mo炉内钢液/精炼渣反应达到预定时间以后，试样经过1h在炉子内缓冷到1573K，将坩埚由炉内取出，空冷到室温，然后进行钢渣分离。

为了保证和现场的一致性，实验室实验采用在现场AOD炉后渣的基础上混入一定的其他渣料进行精炼渣成分调整，AOD炉后渣成分见表7-1。实验用铸坯钢液成分见表7-2。

表7-1 AOD炉后渣化学组成 （%）

位置	碱度 *R*	CaF_2	CaO	SiO_2	MgO	Al_2O_3	S	合计
AOD炉后钢包	2.3	12.5	56.2	24.7	4.2	1.0	1.4	100

表7-2 实验反应前加入铸坯的化学组成 （%）

C	Si	Mn	T.S	P	Cr	Ni	Al_s	Ti	T.Ca	T.O	T.N
0.048	0.48	1.06	0.003	0.024	18.11	8.00	0.0018	0.003	0.00033	0.0050	0.037

其加入的精炼渣具体成分见表7-3，分别调整精炼渣碱度为2.3、2.0、1.75、1.5、1.4、1.3、1.2、1.1和1.0，分别调整MgO含量为5.0%、10.0%、15.0%和20.0%，分别调整Al_2O_3含量为5.0%、10.0%、15.0%和20.0%，其中CaF_2为20%。

表7-3 实验反应前加入精炼渣的化学组成 （%）

编号	碱度	CaF_2	CaO	SiO_2	MgO	Al_2O_3	S	合计
R1	1.0	20.0	37.8	37.8	2.8	0.7	0.9	100
R2	1.1	20.0	39.4	35.9	3.0	0.7	1.0	100
R3	1.2	20.0	41.1	34.1	3.1	0.7	1.0	100
R4	1.3	20.0	42.4	32.6	3.2	0.8	1.0	100
R5	1.4	20.0	43.7	31.2	3.3	0.8	1.1	100
R6	1.5	20.0	44.8	29.9	3.4	0.8	1.1	100
R7	1.8	20.0	47.4	27.0	3.6	0.9	1.1	100
R8	2.0	20.0	49.5	24.7	3.7	0.9	1.2	100
R9	2.3	20.0	51.4	22.6	3.9	0.9	1.2	100
M1	1.1	20.0	38.4	34.9	5.0	0.7	0.9	100
M2	1.1	20.0	35.8	32.7	10.0	0.7	0.9	100
M3	1.1	20.0	33.3	30.3	15.0	0.6	0.8	100

续表 7-3

编号	碱度	CaF_2	CaO	SiO_2	MgO	Al_2O_3	S	合计
M4	1.1	20.0	30.9	27.9	20.0	0.5	0.7	100
A1	1.1	20.0	37.3	33.9	2.8	5.0	0.9	100
A2	1.1	20.0	34.8	31.7	2.6	10.0	0.8	100
A3	1.1	20.0	32.3	29.5	2.4	15.0	0.8	100
A4	1.1	20.0	29.8	27.2	2.2	20.0	0.7	100

7.1.2　不同精炼渣碱度对 304 不锈钢的影响

经过 2h 的钢渣反应之后，精炼渣的成分发生了变化。表 7-4 给出了调整精炼渣碱度组实验钢渣反应结束后精炼渣的基本化学组成。选取反应后渣中的 MgO 和 Al_2O_3 随精炼渣碱度的变化进行具体分析，结果如图 7-2 所示。由图可知，随精炼渣碱度增大，渣中 MgO 含量逐渐减小，说明精炼渣碱度越小，耐火材料侵蚀越严重；随精炼渣碱度增大，渣中的 Al_2O_3 含量逐渐减小，说明碱度越低越有利于 Al_2O_3 的去除；随精炼渣碱度增加，渣中硫含量逐渐增大，说明高碱度精炼渣有利于钢液脱硫。

表 7-4　调整精炼渣碱度组实验反应后的精炼渣成分　(%)

编号	实验方案	CaF_2	CaO	SiO_2	MgO	Al_2O_3	TiO_2	Fe_2O_3	Cr_2O_3	MnO	S	合计
R1	$R=1.0$	15.48	28.54	19.58	1.58	1.58	0.21	0.65	0.71	0.52	0.18	100
R2	$R=1.1$	15.70	27.96	15.79	1.22	1.22	0.22	0.81	0.68	0.47	0.24	100
R3	$R=1.2$	14.35	26.98	16.39	1.11	1.11	0.22	1.64	0.77	0.38	0.25	100
R4	$R=1.3$	16.83	25.87	14.39	0.91	0.91	0.25	1.96	0.81	0.35	0.29	100
R5	$R=1.4$	16.61	25.78	14.41	0.99	0.99	0.27	1.77	0.74	0.30	0.34	100
R6	$R=1.5$	18.97	24.94	12.18	1.04	1.04	0.29	1.77	0.69	0.27	0.41	100
R7	$R=1.75$	17.75	24.76	8.87	0.95	0.95	0.29	0.93	0.41	0.18	0.43	100
R8	$R=2.0$	13.75	25.48	7.24	0.78	0.78	0.27	0.11	0.14	0.11	0.33	100
R9	$R=2.28$	14.61	24.33	6.91	1.08	1.08	0.28	0.10	0.09	0.06	0.37	100

经过 2h 的钢渣反应之后，钢液成分发生了变化，分别对钢中的 T.O、T.S、$[Al]_s$、T.Ca 和 T.Mg 含量进行了分析。选取反应后钢中的 T.O 变化进行具体分析，结果如图 7-3 所示。随着精炼渣的碱度从 1.0 增加到 2.3，钢中总氧逐渐下降。因此，高碱度精炼渣有利于不锈钢洁净度的控制。将钢中 $[Al]_s$、T.Ca、T.Mg 和 T.S 含量随精炼渣碱度的变化作图 7-4。随着精炼渣碱度的增加，钢中 T.S 含量逐渐降低，高碱度精炼渣有利于不锈钢的脱硫。精炼渣碱度从 1.0 增加

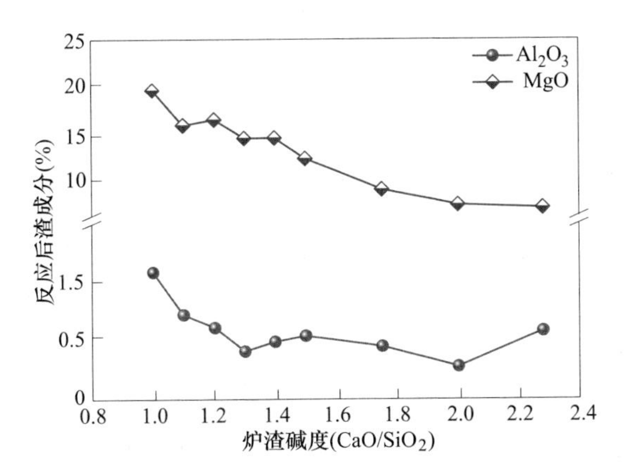

图7-2　反应后精炼渣中Al_2O_3和MgO含量成分随精炼渣碱度的变化

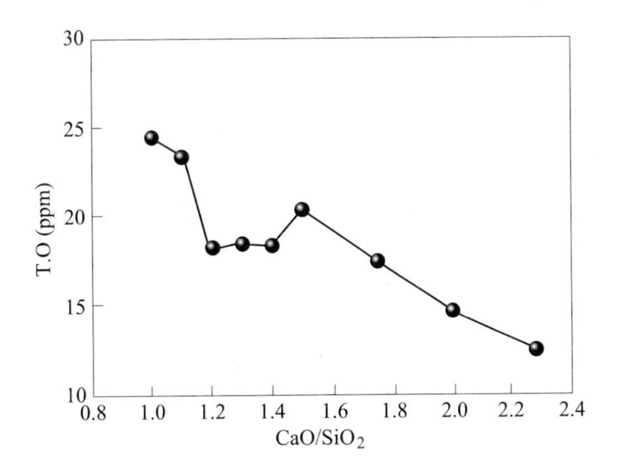

图7-3　钢中总氧随精炼渣碱度的变化

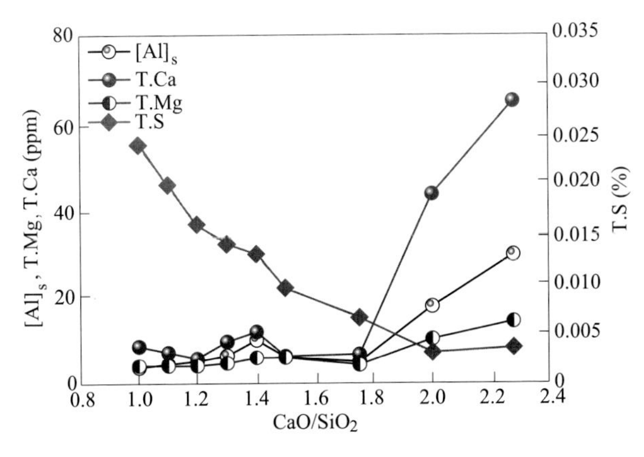

图7-4　钢中$[Al]_s$、T. Mg和T. Ca和T. S含量随精炼渣碱度的变化

到1.75的过程中，钢中［Al］$_s$、T.Mg和T.Ca成分略有增加；当渣碱度超过1.75以后，随精炼渣碱度增加，钢中［Al］$_s$、T.Mg和T.Ca含量迅速上升。因此，为了降低钢中的［Al］$_s$含量，应适当降低精炼渣碱度。

7.1.2.1 R1(R=1.0)时钢中的夹杂物

R=1.0时，反应达到平衡后，夹杂物形貌和成分分布分别如图7-5和图7-6所示。图中的线代表计算的1600℃和1200℃，星号代表夹杂物平均成分的位置

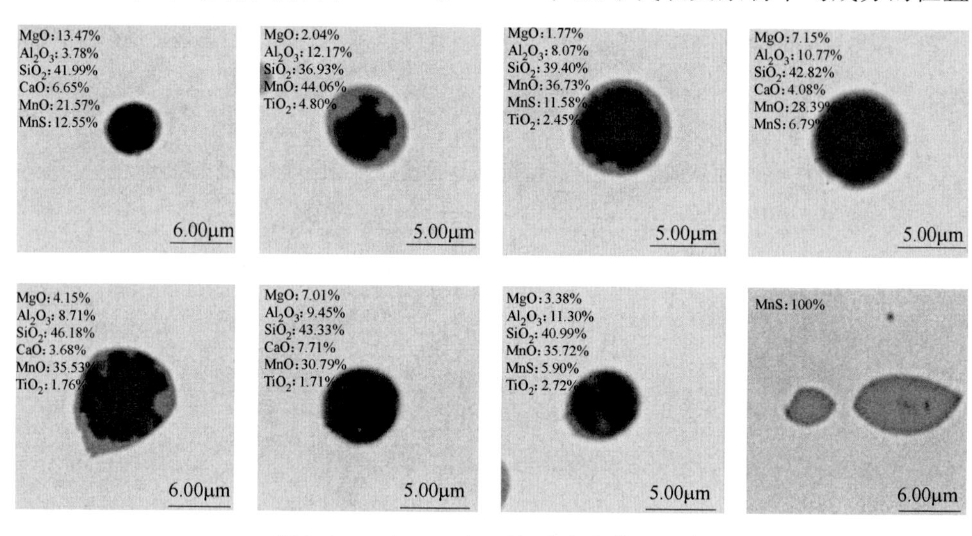

图7-5 R1(R=1.0)时钢中夹杂物的形貌

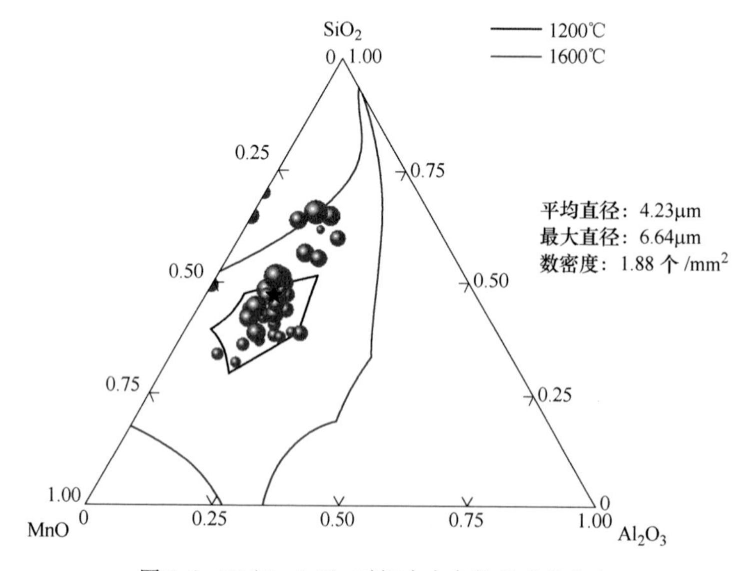

图7-6 R1(R=1.0)时钢中夹杂物的成分分布

液相线夹杂物主要成分为 $MgO-Al_2O_3-SiO_2-MnO$，Al_2O_3 和 MgO 含量基本不变，MnO 含量略有增加，部分夹杂物成分位于低熔点区域，存在一些 SiO_2 含量较高的夹杂物。夹杂物最大直径 6.64μm，夹杂物最小直径 2.41μm，夹杂物平均直径 4.23μm，夹杂物形状为球形。

7.1.2.2 R2(R=1.1) 时钢中的夹杂物

R=1.1 时，反应达到平衡后，夹杂物形貌和成分分布分别如图 7-7 和图 7-8

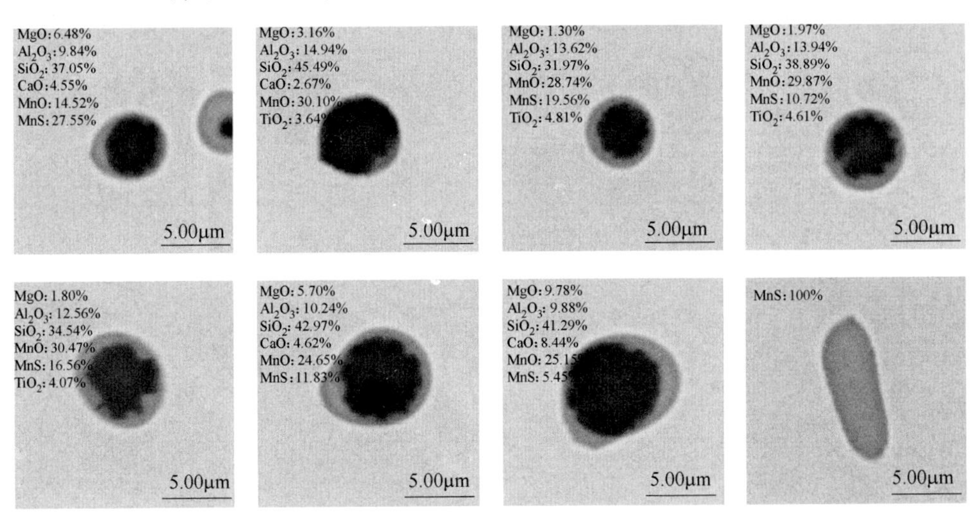

图 7-7 R2(R=1.1) 时钢中夹杂物的形貌

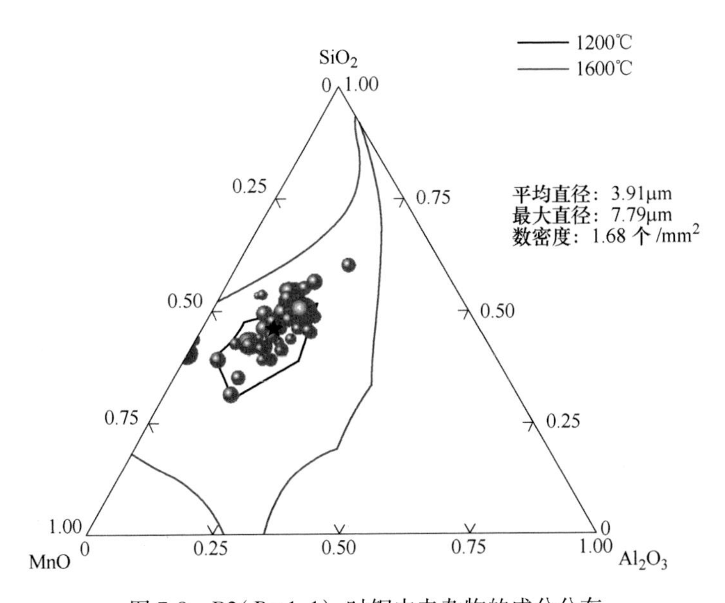

图 7-8 R2(R=1.1) 时钢中夹杂物的成分分布

所示。夹杂物主要成分为 $MgO-Al_2O_3-SiO_2-MnO$，Al_2O_3 和 MgO 含量基本不变，MnO 含量略有增加，夹杂物成分位于低熔点区域。夹杂物最大直径 7.79μm，夹杂物最小直径 2.43μm，夹杂物平均直径 3.91μm，夹杂物形状为球形。

7.1.2.3　R3(R=1.2) 时钢中的夹杂物

R=1.2 时，反应达到平衡后的夹杂物形貌和成分分布分别如图 7-9 和图 7-10 所示。夹杂物主要成分为 $MgO-Al_2O_3-SiO_2-MnO$，Al_2O_3 和 MgO 含量基本不变，夹

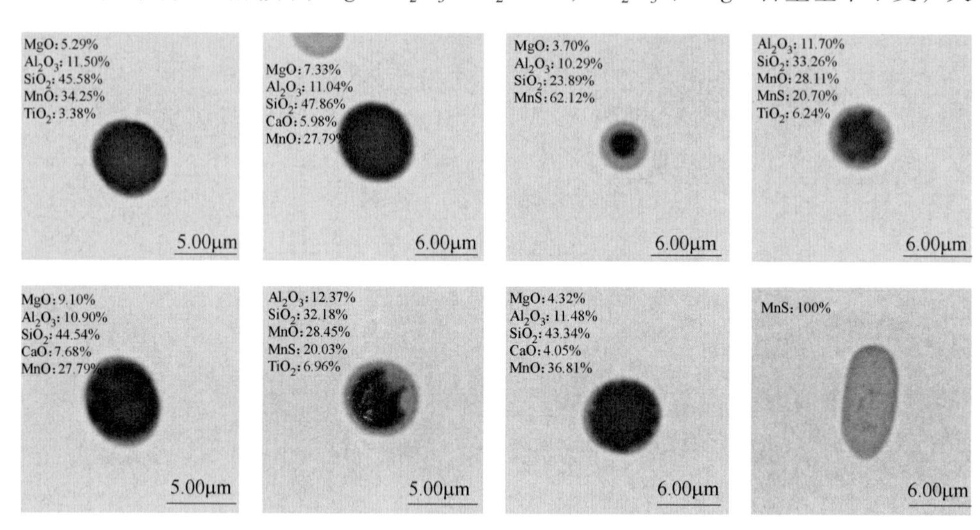

图 7-9　R3(R=1.2) 时钢中夹杂物的形貌

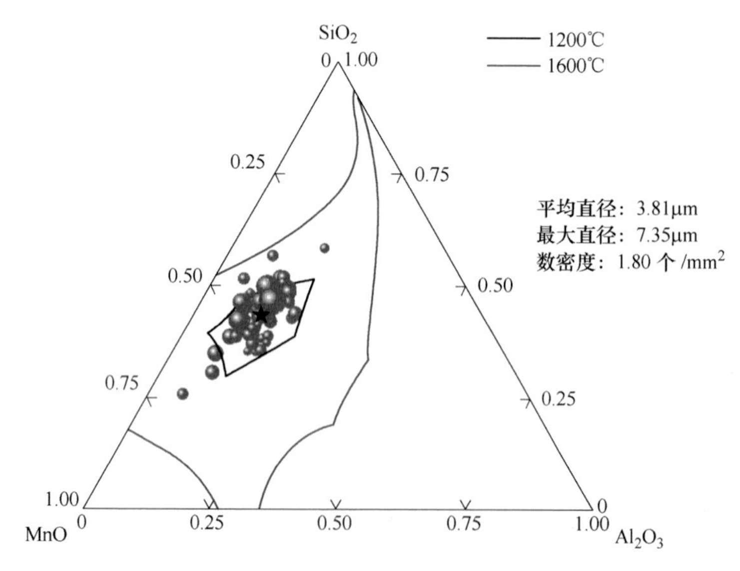

图 7-10　R3(R=1.2) 时钢中夹杂物的成分分布

杂物成分位于低熔点区域。夹杂物最大直径7.35μm，夹杂物最小直径2.98μm，夹杂物平均直径3.81μm，夹杂物形状为球形。

7.1.2.4 R4(*R*=1.3) 时钢中的夹杂物

R=1.3时，反应达到平衡后的夹杂物形貌和成分分布分别如图7-11和图7-12所示。夹杂物主要成分为MgO-Al_2O_3-SiO_2-MnO，Al_2O_3和MgO含量略有升高，夹杂物成分位于低熔点区域。夹杂物最大直径5.13μm，夹杂物最小直径1.58μm，夹杂物平均直径3.64μm，夹杂物形状为球形。

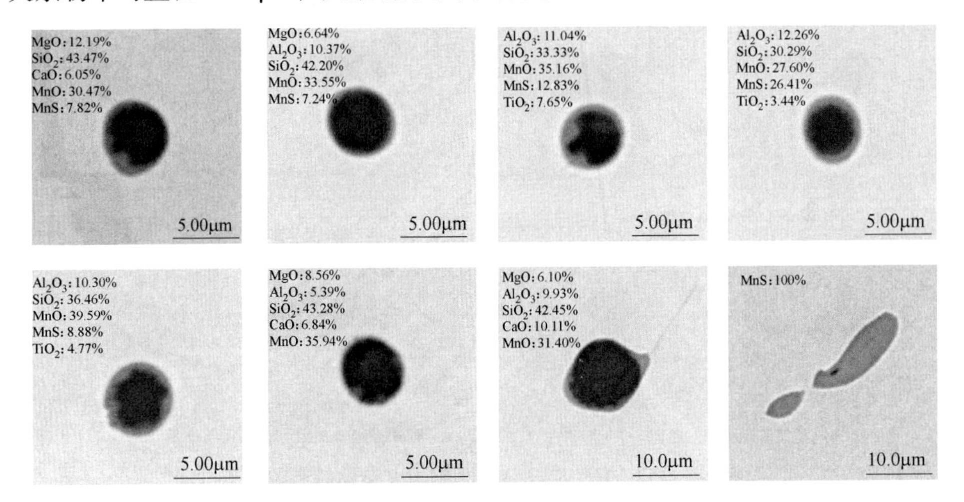

图7-11 R4(*R*=1.3) 时钢中夹杂物的形貌

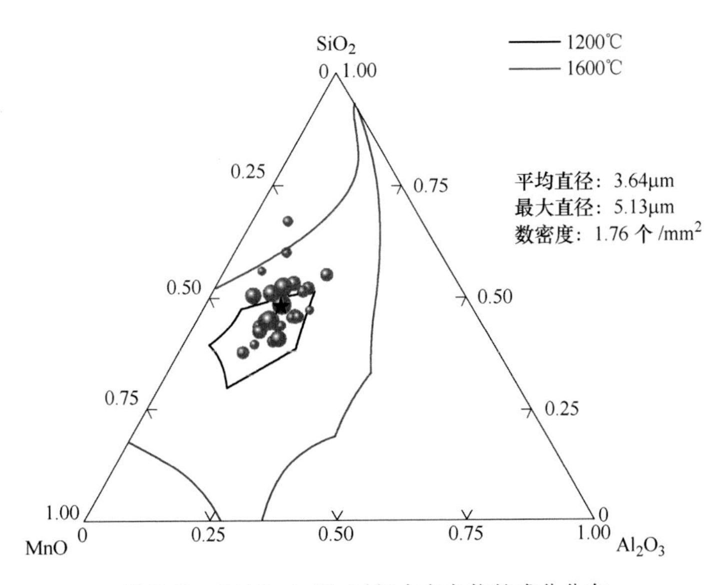

图7-12 R4(*R*=1.3) 时钢中夹杂物的成分分布

7.1.2.5 R5(R=1.4) 时钢中的夹杂物

R=1.4 时，反应达到平衡后的夹杂物形貌和成分分布分别如图 7-13 和图 7-14 所示。夹杂物主要成分为 $MgO-Al_2O_3-SiO_2-MnO$，Al_2O_3 和 MgO 含量升高，部分夹杂物成分位于低熔点区域。夹杂物最大直径 5.44μm，夹杂物最小直径 1.67μm，夹杂物平均直径 3.21μm，夹杂物形状为球形。

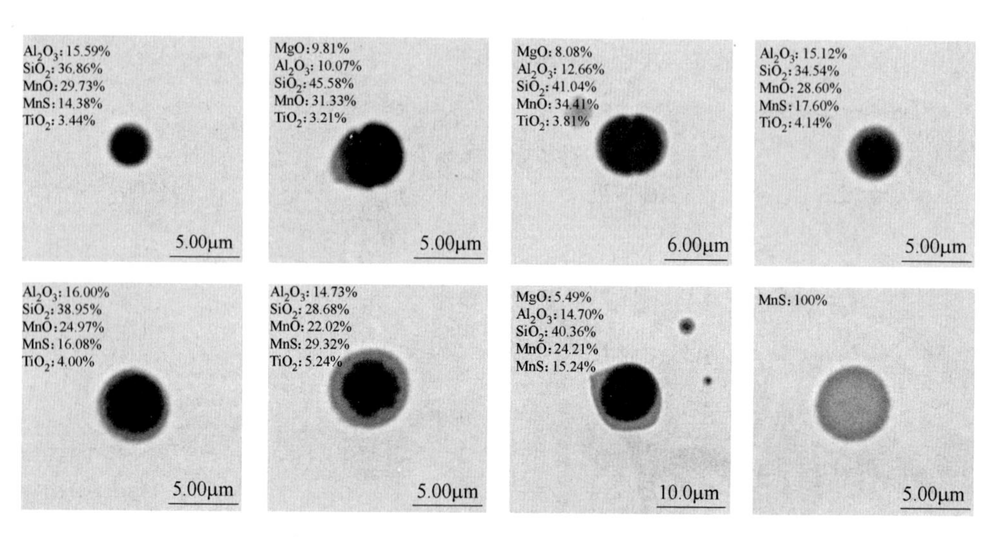

图 7-13 R5(R=1.4) 时钢中夹杂物的形貌

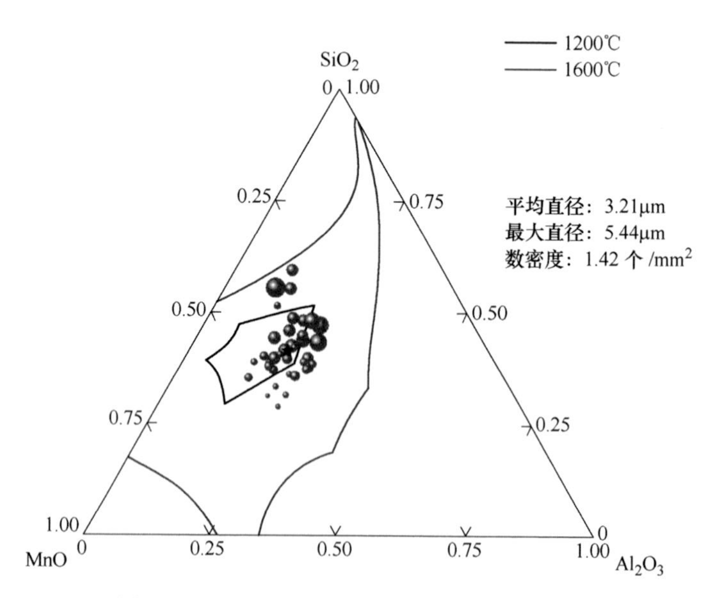

图 7-14 R5(R=1.4) 时钢中夹杂物的成分分布

7.1.2.6 R6(R=1.5) 时钢中的夹杂物

R=1.5时，反应达到平衡后的夹杂物形貌和成分分布分别如图7-15和图7-16所示。夹杂物主要成分为$MgO-Al_2O_3-SiO_2-MnO$，Al_2O_3和MgO含量略有升高，夹杂物成分位于低熔点区域。夹杂物最大直径5.13μm，夹杂物最小直径2.49μm，夹杂物平均直径3.64μm，夹杂物形状为球形。

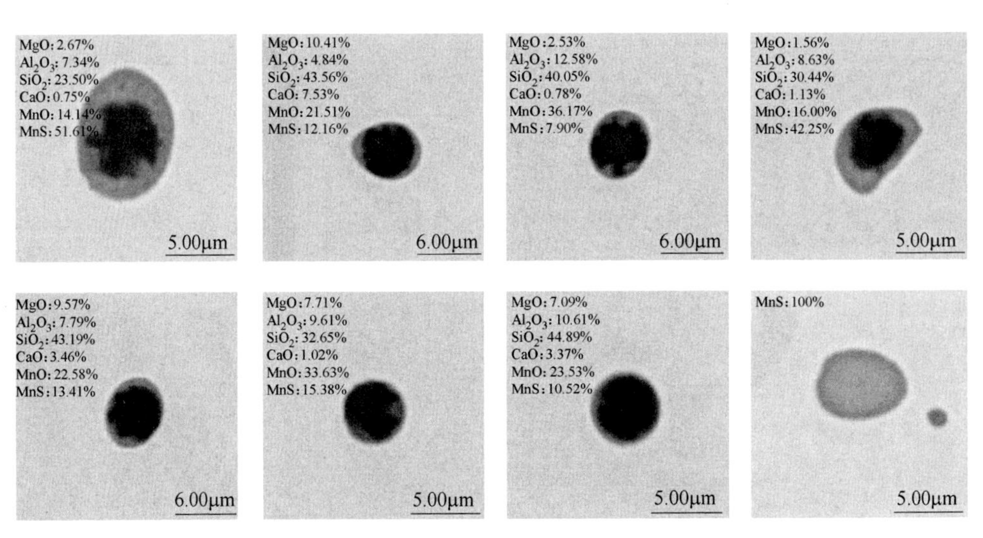

图7-15 R6(R=1.5) 时钢中夹杂物的形貌

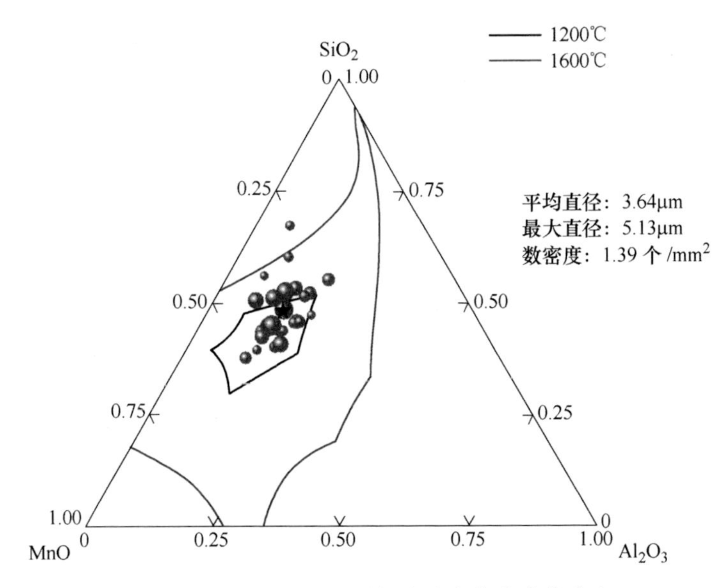

图7-16 R6(R=1.5) 时钢中夹杂物的成分分布

7.1.2.7　R7(R=1.75) 时钢中的夹杂物

R=1.75 时，反应达到平衡后的夹杂物形貌和成分分布分别如图 7-17 和图 7-18 所示。夹杂物主要成分为 $MgO-Al_2O_3-SiO_2-MnO$，Al_2O_3 和 MgO 含量略有升高，夹杂物成分位于低熔点区域。夹杂物最大直径 5.29μm，夹杂物最小直径 1.45μm，夹杂物平均直径 2.87μm，夹杂物形状为球形。

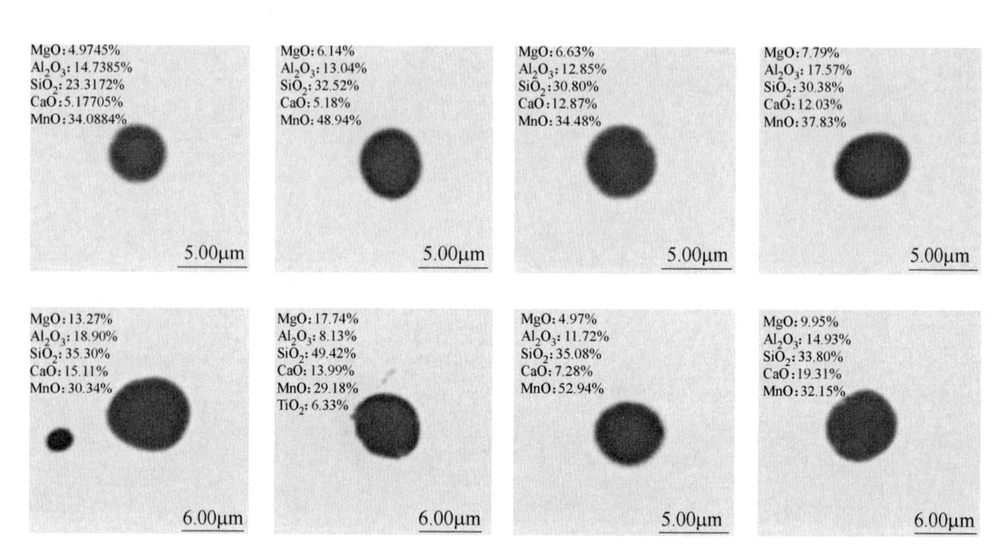

图 7-17　R7(R=1.75) 时钢中夹杂物的形貌

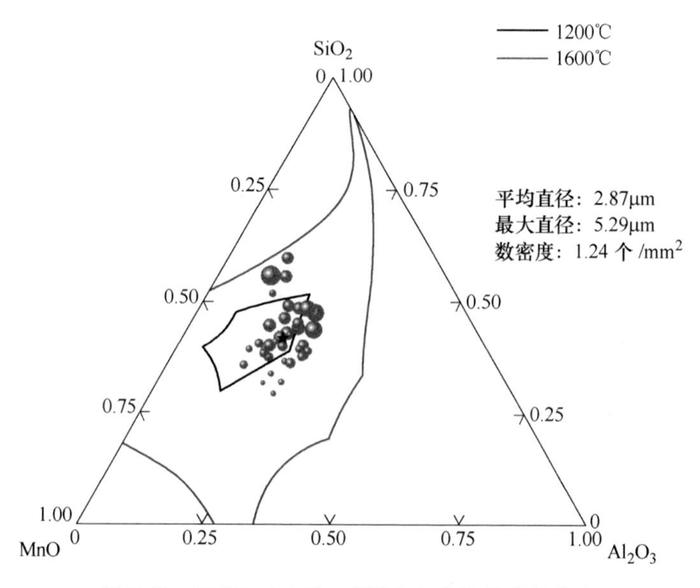

图 7-18　R7(R=1.75) 时钢中夹杂物的成分分布

7.1.2.8 R8(R=2.0) 时钢中的夹杂物

R=2.0时，反应达到平衡后的夹杂物形貌和成分分布分别如图7-19和图7-20所示。夹杂物主要成分为MgO-Al_2O_3-SiO_2-MnO，Al_2O_3和MgO含量略有升高，夹杂物成分位于低熔点区域边缘。夹杂物最大直径5.63μm，夹杂物最小直径1.46μm，夹杂物平均直径2.94μm，夹杂物形状为椭球形。

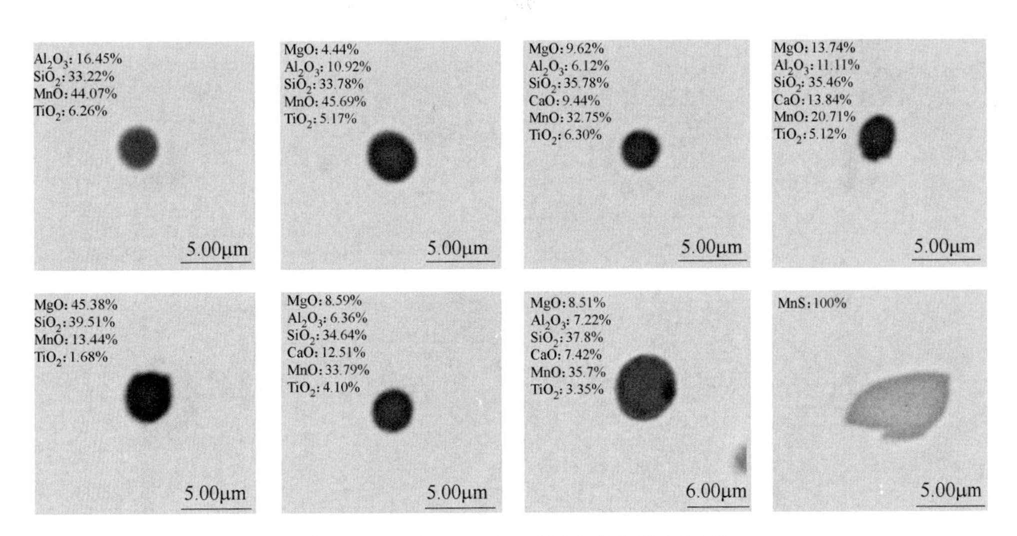

图7-19 R8(R=2.0) 时钢中夹杂物的形貌

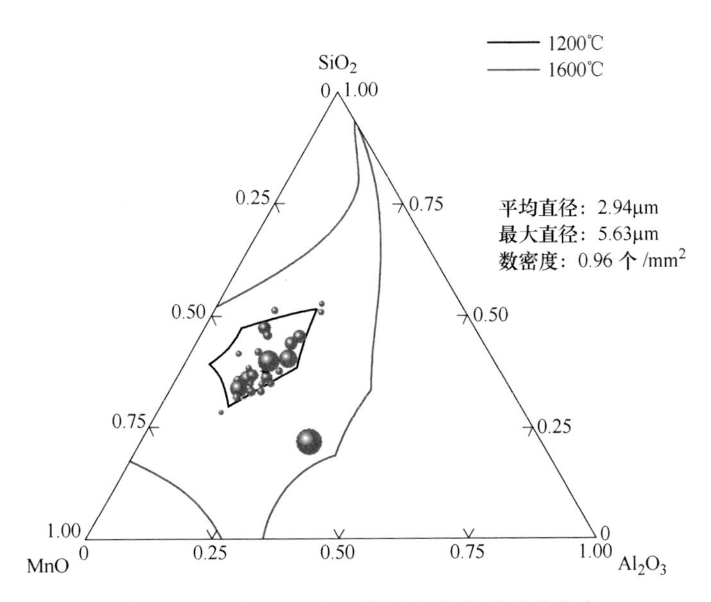

图7-20 R8(R=2.0) 时钢中夹杂物的成分分布

7.1.2.9　R9（R=2.28）时钢中的夹杂物

R=2.28 时，反应达到平衡后的夹杂物形貌和成分分布分别如图 7-21 和图 7-22 所示。夹杂物主要成分为 $MgO-Al_2O_3-SiO_2-MnO$，Al_2O_3 和 MgO 含量明显升高，导致夹杂物成分偏离低熔点区域。没有发现 MnS 夹杂物。夹杂物最大直径 1.18μm，夹杂物最小直径 0.64μm，夹杂物平均直径 0.84μm，夹杂物尺寸明显降低，夹杂物形状为椭球形。

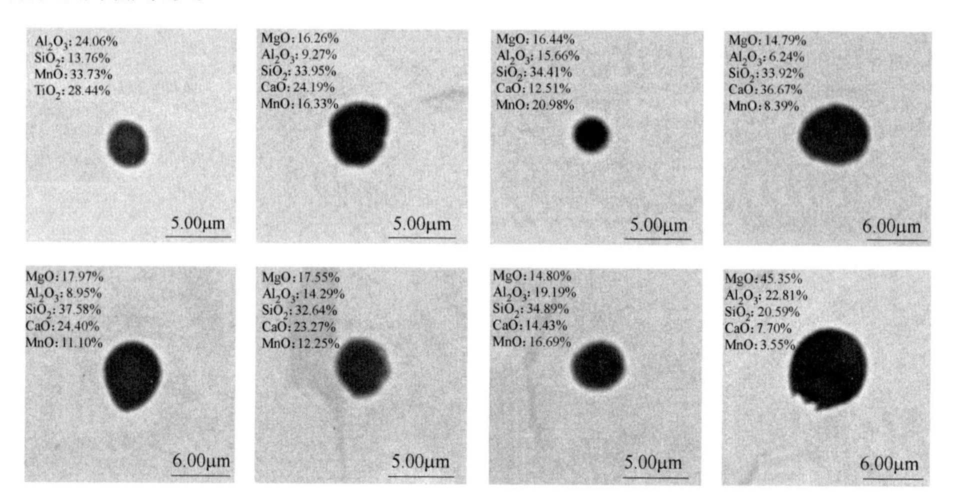

图 7-21　R9（R=2.28）时钢中夹杂物的形貌

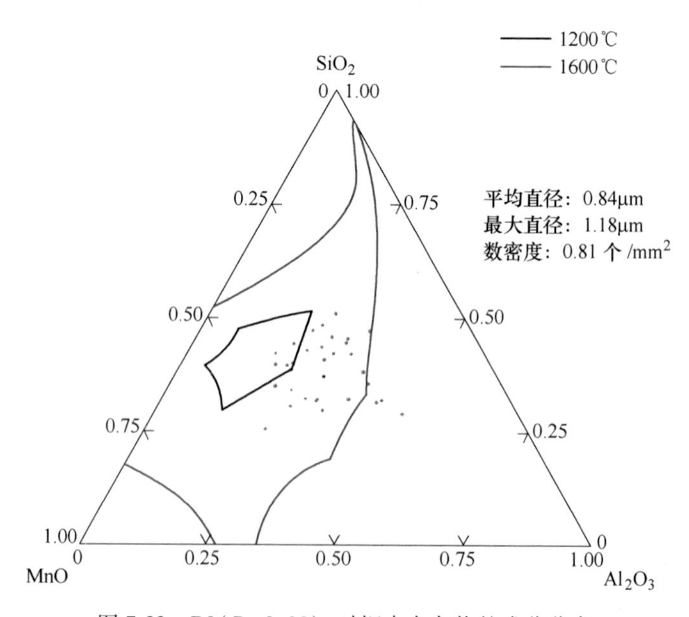

图 7-22　R9（R=2.28）时钢中夹杂物的成分分布

7.1.2.10　夹杂物随碱度变化的演变

夹杂物成分随精炼渣碱度变化的演变如图7-23所示。图7-23（a）中随精炼渣碱度增加，夹杂物中的MgO、Al_2O_3、CaO和TiO_2含量先缓慢增加，当精炼渣碱度超过1.75以后，Al_2O_3明显增加。图7-23（b）中SiO_2和MnO含量随精炼渣碱度增加而降低。成分变化说明低碱度有利于夹杂物中Al_2O_3的去除和夹杂物的低熔点化控制。

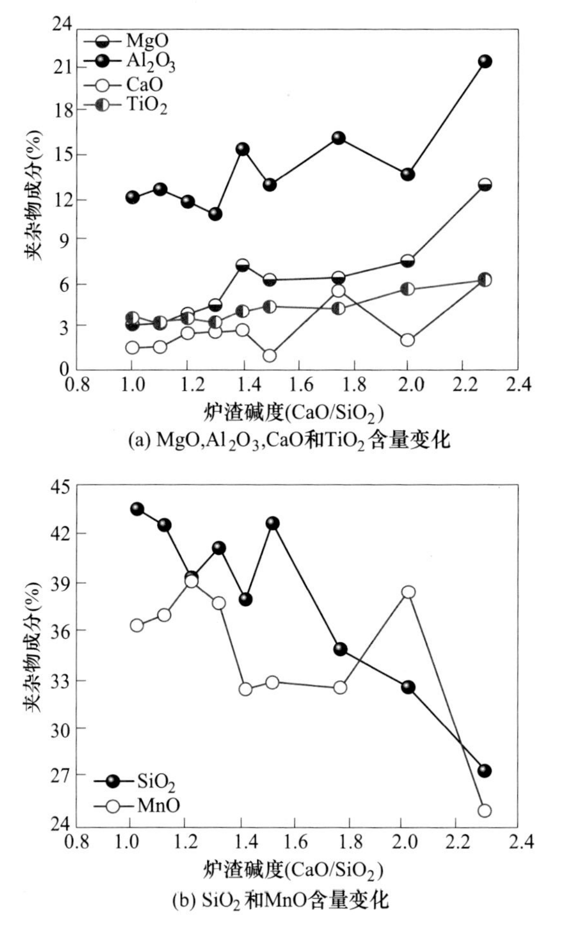

图7-23　夹杂物成分随精炼渣碱度变化的演变

夹杂物数量和尺寸随初始精炼渣碱度变化的演变如图7-24和图7-25所示。随精炼渣碱度从1.0增加到2.28，不锈钢中夹杂物的数量从1.9个/mm^2降低到1.1个/mm^2，说明低碱度条件下钢中夹杂物数量较多，不锈钢洁净度较低，这与低碱度下钢中总氧较高一致。随着精炼渣碱度从1.0增加到2.28，不锈钢中夹杂物的平均直径从 4.2μm 降低到 0.6μm，说明低碱度条件下的液态夹杂物尺寸大于高碱度下的固态夹杂物尺寸。

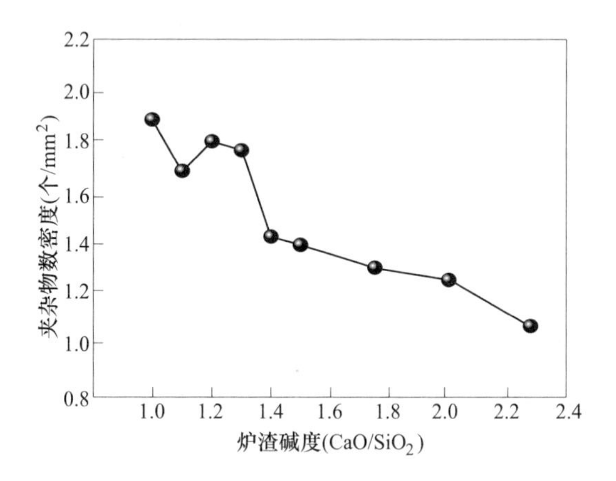

图 7-24　夹杂物数密度随精炼渣碱度变化的演变

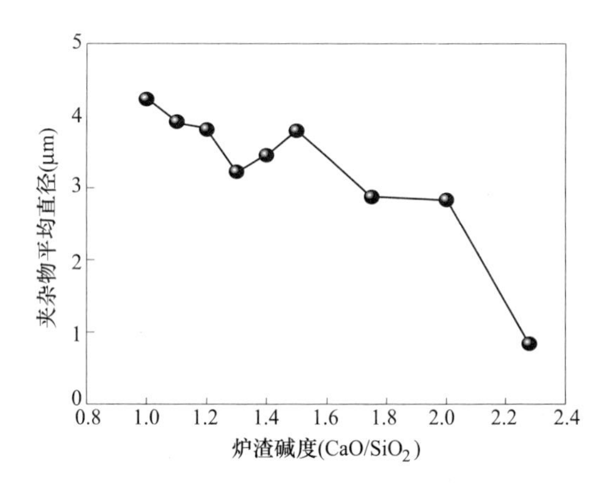

图 7-25　夹杂物尺寸随精炼渣碱度变化的演变

7.1.3　不同精炼渣 MgO 含量对 304 不锈钢的影响

经过 2h 的钢渣反应之后，精炼渣的成分发生了变化。表 7-5 给出了调整精炼渣中 MgO 组实验钢渣反应结束之后精炼渣的基本化学组成。选取反应后渣中的 MgO 和 Al_2O_3 随精炼渣碱度的变化进行具体分析，结果如图 7-26 所示。随初始精炼渣中 MgO 含量增大，反应后渣中 MgO 含量逐渐增加，但最终精炼渣中 MgO 含量都保持在 15.12%~18%之间。增加初始渣中 MgO 含量，反应前后渣中 MgO 含量的增加量减小，说明增加渣中 MgO 含量可以减小耐火材料侵蚀。随初始精炼渣中 MgO 含量增大，反应后渣中的 Al_2O_3 含量略有降低。

表 7-5 调整精炼渣中 MgO 组实验反应后精炼渣成分 (%)

编号	初始 MgO	CaF_2	CaO	SiO_2	MgO	Al_2O_3	TiO_2	Fe_2O_3	Cr_2O_3	MnO	S	合计
M0 (R2)	3	15.70	27.96	15.79	1.22	1.22	0.22	0.81	0.68	0.47	0.24	100
M1	5	16.57	37.36	24.23	16.62	0.87	0.23	2.01	0.95	0.41	0.27	100
M2	10	18.51	34.64	25.77	16.49	0.67	0.21	1.71	0.87	0.47	0.25	100
M3	15	18.78	34.4	25.56	16.33	0.97	0.22	1.76	0.87	0.44	0.25	100
M4	20	18.7	32.85	27.01	17.44	0.76	0.20	1.25	0.78	0.41	0.23	100

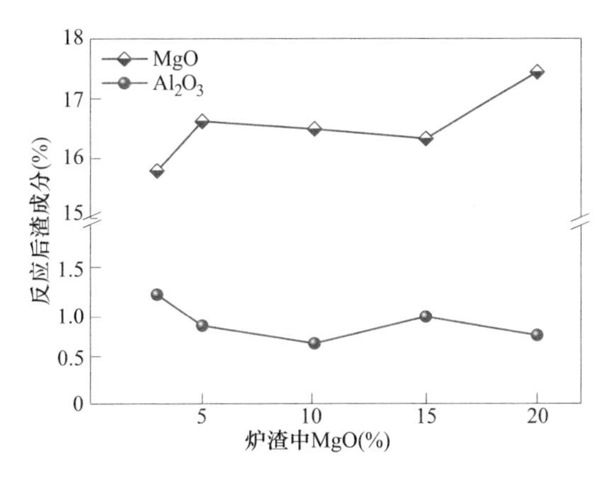

图 7-26 精炼渣中 Al_2O_3 和 MgO 含量随精炼渣中 MgO 含量的变化

经过 2h 的钢渣反应之后，钢液成分发生了变化，分别对钢中的 T. O、T. S、$[Al]_s$、T. Ca 和 T. Mg 含量进行了分析。选取其中的 T. O 含量随渣中 MgO 含量变化作图，如图 7-27 所示。随初始渣中 MgO 含量从 3%增加到 20%，钢中 T. O 从 23. 4ppm 缓慢下降到 19. 4ppm。

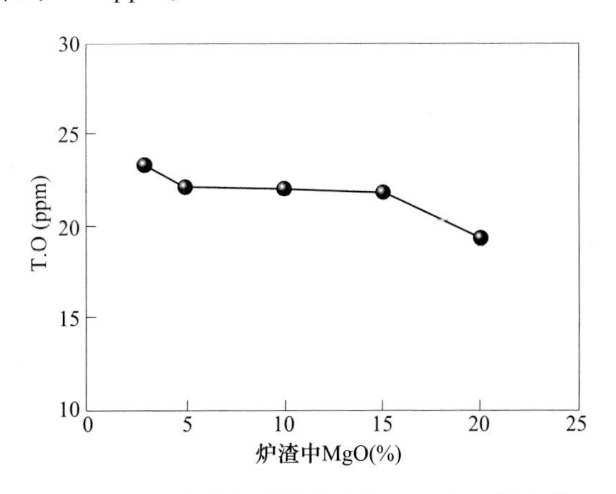

图 7-27 钢中总氧随精炼渣中 MgO 含量的变化

选取其中的［Al］$_s$、T. Mg、T. Ca 和 T. S 含量随 MgO 含量变化做图，如图 7-28 所示。随初始渣中 MgO 含量从 3%增加到 20%，钢中 T. S 含量从 0. 02%增加到 0. 022%，说明低 MgO 含量稍有利于脱硫。随渣中 MgO 含量增加，钢中［Al］$_s$、T. Mg 和 T. Ca 含量略有增加。调整初始渣中 MgO 含量对钢液成分影响不大。

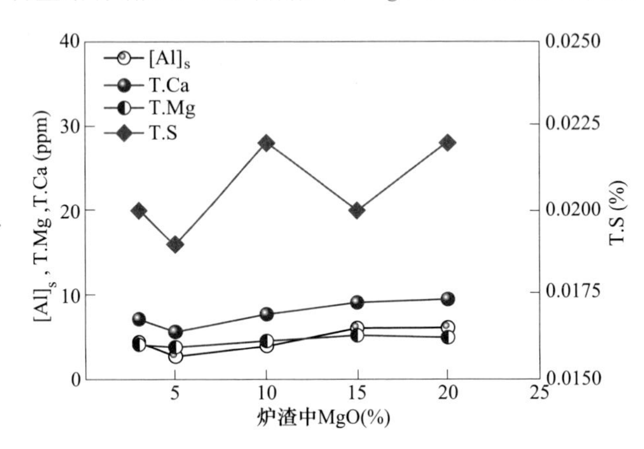

图 7-28　钢中［Al］$_s$、T. Mg、T. Ca 和 T. S 含量随精炼渣中 MgO 含量的变化

7. 1. 3. 1　M1(MgO = 5%) 时钢中的夹杂物

MgO = 5%时，反应达到平衡后的夹杂物形貌和成分分布分别如图 7-29 和图 7-30 所示。夹杂物主要成分为 MgO-Al_2O_3-SiO_2-MnO，夹杂物中 Al_2O_3 与渣中 MgO = 3%时相比变化不大，MgO 略有增加，夹杂物成分位于低熔点区域。夹杂物最大直径 7. 94μm，夹杂物最小直径 1. 94μm，夹杂物平均直径 3. 69μm，夹杂物形状为椭球形。

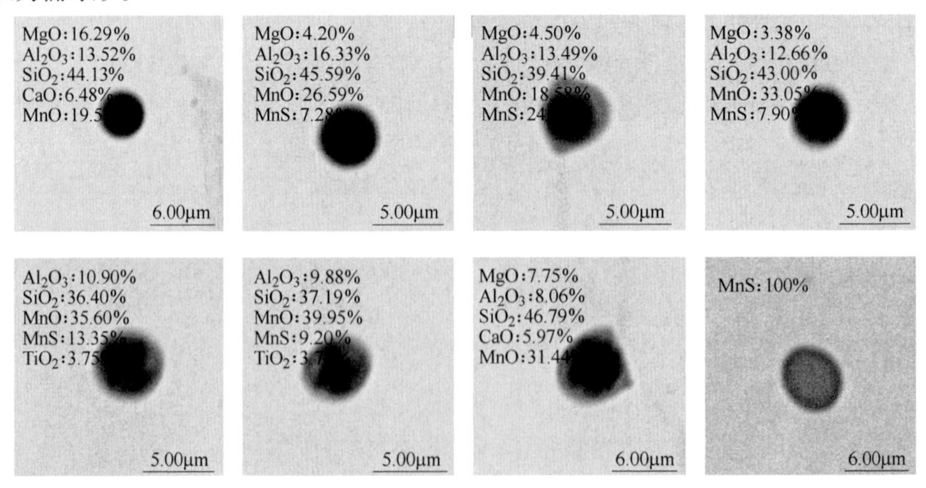

图 7-29　M1(MgO = 5%) 时钢中夹杂物的形貌

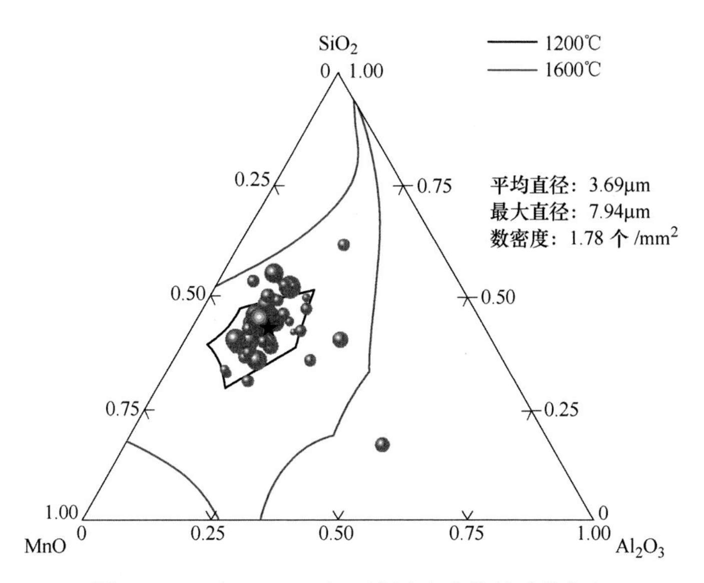

图 7-30　M1（MgO=5%）时钢中夹杂物的成分分布

7.1.3.2　M2（MgO=10%）时钢中的夹杂物

MgO=10%时，反应达到平衡后的夹杂物形貌和成分分布分别如图 7-31 和图 7-32 所示。夹杂物主要成分为 MgO-Al_2O_3-SiO_2-MnO，Al_2O_3 与 MgO=3%时相比变化不大，MgO 略有增加，夹杂物成分位于低熔点区域。夹杂物最大直径 7.14μm，夹杂物最小直径 0.95μm，夹杂物平均直径 3.42μm，夹杂物形状为椭球形。

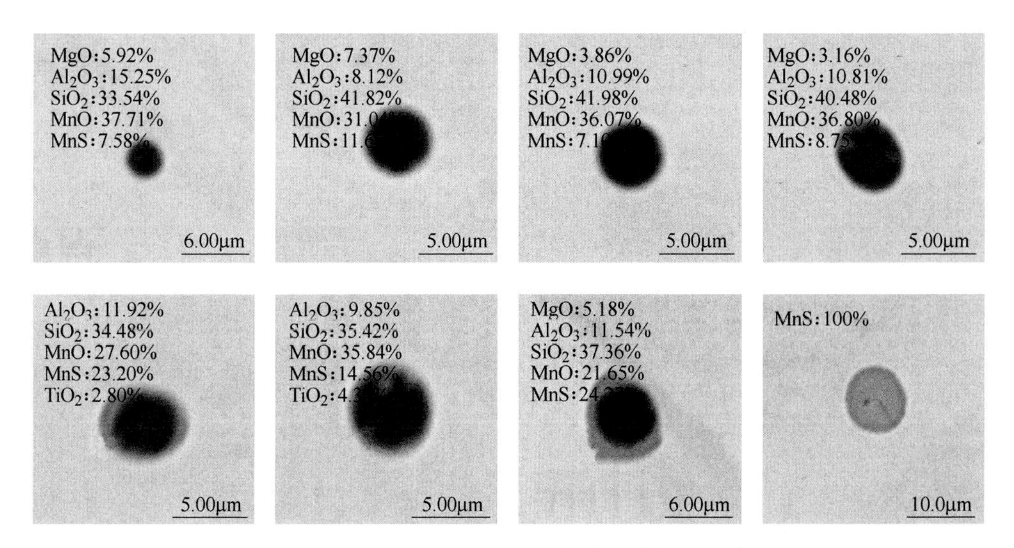

图 7-31　M2（MgO=10%）时钢中夹杂物的形貌

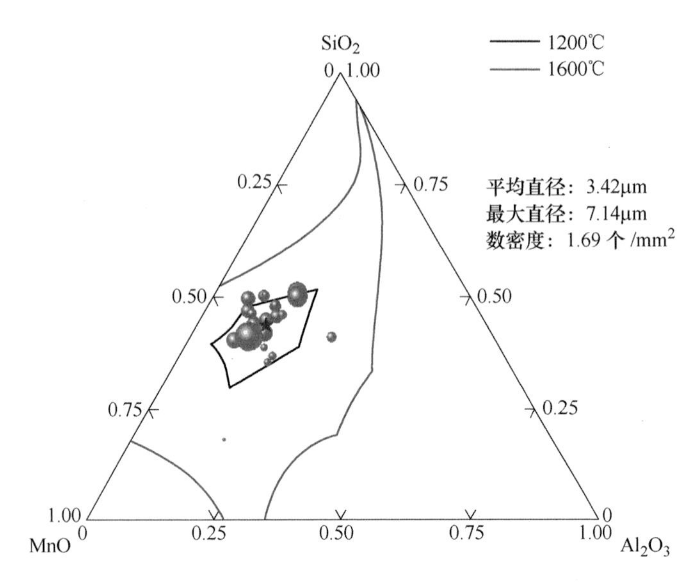

图 7-32　M2（MgO = 10%）时钢中夹杂物的成分分布

7.1.3.3　M3（MgO = 15%）时钢中的夹杂物

MgO = 15%时，反应达到平衡后的夹杂物形貌和成分分布分别如图 7-33 和图 7-34 所示。夹杂物主要成分为 MgO-Al_2O_3-SiO_2-MnO，Al_2O_3 变化不大，SiO_2 和 MgO 略有增加，部分夹杂物成分位于低熔点区域边缘。夹杂物最大直径 4.98μm，夹杂物最小直径 1.78μm，夹杂物平均直径 3.22μm，夹杂物形状为椭球形。

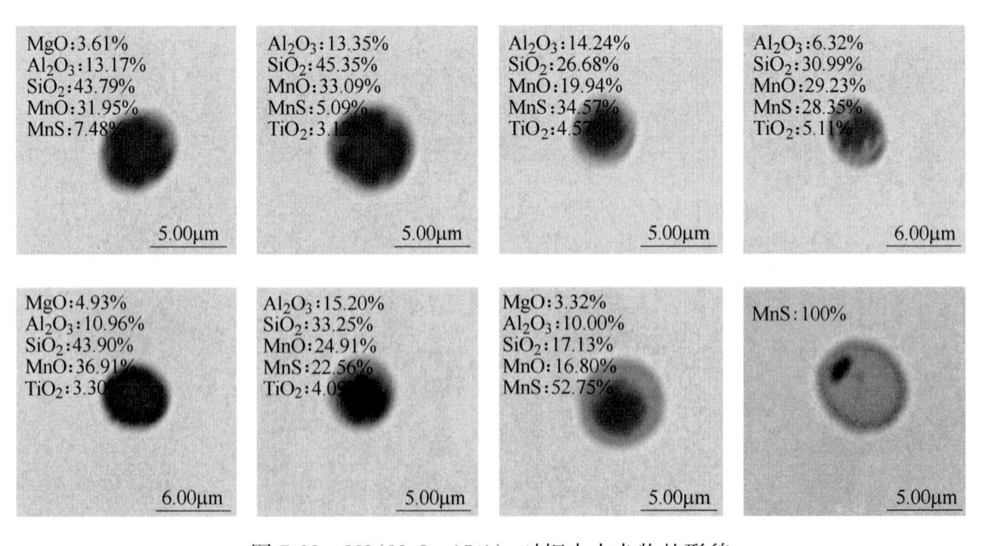

图 7-33　M3（MgO = 15%）时钢中夹杂物的形貌

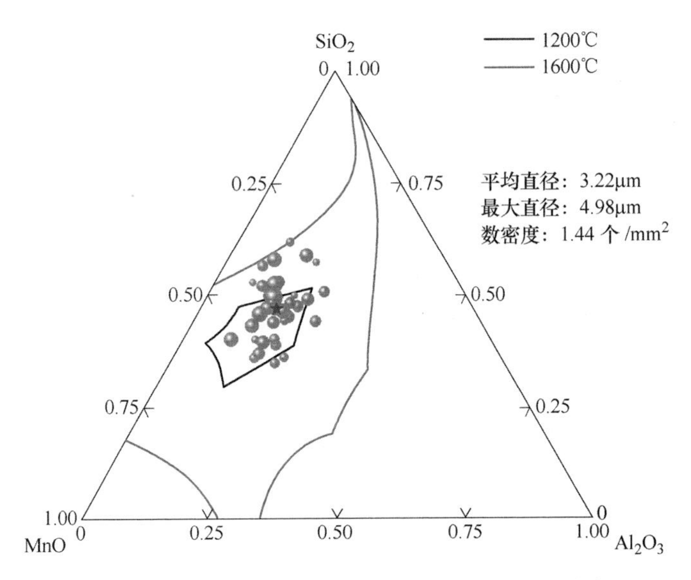

图 7-34 M3（MgO = 15%）时钢中夹杂物的成分分布

7.1.3.4 M4（MgO = 20%）时钢中的夹杂物

MgO = 20%时，反应达到平衡后的夹杂物形貌和成分分布分别如图 7-35 和图 7-36 所示。夹杂物主要成分为 MgO-Al_2O_3-SiO_2-MnO，Al_2O_3 变化不大，MgO 略有增加，夹杂物成分位于低熔点区域。夹杂物最大直径 4.32μm，夹杂物最小直径 2.24μm，夹杂物平均直径 3.21μm，夹杂物形状为椭球形。

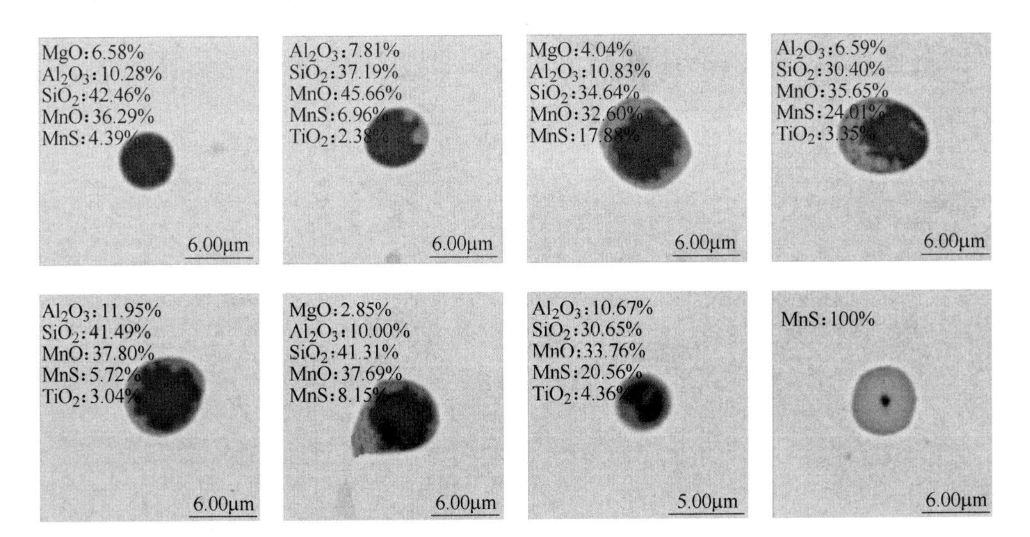

图 7-35 M4（MgO = 20%）时钢中夹杂物的形貌

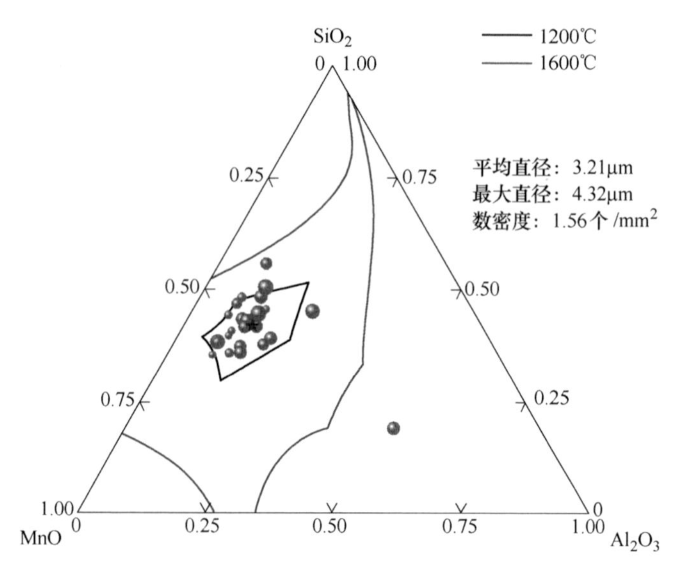

图 7-36　M4（MgO＝20%）时钢中夹杂物的成分分布

7.1.3.5　夹杂物随初始渣中 MgO 含量变化的演变

夹杂物成分随初始渣中 MgO 含量变化的演变如图 7-37 所示。图 7-37（a）中随初始渣中 MgO 含量增加，夹杂物中的 Al_2O_3、CaO 和 TiO_2 含量波动变化，无明显增加或减小的趋势。反应后 MgO 含量逐渐增加，这是由初始渣中 MgO 含量增加造成的。图 7-37（b）中夹杂物的 SiO_2 含量和 MnO 含量随渣中 MgO 含量增加而波动变化。成分变化说明调整初始渣中 MgO 含量对夹杂物成分影响不大，但是有利于减小耐火材料的侵蚀。

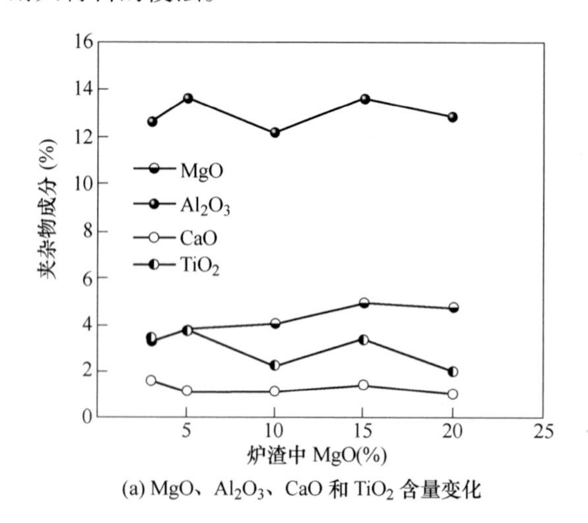

(a) MgO、Al_2O_3、CaO 和 TiO_2 含量变化

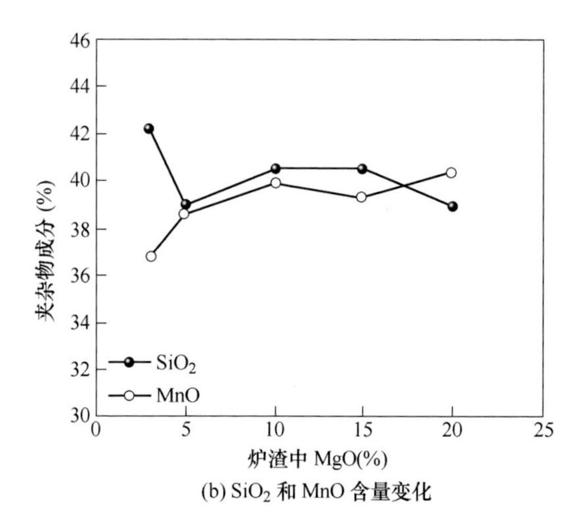

(b) SiO_2 和 MnO 含量变化

图 7-37 夹杂物成分随精炼渣中 MgO 含量变化的演变

夹杂物数量和尺寸随精炼渣碱度变化的演变如图 7-38 和图 7-39 所示。随初始精炼渣中 MgO 含量从 3%增加到 20%，不锈钢中夹杂物的数量从 1.7 个/mm^2 降低到 1.55 个/mm^2，说明初始渣中 MgO 较低条件下，钢中夹杂物数量较多，不锈钢洁净度较低，这与低碱度下钢中总氧较高一致。随初始精炼渣中 MgO 含量从 3%增加到 20%，不锈钢中夹杂物的平均直径从 3.9μm 降低到 3.2μm。

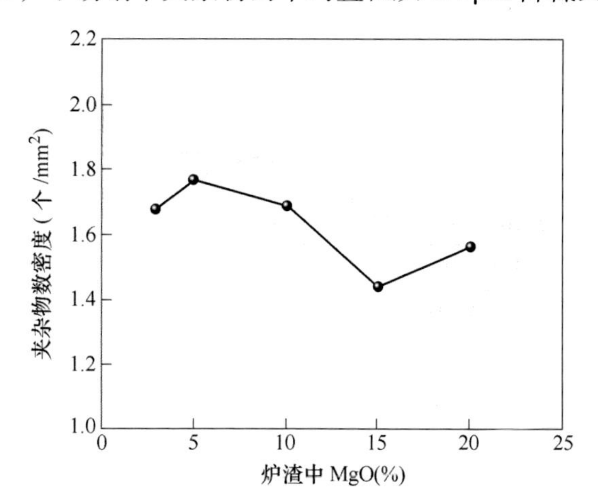

图 7-38 夹杂物数密度随精炼渣中 MgO 含量变化的演变

7.1.4 不同精炼渣中 Al_2O_3 对 304 不锈钢中夹杂物的影响

经过 2h 的钢渣反应之后，精炼渣的成分发生了变化。表 7-6 给出了调整精炼渣中 Al_2O_3 组实验钢渣反应结束之后精炼渣的基本化学组成。选取反应后渣中

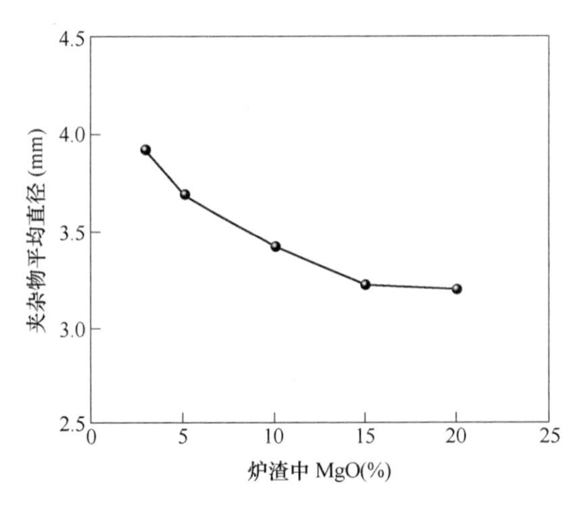

图 7-39　夹杂物平均直径随精炼渣中 MgO 含量变化的演变

的 MgO 和 Al_2O_3 随精炼渣碱度的变化进行具体分析，结果如图 7-40 所示。随初始精炼渣中 Al_2O_3 含量增大，反应后渣中 MgO 含量逐渐减小，说明初始精炼渣中 Al_2O_3 含量越高，耐火材料侵蚀越严重；随着炉初始精炼渣中 Al_2O_3 含量增大，反应后渣中的 Al_2O_3 含量逐渐增加，但除了初始精炼渣中 Al_2O_3 含量为 0.7%的试样以外，反应后精炼渣中 Al_2O_3 含量都比反应前低，尤其是高 Al_2O_3 含量组大幅下降。说明初始精炼渣中高 Al_2O_3 含量会使渣中 Al 向钢中传质，不利于夹杂物中 Al_2O_3 含量的降低。

表 7-6　调整精炼渣中 Al_2O_3 组实验反应后钢液成分　(%)

编号	初始 Al_2O_3 含量	CaF_2	CaO	SiO_2	MgO	Al_2O_3	TiO_2	Fe_2O_3	Cr_2O_3	MnO	S	合计
A0(R2)	0.7	15.70	27.96	15.79	1.22	1.22	0.22	0.81	0.68	0.47	0.24	100
A1	5	13.71	35.30	27.31	15.71	3.84	0.21	1.94	0.86	0.48	0.22	100
A2	10	12.86	33.87	25.45	17.23	6.65	0.19	1.76	0.88	0.51	0.19	100
A3	15	13.70	34.52	20.61	19.27	6.74	0.22	2.39	1.36	0.63	0.18	100
A4	20	14.32	31.75	21.68	19.09	8.21	0.21	2.10	1.42	0.69	0.17	100

经过 2h 的钢渣反应之后，钢液成分发生了变化，分别对钢中的 T.O、T.S、$[Al]_s$、T.Ca 和 T.Mg 含量进行了分析。选取其中的 T.O 含量随 Al_2O_3 含量变化作图，如图 7-41 所示。随初始渣中 Al_2O_3 含量从 0.7%增加到 20%，钢中 T.O. 从 23.4ppm 缓慢下降到 19.3ppm，说明增加渣中的 Al_2O_3 含量有利于钢洁净度控制。

选取其中的 $[Al]_s$、T.Mg、T.Ca 和 T.S 含量随 Al_2O_3 含量变化做图，如图 7-42 所示。随初始渣中 Al_2O_3 含量从 0.7%增加到 20%，钢中 T.S 含量从 0.020%

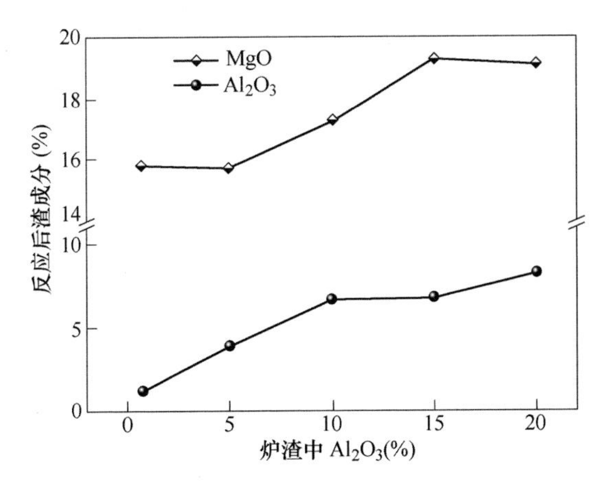

图 7-40　精炼渣中 Al_2O_3 和 MgO 含量随精炼渣中 Al_2O_3 含量的变化

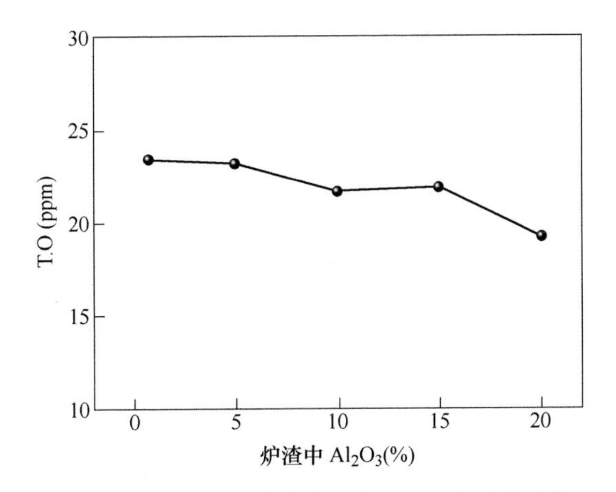

图 7-41　钢中总氧随精炼渣中 Al_2O_3 含量的变化

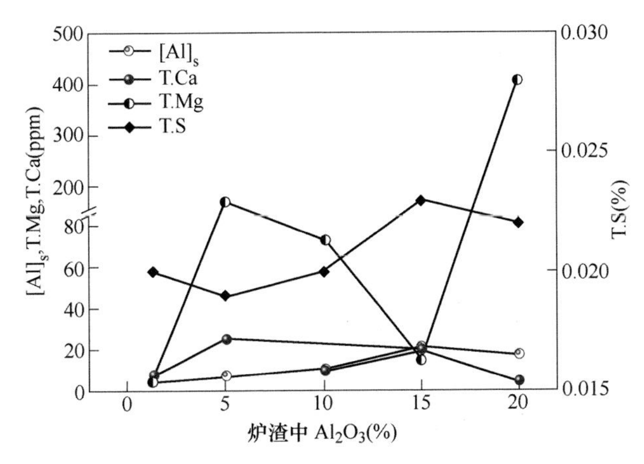

图 7-42　钢中 $[Al]_s$、T. Mg、T. Ca 和 T. S 含量随精炼渣中 Al_2O_3 含量的变化

增加到 0.022%，说明低 Al_2O_3 含量稍有利于脱硫。随初始渣中 Al_2O_3 含量增加，钢中［Al］$_s$ 含量略有增加，T. Mg 含量波动上升，T. Ca 含量波动变化。

7.1.4.1　A1(Al_2O_3=5%) 时钢中的夹杂物

Al_2O_3=5%时，反应达到平衡后的夹杂物形貌和成分分布分别如图 7-43 和图 7-44。夹杂物主要成分为 $MgO-Al_2O_3-SiO_2-MnO$，夹杂物中 Al_2O_3 含量明显增加，SiO_2 和 MnO 减少，夹杂物成分偏离低熔点区域。夹杂物最大直径 6.32μm，夹杂物最小直径 1.81μm，夹杂物平均直径 3.69μm，夹杂物形状为椭球形。

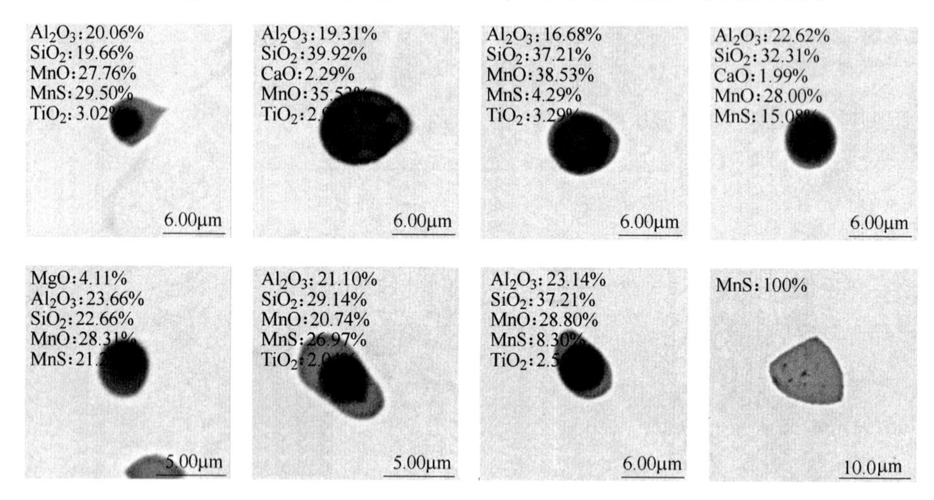

图 7-43　A1(Al_2O_3=5%) 时钢中夹杂物的形貌

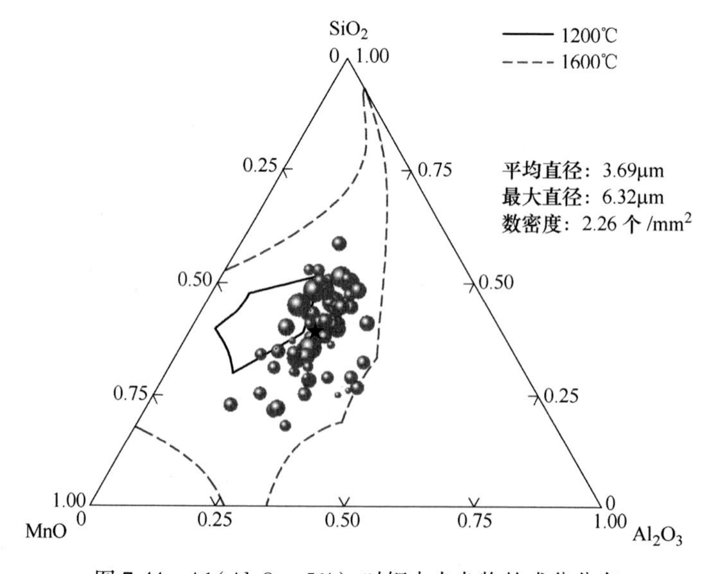

图 7-44　A1(Al_2O_3=5%) 时钢中夹杂物的成分分布

7.1.4.2 A2(Al_2O_3 = 10%) 时钢中的夹杂物

Al_2O_3 = 10%时，反应达到平衡后的夹杂物形貌和成分分布分别如图 7-45 和图 7-46 所示。夹杂物主要成分为 Al_2O_3-SiO_2-MnO，夹杂物中 Al_2O_3 含量明显增加，SiO_2 和 MnO 减少，夹杂物成分继续偏离低熔点区域。夹杂物最大直径 8.61μm，夹杂物最小直径 1.84μm，夹杂物平均直径 3.64μm，夹杂物尺寸降低。夹杂物形状为椭球形。

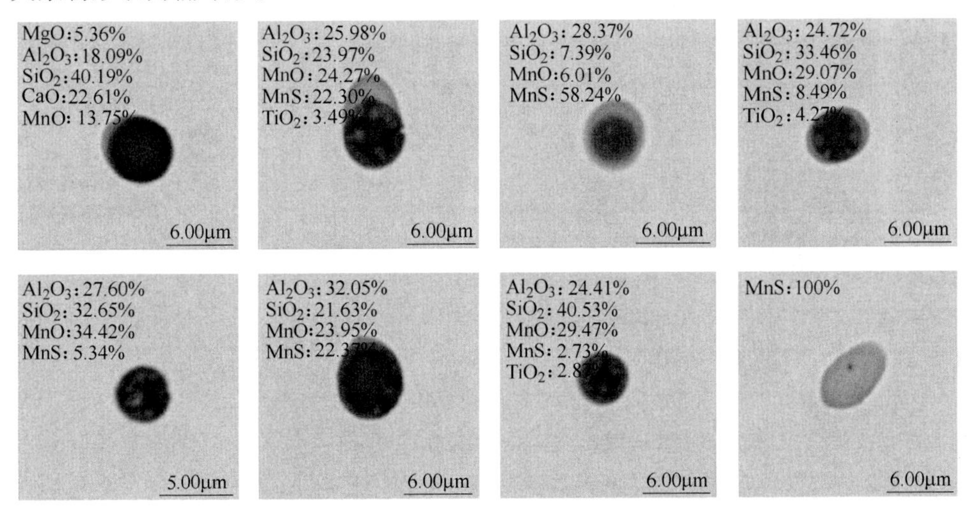

图 7-45 A2(Al_2O_3 = 10%) 时钢中夹杂物的形貌

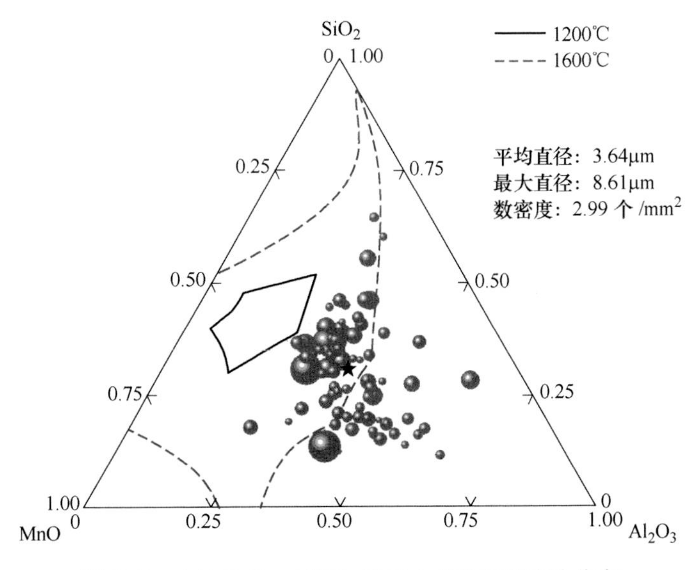

图 7-46 A2(Al_2O_3 = 10%) 时钢中夹杂物的成分分布

7.1.4.3　A3(Al_2O_3 = 15%) 时钢中的夹杂物

Al_2O_3 = 15%时，反应达到平衡后的夹杂物形貌和成分分布分别如图 7-47 和图 7-48 所示。夹杂物主要成分为 Al_2O_3-SiO_2-MnO，夹杂物中 Al_2O_3 含量明显增加，SiO_2 和 MnO 减少，夹杂物成分继续偏离低熔点区域。夹杂物最大直径 6.36μm，夹杂物最小直径 1.74μm，夹杂物平均直径 3.39μm，夹杂物形状为近球形。

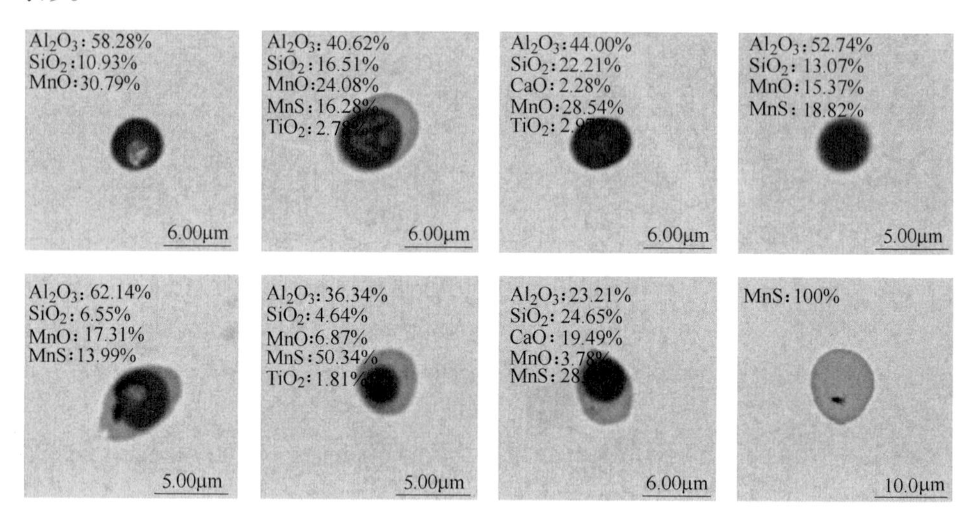

图 7-47　A3(Al_2O_3 = 15%) 时钢中夹杂物的形貌

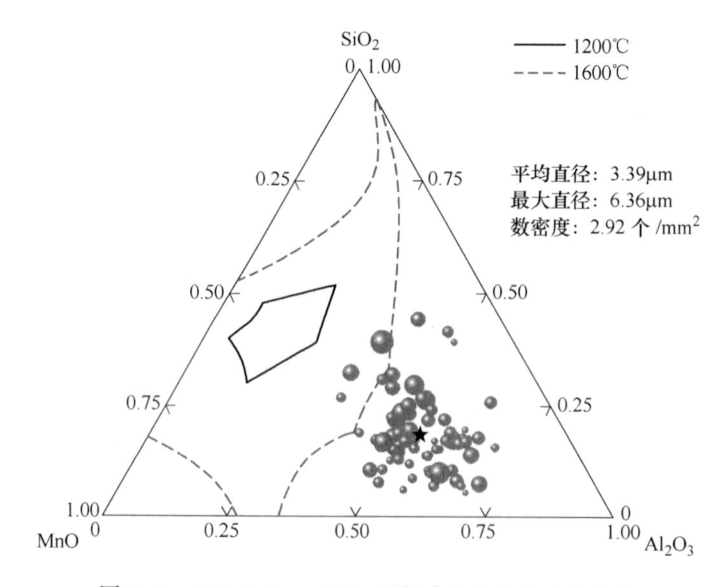

图 7-48　A3(Al_2O_3 = 15%) 时钢中夹杂物的成分分布

7.1.4.4 A4(Al_2O_3=20%）时钢中的夹杂物

Al_2O_3=20%时，反应达到平衡后的夹杂物形貌和成分分布分别如图7-49和图7-50所示。夹杂物主要成分为Al_2O_3-SiO_2-MnO，夹杂物中Al_2O_3含量明显增加到约60%，SiO_2和MnO减少，夹杂物成分继续偏离低熔点区域。夹杂物最大直径4.07μm，夹杂物最小直径2.12μm，夹杂物平均直径3.34μm，夹杂物形状为球形。

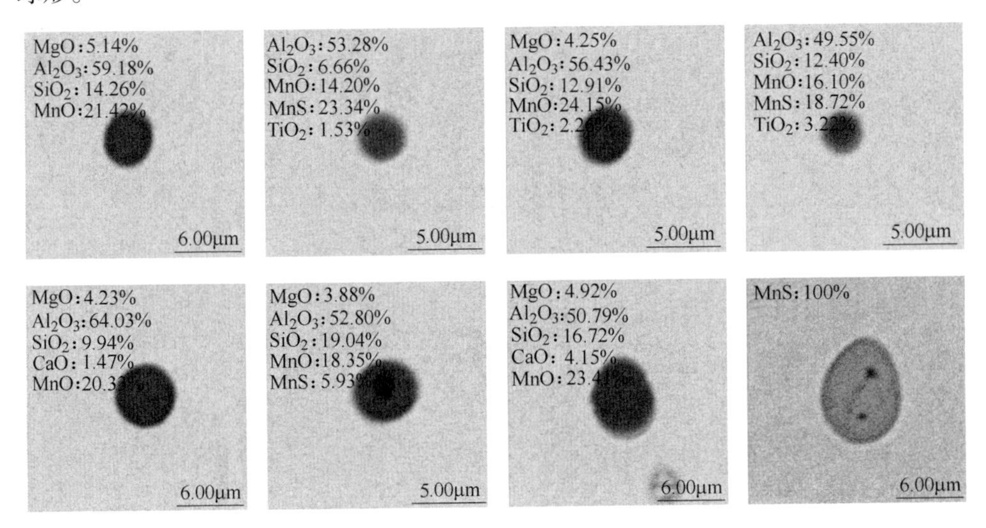

图7-49 A4(Al_2O_3=20%）时钢中夹杂物的形貌

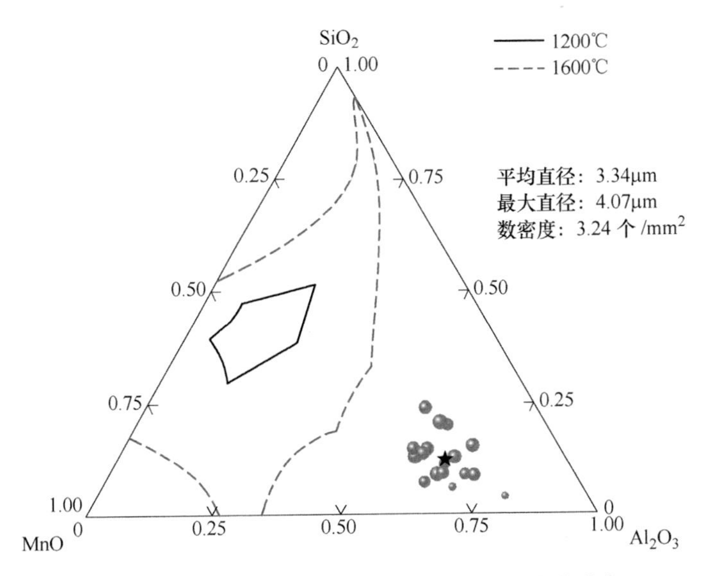

图7-50 A4(Al_2O_3=20%）时钢中夹杂物的成分分布

7.1.4.5　夹杂物随渣中 Al_2O_3 含量变化的演变

夹杂物成分随初始渣中 Al_2O_3 含量变化的演变如图 7-51 所示。图 7-51（a）中随初始渣中 Al_2O_3 含量增加，夹杂物中的 Al_2O_3 含量从 11%增加到 59%，这是由于初始渣中 Al_2O_3 含量增加，渣中 Al 向钢中传质造成的。夹杂物中 MnO 和 SiO_2 含量随初始渣中 Al_2O_3 含量增加而降低，这是由于钢中 Al 含量增加将 MnO 和 SiO_2 还原造成的。图 7-51（b）中 TiO_2 含量随初始渣中 Al_2O_3 含量增加而降低，夹杂物中 CaO 含量和 MgO 含量波动变化。随着钢中初始渣中 Al_2O_3 含量增加，夹杂物成分因 Al_2O_3 含量增加而逐渐偏离低熔点区。因此，应严格避免初始渣中加入 Al_2O_3。

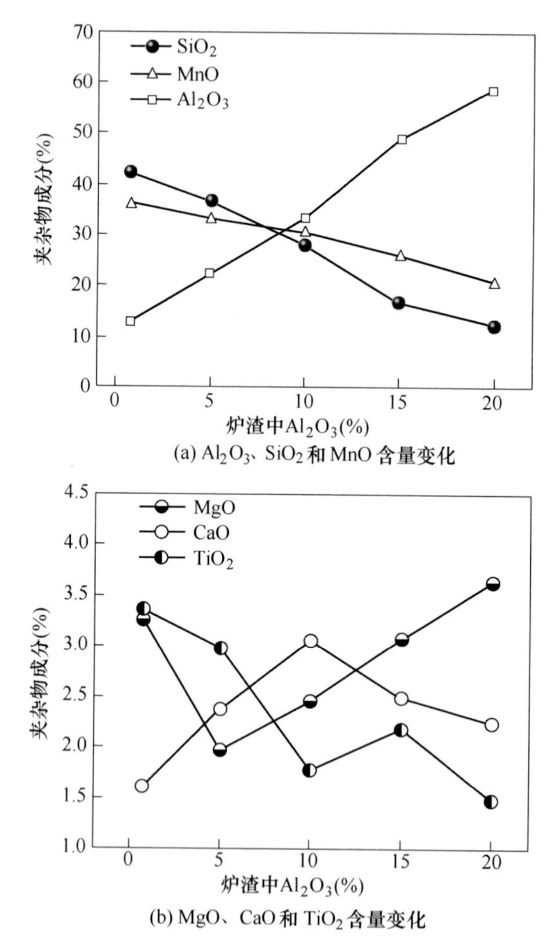

图 7-51　夹杂物成分随精炼渣中 Al_2O_3 含量变化的演变

夹杂物数量和尺寸随初始渣中 Al_2O_3 含量的演变如图 7-52 和图 7-53 所示。

随初始精炼渣中 Al_2O_3 含量从 0.7%增加到 20%，不锈钢中夹杂物的数量从 1.7 个/mm^2 增加到 3.2 个/mm^2，说明初始渣中 Al_2O_3 含量较高条件下，钢中夹杂物数量较多。随初始精炼渣中 Al_2O_3 含量从 0.7%增加到 20%，不锈钢中夹杂物的平均直径从 3.9μm 降低到 3.3μm。说明初始精炼渣中 Al_2O_3 含量较高，生成数量较多的小尺寸夹杂物；初始精炼渣中 Al_2O_3 含量较低，钢中存在数量较少的大尺寸夹杂物。

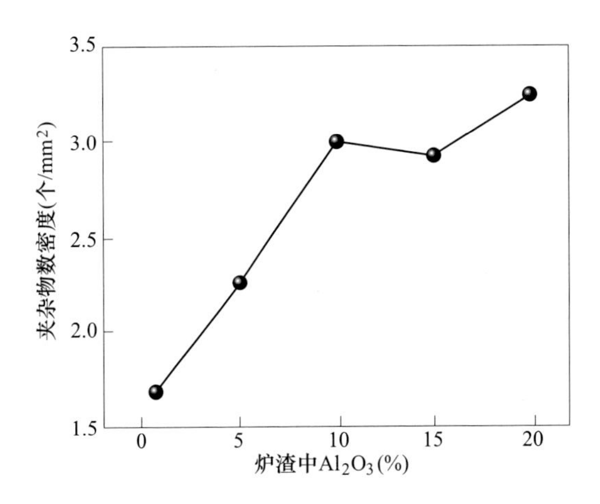

图 7-52　夹杂物数密度随精炼渣中 Al_2O_3 含量变化的演变

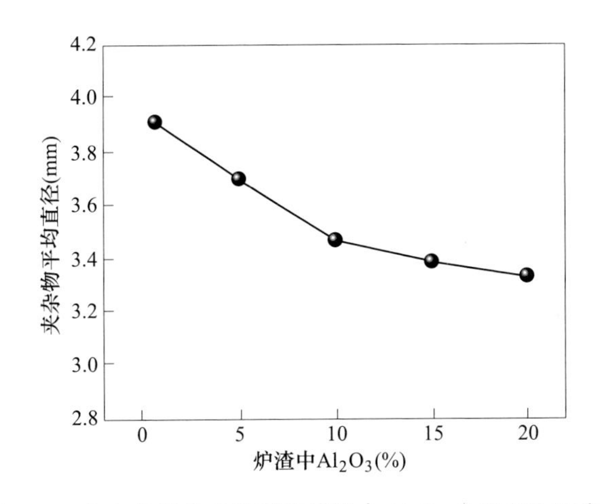

图 7-53　夹杂物平均直径随精炼渣中 Al_2O_3 含量变化的演变

7.1.5　精炼渣成分对夹杂物中 Al_2O_3 含量的影响

图 7-54[150]所示为反应后渣碱度和渣中 Al_2O_3 含量对夹杂物中 Al_2O_3 含量的影响。不同形状的符号代表不同学者的研究结果，不同符号尺寸和数字代表反应后夹杂物中 Al_2O_3 含量。由图可知，随着精炼渣碱度降低，夹杂物中 Al_2O_3 含量

降低。同时，随着渣中 Al_2O_3 含量的降低，夹杂物中的 Al_2O_3 含量降低。在图中的阴影区域内的低碱度、低 Al_2O_3 精炼渣有利于降低夹杂物中的 Al_2O_3 含量。

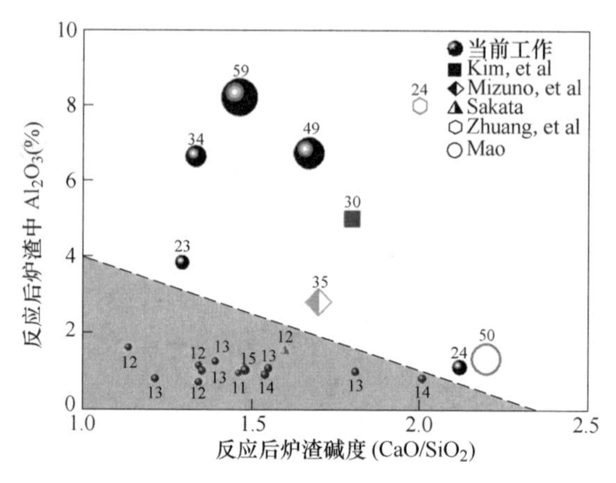

图 7-54　渣碱度和渣中 Al_2O_3 含量对夹杂物中 Al_2O_3 含量的影响[150]

图 7-55[150] 所示为反应后渣中 MgO 含量对夹杂物中 Al_2O_3 含量的影响。由图可知，随着渣中 MgO 含量的增加，夹杂物中 Al_2O_3 含量基本不变。但是由于 MgO 基耐火材料的使用，在初始渣中加入 10%～15%的 MgO 有利于减小耐火材料的侵蚀，增加炉衬寿命。

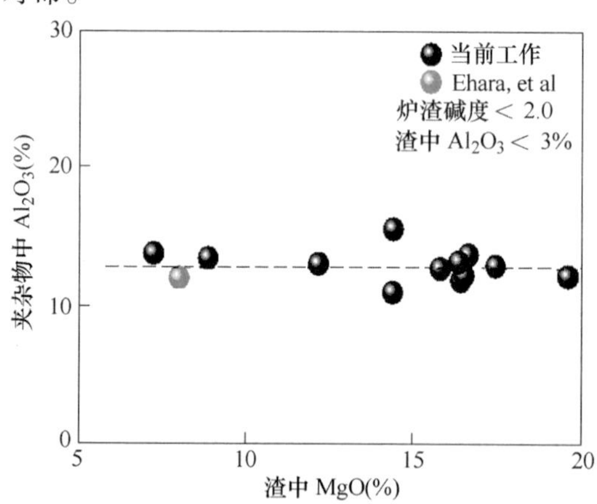

图 7-55　渣中 MgO 含量对夹杂物中 Al_2O_3 含量的影响[150]

7.2　精炼渣改性工业实践研究

7.2.1　AOD 至 LF 炉不调整精炼渣正常碱度原有工艺炉次不锈钢洁净度演变

炉次工艺操作为 AOD 冶炼时间约为 100min，其间两次造渣，出钢时添加 CaSiBa 合金进行脱氧；LF 精炼时间约为 63min，送电升温后加入 FeSi 粉进行扩散脱氧，并加入石灰调渣以升高碱度，控制碱度约为1.95。之后进行软吹操作，软吹时间约为10min左右；软吹结束后，钢包出站，上连铸平台进行浇注，钢包镇静时间约为15min，连铸时间约为40min。在AOD精炼、LF精炼和连铸阶段进行取样，取样位置分别为AOD出钢、LF入站、LF精炼7min、LF精炼31min、LF精炼43min、LF出站、中间包浇注中期（浇注15min）出口及铸坯样，取样方案及生产流程如图7-56所示。

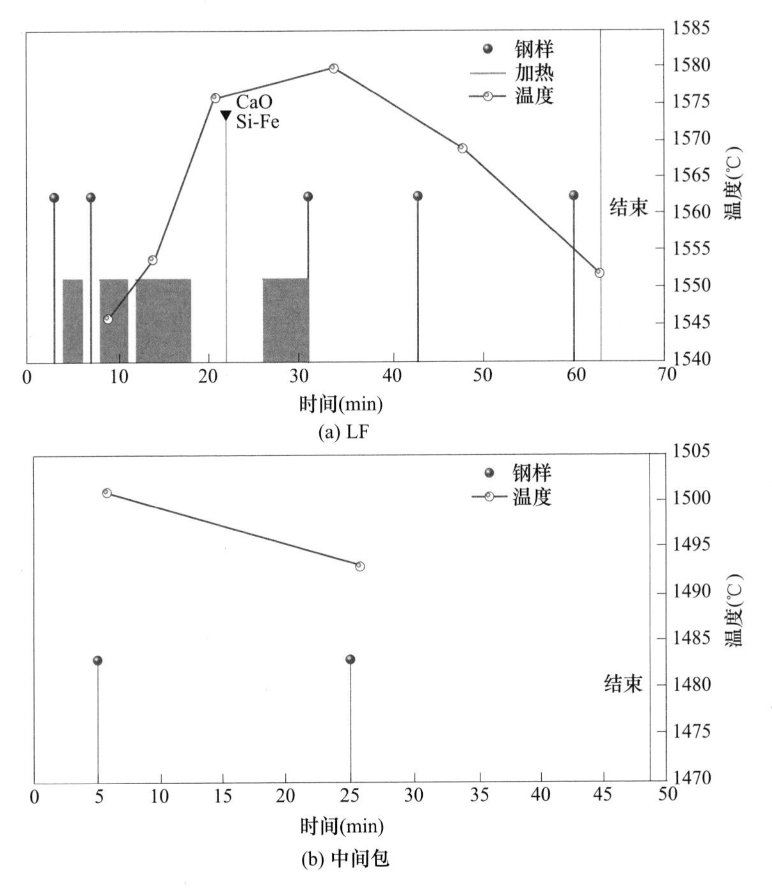

图7-56　原有工艺炉次中间包取样记录

精炼渣中主要成分有CaO、SiO_2和CaF_2，其余MgO和Al_2O_3等成分含量较少。AOD至LF期间精炼成分如图7-57所示，可见精炼过程中，由于LF精炼阶段加入CaO调渣，得到的最终精炼渣碱度约为1.95。炉渣中Al_2O_3含量总体呈上升趋势，由AOD出钢时的1.40%上升至LF出站时的2.21%。

钢液成分的变化直接影响夹杂物的变化，该炉次钢液成分如图7-58所示。对钢液中$[Al]_s$含量与T.Ca含量进行检测，结果表明该炉次$[Al]_s$含量在AOD

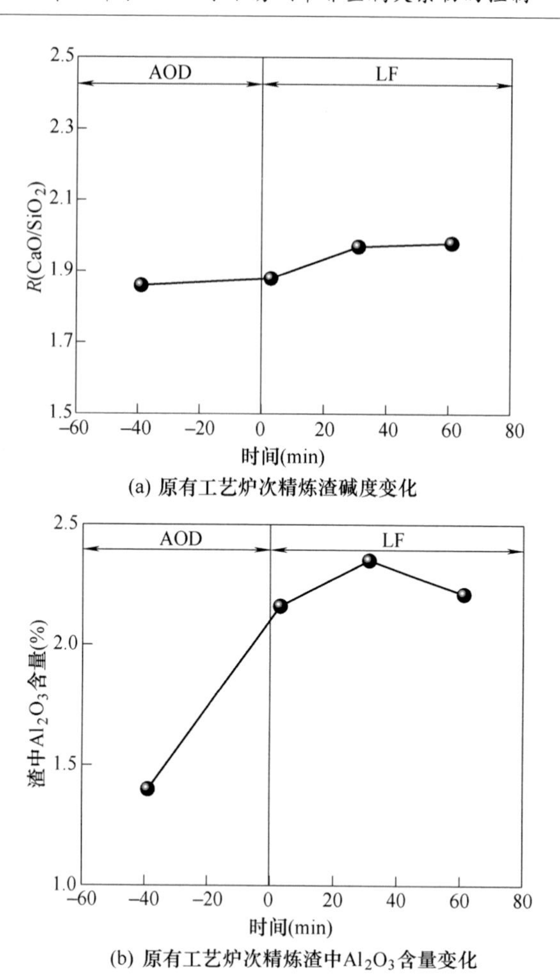

(a) 原有工艺炉次精炼渣碱度变化

(b) 原有工艺炉次精炼渣中Al_2O_3含量变化

图 7-57　原有工艺炉次 LF 精炼渣成分变化

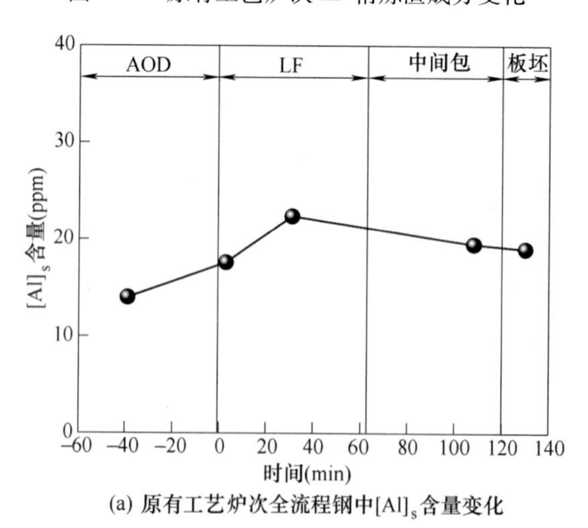

(a) 原有工艺炉次全流程钢中$[Al]_s$含量变化

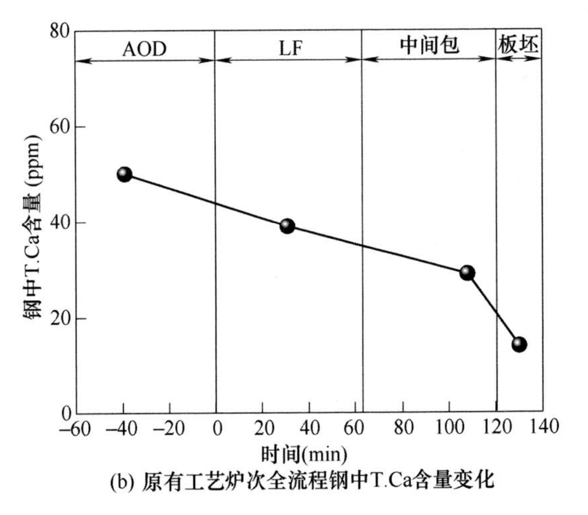

(b) 原有工艺炉次全流程钢中T.Ca含量变化

图 7-58 原有工艺炉次全流程钢液成分变化

出钢时约为 14ppm，由于出钢时加入了 CaSiBa 合金，导致 LF 进站时 $[Al]_s$ 含量小幅上升至约 17ppm。LF 炉送电后，加入的 FeSi 粉合金中含有较高含量的铝，导致 $[Al]_s$ 含量进一步升高。精炼 31min 时，钢中 $[Al]_s$ 含量达到峰值，约为 23ppm。直到铸坯中，钢中 $[Al]_s$ 含量约为 20ppm。冶炼全流程 T. Ca 含量较高，AOD 出钢时，T. Ca 含量约为 50ppm，之后逐渐下降，精炼 31min 时 T. Ca 含量约为 40ppm，中间包浇注 15min 时 T. Ca 含量约为 43ppm，铸坯中 T. Ca 含量下降至约为 13ppm。

采用 LECO 氧氮分析仪对全流程各工序钢中 T. O 含量与 T. N 含量的变化进行测量、分析，结果如图 7-59 所示。可以看出，由于 AOD 出钢时添加了硅钙钡合金脱氧，造成 LF 进站时钢中 T. O 含量明显下降。LF 精炼过程中 T. O 含量持

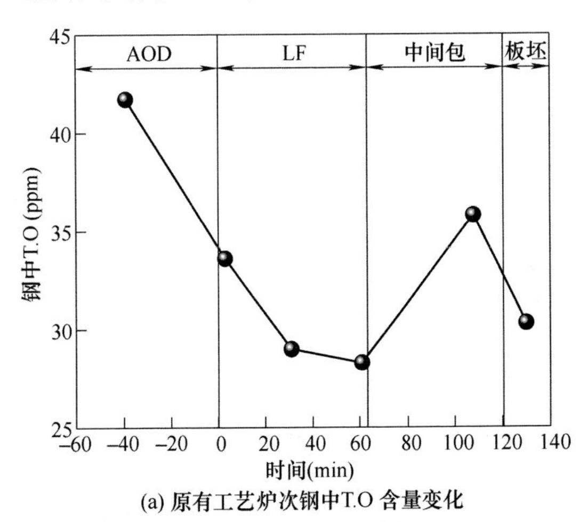

(a) 原有工艺炉次钢中T.O 含量变化

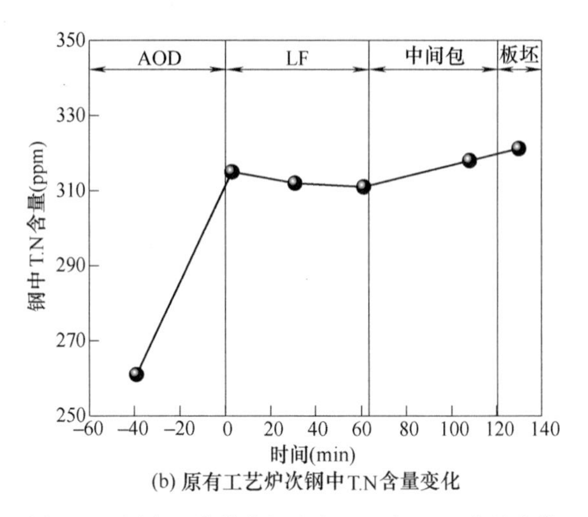

(b) 原有工艺炉次钢中T.N含量变化

图 7-59 原有工艺炉次钢液中 T. O 与 T. N 含量变化

续下降，这是由于夹杂物逐渐上浮去除所致。LF 出站时 T. O 含量约为 28ppm。中间包浇注 15min 时出口处钢液 T. O 含量较 LF 出站时有较大增长，说明中间包可能发生了二次氧化。铸坯中 T. O 含量再次下降至 30ppm 左右。

原有工艺炉次 AOD 出钢时夹杂物成分如图 7-60 所示。绝大部分夹杂物为尺寸较小的 Al_2O_3-SiO_2-CaO 复合夹杂物。夹杂物主要呈球形，其中 CaO 含量较高，达到 55%～80%，Al_2O_3 含量在 10%以下，SiO_2 含量约为 15%～25%。

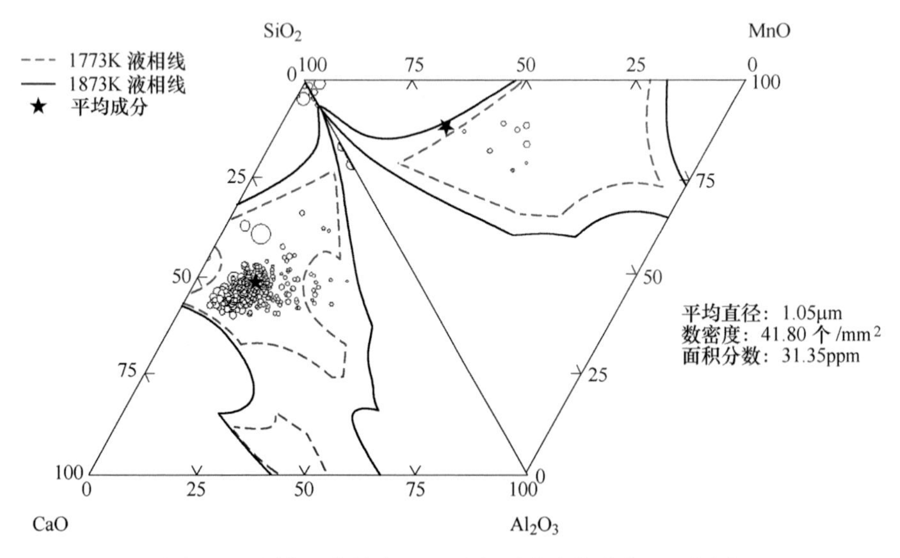

图 7-60 原有工艺炉次 AOD 出钢时夹杂物成分三元相图

原有工艺炉次 LF 进站时夹杂物成分如图 7-61 所示。与 AOD 出站时相比，

LF进站时夹杂物成分变化不大。夹杂物主要呈球形，其中CaO含量约为55%~80%，Al_2O_3含量在10%以下，SiO_2含量约为15%~25%。同时，夹杂物中含有少量MgO，可能是由于耐火材料侵蚀造成Mg元素进入钢液，与夹杂物反应造成的。

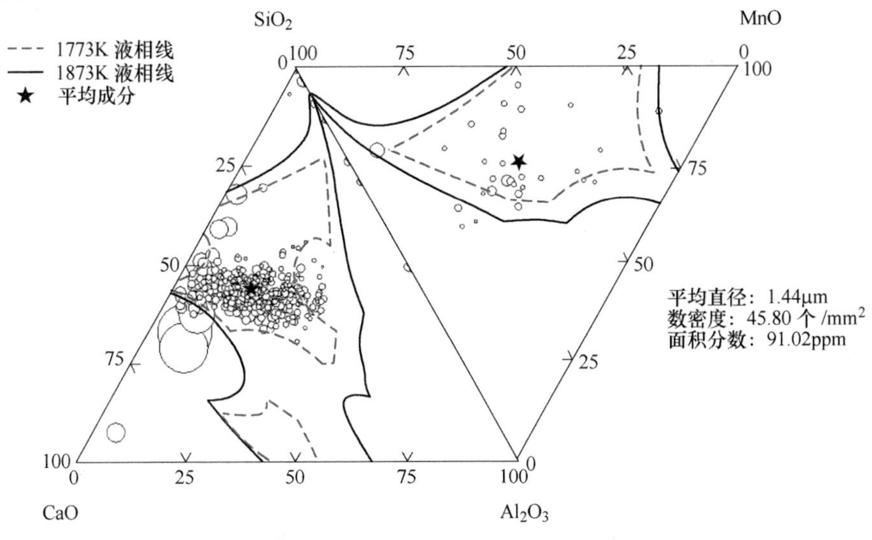

图7-61 原有工艺炉次LF进站时夹杂物成分三元相图

原有工艺炉次LF精炼7min时夹杂物三元相图如图7-62所示。其平均成分较LF进站变化不大。夹杂物主要呈球形，其中CaO含量约为65%~70%，Al_2O_3含量在10%以下，SiO_2含量约为20%，同时含有少量MgO。

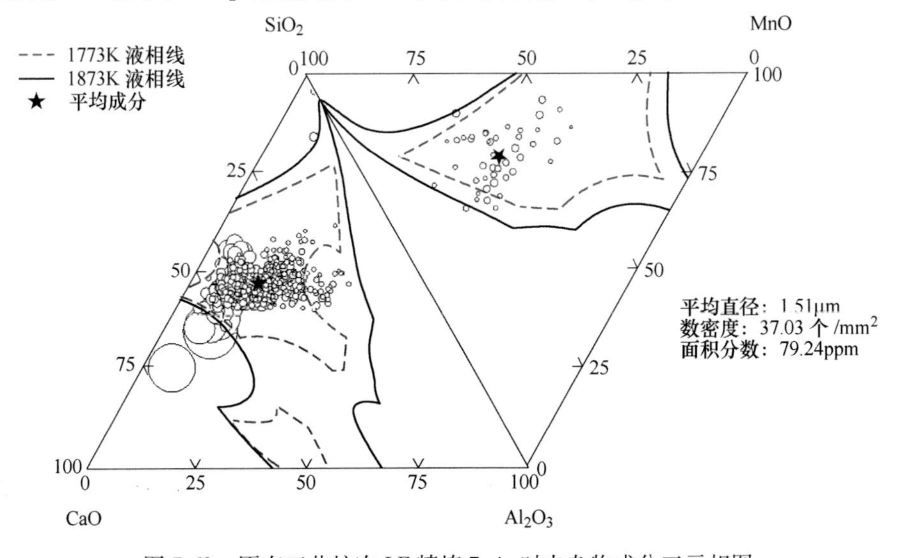

图7-62 原有工艺炉次LF精炼7min时夹杂物成分三元相图

原有工艺炉次 LF 精炼 31min 时夹杂物三元相图如图 7-63 所示。夹杂物主要呈球形，部分夹杂物 CaO 含量较高，也有部分夹杂物 SiO_2 含量较高，此类夹杂物中 CaO 含量较低。

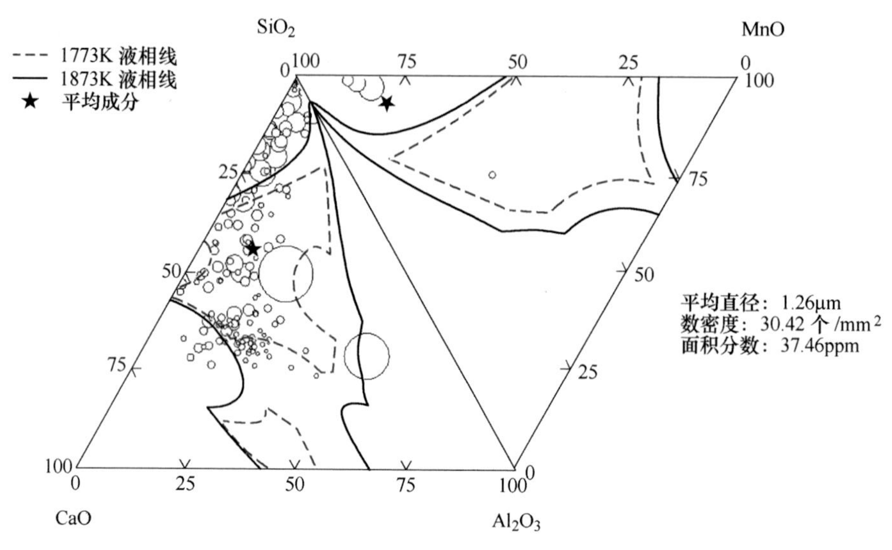

图 7-63　原有工艺炉次 LF 精炼 31min 时夹杂物成分三元相图

原有工艺炉次 LF 精炼 43min 时夹杂物成分如图 7-64 所示。夹杂物成分较之前变化不大。夹杂物形状主要呈球形，大部分夹杂物 CaO 含量较高，约为 65%~70%，也有部分夹杂物 SiO_2 含量较高。另外夹杂物中也有 10%的 Al_2O_3 存在。

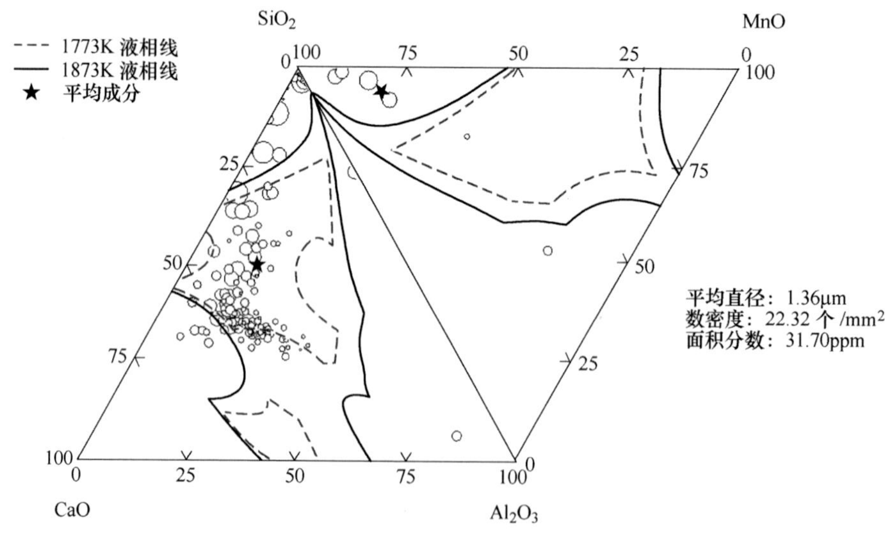

图 7-64　原有工艺炉次 LF 精炼 43min 时夹杂物成分三元相图

原有工艺炉次 LF 出站时，扫描得到的夹杂物成分三元相图如图 7-65 所示。夹杂物成分较之前变化不大，形状主要为球形，CaO 含量几乎都在 40%以上，仍然保持较高水平。

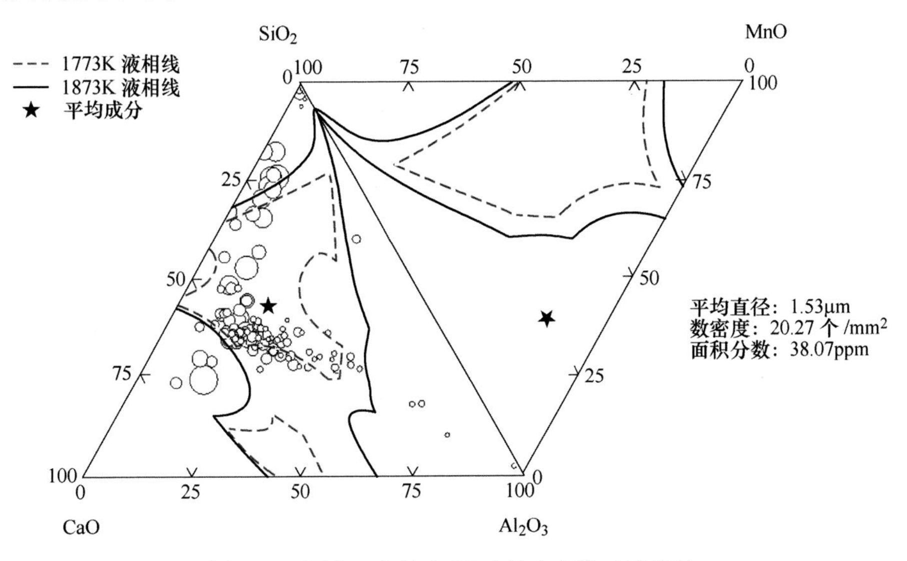

图 7-65 原有工艺炉次 LF 出站夹杂物三元相图

原有工艺炉次中间包浇注 15min 时出口样品中夹杂物成分如图 7-66 所示。绝大多数的夹杂物成分为 Al_2O_3- SiO_2-CaO，夹杂物主要呈球形，CaO 含量在 50% ~ 65%左右，Al_2O_3 含量约为 10%，SiO_2 含量约为 20%，同时含有少量 MgO。

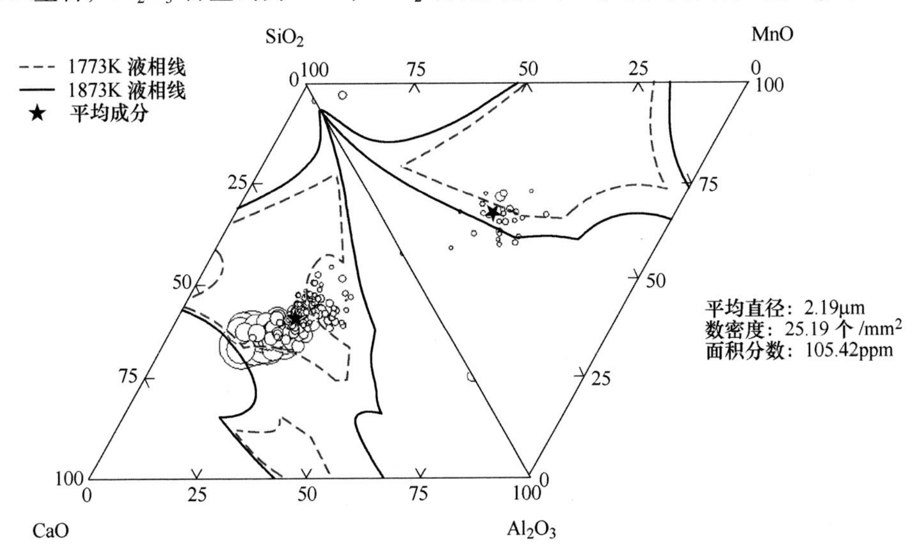

图 7-66 原有工艺炉次中间包浇注 15min 时夹杂物成分

原有工艺炉次铸坯中夹杂物成分如图7-67所示。夹杂物开始由球形转变为具有一定的棱角，这主要是由于夹杂物中部分相结晶析出造成的，但CaO含量仍然较高，约为50%~70%，Al_2O_3 含量约为10%~20%，SiO_2 含量约为15%~25%，同时含有少量MgO。

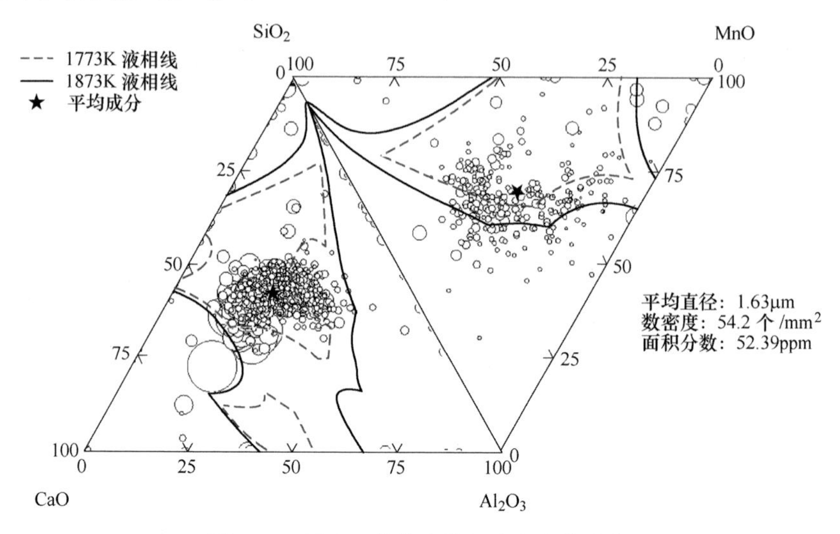

图7-67 原有工艺炉次铸坯中夹杂物成分

7.2.2 LF降低精炼渣碱度炉次不锈钢洁净度演变

LF降低精炼渣碱度炉次304奥氏体不锈钢的工艺操作为：AOD出站时不加入CaSiBa合金、LF扒渣至2.0~2.5t，LF取消加入FeSi粉合金，改为加入石英砂300~400kg，调整炉渣碱度在1.5~1.6，其他操作与7.2.1节所述正常碱度流程相同。在AOD精炼、LF精炼和连铸阶段分别取样进行分析，分析所取钢水样位置为AOD出钢、LF进站、LF精炼21min、LF精炼37min、LF精炼47min、LF出站、中间包浇注中期出口及铸坯样。取样方案及生产流程如图7-68所示。

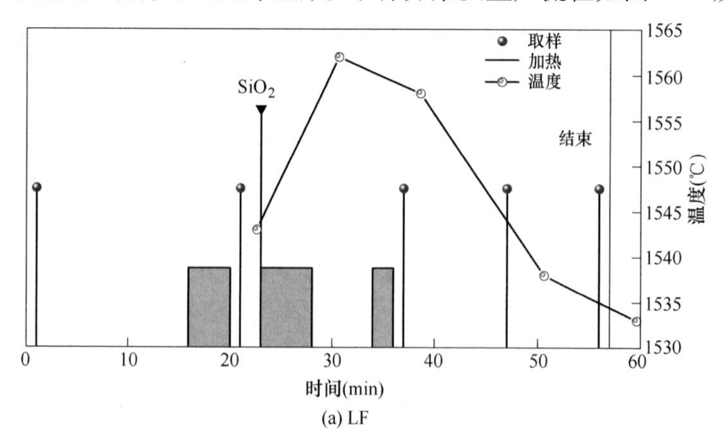

(a) LF

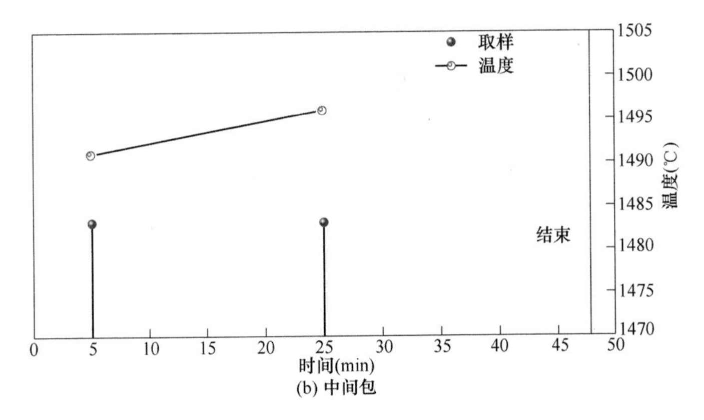

(b) 中间包

图 7-68 LF 降碱度工艺炉次中间包取样记录

LF 降碱度工艺炉次炉渣中主要成分有 CaO、SiO_2 和 CaF_2，其余 MgO 和 Al_2O_3 等成分含量较少。炉渣成分变化趋势如图 7-69 所示，可见 LF 进站时炉渣碱度为

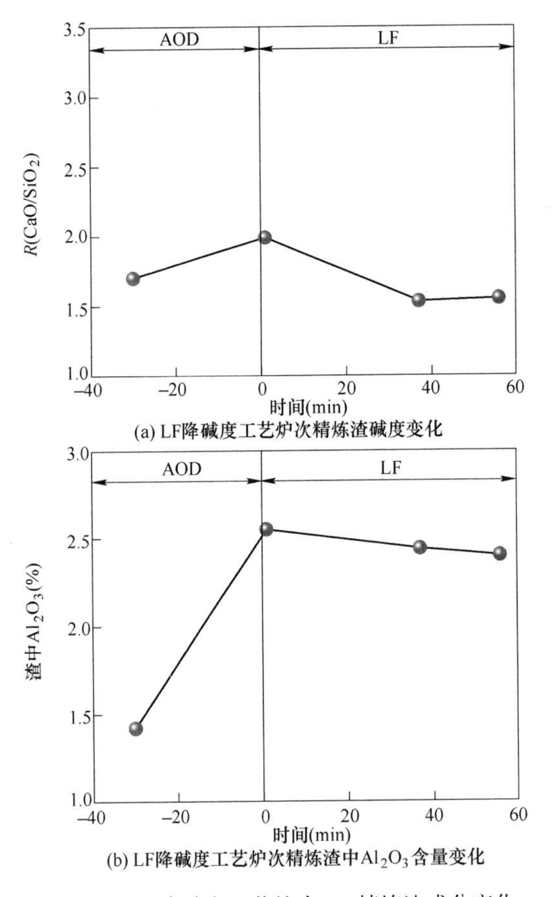

图 7-69 LF 降碱度工艺炉次 LF 精炼渣成分变化

2.0，LF精炼阶段加入石英砂降低碱度，故得到的最终精炼渣碱度约为1.55。炉渣中Al_2O_3含量总体略有降低，由LF进站时的2.55%下降至LF出站时的2.40%。

LF降碱度工艺炉次钢液成分如图7-70所示，对钢液中$[Al]_s$、T.Ca、T.O

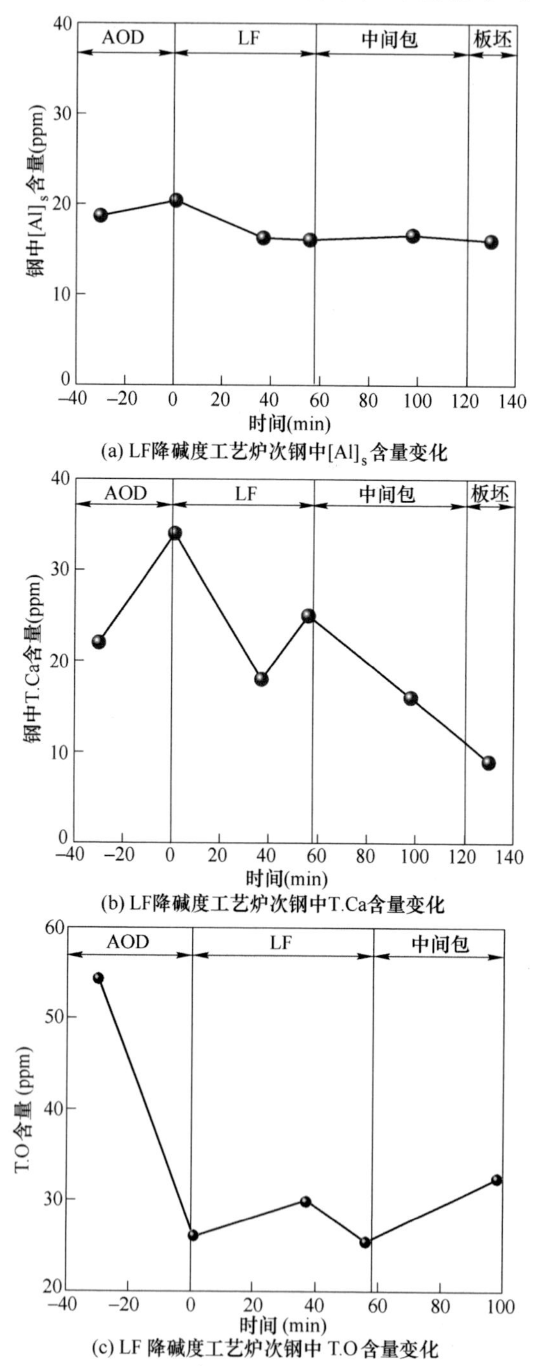

(a) LF降碱度工艺炉次钢中$[Al]_s$含量变化

(b) LF降碱度工艺炉次钢中T.Ca含量变化

(c) LF降碱度工艺炉次钢中T.O含量变化

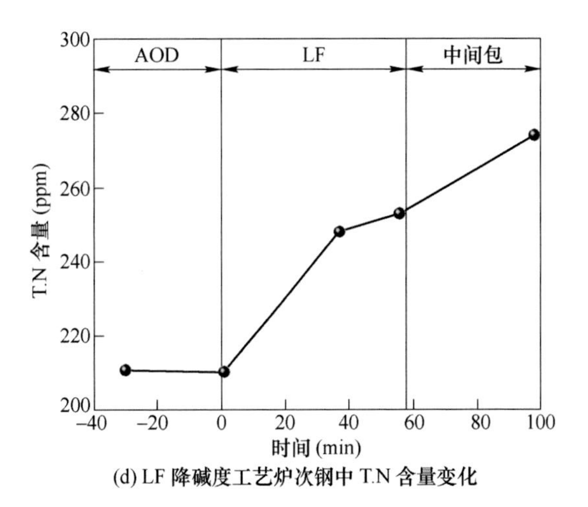

(d) LF 降碱度工艺炉次钢中 T.N 含量变化

图 7-70 LF 降碱度工艺炉次钢液成分变化

和 T. N 含量进行了检测。结果表明，该炉次［Al］$_s$ 在 LF 进站时有小幅上升，全流程来看变化不大，至铸坯中，钢中［Al］$_s$ 约为 15ppm。冶炼全流程 T. Ca 含量较高，总体呈下降趋势，铸坯中 T. Ca 含量下降至约为 10ppm。随着冶炼时间的增加，钢中 T. O 含量逐渐降低，说明夹杂物总量逐渐降低。但是钢中 T. N 含量在 LF 精炼和连铸过程随着时间而增加，说明钢液发生了空气二次氧化。

该炉次 AOD 出站时夹杂物三元相图如图 7-71 所示。大多数夹杂物为尺寸较小的 Al_2O_3-SiO_2-CaO 复合夹杂物。夹杂物主要呈球形，CaO 含量约为 60%，Al_2O_3 含量在 10%以下，SiO_2 含量约为 25%。

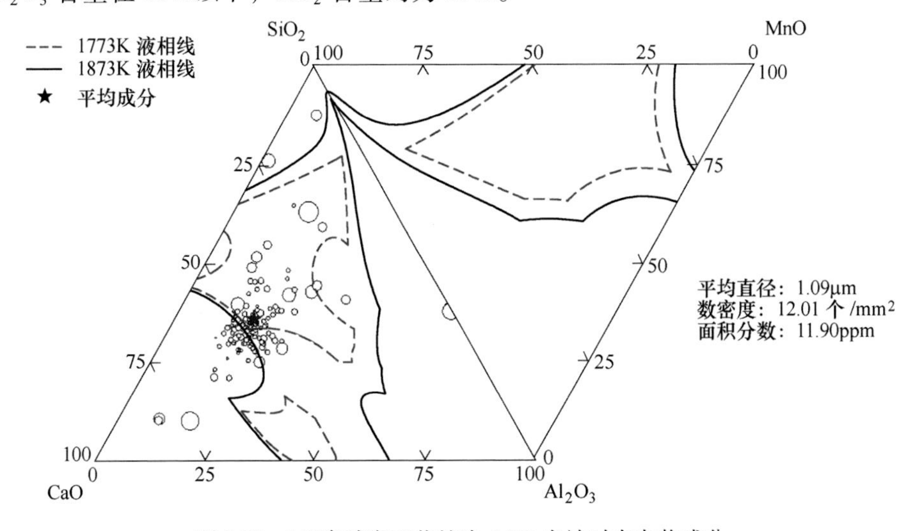

图 7-71 LF 降碱度工艺炉次 AOD 出站时夹杂物成分

LF 降碱度工艺炉次 LF 进站时夹杂物成分如图 7-72 所示。夹杂物主要呈球形，夹杂物成分与之前相比变化不大。CaO 含量约为 60%，Al_2O_3 含量约为 10%，SiO_2 含量约为 20%，部分夹杂物的成分位于低熔点区域之外。

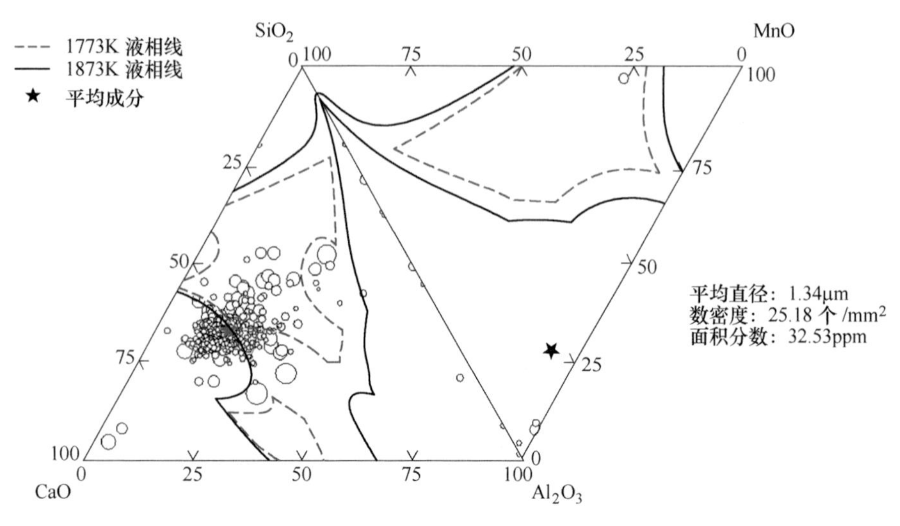

图 7-72　LF 降碱度工艺炉次 LF 进站时夹杂物成分

LF 降碱度工艺炉次 LF 精炼 21min 时夹杂物成分如图 7-73 所示。夹杂物主要呈球形，夹杂物平均成分与之前变化不大。CaO 含量约为 50%~65%，Al_2O_3 含量约为 10%，SiO_2 含量约为 20%。

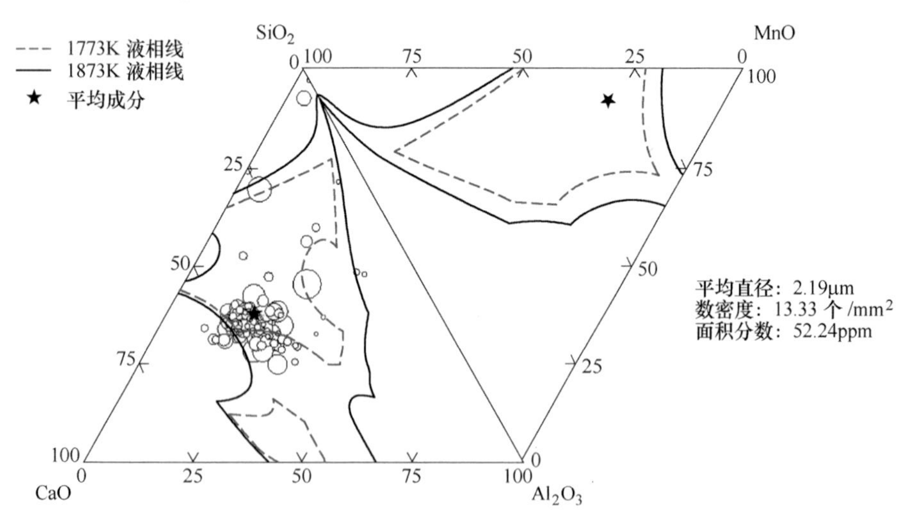

图 7-73　LF 降碱度工艺炉次 LF 精炼 21min 夹杂物成分

LF 降碱度工艺炉次 LF 调渣后夹杂物成分如图 7-74 所示。夹杂物主要呈球形，CaO 含量约为 60%，Al_2O_3 含量约为 10%，SiO_2 含量约为 20%，同时有少量 MgO。

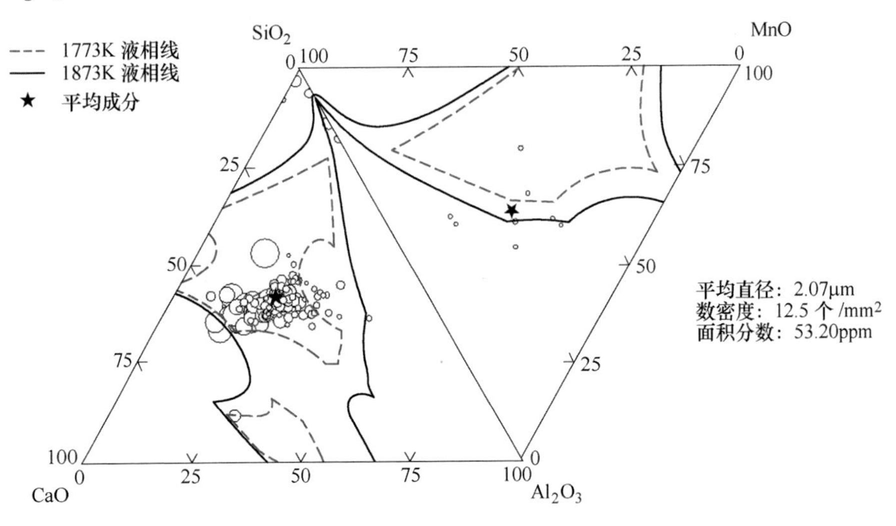

图 7-74 LF 降碱度工艺炉次 LF 调渣后夹杂物成分

LF 降碱度工艺炉次 LF 精炼后 47min 夹杂物成分如图 7-75 所示。夹杂物主要呈球形，CaO 含量约为 60%，Al_2O_3 含量约为 10%，SiO_2 含量约为 20%，个别夹杂物中 SiO_2 含量较高。

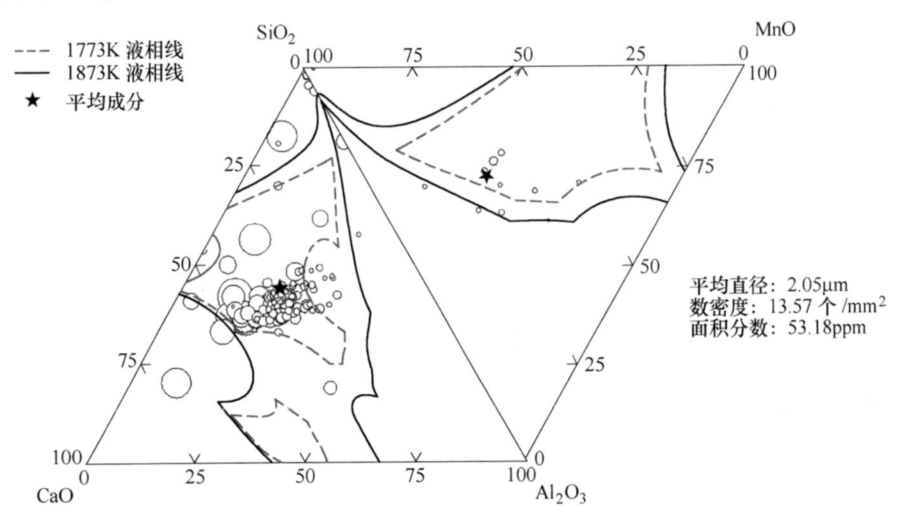

图 7-75 LF 降碱度工艺炉次 LF 精炼 47min 夹杂物成分

LF 降碱度工艺炉次 LF 出站时夹杂物成分如图 7-76 所示。夹杂物主要呈球形，CaO 含量仍然较高，达 60%～70%，Al_2O_3 含量约为 10%，SiO_2 含量约为

20%，另外含有部分 MgO。

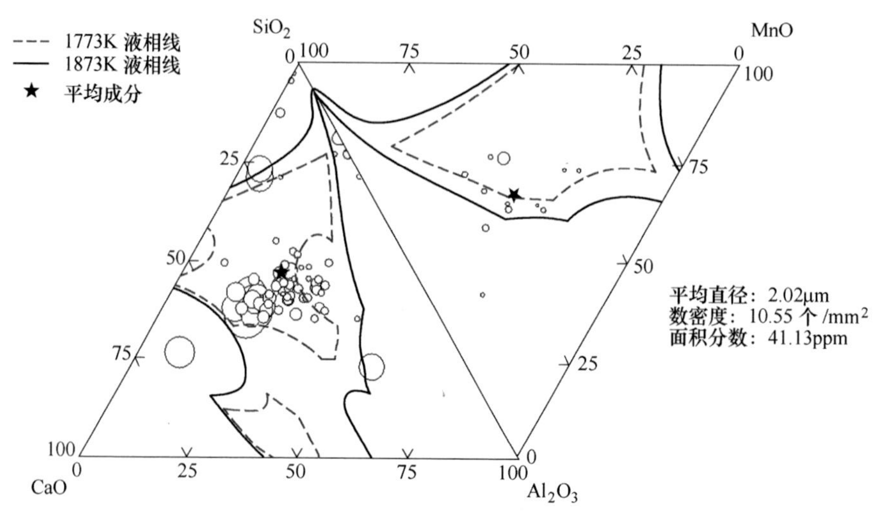

图 7-76　LF 降碱度工艺炉次 LF 出站时夹杂物成分

LF 降碱度工艺炉次中间包浇注 15min 时出口样品的夹杂物成分如图 7-77 所示。钢中开始有 Al_2O_3-SiO_2-MnO 夹杂物出现。夹杂物主要呈球形，CaO 含量约为 50%～60%，Al_2O_3 含量为 10%～15%，SiO_2 含量约为 20%，同时还有部分 MgO。

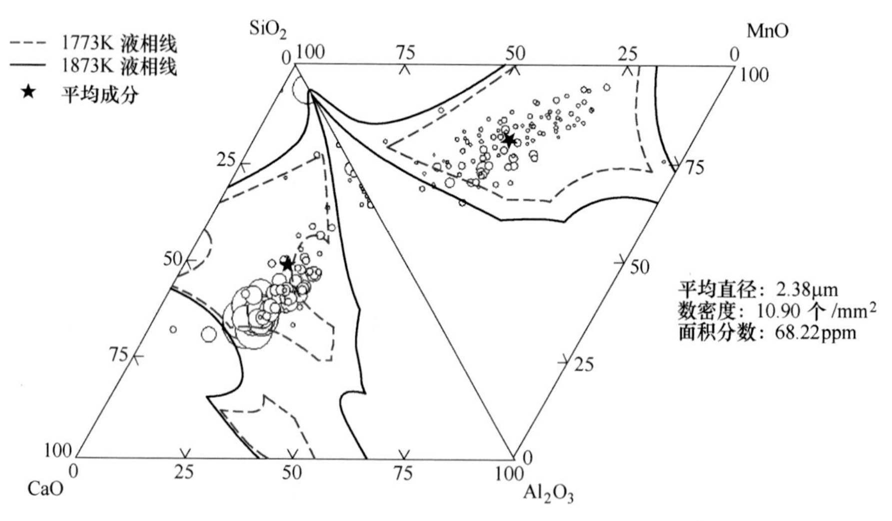

图 7-77　LF 降碱度工艺炉次中间包浇注 15min 夹杂物成分

该炉次铸坯中夹杂物成分如图 7-78 所示。钢中 Al_2O_3-SiO_2-CaO 复合夹杂物与 Al_2O_3-SiO_2-MnO 复合夹杂物均有分布。夹杂物主要呈球形，CaO 含量约为

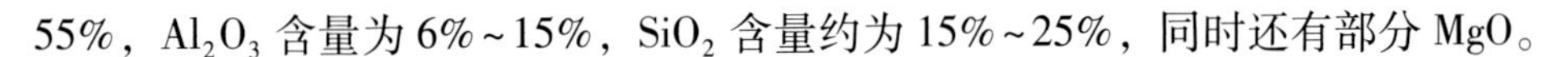

55%，Al_2O_3 含量为 6%~15%，SiO_2 含量约为 15%~25%，同时还有部分 MgO。

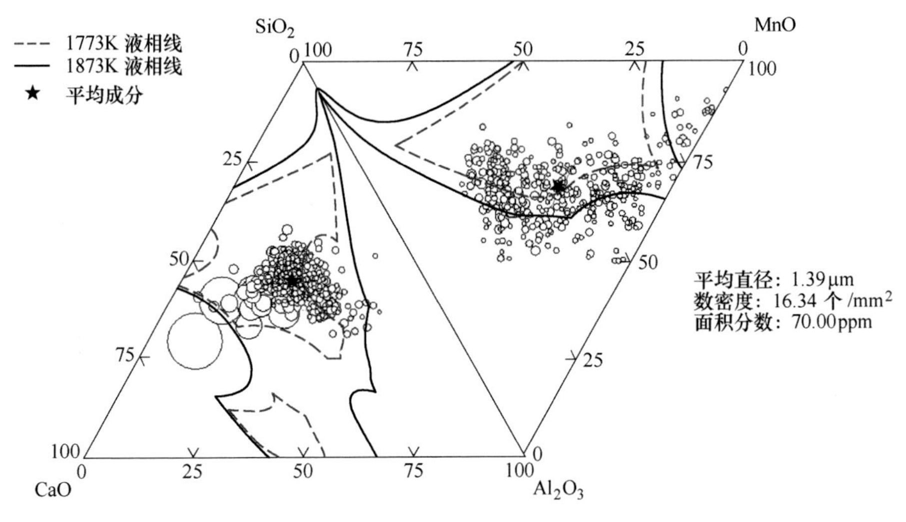

图 7-78　LF 降碱度工艺炉次铸坯内弧处夹杂物成分

7.2.3　AOD 降低精炼渣碱度炉次不锈钢洁净度演变

该炉次主要工艺操作为：控制 AOD 炉渣碱度在 1.75 左右，LF 不添加硅铁粉、不加渣，软吹时间控制在 15min，氩气流量为以不露渣眼为宜，钢包静置 20min 以上。对该炉次在 AOD 精炼、LF 精炼及连铸过程进行全流程取样，分别为 AOD 还原末期、AOD 出钢时、LF 进站、LF 软吹 0min、LF 软吹 5min、LF 软吹 10min、LF 软吹 15min、中间包浇注 15min（浇注中期）出口、铸坯样。取样方案及生产流程如图 7-79 所示。

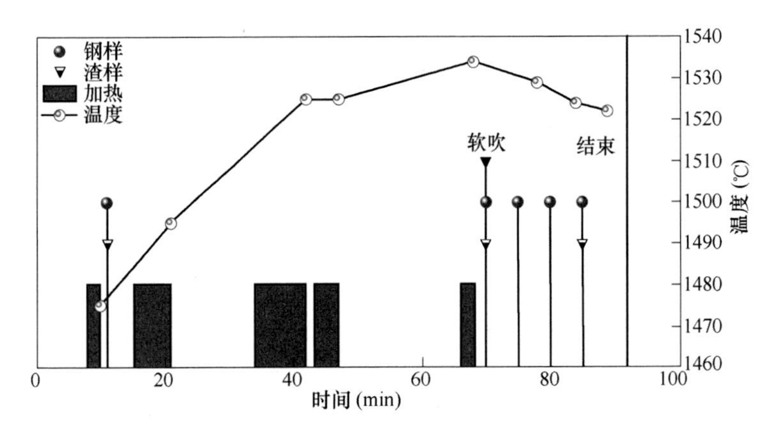

图 7-79　AOD 降碱度工艺 LF 工艺流程及取样记录

AOD 降碱度工艺炉渣中主要成分有 CaO、SiO_2、CaF_2，其余 MgO 和 Al_2O_3 等

成分含量较少。全流程炉渣成分的变化检测结果如图 7-80 所示，可见该炉 LF 精炼静置过程中，炉渣碱度约为 1.65～1.80，炉渣中 Al_2O_3 含量由 1.45%升高至 2.12%，说明 AOD 出钢至 LF 软吹结束期间，夹杂物中的铝从钢液进入到精炼渣中。

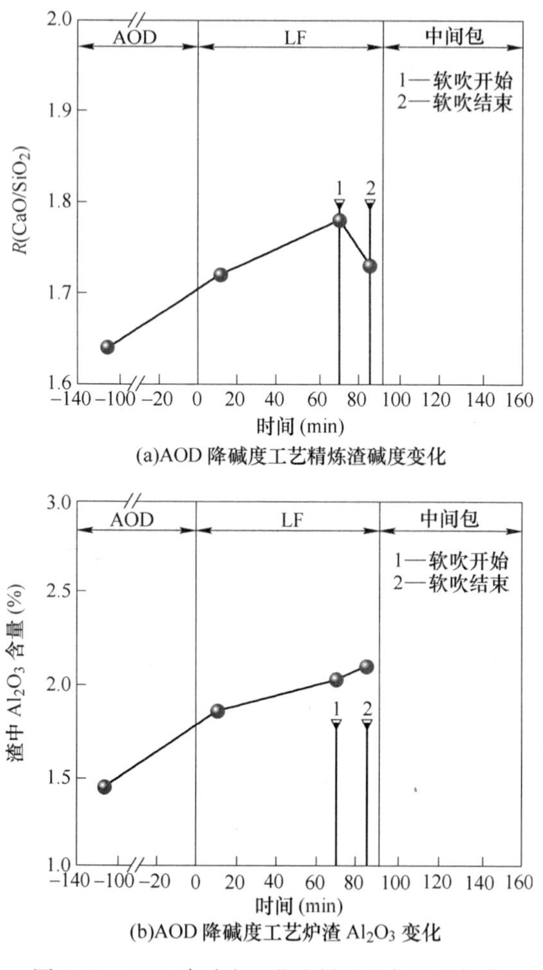

图 7-80　AOD 降碱度工艺取样流程与工艺操作

AOD 降碱度工艺全流程钢液成分的检测结果如图 7-81 所示。由图可知，精炼前期［Al］$_s$ 含量小幅上升，从 LF 软吹开始下降，至铸坯中［Al］$_s$ 含量约为 8ppm 左右。T. Ca 含量总体呈下降趋势，中间包浇注中期与铸坯中 T. Ca 含量约为 2～3ppm。AOD 降碱度工艺全流程钢中总氧含量和氮含量的检测结果如图 7-81（c）所示，可以看出精炼过程中 T. O 含量持续下降，但在 LF 软吹 10min 时小幅上升。中间包浇注中期试样 T. O 与氮含量均有所上升，说明有二次氧化现象发生。至铸坯中，钢中 T. O 含量约为 23ppm。

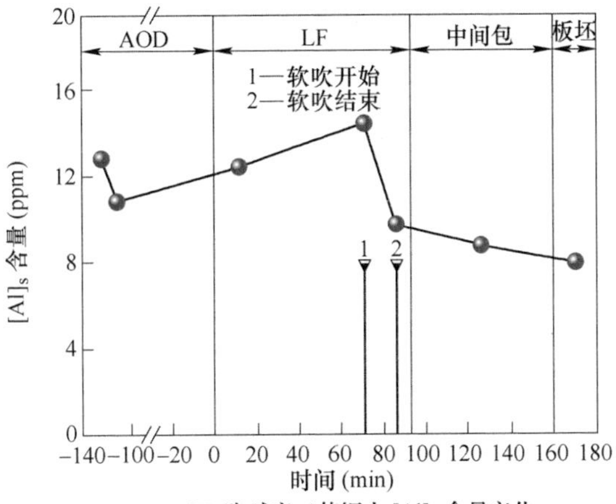

(a)AOD 降碱度工艺钢中 $[Al]_s$ 含量变化

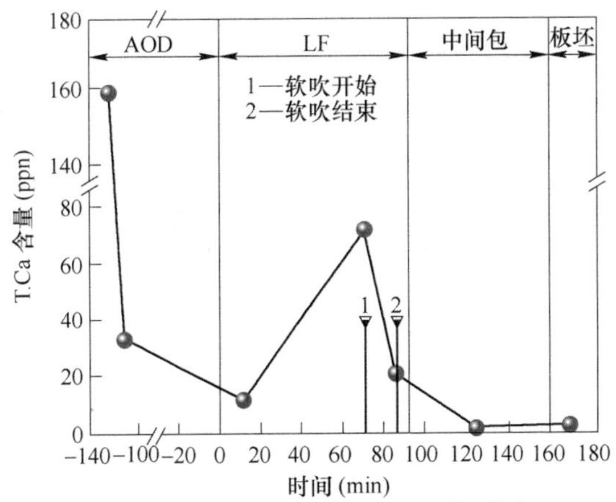

(b)AOD 降碱度工艺钢中 T.Ca 含量变化

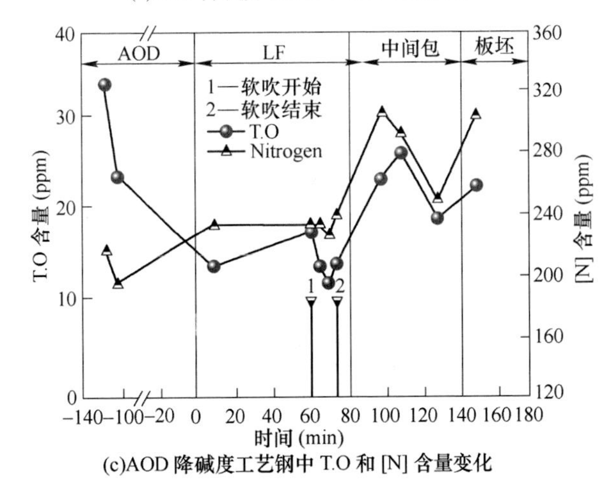

(c)AOD 降碱度工艺钢中 T.O 和 [N] 含量变化

图 7-81 AOD 降碱度工艺钢液成分检测结果

AOD 降碱度工艺炉次 AOD 还原末期夹杂物成分如图 7-82 所示。此时绝大多数夹杂物落在 Al_2O_3、SiO_2、CaO 三元相图中，Al_2O_3 平均含量约为 10%~20%，CaO 含量约为 30%~50%。同时也有少量 SiO_2-Al_2O_3-MnO 夹杂物分布。扫描面积为 31. 36mm²，共扫描到 300 个平均直径为 1μm 以上的夹杂物，夹杂物的平均直径为 1. 58μm，最大直径为 9. 65μm，夹杂物的数密度为 9. 57 个/mm²，面积分数为 25. 64ppm。

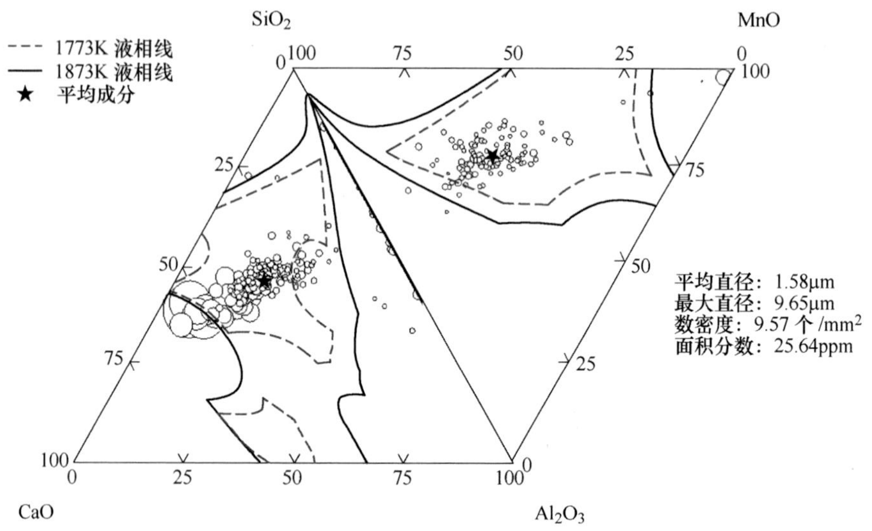

图 7-82　AOD 降碱度工艺 AOD 还原末期夹杂物三元相图

AOD 降碱度工艺炉次 AOD 出钢时夹杂物成分如图 7-83 所示。从平均成分上

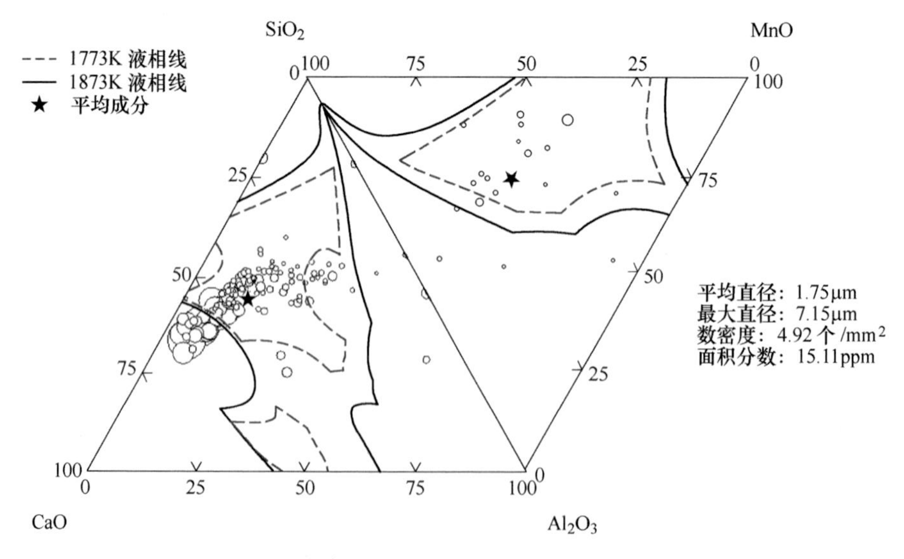

图 7-83　AOD 降碱度工艺 AOD 出钢时夹杂物三元相图

看，夹杂物中 Al_2O_3 平均含量较 AOD 还原末期有所下降，约为 12%；CaO 含量约为 40% ~ 60%。同时也有少量 SiO_2-Al_2O_3-MnO 夹杂物分布。扫描面积为 30.72mm²，共扫描到 151 个平均直径为 1μm 以上的夹杂物，夹杂物的平均直径为 1.75μm，最大直径为 7.15μm，夹杂物的数密度为 4.92 个/mm²，面积分数为 15.11ppm。

AOD 降碱度工艺 LF 进站时夹杂物成分如图 7-84 所示。此时钢中出现 SiO_2-Al_2O_3-MnO 夹杂物。扫描面积为 26.88mm²，共扫描到 199 个平均直径为 1μm 以上的夹杂物，夹杂物的平均直径为 1.27μm，最大直径为 6.76μm，夹杂物的数密度为 7.40 个/mm²，面积分数为 9.85ppm。

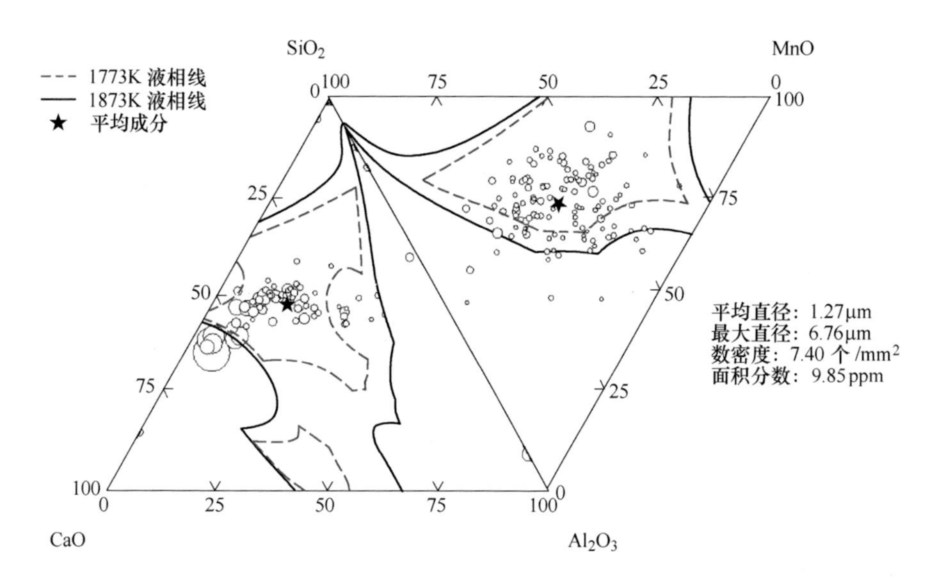

图 7-84 AOD 降碱度工艺 LF 进站时夹杂物三元相图

AOD 降碱度工艺 LF 软吹 0min 时夹杂物成分如图 7-85 所示。此时夹杂物主要为 SiO_2-Al_2O_3-MnO-CaO，Al_2O_3 平均含量约为 15%，CaO 含量较高。扫描面积为 23.04mm²，共扫描到 88 个平均直径为 1μm 以上的夹杂物，夹杂物的平均直径为 1.76μm，最大直径为 11.75μm，夹杂物的数密度为 3.82 个/mm²，面积分数为 14.88ppm。

AOD 降碱度工艺 LF 软吹 5min 时夹杂物成分如图 7-86 所示。此时夹杂物中 Al_2O_3 平均含量约为 15%，部分夹杂物尺寸较大，夹杂物中 CaO 含量较高，同时由于少量 SiO_2-Al_2O_3-MnO 夹杂物。扫描面积为 30.72mm²，共扫描到 122 个平均直径为 1μm 以上的夹杂物，夹杂物的平均直径为 1.55μm，最大直径为 9.00μm，夹杂物的数密度为 3.97 个/mm²，面积分数为 10.24ppm。

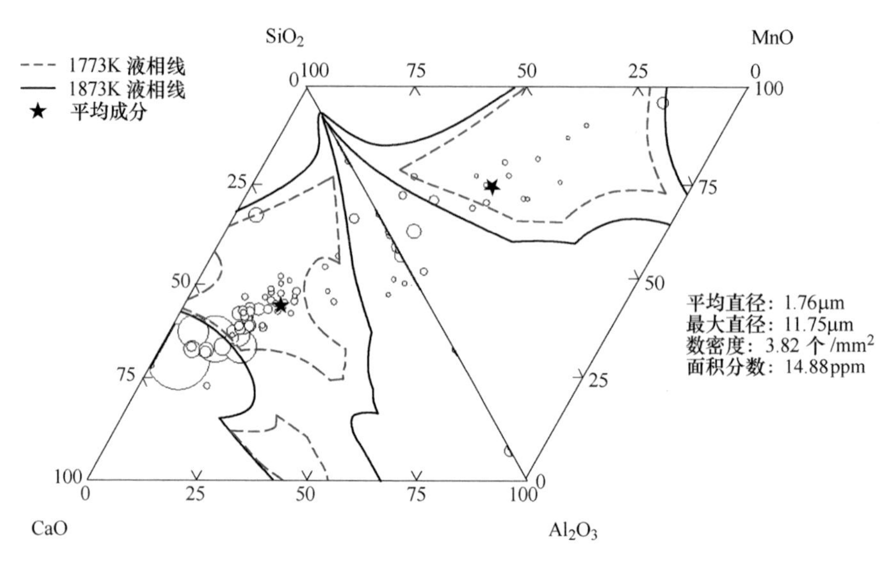

图 7-85 AOD 降碱度工艺 LF 软吹 0min 夹杂物三元相图

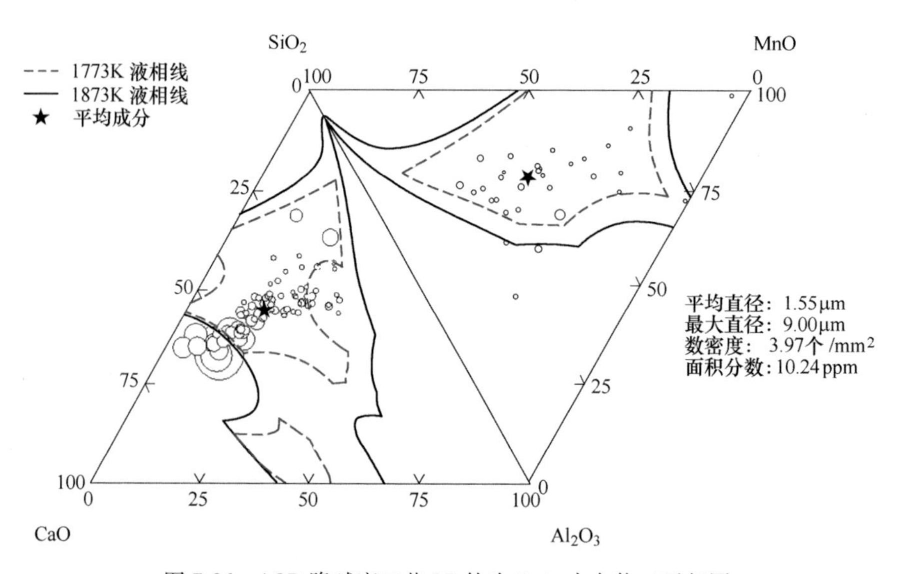

图 7-86 AOD 降碱度工艺 LF 软吹 5min 夹杂物三元相图

AOD 降碱度工艺 LF 软吹 10min 时夹杂物成分如图 7-87 所示。此时夹杂物主要为 Al_2O_3-SiO_2-CaO 复合夹杂物，Al_2O_3 平均含量约为 15%，CaO 平均含量较高的夹杂物尺寸较大，同时也有一定数量的 SiO_2-Al_2O_3-MnO 夹杂物。扫描面积为 30. 72mm^2，共扫描到 117 个平均直径为 1μm 以上的夹杂物，夹杂物的平均直径为 1. 40μm，最大直径为 5. 22μm，夹杂物的数密度为 3. 81 个/mm^2，面积分数为 6. 39ppm。

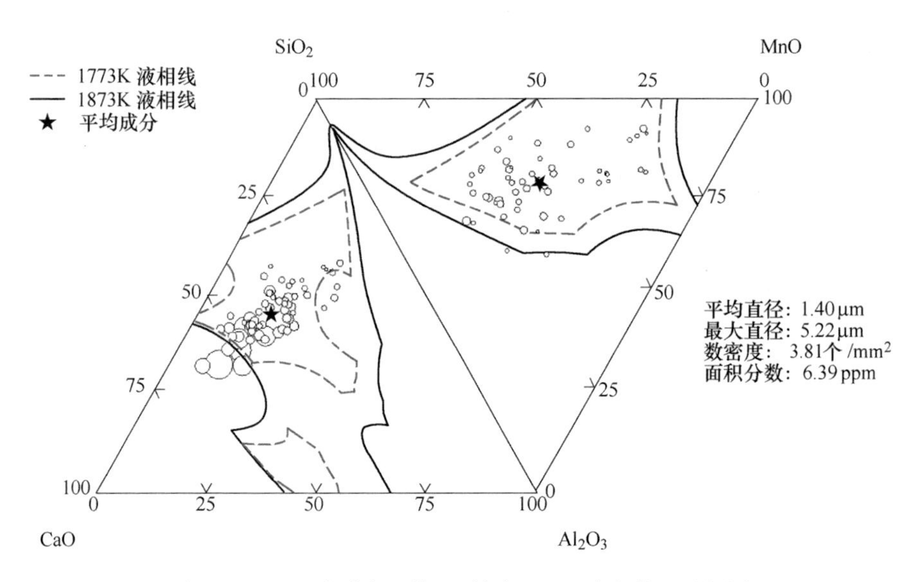

图 7-87　AOD 降碱度工艺 LF 软吹 10min 夹杂物三元相图

AOD 降碱度工艺炉次 LF 软吹 15min 时夹杂物三元相图如图 7-88 所示。此时夹杂物中 Al_2O_3 平均含量约为 10%～15%，CaO 平均含量较高的夹杂物尺寸较大。扫描面积为 30.72mm^2，共扫描到 117 个平均直径为 1μm 以上的夹杂物，夹杂物的平均直径为 1.40μm，最大直径为 5.22μm，夹杂物的数密度为 3.81 个/mm^2，面积分数为 6.39ppm。

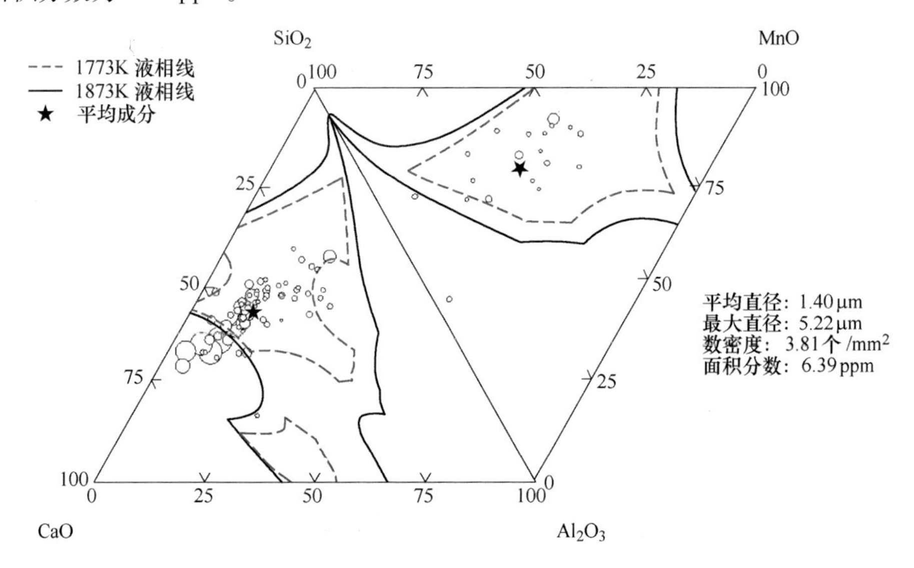

图 7-88　AOD 降碱度工艺 LF 软吹 15min 夹杂物三元相图

AOD 降碱度工艺中间包浇注 5min 出口夹杂物三元相图如图 7-89 所示。该阶段钢中夹杂物由 Al_2O_3-SiO_2-CaO 向 SiO_2-Al_2O_3-MnO 转变，这是由于在中间包开浇时发生二次氧化，生成大量含 MnO 高的小尺寸夹杂物所致。扫描面积为 26.88mm^2，共扫描到 739 个平均直径为 1μm 以上的夹杂物，夹杂物的平均直径为 1.18μm，最大直径为 12.56μm，夹杂物的数密度为 27.49 个/mm^2，面积分数为 31.35ppm。

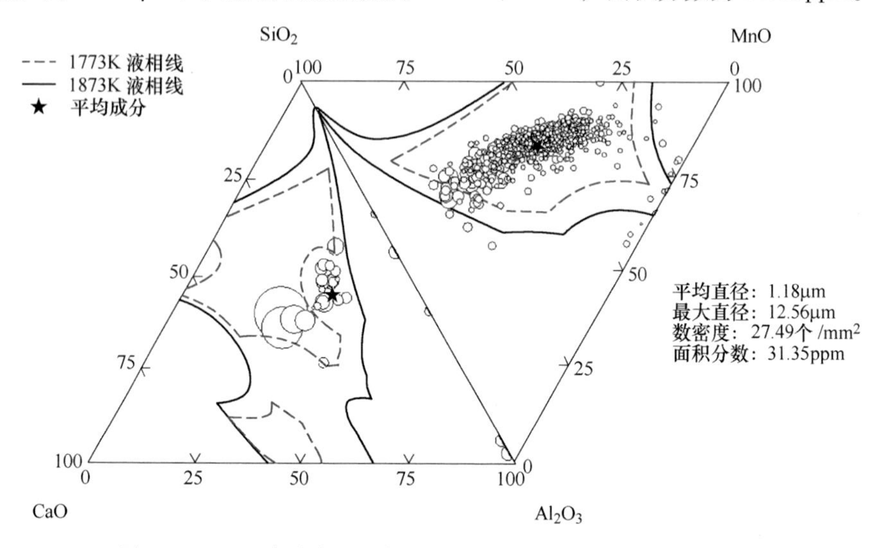

图 7-89　AOD 降碱度工艺中间包浇注 5min 出口夹杂物三元相图

AOD 降碱度工艺中间包浇注 15min（浇注中期）出口处夹杂物成分如图 7-90 所示。钢中主要为 SiO_2-Al_2O_3-MnO 夹杂物，同时也有少量较大尺寸的 Al_2O_3-

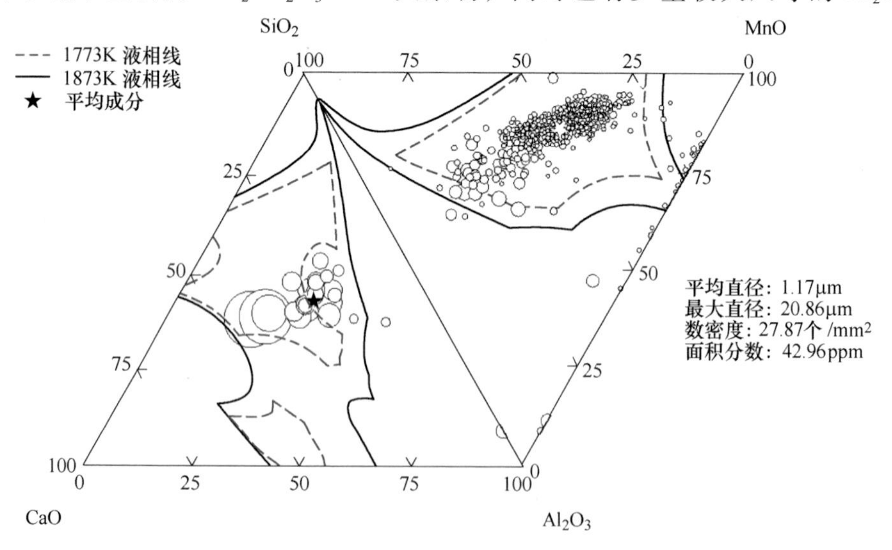

图 7-90　AOD 降碱度工艺中间包浇注 15min 出口夹杂物三元相图

SiO_2-CaO 夹杂物存在。扫描面积为 25.60mm^2，共扫描到 716 个平均直径为 1μm 以上的夹杂物，夹杂物的平均直径为 1.17μm，最大直径为 20.86μm，夹杂物的数密度为 27.87 个/mm^2，面积分数为 42.96ppm。

AOD 降碱度工艺中间包浇注 41min（浇注末期）出口处夹杂物成分如图 7-91 所示。钢中主要为 SiO_2-Al_2O_3-MnO 夹杂物，同时也有少量较大尺寸的 Al_2O_3-SiO_2-CaO 夹杂物，大尺寸 Al_2O_3-SiO_2-CaO 夹杂物中 CaO 含量较高。扫描面积为 30.72mm^2，共扫描到 547 个平均直径为 1μm 以上的夹杂物，夹杂物的平均直径为 1.23μm，最大直径为 6.13μm，夹杂物的数密度为 17.81 个/mm^2，面积分数为 21.87ppm。

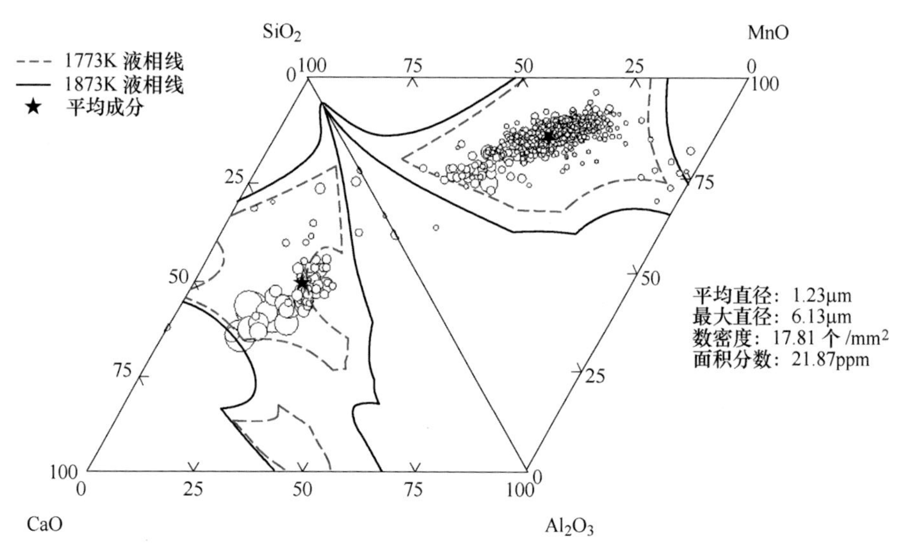

图 7-91 AOD 降碱度工艺中间包浇注 41min 出口夹杂物三元相图

AOD 降碱度工艺铸坯内弧处夹杂物成分如图 7-92 所示。从中可以看出此时钢中主要为 SiO_2-Al_2O_3-MnO 夹杂物，同时 Al_2O_3-SiO_2-CaO 夹杂物也有一定数量的分布。扫描面积为 184.323mm^2，共扫描到 2748 个平均直径为 1μm 以上的夹杂物，夹杂物的平均直径为 2.14μm，最大直径为 7.86μm，夹杂物的数密度为 14.91 个/mm^2，面积分数为 55.19ppm。

7.2.4 AOD 出钢扒渣提升精炼渣碱度炉次不锈钢洁净度演变

AOD 出钢扒渣提升精炼渣碱度炉次主要工艺操作为：AOD 出钢 LF 扒渣至 2.0~2.5t，LF 过程加入石灰和硅铁进行提升碱度和渣脱氧，调整炉渣碱度在 2.4~2.5，其他操作与之前所述正常碱度相同。在 AOD 精炼、LF 精炼和连铸阶段分别取样进行分析，分析所取钢水样位置为 AOD 出钢、LF 进站、LF 软吹

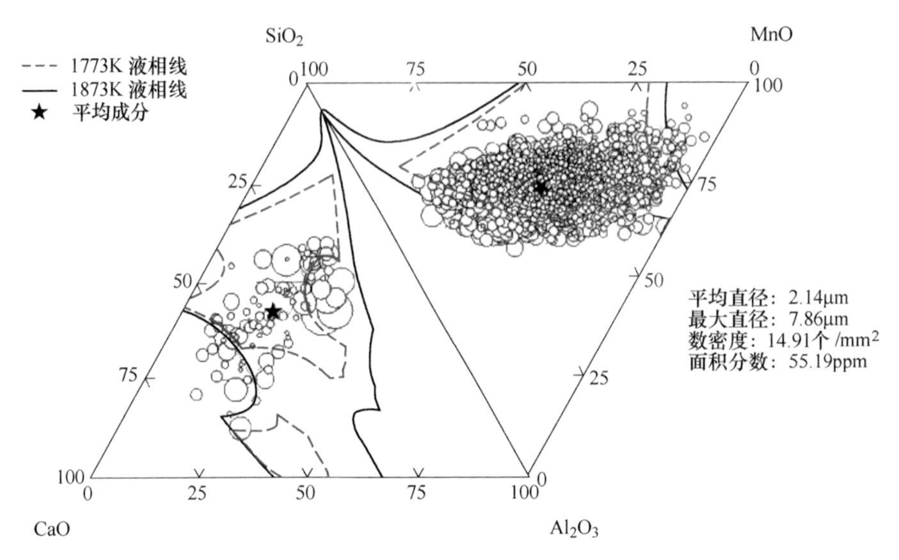

图 7-92　AOD 降碱度工艺铸坯内弧处夹杂物三元相图

0min、LF 软吹结束、LF 出站、中间包浇注 15min（浇注中期）出口，取样方案及生产流程如图 7-93 所示。

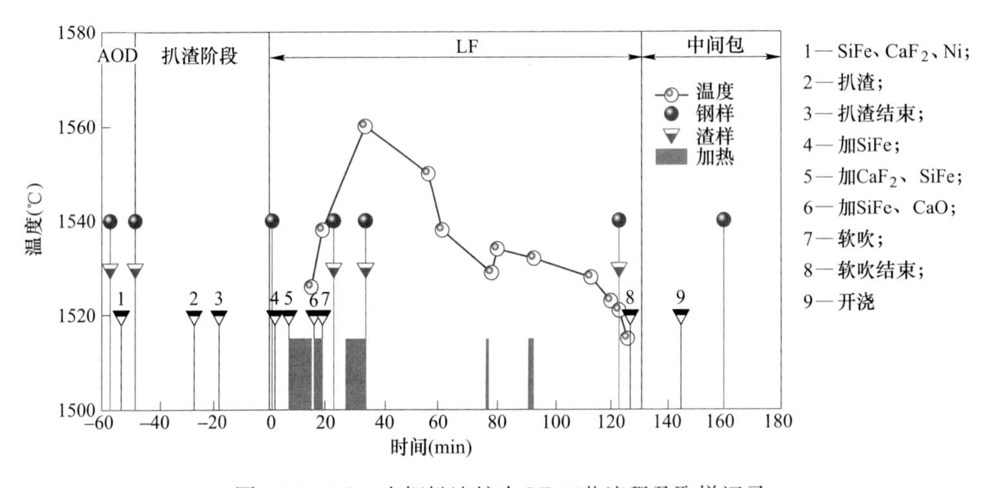

图 7-93　AOD 出钢扒渣炉次 LF 工艺流程及取样记录

AOD 出钢扒渣炉次炉渣主要成分有 CaO、SiO_2、CaF_2，其余 MgO 和 Al_2O_3 等成分含量较少。全流程炉渣成分的变化检测结果如图 7-94 所示，可见该炉 AOD 精炼结束时渣碱度为约为 2.2；AOD 出钢扒渣后，LF 炉加入了石灰和硅铁粉，精炼渣碱度显著增加到了 2.5 左右。扒渣后炉渣中 Al_2O_3 含量由 2.2%减低至 1.5%，说明 AOD 出钢至 LF 软吹结束期间，铝从钢液进入到精炼渣中。

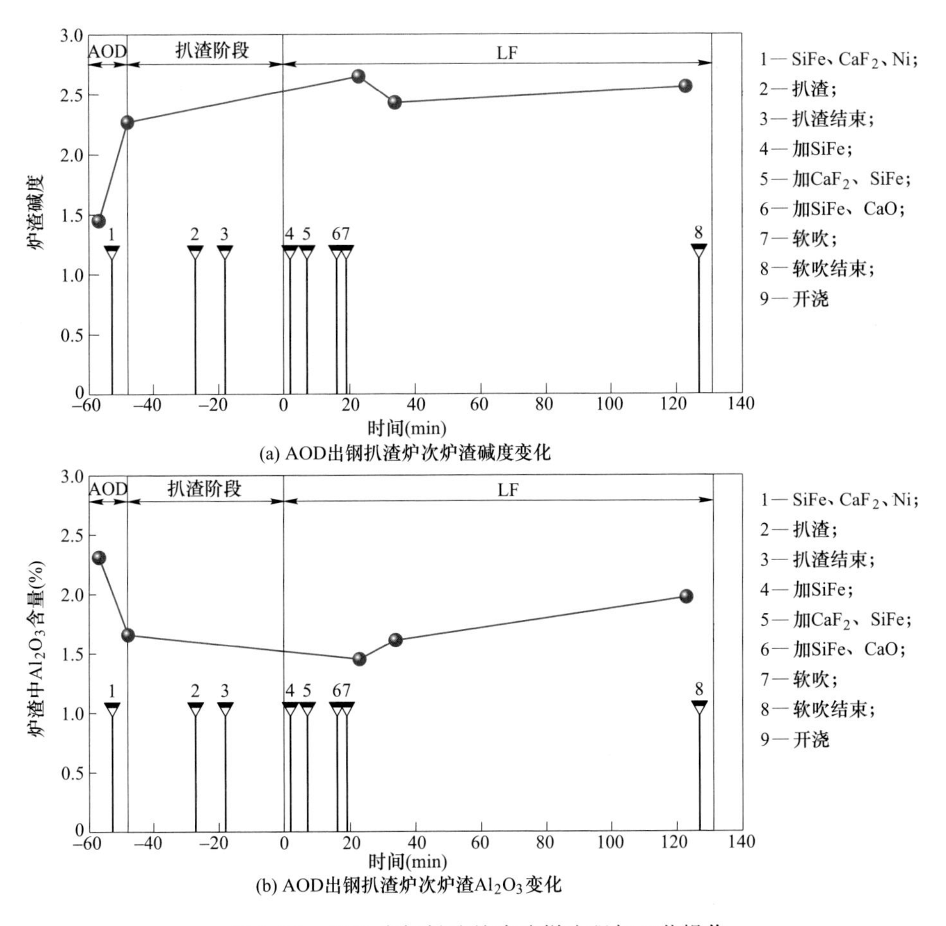

(a) AOD出钢扒渣炉次炉渣碱度变化

(b) AOD出钢扒渣炉次炉渣Al_2O_3变化

图 7-94　AOD 出钢扒渣炉次取样流程与工艺操作

AOD 出钢扒渣炉次全流程钢液成分的检测结果如图 7-95 所示，由图可知，

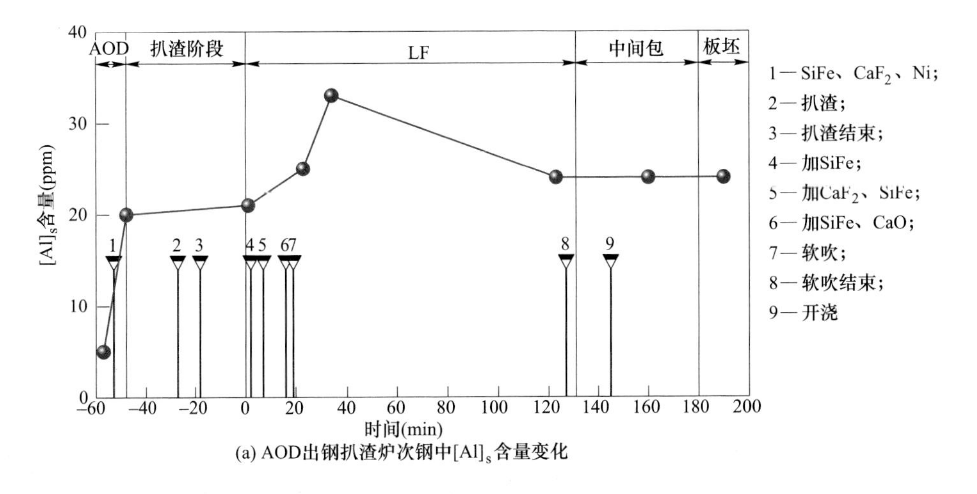

(a) AOD出钢扒渣炉次钢中$[Al]_s$含量变化

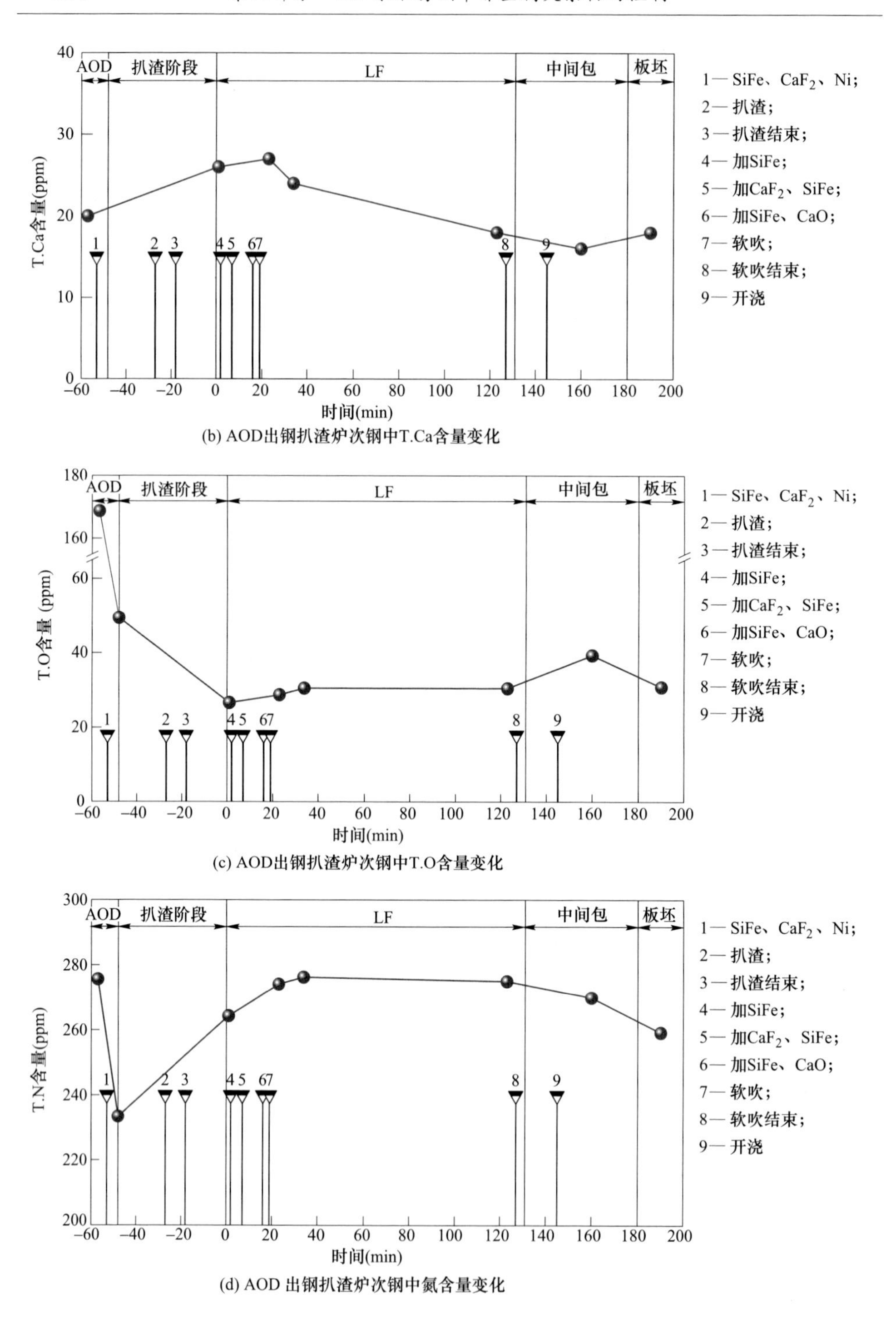

(b) AOD出钢扒渣炉次钢中T.Ca含量变化

(c) AOD出钢扒渣炉次钢中T.O含量变化

(d) AOD 出钢扒渣炉次钢中氮含量变化

图 7-95 AOD 出钢扒渣炉次钢液成分检测结果

AOD 精炼末期［Al］$_s$ 含量显著上升，LF 精炼过程随着精炼渣碱度的提升和硅铁合金的加入。钢中［Al］$_s$ 含量继续增加至 20ppm 以上，T. Ca 含量 AOD 过程略有增加，LF 精炼过程总体呈下降趋势，最终铸坯中 T. Ca 含量约为 18ppm。可以看出 AOD 脱氧后钢中 T. O 含量显著下降。LF 精炼过程中 T. O 含量变化不大，保持在 30ppm 左右。LF 精炼开始阶段 T. N 含量显著增加，说明 LF 精炼通电过程发生了明显的吸氮。

AOD 出钢扒渣炉次 AOD 出钢时夹杂物成分如图 7-96 所示。从中可以看出此时钢中夹杂物几乎全部为 Al_2O_3-SiO_2-CaO，其中 Al_2O_3 平均含量约为 10%~20%，CaO 含量约为 40%~50%，只有 2 个 SiO_2-Al_2O_3-MnO 夹杂物。扫描面积为 35. 84mm^2，共扫描到 605 个平均直径为 1μm 以上的夹杂物，夹杂物的平均直径为 1. 36μm，最大直径为 3. 07μm，夹杂物的数密度为 16. 91 个/mm^2，面积分数为 54. 02ppm。

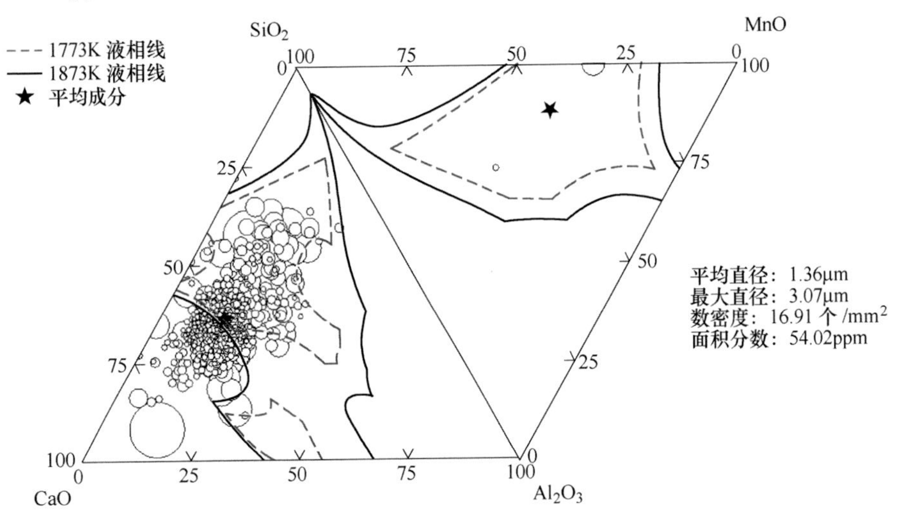

图 7-96　AOD 出钢扒渣炉次 AOD 出钢时夹杂物三元相图

AOD 出钢扒渣炉次 LF 进站时夹杂物成分如图 7-97 所示。此时钢中主要为 Al_2O_3-SiO_2-CaO 复合夹杂物，扫描面积为 30. 72mm^2，共扫描到 453 个平均直径为 1μm 以上的夹杂物，夹杂物的平均直径为 1. 78μm，最大直径为 11. 31μm，夹杂物的数密度为 14. 78 个/mm^2，面积分数为 44. 11ppm。

AOD 出钢扒渣炉次 LF 软吹 0min 时夹杂物成分如图 7-98 所示。此时钢中主要为 Al_2O_3-SiO_2-CaO 复合夹杂物，夹杂物中 Al_2O_3 平均含量约为 18%。扫描面积为 40. 96mm^2，共扫描到 609 个平均直径为 1μm 以上的夹杂物，夹杂物的平均直径为 1. 69μm，最大直径为 7. 61μm，夹杂物的数密度为 14. 87 个/mm^2，面积分数为 38. 84ppm。

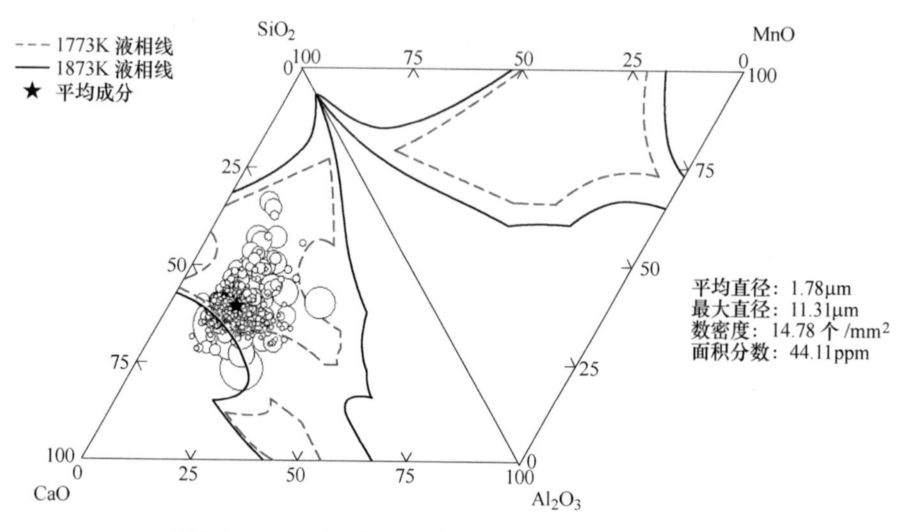

图 7-97　AOD 出钢扒渣炉次 LF 进站时夹杂物三元相图

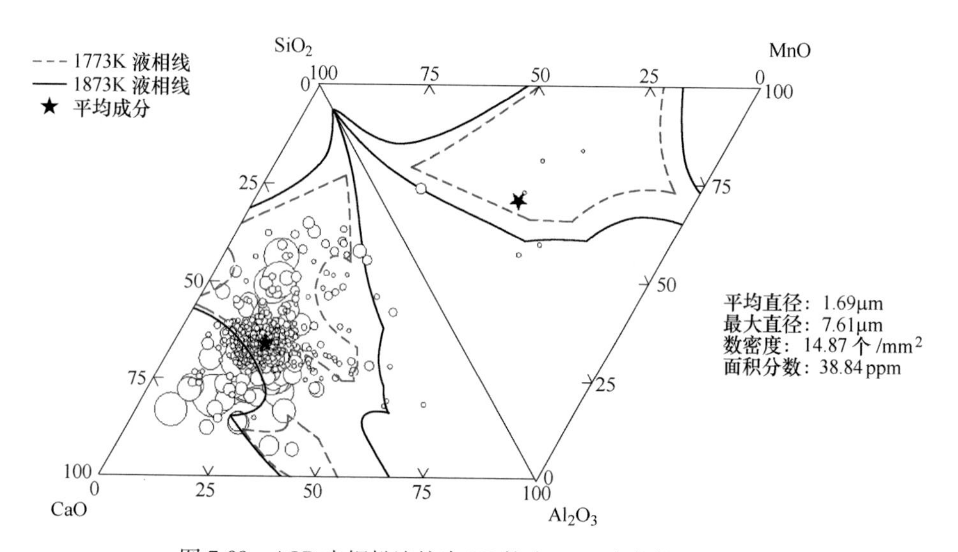

图 7-98　AOD 出钢扒渣炉次 LF 软吹 0min 夹杂物三元相图

AOD 出钢扒渣炉次 LF 软吹结束时夹杂物成分如图 7-99 所示。此时夹杂物几乎全部为 Al_2O_3-SiO_2-CaO，Al_2O_3 平均含量约为 15%，部分夹杂物尺寸较大，夹杂物中 CaO 含量较高，同时也有个别的 SiO_2-Al_2O_3-MnO 夹杂物。扫描面积为 30.72mm²，共扫描到 418 个平均直径为 1μm 以上的夹杂物，夹杂物的平均直径为 1.72μm，最大直径为 13.32μm，夹杂物的数密度为 13.61 个/mm²，面积分数为 46.16ppm。

AOD 出钢扒渣炉次 LF 出站时夹杂物成分如图 7-100 所示。从中可以看出此

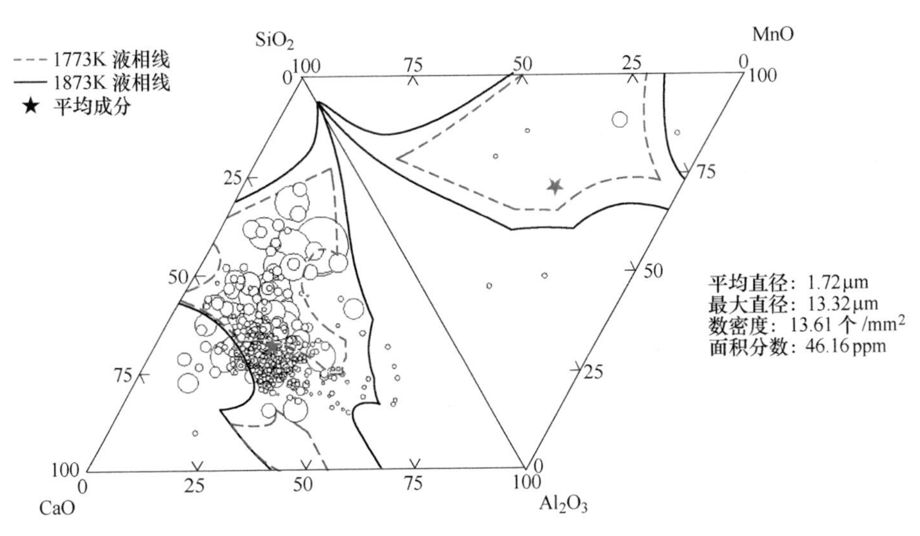

图 7-99 AOD 出钢扒渣炉次 LF 软吹结束夹杂物三元相图

时钢中有 Al_2O_3-SiO_2-CaO 夹杂物分布，其中 Al_2O_3 平均含量约为 17%，同时也有个别的 SiO_2-Al_2O_3-MnO 夹杂物分布。扫描面积为 38.40mm^2，共扫描到 338 个平均直径为 1μm 以上的夹杂物，夹杂物的平均直径为 1.97μm，最大直径为 13.65μm，夹杂物的数密度为 8.8 个/mm^2，面积分数为 46.51ppm。

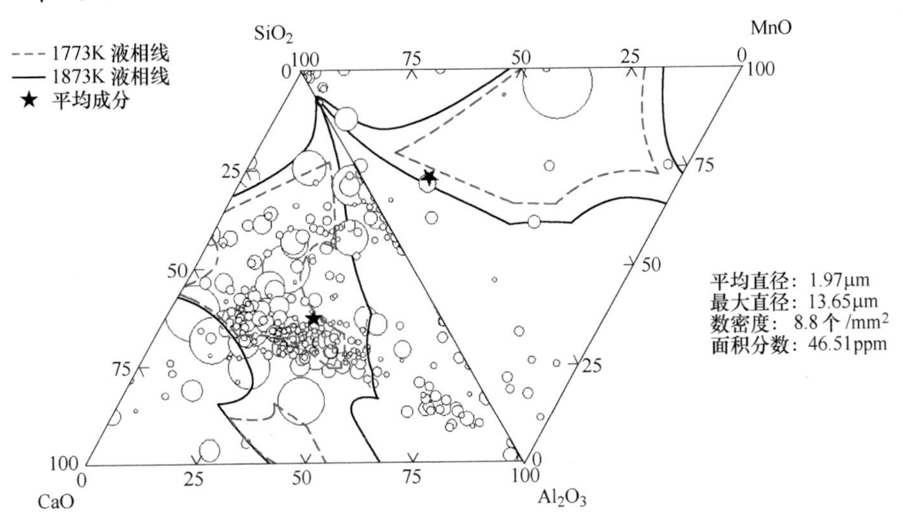

图 7-100 AOD 出钢扒渣炉次 LF 出站时夹杂物三元相图

AOD 出钢扒渣炉次中间包浇注 15min（浇注中期）出口处夹杂物成分如图 7-101 所示。从中可以看出此时钢中主要为 Al_2O_3-SiO_2-CaO 夹杂物分布，同时也有少量的 SiO_2-Al_2O_3-MnO 夹杂物分布，其中 Al_2O_3-SiO_2-CaO 夹杂物的尺寸较大。扫描面积为 40.96mm²，共扫描到 687 个平均直径为 1μm 以上的夹杂物，夹杂物的平均直径为 2.16μm，最大直径为 7.92μm，夹杂物的数密度为 16.75 个/mm²，面积分数为 69.63ppm。

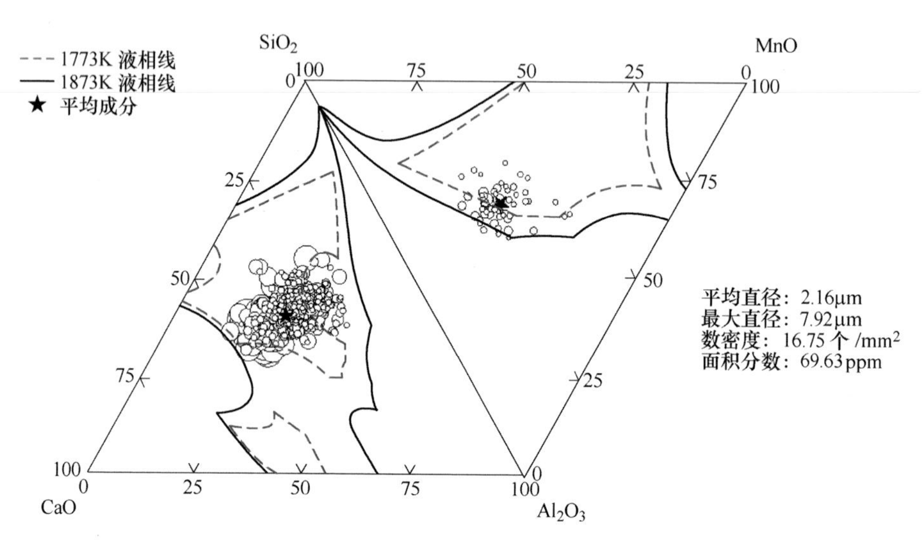

图 7-101　AOD 出钢扒渣炉次中间包浇注 15min 出口处夹杂物三元相图

AOD 出钢扒渣炉次铸坯内弧处夹杂物成分如图 7-102 所示。扫描面积为 23.04mm²，共扫描到 335 个平均直径为 1μm 以上的夹杂物，夹杂物的平均直径为 2.02μm，最大直径为 9.07μm，夹杂物的数密度为 15.41 个/mm²，面积分数为 60.46ppm。

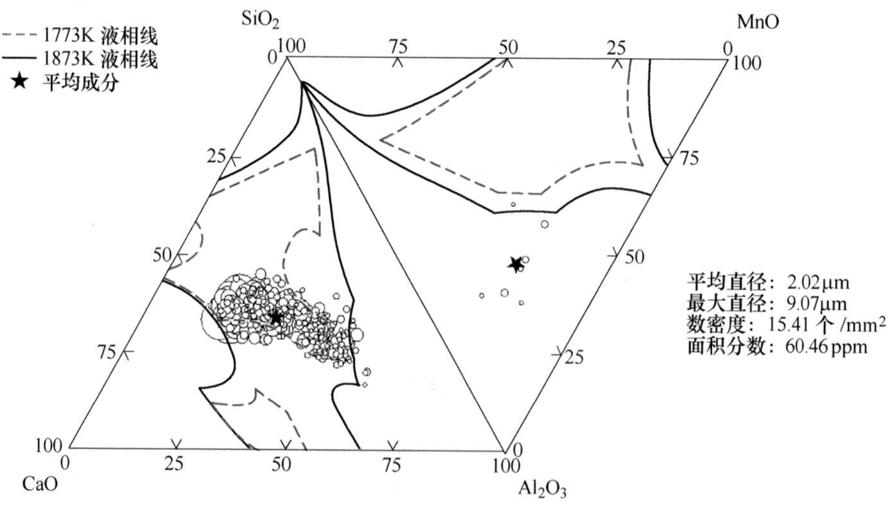

图 7-102　AOD 出钢扒渣炉次铸坯内弧处夹杂物三元相图

AOD出钢扒渣炉次轧板中夹杂物成分如图7-103所示。轧制过后，轧板中的夹杂物分成为高Al_2O_3相和高SiO_2-CaO相，这是由于Al_2O_3-SiO_2-CaO夹杂物轧制过程，高Al_2O_3相不容易变形，而高SiO_2-CaO相容易变形造成的。扫描面积为23.04mm²，共扫描到316个平均直径为1μm以上的夹杂物，夹杂物的平均直径为1.76μm，最大直径为5.05μm，夹杂物的数密度为13.76个/mm²，面积分数为51.87ppm。

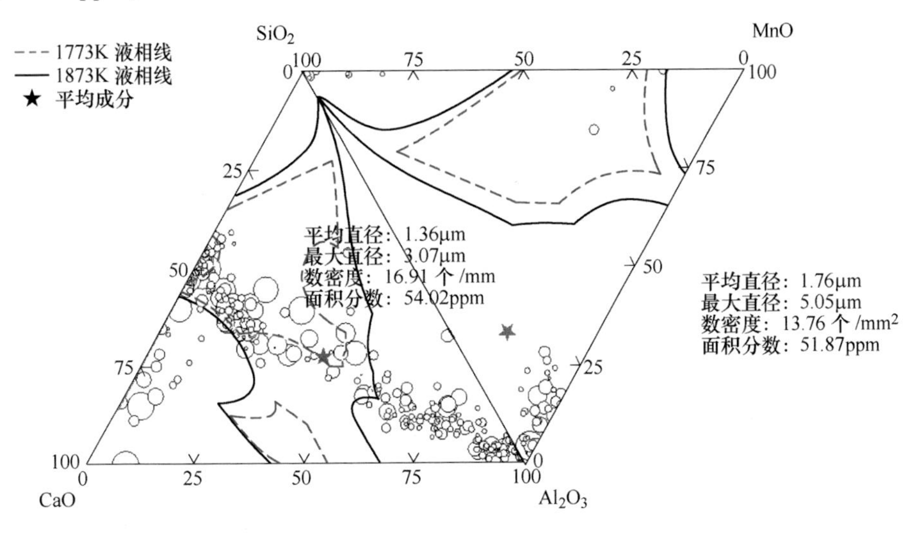

图7-103 AOD出钢扒渣炉次轧板中夹杂物三元相图

7.2.5 不同工艺炉次洁净度对比分析

图7-104所示为上述四炉样品的精炼过程所用炉渣的碱度结果，由图中可以

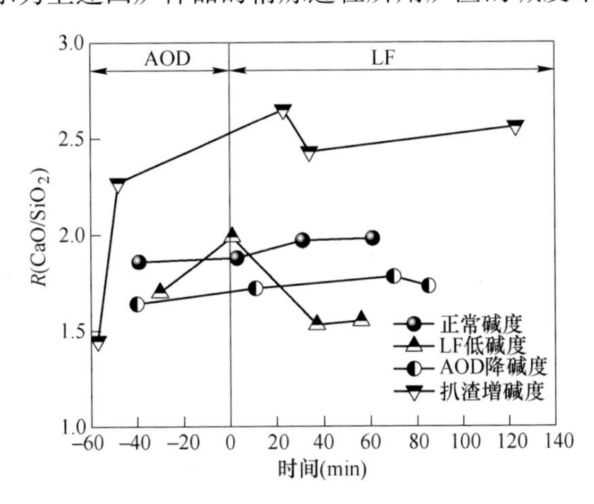

图7-104 不同工艺四炉炉渣碱度对比

看出，四炉精炼碱度有明显不同，分别为 1.95（正常碱度炉次）、1.55（LF 加石英砂降碱度炉次）、1.75（AOD 降碱度炉次）、2.50（扒渣后 LF 加石灰增碱度炉次）。四炉精炼中 Al_2O_3 含量的对比如图 7-105 所示，可以看出在不扒渣的情况下，从 AOD 结束至 LF 进站，渣中 Al_2O_3 含量明显增加；但是扒渣后，随着石灰的加入，渣中 Al_2O_3 含量显著降低。说明扒渣可以降低精炼渣中的 Al_2O_3 含量。

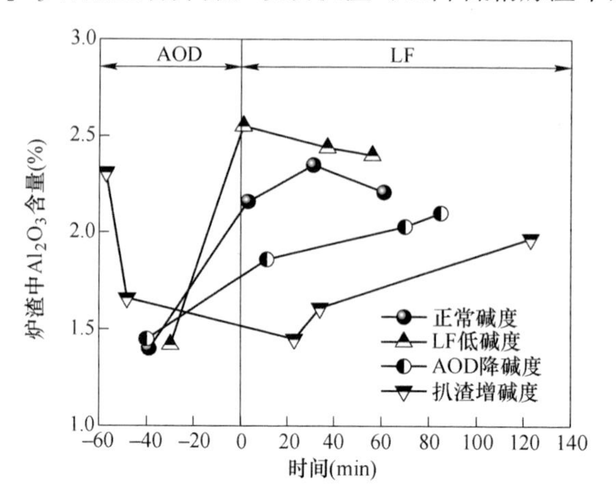

图 7-105　不同工艺四炉渣中 Al_2O_3 变化趋势对比

钢液中酸溶铝越低越有利于夹杂物中 Al_2O_3 含量的降低，图 7-106 所示为四炉钢中 $[Al]_s$ 和 T. Ca 含量的结果对比。可以看出 AOD 降碱度炉次（$R=1.75$）钢中 $[Al]_s$ 含量在全流程冶炼中呈下降趋势，至铸坯中 $[Al]_s$ 含量约为 8ppm，而对于低碱度炉次（$R=1.55$），由于 AOD 出钢时钢中 $[Al]_s$ 含量达到 18ppm，因此虽然其在后面的冶炼过程中呈下降趋势，但含量仍较高，约为 15ppm。正常碱度炉次（$R=1.95$）则由于 AOD 出钢时添加了 CaSiBa 合金，以及在 LF 精炼时调渣，造成前期钢中 $[Al]_s$ 含量上升，总体来看钢中 $[Al]_s$ 含量较高。扒渣后

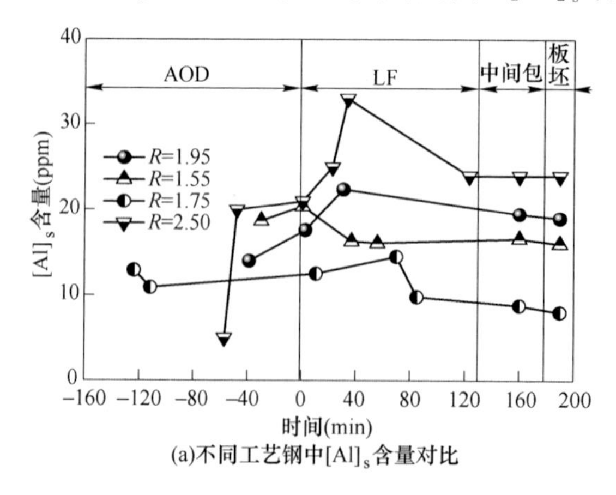

(a)不同工艺钢中 $[Al]_s$ 含量对比

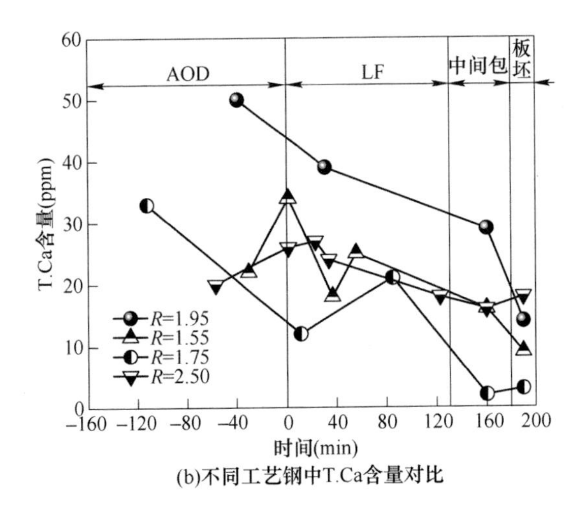

(b)不同工艺钢中T.Ca含量对比

图 7-106 不同工艺四炉钢中 [Al]$_s$ 和 T. Ca 含量对比

LF 加入石灰和硅铁粉炉次（R=2. 50），随着碱度的提升，钢中 [Al]$_s$ 含量显著增加。实验证明了低碱度精炼渣可以有效地降低钢中的 [Al]$_s$ 含量。四炉钢液中 T. Ca 含量与 [Al]$_s$ 含量的规律类似，AOD 降碱度炉次（R=1. 75）T. Ca 含量最低，低碱度炉次（R=1. 55）次之，含量最高的是正常碱度炉次（R=1. 95），扒渣后增碱度炉次（R=2. 50）的最终产品中 T. Ca 含量最高。

图 7-107 所示为四炉钢中 T. O 和 T. N 含量的结果对比。由图可知，AOD 脱氧后，钢中 T. O 含量显著降低，在 LF 精炼和连铸过程钢中 T. O 波动变化。图中并没有体现出来随着精炼渣碱度降低，钢中 T. O 降低的趋势。因此，高碱度精炼渣和加入硅铁并没有导致钢中洁净度的降低。

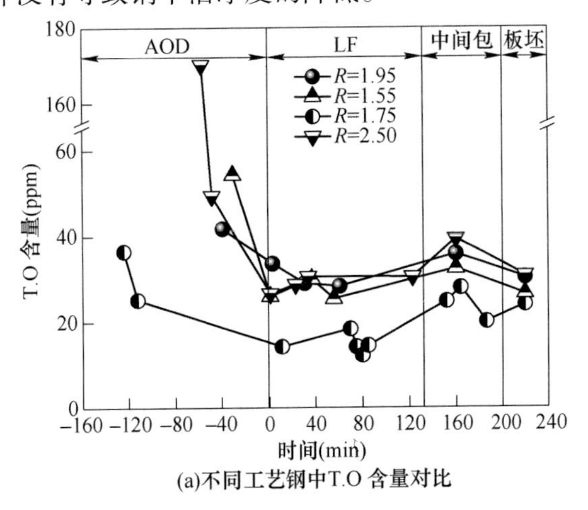

(a)不同工艺钢中T.O 含量对比

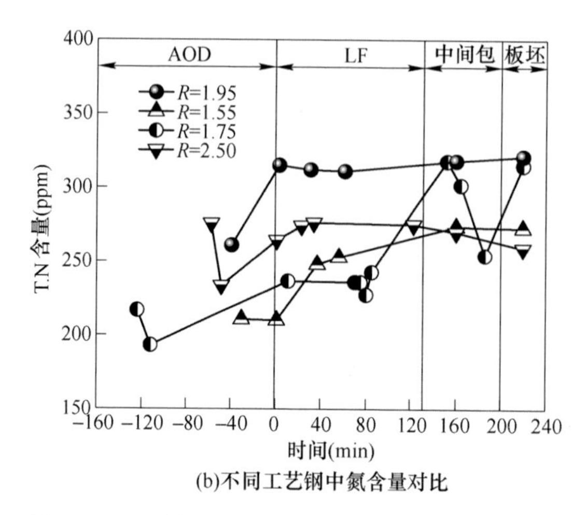

(b)不同工艺钢中氮含量对比

图 7-107　不同工艺四炉钢中 T. O 和 T. N 含量对比

四炉夹杂物的尺寸对比如图 7-108 所示，从图中可以看出全流程的夹杂物平均尺寸都在 1.0~2.5μm，其中 LF 炉低碱度炉次（R=1.55）夹杂物平均尺寸始终较大，这是由于钢中初始［Al］$_s$ 含量和 T. Ca 含量较高，导致钢中主要仍为 Al_2O_3-SiO_2-CaO 夹杂物所致，该类夹杂物平均尺寸较大。正常碱度炉次（R=1.95）夹杂物平均尺寸较小，AOD 降碱度炉次（R=1.75）夹杂物平均尺寸最小。图 7-109 和图 7-110 所示分别为四个炉次中夹杂物的数密度和面积分数的结果对比，可以明显看出正常碱度炉次（R=1.95）夹杂物数密度与面积分数最大，低碱度炉次（R=1.55）次之，AOD 降碱度炉次（R=1.75）最小，最高碱度（R=2.50）炉次并没有使得最终夹杂物数量最少。说明 AOD 阶段降低碱度可以取得较好的夹杂物去除效果。

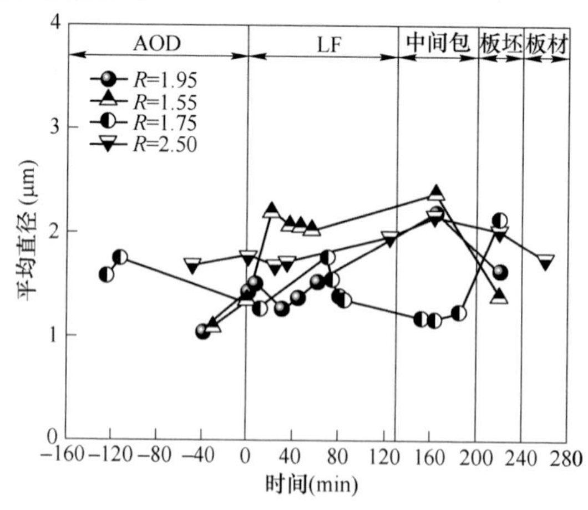

图 7-108　不同工艺四炉夹杂物平均尺寸对比

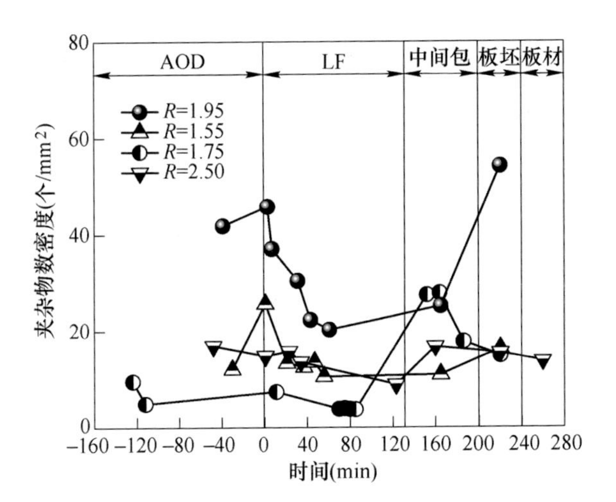

图 7-109 不同工艺四炉夹杂物数密度对比

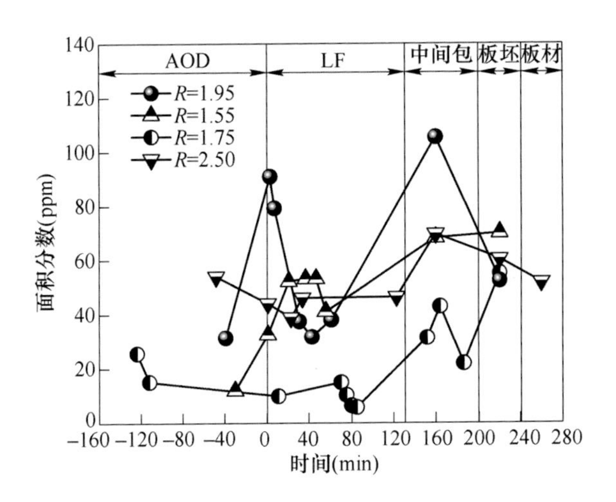

图 7-110 不同工艺四炉夹杂物面积分数对比

图 7-111～图 7-114 所示分别为钢液中夹杂物 Al_2O_3、SiO_2、CaO 和 MnO 平均含量的对比。可以看出，LF 进站时，夹杂物中 Al_2O_3 含量近似。LF 精炼过程增加碱度后，高碱度炉次（R=2.50）夹杂物中 Al_2O_3 含量明显增加；LF 精炼过程降低碱度后，夹杂物中 Al_2O_3 含量呈现降低趋势。正常碱度炉次（R=1.95）Al_2O_3 含量明显升高，SiO_2 含量差别不大，均在 30%～40%左右。总体来看，提高碱度炉次（R=2.50）Al_2O_3 含量最高，正常碱度炉次（R=1.95）CaO 含量次之，低碱度炉次（R=1.55）稍有降低，AOD 降碱度炉次（R=1.75）最低，MnO 规律则正好相反。

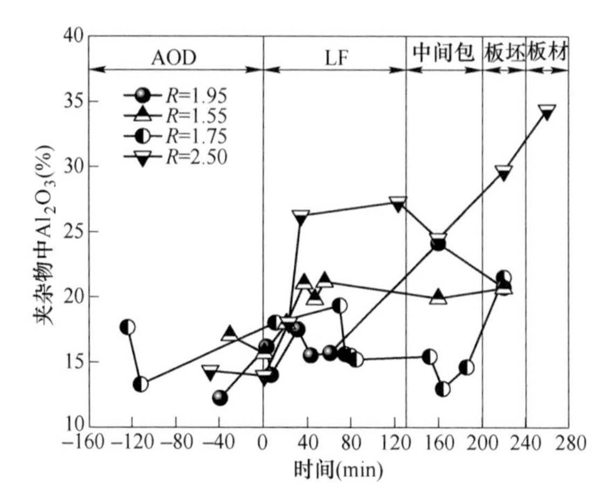

图 7-111　不同工艺四炉夹杂物 Al_2O_3 平均含量对比

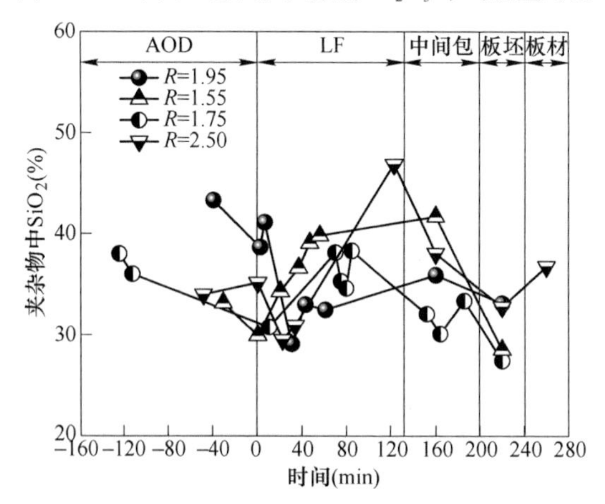

图 7-112　不同工艺四炉夹杂物 SiO_2 平均含量对比

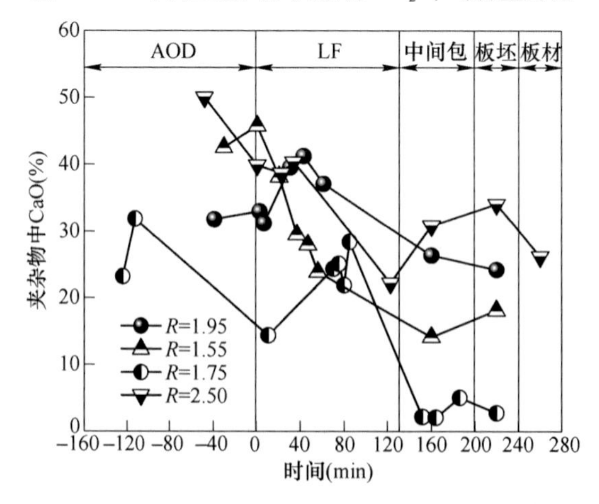

图 7-113　不同工艺四炉夹杂物 CaO 平均含量对比

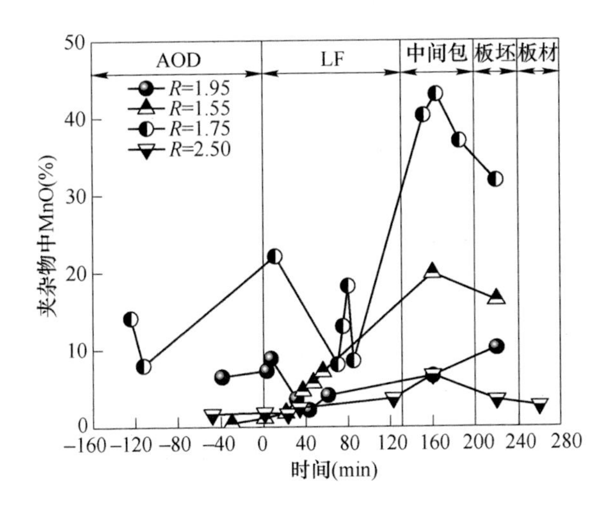

图 7-114　二炼钢不同工艺四炉夹杂物 MnO 平均含量对比

对正常碱度、AOD 降碱度、LF 降低碱度和 AOD 出钢扒渣提升碱度工艺下轧板的夹杂物评级结果进行了分析，结果如图 7-115 所示。正常碱度工艺精炼渣碱度为 2.0 的条件下，夹杂物评级主要为 B 类夹杂物，夹杂物评级结果为 B 粗 1.0 级和 B 细 2.0 级。采用 AOD 降碱度和 LF 降低碱度工艺，夹杂物由点链状的 B 类夹杂物转变为了细条形的 C 类夹杂物，夹杂物的变形能力明显增加。采用 AOD 出钢扒渣后 LF 重新造渣提升碱度工艺，夹杂物全部为 B 类夹杂物，B 细夹杂物达到了 2.5 级，B 粗夹杂物达到了 2.0 级。由此可见，为了将夹杂物控制为 C 类夹杂物，应采用 AOD 降低碱度工艺。

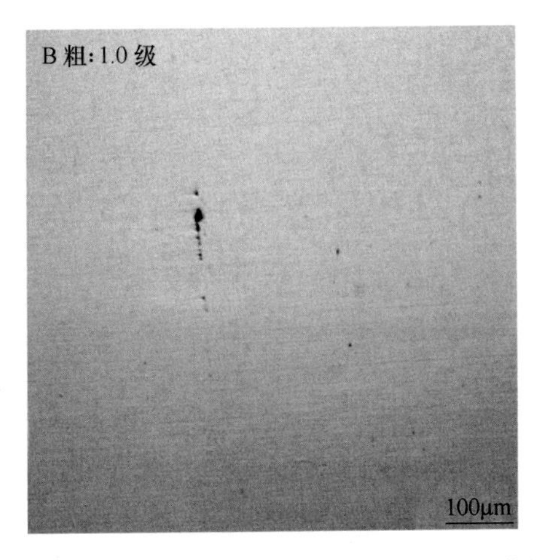

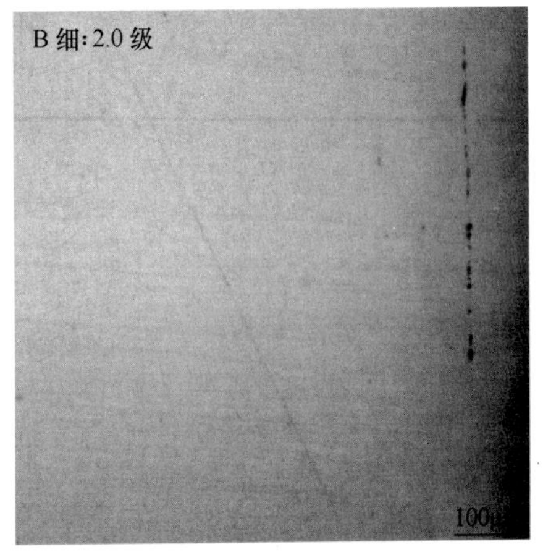

(a) 原精炼工艺轧板夹杂物评级

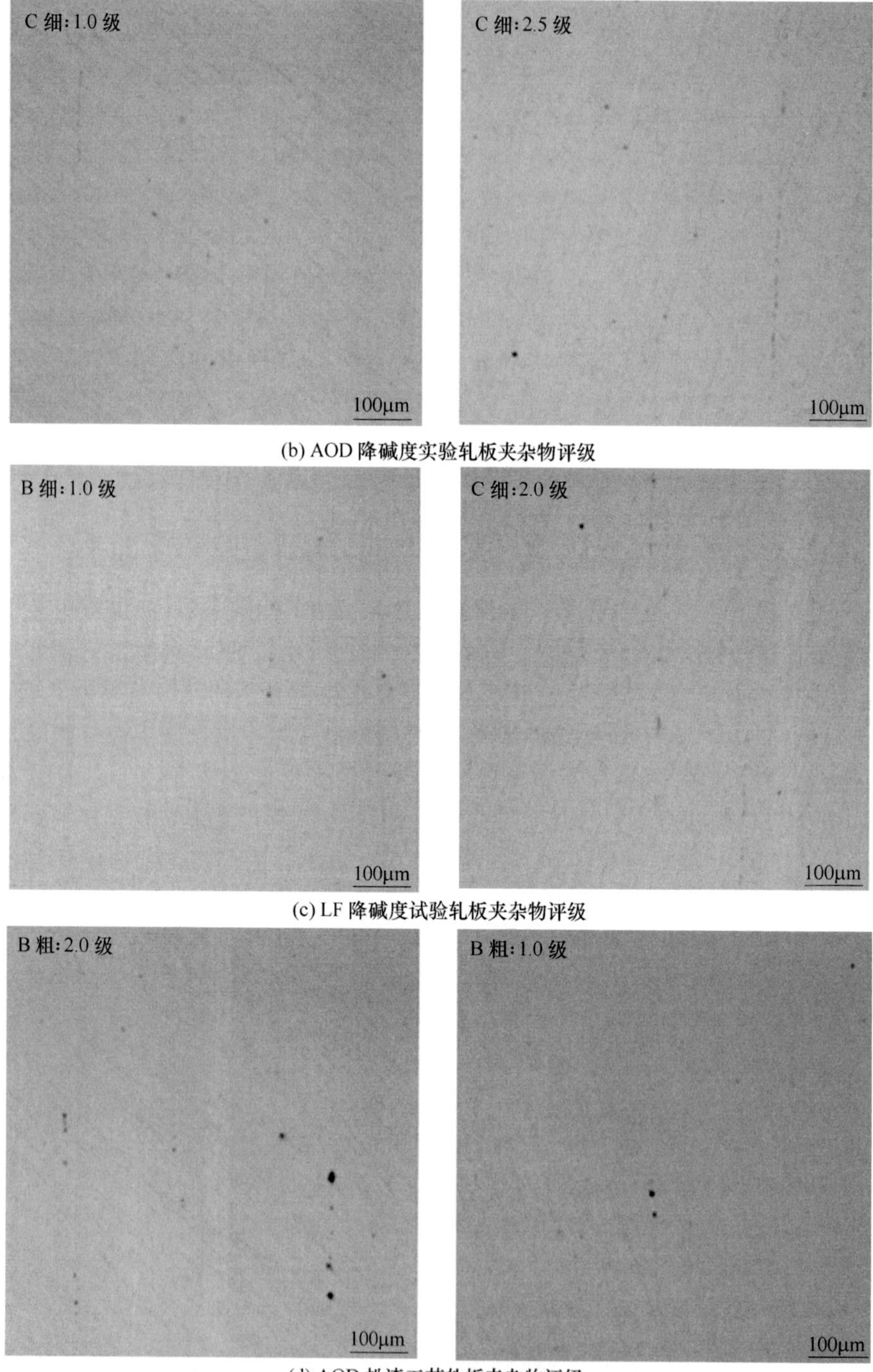

(b) AOD 降碱度实验轧板夹杂物评级

(c) LF 降碱度试验轧板夹杂物评级

(d) AOD 扒渣工艺轧板夹杂物评级

图 7-115　夹杂物评级结果与精炼渣碱度的关系

7.3　基于FactSage的渣-钢-夹杂物平衡热力学模型

渣-钢-夹杂物平衡热力学模型的建立精炼过程渣、钢和夹杂物平衡反应示意图如图7-116所示。图中主要有如下化学反应：R1：渣-钢反应，R2：钢-夹杂物反应。为了简化模型的计算，做出了如下的假设：（1）假设渣-钢反应和钢-夹杂物反应达到平衡；（2）温度可以维持在固定的精炼温度。同时，模型没有考虑夹杂物的上浮去除和耐火材料的影响。

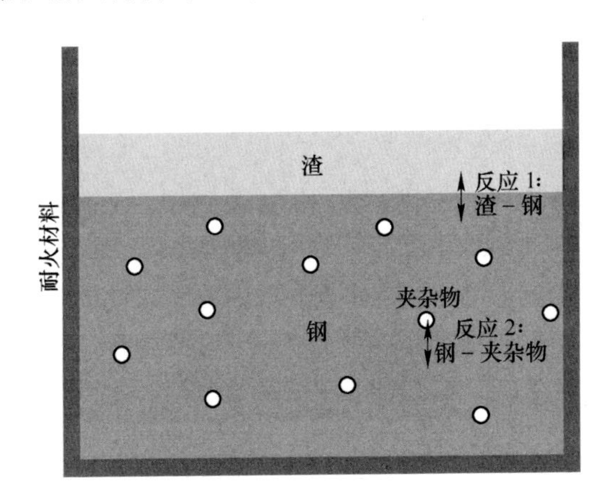

图7-116　精炼过程渣、钢和夹杂物平衡反应示意图

渣、钢和夹杂物反应的过程中，会发生很多复杂的化学反应，有时候现有的热力学数据很难满足复杂反应热力学计算的需要。随着热力学计算软件的发展，可以对现有的热力学数据进行优化，计算得到更准确的结果。同时，通过热力学计算软件与自主编写程序的结合，可以快速地完成大量计算。[151,152] FactSage热力学软件中可以实现1873K下“渣-钢-夹杂物”热力学平衡计算。通过FactSage热力学软件编写的程序，主要计算过程步骤如下：（1）在Microsoft Excel™中输入初始条件；（2）精炼渣和钢液反应；（3）钢液和夹杂物反应；（4）将反应后的渣、钢液和夹杂物成分输出到Microsoft Excel™中。循环以上步骤，可实现大量计算，从而得出不同精炼渣成分对钢液成分和夹杂物成分的影响。计算过程中选择FactPS、FToxid、FTmisc数据库。

为了验证模型的准确性，将文献和实验数据点与当前计算结果进行比较，引用的数据见表7-7。304不锈钢精炼渣、钢液和夹杂物反应计算结果与实验结果对比如图7-117所示。由图可见，在几个ppm到超过200ppm的浓度范围内，计算的［Al］与实验得到的［Al］都很好地吻合。计算的与实验的夹杂物中的Al_2O_3含量基本一致。综上验证结果，当前建立的渣-钢-夹杂物模型可以很好地应用于预测精炼渣成分对钢液和夹杂物成分的影响。

表 7-7　用于验证的 304 不锈钢中渣、钢、夹杂物条件

作者	精炼渣			钢液	渣钢比	夹杂物		温度(K)	文献
	碱度	Al_2O_3(%)	MgO(%)	$[Al]_s$(%)		类型	T. O.(ppm)		
Mizuno 等	1.7~5.0	2.8~8.5	6.7~8.7	0.001~0.24	1/5	Cr_2O_3	35	1823	[134,136]
Ren 等	1.0~2.3	0.7~20	2.2~20	0.0018	2/25	$CaO-SiO_2-Al_2O_3-MnO-MgO-TiO_2$	50	1873	[150]

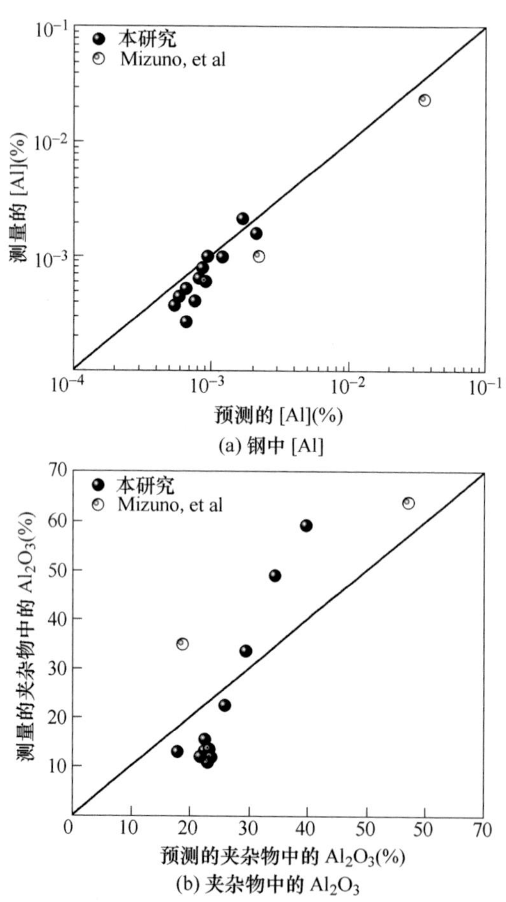

图 7-117　304 不锈钢精炼渣、钢液和夹杂物反应计算结果与实验结果对比

为了优化 304 不锈钢的精炼渣成分从而实现提升 304 不锈钢的洁净度，用当前建立的渣-钢-夹杂物模型进行了大量的计算。基于实验分析结果的初始夹杂物成分见表 7-8。$CaO-SiO_2-Al_2O_3-MgO-CaF_2$ 精炼渣系被广泛地应用于不锈钢的精炼，当前计算的精炼渣的成分范围见表 7-9。具体为渣中 CaO、SiO_2 和 Al_2O_3 含量

范围为 0~75%，每次计算时每个组分含量增加 3.75%，总共进行 400 次计算。计算的渣钢比为 1/50。

表 7-8　初始夹杂物成分　(%)

MgO	Al_2O_3	SiO_2	CaO	MnO	TiO_2
1.65	20.04	39.10	8.37	26.04	4.79

表 7-9　初始精炼渣成分　(%)

CaF_2	MgO	CaO	SiO_2	Al_2O_3
20	5	0~75	0~75	0~75

图 7-118 所示为预测的不同精炼渣成分对 304 不锈钢中［Al］含量的影响。因为精炼过程需要保证精炼渣的流动性，图中三元相图中的轮廓线为 1873K 下液态渣的外轮廓线。不同颜色代表不锈钢中不同的［Al］含量。随着精炼渣碱度的降低，钢液中的［Al］含量显著降低，因为钢中的［Al］很容易与渣中的强氧化性氧化物 SiO_2 发生反应（7-1）。当精炼渣碱度低于 2.0 时，渣中加入 Al_2O_3 会提升钢中的［Al］含量。当精炼渣碱度高于 2.0 时，钢中的［Al］含量随渣中 Al_2O_3 含量的增加而略有降低。因此，低碱度且不含 Al_2O_3 的渣有利于 304 不锈钢中［Al］含量的降低。

$$4[Al] + 3(SiO_2)_{slag} = 3[Si] + 2(Al_2O_3)_{slag} \tag{7-1}$$

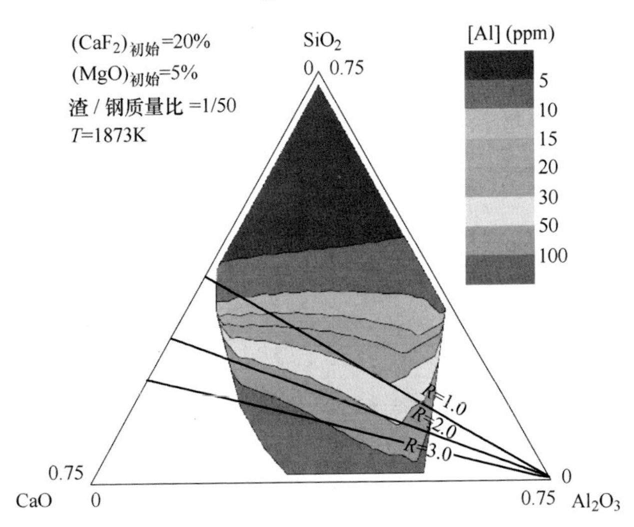

图 7-118　不同精炼渣成分对 304 不锈钢中［Al］含量的影响

图 7-119 所示为预测的不同精炼渣成分对 304 不锈钢中氧含量的影响。不同

颜色代表不锈钢中不同的［O］含量。304 不锈钢的主要脱氧反应见式（7-2）和式（7-3）。由图可知 304 不锈钢中的［O］含量随着精炼渣碱度的增加而增加。在高碱度条件下，渣中加入 Al_2O_3 会提升钢中的［O］含量；在低碱度下，渣中加入 Al_2O_3 会降低钢中的［O］含量。

$$2[Al] + 3[O] = (Al_2O_3)_{slag} \tag{7-2}$$

$$[Si] + 2[O] = (SiO_2)_{slag} \tag{7-3}$$

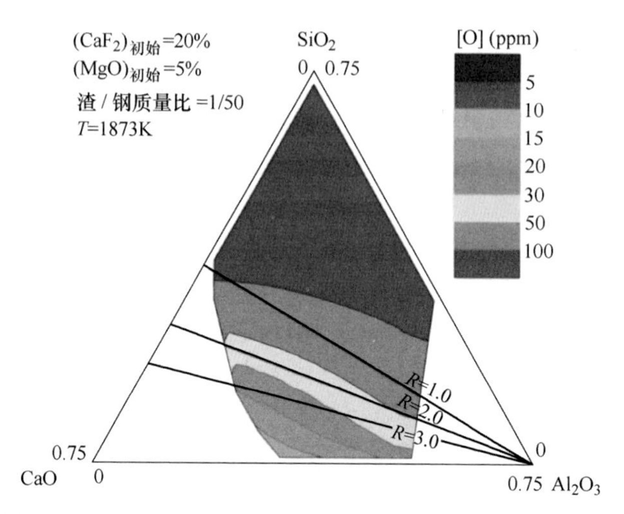

图 7-119　不同精炼渣成分对 304 不锈钢中［O］含量的影响

图 7-120 所示为预测的不同精炼渣成分对 304 不锈钢中硫的渣钢分配比的影

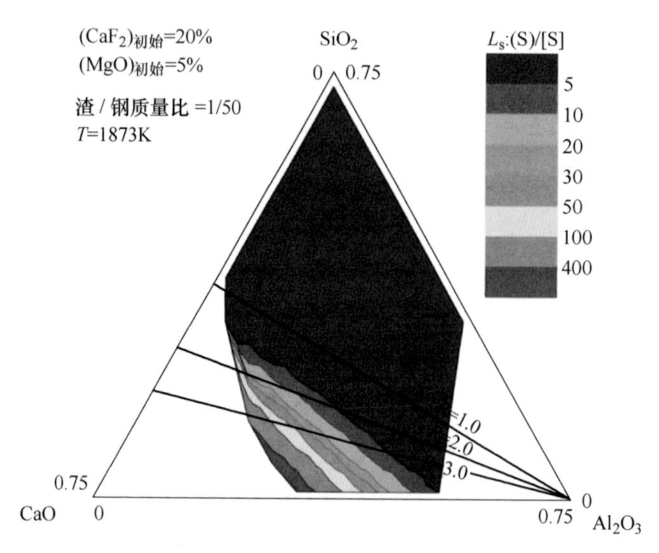

图 7-120　不同精炼渣成分对 304 不锈钢中（S）/［S］的影响

响。不同颜色代表不锈钢中不同的 (S)/[S]。钢液脱硫反应如式（7-4）所示。当精炼渣碱度增加时，304 不锈钢中的硫的分配比明显增加。同时，渣中加入 Al_2O_3 会降低硫的分配比。因此，高碱度渣有利于 304 不锈钢的脱硫。

$$[O] + (S^{2-})_{slag} = [S] + (O^{2-})_{slag} \tag{7-4}$$

图 7-121 所示为预测的不同精炼渣成分对 304 不锈钢夹杂物中的 Al_2O_3 含量影响。不同颜色代表不锈钢夹杂物中不同的 Al_2O_3 含量。初始夹杂物中的强氧化性氧化物 SiO_2 和 MnO 很容易被钢中的［Al］还原，夹杂物中生成 Al_2O_3 的反应见式（7-5）和式（7-6）。因为高碱度会增加 304 不锈钢钢液中的［Al］含量，故夹杂物中的 Al_2O_3 含量随精炼渣碱度的增加而增加。同时可知，低碱度有利于夹杂物中 Al_2O_3 含量的降低。

$$4[Al] + 3(SiO_2)_{inclusion} = 3[Si] + 2(Al_2O_3)_{inclusion} \tag{7-5}$$

$$2[Al] + 3(MnO)_{inclusion} = 3[Mn] + (Al_2O_3)_{inclusion} \tag{7-6}$$

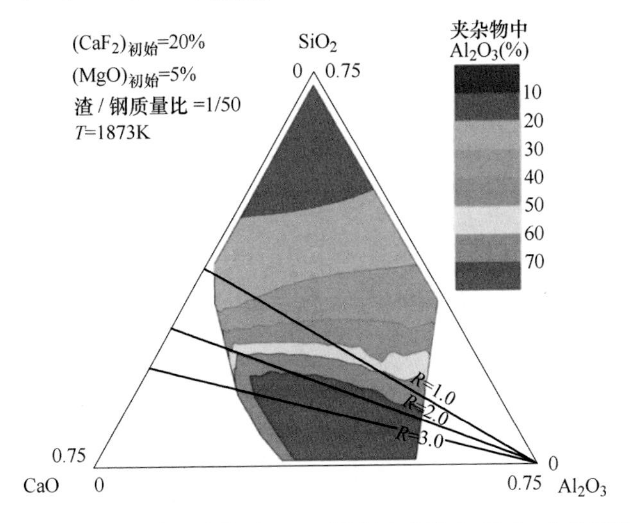

图 7-121 不同精炼渣成分对 304 不锈钢夹杂物中 Al_2O_3 含量的影响

图 7-122 所示为预测的不同精炼渣成分对 304 不锈钢夹杂物液相分数的影响。不同颜色代表不锈钢夹杂物不同的液相分数。当精炼渣碱度低于 1.0 时，304 不锈钢中夹杂物基本为液相。渣中加入 Al_2O_3 会促进固相夹杂物的生成。夹杂物的液相分数变化趋势与夹杂物中 Al_2O_3 含量的变化趋势基本一致，可见夹杂物中 Al_2O_3 含量对夹杂物的熔点有很大的影响。

有研究表明 304 不锈钢中 MnS 夹杂物的溶解会导致 304 不锈钢的表面侵蚀[153,154]。钢中的 MnS 主要在凝固过程中析出，反应式如式（7-7）所示[155]。图 7-123 所示为预测的不同精炼渣成分对 304 不锈钢中析出的 MnS 夹杂物的影响。不同颜色代表不锈钢夹杂物中析出的 MnS 夹杂物含量。低碱度条件下会析出更

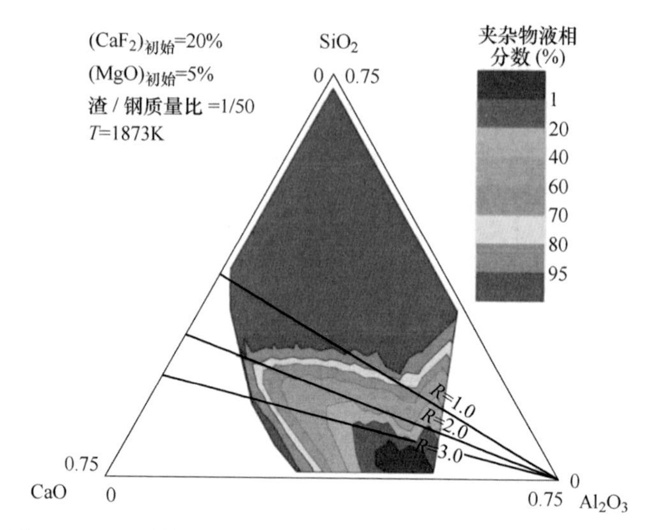

图 7-122　不同精炼渣成分对 304 不锈钢夹杂物液相分数的影响

多的 MnS 夹杂物，因为 304 不锈钢中 MnS 含量的析出主要取决于钢中的［S］含量，而低碱度条件下不锈钢中的［S］含量较高。

$$[Mn]+[S] = (MnS)_{inclusion} \tag{7-7}$$

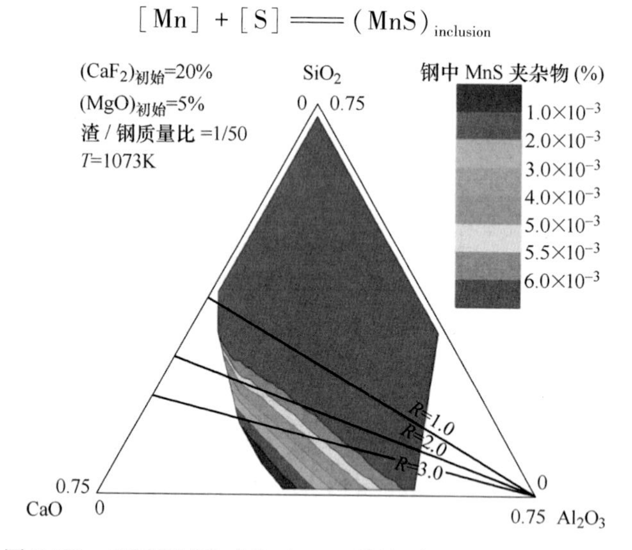

图 7-123　不同精炼渣成分对 304 不锈钢中 MnS 夹杂物的影响

7.4　小结

（1）随初始精炼渣碱度增大，反应后渣中 MgO 含量逐渐减小，说明精炼渣碱度越小，耐火材料侵蚀越严重；随初始精炼渣碱度增大，反应后渣中的夹杂物中 Al_2O_3 含量逐渐减小，钢中［Al］$_s$ 含量增加，夹杂物中 Al_2O_3 含量增加，说明

碱度越低越有利于 Al_2O_3 的去除；随初始精炼渣碱度增加，反应后渣中 S 含量逐渐增大，钢中 S 含量逐渐减小，说明低碱度渣脱 S 效果不好。随精炼渣碱度增加，夹杂物中 Al_2O_3 含量逐渐增加，碱度控制在 1.75 以下，对减少夹杂物中的 Al_2O_3 含量有明显效果；随初始精炼渣碱度增加，钢中 T.O 逐渐减小，夹杂物数量减小，说明高碱度有利于洁净度的提升。随初始精炼渣中 MgO 增大，反应前后渣中 MgO 含量增加量逐渐减小，说明初始精炼渣中 MgO 越少，耐火材料侵蚀越严重；初始精炼渣中 MgO 增大，夹杂物和钢液成分变化幅度不大，说明渣中添加 MgO 对钢中夹杂物影响不大。随初始精炼渣中 MgO 增加，钢中 T.O 略有降低，夹杂物数量和尺寸都略有减小，说明高 MgO 含量有利于洁净度的控制。随初始渣中的 Al_2O_3 含量增加，钢中 Al 含量和夹杂物中 Al_2O_3 含量都明显增加，夹杂物成分偏离低熔点区。随初始精炼渣中 Al_2O_3 含量增加，钢中 T.O 略有降低，夹杂物数量增加，尺寸略有减小，说明高 Al_2O_3 含量有利于洁净度的控制。精炼渣碱度小于 1.75 且不含 Al_2O_3 的精炼渣有利于 304 不锈钢夹杂物中 Al_2O_3 含量的降低。

（2）正常碱度工艺炉次中，钢中主要为球形或近球形的 Al_2O_3-SiO_2-CaO 夹杂物，夹杂物平均尺寸最大，面积分数与数密度也最大，冷轧板中主要为 B 细类夹杂物。在 LF 降碱度炉次中，钢中主要为球形或近球形的 Al_2O_3-SiO_2-MnO-CaO 夹杂物，由于 LF 降低碱度操作引起钢包精炼过程不稳定，导致钢中夹杂物数量较多，冷轧板中主要为 C 类夹杂物。AOD 降碱度炉次中，由于 $[Al]_s$ 与 T.Ca 含量较低，因此在中间包、铸坯阶段，夹杂物主要为 Al_2O_3-SiO_2-MnO 复合夹杂物。由于 AOD 降低碱度保证了 LF 钢包精炼过程中夹杂物的稳定去除，夹杂物平均尺寸、数密度、面积分数均最小，冷轧板中主要为 C 类夹杂物。AOD 出钢扒渣提升碱度炉次，扒渣后加入渣料可以显著降低精炼渣中的 Al_2O_3 含量，提升精炼渣碱度后，冶炼全流程夹杂物中 Al_2O_3 平均含量最高，夹杂物几乎完全为 Al_2O_3-SiO_2-CaO，夹杂物数量并没有显著降低，最终产生了线鳞缺陷，夹杂物也主要为 B 粗和 2.0 级以上 B 类夹杂物。

（3）建立了渣-钢-夹杂物平衡反应热力学模型，计算结果可以较好地与实验结果吻合。此模型可广泛地应用于预测不同精炼渣成分对钢液成分、脱硫、夹杂物成分、夹杂物熔点等的影响。CaO-Al_2O_3 基渣系有利于钢中氧和硫的去除，但是生成的夹杂物中 Al_2O_3 含量过高；CaO-SiO_2 基渣系精炼后，虽然钢中氧和硫含量较高，但是夹杂物中 Al_2O_3 含量很低。

8 300 系不锈钢中间包过程中夹杂物二次氧化机理研究

在不锈钢的精炼过程中，通过脱氧过程对夹杂物的生成进行控制，通过渣精炼对夹杂物进行改性，通过钙处理进一步改性夹杂物的成分，通过真空和吹氩对不锈钢中的夹杂物进行去除。然而，在连铸过程中，尤其是非稳定浇注过程中，一旦发生二次氧化，将会导致夹杂物的成分改变，数量显著增加，使得精炼效果大幅度降低，因此研究二次氧化对不锈钢中夹杂物的影响非常重要。本章通过工业实验研究了中间包二次氧化过程中不锈钢钢液成分和夹杂物成分的转变，揭示了二次氧化过程中硅锰脱氧不锈钢中夹杂物的演变机理，为实现连铸过程中夹杂物的有效控制提供方向。

8.1 中间包二次氧化过程钢液中 T. O 和夹杂物成分的演变

中间包过程钢水从 120t 的钢包浇注进入 35t 的中间包，然后进入一机一流的板坯结晶器。钢包开浇时在中间包中加入中间包覆盖剂。开浇温度大致为 1773K。为了研究中间包过程的二次氧化，在一个完整浇次的 3 包钢水连续浇注的中间包中，每隔 5~10min 进行取样，具体取样示意图如图 8-1 所示。第一炉取了 7 个钢水样，第二炉取了 8 个钢水样，第三炉取了 9 个钢水样。为了减小冷却过程对夹杂物的影响，每个样品取出后直接在水中淬火冷却。样品取出后分为两部分，一部分样品用于使用 Leco 氧氮分析仪分析钢中的 T. O 含量，另一部分用

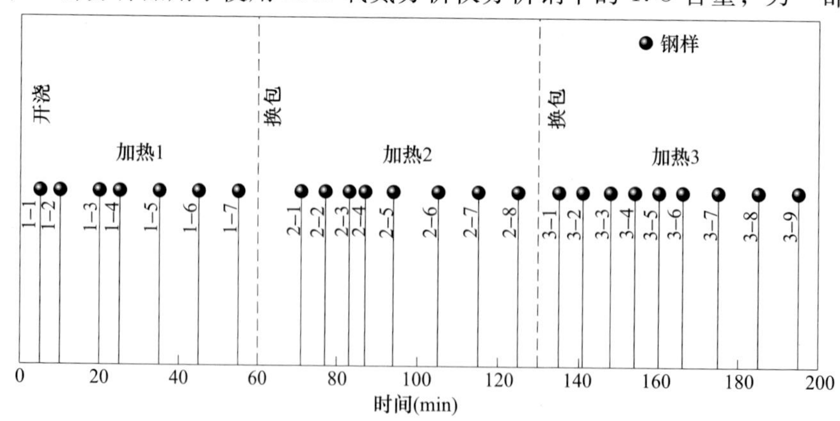

图 8-1 中间包取样过程示意图

夹杂物自动分析仪（ASPEX）对夹杂物进行检测。每个试样中至少检测2000个夹杂物，检测夹杂物的最小尺寸为1.0μm。

图8-2所示为连铸三炉连浇中间包过程T.O的演变。由图可知，正常浇注过程，不锈钢中T.O含量约为60ppm；连铸开浇过程，不锈钢中T.O含量迅速上升至超过120ppm，达到正常浇注T.O水平的2倍以上；连铸换包过程，不锈钢中T.O含量上升至约为80ppm，比正常浇注水平T.O高出一半以上。图8-3所示为连铸中间包过程夹杂物尺寸和数密度的演变。在开浇和换包过程，夹杂物的尺寸和数密度都明显高于稳定浇注时的正常水平，这可能是因为开浇和换包的不稳定浇注过程容易卷渣引入大颗粒夹杂物引起的，同时不稳定浇注吸收氧气的二次氧化过程，会导致形成大量细小的夹杂物，这会引起夹杂物的数密度增加。此外，在第三炉浇注末尾阶段，夹杂物的含量和数密度明显增加，这可能是浇注末尾钢包中形成涡流导致卷渣和吸气造成的。图8-4所示为连铸中间包过程夹杂物成分的演变。由图可知，在整个连续浇注过程中，夹杂物中SiO_2含量基本保持不变。与正常浇注水平相比，在开始浇注和换包过程中，夹杂物中的Al_2O_3含量没有增加反而略有下降，这与铝脱氧钢二次氧化过程夹杂物中Al_2O_3含量明显增加的规律是相反的。这是因为铝脱氧钢［Al］含量很高，发生二次氧化后吸收的大量的［O］首先与［Al］发生反应；然而硅锰脱氧钢中，由于［Al］含量很低，发生二次氧化后吸收的大量的［O］只能快速与的局部位置少量的［Al］发生反应，而多余的［O］就会与钢中的含量较高［Mn］结合生成MnO，从而导致夹杂物中的MnO含量明显上升。由于MnO含量的上升，导致夹杂物平均成分中的Al_2O_3含量略有下降。同时可见，夹杂物中CaO含量的变化规律与夹杂物中Al_2O_3含量的变化规律基本一致，这是因为硅锰脱氧钢中［Ca］元素和［Al］元素含量都很低造成的。

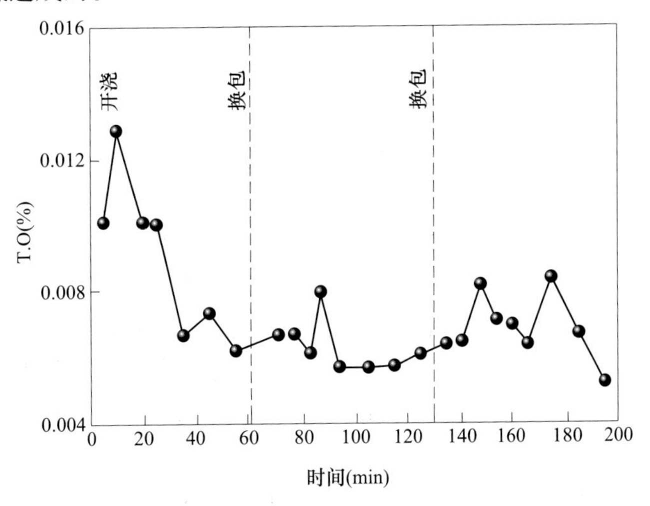

图8-2　连铸中间包过程T.O的演变

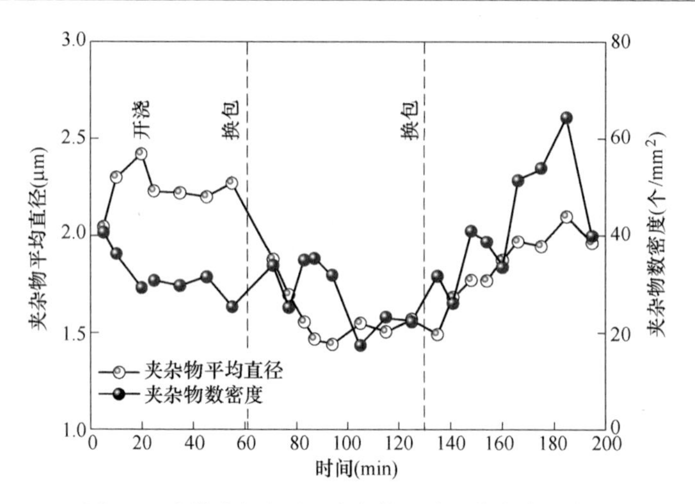

图 8-3　连铸中间包过程夹杂物尺寸和数密度的演变

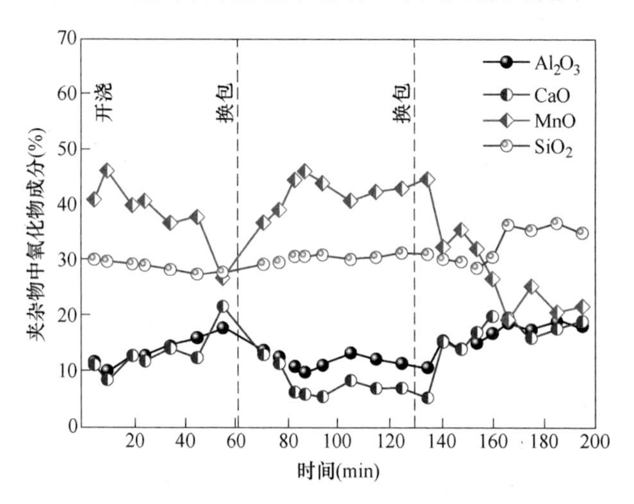

图 8-4　连铸中间包过程夹杂物成分变化

图 8-5 所示为连铸中间包过程开浇和稳定浇注时夹杂物在三元相图中的分布。由图可知，传统的将夹杂物投入到三元相图中的表示方法，由于许多夹杂物成分近似，很多夹杂物聚集重叠到一起，很难区分。因此，将每个三元相图的三角形按照成分分成了 400 个不同的三角形，再对每个小三角形内的夹杂物的数密度、平均成分和面积百分数进行统计，然后将统计的结果重新投入三元相图中用云图的形式表示。具体的连铸中间包过程开浇和稳定浇注时夹杂物数密度、平均直径和面积分数在三元相图中的分布云图如图 8-6～图 8-8 所示。如图 8-6（a）所示，在开浇过程，由于二次氧化的发生，不锈钢钢液中产生了大量的 MnO 含量较高的 SiO_2-MnO(-Al_2O_3)。图 8-6（b）中，稳定浇注过程夹杂物的成分向 Al_2O_3-SiO_2-MnO 和 Al_2O_3-SiO_2-CaO 中心移动，与浇注前夹杂物成分类似；同时，

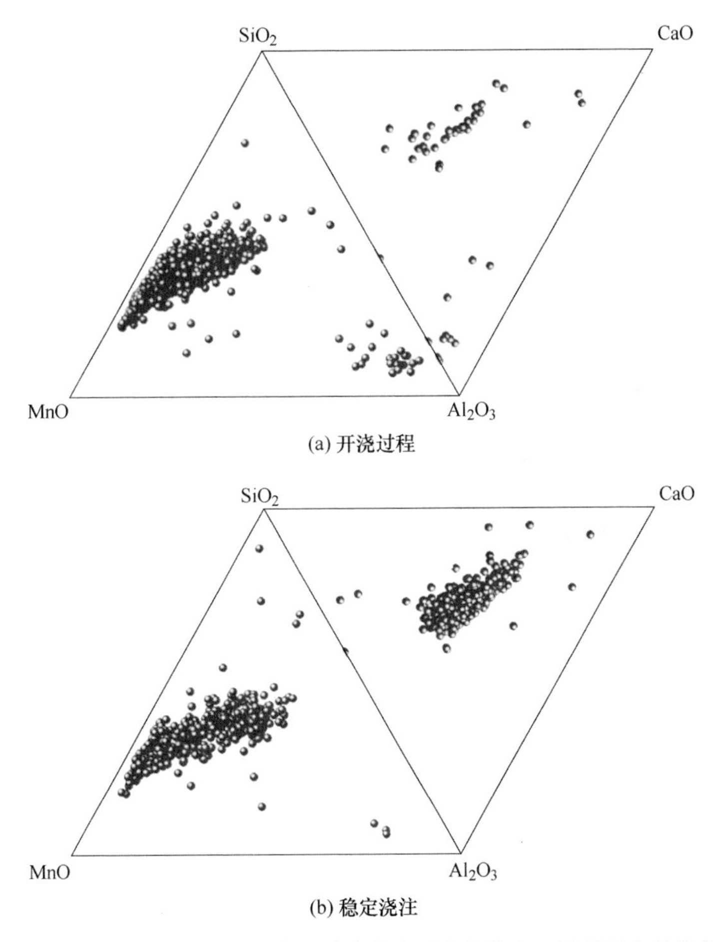

(a) 开浇过程

(b) 稳定浇注

图 8-5　连铸中间包过程开浇和稳定浇注时夹杂物在三元相图中的分布

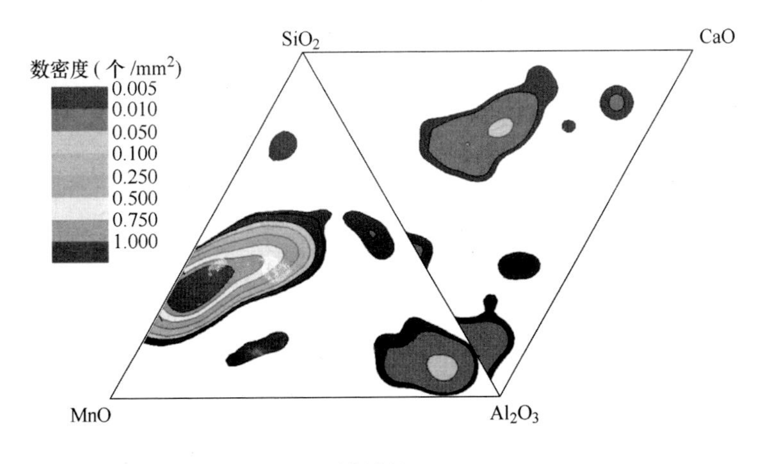

(a) 开浇过程

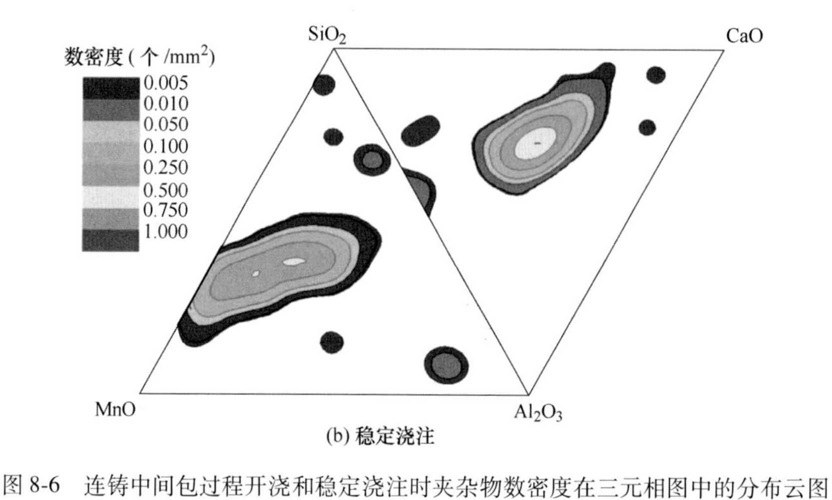

图 8-6　连铸中间包过程开浇和稳定浇注时夹杂物数密度在三元相图中的分布云图

最大夹杂物的数密度降低到 0.5 个/mm²。图 8-7（a）中，开浇时大于 5μm 的夹

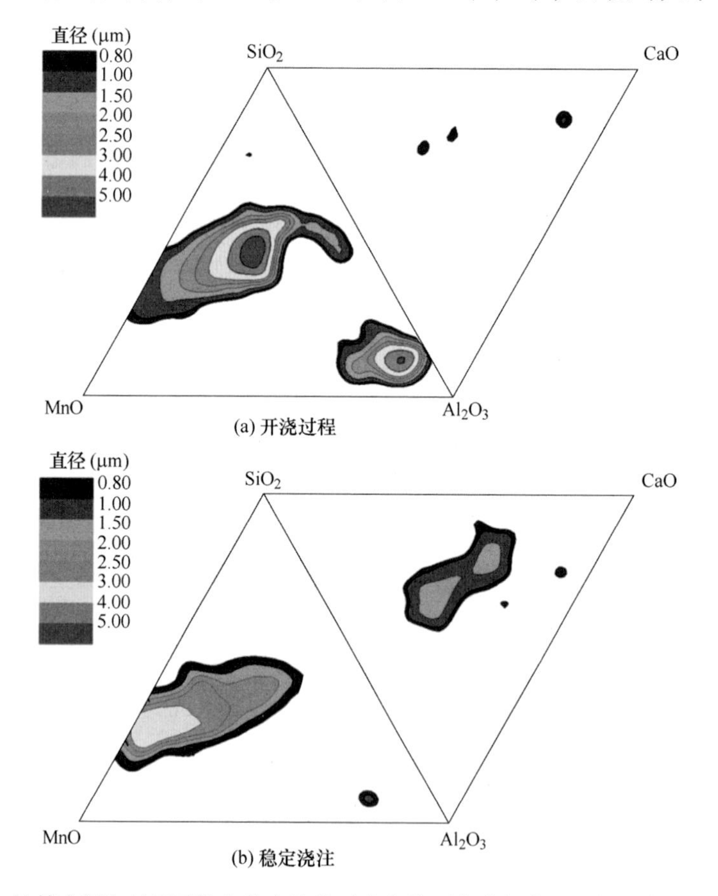

图 8-7　连铸中间包过程开浇和稳定浇注时夹杂物平均直径在三元相图中的分布云图

杂物主要集中在 Al_2O_3-SiO_2-MnO 三元相图的中心和 Al_2O_3 的角部位置，生成的 Al_2O_3-SiO_2-CaO 类夹杂物很少。在图 8-7（b）中，稳定浇注时，大于 3μm 的夹杂物主要向 SiO_2-MnO 线移动；此外，检测到了更多的小于 2μm 的 Al_2O_3-SiO_2-CaO 类夹杂物。图 8-8 中，开浇时夹杂物的面积百分数明显大于稳定浇注，证明不锈钢的洁净度明显受到了二次氧化的影响。此外，开浇时大多数的夹杂物为 Al_2O_3-SiO_2-MnO 类夹杂物，稳定浇注时大多数的夹杂物为 Al_2O_3-SiO_2-CaO 类夹杂物。

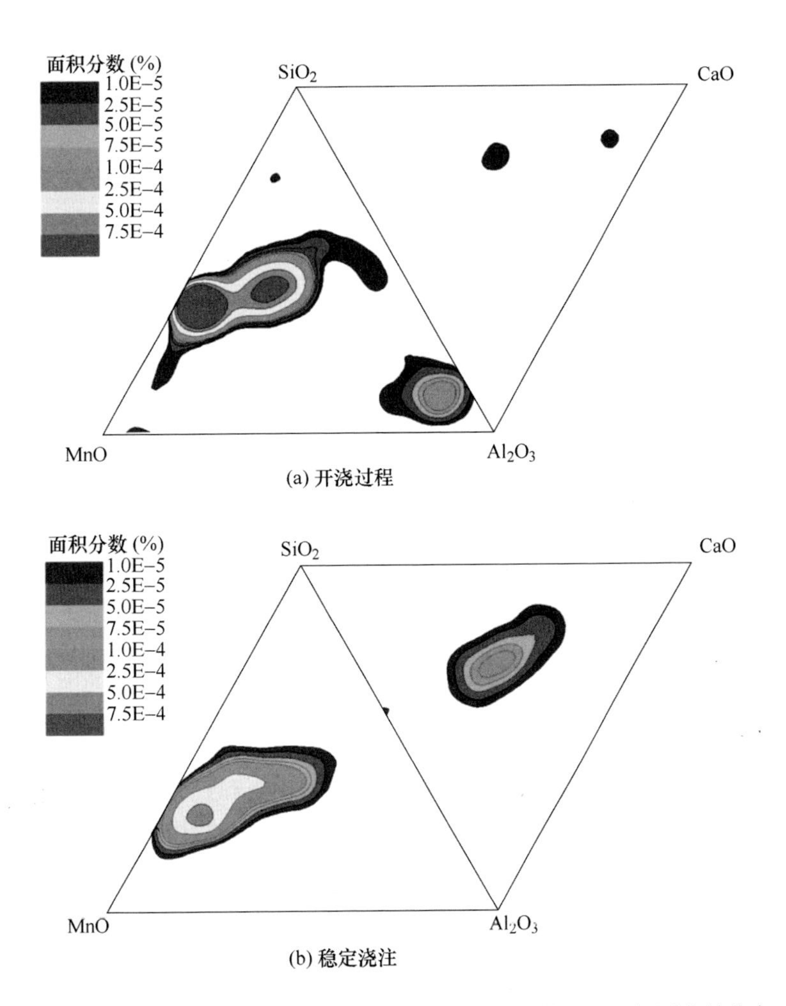

图 8-8　连铸中间包过程开浇和稳定浇注时夹杂物面积分数在三元相图中的分布云图

图 8-9 所示为连铸中间包过程开浇和稳定浇注时夹杂物尺寸和 MnO 含量的关系。图 8-9（a）中，开浇时，夹杂物中 MnO 含量随夹杂物尺寸减小而升高，说明二次氧化导致钢液中的［Mn］被氧化形成了大量的 MnO 含量较高的夹杂物。

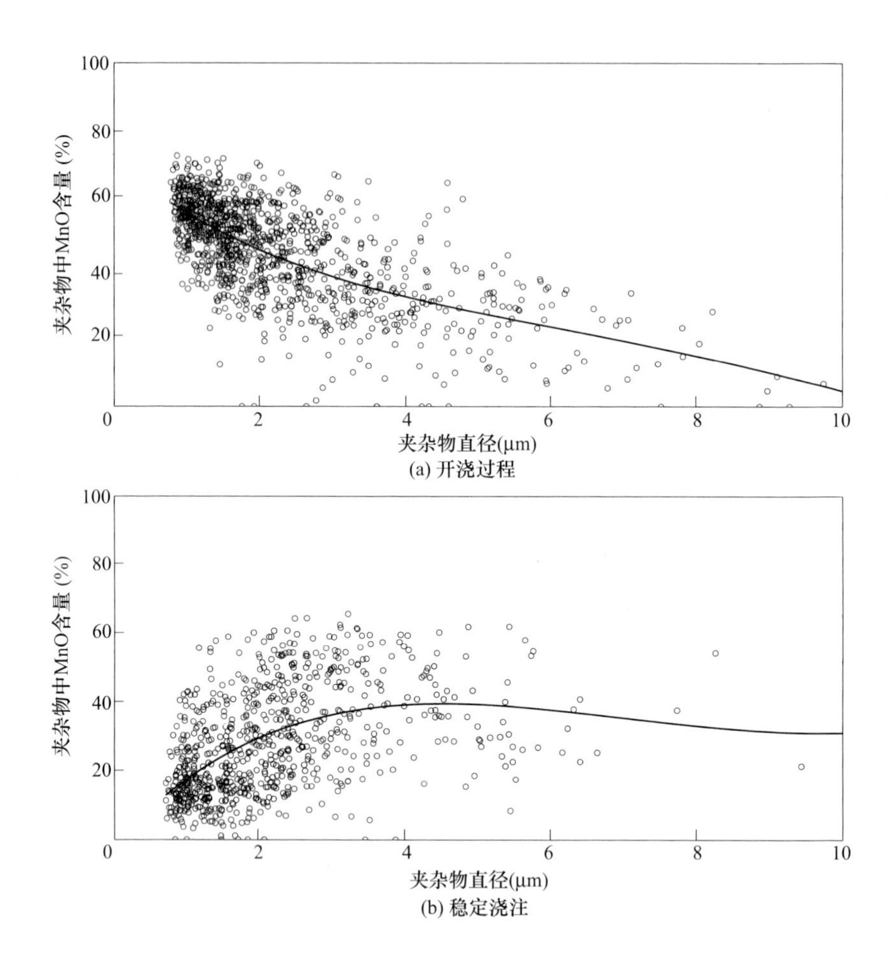

图 8-9　连铸中间包过程开浇和稳定浇注时夹杂物尺寸和 MnO 含量的关系

然而，在图 8-9（b）显示的稳定浇注过程中，大尺寸夹杂物中的 MnO 相对高于小尺寸夹杂物。图 8-10 所示为连铸中间包过程开浇和稳定浇注时夹杂物尺寸和 SiO_2 含量的关系。图 8-10（a）中，开始浇注时，夹杂物中的 SiO_2 含量随着夹杂物尺寸增加略有降低，同时也比图 8-10（b）中的稳定浇注时的 SiO_2 含量略高。因此，二次氧化过程生成的夹杂物中含有更高的 SiO_2。图 8-11 和图 8-12 所示为二次氧化过程夹杂物中的 Al_2O_3 和 CaO 含量变化趋势与夹杂物中 MnO 夹杂物的变化趋势相反。开浇过程中，小尺寸夹杂物中的 Al_2O_3 和 CaO 含量更低，这可能是由于开浇过程中夹杂物中 MnO 含量增加造成的；达到稳定浇注后，小尺寸夹杂物中的 Al_2O_3 和 CaO 含量逐渐增加。这是因为随着浇注的进行和钢液的混匀，小尺寸夹杂物中的 MnO 逐渐被钢液中的［Al］和［Ca］还原生成 Al_2O_3 和 CaO。

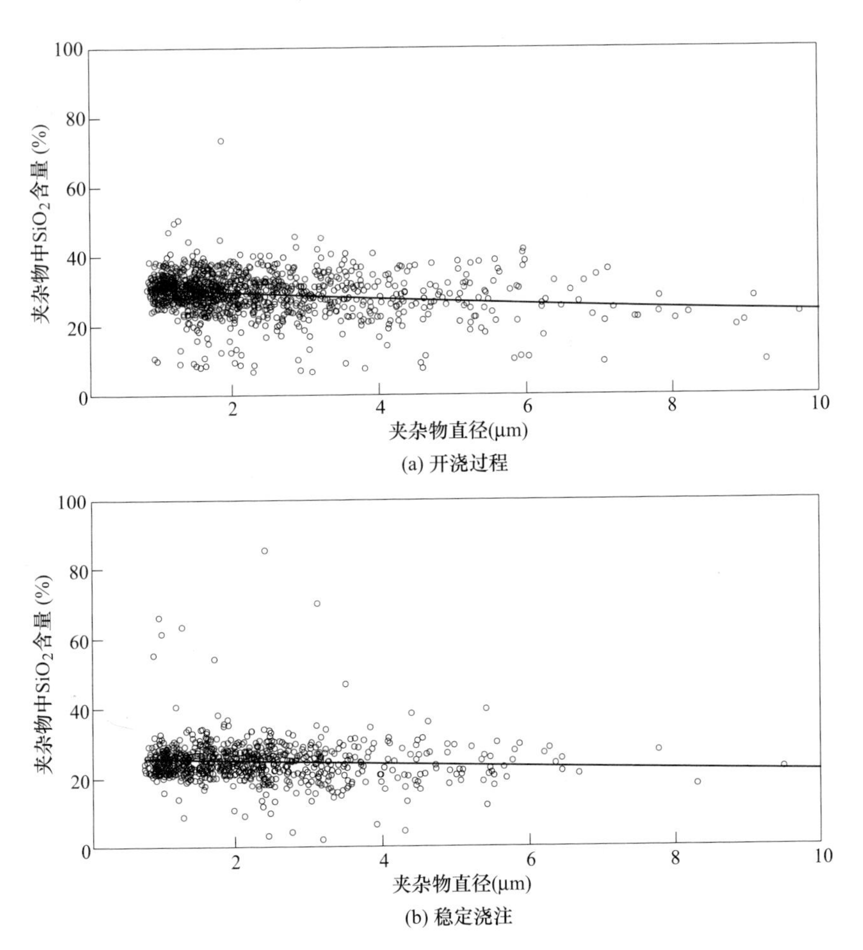

图 8-10　连铸中间包过程开浇和稳定浇注时夹杂物尺寸和 SiO_2 含量的关系

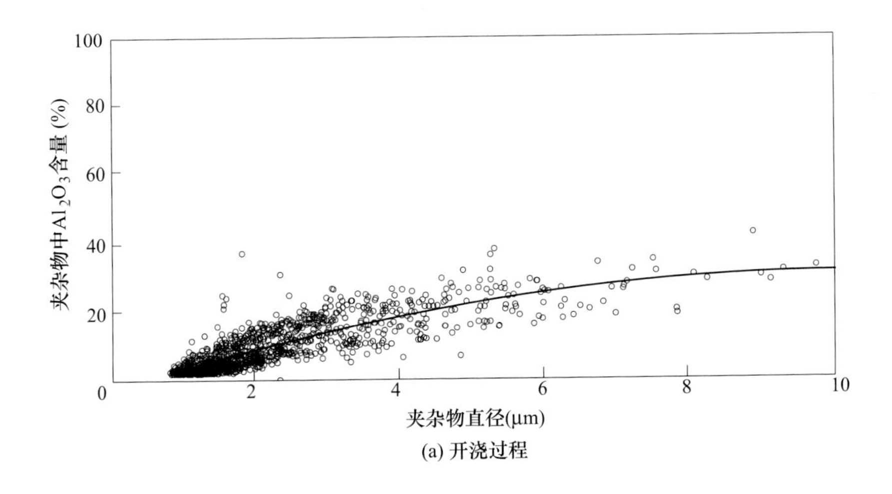

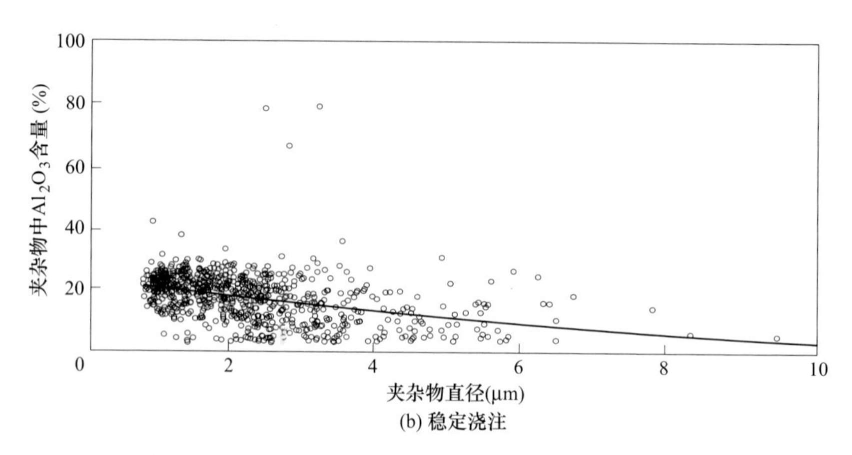

(b) 稳定浇注

图 8-11　连铸中间包过程开浇和稳定浇注时夹杂物尺寸和 Al_2O_3 含量的关系

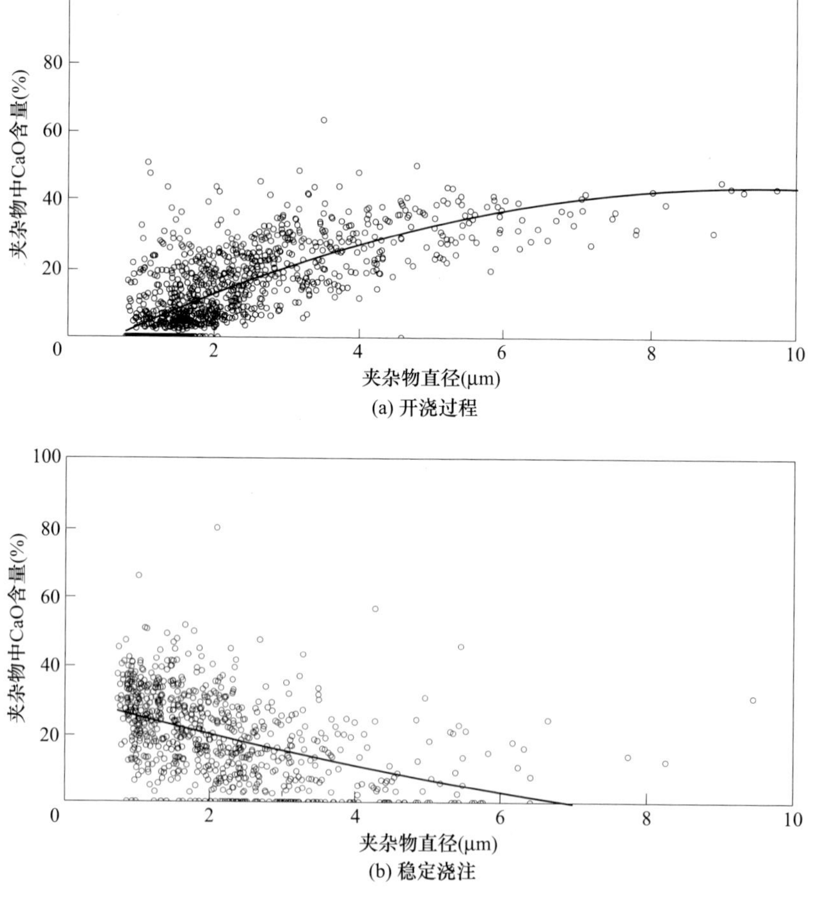

(a) 开浇过程

(b) 稳定浇注

图 8-12　连铸中间包过程开浇和稳定浇注时夹杂物尺寸和 CaO 含量的关系

图 8-13 所示为连铸中间包过程典型夹杂物的面扫描结果。对于图 8-13（a）和（b）中的小尺寸夹杂物来说，夹杂物中的 Al、Mn、Si 和 Ca 元素分布基本均匀。值得注意的是，从开浇到稳定浇注过程中，夹杂物中的 MnO 含量下降了很多，同时夹杂物中的 Al_2O_3 和 CaO 含量随之增加。对于图 8-13（c）和（d）中的大尺寸夹杂物来说，夹杂物中的 Al、Si 和 Ca 元素分布基本均匀。可以看到在开浇过程大尺寸的夹杂物中，夹杂物外层中的 Mn 含量明显高于夹杂物核心位置的 Mn 含量。说明 MnO 从夹杂物表面向夹杂物核心扩散，同时证明了形成的 MnO 是由于不稳定浇注过程中的二次氧化引起的。与开浇阶段的夹杂物相比，稳定浇注时夹杂物中的 Al_2O_3 和 CaO 含量明显增加，同时夹杂物中的 MnO 消失。说明在稳定浇注过程中夹杂物中的 MnO 被钢液中的［Al］和［Ca］还原生成了 Al_2O_3 和 CaO，这与之前观察到的结果类似。

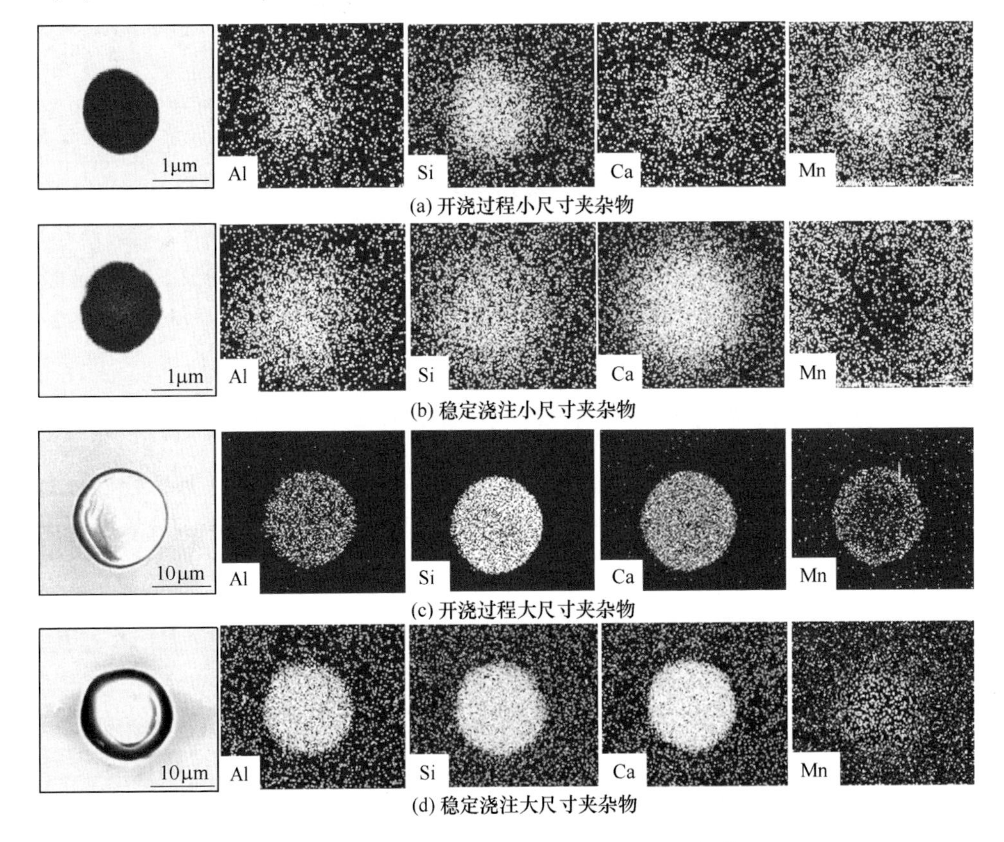

图 8-13　连铸中间包过程典型夹杂物的面扫描

图 8-14 所示为连铸中间包二次氧化过程典型夹杂物的形貌。由图可知，观察到的大于 20μm 夹杂物的夹杂物成分基本与开始浇注前夹杂物的形貌类似。因此可以认为其实二次氧化之前就存在的内生夹杂物的 MnO 含量小于 20%。同时，

图中 1~2μm 的小尺寸夹杂物中 MnO 含量超过了 50%，这些夹杂物应该是在二次氧化过程中新生成的。从图中可以看出，小尺寸的夹杂物和大尺寸夹杂物的外层颜色都比大尺寸夹杂物的核心颜色更深，这是因为其 MnO 含量更高。可以推测图中的大尺寸夹杂物会与周围的小尺寸夹杂物碰撞聚合，MnO 夹杂物会在大尺寸夹杂物表面从外向内扩散，形成一层 MnO 含量较高的外层。随着浇注过程逐渐趋于稳定，这层在大尺寸夹杂物形成的 MnO 含量较高的外层会逐渐被钢液中的［Al］和［Ca］还原，生成 Al_2O_3 和 CaO。

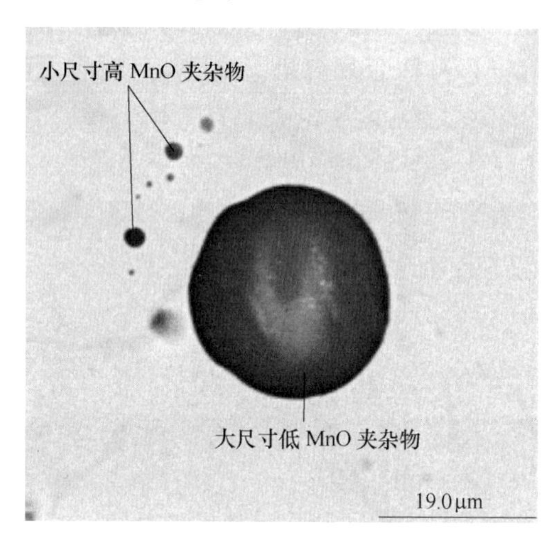

图 8-14 连铸中间包二次氧化过程典型夹杂物形貌

8.2 二次氧化过程硅锰脱氧不锈钢中夹杂物演变机理

为了研究二次氧化过程夹杂物的演变机理，应用 FactSage 热力学软件计算了 1773K 下二次氧化过程夹杂物的成分变化，具体如图 8-15 所示。计算时选用

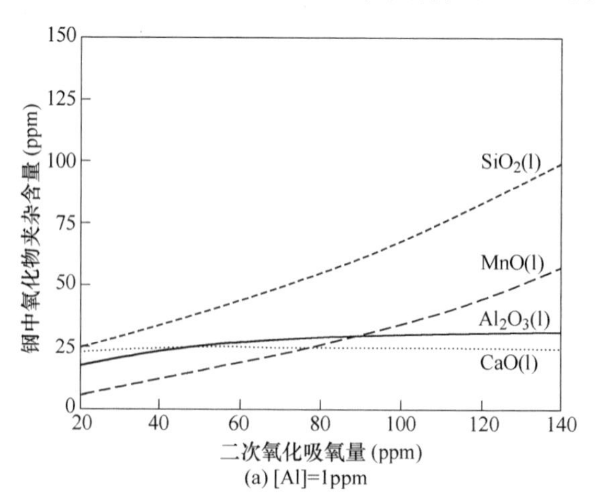

(a) [Al]=1ppm

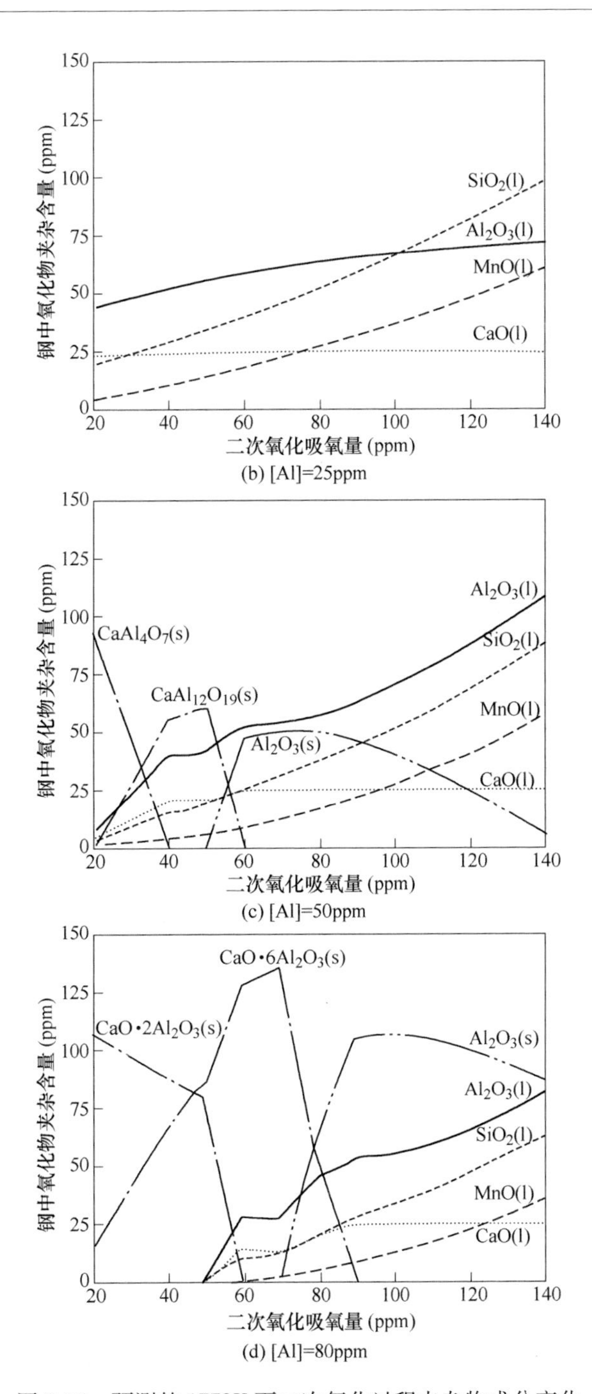

图 8-15 预测的 1773K 下二次氧化过程夹杂物成分变化

初始钢液成分：C 0.048%，Si 0.48%，Mn 1.06%，T. S 0.003%，P 0.024%，Cr 18%，Ni 8%，T. N 0.037%，Ti 0.003%，T. Ca 0.0003%，T. O 110ppm；

初始夹杂物成分为：Al_2O_3 27.4%，SiO_2 36.4%，CaO 18.1%，MnO 18.1%

FactPS、FToxid 和 FTmisc 数据库。初始钢液成分为：[C] = 0.048%，[Si] = 0.48%，[Mn] = 1.06%，T. S = 0.003%，[P] = 0.024%，[Cr] = 18%，[Ni] = 8%，T. N = 0.037%，[Ti] = 0.003%，T. Ca = 0.0003%；初始夹杂物含量为：110ppm，初始夹杂物成分：Al_2O_3 = 27.4%，SiO_2 = 36.4%，CaO = 18.1%，MnO = 18.1%。每次计算固定钢中的初始 [Al] 含量，二次氧化过程中的氧假设为 20~140ppm。在图 8-15（a）中，当钢中的 [Al] 含量为 1ppm 时，随着不锈钢中的吸收的氧增加，夹杂物中 MnO 和 SiO_2 增加的速度明显高于夹杂物中 Al_2O_3 和 CaO 增加的速度。因此，当钢液吸收的氧与二次氧化局部位置的 [Al] 反应后，钢中吸收的多余的氧很容易与钢中的较强的脱氧元素 [Si] 和 [Mn] 反应。由于钢液中 [Mn] 含量是钢中的 [Si] 含量的 2 倍，所以，在二次氧化的局部氧含量过高的位置，钢液中的 [Mn] 更容易与多余的氧反应生成大量的 MnO 夹杂物，这与之前观察到的结果类似。在图 8-15（b）中，当钢中的 [Al] 含量为 25ppm 时，形成的夹杂物中 Al_2O_3 含量超过了 MnO。在图 8-15（c）中，当钢中的 [Al] 含量为 50ppm 时，开始有固体夹杂物生成；同时夹杂物的液相分数随着氧含量的增加而逐渐降低。在图 8-15（d）中，当钢中的 [Al] 含量为 80ppm 时，随着钢中氧含量的增加，液相夹杂物很难生成；当液相夹杂物小于 50ppm 时，生成 $CaO \cdot 2Al_2O_3$ 和 $CaO \cdot 6Al_2O_3$ 固相夹杂物；随着钢液中的氧含量继续增加，生成的夹杂物大多数都是固态夹杂物，夹杂物类型从 $CaO \cdot 2Al_2O_3$ 先到 $CaO \cdot 6Al_2O_3$ 再到 Al_2O_3 转变。因此，在硅锰脱氧不锈钢中，一方面，由于二次氧化局部位置的氧含量过高和 [Al] 含量过低，二次氧化会引起夹杂物中 MnO 含量上升；另一方面，铝脱氧不锈钢中二次氧化会引起夹杂物中 Al_2O_3 含量上升。

图 8-16 所示为硅锰脱氧 304 不锈钢二次氧化过程夹杂物演变机理。图中深色相和浅色相分别为高 MnO 含量相和低 MnO 含量相。在二次氧化过程中吸收了氧气以后，钢中吸氧区域的 [Al] 和 [Ca] 元素迅速被氧化并且降低到极低的含量。与 [Al] 和 [Ca] 元素极低的含量相比，钢中的 [Mn] 含量高达 1.06%。因此，二次氧化区域过量的氧会与夹杂物中的 [Mn] 反应，生成大量的 MnO 含量很高的 1~2μm 夹杂物，如反应式（8-1）所示。同时，MnO 会在大于 8μm 的大尺寸夹杂物表面富集，并从表面向内部传递。5μm 左右的夹杂物的行为介于大尺寸和小尺寸夹杂物之间。从开浇到稳定过程中，随着吸氧区域和未吸氧区域钢液的逐渐混匀，夹杂物中的 MnO 被脱氧能力更强的 [Al] 和 [Ca] 还原，发生反应（8-2）和（8-3）；同时，也可能发生夹杂物的碰撞，从而使钢中小尺寸夹杂物的数量降低。由于 1~2μm 的小尺寸夹杂物传质条件好，夹杂物中的 MnO 含量可以被 [Al] 和 [Ca] 迅速还原；而大于 8μm 的大尺寸夹杂物由于动力学条件较差，夹杂物中 MnO 含量缓慢地逐渐变均匀。5μm 左右的夹杂物 MnO 含量变化波动较大，因为其受到不同尺寸且不同 MnO 含量夹杂物的反应和碰撞等影响较大。

$$2[Mn] + O_2 = 2(MnO) \tag{8-1}$$

$$3(MnO) + 2[Al] \longrightarrow 3[Mn] + (Al_2O_3) \tag{8-2}$$

$$(MnO) + [Ca] \longrightarrow [Mn] + (CaO) \tag{8-3}$$

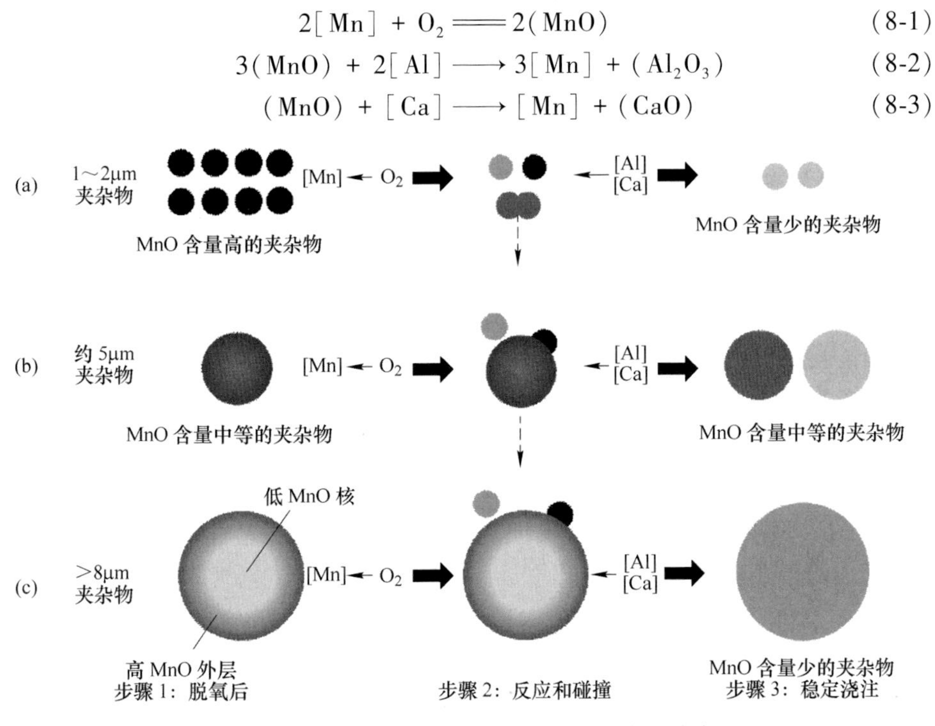

图 8-16　硅锰脱氧 304 不锈钢二次氧化过程夹杂物演变机理

8.3　小结

（1）硅锰脱氧 304 不锈钢稳定浇注 T. O 水平约为 60ppm，开浇时 T. O 为 128. 8ppm，换包时 T. O 为 80ppm，大约开浇 30min 后，钢液 T. O 可以逐渐降低到稳定浇注的水平。

（2）在硅锰脱氧 304 不锈钢发生二次氧化后，钢中吸氧区域的［Al］和［Ca］元素迅速被氧化并且降低到极低的含量。钢中过量的氧会把钢中含量较高的［Mn］氧化，瞬态生成大量的 MnO 含量很高的 1～2μm 夹杂物。从开浇到稳定浇注过程中，夹杂物中瞬态生成的 MnO 含量逐渐减小降低至正常水平。

（3）在硅锰脱氧 304 不锈钢中，一方面，由于二次氧化局部位置的氧含量过高和［Al］含量过低，二次氧化会引起夹杂物中 MnO 含量的上升；另一方面，在铝脱氧的不锈钢中，二次氧化会引起夹杂物中 Al_2O_3 含量的上升。

9　300系不锈钢耐火材料的侵蚀机理研究

在高品质不锈钢的冶炼过程中，从精炼到连铸过程中各个反应器内都涉及相关的耐火材料，很多文献报道了耐火材料对不锈钢的洁净度水平影响很大，然而对于耐火材料质量及种类对不锈钢洁净度的影响缺少定量的系统研究，其影响机理也始终不是非常清楚。本章系统介绍了不锈钢最常用的三种耐火材料——镁钙质耐火材料、镁碳质耐火材料和镁铬质耐火材料对不锈钢洁净度水平的影响，还介绍了321不锈钢水口结瘤形成机理，为不锈钢生产实践过程中耐火材料的选择提供了理论基础。

9.1　镁钙质耐火材料的侵蚀行为

镁钙质耐火材料具有较好的高温热稳定性、抗渣侵蚀性和抗剥落性能等，广泛应用于冶金生产过程。与镁碳砖相比，其不存在C向钢液中溶解的过程，避免了对钢水的污染；但同时镁钙系耐火材料在使用中也存在一些问题，其在常温储存时耐火材料中的自由CaO易发生水化。

本研究采用LF精炼钢包渣线耐火砖，将耐火砖破碎并细磨至大于100目的粉料，粉料经过40MPa的压力压制成直径30mm、厚度约3mm的圆形基片；将基片置于管式电阻炉中，在1600℃下煅烧2h；煅烧后基片表面逐级用60目、240目、400目、800目、1200目、1500目六道砂纸进行表面处理。处理后基片在酒精中经超声波清洗。经测定基片表面粗糙度约为0.4~0.6μm。对耐火材料成分进行XRF荧光分析，成分见表9-1，XRD检测的耐火材料物相组成如图9-1所示。耐火材料主要含有MgO和CaO，及少量SiO_2、Fe_2O_3、Al_2O_3等，属镁钙系耐火材料。XRD结果表明MgO和CaO各自以独立相存在，未相互反应生成二元化合物。

表9-1　镁钙质耐火材料成分　(%)

成分	MgO	CaO	SiO_2	Fe_2O_3	Al_2O_3	MnO	S	P_2O_5	Cr_2O_3	TiO_2
含量	56.70	39.80	1.55	1.22	0.52	0.09	0.03	0.04	0.03	0.03

实验测定所用装置如图9-2所示。采用座滴法测定待熔化样品与耐火材料基片间接触角。制备的渣样置于耐火材料基片中间，耐火材料基片下垫Al_2O_3垫片

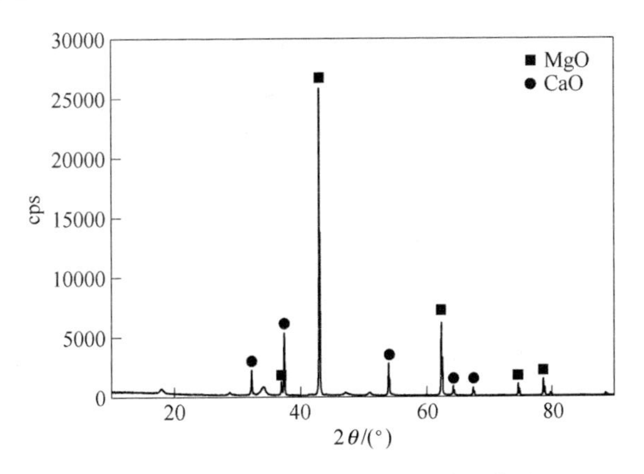

图 9-1 镁钙质耐火材料 XRD 检测结果

后整体置于高温管式炉中部恒温区。炉管两端密封并通入惰性气体氩气或还原性气体进行保护，氩气已经由氩气纯化器净化及 600℃ 的镁粉去除内部所含微量氧及水分。升温速率控制在 5℃/min。炉管左端 CCD 摄像头以一定的帧频录制炉管内样品形貌变化，并同时结合时间、温度等数据进行记录。

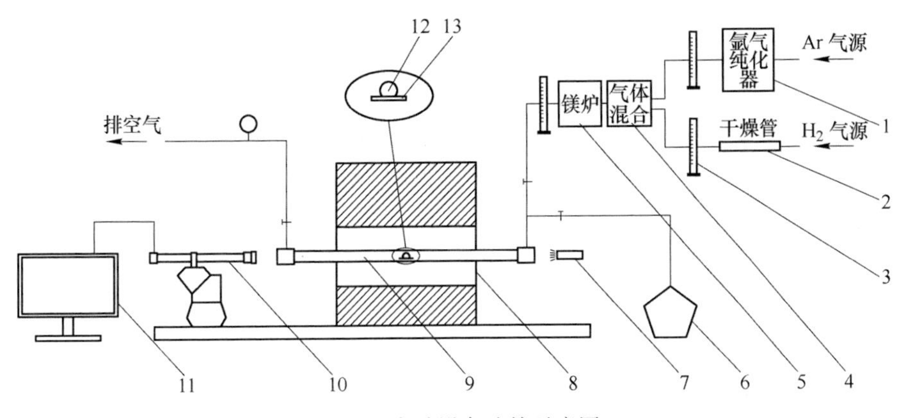

图 9-2 实验设备连接示意图

1—氩气纯化器；2—干燥管；3—气体流量计；4—气体混合室；5—镁炉；6—真空泵；7—卤光灯；8—高温真空炉；9—炉管；10—CCD 摄像头；11—接触角仪主机；12—实验样品；13—基片

研究的 304 不锈钢 LF 精炼渣碱度较低，熔点也较低，在实验温度范围内 LF 渣能较好地完全熔化，LF 渣融化过程中在不同温度下的形貌如图 9-3 所示。图 9-4 所示分别为 LF 进站、LF 合金化后、LF 出站渣与钢包内衬间接触角测定结果。由图可见，LF 渣与钢包内衬间接触角随温度的升高逐渐减小，在升温过程接触角值变化较快，温度对接触角有很大影响。在恒温阶段，两者间接触角很小，熔渣易渗透到耐火材料内部继续进行反应，接触角值仍呈缓慢下降，耐火材料的侵蚀在进一步发生。

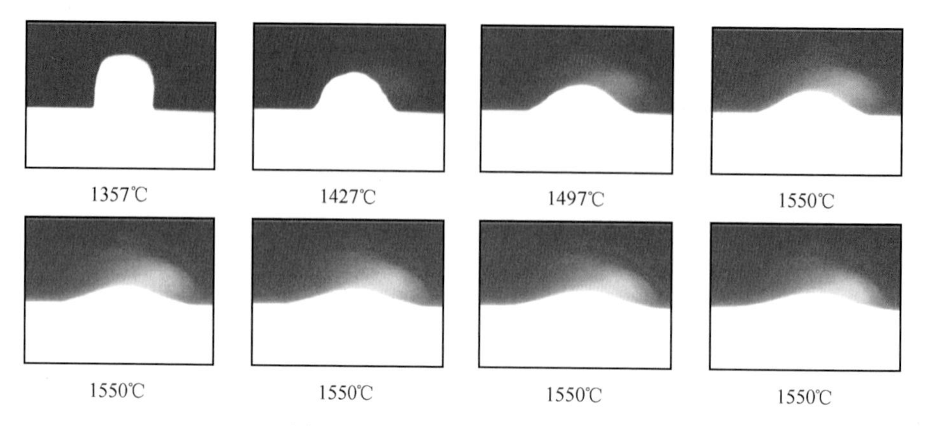

图 9-3　不同温度下样品形貌变化

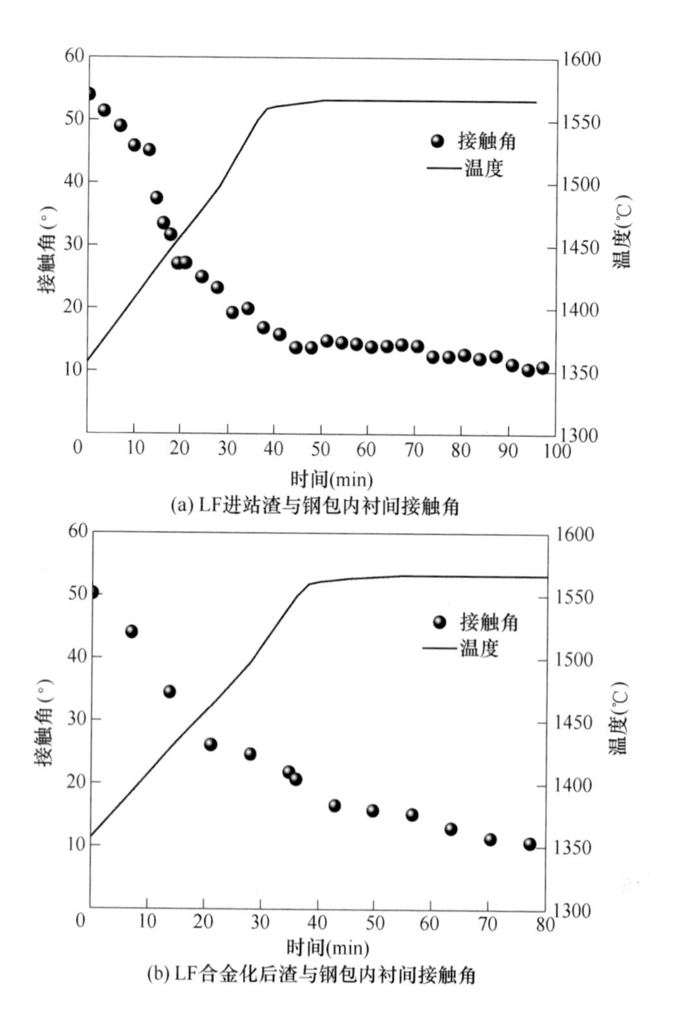

(a) LF进站渣与钢包内衬间接触角

(b) LF合金化后渣与钢包内衬间接触角

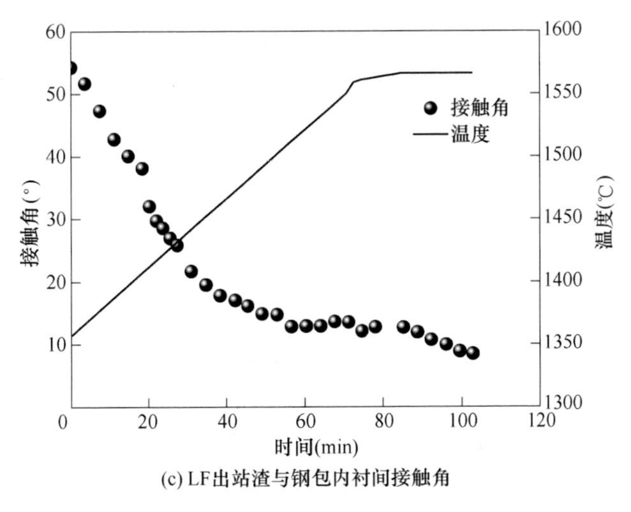

(c) LF出站渣与钢包内衬间接触角

图 9-4 LF 渣与钢包内衬间接触角

为进一步研究 LF 渣碱度对润湿性及对耐火材料侵蚀的研究，在原始 LF 渣（碱度 2.24）基础上加入一定量 SiO_2 或 CaO，配置成如表 9-2 所示的 6 个渣样，分别测定其与钢包内衬间的接触角。

表 9-2 不同碱度炉渣熔点

渣样	1	2	3	4	5	6
碱度	2.5	2.24	2.0	1.75	1.5	1.25
熔点（℃）	1482	1484	1311	1334	1334	1283

图 9-5 所示为不同碱度 LF 渣与钢包基片间的润湿性测定结果。由图可见，

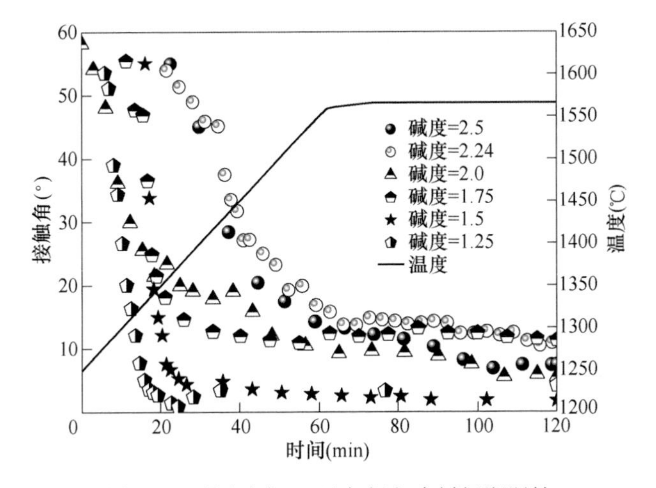

图 9-5 不同碱度 LF 渣与钢包内衬间润湿性

碱度高的渣初始点出现较晚，对应温度较高，表明高碱度渣的熔点较高。随着温度升高各曲线均呈下降趋势，较高碱度的渣下降趋势缓慢，持续时间较长，融化区间横跨较大的高温区，且最终在恒温阶段仍保持较高的接触角值；较低碱度的渣随温度升高接触角迅速下降，最终保持相对较低的接触角，表明低碱度渣的熔化性好，流动性好，会迅速铺展在耐火材料表面，对耐火材料有较好的润湿性。

图 9-6 所示为实验测定后样品的形貌。LF 渣在降温过程中产生低温粉化，渣体积产生较大膨胀。较低碱度（1. 75 和 1. 5）下的渣因具有较好的润湿性，渗透到耐火材料更深的内部，由于渣的体积膨胀，耐火材料破裂，1. 25 碱度的渣因润湿性太好，铺展面较大，单位面积渗透渣量反而减少，因此未发生明显破裂。高碱度渣熔化温度较高，流动性较差，相比低碱度渣不易润湿耐火材料，不易渗透到耐火材料内部，从而对耐火材料产生侵蚀，对耐火材料具有一定的保护作用。

(a) 碱度2.5　(b) 碱度2.24　(c) 碱度2.0
(d) 碱度1.75　(e) 碱度1.5　(f) 碱度1.25

图 9-6　实验后样品形貌

润湿性测定过程要保证待测基片表面光滑、平整，而实际生产过程中耐火材料表面较大偏离实验测定。为使实验结果更加贴近生产实际，将实验室耐火材料基片磨至不同粗糙度（R_a），经测定基片表面粗糙度见表 9-3，各基片上测定的渣与基片润湿性如图 9-7 所示。由图可见，不同粗糙度下基片上测定的润湿性规律基本一致，在恒温阶段受固液两相反应及渣对耐火材料的渗透，使得接触角缓慢下降；在升温过程中，除了固液反应及渣的渗透外，温度升高也促进了渣对基片的润湿性。图 9-8 所示为实验后样品形貌，渣与耐火材料基本一致，耐火材料没有发生破裂。因此，不同耐火材料基片表面粗糙度对润湿性无明显影响，上述多组实验测定结果符合生产实际。

表 9-3　不同基片表面粗糙度

基片	1	2	3	4	5	6
表面粗糙度（nm）	1592	755	616	397	613	455

图 9-7　LF 渣与不同粗糙度基片间润湿性

(a) R_a=1592　(b) R_a=755　(c) R_a=616

(d) R_a=397　(e) R_a=613　(f) R_a=455

图 9-8　不同表面粗糙度样品实验后样品形貌

耐火材料在使用中，熔渣会沿气孔与裂缝通道渗入耐火材料内，并与之相互作用形成与原来耐火材料结构、矿物组成和性质不同的变质层。当温度发生波动或剧烈改变时，变质层与原耐火材料之间发生开裂和剥落，造成耐火材料的损毁。式（9-1）~式（9-3）可用来评估熔渣渗入耐火材料内的深度。

$$X = \sqrt{\frac{r \cdot \gamma\cos\theta}{2\eta}t} \tag{9-1}$$

$$b = \sqrt{\frac{rt}{2\eta}} \tag{9-2}$$

$$\frac{X}{b} = \sqrt{\gamma\cos\theta} \tag{9-3}$$

式中　X——渗透深度，m；
γ——熔渣表面张力，N/m；
r——耐火材料毛细通道的半径，m；
θ——熔渣在耐火材料上的接触角，(°)；
η——熔渣黏度，Pa · s；
t——时间，s；
b——代数式符号。

X/b 与 $\sqrt{\gamma\cos\theta}$ 成线性关系，不同温度下 LF 渣表面张力及 LF 渣与耐火材料间接触角见表 9-4。图 9-9 所示为不同温度下 X/b 值，按 LF 进站、LF 合金化、LF 出站的顺序，渣对耐火材料的侵蚀性逐渐加深。在相同的侵蚀时间下，温度越高，熔渣渗入耐火材料深度越深，耐火材料越容易被侵蚀剥离。

表 9-4　不同温度下接触角与表面张力

温度（℃）	LF 渣-1		LF 渣-2		LF 渣-3	
	接触角（°）	表面张力（mN/m）	接触角（°）	表面张力（mN/m）	接触角（°）	表面张力（mN/m）
1357	53.93	1030.33	50.24	1091.27	47.29	1154.26
1390	48.95	1049.8	44.03	1117.67	40.10	1186.6
1427	40.00	1071.63	34.51	1147.27	29.72	1222.86
1462	27.20	1092.28	26.15	1175.27	24	1257.16
1497	22.75	1112.93	24.65	1203.27	18.96	1291.46
1532	19.22	1133.58	21.83	1231.27	16.84	1325.76
1550	15.83	1144.2	20.71	1245.67	14.90	1343.4

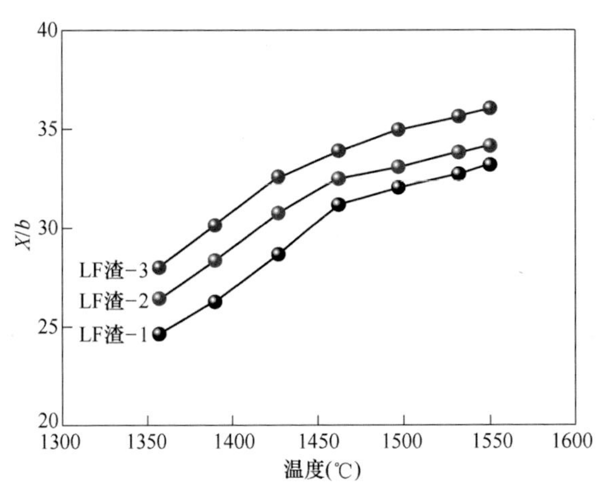

图 9-9　不同温度下 X/b 值

9.2　镁碳质耐火材料的侵蚀行为

镁碳质耐火材料具有良好的热稳定性和抗侵蚀能力，是不锈钢冶炼常用的耐火材料之一。日本东北大学刘春阳博士和北村信野教授[156]深入研究了镁碳砖在铝脱氧不锈钢钢液中的侵蚀行为。为研究镁碳砖对不锈钢洁净度和不锈钢中非金属夹杂物的影响机理，他们研究了含有不同碳含量的耐火材料与不同铝含量的不锈钢钢液的侵蚀行为。研究发现，经过镁碳质耐火材料与铝脱氧不锈钢钢液的反应，不锈钢中的夹杂物由纯的氧化铝夹杂物逐渐转变为了镁铝尖晶石夹杂物，这说明了耐火材料中的镁元素从耐火材料进入到钢中。同时，对耐火材料中的碳含量和钢中铝含量分别对镁从耐火材料向钢中溶解行为的影响进行了定量研究。

图 9-10 所示为镁碳质耐火材料的相分布 EPMA 观察结果。由图可知，镁碳质耐火材料主要由纯碳相、氧化镁相和少量的杂质相组成，C 和 MgO 之间并没有生成化合物。图 9-11 所示为镁碳质耐火材料和不锈钢钢液反应边界层观察结果。其中图 9-11（a）为碳含量约 0%的耐火材料与铝含量约 0.08%的不锈钢钢液在感应炉中反应 120min 后的界面，图 9-11（b）为碳含量约 20%的耐火材料

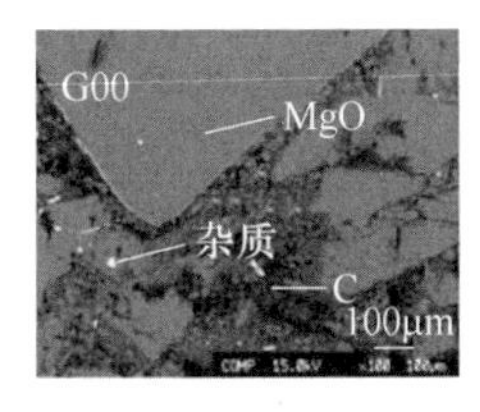

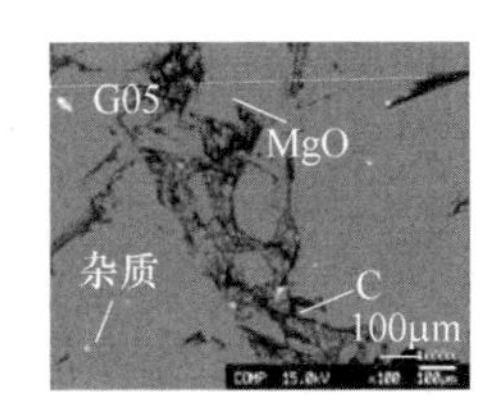

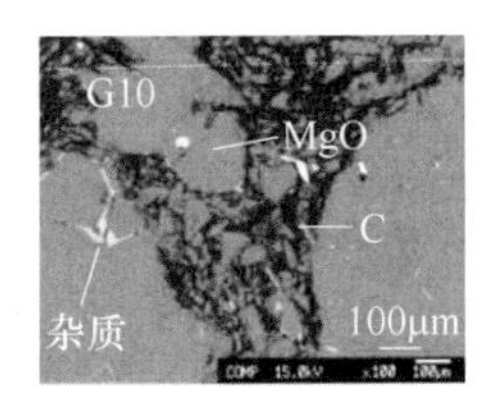

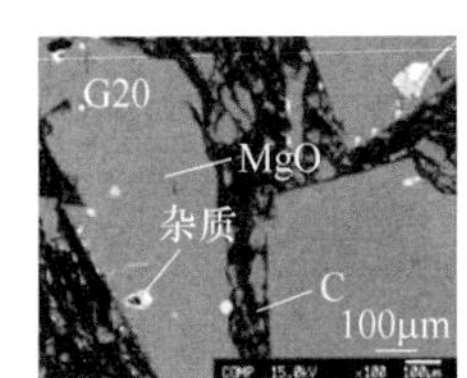

图 9-10　镁碳质耐火材料的相分布[156]

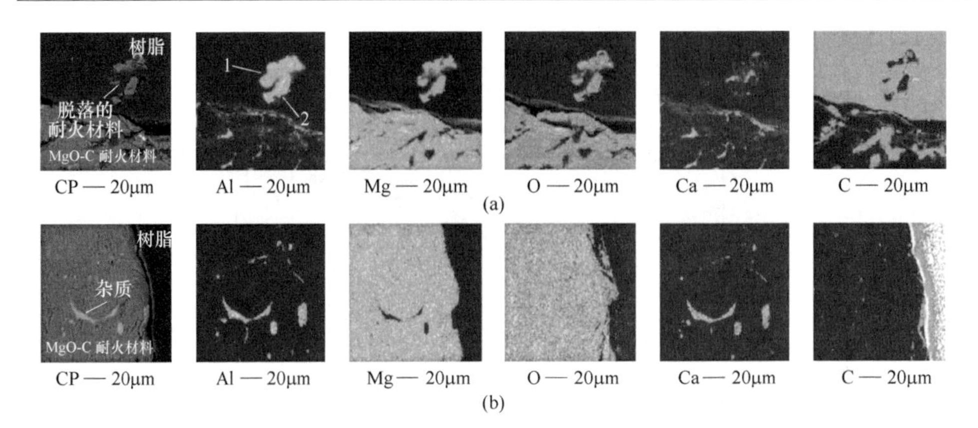

图 9-11　镁碳质耐火材料和不锈钢钢液反应边界层观察[156]

与铝含量约 0.25%的不锈钢钢液在感应炉中反应 120min 后的界面。由图可知，反应 120min 后，钢液和耐火材料表面都没有生成明显的中间相边界层，耐火材料中不同的碳含量和不锈钢钢液中不同的铝含量都没有影响实验结果。因此，镁碳质耐火材料与铝脱氧不锈钢钢液的反应不会受到反应边界层新相生成的影响而阻碍耐火材料中的镁含量向不锈钢中传质。

图 9-12 所示为反应 60min 后镁碳质耐火材料中碳含量和不锈钢钢液中铝含量对镁还原影响的定量研究结果。研究表明，增加镁碳质耐火材料中的碳含量和增加不锈钢钢液中铝含量都会促进耐火材料中 MgO 还原而使得钢液中的镁含量增加。在不锈钢钢液中铝含量基本相同的条件下，镁碳质耐火材料中的碳含量从约 0%增加到 20%，将会使得钢液中增加大约 1ppm 的镁含量。同样，在镁碳质耐火材料中的碳含量基本相同的条件下，不锈钢钢液中铝含量从约 0.05%增加到 0.25%，将会使得钢液中增加大约 1.2ppm 的镁含量。

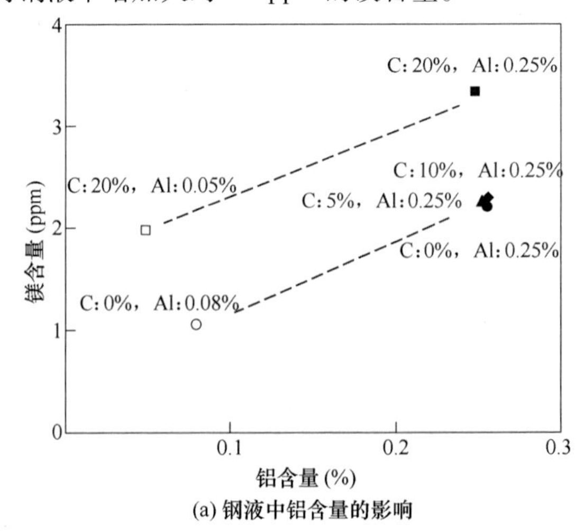

(a) 钢液中铝含量的影响

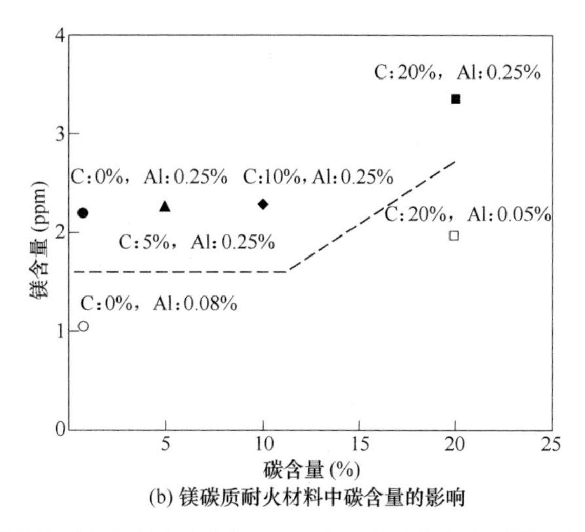

(b) 镁碳质耐火材料中碳含量的影响

图 9-12　镁碳质耐火材料中碳含量和不锈钢钢液中铝含量对镁还原的影响[156]

9.3　镁铬质耐火材料的侵蚀行为

镁铬质耐火材料具有良好的热稳定性和耐渣蚀能力，常用于不锈钢冶炼用耐火材料之一。日本东北大学刘春阳博士和北村信野教授[157]深入研究了镁铬质耐火材料在铝脱氧不锈钢钢液中的侵蚀行为。对镁铬质耐火材料进行成分分析，结果表明耐火材料中 MgO 含量 70.23%、Cr_2O_3 含量 18.85%、Al_2O_3 含量 4.69%、FeO 含量 6.01%、CaO 含量 0.49%。镁铬质耐火材料物相组成如图 9-13 所示。XRD 检测结果为镁铬质耐火材料主要含有 $(Mg,Fe)(Cr,Al)_2O_4$ 和 MgO，以及少量杂质元素，EPMA 观察结果同样发现了镁铬质耐火材料中含有 $(Mg,Fe)(Cr,Al)_2O_4$ 和 MgO 相。

为此研究了镁铬质耐火材料对不锈钢洁净度和不锈钢中非金属夹杂物的影响机理。研究发现，经过镁铬质耐火材料与铝脱氧不锈钢钢液的反应，不锈钢中的夹杂物反应前后一直保持着纯的氧化铝夹杂物，反应 2h 后钢液中镁含量增加量小于 1ppm，这说明了耐火材料中的镁元素从耐火材料向钢液中传质的速度很慢。为了分析其原因，对反应后镁铬质耐火材料和铝脱氧不锈钢钢液反应边界层观察结果，如图 9-14 所示。反应 60min 后，镁铬质耐火材料和铝脱氧不锈钢钢液反应边界生成了明显的镁铝尖晶石层，通过 EPMA 对其进行面扫描，发现了镁铝尖晶石边界层中的镁铝尖晶石含量从耐火材料侧向钢液侧逐渐增加。因此，这个镁铝尖晶石边界层会阻碍镁铬质耐火材料中的镁向不锈钢钢液中传质。这也是使用镁铬质耐火材料后铝脱氧的不锈钢钢液中不会有镁铝尖晶石夹杂物产生的原因。

图 9-15 所示为镁铬质耐火材料和不锈钢钢液反应边界层厚度随时间的变化。

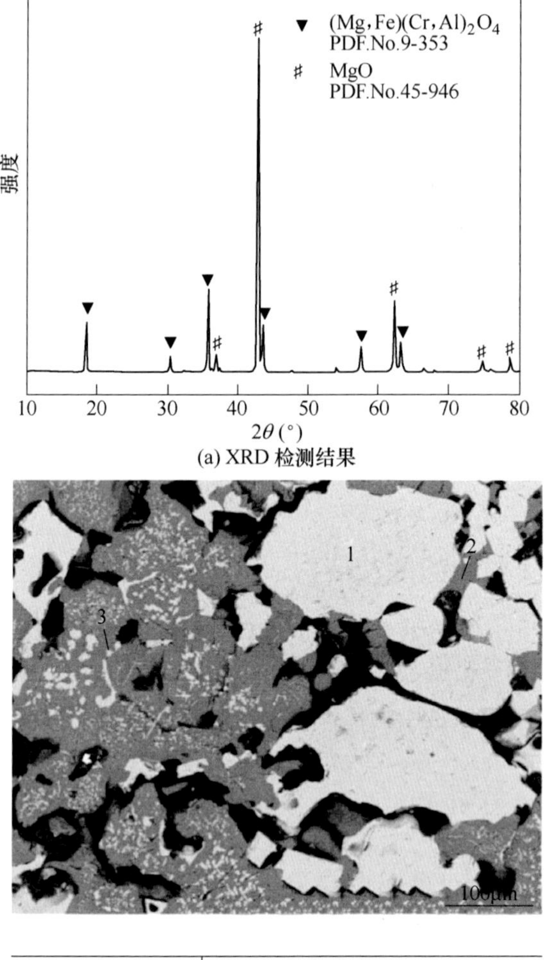

(a) XRD 检测结果

<table>
<tr><th rowspan="2">位 置</th><th colspan="4">成分 (%)</th></tr>
<tr><th>Al_2O_3</th><th>MgO</th><th>Cr_2O_3</th><th>FeO</th></tr>
<tr><td>1</td><td>10.8</td><td>23.1</td><td>61.6</td><td>4.5</td></tr>
<tr><td>2</td><td>0.2</td><td>93.3</td><td>4.7</td><td>1.8</td></tr>
<tr><td>3</td><td>9.7</td><td>23.1</td><td>58.4</td><td>8.8</td></tr>
</table>

(b) EPMA 检测结果

图 9-13 镁铬质耐火材料物相分析结果[157]

研究表明，随着反应时间的增加，镁铬质耐火材料和不锈钢钢液之间生成的镁铝尖晶石边界层厚度明显增加，120min 后，镁铝尖晶石边界层厚度达到了 40~80μm。同时，随着钢中的铝含量从 0.1%增加到 0.3%，边界层厚度也随着增加了 30μm，说明边界层的生成主要是由于钢液中的铝对耐火材料中 MgO 的还原生成的。

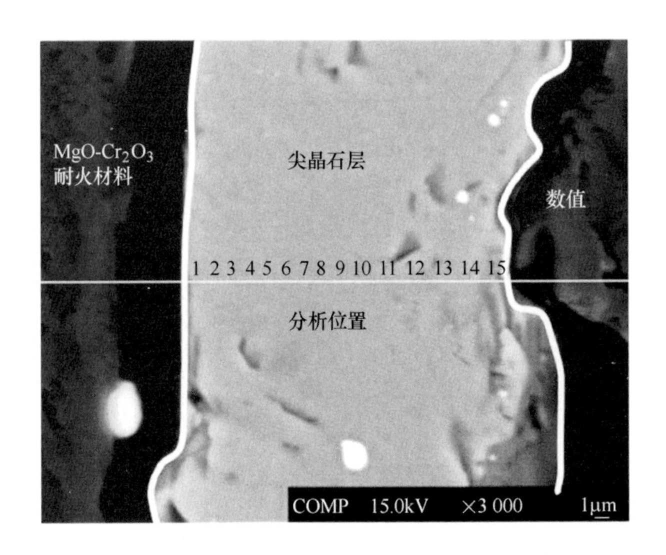

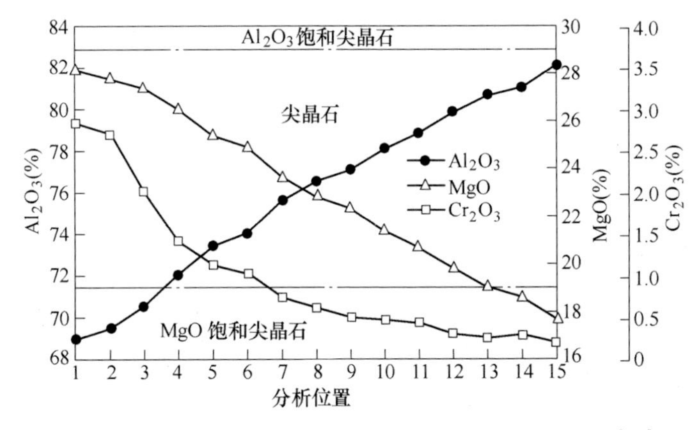

图 9-14　镁铬质耐火材料和不锈钢钢液反应边界层观察[157]

9.4　铝脱氧 321 不锈钢连铸过程浸入式水口结瘤物分析

水口结瘤物的分析方法主要可以分为以下三个方面：（1）形态分析。研究结瘤物的大小、形貌、分布、数量及性质等，其中包括岩相法、扫描电镜和透射电镜分析法等。（2）成分分析。结瘤物的组成和含量分析，其中有电子探针、离子探针、激光探针、化学分析及光谱分析、阴极发光仪等。（3）结构分析。主要通过研究水口本体及结瘤物的结构，从而推测结瘤的形成机理，其中包括扫描电镜和阴极发光仪分析法等。本节借助扫描电镜和能谱仪等实验手段分析了 321 不锈钢浸入式水口结瘤物形貌、结构和组成，从而推测水口结瘤的形成机理。

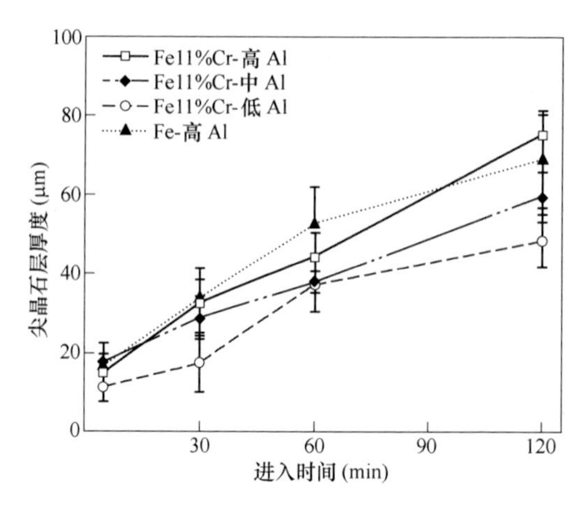

图 9-15 镁铬质耐火材料和不锈钢钢液反应边界层厚度随时间的变化[157]

321 不锈钢典型钢水成分见表 9-5。在 321 水口结瘤物上取样品 1 和样品 2，并在样品表面喷金，使用电子显微镜对样品进行观察，并用 EDS 测试其成分。图 9-16 所示为 SEM 下观察到的样品 1 中结瘤物的形貌，其中数字标识区域的氧

表 9-5 301 不锈钢典型钢水成分 (%)

C	Si	Mn	P	S	Cr	Ni	Ti	Al_s
0.03	0.6	0.9	0.02	0.003	17.5	9.0	0.25	0.01

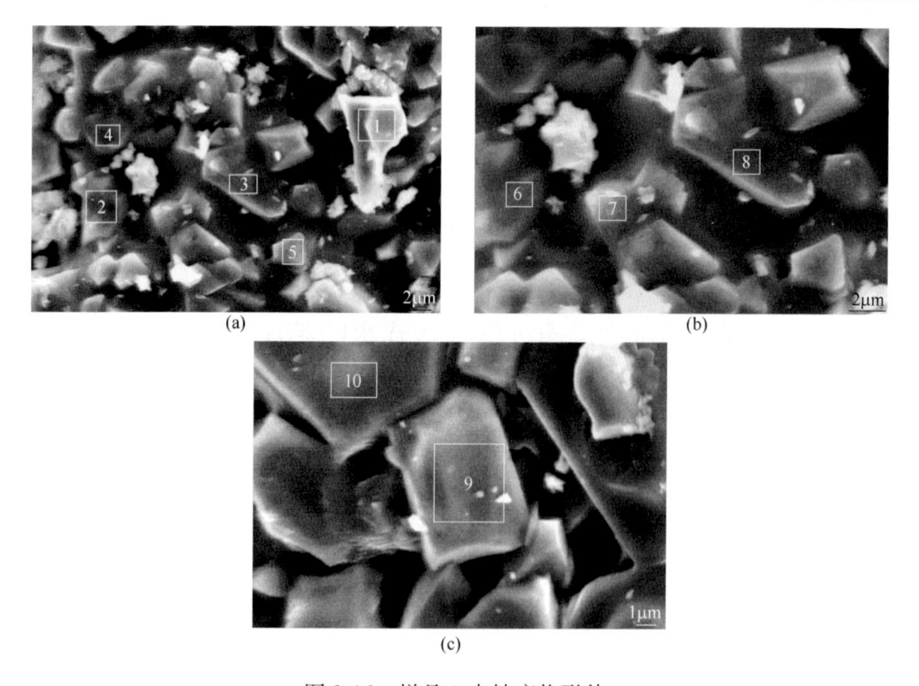

图 9-16 样品 1 中结瘤物形貌

化物成分见表 9-6。为了更加清晰地观察结瘤物的形貌，对样品 1 中某些局部位置的结瘤物形貌进行了更高倍数的观察，每行 3 个图片为同一位置从左至右依次放大，结果如图 9-17 所示。结合结瘤物形貌与成分可知，结瘤物主要成分为 Al_2O_3-MgO，含有少量的 CaO；大部分夹杂物液相线温度较高，集中在 2000℃左右，固相线温度在 1200℃左右；结瘤物呈棱角分明的颗粒状，有少量烧结相将颗粒状结瘤物黏结在一起；部分区域含有 Fe-Cr-Ni 成分，可以确认为冷凝钢。

表 9-6　样品 1 中结瘤氧化物成分及其熔点　(at. %)

编号	MgO	Al_2O_3	CaO	MnO	SiO_2	固相点（℃）	液相点（℃）
1	33.42	25.02	29.81	11.74	0.00	1313	1981
2	42.63	38.05	8.83	4.32	6.16	995	1948
3	48.05	47.12	2.29	2.55	0.00	1347	2075
4	46.39	42.21	4.51	3.22	3.66	1044	2015
5	43.22	36.82	9.54	4.09	6.34	1256	1934
6	44.48	38.95	7.07	4.41	5.09	1070	1965
7	45.11	34.40	9.49	5.24	5.76	1292	1898
8	48.48	46.80	2.13	0.00	2.58	1216	2081
9	0.00	0.00	29.34	70.66	0.00	1979	2192
10	0.00	0.00	25.88	74.12	0.00	1963	2162

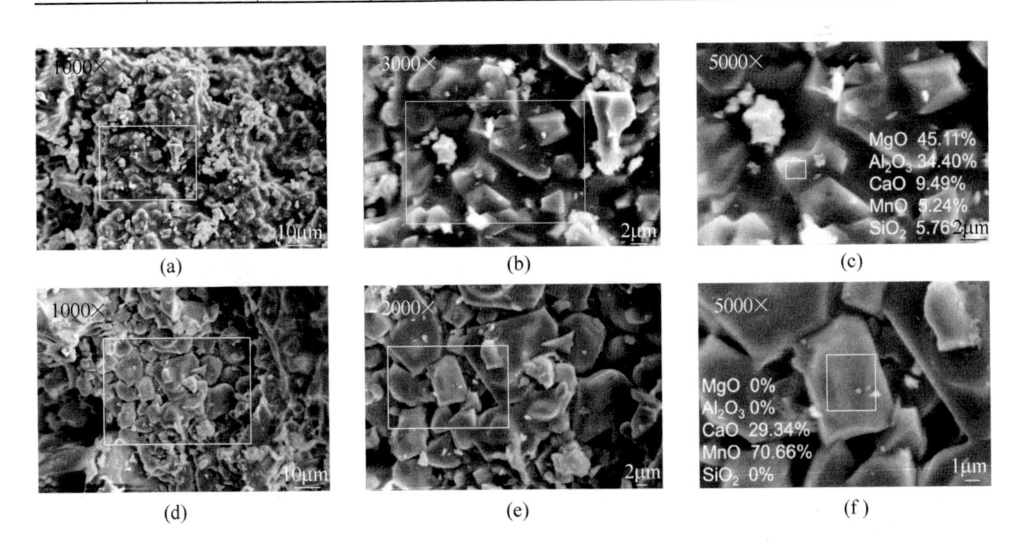

图 9-17　样品 1 局部位置结瘤物形貌

图 9-18 所示为 SEM 下观察到的样品 2 中结瘤物的形貌，其中数字标识区域的氧化物成分见表 9-7。为了更加清晰地观察结瘤物的形貌，对样品 2 中某些局

部位置的结瘤物形貌进行了更高倍数的观察，每行 3 个图片为同一位置从左至右依次放大，结果如图 9-19 所示。结合结瘤物形貌与成分可知，样品 2 与样品 1 相似，结瘤物主要成分为 Al_2O_3-MgO，其中 CaO 含量略低于样品 1；大部分夹杂物液相线温度较高，集中在 2000℃左右，固相线温度在 1000～1700℃范围内；结瘤物呈棱角分明的颗粒状，有少量烧结相将颗粒状结瘤物黏结在一起；部分区域含有 Fe-Cr-Ni 成分，为冷凝钢。

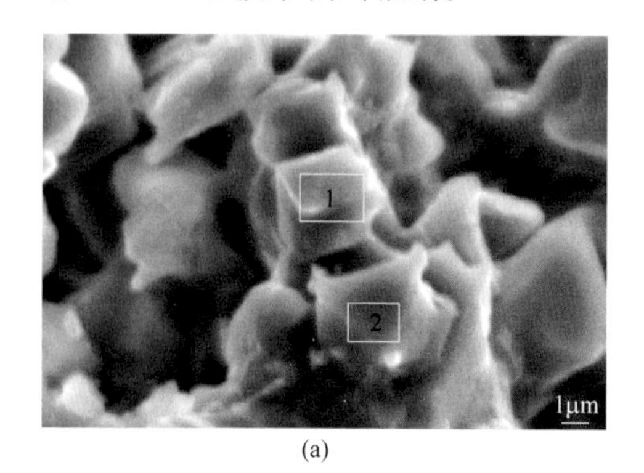

(a)

(b)

图 9-18　样品 2 中结瘤物形貌

表 9-7　样品 2 中结瘤氧化物成分及其熔点　(at. %)

编号	MgO	Al_2O_3	CaO	MnO	SiO_2	固相点（℃）	液相点（℃）
1	47. 92	42. 18	3. 41	6. 48	0. 00	1344	2008
2	51. 01	42. 54	0. 00	6. 45	0. 00	1674	2045
3	46. 30	35. 86	5. 38	7. 78	4. 68	1109	1929
4	44. 68	38. 20	4. 69	8. 14	4. 30	1013	1955

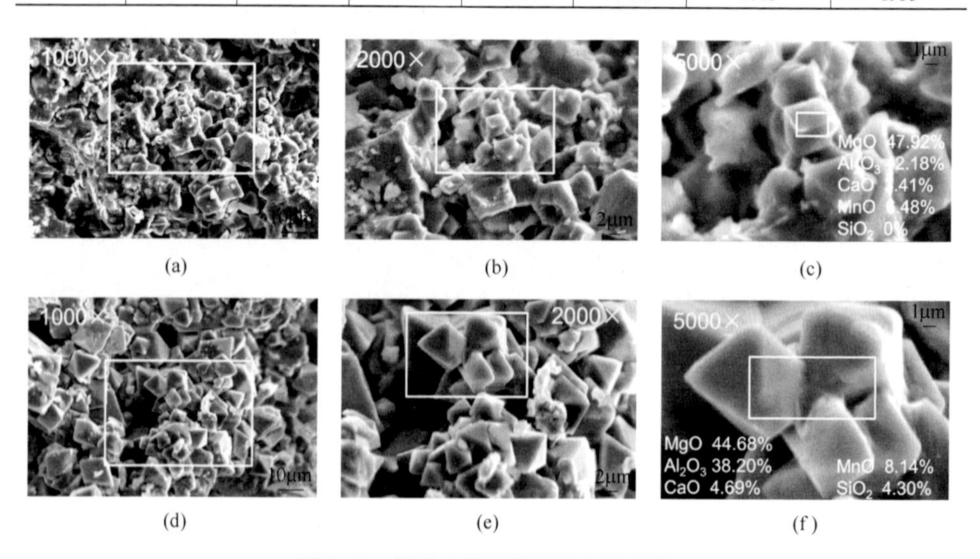

(a)　(b)　(c)
(d)　(e)　(f)

图 9-19　样品 2 局部位置结瘤物形貌

将4个结瘤位置的结瘤物成分投放到Al_2O_3-MgO-CaO三元相图中，如图9-20所示。样品1和样品2中的水口结瘤物主要成分为Al_2O_3-MgO，含有少量的CaO，在炼钢温度下大部分都落在液相区外，即主要为难熔的高熔点杂质。这一结果与形貌观察中结瘤物呈棱角分明的颗粒状堆积这一特征相符。

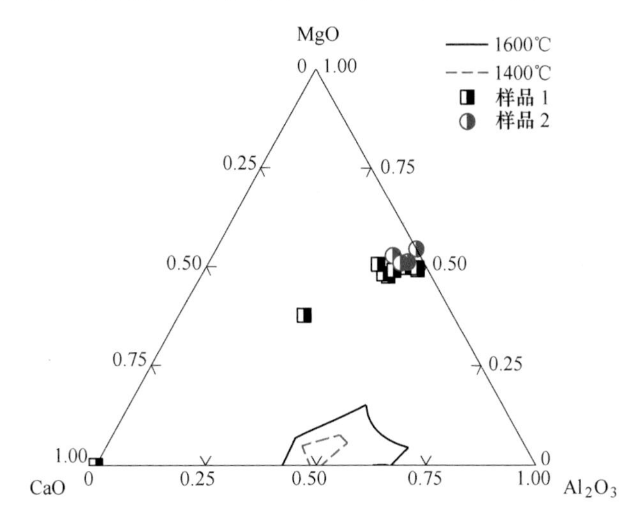

图9-20　不同位置结瘤物成分在Al_2O_3-MgO-CaO相图中的分布

9.5　小结

（1）镁钙质耐火材料主要由纯的MgO和CaO，及少量SiO_2、Fe_2O_3、Al_2O_3等组成。随着LF温度的升高，LF渣的表面张力增大，对耐火材料的润湿性增加，LF渣对耐火材料的渗透深度也增加，对其侵蚀也更为严重。降低LF渣碱度将使得渣对耐火材料的润湿性增加，促进渣对耐火材料的渗透。提高渣的碱度，渣的流动性减弱，对耐火材料的润湿性减弱，不易造成耐火材料的损毁。

（2）镁碳质耐火材料主要由纯的碳相、氧化镁相和少量的杂质相组成，镁钙质耐火材料和铝脱氧不锈钢钢液反应界面都没有明显的中间相边界层生成。增加镁碳质耐火材料中的碳含量和增加不锈钢钢液中铝含量都会促进耐火材料中MgO还原而使得钢液中的镁含量增加。在不锈钢钢液中铝含量基本相同的条件下，镁碳质耐火材料中的碳含量从约0%增加到20%，将会使得钢液中增加大约1ppm的镁含量。同样，在镁碳质耐火材料中的碳含量基本相同的条件下，不锈钢钢液中铝含量从约0.05%增加到0.25%，将会使得钢液中增加大约1.2ppm的镁含量。

（3）镁铬质耐火材料主要含有$(Mg,Fe)(Cr,Al)_2O_4$和MgO，经过镁铬质耐火材料与铝脱氧不锈钢钢液的反应，不锈钢中的夹杂物反应前后一直保持着纯的氧化铝夹杂物，镁铬质耐火材料中的镁元素从耐火材料向钢液中传质的速度很慢，这主要是因为镁铬质耐火材料和铝脱氧不锈钢钢液反应边界生成了明显的镁铝尖晶石层，随着反应时间的增加，镁铬质耐火材料和不锈钢钢液之间生成的镁铝尖晶石边界层厚度明显增加。随着钢中的铝含量增加，边界层厚度也随之增加。

（4）321 不锈钢钢水连铸浸入式水口存在明显的结瘤现象，结瘤物呈棱角分明的颗粒状，有少量烧结相将颗粒状结瘤物黏结在一起，结瘤物主要成分为高熔点的 Al_2O_3-MgO，含有少量的 CaO，结瘤物部分区域含有凝钢。可从提升钢水洁净度水平、对夹杂物进行液态化处理、做好保护浇注、加强水口预热等几个方面减轻 321 不锈钢的水口结瘤。

10 热处理对 300 系不锈钢中氧化物的影响

为了减小钢中非金属夹杂物的危害，人们开发了一系列夹杂物的控制方法。转炉出钢脱氧控制夹杂物的生成，通常采用铝或硅锰进行脱氧。其中使用硅锰作为脱氧剂时，为了避免夹杂物中高氧化铝夹杂物的生成，应当注意脱氧合金中的铝含量。夹杂物的生成难以避免，因此需要采用真空、吹氩搅拌、钢包静止等方法对钢中夹杂物上浮去除进入渣中，从而提升钢液的洁净度水平。但是，钢中非金属夹杂物无法完全上浮去除，为了减小钢中非金属夹杂物的危害对钢材的危害，采用了精炼过程钙处理和精炼渣改性的方法，通过改变钢中的夹杂物的成分、熔点和硬度等性质，降低夹杂物对钢材的危害。在连铸过程中，夹杂物控制的主要任务是做好保护浇注，防止二次氧化后生成大量新的夹杂物或钢中夹杂物的成分转变。目前，冶炼过程钢液中各类氧化物夹杂和控制技术已日臻成熟，已经形成了一系列脱氧、渣改性、合金处理改性等成熟的夹杂物控制方法，可以较好地实现冶炼过程从精炼到连铸钢钢液中夹杂物的控制。然而，对于加热过程中氧化物夹杂物的转变机理还不清楚，因此有必要对其开展系统研究。本章通过实验研究了不同加热温度和不同加热时间 304 不锈钢中非金属夹杂物的转变行为，揭示了其转变机理和热力学条件，并建立了动力学反应模型，预测了热处理温度下不同时刻钢中非金属夹杂物的转变行为。

10.1 实验方法

本实验选用 30g 的二元碱度约为 1.0 的 $CaO-SiO_2-MgO$ 系精炼渣与 150g 的硅锰脱氧 18Cr-8Ni 不锈钢，放入氧化镁坩埚中，在 1600℃ 硅钼电阻炉中反应 2h，整个过程在高纯氩气下进行，反应后得到的不锈钢样品的具体钢成分见表 10-1。将渣钢反应实验得到的样品作为后续热处理实验的初始样品。在热处理试验中，首先从 Si-Mo 炉下端通入高纯度的氩气，排空 30min 后将温度升高到 1200℃。不锈钢在 1200℃ 下的氩气环境的硅钼电阻炉中，由此作为实际热处理反应的计时起点，进行 15min、60min 和 150min 的热处理。然后将试样取出淬火冷却，用于研究热处理过程夹杂物的变化机理。具体实验方法如图 10-1 所示。然后用 ASPEX 夹杂物自动分析仪对热处理前和热处理后的试样进行夹杂物检测分析，确定夹杂物的成分、数量、尺寸和分布，电镜加速电压为 10kV，每个试样检测 $20mm^2$ 以上。通过场发射电镜对试样中的夹杂物进行检测，确定热处理过程典型夹杂物的形貌和不同相的成分。

表 10-1　试样初始成分　(%)

C	Si	Mn	T. S	T. O	Ni	Cr
0. 05	0. 2	0. 94	0. 002	0. 004	8	18

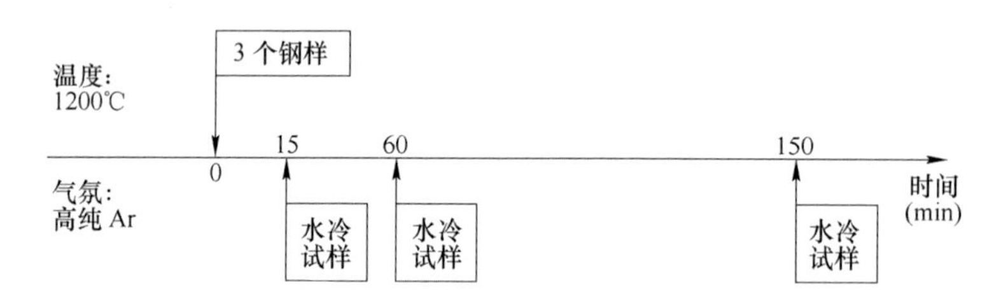

图 10-1　不锈钢热处理实验方法

10. 2　热处理过程不锈钢中夹杂物的转变机理

图 10-2 所示为 1200℃下热处理前后夹杂物成分演变。为了确定不同时刻夹杂物的成分组成，各相图中坐标均为摩尔分数。从图 10-2（a）中可以看出，热处理前夹杂物中 MnO/SiO_2 的摩尔比例为 2∶1，此时夹杂物主要成分为 $2MnO \cdot SiO_2$ 和少量的 CrO_x，这主要是由钢液成分决定的。图 10-2（b）所示为热处理 15min 后夹杂物成分分布，由图可知夹杂物中 SiO_2 含量降低且 Cr_2O_3 含量明显增加，夹杂物成分向 $MnO \cdot Cr_2O_3$ 夹杂物方向转变。如图 10-2（c）所示，在热处理温度下反应 60min 后，小尺寸的 MnO-SiO_2-CrO_x 夹杂物完全变性为 $MnO \cdot Cr_2O_3$ 夹杂物，并且夹杂物中 MnO/Cr_2O_3 的摩尔比例为 1∶1。夹杂物中的 SiO_2 含量逐渐下降至消失，夹杂物中 MnO 含量也略有下降，这是夹杂物中的 SiO_2 和 MnO 被不锈钢中的［Cr］元素还原造成的。所有 10μm 以下的夹杂物都明显可以检测到此类夹杂物的转变。由图 10-2（d）可知，钢中夹杂物基本全部转变为 $MnO \cdot Cr_2O_3$ 夹杂物，包括其中较大尺寸的夹杂物。通过对比热处理前后夹杂物的成分变化，说明热处理过程不锈钢中夹杂物从 $2MnO \cdot SiO_2$ 向 $MnO \cdot Cr_2O_3$ 转变。此处需要注意的是，通常情况下，在高温时，由于与 O 反应的标准自由能更低，与氧结合的元素活泼顺序为 Si>Mn>Cr，即 Si 可以分别把 MnO 和 Cr_2O_3 中的 Mn 和 Cr 还原出来。然而，在实际热处理过程中，由于钢中元素的含量为［Cr］18%、［Mn］1%和［Si］0. 2%，钢中极高的［Cr］含量和较高的［Mn］，导致其与氧反应的实际自由能更低，因而钢中的［Cr］可把夹杂物中的 SiO_2 全部还原，把夹杂物中的 MnO 部分还原。

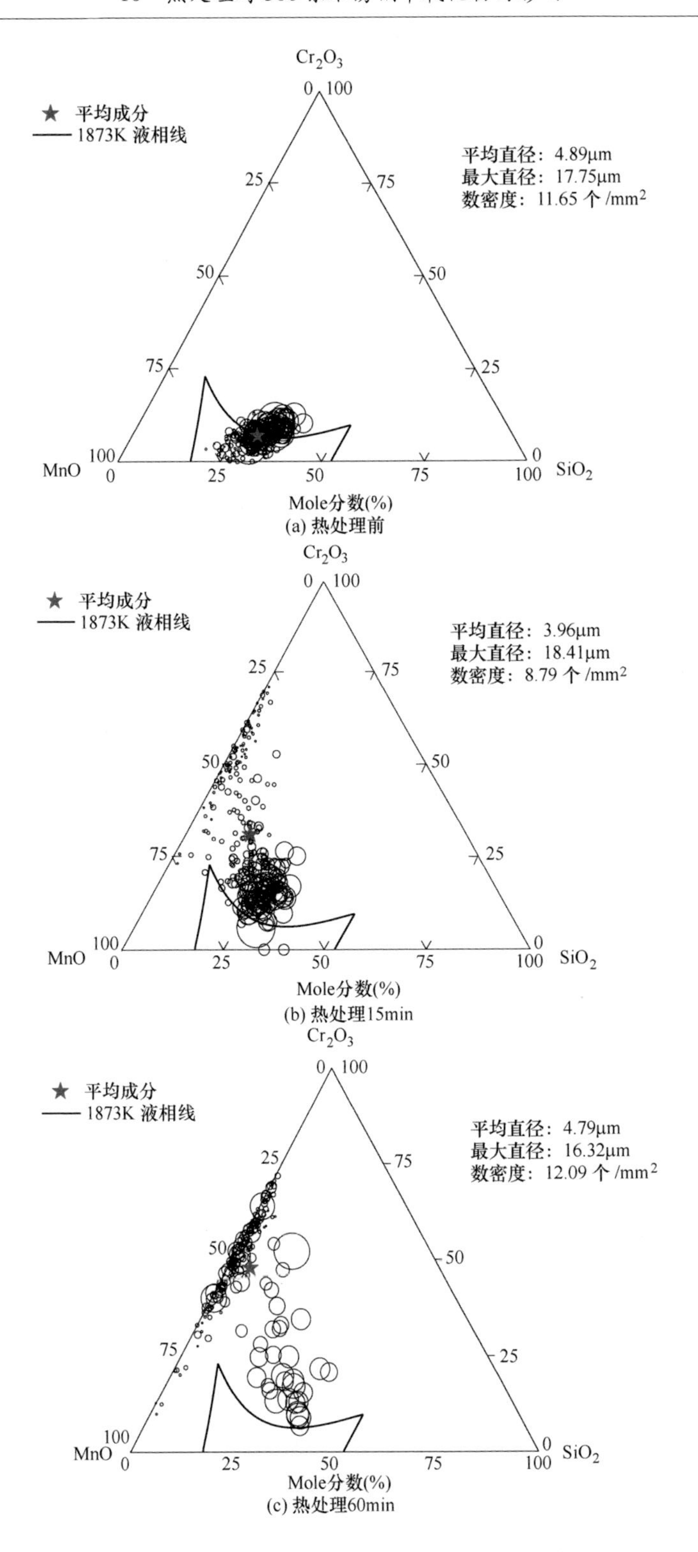

(a) 热处理前

(b) 热处理15min

(c) 热处理60min

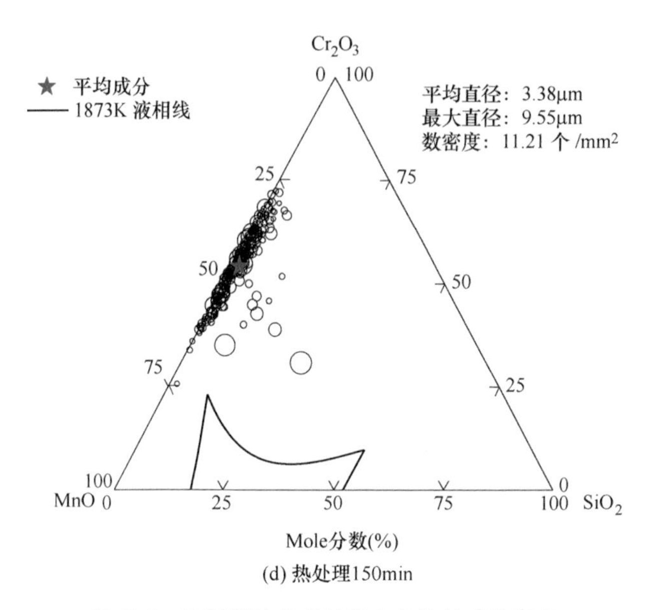

(d) 热处理150min

图 10-2　不锈钢热处理过程夹杂物的成分演变

图 10-3 所示为不锈钢热处理前后夹杂物成分和尺寸的关系。图 10-3（a）中，在热处理前，夹杂物主要成分为 MnO-SiO_2-CrO_x。由图可知，随着夹杂物的尺寸从 1μm 增加到 10μm 以上，夹杂物成分非常均匀，小尺寸的夹杂物成分略有变化，可能是由于其尺寸较小，受到钢基体影响较大造成的。图 10-3（b）中，1200℃下热处理 60min 后，Cr_2O_3 含量明显增加，不锈钢中夹杂物 SiO_2 含量显著降低，MnO 含量略有降低。同时，尺寸越小的夹杂物成分转变越明显，这主要是因为小尺寸的夹杂物反应动力学条件更好造成的。

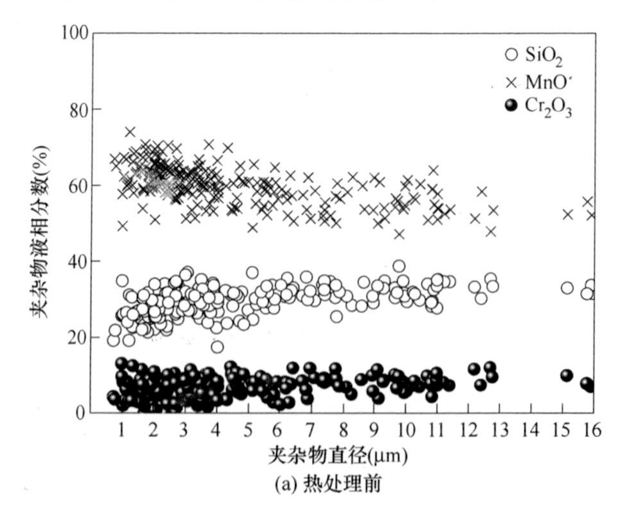

(a) 热处理前

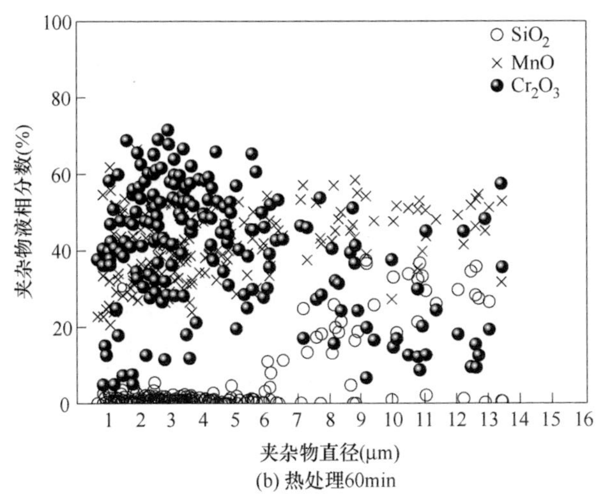

(b) 热处理60min

图 10-3　不锈钢热处理前后夹杂物成分和尺寸的关系

由于初始试样和冷却后的试样从高温到冷却过程都非常快，因此，可以认为夹杂物在凝固和冷却过程变化都比较小。热处理前后不锈钢中典型夹杂物面扫描结果如图 10-4 所示。如图 10-4（a）所示，热处理之前，检测到的钢中的夹杂物主要成分为 $MnO-SiO_2$ 且含有少量的 CrO_x 和少量 MnS 的夹杂物，夹杂物形状为球形，其成分均匀，说明反应前为液态硅锰酸盐夹杂物。如图 10-4（b）所示，在 1200℃下热处理反应 1h 以后，检测到的小尺寸夹杂物中 SiO_2 含量很低，绝大部分硅锰酸盐夹杂物逐渐被变性成纯 $MnO \cdot Cr_2O_3$ 尖晶石夹杂物。由面扫描结果可知，此时夹杂物中的硫含量很低，证实了新生成的浅色相为 $MnO \cdot Cr_2O_3$ 而不是 MnS。本研究发现的不锈钢热处理过程夹杂物转变的现象，与之前文献报道的由 Si-Mn-O 夹杂物向 Mn-Cr-O 转变结果规律一致。

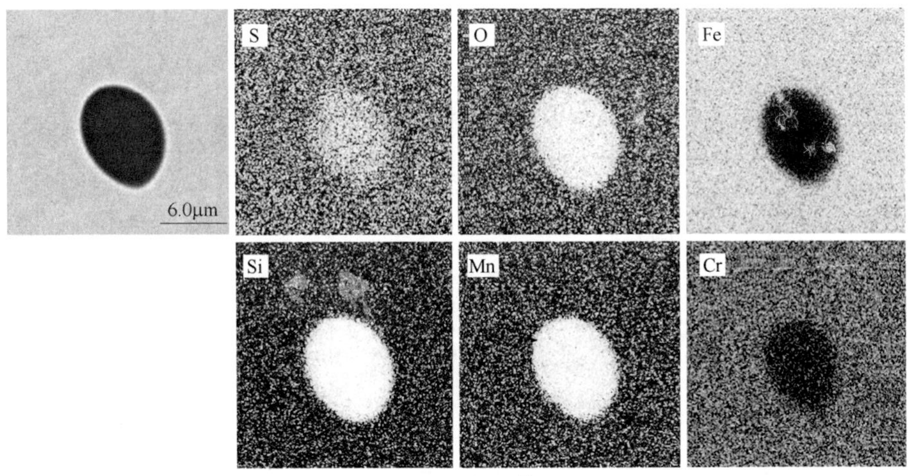

(a) 热处理前

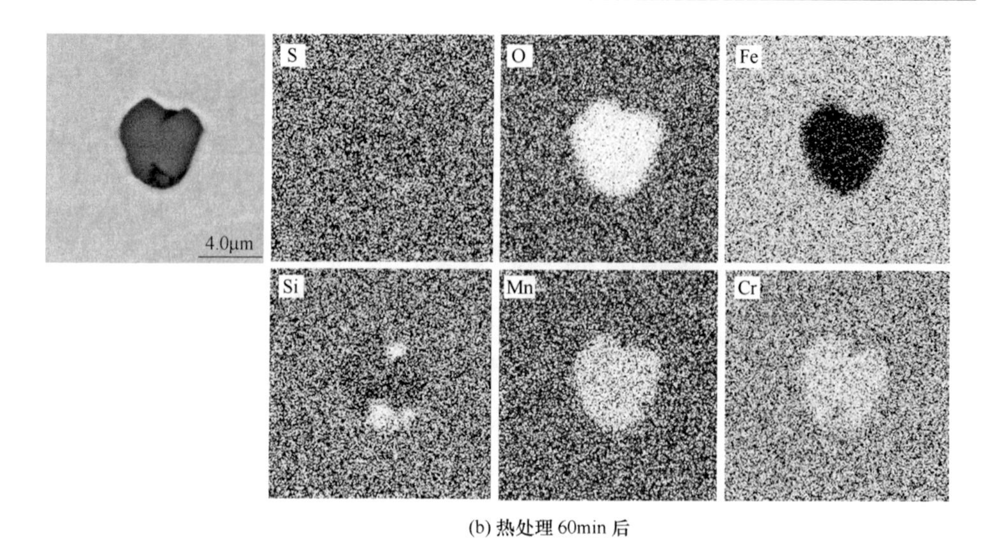

(b) 热处理 60min 后

图 10-4　热处理过程典型夹杂物面扫描结果

图 10-5 所示为热处理 60min 后典型夹杂物线扫描结果。图 10-5（a）中热处

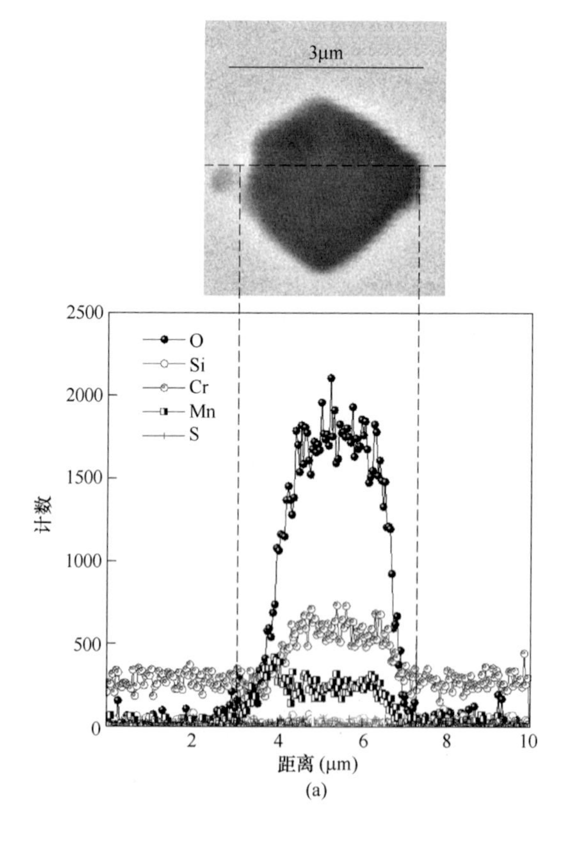

(a)

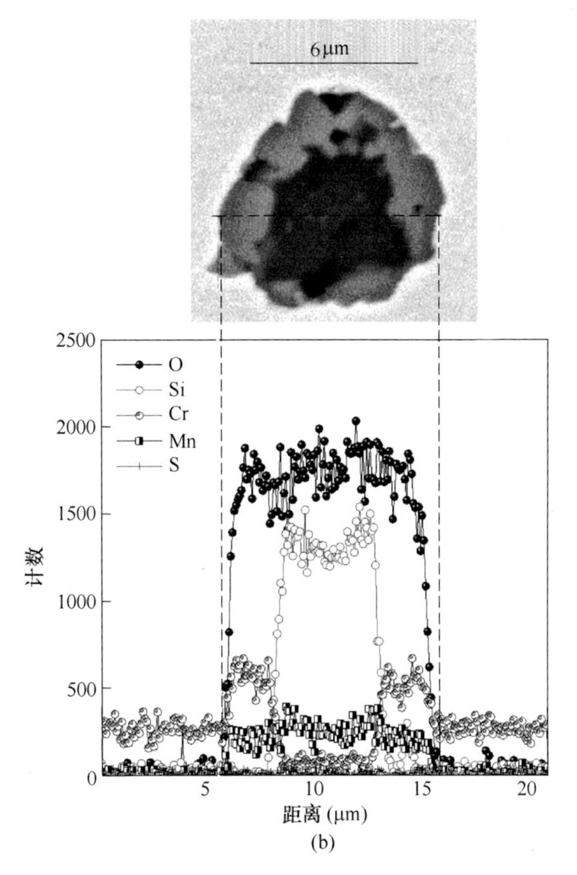

图 10-5 热处理 60min 后典型夹杂物线扫描结果

理 60min 后的小尺寸夹杂物。由图可知，夹杂物中没有 SiO_2，小尺寸夹杂物完全转变为了 $MnO-Cr_2O_3$ 尖晶石夹杂物。图 10-5（b）中热处理 60min 后的大尺寸夹杂物，可以很明显地看到，热处理 60min 后大尺寸夹杂物的 SiO_2-MnO 核心相被 $MnO-Cr_2O_3$ 外层包裹。图 10-5（a）和（b）中的线扫描结果显示夹杂物中硫含量很低，证明了夹杂物的浅色外层相确实不是 MnS。

通过 FactSage 7.0 计算的夹杂物自身随温度变化过程中新相的析出相图，选用的数据库为 FactPS 和 FToxid，选取的生成物为固态夹杂物和液态夹杂物，计算步长为 2K。图 10-6 所示为夹杂物相自身在不同热处理温度下 $25\%SiO_2-60\%MnO-10\%CrO_x-5\%MnS$ 新相析出和转变的相图。由图可知，在 1320℃以上，夹杂物主要为液态夹杂物。随着温度的降低，夹杂物中的 MnO 和 SiO_2 反应生成 $2MnO \cdot SiO_2$，然后开始有少量固态的 MnS 夹杂物析出。整个过程中有少量固态的 CrO_x 夹杂物。此结果说明热处理温度下夹杂物自身析出转变没有 $MnO-Cr_2O_3$ 尖晶石夹杂物的生成，同时夹杂物中的 SiO_2 含量也不会降低。图 10-7 所示为考虑夹杂物自身随温度变化过程中新相的析出计算结果与实验结果的对比。在 1200℃条件下，热力学计算得到新析出的夹杂物主要成分为：MnO 60%、SiO_2 25%、CrO_x 10%、MnS 5%，而测量得到热处理 150min 后夹杂物主要成分为 MnO-CrO_x-MnS，二者差别很大，说明本实验发现的不锈钢中夹杂物的成分转变并不是夹杂物自身随温度变化引起的。同时，热力学计算结果与热处理前夹杂物中初始成分很相近，说明在当前实验条件下非金属夹杂物相自身随温度变化过程主要引起不同相的析出，并不会显著的改变夹杂物的成分。

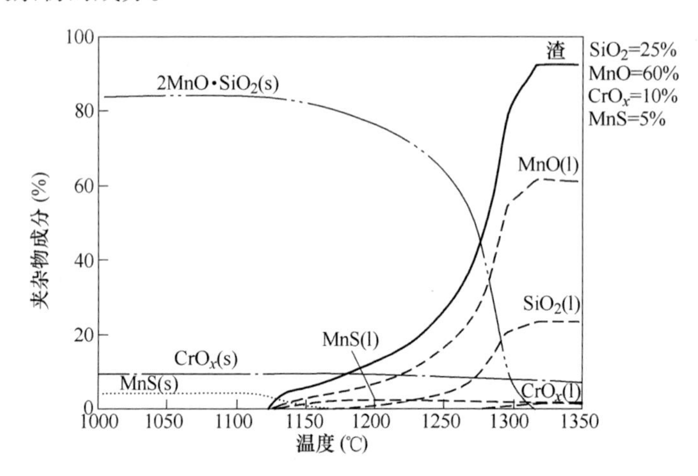

图 10-6　夹杂物自身随温度变化过程中新相的析出

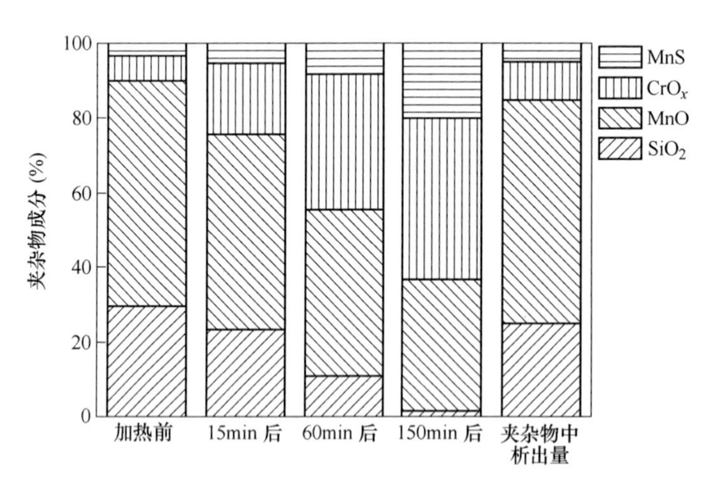

图 10-7　考虑夹杂物自身随温度变化过程中新相的析出计算结果与实验结果的对比

通过 FactSage 7.0 计算的不同温度热处理过程不锈钢中夹杂物的析出相图，选用的数据库为 FactPS、FToxid 和 FSstel，选取的生成物为固态夹杂物、液态夹杂物以及固态和液态钢基体相，计算步长为 2K。图 10-8（a）所示为考虑不同温

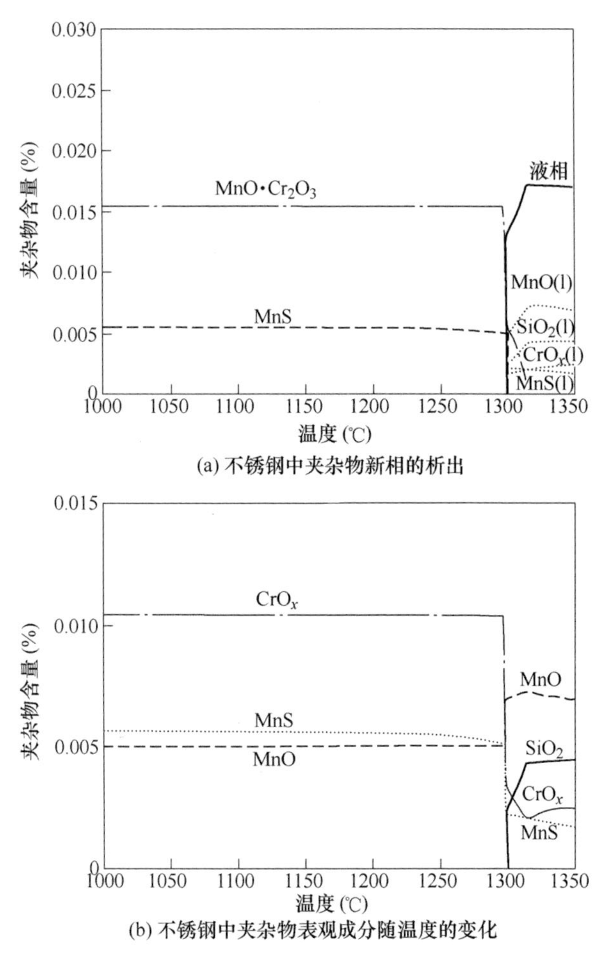

(a) 不锈钢中夹杂物新相的析出

(b) 不锈钢中夹杂物表观成分随温度的变化

图 10-8　考虑不同温度热处理过程钢中夹杂物的析出相图

（钢液成分：T. O 40ppm，T. S 20ppm，C 0.05%，Si 0.2%，Mn 1%，Cr 18%，Ni 8%）

度下不锈钢基体中夹杂物的析出相图。在1300℃以上时夹杂物主要为液态MnO-SiO_2含量很高的夹杂物；从1200~1300℃的温度区间内都可以生成MnO·Cr_2O_3尖晶石夹杂物。这与图10-4中观察到的结果一致。同时，在1300℃以下都会析出少量的MnS夹杂物。为了更加清晰地揭示夹杂物的成分转变过程，将夹杂物相转变结果转换成了成分变化结果，如图10-8（b）所示。由图可知，随着温度降低到1300℃以下，夹杂物中的SiO_2含量降低直至消失，夹杂物中的MnO部分降低，夹杂物中的CrO_x含量显著增加，说明在热处理温度下，钢中的［Cr］将夹杂物中的SiO_2和部分MnO还原生成了CrO_x。同时，夹杂物中MnS含量略有上升。图10-9为同时考虑不同温度热处理过程钢基体中夹杂物的析出计算结果与实验结果的对比。在1200℃条件下，热力学计算得到新析出的夹杂物主要成分为

MnO 23%、SiO_2 0%、CrO_x 50%、MnS 27%；测量得到的热处理 150min 后夹杂物主要成分为 MnO 36%、SiO_2 1%、CrO_x 43%、MnS 20%，二者结果相近但又不完全吻合。这说明热处理过程不锈钢中合金元素确实可能与钢中非金属夹杂物发生显著反应。计算结果和实际结果的不同可能是由于热处理过程 MnS 析出不完全并且初始钢中夹杂物的成分没有完全与钢液达到平衡造成的。

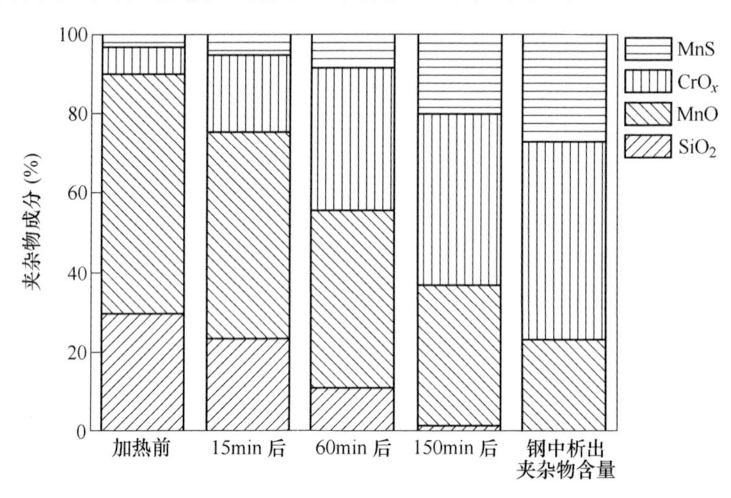

图 10-9　同时考虑钢和夹杂物转变时不同温度热处理过程夹杂物的析出计算结果与实验结果的对比

FactSage 计算的 1200℃下不同硅和锰含量的不锈钢中夹杂物的生成相图如图 10-10 所示，选用的数据库为 FactPS、FToxid 和 FSstel。从计算结果可以发现钢中的氧和硫含量对相图的生成区域影响很小。根据钢中的［Si］和［Mn］含量不同，可能会生成 $MnO \cdot Cr_2O_3$、$2MnO \cdot SiO_2$、$MnO \cdot SiO_2$、SiO_2、Cr_2O_3、MnS 和

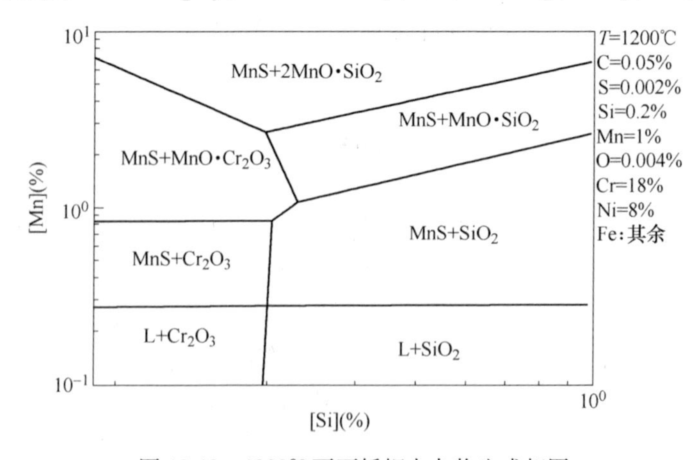

图 10-10　1200℃下不锈钢夹杂物生成相图

液态夹杂物。当前实验的钢液成分位于相图的 $MnO \cdot Cr_2O_3$ 和 MnS 稳定生成区域，因此，与之前图 10-2 得到的结果一致。同时，夹杂物中的 MnO/SiO_2 比例主要由钢液成分决定。然而，由计算结果可知，无论热处理前夹杂物中 MnO/SiO_2 比例是多少，最终夹杂物都会转变成 $MnO \cdot Cr_2O_3$ 夹杂物。

图 10-11 所示为 1200℃下热处理过程不锈钢中典型夹杂物的形貌演变，其中图 10-11（a）~（c）所示为小尺寸夹杂物热处理过程的演变，图 10-11（d）~（f）所示为大尺寸夹杂物热处理过程的演变。热处理前，夹杂物主要为 $2MnO \cdot SiO_2$ 的液态近球形夹杂物，同时含有少量的 MnS 和 CrO_x；热处理反应过程中，开始有 $MnO \cdot Cr_2O_3$ 尖晶石夹杂物生成并在初始的球形 $2MnO \cdot SiO_2$ 夹杂物上长大，说明热处理过程钢中［Cr］与夹杂物发生反应。注意到初始的球形 $2MnO \cdot SiO_2$ 夹杂物没有紧紧地被 $MnO \cdot Cr_2O_3$ 尖晶石夹杂物包围，而是在球形 $2MnO \cdot SiO_2$ 夹杂物表面有一些开口的区域使得钢基体和球形 $2MnO \cdot SiO_2$ 夹杂物直接进行接触，这可能是反应时［Cr］、［Si］和［Mn］元素传质的反应界面。同时，MnS 含量较高的夹杂物中开始有纯的 MnS 相析出。随着热处理反应的进行，大尺寸夹杂物 $2MnO \cdot SiO_2$ 夹杂物的形貌逐渐地趋于棱角分明的菱形或者六面体形状，这也反映了其尖晶石晶体结构；小尺寸夹杂物转变为纯的 $MnO \cdot Cr_2O_3$ 夹杂物。由此可知，热处理温度下 304 不锈钢中夹杂物转变反应如式（10-1）所示。

$$2MnO \cdot SiO_2(l) + 2[Cr] = MnO \cdot Cr_2O_3(s) + [Si] + [Mn] \quad (10\text{-}1)$$

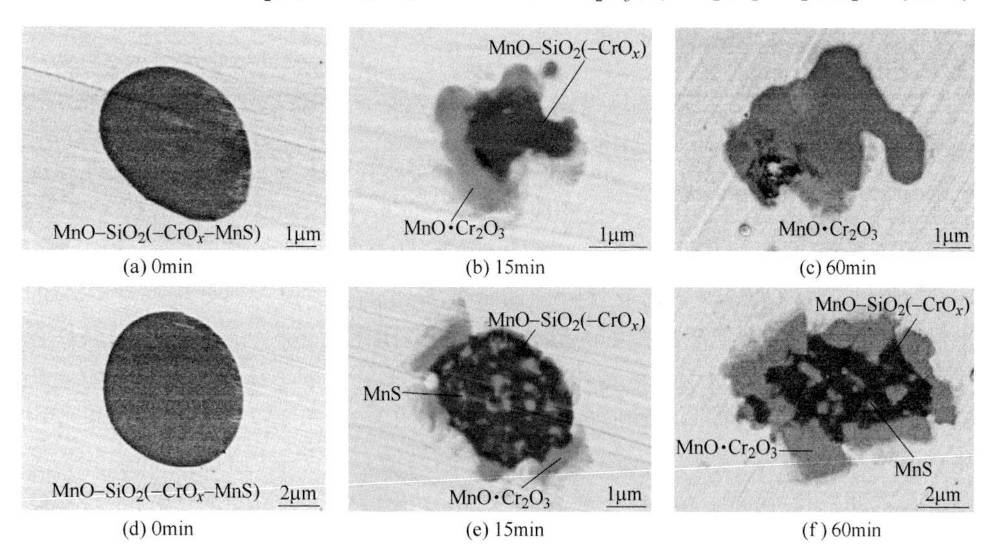

图 10-11　1200℃下热处理过程中不同时刻不锈钢中典型夹杂物的形貌演变

因此，对于反应前没有 MnS 的 $MnO\text{-}SiO_2\text{-}CrO_x$ 夹杂物，热处理过程夹杂物反应机理为钢中［Cr］与 $MnO-SiO_2$ 夹杂物发生反应，在夹杂物表面生成锯齿状的 $MnO \cdot Cr_2O_3$ 尖晶石夹杂物，同时［Si］和［Mn］元素被还原进入钢基体；针对反应前含有少量 MnS 的 $MnO-SiO_2-CrO_x-MnS$ 夹杂物，热处理过程夹杂物反应机理为［Cr］与 $MnO-SiO_2$ 夹杂物发生反应，在夹杂物表面生成锯齿状的 $MnO \cdot Cr_2O_3$ 尖晶石夹杂物，同时初始 $MnO-SiO_2-CrO_x-MnS$ 夹杂物中的 MnS 由于夹杂物的自身冷却开始析出浅色 MnS 相，并且逐渐长大。反应最终生成 $MnO \cdot Cr_2O_3$ 尖晶石夹杂物，部分夹杂物含有少量的 MnS 相，具体如图 10-12 所示。

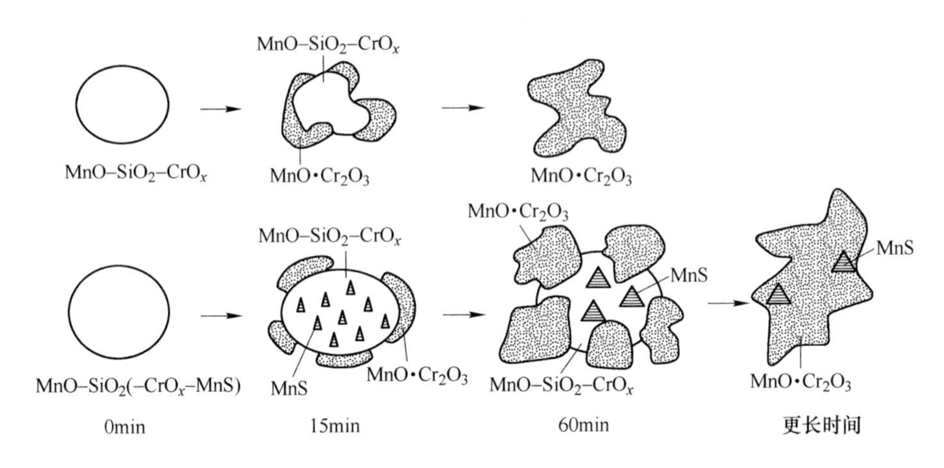

图 10-12　热处理过程中不锈钢中夹杂物转变机理示意图

10.3　热处理温度对不锈钢中夹杂物转变速率的影响

本实验研究了 1273K、1373K、1473K、1573K 和 1673K 五个不同热处理温度下保温 60min 后，不锈钢中夹杂物的成分转变。实验中采用的 304 不锈钢为 Si-Mn 脱氧的不锈钢，因此主要研究夹杂物中 SiO_2、MnO 和 Cr_2O_3 三种主要成分。图 10-13 所示为热处理后夹杂物成分分布的三元相图，红星代表热处理后夹杂物的平均成分，黑色的圈代表夹杂物的成分和尺寸，图中实线部分为用热力学软件计算得出的 1873K 下不锈钢的液相线。由图可知，热处理下不锈钢中的夹杂物会与钢基体发生反应，导致夹杂物成分发生变化。从 1273K 至 1573K，夹杂物组成中 MnO 和 SiO_2 含量逐渐减小，Cr_2O_3 的含量逐渐增加，即夹杂物的成分向三元相图左上角移动。热处理前夹杂物主要成分为 $MnO-SiO_2-CrO_x$。热处理 60min 后夹杂物中的 SiO_2 含量逐渐下降至消失，夹杂物中 MnO 含量也略有下降，且 Cr_2O_3 含量明显增加，夹杂物成分点分布向纯 $MnO-Cr_2O_3$ 夹杂物方向移动。在 1673K 热处理温度下，钢中的夹杂物变为液态夹杂物，没有发生明显的向 $MnO-Cr_2O_3$ 夹杂物转变的现象。

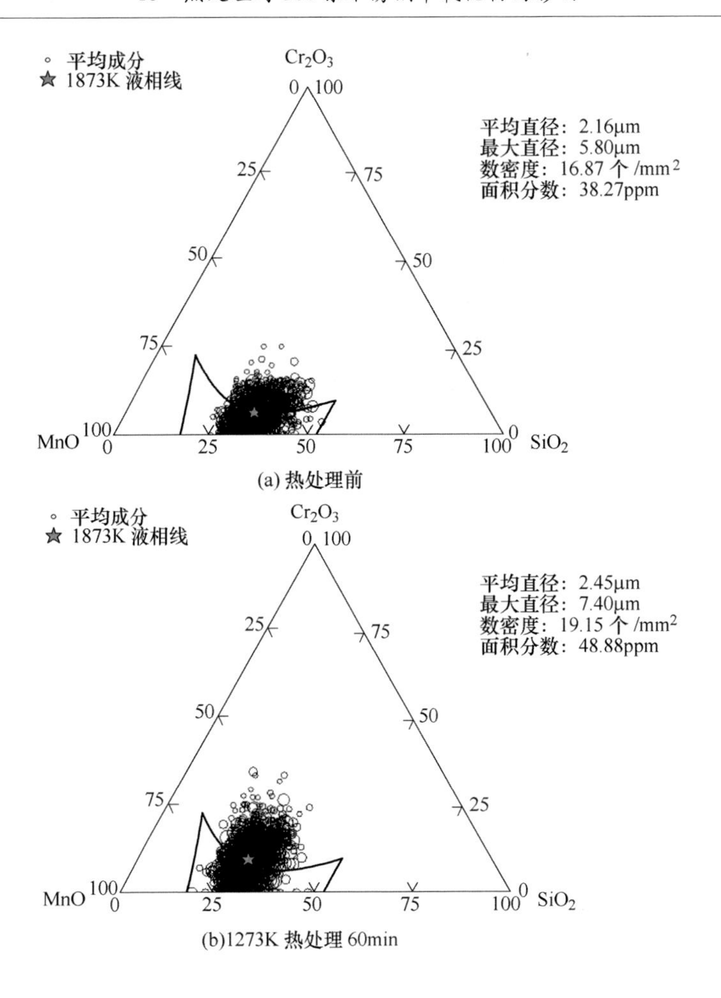

(a) 热处理前

(b)1273K 热处理 60min

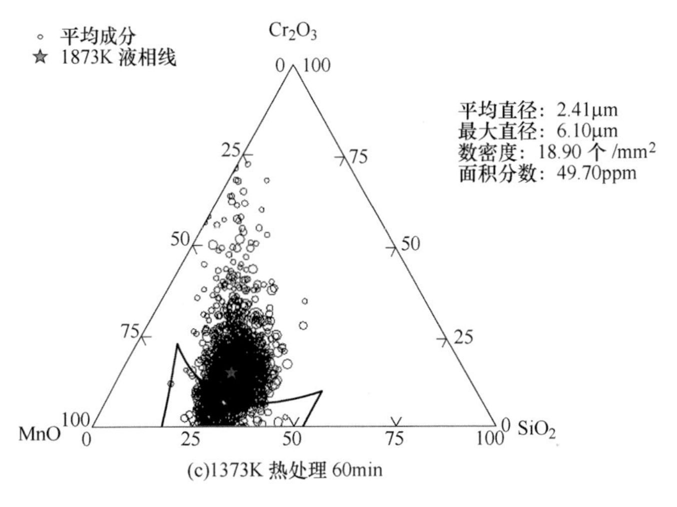

(c)1373K 热处理 60min

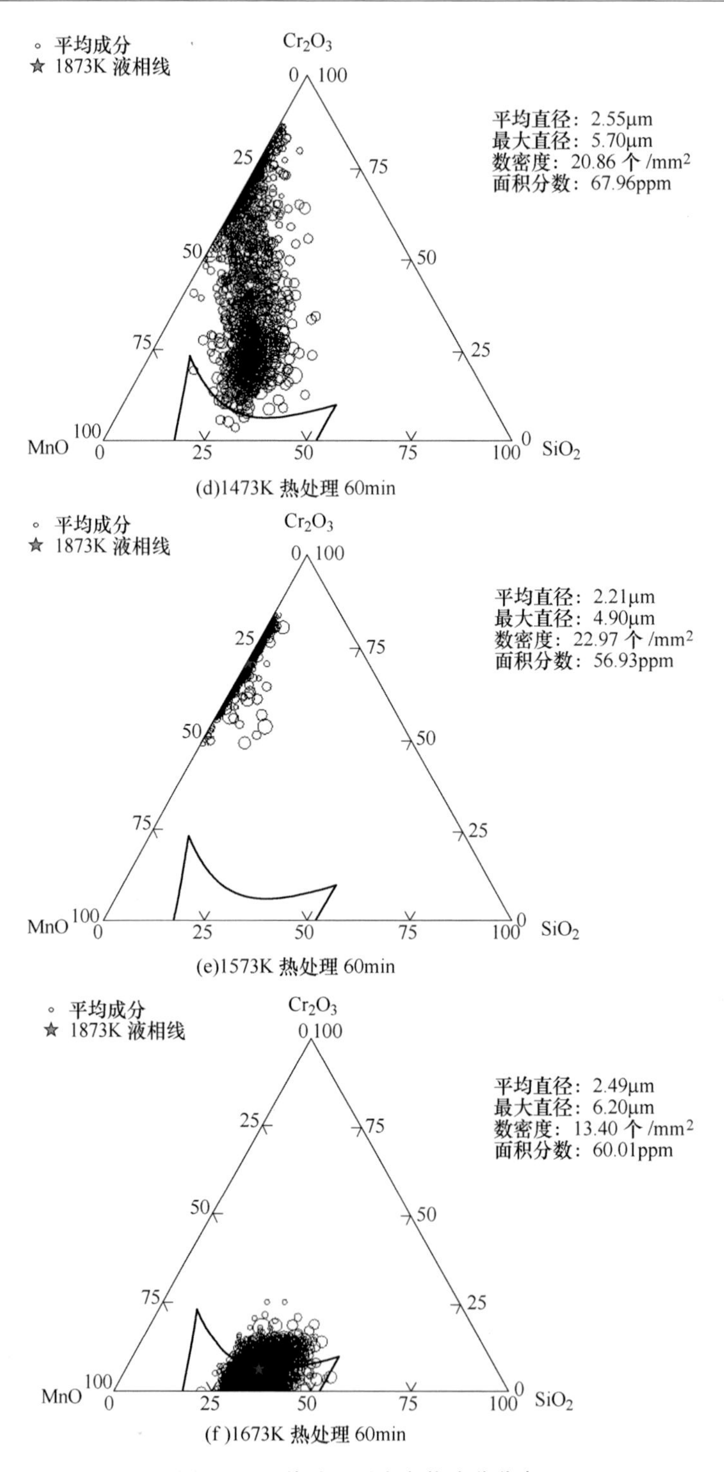

图 10-13　热处理后夹杂物成分分布

热处理温度对不锈钢中夹杂物平均成分的影响如图10-14所示，夹杂物的成分发生了明显的转变。随着热处理温度的增加，不锈钢夹杂物组成中SiO_2的质量分数从33.11%降低至0.52%，夹杂物中Cr_2O_3的质量分数从6.40%增加到70.43%，夹杂物中MnO的质量分数由60.49%减少至29.05%。1473K热处理时，夹杂物中的SiO_2几乎消失，Cr_2O_3含量增加到最大值，夹杂物由$MnO-SiO_2-CrO_x$型转变为$MnO-Cr_2O_3$型夹杂物。

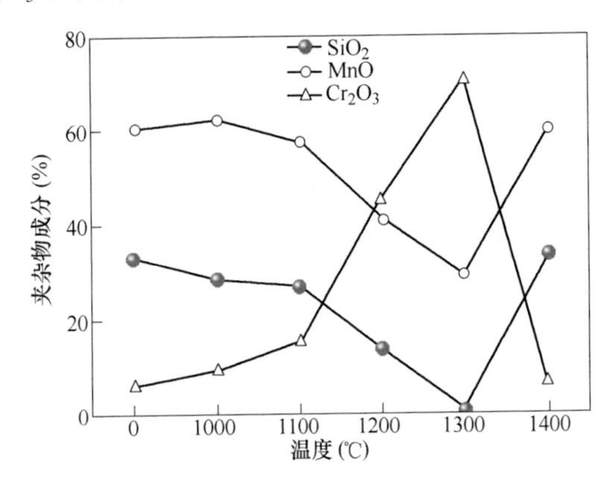

图10-14　热处理温度对夹杂物平均成分的影响

在当前氩气保护的热处理条件下，夹杂物的尺寸分布基本没有变化。因此可知，热处理实验过程未发生空气的二次氧化，生成大量新的夹杂物。图10-15所示为不同温度热处理过程中夹杂物尺寸的变化。随着热处理温度升高，不锈钢中夹杂物的平均尺寸变化不大，其平均直径在2.4μm左右。图10-16所示为不同温度热处理过程中夹杂物面积百分数变化，热处理前至温度升高至1473K，夹杂物的面积百分数逐渐增加，由0.038%增长至0.068%。扫描电镜检测夹杂物时检测其最大直径，因此在尺寸变化不大的情况下，面积分数变化较大。

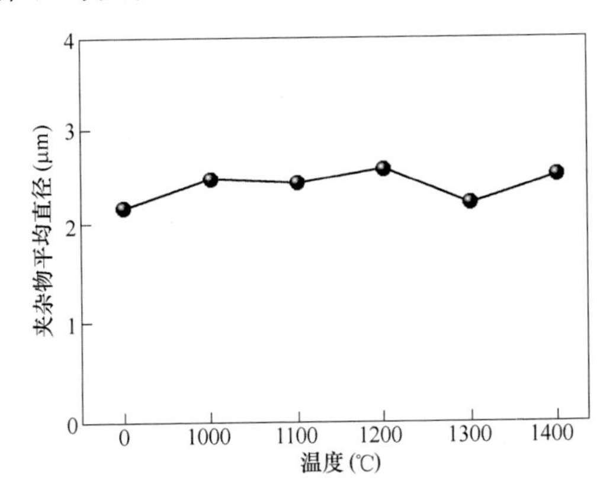

图10-15　不同温度热处理过程中夹杂物尺寸变化

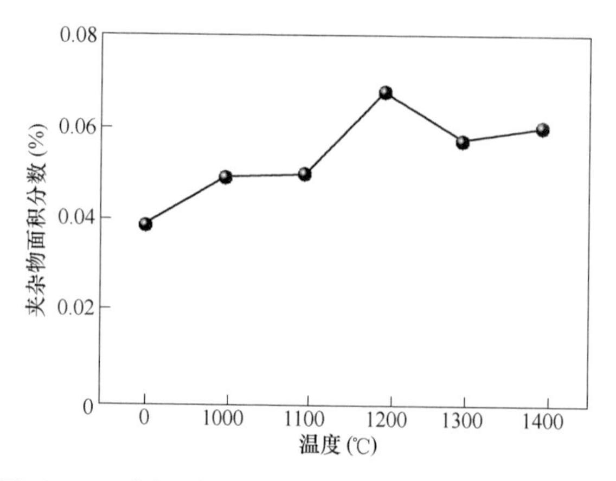

图 10-16　不同温度热处理过程中夹杂物面积百分数变化

由于初始不锈钢试样在凝固过程和热处理试样在降温过程中从高温到冷却的过程都非常快，因此可以认为夹杂物在凝固和冷却过程中的变化都比较小。不同温度下热处理 60min 夹杂物的典型面扫描图如图 10-17 所示。热处理之前，

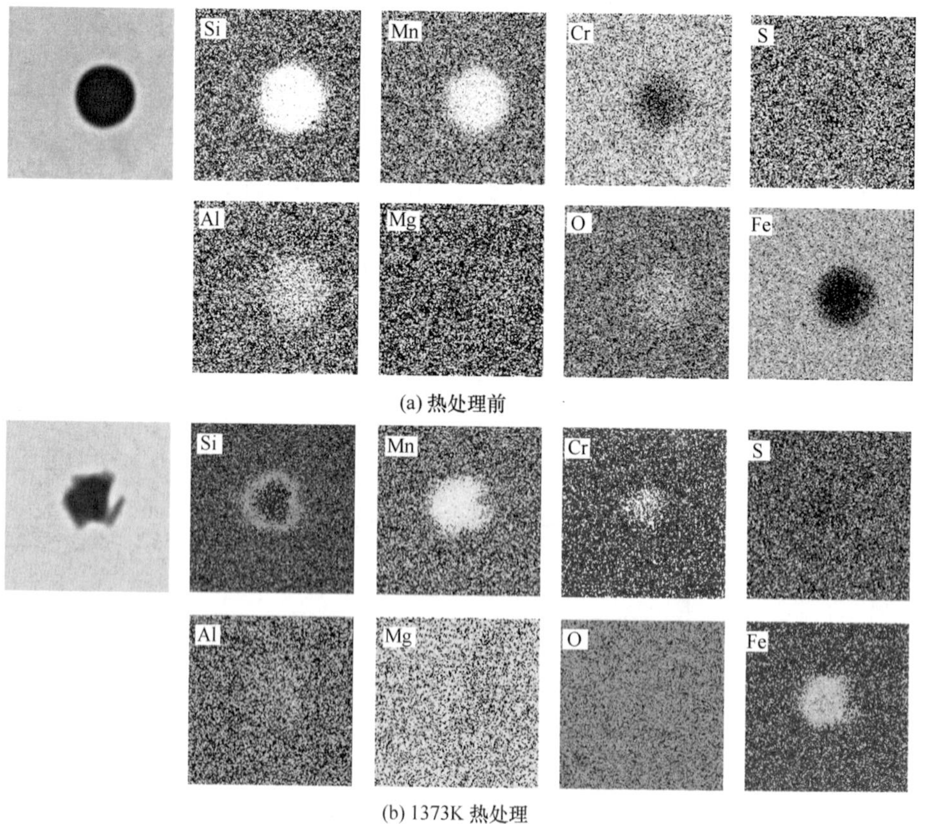

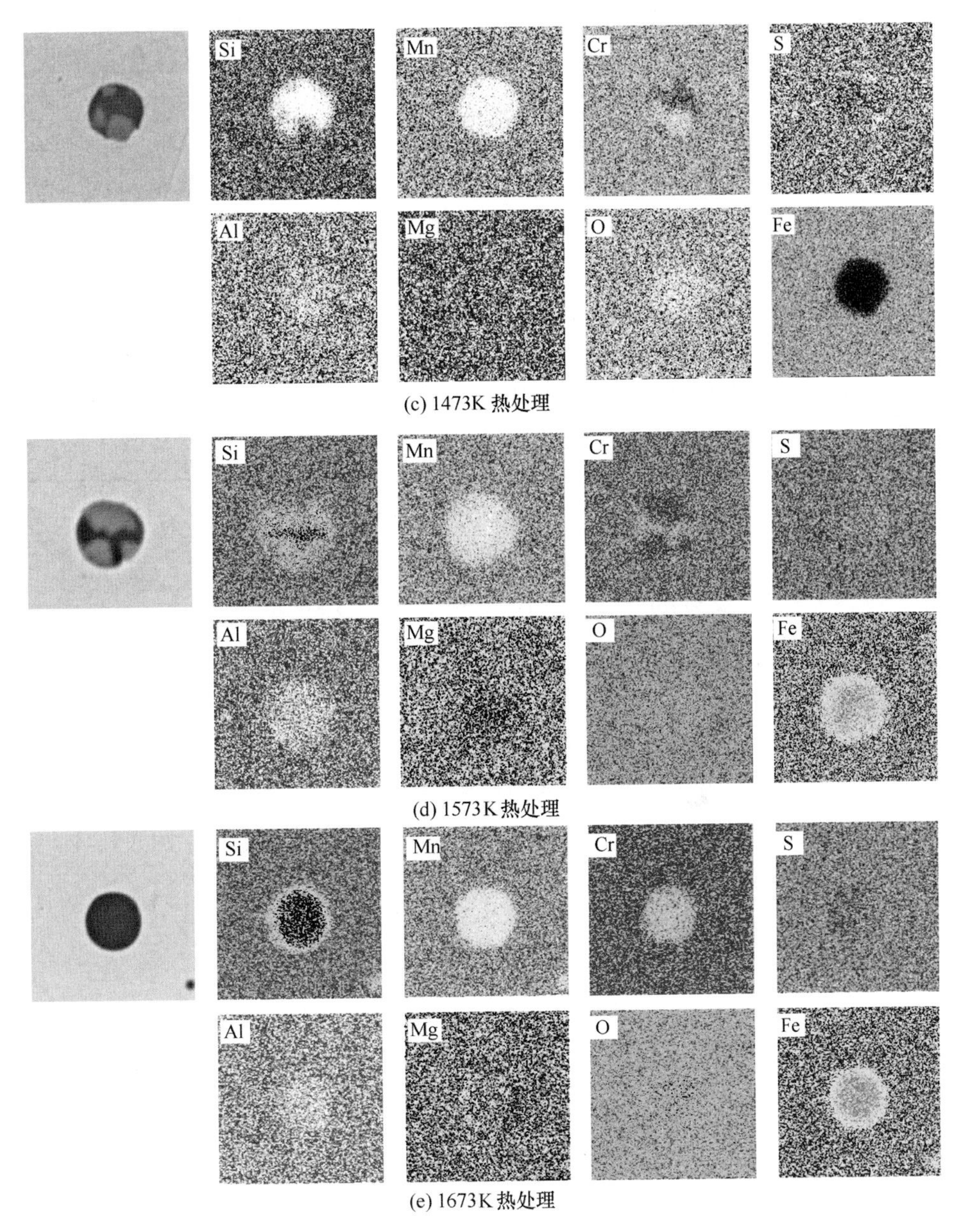

(c) 1473K 热处理

(d) 1573K 热处理

(e) 1673K 热处理

图 10-17 不同温度热处理过程典型夹杂物面扫描

检测到夹杂物为球形，主要成分为 MnO-SiO_2 且含有少量 Cr_2O_3 夹杂物。1373K 热处理温度下，夹杂物形状开始变得不规则；1473K 下热处理 60min，初始的 MnO-SiO_2 球形夹杂物上附着有形状不规则的 MnO · Cr_2O_3 尖晶石夹杂物，MnO · Cr_2O_3 尖晶石夹杂物棱角较为分明；1573K 热处理下，附着在 MnO-SiO_2 球

形夹杂物上的 $MnO \cdot Cr_2O_3$ 尖晶石进一步长大，但并没有将球形夹杂物基体包裹住；1673K 热处理过程中，不锈钢中的夹杂物变为液态夹杂物，夹杂物的形状为球形。

10.4 热处理过程不锈钢中氧化物转变动力学模型

在 304 不锈钢热处理过程氧化物转变过程中，由于表 10-2 中的 Cr、Si 和 Mn 元素在奥氏体钢中的扩散系数很低，这些元素的扩散应该是氧化物转变过程的限制环节。然而，通过传统的计算很难判断具体哪个元素的扩散为反应的限制环节。因此，通过 FactSage 热力学计算软件与自主编写程序的结合，建立了 304 不锈钢热处理过程氧化物转变动力学模型。

表 10-2 Cr、Si 和 Mn 元素在奥氏体钢中的扩散系数 (m^2/s)

温度（K）	1273	1373	1473	文献
Cr	3.16×10^{-16}	2.51×10^{-15}	1.26×10^{-14}	[158]
Si	6.66×10^{-16}	3.91×10^{-15}	1.51×10^{-14}	[158]
Mn	2.53×10^{-16}	1.37×10^{-15}	5.89×10^{-15}	[159]

动力学模型具体示意图如图 10-18 所示，图中假设球形的氧化物表层存在一个很薄的反应边界层。每步反应过程具体为：R1：反应界面处钢与氧化物反应，R2：Cr、Si 和 Mn 在边界层和钢基体间传质。通过自主编写的程序实现循环计算。反应过程中氧化物的质量和边界层中钢的质量如式（10-2）和式（10-3）所示，由于氧化物为球形，因此边界层与钢基体之间的传质如计算式（10-4）所示。固态钢基体的钢成分见表 10-3。

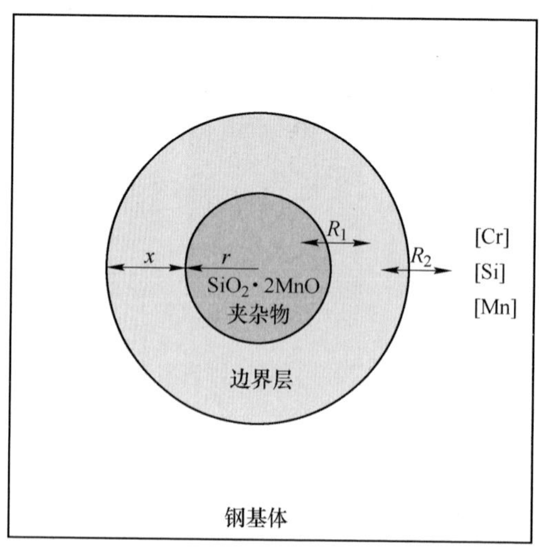

图 10-18 304 不锈钢热处理过程氧化物转变动力学模型示意图

表 10-3　动力学模型固态 304 钢基体成分　(%)

C	Si	Mn	Cr	Ni	Fe
0.05	0.20	1.0	18.0	8.0	余量

$$M_{steel} = [4/3 \cdot \pi \cdot (x + r)^3 - 4/3 \cdot \pi \cdot r^3] \cdot \rho_{steel} \tag{10-2}$$

$$M_{inclusion} = 4/3 \cdot \pi \cdot r^3 \cdot \rho_{inclusion} \tag{10-3}$$

$$-\frac{d[i]}{dt} = \frac{\rho_{steel} \cdot A \cdot D_i}{r}([i]_b - [i]_i) \tag{10-4}$$

式中　r——氧化物半径，m；

x——边界层厚度取 $0.04r$，m；

ρ_{steel}——不锈钢密度，7800 kg/m^3；

$\rho_{inclusion}$——$2MnO \cdot SiO_2$ 密度，3726 kg/m^3；

A——氧化物的表面积，m^2；

i——钢中 Cr、Mn 和 Si 元素；

D_i——元素 i 在钢中传质系数，m^2/s。

图 10-19 所示为 304 不锈钢热处理过程氧化物转变动力学模型计算结果与实验结果的对比。发现随氧化物的尺寸增加，氧化物的转变率逐渐降低；同时，提升热处理温度可以有效提升氧化物的转变速率。动力学模型计算结果与实验结果吻合得较好，说明此模型可以有效预测不同温度下的热处理过程中氧化物的转变率。典型的 3μm 氧化物在不同温度下热处理的转变如图 10-20 所示。

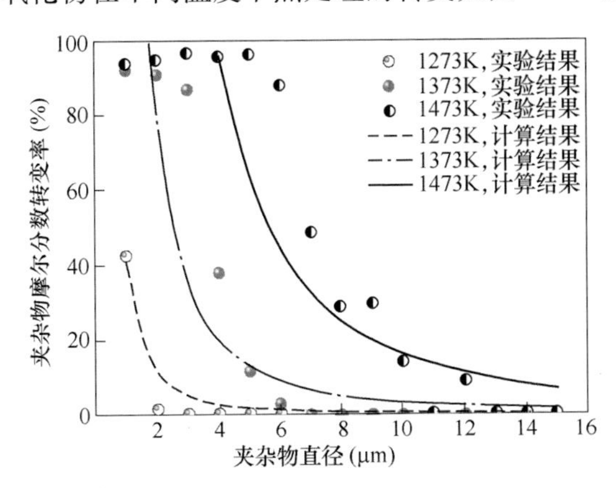

图 10-19　304 不锈钢热处理过程氧化物转变动力学模型计算结果与实验结果的对比

10.5　小结

（1）在 1200℃下的氩气保护气氛的热处理过程中，随着反应时间的增加，由 $2MnO \cdot SiO_2$ 逐渐向 $MnO \cdot Cr_2O_3$ 尖晶石转变，且由于小尺寸夹杂物动力学条

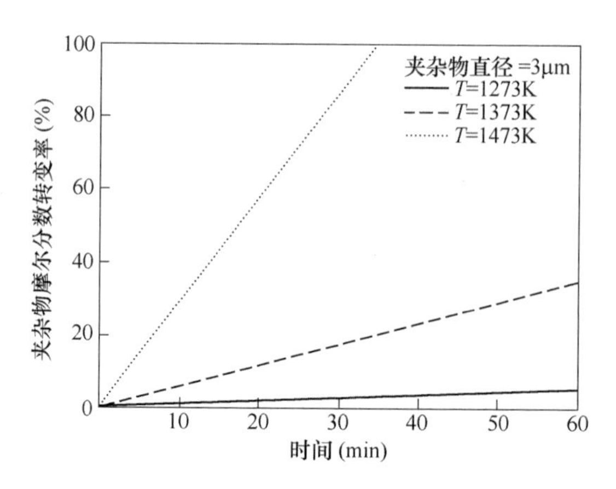

图 10-20　304 不锈钢热处理过程氧化物转变动力学模型典型计算结果

件较好，其转变速率快于大尺寸夹杂物。

（2）不锈钢热处理过程氧化物的演变规律为：在热处理之前，钢中的夹杂物主要为球形液态 $2MnO \cdot SiO_2$ 夹杂物。在热处理过程中，钢中的［Cr］元素在钢基体/MnO-SiO_2 夹杂物界面将 $2MnO \cdot SiO_2$ 夹杂物中的 SiO_2 和 MnO 还原，在 $2MnO \cdot SiO_2$ 夹杂物表面生成 $MnO \cdot Cr_2O_3$ 尖晶石夹杂物。同时，MnS 含量较高的夹杂物中开始有纯的 MnS 相析出。最终，$2MnO \cdot SiO_2$ 夹杂物被完全变性为纯 $MnO \cdot Cr_2O_3$ 尖晶石夹杂物。

（3）热力学计算结果表明，当前实验条件下非金属夹杂物相自身随温度变化过程主要引起不同相的析出，很难显著改变夹杂物的成分。本实验发现的在热处理温度下不锈钢中夹杂物会由 MnO-SiO_2 向 $MnO \cdot Cr_2O_3$ 尖晶石夹杂物的转变行为，主要是由于钢基体和夹杂物之间反应热力学发生变化引起的。

（4）随着热处理温度由 1000℃增加至 1300℃，热处理 60min 后夹杂物中的 SiO_2 逐渐下降至消失，MnO 含量也略有下降，Cr_2O_3 含量明显增加，夹杂物的成分点分布不断向纯 MnO-Cr_2O_3 夹杂物方向移动，这是不锈钢中的铬元素将夹杂物中的 SiO_2 和 MnO 还原造成的。但是在 1400℃下夹杂物与 304 不锈钢基体不发生反应。

（5）将热处理温度从 1273K 增加至 1473K 可以有效地加快氧化物转变速度。建立了一个热处理过程氧化物转变动力学模型，可以有效预测不同温度下的热处理过程中夹杂物的转变率。

300 系不锈钢中非金属夹杂物控制的关键问题

（1）300 系不锈钢线鳞缺陷形成机理研究：线鳞缺陷局部位置成分中有很高的 MgO、Al_2O_3 和 CaO 含量，降低夹杂物中的 MgO、Al_2O_3 和 CaO 含量成为解决线鳞缺陷的关键。头坯线鳞缺陷发生率极高，建议头坯不送高级别冷轧产品加工。抛光缺陷形成主要原因为夹杂物中 MgO 和 Al_2O_3 含量过高，夹杂物的变性能力较差，抛光后夹杂物从轧板表面脱落，形成孔洞。

（2）国内外对比调研：日新制钢产品的特征为低铝、低钙、高氧、高硫，可以推断日新制钢采用了低碱度精炼渣进行夹杂物改性，没有进行钙处理。我国不锈钢产品一味地追求低 T. O 和低硫含量，并没有显著降低我国产品的缺陷率和提升使用性能，这也在一定程度上说明了，洁净化不锈钢指的并不是夹杂物越少越好，即使存在较多数量的夹杂物，但是如果其对钢的性能没有危害，就是很好的洁净不锈钢。

（3）夹杂物成分设计技术：对于等级要求较低的热轧不锈钢产品，只需要将夹杂物控制到 Al_2O_3-SiO_2-MnO 低熔点区域内的成分，即可实现热轧过程夹杂物的塑性变形，避免热轧产品缺陷的产生。对于等级要求较高的冷轧不锈钢产品，需要进一步降低钢中的铝含量，将夹杂物控制为 Al_2O_3 含量极低的低杨氏模量区域内的成分，可实现冷轧过程夹杂物的塑性变形，避免冷轧产品缺陷的产生。

（4）硅铁合金的洁净度控制技术：低铝低钙硅铁对夹杂物的成分影响很小，高铝硅铁和高钙硅铁会分别导致夹杂物中 Al_2O_3 和 CaO 含量升高。钢铁企业用硅铁合金中的铝含量和钙含量达到了 1%以上，会引起夹杂物中的 Al_2O_3 和 CaO 含量增加，建议在 LF 炉不加硅铁合金。

（5）AOD 出钢渣量控制技术：通过 AOD 出钢后氧化性精炼渣的扒除，降低精炼渣中的 Al_2O_3 总量；通过 AOD 重新造精炼渣，可显著吸附去除和改性不锈钢中夹杂物，提升产品的洁净度水平。

（6）精炼渣洁净冶炼控制技术：随着精炼渣碱度增加，不锈钢中夹杂物中的 Al_2O_3 含量增加。当前工艺下，LF 炉精炼渣碱度为 2.0 左右，为了降低夹杂物中的 Al_2O_3 和 CaO 含量，可以将碱度控制在 1.7 左右。低碱度渣可使 304 不锈钢中的危害较大的 B 类不变形氧化铝夹杂物转变为危害很小的 C 类易变形硅酸盐夹杂物，在 AOD 末期直接将碱度降低效果更好。建立了渣-钢-夹杂物平衡反应热力学模型，计算结果可以较好地与实验结果吻合。此模型可广泛地应用于预测不同精炼渣成分对钢液成分、脱硫、夹杂物成分、夹杂物熔点等的影响。

（7）精准钙处理技术：钙处理后夹杂物中 CaO 含量增加，MnO 含量逐渐降低，夹杂物由 Al_2O_3-SiO_2-MnO 转变为 Al_2O_3-SiO_2-CaO。硅锰脱氧不锈钢经过钙处理后夹杂物中 CaO 含量明显增加，夹杂物的变形能力有所提升。建立了 304 不锈钢夹杂物精准钙处理模型，可根据不同钢液成分确定出最优加钙量。

（8）钢包吹氩去除夹杂物关键技术：钢包精炼软吹流量过大，不但无法去除夹杂物，反而会引起钢水二次氧化。建议合理软吹流量，使得钢液面微微波动即实现效果最佳，软吹时间保证 15min 以上。对比了 100t 左右的钢包镇静时间和钢中夹杂物总量的关系，发现镇静时间为 20min 效果为宜。

（9）耐火材料控制技术：高碱度精炼渣有利于降低耐火炉衬的侵蚀。通过对 AOD 吹炼过程炉渣碱度的提升，可以提升 AOD 炉龄。镁碳砖容易引起钢中镁含量的增加，镁铬砖不容易引起钢中镁含量的增加。

（10）中间包冶金关键技术：优化了挡墙或挡坝的位置和中间包结构对夹杂物去除的影响。通过中间包结构优化降低死区比例，增加钢液在中间包的停留时间，更有利于夹杂物的上浮去除。此外，采用密封中间包和中间包吹氩保护浇注技术，防止连铸过程二次氧化，提升钢水洁净度。

（11）热处理过程夹杂物转变控制技术：在热处理过程中，304 不锈钢中的夹杂物与钢基体中的铬元素反应，夹杂物逐渐由 $2MnO \cdot SiO_2$ 向 $MnO \cdot Cr_2O_3$ 尖晶石转变。随着热处理温度由 1000℃ 增加至 1300℃，夹杂物的转变速率增加，但是在 1400℃ 下夹杂物与 304 不锈钢基体不发生反应。通过建立的动力学模型可以有效预测不同温度下的热处理过程中夹杂物的转变率。

第四部分

400 系不锈钢中非金属夹杂物的控制

11　400 系不锈钢全流程洁净度调研

铁素体不锈钢是指钢中铬含量在 11%～30%，且在使用状态下微观组织以铁素体为主的 Fe-Cr 或 Fe-Cr-Mo 合金。铁素体不锈钢因其独特的使用性能和显著的经济性，在生产生活中已获得广泛应用，已成为国内外不锈钢研究、生产的热点和重点。在铁素体不锈钢中，随着碳、氮元素含量的增加，其冲击韧性下降，脆性转变温度上移，钢的缺口敏感性、冷却速度效应和尺寸效应显著恶化。因此在生产过程中需要降低碳、氮含量，当碳、氮总量降低到 150ppm 以下，即为超纯铁素体不锈钢时，钢的各种性能会有明显改善。极低的碳、氮含量是超纯铁素体不锈钢最显著的特征。为进一步稳定超纯铁素体不锈钢中碳、氮含量，防止其在晶界处聚集形成碳氮铬合物，致使晶界处铬贫化，从而使钢的耐腐蚀性降低，故在超纯铁素体不锈钢的冶炼过程中，降低碳、氮的同时还要加入钛等稳定化元素。因此，铁素体不锈钢的凝固和冷却过程中会析出大量的 TiN 夹杂物，TiN 夹杂物的控制也成为铁素体不锈钢冶炼过程中的关键问题之一。本章介绍了 400 系不锈钢轧板缺陷的形成原因，介绍了国内外 400 系不锈钢洁净度的控制水平，并且通过现场实验调研了 400 系不锈钢中非金属夹杂物的演变行为。

11.1　400 系不锈钢中夹杂物的控制目标

11.1.1　400 系不锈钢轧材中钛条纹缺陷分析

超纯铁素体不锈钢中的钛条纹缺陷是指在含钛超纯铁素体不锈钢冷轧板表面出现的大量白色条纹，其尺寸大约为宽 0.5～1.5mm、长 0.2～1.0m，由于白色条纹的产生，将严重影响含钛超纯铁素体不锈钢产品的表面质量，其宏观形貌如图 11-1 所示。

通过 SEM-EDS 检测手段，对钛条纹缺陷进行了观测，图 11-2 和图 11-3 所示分别为 B439 冷轧板表面钛条纹缺陷处和无钛条纹缺陷处的电镜形貌，其中白色颗粒状物质经 EDS 检测为 TiN 夹杂物，同时图中的水平方向为轧制方向。对比发现在钛条纹缺陷处富集有大量的 TiN 夹杂物，并且在冷轧板表面平行于轧制方向出现高低不平褶皱状轧制痕迹；而在无缺陷处 TiN 夹杂物为分散分布，并且冷轧板表面较为平整。由此认为含钛超纯铁素体不锈钢冷轧板表面的钛条纹缺陷与冷

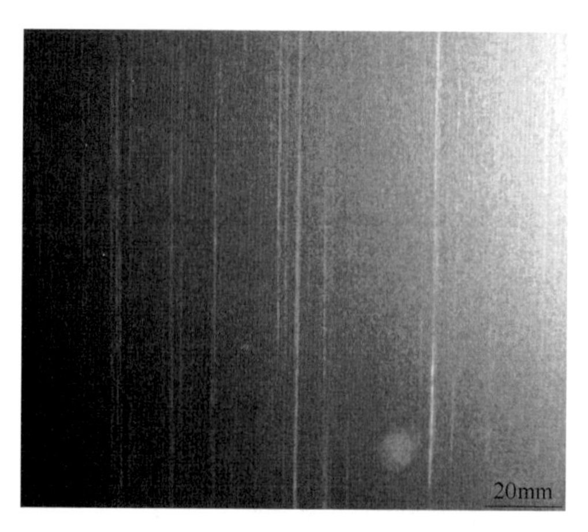

图 11-1　钛条纹缺陷样板宏观检测

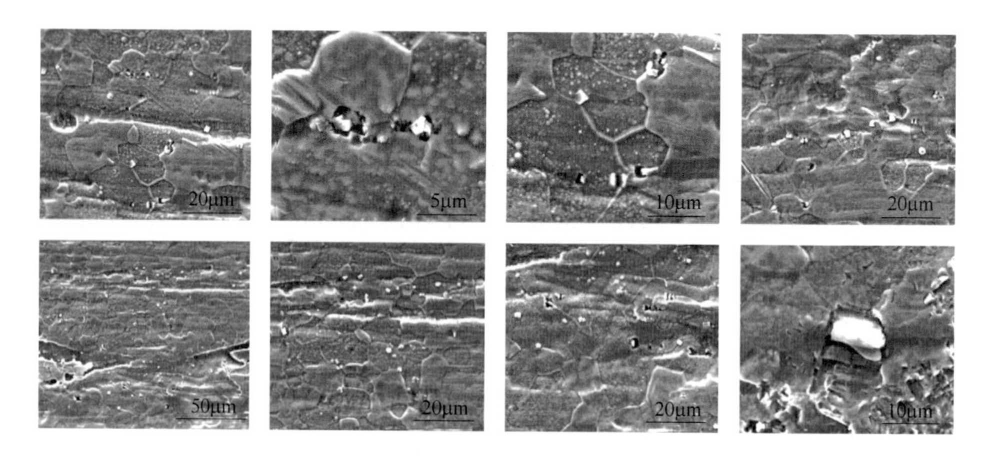

图 11-2　B439 冷轧板表面钛条纹缺陷处电镜形貌

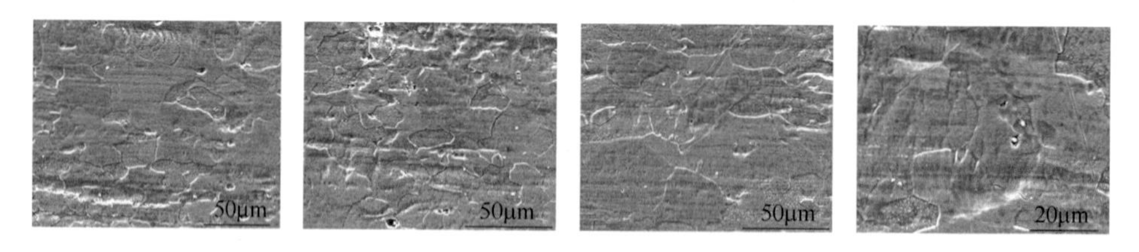

图 11-3　B439 冷轧板表面无钛条纹缺陷处电镜形貌

轧板表面形成的大量 TiN 夹杂物富集有关。图 11-4 和图 11-5 所示分别为 B436 冷轧板表面钛条纹缺陷处和无钛条纹缺陷处的电镜形貌，也可以发现在钛条纹缺陷处富集有大量的 TiN 夹杂物，并且冷轧板表面比较粗糙；而在无钛条纹缺陷处 TiN 夹杂物分散分布，并且冷轧板表面较为平整。

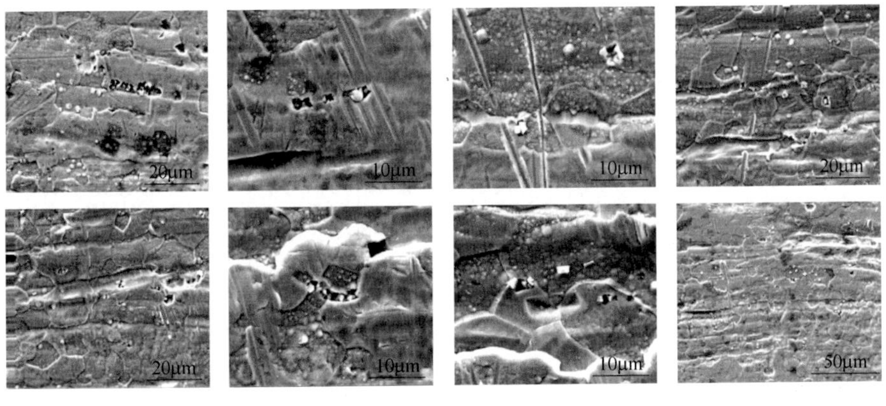

图 11-4　B436 冷轧板表面钛条纹缺陷处电镜形貌

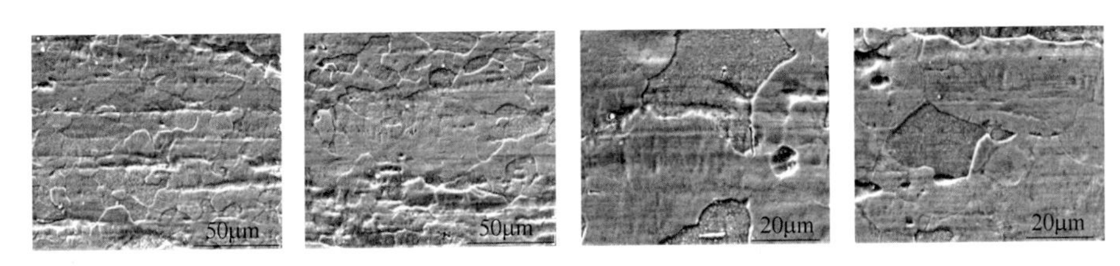

图 11-5　B436 冷轧板表面无钛条纹缺陷处电镜形貌

11.1.2　国内外 400 不锈钢产品夹杂物对比

为了探讨国内不锈钢厂生产的超纯铁素体不锈钢冷轧板表面产生钛条纹缺陷的原因，对由韩国浦项和日本日新生产的冷轧板与国内不锈钢厂生产的冷轧板进行了对比，其中包括冷轧板化学成分对比、冷轧板表面 TiN 夹杂物对比和 TiN 生成热力学对比。

对国产 439（编号 CHINA439）与浦项 439（编号 POSC439）、436（编号 POSC436）以及日新 436（编号 NSSC436）不锈钢的化学成分进行了化验对比，其结果如图 11-6 所示。国产 439 不锈钢的钛、氮含量与浦项和日新相差不大，甚至略微偏低，因此合理控制钛、氮含量可能会对控制钛条纹缺陷有积极的影响；通过对比硅、铝、氧含量可以明显地发现，国产是采用硅脱氧，其中的硅、氧含量偏高而铝含量偏低，浦项和日新是采用铝脱氧，其中的硅、氧含量偏低而铝含量偏高，猜测这可能是导致钛条纹缺陷的影响因素；对比钙含量可以发现，国产与浦项和日新相差不大，由于我国产品采用了钙处理工艺，推测浦项和日新可能也进行了钙处理；对比镁含量可以发现，国产比浦项和日新偏低，这与国产采用硅脱氧而浦项和日新采用铝脱氧有直接的关系；对比碳含量，国产与浦项和日新相差不大，因此推测碳含量不是导致钛条纹缺陷的影响因素。通过以上化学分析可以看到，国产与浦项和日新的主要差异为脱氧方式的不同，国产采用硅脱氧而浦项和日新采用铝脱氧。

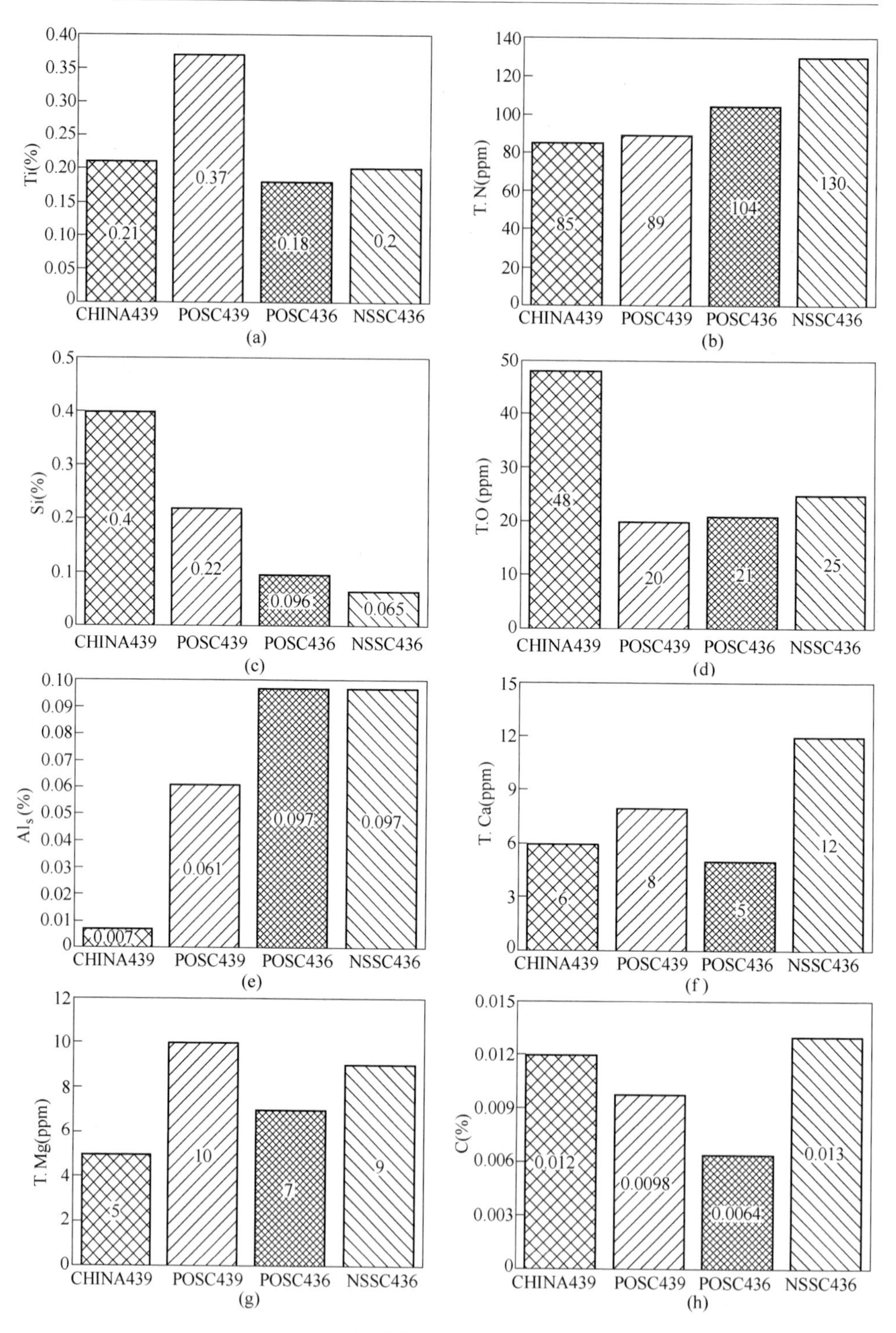

图 11-6　不同钢厂冷轧板化学成分比较

通过 ASPEX 对国产 439 与浦项 439、436 以及日新 436 不锈钢冷轧板表面 TiN 夹杂物进行了检测与统计对比，其结果如图 11-7 所示。国产的超纯铁素体不锈钢冷轧板表面 TiN 夹杂物的数密度明显地高于浦项和日新，而尺寸明显小于浦项和日新，但总的面积分数相差不大。由此推断，国产的超纯铁素体不锈钢冷轧板表面出现钛条纹缺陷的主要直接影响因素为在冷轧板表面含有大量的小尺寸 TiN 夹杂物。

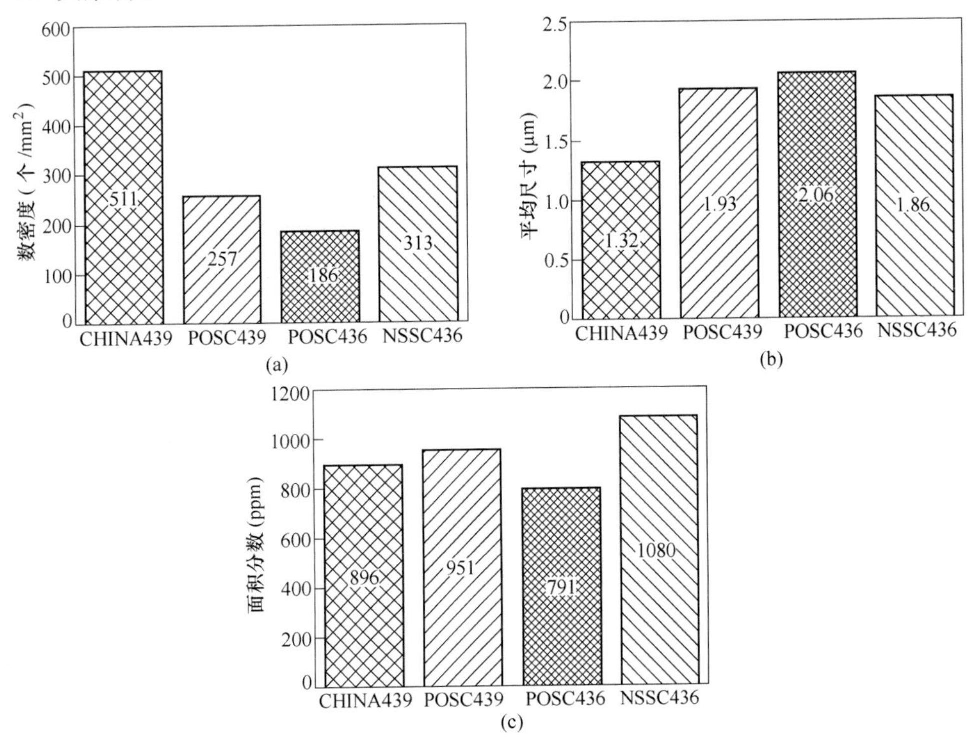

图 11-7　不同钢厂冷轧板表面 TiN 夹杂物的比较

图 11-8 所示为国产与浦项和日新冷轧板表面 TiN 夹杂物的尺寸分布情况。国产冷轧板表面主要为小尺寸的 TiN 夹杂物，其尺寸主要在 1~2μm 之间，大于 3μm 的很少；而浦项和日新冷轧板表面主要为较大尺寸的 TiN 夹杂物，其尺寸主要在 1~3μm 之间，在 3~5μm 之间仍有一定量的分布。由此可以看到，如何将大量小尺寸的 TiN 夹杂物控制为少量大尺寸的 TiN 夹杂物是解决钛条纹缺陷的主要途径。

图 11-9 所示为国产与浦项和日新冷轧板表面带氧化物核心 TiN 夹杂物的统计情况。国产冷轧板表面带核心的 TiN 夹杂物，无论是数密度还是所占的数量百分比均小于浦项和日新样品。国产冷轧板表面 TiN 夹杂物的尺寸，无论是否带有核心，均小于浦项和日新样品；同样，国产冷轧板表面带核心的 TiN 夹杂物，无论是面积分数还是其所占面积分数的百分比，均小于浦项和日新。

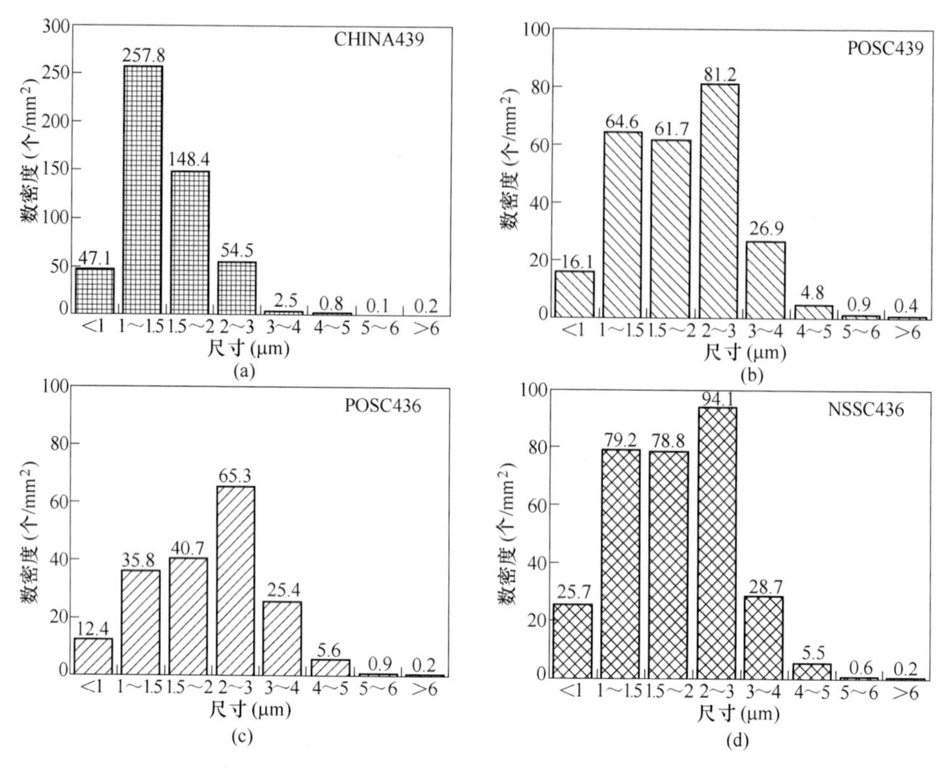

图 11-8　不同钢厂冷轧板表面 TiN 夹杂物尺寸分布的比较

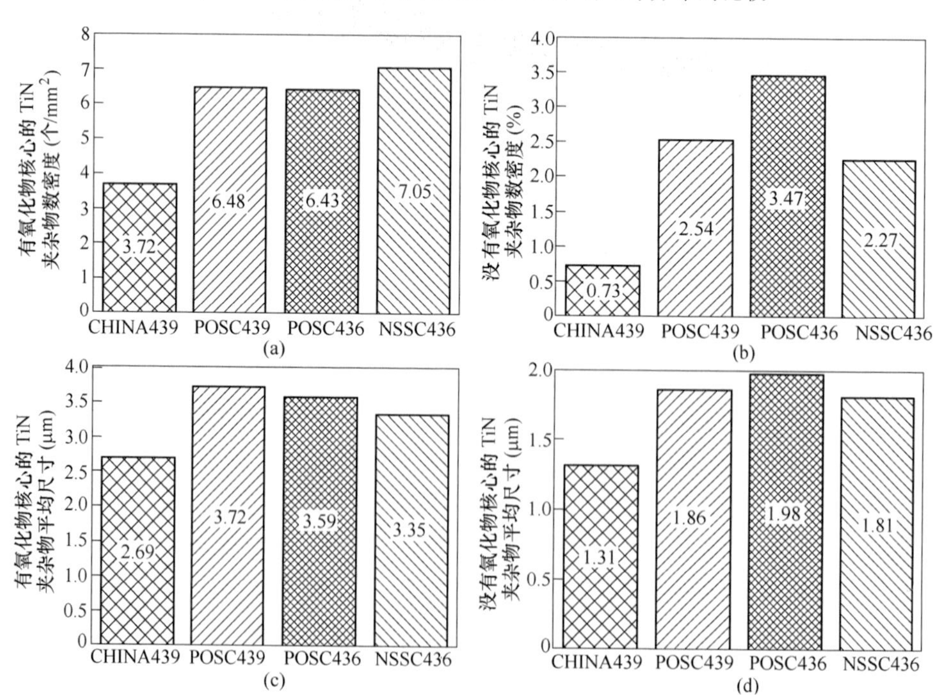

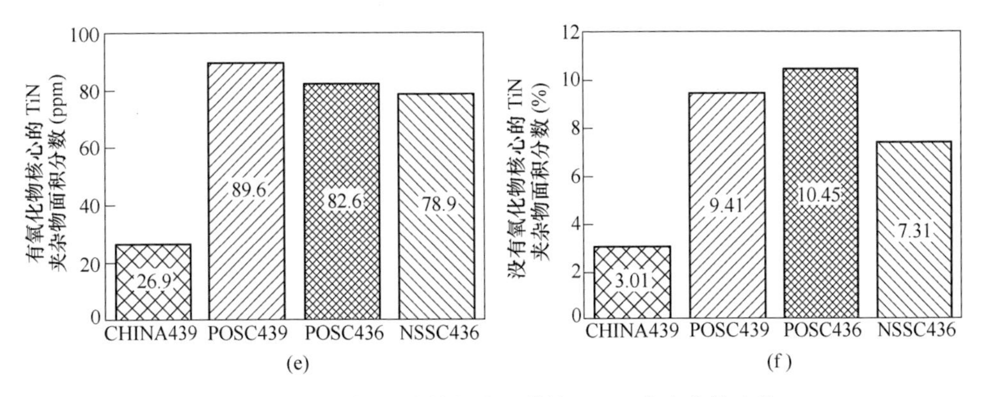

图 11-9　不同钢厂冷轧板表面带核心 TiN 夹杂物的比较

11.2　400 系不锈钢生产全流程钢中非金属夹杂物的演变

11.2.1　钢液成分变化

超纯铁素体不锈钢 B439 钢种的典型生产流程为 EAF→AOD→VOD→LF→CC→热轧→冷轧。对其精炼、连铸以及轧制过程中的洁净度进行调研，其钢样主要包括 LF 钢样（编号：LF-1 ~ LF-3、Ti-1 ~ Ti-3）、中间包钢样（编号：TD-1 ~ TD-3）、连铸坯样和冷轧板样。将取得的以上钢样进行预磨、抛光后，在电镜下观测其中夹杂物的形貌和成分。图 11-10 所示为 LF 精炼和中间包过程中钢样取样示意图。

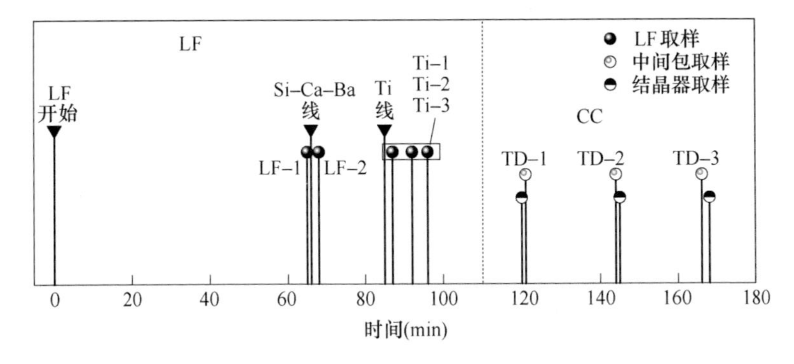

图 11-10　LF 钢样和中间包钢样示意图

图 11-11 所示为测量氧氮含量结果。可以看到，LF 喂钛线后，钢中的 T. O 有下降趋势，在中间包中 T. O 有增加趋势，到连铸坯中 T. O 又有下降趋势；而钢中的 T. N 含量在喂钛线后有略微增加趋势，在中间包中和铸坯内几乎保持不变。以上结果可能由取样误差造成。

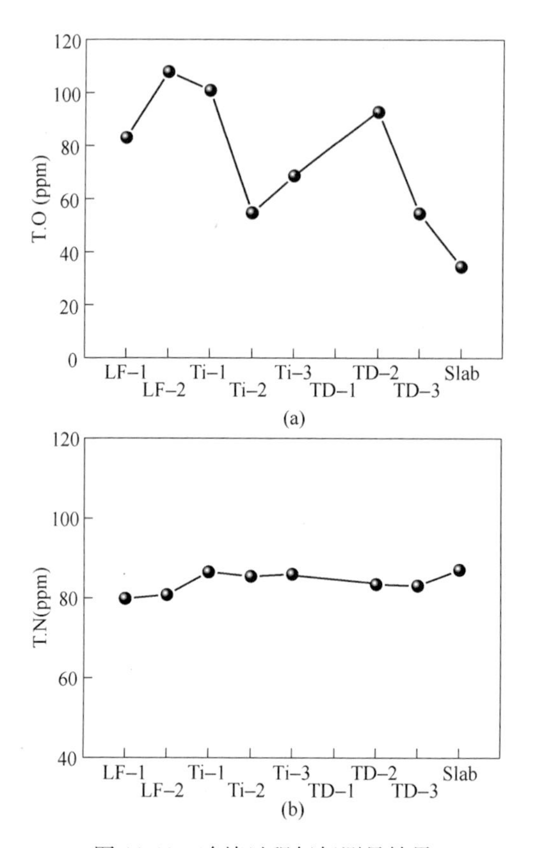

图 11-11　冶炼过程氧氮测量结果

11.2.2　夹杂物的演变

分别对 400 系不锈钢冶炼过程中 LF 进站、LF 出站、铸坯和轧板中的夹杂物形貌进行二维金相检测和电解侵蚀检测，结果如图 11-12 和表 11-1 所示。LF 进站时，钢中夹杂物主要为 Al_2O_3-MnO-SiO_2-TiO_x。图 11-12 中（1）（2）为 AOD 出站时夹杂物传统金相形貌，二维形状为圆形或椭圆形；图 11-12 中（3）（4）的电解侵蚀和酸侵蚀后夹杂物的三维形貌为球形或近球形，对应的夹杂物成分见表 11-1。

表 11-1　400 系不锈钢 LF 进站钢中夹杂物成分　(%)

编号	MgO	Al_2O_3	SiO_2	CaO	TiO_x	TiN	MnS	MnO	合计
(1)	2.02	45.48	29.09	7.21	4.42	0.00	0.00	11.79	100.00
(2)	2.73	73.84	9.81	2.57	2.36	0.00	0.00	8.70	100.00
(3)	0.00	44.15	36.33	0.00	15.48	0.00	0.00	4.04	100.00
(4)	0.00	31.06	57.36	0.00	6.23	0.00	0.00	5.35	100.00

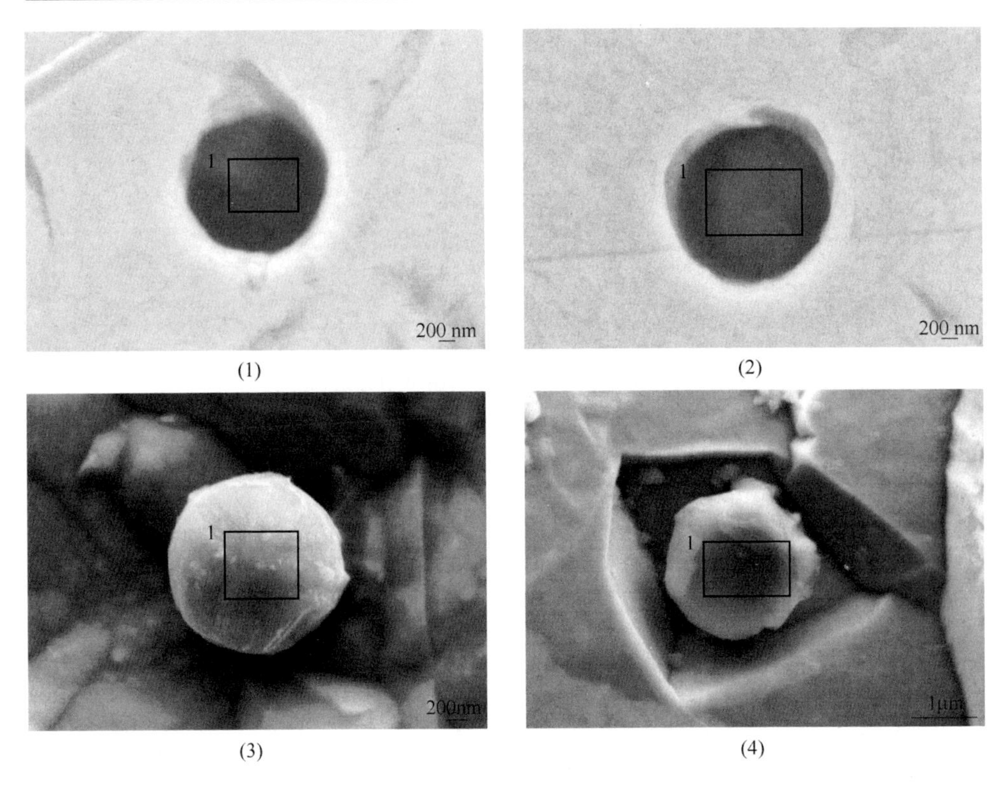

图 11-12　400 系不锈钢 LF 进站钢中夹杂物形貌
（1），（2）二维；（3），（4）电解侵蚀

LF 精炼出站时，钢中夹杂物形貌进行二维金相检测和电解侵蚀检测结果如图 11-13 和表 11-2 所示。由于钛和硅钙钡合金的加入，夹杂物主要成分为 Mg-Al-Ca-Ti-O，尺寸在 1~5μm 之间。其中，还生成了一些小尺寸的 TiN 夹杂物，是在样品凝固和冷却过程中形成的。

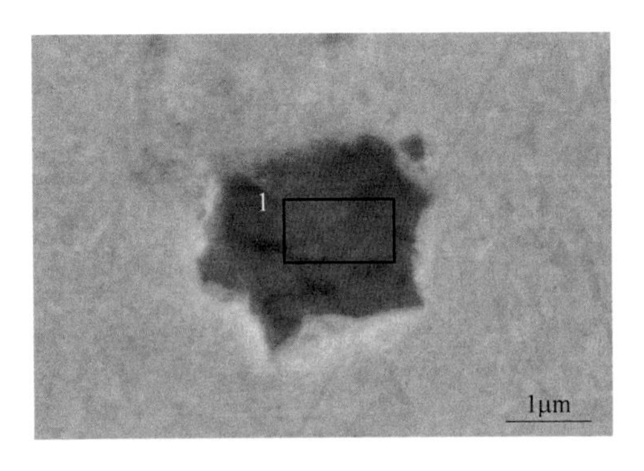

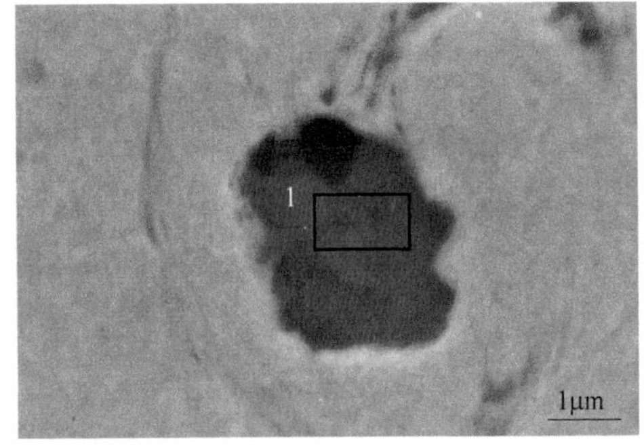

(3)

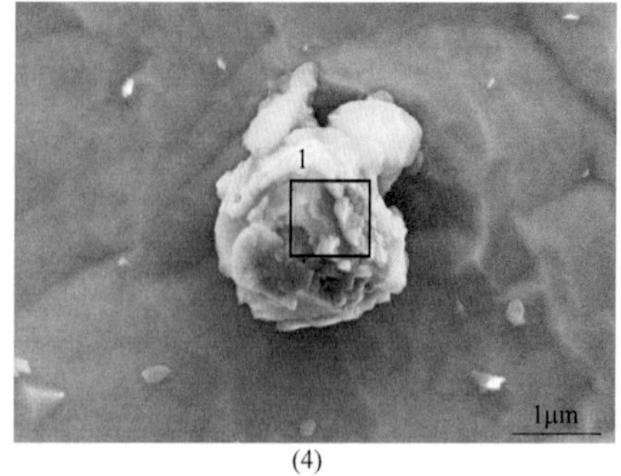

(4)

图 11-13　400 系不锈钢 LF 出站钢中夹杂物形貌

(1)，(2) 二维；(3)，(4) 电解侵蚀

表 11-2　400 系不锈钢 LF 出站钢中夹杂物成分　(%)

编号	MgO	Al_2O_3	SiO_2	CaO	TiO_x	TiN	MnS	MnO	合计
(1)	4.30	2.00	0.00	2.14	91.55	0.00	0.00	0.00	100.00
(2) 2	5.12	3.75	0.00	0.00	91.14	0.00	0.00	0.00	100.00
(3)	2.82	3.49	0.00	13.34	80.35	0.00	0.00	0.00	100.00
(4)	2.82	4.48	0.00	11.65	81.04	0.00	0.00	0.00	100.00

超纯铁素体不锈钢的连铸坯断面尺寸为1260mm×200mm，取连铸坯样位置为宽度方向 1/4 处和厚度方向 1/2 处。图 11-14 所示为连铸坯中夹杂物形貌二维金

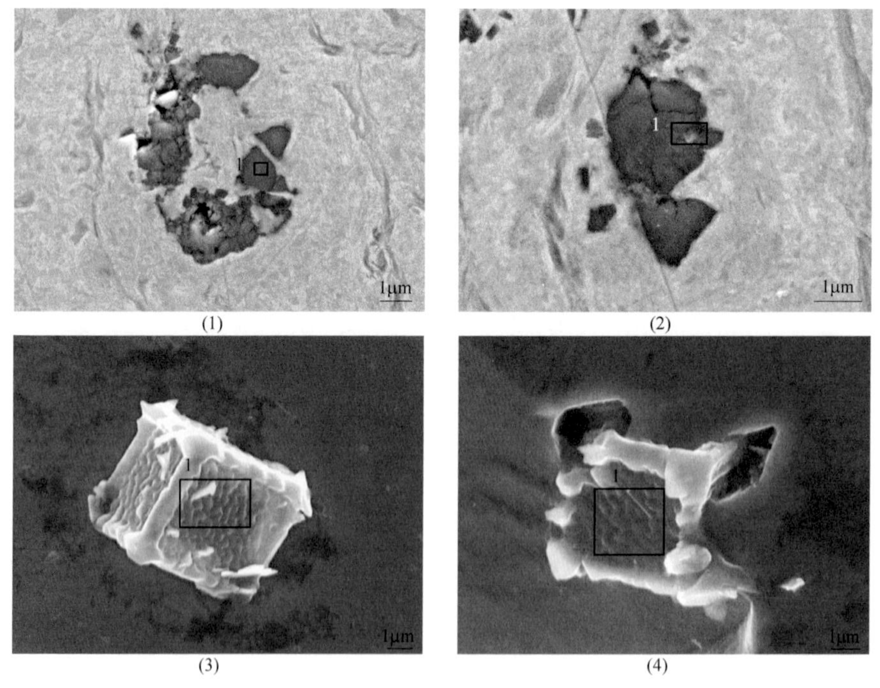

图 11-14　400 系不锈钢铸坯中夹杂物形貌

(1)，(2) 二维；(3)，(4) 电解侵蚀

相检测和电解侵蚀检测结果，对应的夹杂物成分见表 11-3。夹杂物主要为 TiN，尺寸在 2~5μm 之间，明显较 LF 钢样和中间包钢样中的偏大，推断是在连铸坯凝固过程中析出的；还存在部分带氧化物核心的 TiN 夹杂物，核心以钛的氧化物为主。图 11-15 所示为连铸坯中夹杂物电解提取结果，由图可知，连铸坯中开始生成了大量的 TiN 夹杂物，夹杂物呈立方体形状。

表 11-3　400 系不锈钢铸坯中夹杂物成分　(%)

编号	MgO	Al_2O_3	SiO_2	CaO	TiO_x	TiN	MnS	MnO	合计
(1)	0.00	0.00	0.00	0.00	0.00	100.00	0.00	0.00	100.00
(2)	0.00	0.00	0.00	0.00	0.00	100.00	0.00	0.00	100.00
(3)	0.00	0.00	0.00	0.00	0.00	100.00	0.00	0.00	100.00
(4)	0.00	0.00	0.00	0.00	0.00	100.00	0.00	0.00	100.00

图 11-15　400 系不锈铸坯中夹杂物电解提取形貌

超纯铁素体不锈钢冷轧板的断面尺寸为 1260mm×1.138mm，冷轧板取样位置为宽度方向 1/4 处。冷轧板中夹杂物形貌进行二维金相检测和电解侵蚀检测结果如图 11-16 所示，对应的夹杂物成分见表 11-4。夹杂物主要为 TiN 夹杂物，尺寸在 2~10μm 之间，部分 TiN 夹杂物被轧碎。带氧化物核心的 TiN 夹杂物，核心以 Al_2O_3-MgO-TiO_x 氧化物为主。

表 11-4　400 系不锈轧板钢中夹杂物成分　(%)

编号	MgO	Al_2O_3	SiO_2	CaO	TiO_x	TiN	MnS	MnO	合计
(1)	0.00	0.00	0.00	0.00	0.00	100.00	0.00	0.00	100.00
(2)	0.00	0.00	0.00	0.00	0.00	100.00	0.00	0.00	100.00
(3)	0.00	0.00	0.00	0.00	62.58	34.62	2.79	0.00	100.00
(4) 1	11.90	23.75	0.00	2.75	0.00	61.60	0.00	0.00	100.00
(4) 2	11.50	22.38	0.00	5.33	36.54	24.25	0.00	0.00	100.00

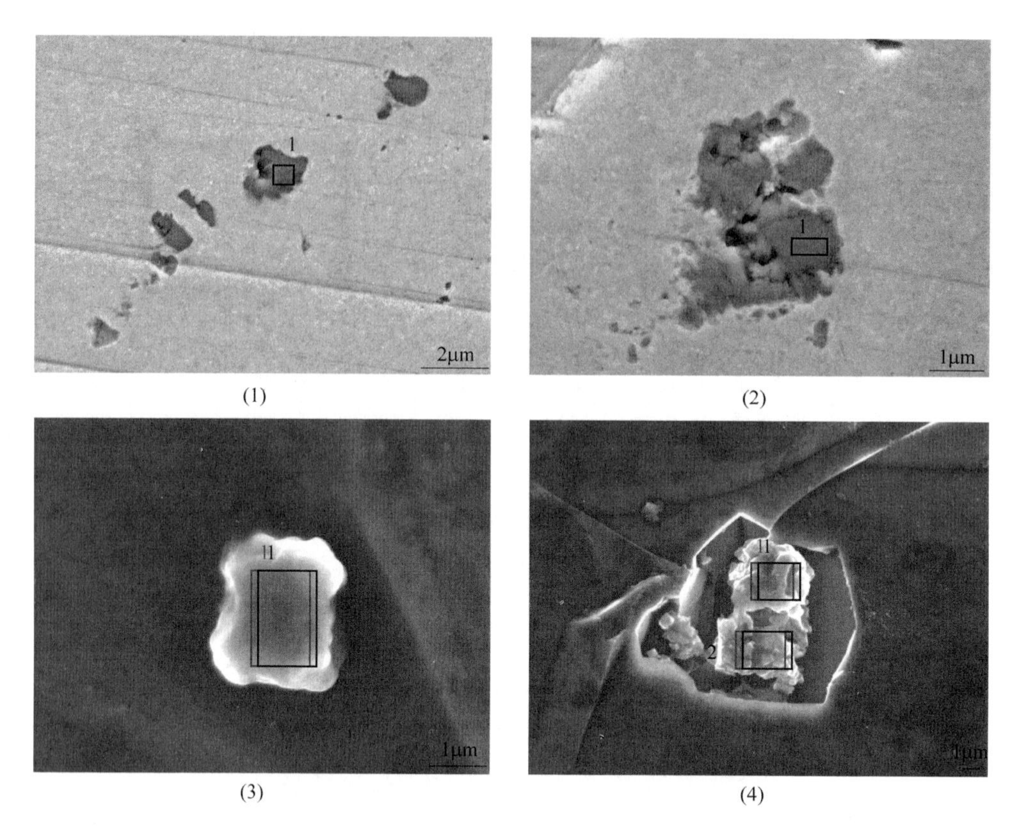

图 11-16　400 系不锈轧板钢中夹杂物形貌
(1)，(2) 二维；(3)，(4) 电解侵蚀

11.3　小结

(1) 超纯铁素体不锈钢冷轧板表面出现的长为 0.2~1.0m、宽为 0.5~1.5mm 的钛条纹缺陷，这是由于有大量细小的 TiN 夹杂物富集形成的。

(2) 通过对比国产与浦项和日新冷轧板的化学成分发现，国产与浦项和日新最大的差异为硅、铝、氧含量。国产是采用硅脱氧，其中的硅、氧含量偏高而铝含量偏低，浦项和日新是采用铝脱氧，其中的硅、氧含量偏低而铝含量偏高；而其中钛、氮、碳含量相差不大。由此推断，脱氧方式是影响超纯铁素体不锈钢冷轧板表面出现钛条纹缺陷的一个重要因素。

(3) 通过对比国产与浦项和日新冷轧板表面 TiN 夹杂物发现，国产的超纯铁素体不锈钢冷轧板表面 TiN 夹杂物的数量密度明显高于浦项和日新样品，而尺寸明显小于浦项和日新样品，但总的面积分数相差不大。由此推断，国产的超纯铁素体不锈钢冷轧板表面出现钛条纹缺陷的直接影响因素为在冷轧板表面含有大量的小尺寸 TiN 夹杂物。

（4）对比国产与浦项和日新冷轧板表面带核心 TiN 夹杂物发现，国产冷轧板表面带氧化物核心的 TiN 夹杂物，无论是数量密度还是所占的数量百分比，均小于浦项和日新；国产冷轧板表面 TiN 夹杂物的尺寸，无论是否带有核心，均小于浦项和日新；同样，国产冷轧板表面带核心的 TiN 夹杂物，无论是面积分数还是其所占面积分数的百分比，均小于浦项和日新样品。

（5）LF 进站样品中，夹杂物主要为 $MgO-Al_2O_3$，LF 出站样品中，由于钛和硅钙钡合金的加入，夹杂物主要成分为 Mg-Al-Ca-Ti-O。在连铸坯中，夹杂物主要为尺寸为 2~5μm 的 TiN 夹杂物，推断其是在连铸坯凝固过程中生成的，部分 TiN 夹杂物是在 $MgO-Al_2O_3-TiO_x$ 氧化物核心上析出的；在冷轧板中，夹杂物主要为尺寸为 2~5μm 的 TiN，并且能够看到部分 TiN 在轧制过程中被轧碎，除此之外，还有少量含有 $MgO-Al_2O_3-TiO_x$ 氧化物核心的 TiN。

（6）过程样中的氧氮含量分析结果表明：当在 LF 进行喂钛线后，钢中的 T. O 有下降趋势，而在中间包中 T. O 有增加趋势，最后到连铸坯中 T. O 又有下降趋势；而钢中的氮含量在喂钛线后、中间包中都有增加趋势，在铸坯内的氮含量略有下降。造成上述氧氮含量的变化趋势可能与取样过程中试样吸收空气有密切的关系。

12 400 系不锈钢中夹杂物生成的热力学计算

钢中的化学成分直接决定了钢中非金属夹杂物的种类和生产条件，热力学计算可以很好地通过化学成分预测钢中各类夹杂物的生成。因此本章节通过热力学计算预测了 400 系不锈钢加入不同合金后的脱氧平衡曲线，以及复合脱氧过程中钢中各类氧化物夹杂的生成条件。此外，通过热力学计算了钢液中及其凝固过程中不同 400 系不锈钢中 TiN 夹杂物的生成和析出条件，为实现 400 系不锈钢铸坯和轧板中夹杂物的控制奠定理论基础。

12.1 400 系不锈钢中各类氧化物夹杂生成相图

12.1.1 钢液脱氧的热力学计算

本节应用 FactSage 热力学计算软件对高温下 400 系不锈钢钢液成分对钢中各类夹杂物生成的影响进行了预测，计算过程中选择 FactPS、FToxid、FTmisc 数据库。图 12-1 所示为 1600℃下 0.01%C-17%Cr-Fe 不锈钢中 Al-O 平衡曲线。随着钢液中的［Al］含量增加，钢中平衡的［O］含量先降低后增加。当钢中［Al］含量在 5ppm 以上时，钢中生成夹杂物为 Al_2O_3；当钢中［Al］含量在 5ppm 以下时，钢中开始出现 Cr_2O_3 夹杂物。钢中平衡的［O］含量最低可以达到约 10ppm 左右。

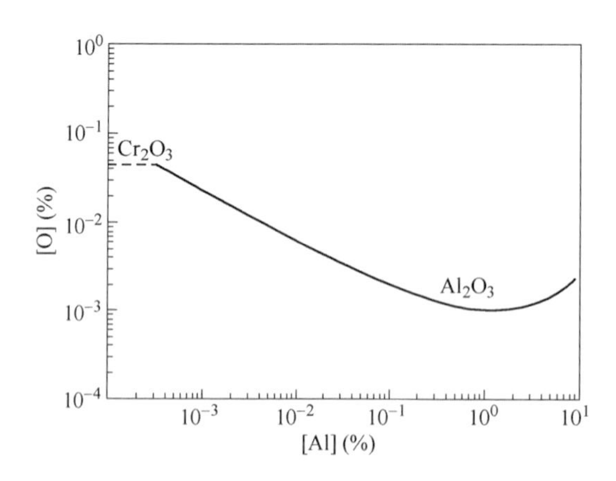

图 12-1 1600℃下 0.01%C-17%Cr-Fe 不锈钢中 Al-O 平衡曲线

图 12-2 所示为 FactSage 热力学软件计算的 1600℃下 0.01%C-17%Cr-Fe 不锈钢中 Si-O 平衡曲线。随着钢液中的［Si］含量增加，钢中平衡的［O］含量呈下降趋势，钢中总氧含量最低降低到几百个 ppm，说明硅元素的脱氧能力较弱。当钢中［Si］含量在 0.2%以下时，钢中生成夹杂物为 Cr_2O_3；当钢中［Si］含量在 0.2%～0.7%时，钢中生成液态夹杂物；当钢液中［Si］含量超过 0.7%时，钢中开始出现 SiO_2 夹杂物。

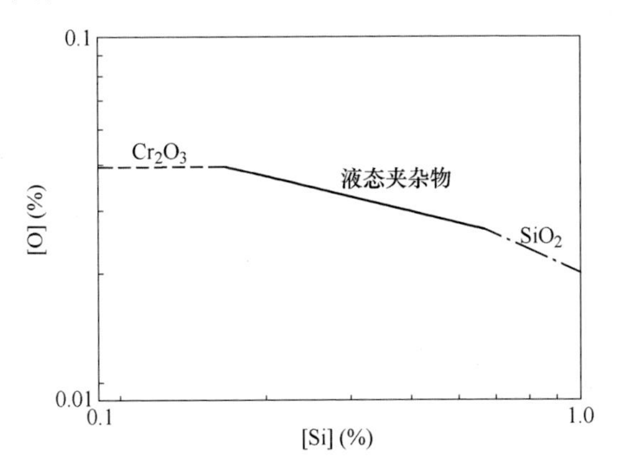

图 12-2　1600℃下 0.01%C-17%Cr-Fe 不锈钢中 Si-O 平衡曲线

图 12-3 所示为基于 Wagner 模型计算的 1600℃下 0.01%C-17%Cr-Fe 不锈钢中 Mg-O 平衡曲线。随着钢液中的［Mg］含量增加，钢中平衡的［O］含量呈下降趋势，钢中氧含量最低降低到 3 个 ppm，钢中生成的夹杂物主要为 MgO 类夹杂物。

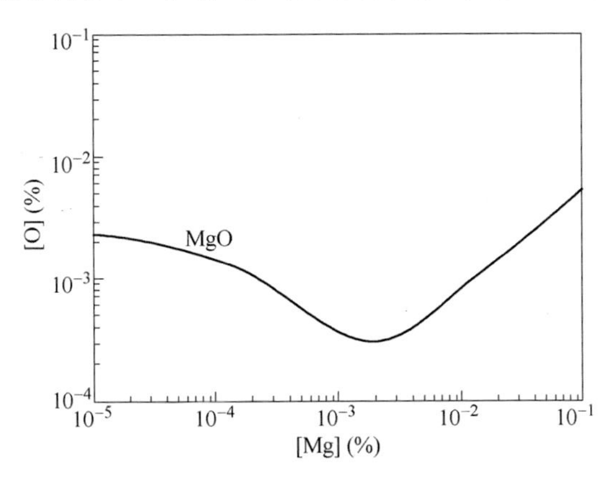

图 12-3　1600℃下 0.01%C-17%Cr-Fe 不锈钢中 Mg-O 平衡曲线

图 12-4 所示为基于 Wagner 模型计算的 1600℃下 0.01%C-17%Cr-Fe 不锈钢中 Ca-O 平衡曲线。随着钢液中的［Ca］含量增加，钢中平衡的［O］含量呈下降趋势，钢中氧含量最低降低到 1 个 ppm，钢中生成的夹杂物主要为 CaO 类夹杂物。

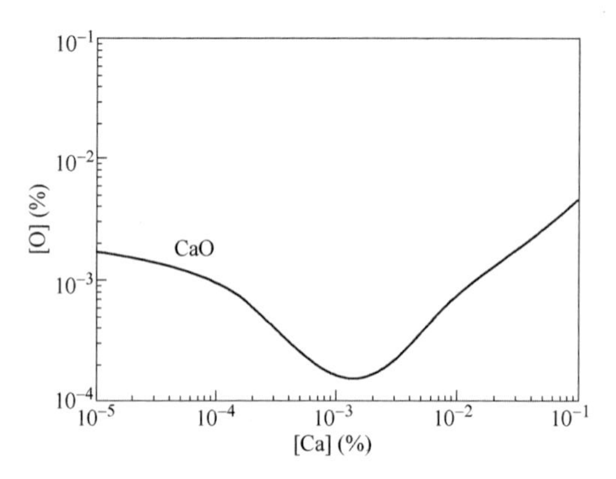

图 12-4　1600℃下 0.01%C-17%Cr-Fe 不锈钢中 Ca-O 平衡曲线

图 12-5 所示为 FactSage 热力学软件计算的 1600℃下 0.01%C-17%Cr-Fe 不锈钢中 Ti-O 平衡曲线。随着钢液中的［Ti］含量增加，钢中平衡的［O］含量逐渐降低。当钢中［Ti］含量在 3ppm 以下时，钢中生成夹杂物为 Cr_2O_3 夹杂物；当钢中［Ti］含量在 0.0003% ~ 0.03%时，钢中生成液态夹杂物；当钢液中［Ti］含量超过 0.03%时，钢中开始出现 Ti_3O_5夹杂物。钢中平衡的［O］含量最低可以达到约 30ppm 左右。

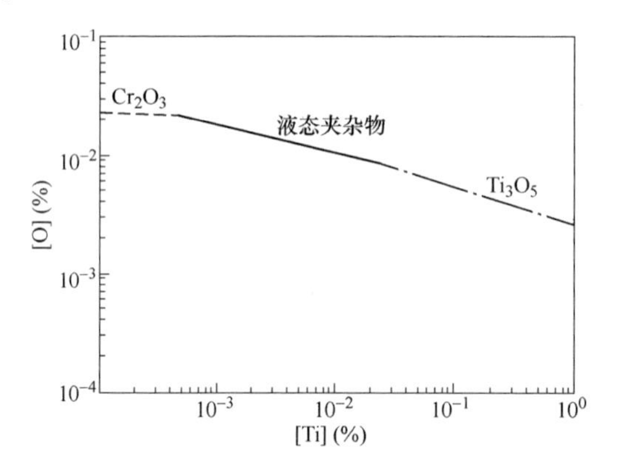

图 12-5　1600℃下 0.01%C-17%Cr-Fe 不锈钢中 Ti-O 平衡曲线

12.1.2　钢液中夹杂物生成稳定相图

图 12-6 所示为 FactSage 热力学软件计算的 1600℃下 0.01%C-17%Cr-Fe 不锈钢中 Al-Mg-O 夹杂物生成相图。当钢中的［Mg］含量极低时，钢中夹杂物主要为 Al_2O_3；当钢中的［Mg］含量超过 1ppm 时，钢中开始生成 $MgO \cdot Al_2O_3$ 夹杂物；当钢中的［Mg］含量超过约 10ppm 时，钢中夹杂物主要为 MgO。400 系不锈钢中 Al-Mg-O 夹杂物生成相图与 300 系结果类似，是因为钢中的镍含量对夹杂物的生成影响较小。

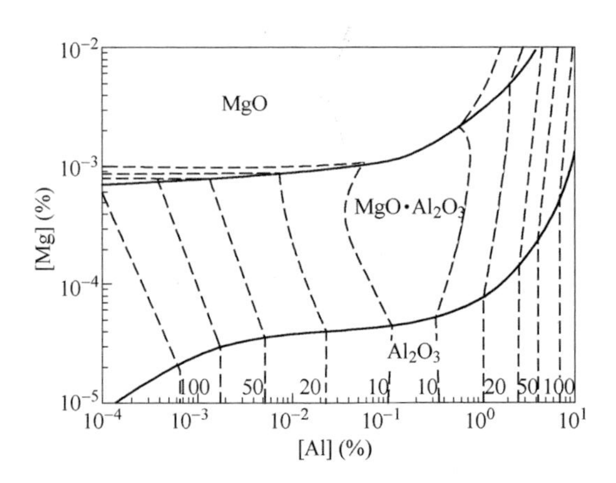

图 12-6　1600℃下 0.01%C-17%Cr-Fe 不锈钢中 Al-Mg-O 夹杂物生成相图

图 12-7 所示为 FactSage 热力学软件计算的 1600℃下 0.01%C-17%Cr-Fe 不锈钢中 Mg-Al-2ppm Ca-O 夹杂物生成相图。当钢液中加入 2ppm 的钙时，钢中生成夹杂物的主要类型为液相夹杂物、$MgO \cdot Al_2O_3$ 和 MgO 夹杂物。图中存在较大区域的稳定夹杂物为液相夹杂物。当钢中的［Mg］含量不足 1ppm 时，钢中生成的夹杂物基本都为液相夹杂物。随着钢中［Mg］含量增加到几个 ppm 时，钢中生成 $MgO \cdot Al_2O_3$，当钢中［Mg］含量达到几十 ppm 时，钢中开始生成 MgO 夹杂物。

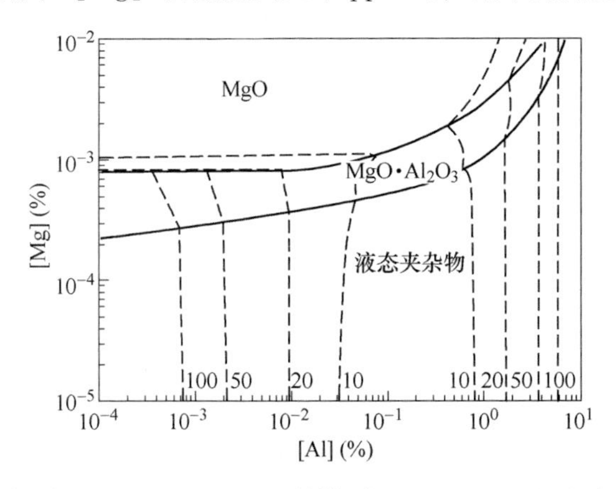

图 12-7　1600℃下 0.01%C-17%Cr-Fe 不锈钢中 Mg-Al-2ppm Ca-O 夹杂物生成相图

图 12-8 所示为 FactSage 热力学软件计算的 1600℃下 0.01%C-17%Cr-Fe 不锈钢中 Al-Ti-5ppm Mg-O 夹杂物生成相图。钢中有了 5ppm 的镁后，钢中便没有纯的 Al_2O_3 存在。当钢中［Al］含量较高时，生成的夹杂物为 $MgO \cdot Al_2O_3$ 尖晶石。当钢中［Al］含量较低时，随着钢中［Ti］含量的增加，钢中的液相夹杂物生成区域变大，说明钛元素可以有效地将 $MgO \cdot Al_2O_3$ 尖晶石夹杂物改性为液态夹杂物。

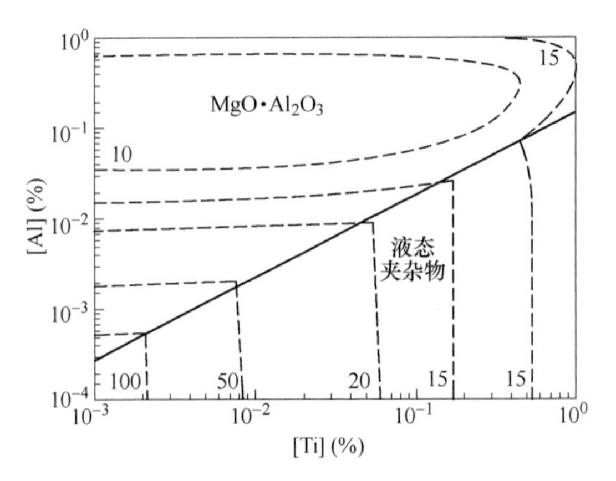

图 12-8 1600℃下 0.01%C-17%Cr-Fe 不锈钢中 Al-Ti-5ppm Mg-O 夹杂物生成相图

12.2 400 系不锈钢中 TiN 生成的热力学计算

12.2.1 钢液中 TiN 生成的热力学计算

钢液中 TiN 生成的反应式为[160]:

$$(\mathrm{TiN})_s = [\mathrm{Ti}] + [\mathrm{N}] \tag{12-1}$$

$$\Delta G^{\ominus} = 302200 - 107.8T \tag{12-2}$$

$$\lg K = -15780/T + 5.63 \tag{12-3}$$

$$K = \frac{a_{\mathrm{Ti}} a_{\mathrm{N}}}{a_{\mathrm{TiN}}} = f_{\mathrm{Ti}}[\%\mathrm{Ti}] f_{\mathrm{N}}[\%\mathrm{N}] \tag{12-4}$$

$$\lg K = \lg f_{\mathrm{Ti}} + \lg[\%\mathrm{Ti}] + \lg f_{\mathrm{N}} + \lg[\%\mathrm{N}] \tag{12-5}$$

式中 K——反应(12-1)的平衡常数;

$[\%\mathrm{Ti}]$,$[\%\mathrm{N}]$——分别为钢液中钛和氮的质量百分浓度;

f_{Ti},f_{N}——分别为钛和氮的活度系数。

1873K 时,钛和氮的活度系数满足:

$$\lg f_{\mathrm{Ti},\ 1873\mathrm{K}} = \sum e_{\mathrm{Ti}}^{j}[\%\mathrm{Ti}] \tag{12-6}$$

$$\lg f_{\mathrm{N},\ 1873\mathrm{K}} = \sum e_{\mathrm{N}}^{j}[\%\mathrm{N}] \tag{12-7}$$

式中 e_{Ti}^{j},e_{N}^{j}——分别为溶质元素 j 对钛和氮的一阶活度相互作用系数。

计算过程相关的活度相互作用系数见表 12-1[160-162]。

表 12-1 1873K 时钢液中元素的活度相互作用系数

j	C	Si	Mn	P	S	Cr	Ni	Mo	Ti	N
e_{Ti}^{j}	-0.165	-0.026	-0.043	-0.06	-0.27	0.016	0	0	0.048	-1.24
e_{N}^{j}	0.13	0.049	-0.02	0.059	0.007	-0.045	0	-0.011	-0.593	0.051

f_{Ti}和f_N不仅与钢液中化学成分相关，而且还是温度T的函数。由准溶液模型可知，f_{Ti}随温度的关系满足：

$$\lg f_{Ti} = (2557/T - 0.365)\lg f_{Ti,\ 1873K} \tag{12-8}$$

由奇普曼-科里甘公式可知，f_N 随温度的关系满足：

$$\lg f_N = (3280/T - 0.75)\lg f_{N,\ 1873K} \tag{12-9}$$

本计算以 439 超纯铁素体不锈钢为例进行相关计算，其主要化学成分见表 12-2，由相关软件计算得到其液相线温度 T_L 为 1774K，固相线温度 T_s 为 1740K。

表 12-2　439 超纯铁素体不锈钢主要化学成分　(%)

元素	C	Si	Mn	P	T. S	Cr	Ni	Mo	Ti	T. N
含量	0. 01	0. 58	0. 25	0. 02	0. 001	17. 65	0. 18	0. 03	0. 25	0. 008

由上述公式及数据可以分别计算得到 $T = 1873K$、$T_L = 1774K$ 和 $T_s = 1740K$ 时，钢液中钛、氮的平衡曲线，如图 12-9 所示。图中长虚线和短虚线分别为液相线温度和固相线温度下的 Ti-N 平衡曲线。如果钢液中钛、氮含量落在长虚线的右上方，表明在此成分下 TiN 夹杂物将会在钢液开始凝固前生成；如果钢液中钛、氮含量落在长虚线和短虚线之间，表明在此成分下 TiN 夹杂物将会在钢液的凝固过程中生成；如果钢液中钛、氮含量落在短虚线的左下方，表明在此成分下 TiN 夹杂物将会在钢液凝固后生成。在图中的成分示例点位置，钢液中钛、氮含量落在固相线附近，因此认为 TiN 夹杂物是在凝固的末期生成的。值得注意的是，在钢液的凝固过程中将会产生元素偏析，使得钢液中的钛、氮含量达到平衡浓度积，从而使得 TiN 在钢液中生成。

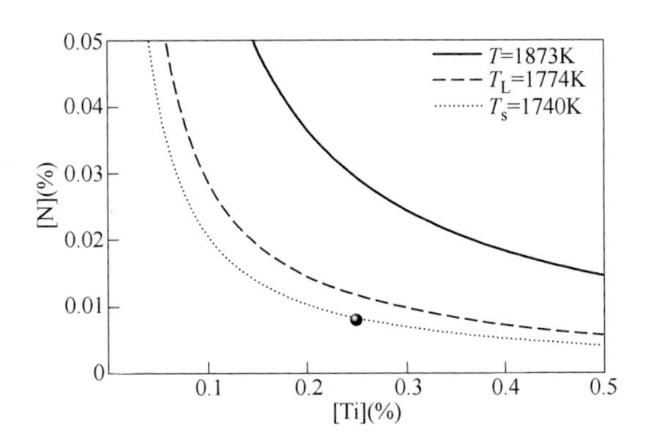

图 12-9　不同温度钢液中 Ti-N 平衡曲线

图 12-10 所示为国产不锈钢现场生产 436 和 439 超纯铁素体不锈钢钛、氮含量与其平衡 Ti-N 含量间的关系。可以看到，无论是 436 还是 439，钛、氮含量多对应于固相线时的 Ti-N 平衡曲线，即国产 436 和 439 超纯铁素体不锈钢中的 TiN

夹杂物多在凝固末期形成。

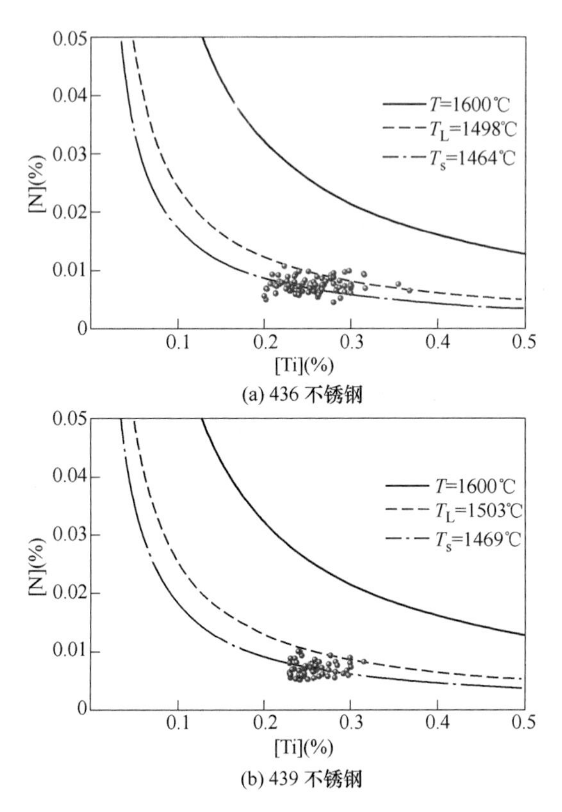

(a) 436 不锈钢

(b) 439 不锈钢

图 12-10 不同温度不锈钢钢液中 Ti-N 平衡曲线

12.2.2 凝固过程中 TiN 生成的热力学计算

钢液在凝固过程中，溶质元素在固相和液相中的溶解度不同，而使得溶质元素在液相中的浓度逐渐上升，即产生凝固偏析。Brody 和 Flemings[163] 给出了假定溶质元素在固相中有限扩散，而在液相中借助于扩散、对流和搅拌等能够随时均匀化的偏析方程：

$$C_L = C_0 [1 - (1 - 2\alpha k) f_s]^{(k-1)/(1-2\alpha k)} \tag{12-10}$$

$$C_S = kC_0 [1 - (1 - 2\alpha k) f_s]^{(k-1)/(1-2\alpha k)} \tag{12-11}$$

式中 C_L，C_S——分别为溶质元素平衡液相质量分数和平衡固相质量分数,%；

C_0——溶质元素初始质量分数,%；

k——液、固之间溶质平衡分配系数；

f_s——凝固分数，$f_s = 0$ 相当于液相，$f_s = 1$ 相当于固相。

扩散系数见表 12-3。

表 12-3　Ti 和 N 的溶质平衡分配系数及其在铁素体中的扩散系数

元素	k	$D_s(cm^2/s)$
Ti	0.38	$3.15\exp(-247693/RT)$
N	0.25	$0.008\exp(-79078/RT)$

α 为凝固参数，可以由式（12-12）计算得到：

$$\alpha = \frac{4D_s t_s}{L^2} \qquad (12\text{-}12)$$

式中　D_s——溶质元素在固相中的扩散系数，cm^2/s；

t_s——凝固时间，s；

L——二次枝晶间距，μm。

其中，凝固时间 t_s 可以表示为：

$$t_s = \frac{T_L - T_S}{R_C} \qquad (12\text{-}13)$$

式中　T_L——液相线温度，K；

T_S——固相线温度，K；

R_C——冷却速率，K/s。

二次枝晶间距 L 与冷却速率 R_C 的关系可以表示为[164]：

$$L = 190 \times 10^{-6} R_C^{-0.4} \qquad (12\text{-}14)$$

对于式（12-10）和式（12-11），当 $\alpha=0$ 时，可以得到 Scheil 方程，即对应于液相中充分均匀而固相中无扩散的条件；当 α 趋近于无穷大时，对应于固相中完全扩散的情况，但却得到无微观偏析的结果，这与凝固偏析理论相矛盾，因此，Clyne 和 Kurz[165]提出了关于 α 的修正关系式：

$$\alpha' = \alpha(1 - e^{-\frac{1}{\alpha}}) - \frac{1}{2}e^{-\frac{1}{2\alpha}} \qquad (12\text{-}15)$$

图 12-11 所示为在不同冷速条件下，439 铁素体不锈钢凝固过程中液相内钛和氮的偏析曲线。可以看到，在凝固初期，钢液中的钛含量在液相中的浓度变化

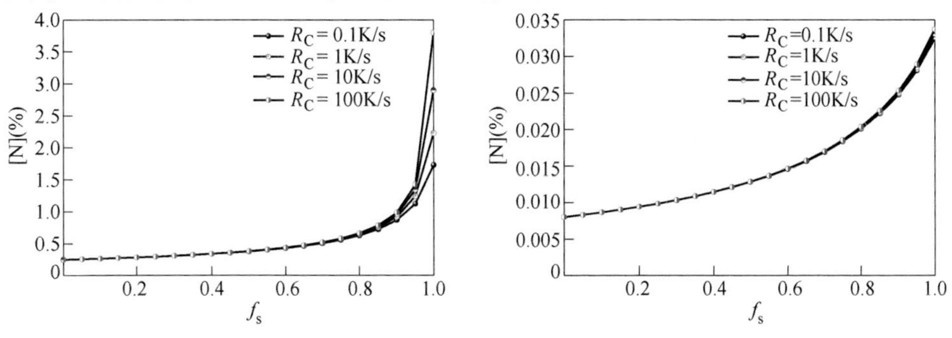

图 12-11　凝固过程液相内 Ti 和 N 的偏析曲线

平缓，并且冷却速率对其影响很小；而在凝固后期，随着凝固分数的增加，液相中的钛含量显著增加，并且随着冷却速率的加大，液相中钛的偏析富集现象也将加剧；氮含量在钢液凝固过程中的富集是一个渐变的过程，随着凝固分数的增加，钢液中的氮浓度逐渐增大，并且冷却速率对钢液中氮的偏析富集的影响不大。

由于凝固偏析现象的存在，溶质元素将会在固液界面前沿富集。当钢液中 Ti-N 的实际浓度积大于该温度条件下 TiN 的平衡浓度积时，TiN 将会在钢液中析出。

凝固前沿温度 T 与凝固分数 f_s 的关系式可以由式（12-16）计算得到：

$$T = T_0 - \frac{T_0 - T_L}{1 - f_s \dfrac{T_L - T_S}{T_0 - T_S}} \tag{12-16}$$

不同温度下 Ti-N 的平衡浓度积：

$$K' = [\%Ti]_{eq}[\%N]_{eq} = K/(f_{Ti}f_N) \tag{12-17}$$

式中　K——TiN 生成的平衡常数；

K'——钢液中 Ti-N 的平衡浓度积；

f_{Ti}，f_N——分别为钛和氮的活度系数；

T_0——纯铁的熔点，$T_0 = 1809K$。

由于 K、f_{Ti} 和 f_N 均是温度的函数，故 K' 也是温度的函数，而凝固前沿温度 T 与凝固分数 f_s 满足式（12-16），所以可以建立凝固分数 f_s 与 Ti-N 的平衡浓度积 K' 的关系曲线。

凝固前沿钢液中 Ti-N 的实际浓度积：

$$\begin{aligned} Q &= [\%Ti]_L \times [\%N]_L \\ &= [\%Ti]_0[1 - (1 - 2\alpha_{Ti}k_{Ti})f_s]^{(k_{Ti}-1)(1-2\alpha_{Ti}k_{Ti})} \times \\ &\quad [\%N]_0[1 - (1 - 2\alpha_N k_N)f_s]^{(k_N-1)(1-2\alpha_N k_N)} \end{aligned} \tag{12-18}$$

图 12-12 所示为钢液凝固过程中 Ti-N 平衡浓度积 K' 和实际浓度积 Q 随凝固

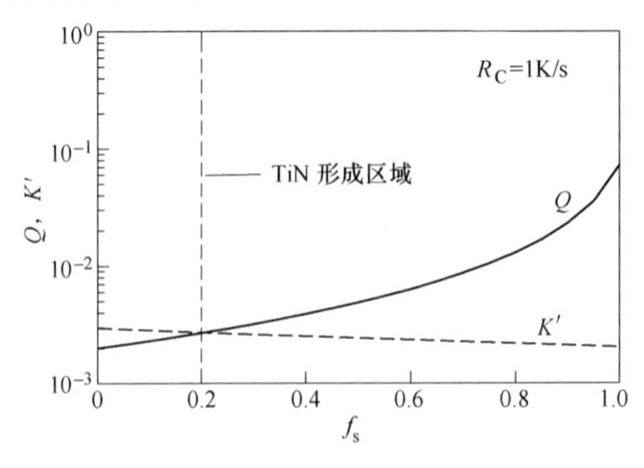

图 12-12　凝固过程液相中 TiN 生成示意图

分数的变化曲线。可以看到，随着凝固分数的增加，平衡浓度积 K' 呈减小的趋势，而实际浓度积 Q 呈增大的趋势。当钢液中的实际浓度积 Q 大于平衡浓度积 K' 时，TiN 将会在钢液中生成，如图中虚线右侧所示。

冷却速率对 TiN 在钢液凝固过程中的生成的影响如图 12-13 所示。可以看到，冷却速率对凝固过程中 TiN 生成的影响不大。氮含量对 TiN 在钢液凝固过程中的生成的影响如图 12-14 所示。可以看到，氮含量能够显著影响 TiN 在钢液凝固过程中的生成，通过降低钢液中的初始氮含量可显著推迟凝固过程中 TiN 在钢液中的生成。

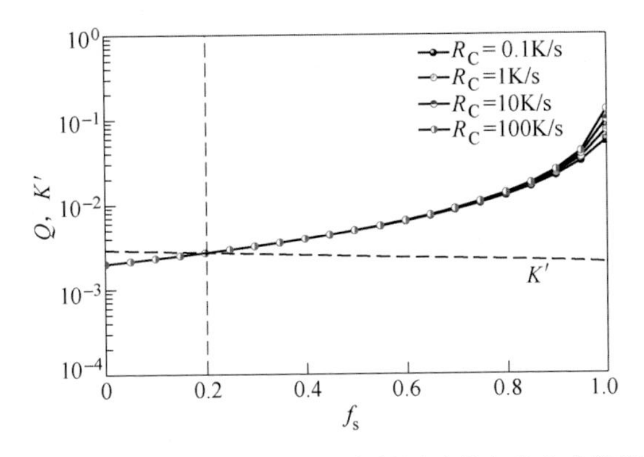

图 12-13 冷却速率对 TiN 在钢液凝固过程中的生成的影响

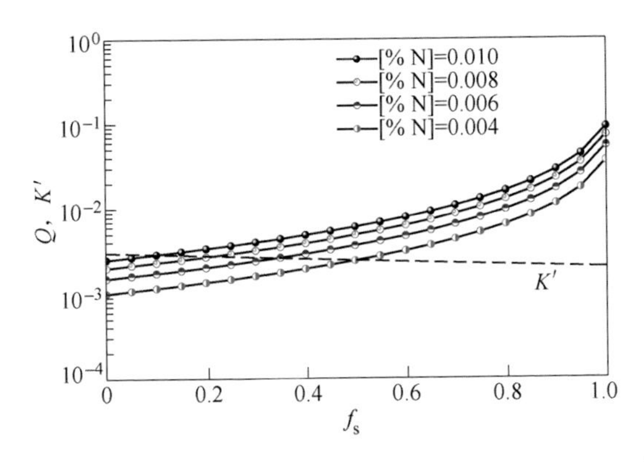

图 12-14 氮含量对 TiN 在钢液凝固过程中的生成的影响

12.3 小结

（1）计算了 400 系不锈钢中 Al-O、Si-O、Mg-O、Ca-O、Ti-O 的一元脱氧平衡曲线，可根据钢液成分对钢中的氧含量进行预测。

（2）由于 400 系不锈钢主要为铝脱氧钢，钢中很容易生成 $MgO \cdot Al_2O_3$ 夹杂物，其对 400 系不锈钢危害较大，而钙处理和钛合金化是 400 系不锈钢的常用工艺，因此计算了 400 系不锈钢中 Mg-Al-O、Mg-Al-Ca-O、Mg-Al-Ti-O 系夹杂物生成相图，可根据钢液成分预测各种类型夹杂物的生成。

（3）热力学计算结果表明，超纯铁素体不锈钢中的 TiN 夹杂物主要是在连铸过程中生成的。对现场数据进行分析发现，无论是 436 还是 439，钛、氮含量多对应于固相线时的 Ti-N 平衡曲线，即国产的 436 和 439 超纯铁素体不锈钢中的 TiN 夹杂物多在凝固末期形成。在冶炼过程中，钛、氮含量低于 Ti-N 平衡含量，因此不会在钢液中生成。

（4）考虑到凝固过程中的偏析将会使得钛、氮元素在固液界面前沿富集，促进 TiN 夹杂物的生成，故建立了凝固过程中 TiN 生成热力学模型。对比了不同冷速和初始氮含量对凝固过程在 TiN 夹杂物生成热力学的影响，发现冷速对 TiN 生成热力学的影响不大，而增加钢液中的初始氮含量将会提前使得 TiN 夹杂物生成。

13　400 系不锈钢连铸坯和轧板中夹杂物的分布规律研究

钢中的 TiN 夹杂物受冷却条件的影响很大，连铸坯和轧板中不同位置的冷却条件不同，为了控制 400 系不锈钢铸坯表面细小夹杂物的生成引起的钛条纹缺陷，研究连铸坯和轧板中夹杂物的分布规律很有意义。本章研究了连铸坯和铸坯中不同位置 TiN 夹杂物的分布规律，重点关注了铸坯和轧板表层夹杂物的行为和分布，为实现铸坯和轧板中 TiN 夹杂物的有效控制奠定基础。

13.1　连铸坯中 TiN 夹杂物的分布规律

13.1.1　连铸坯中 TiN 夹杂物沿厚度方向分布

为了研究连铸坯中的氧含量、氮含量和钛含量，对铸坯中不同位置进行了取样分析，如图 13-1 所示。在连铸坯宽度方向中心分别沿内弧表层、内弧 1/4 处、中心、外弧 1/4 处和外弧表层取屑进行氧氮含量和钛含量的测定。

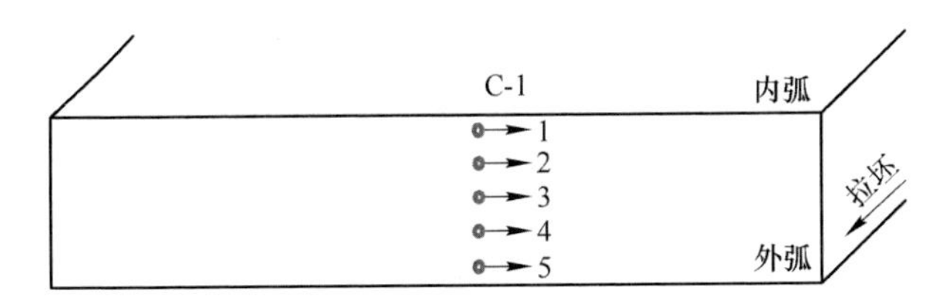

图 13-1　连铸坯中氧氮分析位置示意

图 13-2 所示为 436 不锈钢连铸坯中氧氮含量测量结果。可以看到，在连铸坯的中心，T. O 明显偏高，这可能是由于凝固末端的偏析、缩孔以及夹杂物的富集造成；连铸坯内的 T. N 含量分布总体变化不大，在内弧 1/4 处和外弧 1/4 处，T. N 含量略有增高，而在中心和表面略有降低。图 13-3 所示为 436 不锈钢连铸坯中钛含量的检测结果。在连铸坯的中心，钛含量明显偏低，而在连铸坯的内弧表层处或外弧表层处，钛含量明显偏高，在连铸坯的内弧 1/4 处或外弧 1/4 处，钛含量处于两者之间，推测造成钛含量在连铸坯中有以上分布的原因与连铸坯中的 TiN 夹杂物的分布有一定的联系。

采用光学显微镜观测和统计了 TiN 夹杂物在不锈钢连铸坯中沿厚度方向的分

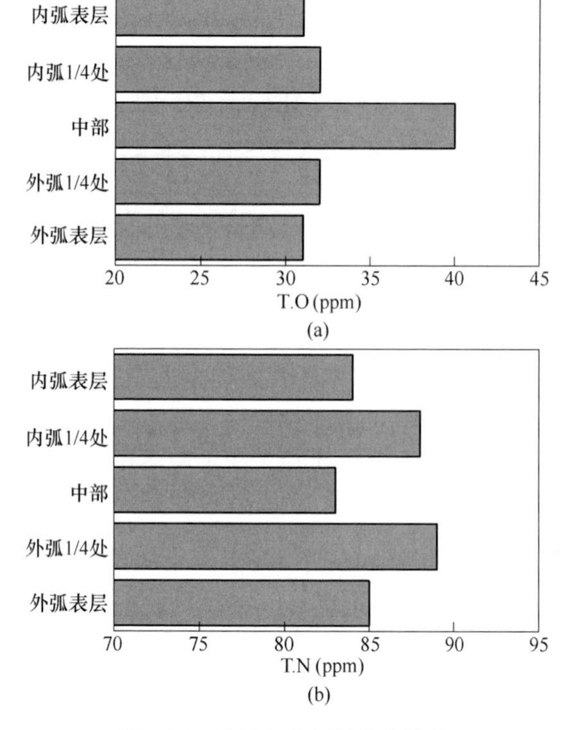

图 13-2　连铸坯中氧氮分布结果

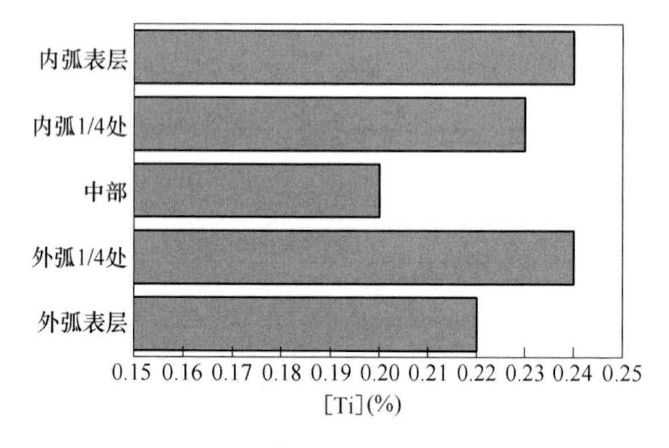

图 13-3　连铸坯中钛含量分布结果

布。其取样位置为先沿宽度方向分别在中部、1/4 处和边部取 3 条钢样，然后沿厚度方向分别在内弧表层、内弧 1/4 处、中心、外弧 1/4 处和外弧表层取 5 块钢样，每块连铸坯共取得 15 块试样。其统计方法为对取得块状试样，沿其所在连铸坯的同一横截面进行预磨、抛光，然后在光学显微镜下放大 800 倍随机观测 50 个视场（每个视场面积为 115μm×85μm），统计其中 TiN 夹杂物的数量与尺寸。对 436 钢种的连铸坯中的 TiN 夹杂物沿厚度方向的分布进行了统计，图 13-4 所示为 436 不锈钢连铸坯取样示意图，沿宽度方向在中部、1/4 处、边部分别编号为 1、2、3，沿厚度方向在内弧表层、内弧 1/4 处，中心，外弧 1/4 处和外弧表层依次编号为 1~5。

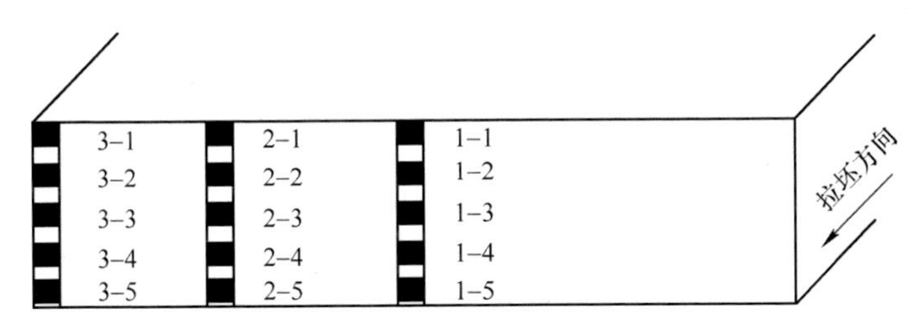

图 13-4　436 钢种连铸坯取样示意图

图 13-5 所示为由观测统计得到的 436 钢种连铸坯中 TiN 夹杂物沿厚度方向的

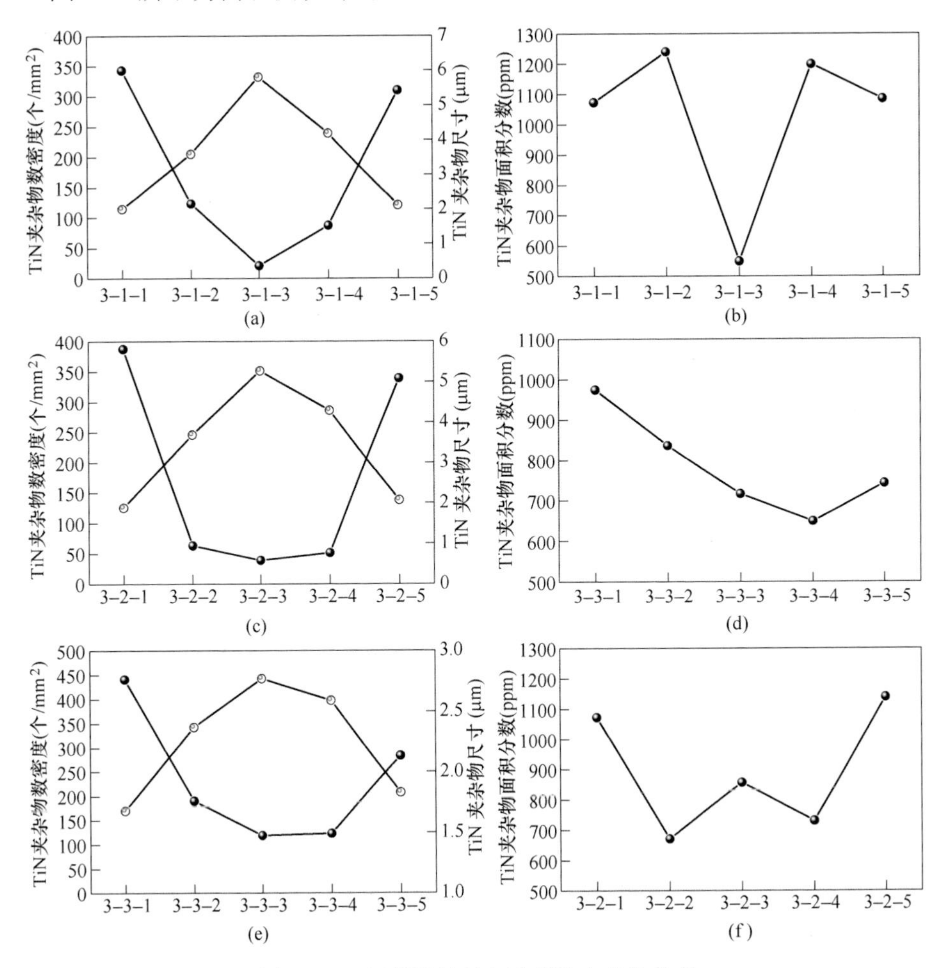

图 13-5　436 钢种连铸坯中 TiN 夹杂物分布

分布结果。无论是在宽度方向中部、1/4 处还是边部，由内弧表层到内弧 1/4 处再到中心，TiN 夹杂物的数量均是呈逐渐递减的趋势，尺寸均为逐渐增加的趋势，面积分数为不规则分布；同样，由外弧表层到外弧 1/4 处再到中心，TiN 夹杂物的数量也是呈逐渐递减的趋势，尺寸也为逐渐增加的趋势，面积分数为不规则分布。造成上述分布的原因为：在连铸坯的内弧表层和外弧表层处，冷却速率较快，凝固坯壳快速生成，TiN 夹杂物快速形核，来不及充分生长，故 TiN 夹杂物尺寸较小而数量较多；而随着凝固坯壳的向内生长，冷却速率减慢，凝固坯壳的生长速度也同时减慢，使得 TiN 的形核速率下降，同时也使得生成的 TiN 夹杂物有充分的时间生长，故在连铸坯厚度 1/4 处，TiN 夹杂物的平均尺寸显著增大，而数量密度显著减少。而当连铸坯壳达到一定厚度之后，连铸坯中的冷却速度减小并趋于缓和，使得连铸坯中部 TiN 夹杂物的平均尺寸较 1/4 处略微增加，而数量密度略微减少。

13. 1. 2　连铸坯表层 TiN 夹杂物聚集分布

通过观测连铸坯横截面的方法统计了 TiN 夹杂物在连铸坯表层的分布。其方法为取连铸坯宽度中心和 1/4 处的试样，以连铸坯横截面为观测面，规定连铸坯的宽度方向为 *X* 轴、厚度方向为 *Y* 轴，统计其中 TiN 夹杂物的分布情况，如图 13-6 所示。

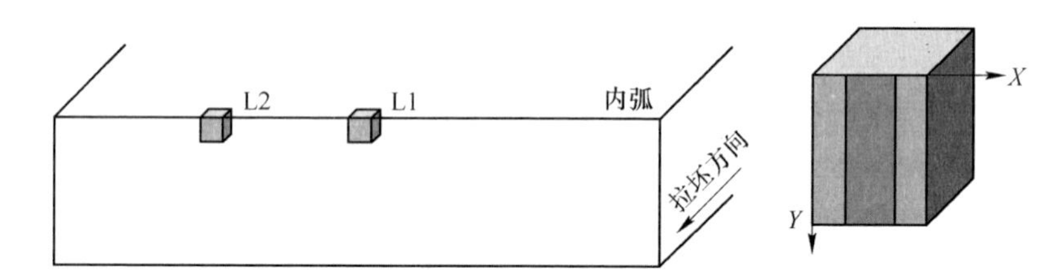

图 13-6　连铸坯表层 TiN 夹杂物分布示意图（横截面观测）

图 13-7 所示为观测得到的连铸坯宽度中心表层 TiN 夹杂物的分布云图。越靠近连铸坯的表面，TiN 夹杂物的数密度呈增大趋势，平均尺寸呈减小趋势，面积分数变化规律不明显。尤其是在连铸坯表层下 4mm 范围内，TiN 夹杂物的数密度很大并且呈快速递减的趋势，当大于 4mm 后，TiN 夹杂物的数密度变化不大。

图 13-8 所示为观测得到的连铸坯宽度 1/4 处表层 TiN 夹杂物的分布云图。越靠近连铸坯的表面，TiN 夹杂物的数密度呈增大趋势，平均尺寸呈减小趋势，面积分数变化规律不明显。尤其是在连铸坯表层下 4mm 范围内，TiN 夹杂物的数密度很大并且呈快速递减的趋势，当大于 4mm 后，TiN 夹杂物的数密度变化不大。

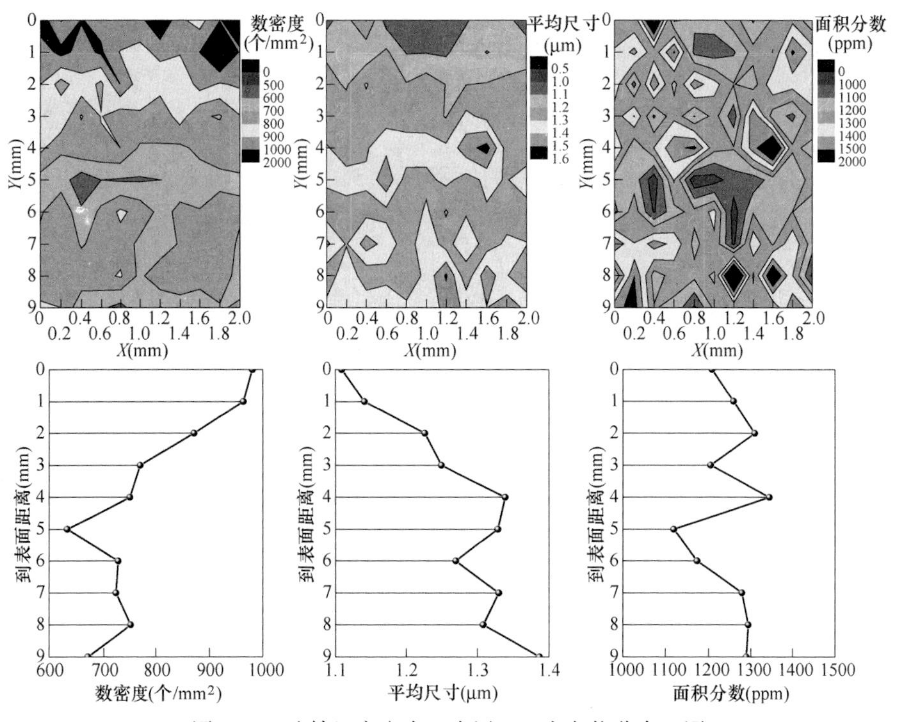

图 13-7 连铸坯宽度中心表层 TiN 夹杂物分布云图

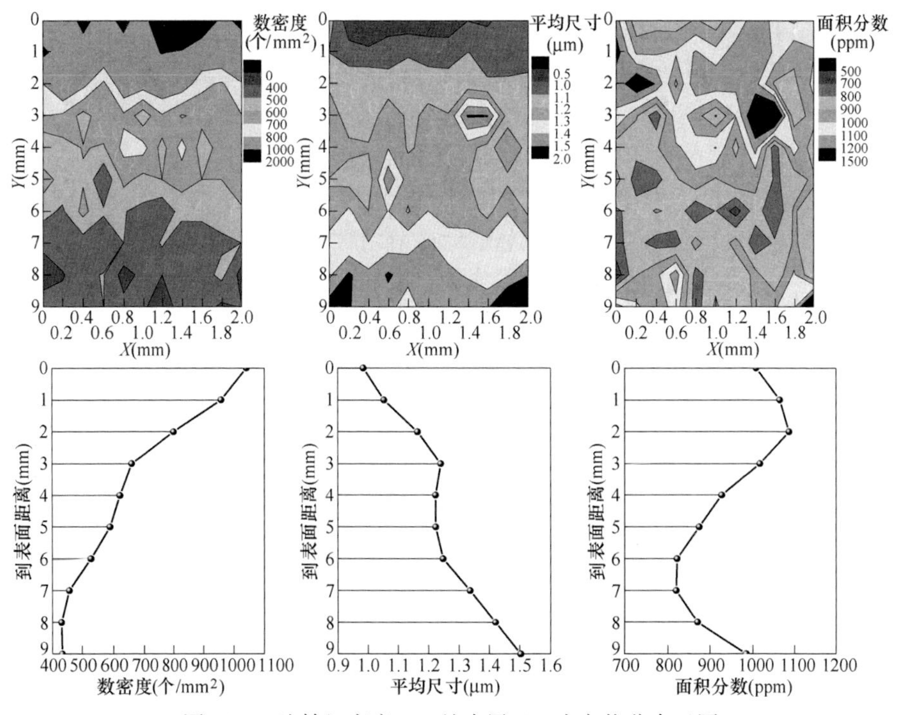

图 13-8 连铸坯宽度 1/4 处表层 TiN 夹杂物分布云图

13.2　热轧板中 TiN 夹杂物的分布规律

13.2.1　热轧板中 TiN 夹杂物的分布规律

国产超纯铁素体不锈钢热轧板的断面尺寸为 1260mm×4.0mm。通过 ASPEX 观测了宽度 1/4 处 TiN 夹杂物沿厚度方向的分布，如图 13-9 所示，平行于上表面每隔 0.5mm，观测统计 TiN 夹杂物的数密度、平均尺寸和面积分数等信息。为了便于分析，规定热轧板的宽度方向为 X 轴，而轧制方向为 Y 轴，研究 TiN 夹杂物是否会沿轧制方向出现富集现象。

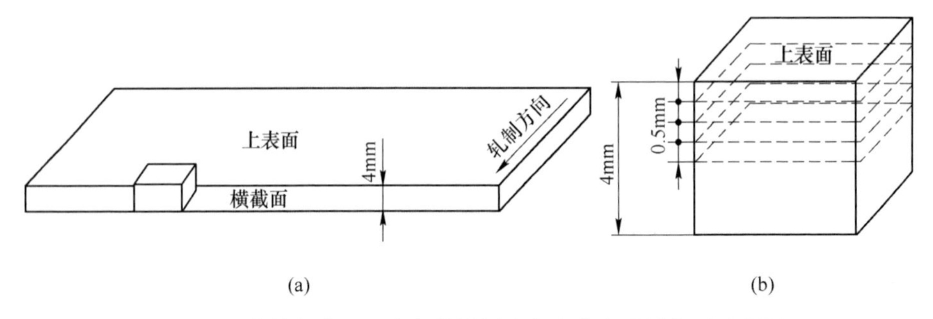

图 13-9　热轧板中 TiN 夹杂物沿厚度方向分布观测位置示意图

图 13-10 所示为观测得到的 TiN 夹杂物在热轧板厚度方向的分布情况。TiN 夹杂物在热轧板表面数密度极大、尺寸较小，而随着向热轧板内部延伸，TiN 夹杂物的数密度逐步减少，并且减少的幅度逐步变小，而平均尺寸逐步增大；TiN 夹杂物的面积分数在热轧板表面为最大值，而在热轧板内部，TiN 夹杂物的面积分数远小于表面处，并且变化不大。以上观测结果说明，在热轧板表面富集有大量的 TiN 夹杂物，而在热轧板内部，TiN 夹杂物数量相对较少，由此推测出现在冷轧板中的钛条纹缺陷与热轧板表面富集的大量的小尺寸 TiN 夹杂物有关。

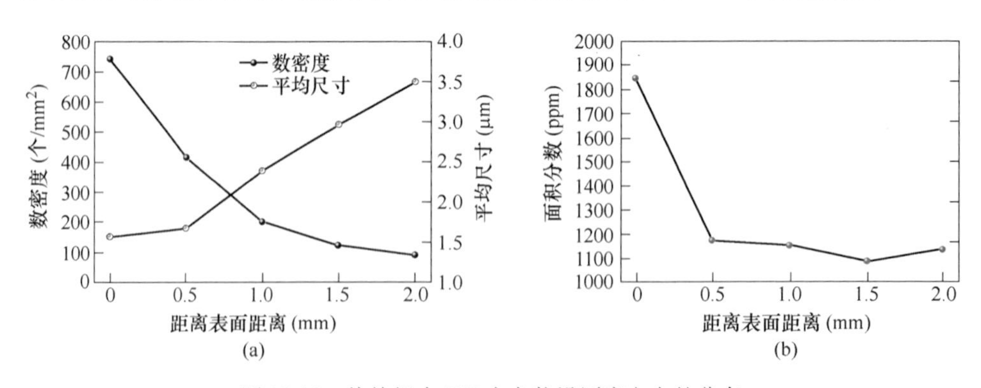

图 13-10　热轧板中 TiN 夹杂物沿厚度方向的分布

图 13-11 所示为热轧板表面 TiN 夹杂物沿宽度方向的分布情况。在热轧板表面 TiN 夹杂物的数密度、平均尺寸和面积分数的分布都是不均匀的。在 $X=7\sim12$ 之间，TiN 夹杂物的数量较其他位置有明显的富集现象；在 $X=0\sim4$ 的位置，TiN 夹杂物的尺寸明显大于其他位置。同样，TiN 夹杂物的面积分数也出现了明显的分布不均匀性，随着 X 的增加，面积分数有逐步递减的趋势。由此可知，在热轧板表面，TiN 夹杂物的分布是极不均匀的，由此推测出现在冷轧板中的钛条纹缺陷一方面与热轧板表面富集的大量的小尺寸 TiN 夹杂物有关，另一方面也与 TiN 夹杂物在热轧板表面的分布不均匀性有关。

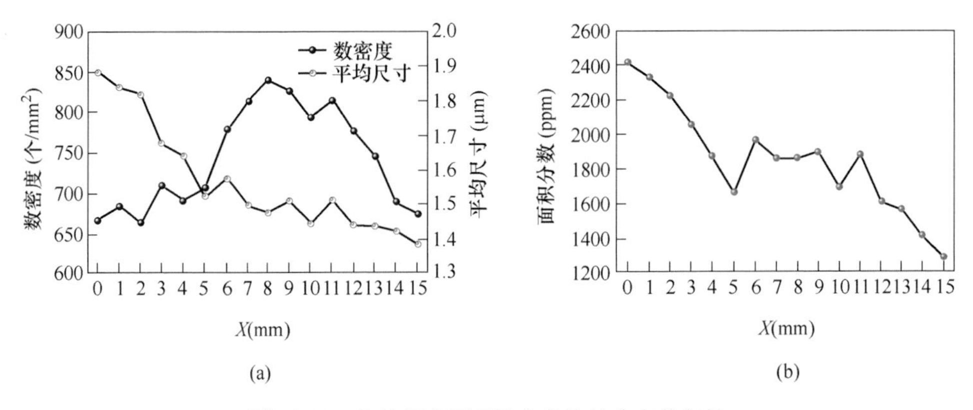

图 13-11　热轧板表面 TiN 夹杂物的分布均匀性

图 13-12 所示为距热轧板表面 0.5mm 处 TiN 夹杂物沿宽度方向的分布情况。在热轧板表面下 0.5mm 处，TiN 夹杂物的数密度、平均尺寸和面积分数的分布也都是不均匀的。在 $X=10\sim15$ 之间，TiN 夹杂物的数量较其他位置存在富集现象；

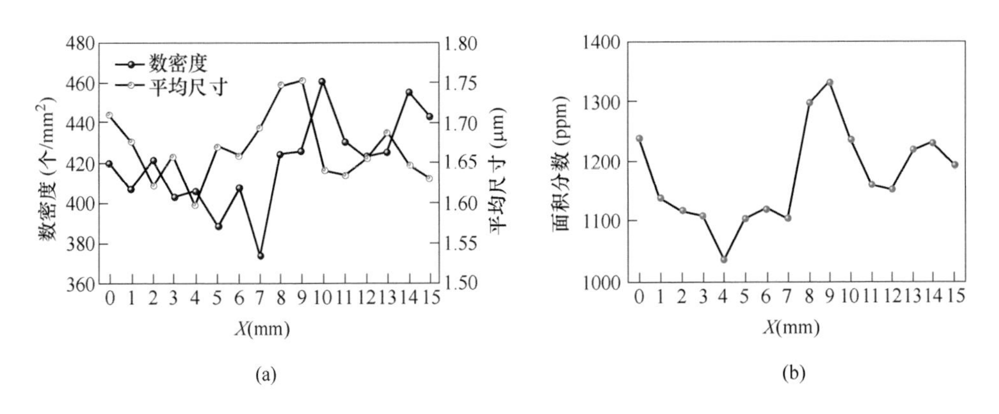

图 13-12　距热轧板表面 0.5mm 处 TiN 夹杂物的分布均匀性

在 $X=7\sim9$ 的位置，TiN 夹杂物的尺寸大于其他位置；同样，TiN 夹杂物的面积分数分布也是不均匀的。同时也可以看出，相对于热轧板表面，在热轧板表面下 0.5mm 处，TiN 夹杂物的分布不均匀性有所改善。推测出现在冷轧板中的钛条纹缺陷主要与热轧板表面的 TiN 夹杂物有关，与热轧板内部的 TiN 夹杂物关系不大。

图 13-13 所示为距热轧板表面 1.0mm 处 TiN 夹杂物沿宽度方向的分布情况。在热轧板表面下 1.0mm 处，TiN 夹杂物的数密度、平均尺寸和面积分数为随机分布，没有明显的富集趋势。同时也可以发现，越向热轧板内部延伸，热轧板中 TiN 夹杂物的富集现象越不明显。同样可以推测出现在冷轧板中的钛条纹缺陷主要与热轧板表面的 TiN 夹杂物有关，尤其是热轧板表面 TiN 夹杂物的数量和分布的均匀性，而与热轧板内部的 TiN 夹杂物关系不大。

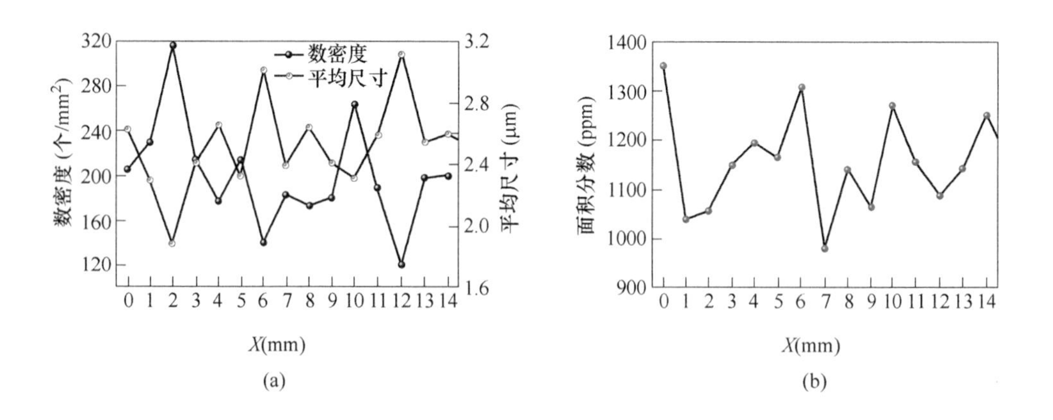

图 13-13　距热轧板表面 1.0mm 处 TiN 夹杂物的分布均匀性

图 13-14～图 13-16 所示分别为热轧板表面、热轧板表面下 0.5mm 处和热轧板表面下 1.0mm 处 TiN 夹杂物的分布云图。可以直观地看到，TiN 夹杂物在热轧板表面的分布是极不均匀的。在 $X=7\sim12$ 之间，TiN 夹杂物在沿轧制方向出现了明显富集现象，这将极有可能是导致出现在冷轧板表面钛条纹缺陷的主要原因。TiN 夹杂物的尺寸分布也有明显的规律性，局部的 TiN 尺寸较大，并且向小尺寸 TiN 方向逐步减小。同样，TiN 夹杂物的面积分布也是极不均匀的。而在热轧板内部，TiN 夹杂物的分布将会相对较为均匀，不会出现沿轧制方向明显的富集，推测出现在冷轧板中的钛条纹缺陷与热轧板内部的 TiN 夹杂物的关系不大。

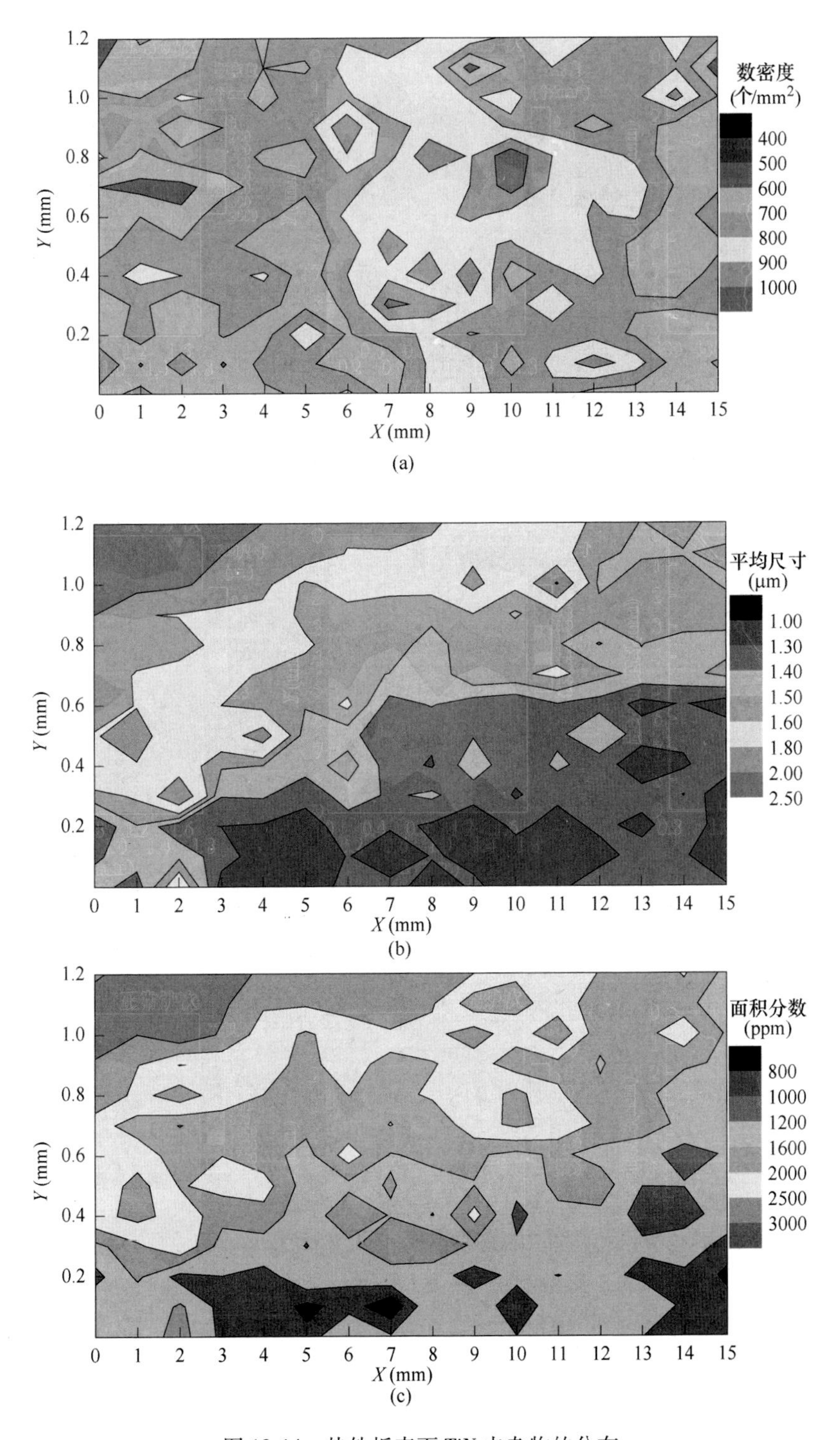

(a)

(b)

(c)

图 13-14　热轧板表面 TiN 夹杂物的分布

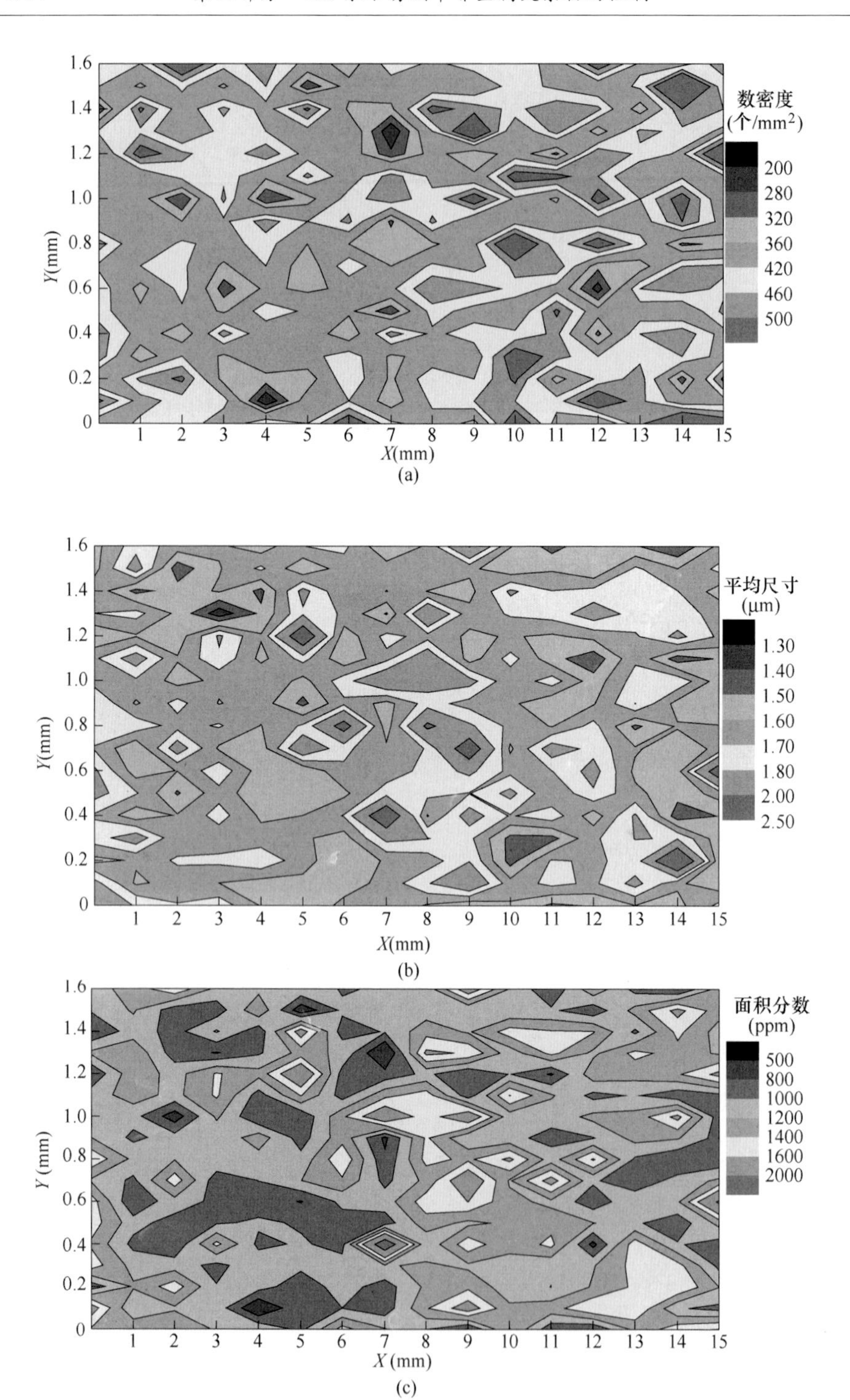

图 13-15　距热轧板表面 0.5mm 处 TiN 夹杂物的分布

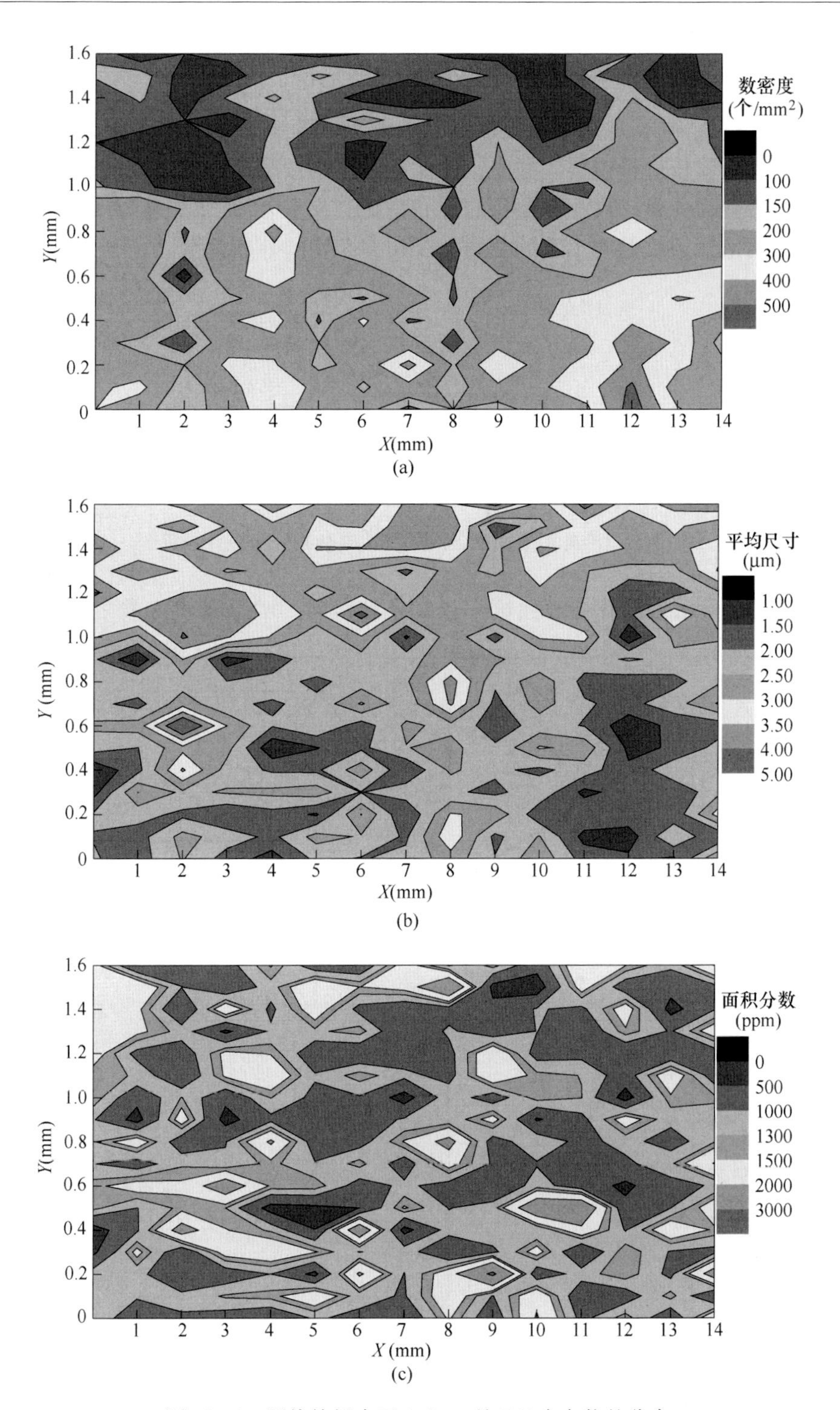

图 13-16　距热轧板表面 1.0mm 处 TiN 夹杂物的分布

13.2.2　冷轧板中TiN夹杂物的分布规律

为了通过ASPEX观测冷轧板表面钛条纹处TiN夹杂物分布情况，将带有钛条纹缺陷的冷轧板进行粗磨、抛光，使钛条纹刚刚被磨掉，然后观测统计钛条纹处的TiN夹杂物数量、尺寸和面积的分布情况，实验示意图如图13-17所示。分别观测了两条钛条纹的两个不同位置处TiN夹杂物的分布情况。

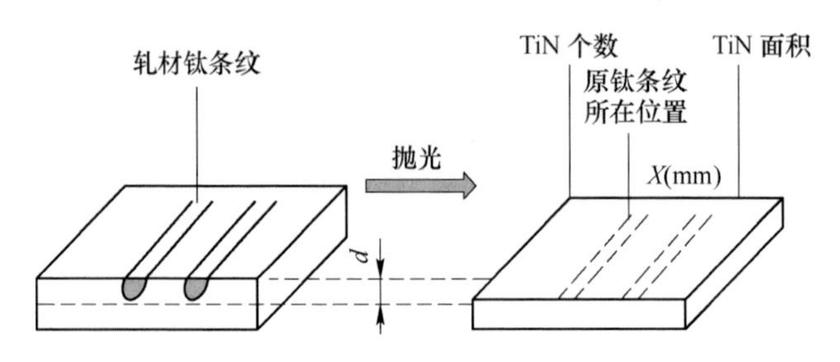

图13-17　冷轧板表面钛条纹处TiN夹杂物分布统计示意图

图13-18所示为冷轧板表面第一条钛条纹位置一处TiN夹杂物的分布情况，

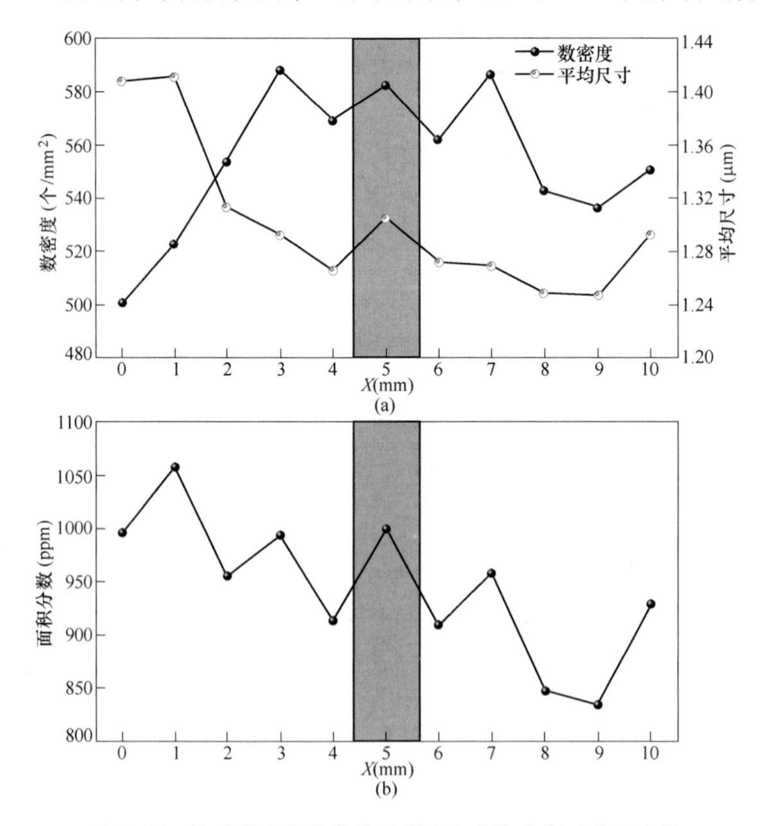

图13-18　冷轧板表面钛条纹处TiN夹杂物分布（位置1-1）

其中阴影区域为钛条纹所在位置，可以看到，在钛条纹位置附近，TiN夹杂物的数密度明显高于无钛条纹位置处，即在钛条纹处有TiN夹杂物的富集现象。而TiN夹杂物的平均尺寸和面积分数在钛条纹处略有增加，但不明显。

图13-19所示为冷轧板表面第一条钛条纹位置二处TiN夹杂物的分布情况，其中阴影区域为钛条纹所在位置，也可以看到，在钛条纹位置附近，TiN夹杂物的数密度明显高于无钛条纹位置处，即在钛条纹处有TiN夹杂物的富集现象。而TiN夹杂物的平均尺寸和面积分数在钛条纹处略有增加，但不明显。

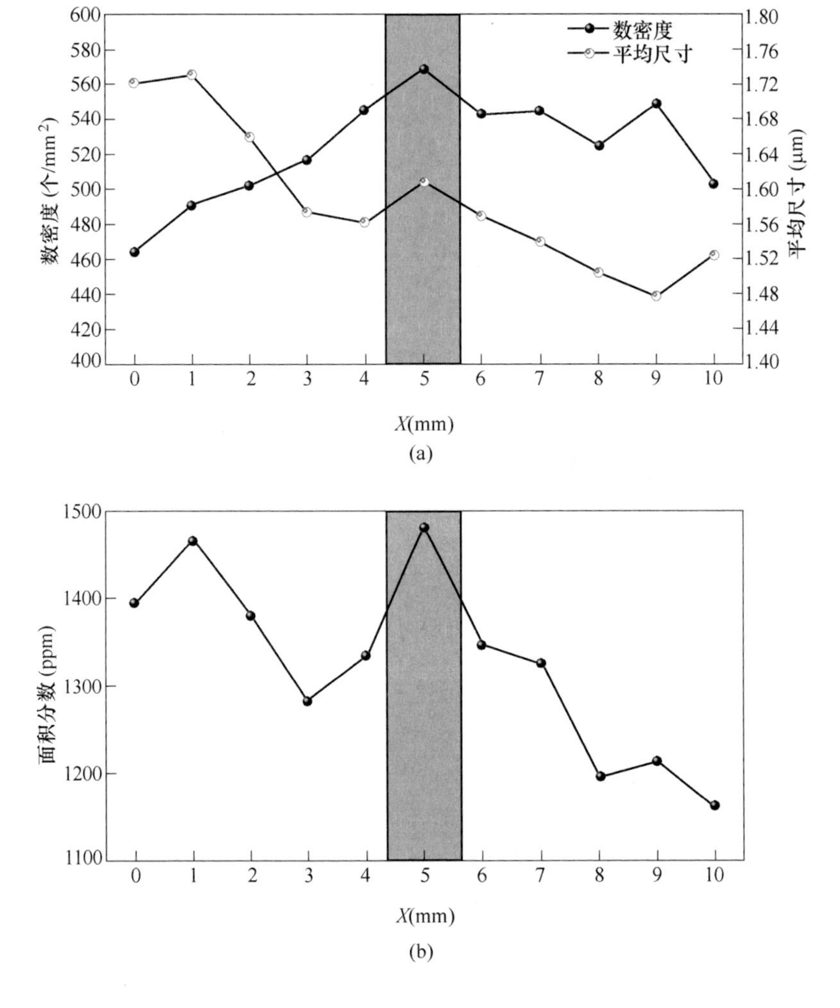

图13-19　冷轧板表面钛条纹处TiN夹杂物分布（位置1-2）

图 13-20 所示为冷轧板表面第二条钛条纹位置一处 TiN 夹杂物的分布情况，其中阴影区域为钛条纹所在位置，同样可以看到，在钛条纹位置附近，TiN 夹杂物的数密度明显高于无钛条纹位置处，即在钛条纹处有 TiN 夹杂物的富集现象。而 TiN 夹杂物的平均尺寸和面积分数在钛条纹处没有明显的规律。因此推断，导致冷轧板表面出现钛条纹缺陷主要是因为在钛条纹处富集有大量的 TiN 夹杂物。

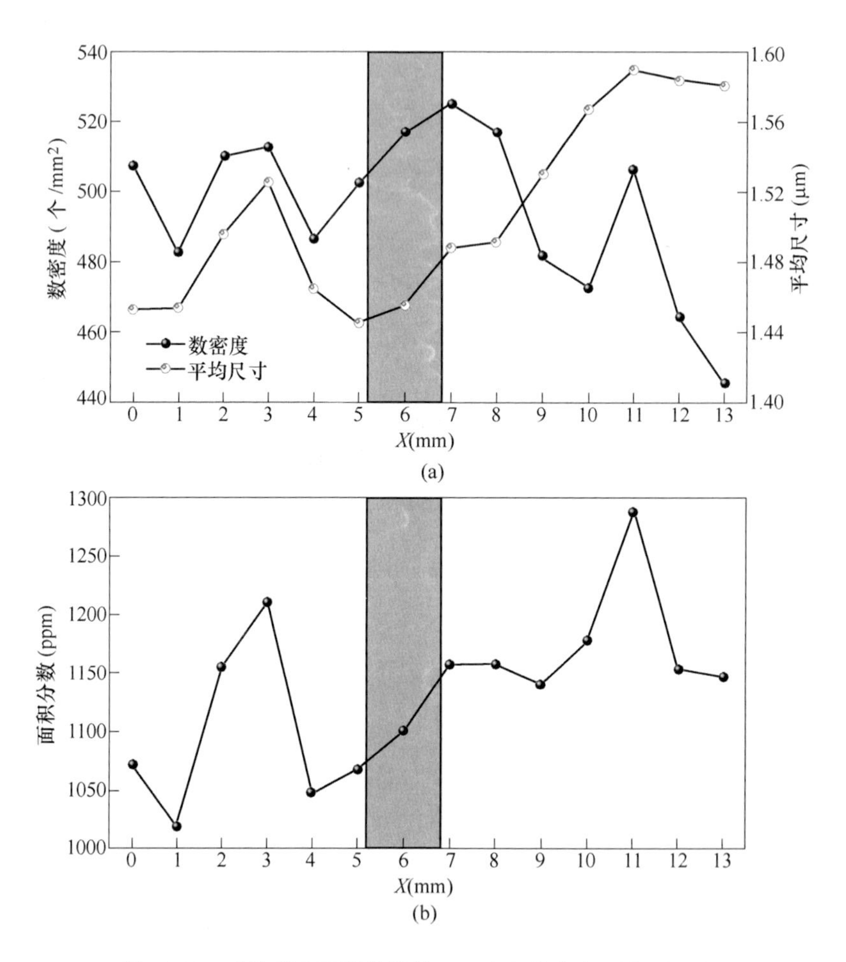

图 13-20　冷轧板表面钛条纹处 TiN 夹杂物分布（位置 2-1）

图 13-21 所示为冷轧板表面第二条钛条纹位置二处 TiN 夹杂物的分布情况，其中阴影区域为钛条纹所在位置，可以看到，在钛条纹位置附近，TiN 夹杂物的数密度有所增高；同时，在本试样中无钛条纹位置 TiN 夹杂物的数密度也有一个峰值，这应该与制样过程中将试样粗磨量过大有关。TiN 夹杂物的平均尺寸和面

积分数在钛条纹处均有所增加。通过以上分析可以发现，在冷轧板表面出现钛条纹缺陷主要原因是大量的 TiN 夹杂物在冷轧板表面的不均匀分布，在局部产生富集现象导致的。

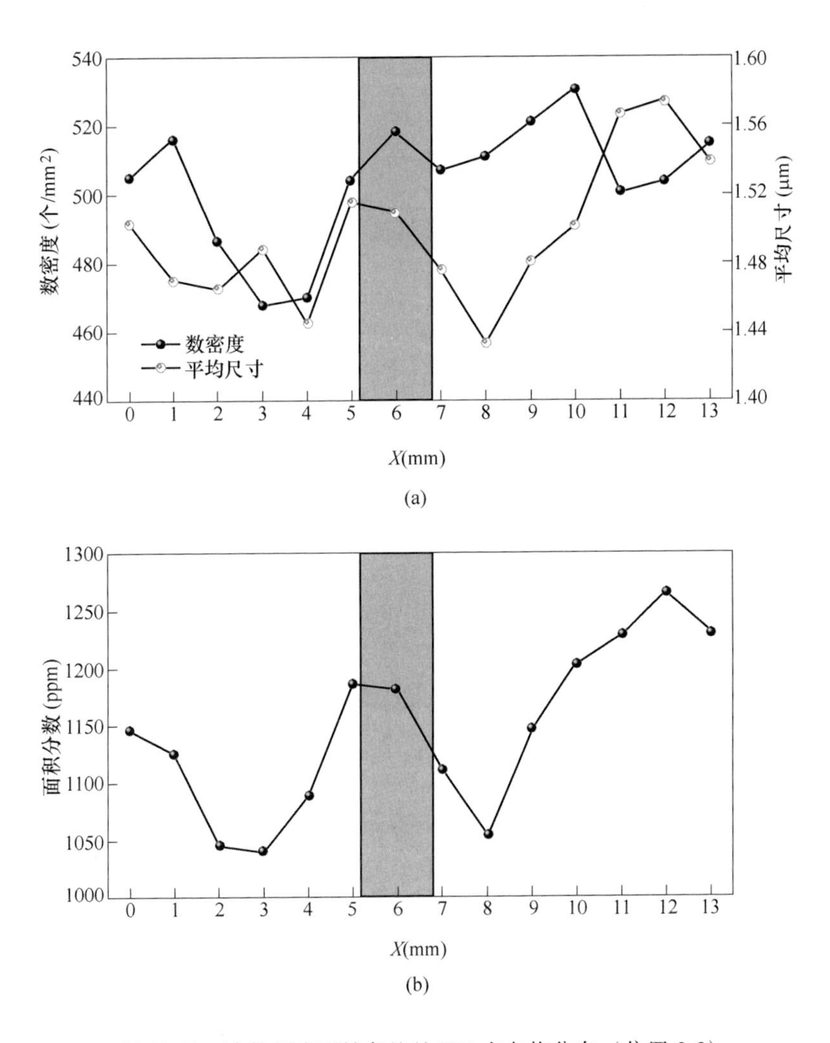

图 13-21　冷轧板表面钛条纹处 TiN 夹杂物分布（位置 2-2）

图 13-22～图 13-25 所示分别为以上不同钛条纹位置处 TiN 夹杂物的分布云图，图中框为钛条纹所在位置。可以直观地看到，TiN 夹杂物的数量分布在钛条纹缺陷处会有明显的富集，而尺寸分布和面积分布并没有明显的规律。由此，可以更加直观地判断，在冷轧板表面出现钛条纹缺陷主要是由于分布不均匀的大量的 TiN 夹杂物导致的。

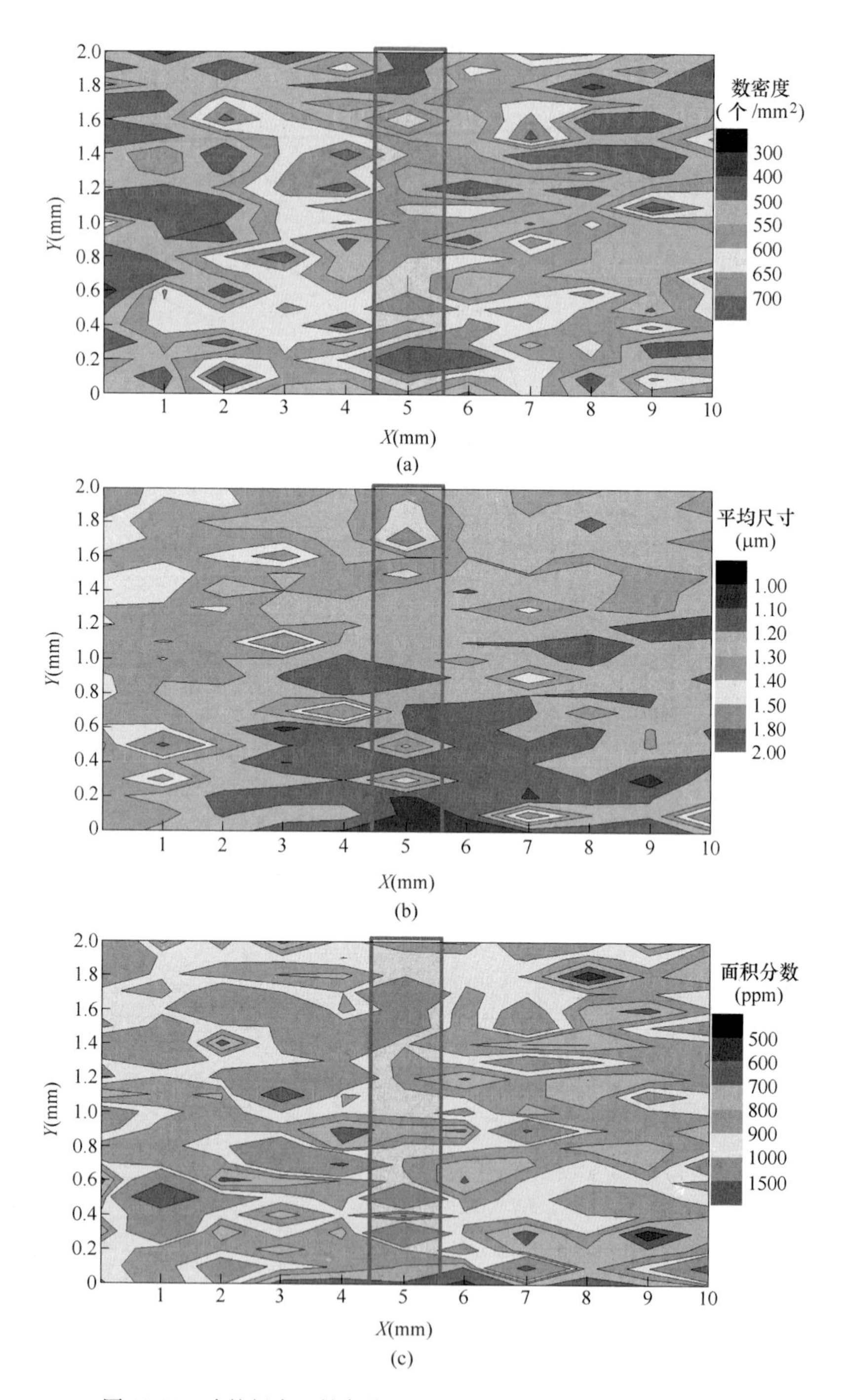

图 13-22　冷轧板表面钛条纹处 TiN 夹杂物分布云图（位置 1-1）

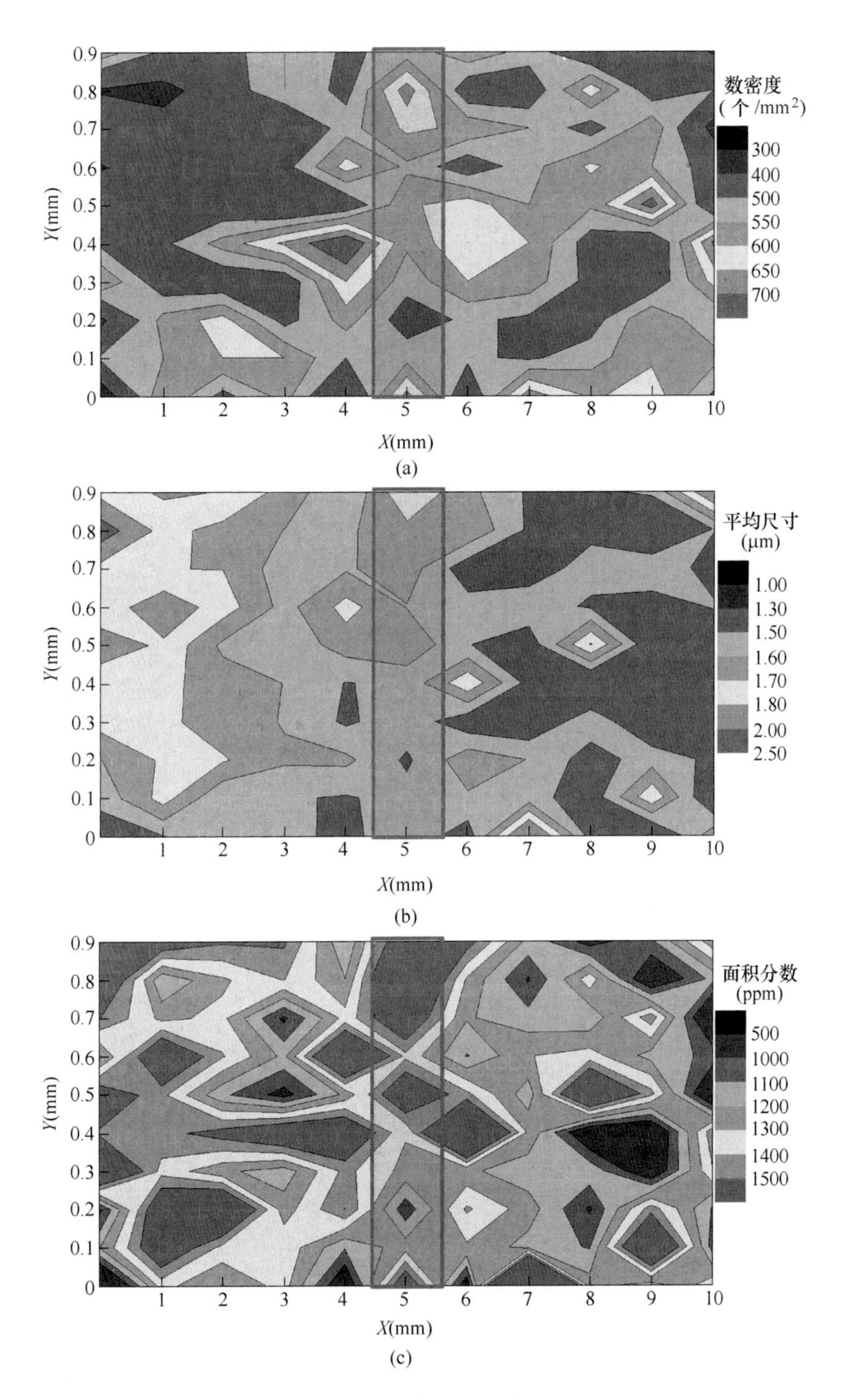

图 13-23 冷轧板表面钛条纹处 TiN 夹杂物分布云图（位置 1-2）

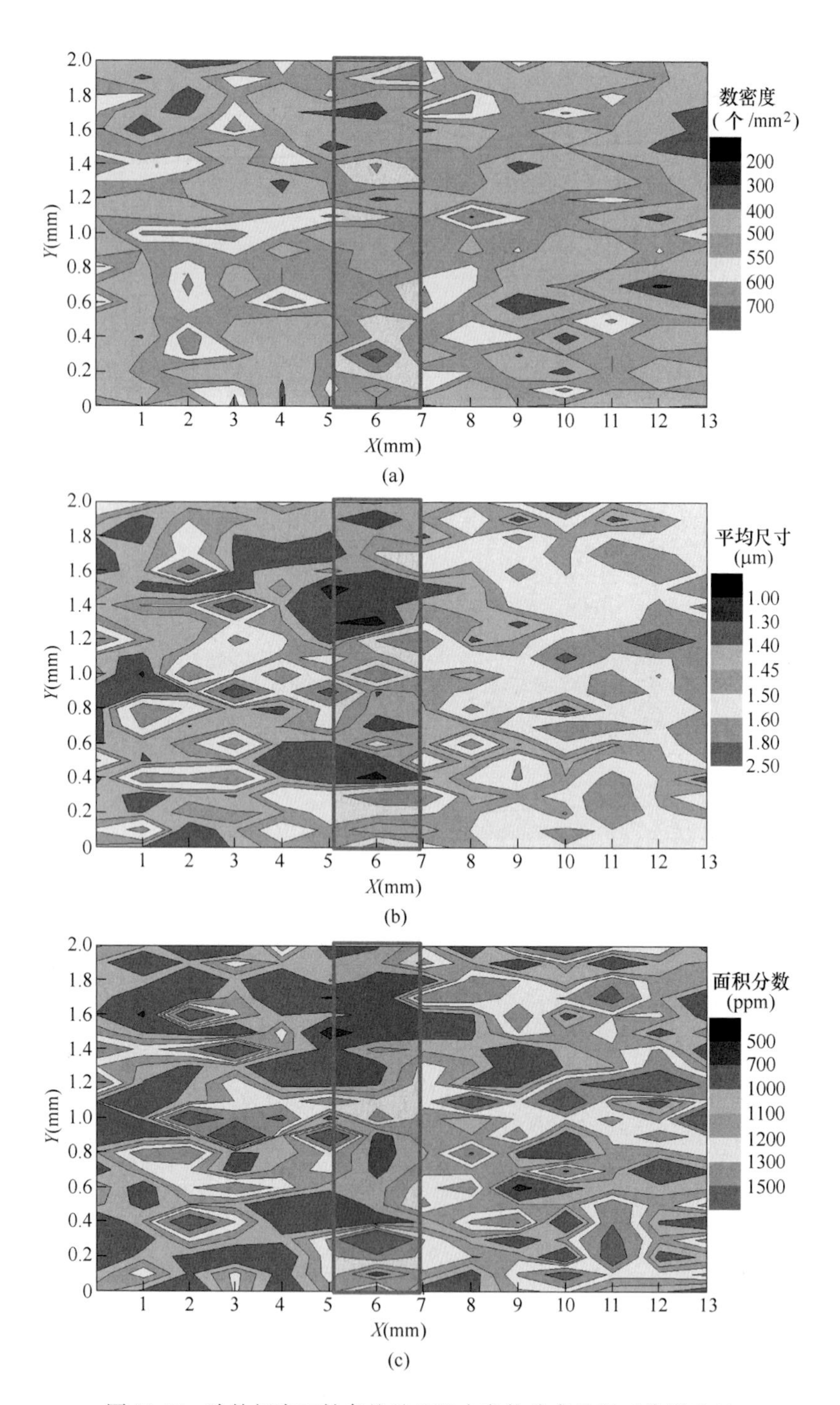

图 13-24　冷轧板表面钛条纹处 TiN 夹杂物分布云图（位置 2-1）

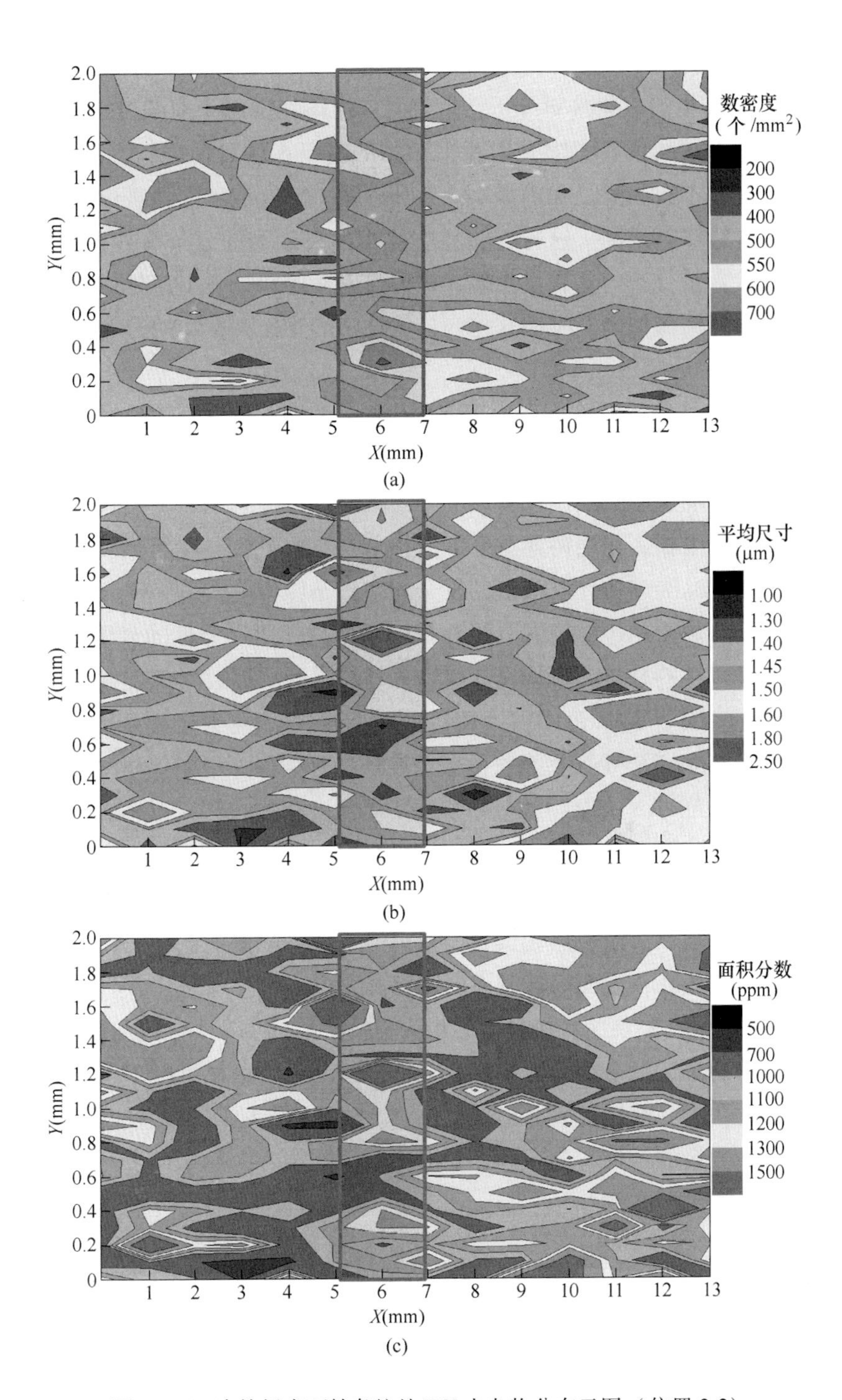

图 13-25　冷轧板表面钛条纹处 TiN 夹杂物分布云图（位置 2-2）

13.3　小结

（1）连铸坯中的氧氮含量分析结果表明：连铸坯中的 T. O 在中部明显偏高，这可能与凝固末端的偏析、缩孔以及夹杂物的富集相关；而连铸坯中的 T. N 含量分布总体变化不大，只是在内弧 1/4 处和外弧 1/4 处或者内弧表面处和外弧表面处，T. N 含量略有增高，这与连铸坯中的 TiN 夹杂物的分布有着密切的联系。连铸坯中的钛含量分布与氮含量相似，在内弧 1/4 处和外弧 1/4 处或者内弧表面处和外弧表面处略微偏高，推测这也与连铸坯中的 TiN 夹杂物的分布有着密切的联系。

（2）在连铸坯中沿厚度方向由表面到中心，TiN 夹杂物的数量均是呈逐渐递减的趋势，尺寸均为逐渐增加的趋势，面积为不规则分布。其原因为从连铸坯的表面到中心，冷却速率减小，连铸坯的凝固减慢，将抑制 TiN 夹杂物的形核而促进 TiN 夹杂物的生长。在连铸坯宽度方向边部，TiN 夹杂物数量、尺寸和面积均为不规则分布，这与连铸坯窄面处的复杂的冷却条件相关。

（3）TiN 夹杂物在连铸坯表层的分布规律为越远离连铸坯的表面，TiN 夹杂物的数密度呈减小的趋势，平均尺寸呈增大趋势，面积分数变化规律不明显。尤其是在连铸坯表层下 4mm 范围内，TiN 夹杂物的数量密度很大并且呈快速递减的趋势；当大于 4mm 后，TiN 夹杂物的数密度依然会减少，但变化幅度不大。

（4）热轧板中 TiN 夹杂物的分布规律为 TiN 夹杂物在热轧板表面数密度明显大于热轧板内部，即热轧板表面富集有大量的 TiN 夹杂物；同时，热轧板表面 TiN 夹杂物的分布极不均匀，将会沿着轧制方向进行富集。由此推测出现在冷轧板中的钛条纹缺陷一方面与热轧板表面富集的大量 TiN 夹杂物有关，另一方面也与 TiN 夹杂物在热轧板表面沿轧制方向富集有关。

（5）通过 ASPEX 观测和统计冷轧板表面钛条纹处 TiN 夹杂物分布情况发现，在钛条纹缺陷处 TiN 夹杂物的数量将会富集，而尺寸分布和面积分布没有明显的规律性。由此认为，冷轧板表面出现钛条纹缺陷的主要原因为大量的 TiN 夹杂物在冷轧板表面数量的不均匀分布。

14　400系不锈钢凝固冷却和再加热过程中TiN夹杂物的析出机理

钢中TiN夹杂物绝大多数情况下为在钢液凝固和冷却过程中析出，其生成直接受到冷却速率的影响。冷却速率越慢，钢中TiN夹杂物有足够的时间析出和长大，反之则夹杂物的数量和尺寸较小。加热过程同样会影响钢中TiN夹杂物的生成和回溶，不同的加热温度对钢中TiN夹杂物的影响温度也不相同。因此，本章通过实验室试验研究了冷却速率、保温温度、保温时间、保护气氛对不锈钢中TiN夹杂物的影响，并在工业试验中进行了应用和验证。

14.1　冷却速率对不锈钢中TiN夹杂物析出的影响

通过实验室实验研究了不同冷却方式对TiN夹杂物在钢液冷却和凝固过程中析出的影响。实验方法为：将从同一连铸坯上取得的试样（约150g）放入MgO坩埚中，然后在氩气气氛中加热至1600℃并保温30min，再分别采用水冷、空冷和炉冷的方式进行冷却，以获得不同冷却方式下的试样。表14-1为不同冷却方式实验用钢的主要化学成分。对由不同冷却方式条件下获得的试样，分别在电子显微镜下观测其径向中心、1/4处和边部不同位置处TiN夹杂物的分布情况，其所对应的编号如图14-1所示。

表14-1　不同冷却方式实验用钢的主要化学成分　（%）

元素	C	Si	Mn	P	T.S	Cr	Ni	Mo	Ti	T.N
含量	0.01	0.44	0.33	0.025	0.001	17.2	0.25	1.00	0.35	0.009

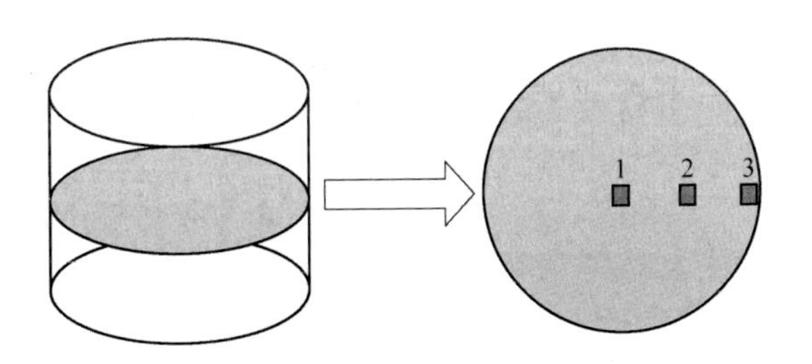

图14-1　不同冷却方式下观测位置示意图

图14-2所示为水冷条件下观测到的TiN夹杂物。在水冷条件下，钢液快速凝固冷却，TiN来不及析出和生长，因此观测到的TiN夹杂物尺寸很小，大约在

1μm 左右，并且不容易找到。图 14-3 所示为空冷条件下观测到试样径向中心、1/4 处和边部的 TiN 夹杂物。在空冷条件下，钢样中的 TiN 夹杂物尺寸在 5～10μm 之间，并且沿径向方向向内 TiN 夹杂物尺寸呈逐渐增大趋势。

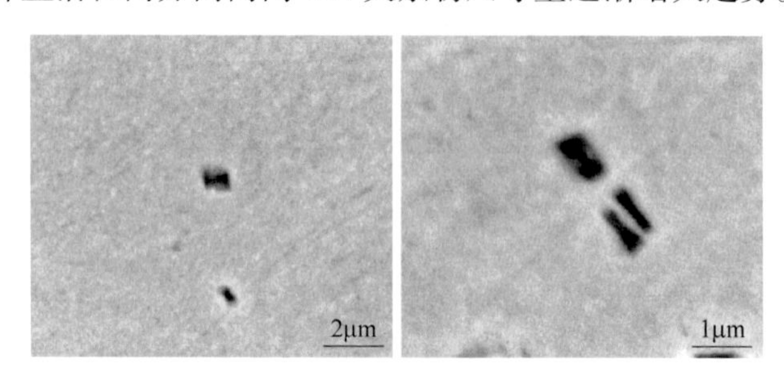

图 14-2　水冷条件下钢中的 TiN 夹杂物

图 14-4 所示为炉冷条件下观测到的试样径向中心、1/4 处和边部的 TiN 夹杂物。可以看到，在空冷条件下，钢样中的 TiN 夹杂物尺寸在 5～15μm 之间，并且沿径向方向向内 TiN 夹杂物尺寸呈逐渐增大趋势。

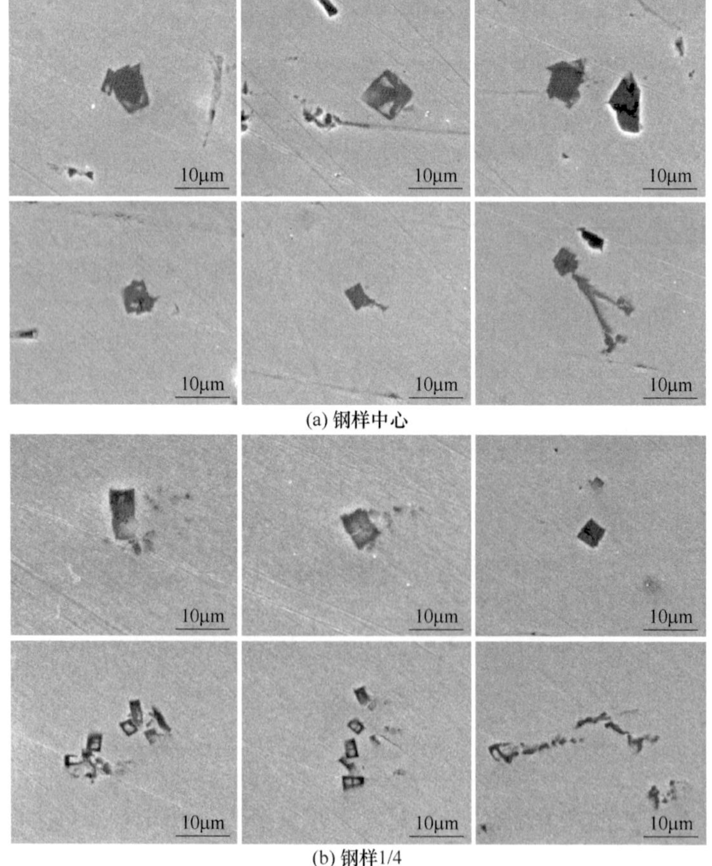

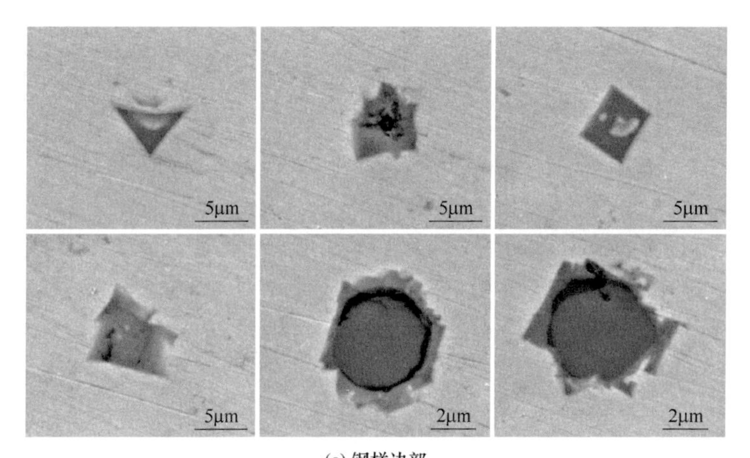

(c) 钢样边部

图 14-3　空冷条件下钢中 TiN 夹杂物

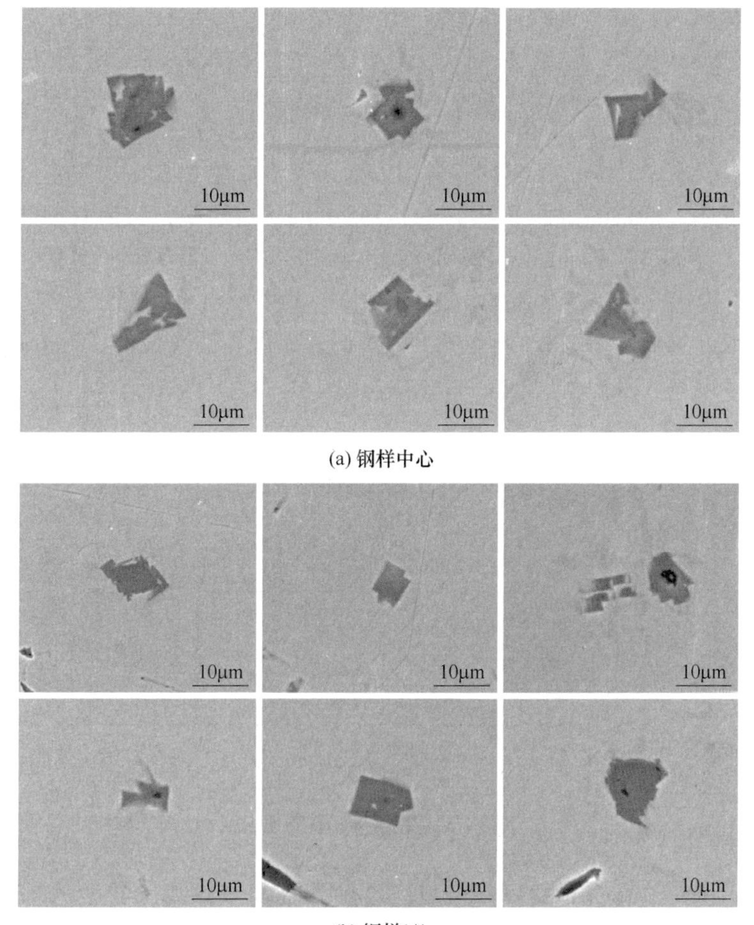

(a) 钢样中心

(b) 钢样1/4

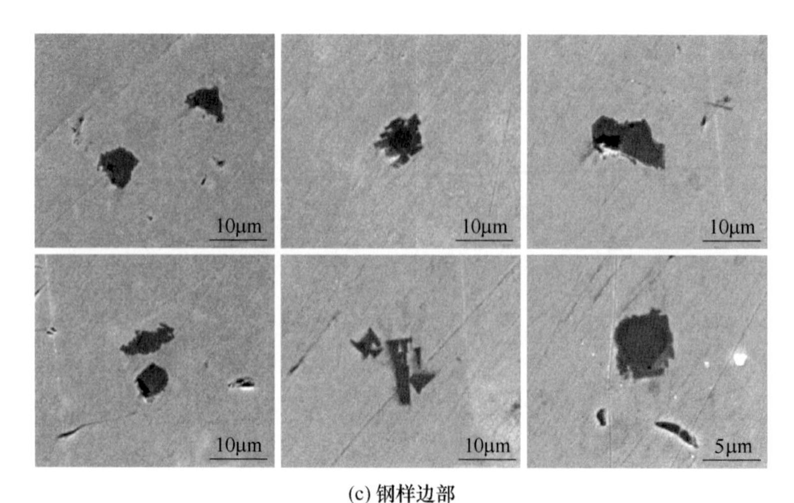

(c) 钢样边部

图 14-4　炉冷条件下钢中 TiN 夹杂物

14.2　保温温度对不锈钢中 TiN 夹杂物的影响

通过实验室实验研究了不同保温温度对 TiN 夹杂物的影响。实验方法为：将从同一连铸坯上取得的试样（约 150g）放入 MgO 坩埚中，然后在氩气气氛中加热至 1600℃ 并保温 30min，再分别冷却至 1600℃、1550℃、1500℃、1450℃、1400℃，保温 100min，最后取出试样进行水冷，以获得不同保温温度条件下的试样。样品成分见表 14-1，图 14-5 所示为不同保温温度所对应的实验方案。

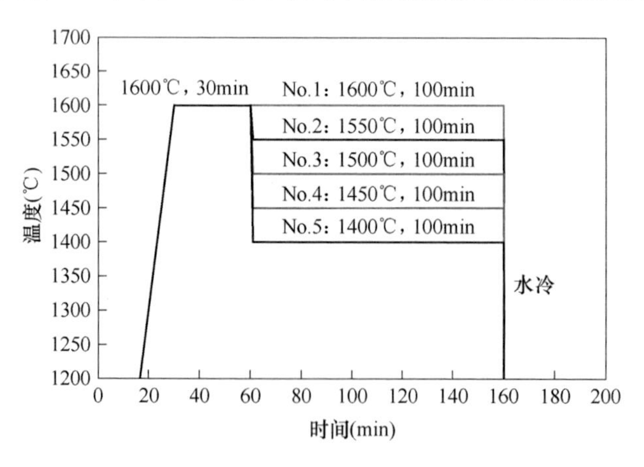

图 14-5　保温温度实验方案

采用电子显微镜分别对不同保温温度条件下的试样观测其中的 TiN 夹杂物，其结果如图 14-6 所示。当保温温度为 1600℃时，钢中主要为尺寸在 1μm 左右的

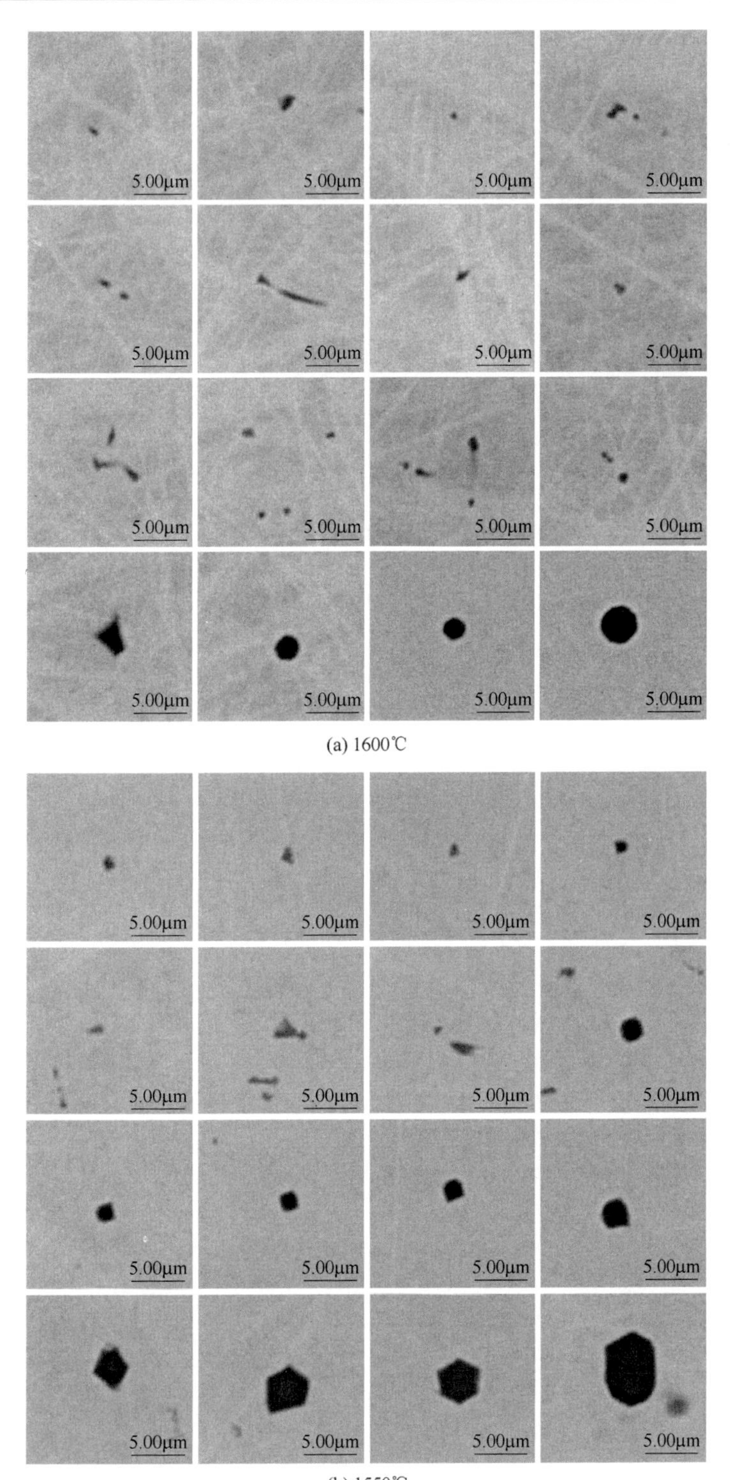

(a) 1600℃

(b) 1550℃

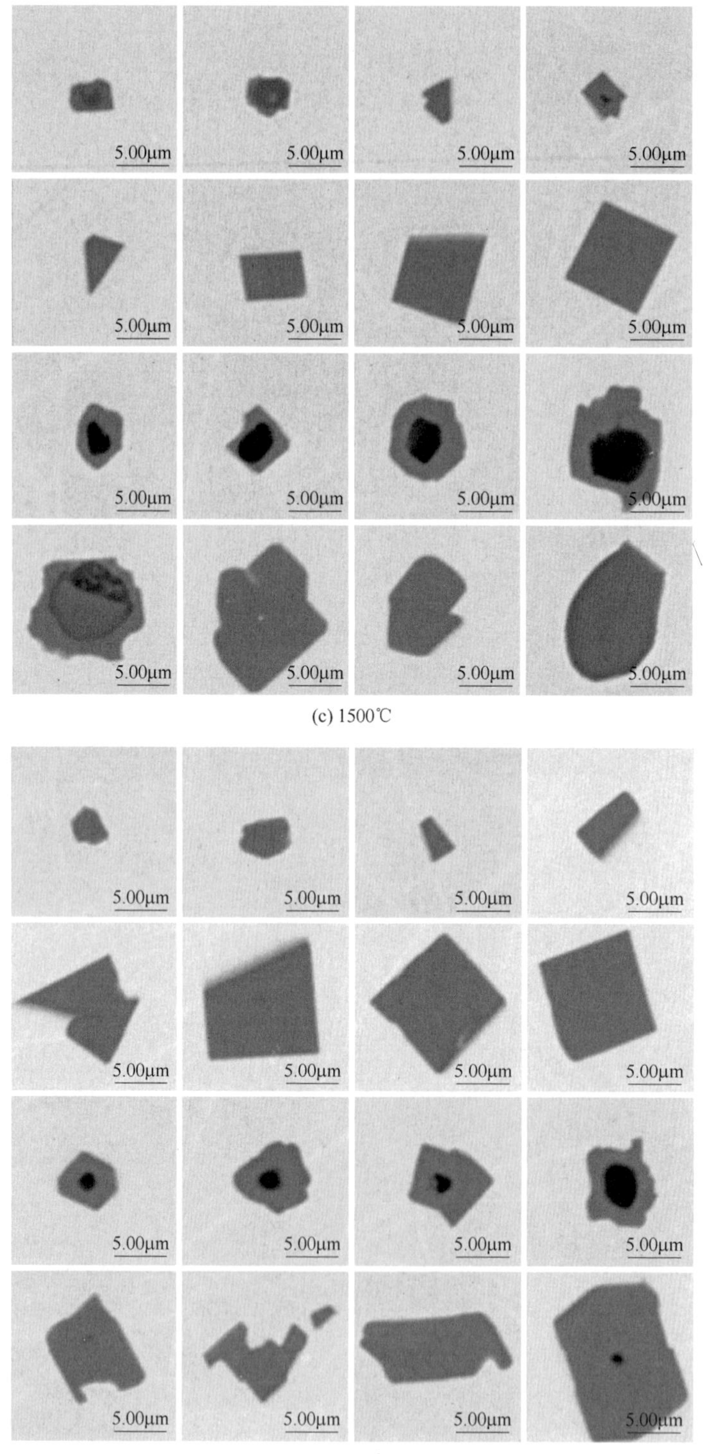

(c) 1500℃

(d) 1450℃

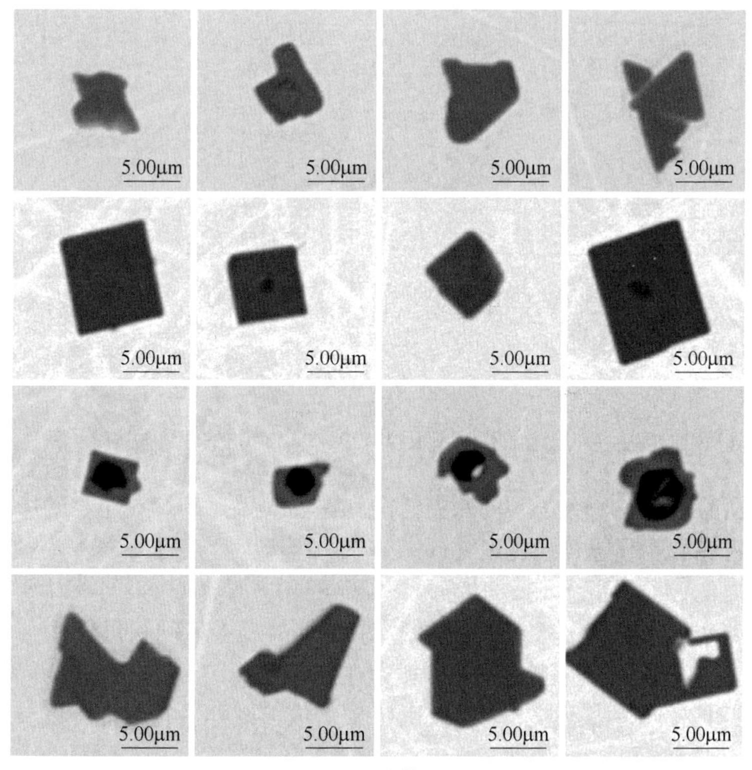

(e) 1400℃

图 14-6　保温后钢中的 TiN 夹杂物

TiN 夹杂物，含有极少的尺寸在 1～3μm TiN 夹杂物；当保温温度为 1500℃时，钢中依然主要为尺寸在 1μm 左右的 TiN 夹杂物，同时含有部分的尺寸在 1～5μm TiN 夹杂物；当保温温度为 1500～1400℃时，钢中主要为尺寸在 3～10μm 之间的 TiN 夹杂物，同时部分 TiN 夹杂物还含有氧化物核心。

采用 ASPEX 扫描了不同保温温度条件下 TiN 夹杂物的分布情况，其结果如图 14-7 所示。保温温度在 1400～1500℃时，TiN 夹杂物的数密度小而平均尺寸大，并且温度的影响很小；当保温温度由 1500℃升高至 1600℃时，TiN 夹杂物的数密度急剧增大而平均尺寸急剧减小，这与钢液的凝固和 TiN 的生成温度有着密切的联系。当保温温度为 1400～1500℃时，钢液已凝固或已开始凝固，并且 TiN 已经生成，保温有利于 TiN 的长大，由于熟化作用，TiN 夹杂物的数量减少而尺寸增大；而当保温温度高于 1500℃时，是在液态下保温，TiN 夹杂物还未生成，故钢中的 TiN 数量多而尺寸小。TiN 夹杂物面积分数与保温温度没有明显规律性。

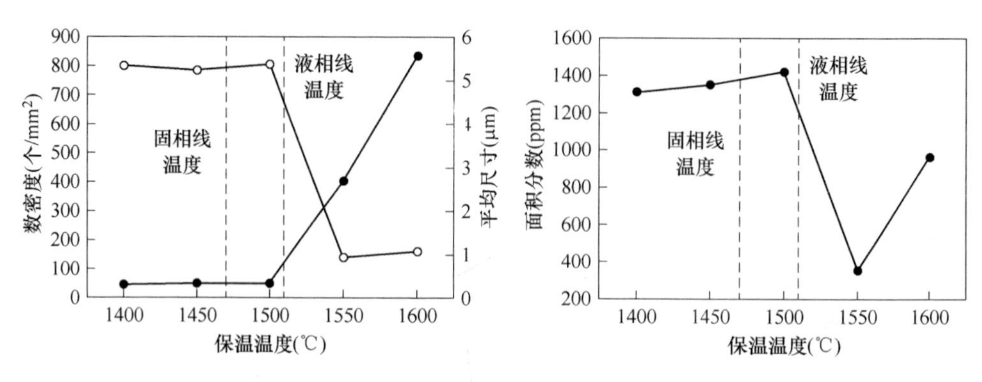

图 14-7 不同保温温度条件下 TiN 夹杂物分布

14.3 保温时间与气氛对不锈钢中 TiN 夹杂物的影响

通过实验室实验研究了不同保温时间和保温气氛对 TiN 夹杂物的影响。为保证实验的可比性，在连铸坯宽度方向 1/4 处、距内弧上表面 5mm、沿拉坯方向在同一横截面位置，取得 10mm×10mm×10mm 的立方块状试样，图 14-8 所示为不同保温时间和气氛实验的取样位置示意图。表 14-2 为不同保温时间与气氛实验用钢的主要化学成分。分别将块状试样放在具有空气、氩气和氮气的不同气氛条件下，在 1200℃分别保温 2h、4h 和 6h，最后取出试样进行水冷，以获得在不同气氛条件下保温不同时间的试样。

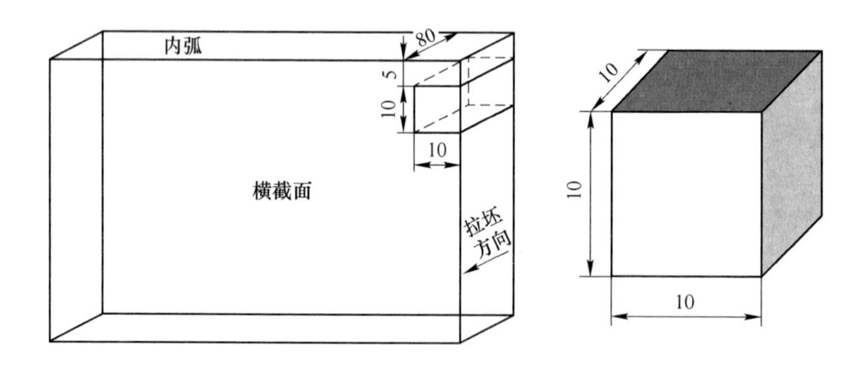

图 14-8 不同保温时间和气氛实验的取样位置示意图

表 14-2 不同保温时间与气氛实验用钢的主要化学成分 (%)

元素	C	Si	Mn	P	T. S	Cr	Ni	Mo	Ti	T. N
含量	0.009	0.47	0.25	0.024	0.001	17.13	0.12	0.03	0.297	0.013

采用 ASPEX 扫描了不同保温气氛条件下保温不同时间 TiN 夹杂物的分布

情况。图 14-9 所示为在空气气氛下保温不同时间的实验结果，可以看到，在 1200℃空气气氛中，随着保温时间的延长，TiN 夹杂物的数密度、平均尺寸和面积分数均有增加的趋势。造成 TiN 夹杂物数密度、平均尺寸和面积分数均增加可能有两个原因：一是由于固溶在钢中的钛和氮进行反应，生成了 TiN 夹杂物；二是由于空气中的氮与固溶在钢中的钛进行反应，生成了 TiN 夹杂物。

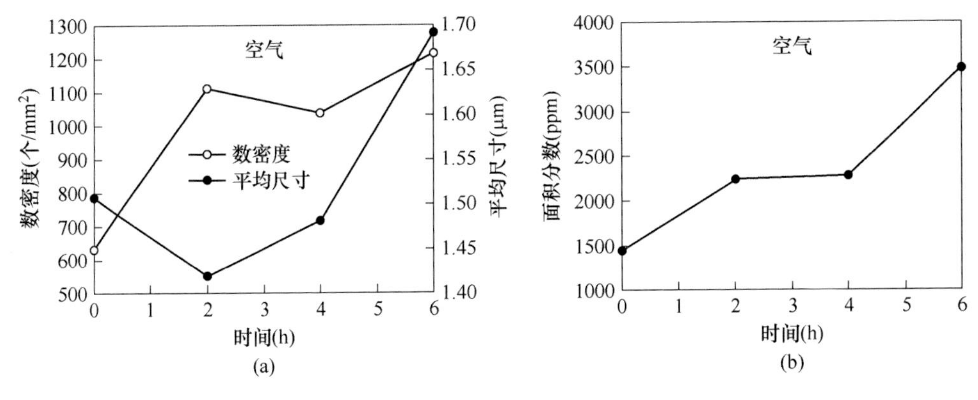

图 14-9　空气气氛下保温不同时间的实验结果

图 14-10 所示为在氩气气氛下保温不同时间的实验结果，也可以看到，在 1200℃氩气气氛中，随着保温时间的延长，TiN 夹杂物的数密度、平均尺寸和面积分数均有增加的趋势。由于在氩气气氛中，氮的分压很低，因此认为氩气中的氮很难与固溶在钢中的钛进行反应，生成 TiN 夹杂物；所以推断造成在氩气气氛中 TiN 夹杂物无论是数密度、平均尺寸，还是面积分数均增加的原因为固溶在钢中的钛和氮进行反应，生成了 TiN 夹杂物。由此证明，固溶在钢中的钛和氮可以进行反应，生成 TiN 夹杂物。

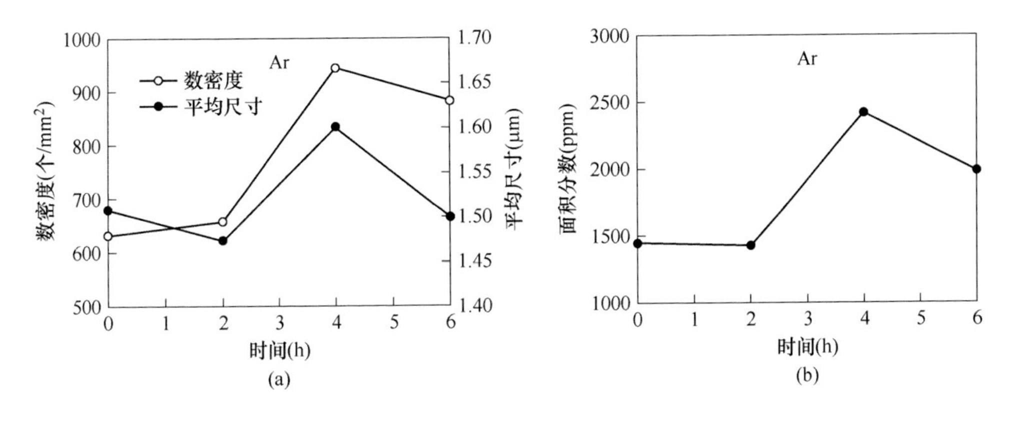

图 14-10　氩气气氛下保温不同时间的实验结果

图14-11所示为在氮气气氛下保温不同时间的实验结果，可以看到，在1200℃氮气气氛中，随着保温时间的延长，TiN夹杂物的数密度、平均尺寸和面积分数均有增加的趋势。造成TiN夹杂物无论是数密度、平均尺寸，还是面积分数均增加的原因也可能包含两方面：一是由于固溶在钢中的钛和氮进行反应，生成了TiN夹杂物；二是由于空气中的氮与固溶在钢中的钛进行反应，生成了TiN夹杂物。

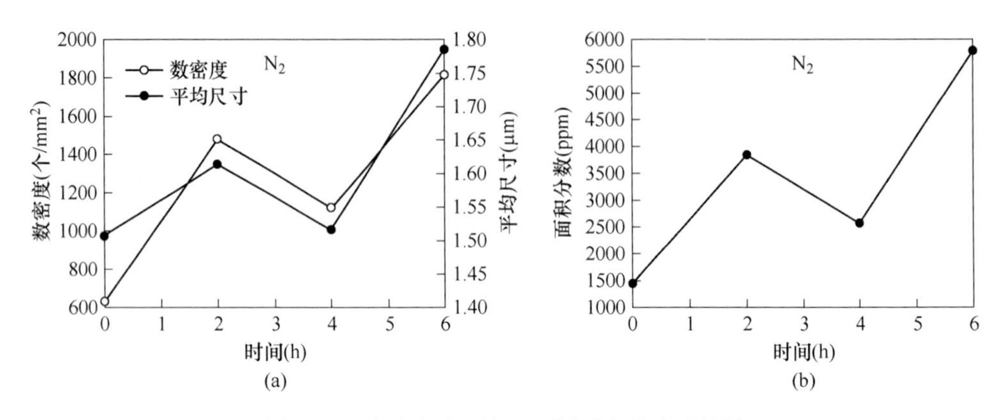

图14-11　氮气气氛下保温不同时间的实验结果

图14-12～图14-14对比了不同气氛条件下，保温不同时间TiN夹杂物的数密度、平均尺寸和面积分数变化趋势。1200℃保温条件下，在氮气气氛中的TiN夹杂物的数密度最大，空气中次之，而氩气中最少；平均尺寸为氮气中最大，氩气中次之，而空气中最小；面积分数为氮气中最大，空气中次之，而氩气中最小。通过以上实验结果可以得到，钢中的固溶钛可以和气氛中的氮进行反应，从而生成TiN夹杂物。

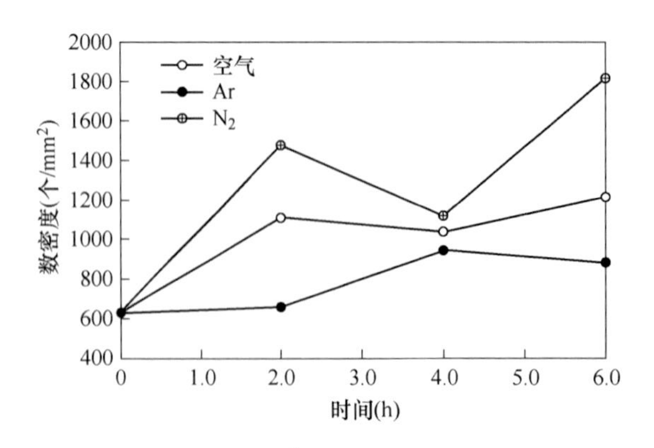

图14-12　不同保温气氛条件下TiN夹杂物的数密度

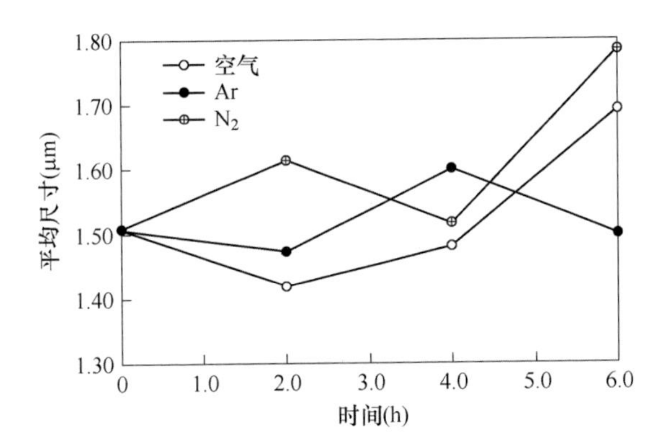

图 14-13　不同保温气氛条件下 TiN 夹杂物的平均尺寸

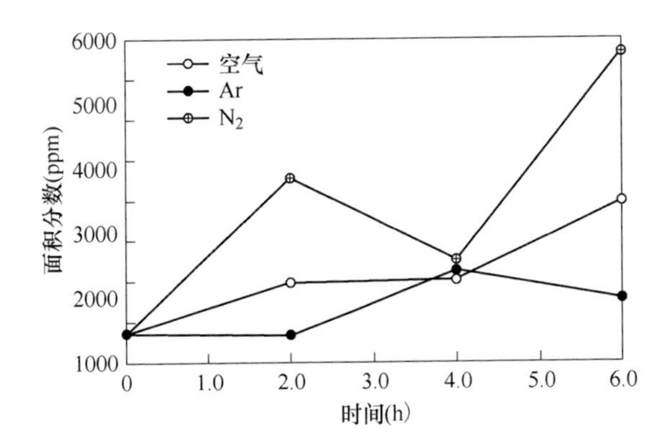

图 14-14　不同保温气氛条件下 TiN 夹杂物的面积分数

14.4　结晶器冷却调整工业试验

冷轧板表面出现的钛条纹缺陷与连铸坯表层的 TiN 夹杂物密切相关，而连铸坯表层是在结晶器中形成的，因此了解和探讨结晶器冷却对连铸坯表层 TiN 夹杂物的影响很有必要。因此，尝试对比生产了不同结晶器冷却强度条件下的现场试验。在保证其他条件近似的情况下，由于结晶器缓冷很难通过调节结晶器水量来实现，故本试验采用了降低拉速的方式实现结晶器的缓冷。

图 14-15～图 14-17 分别对比了正常冷却与结晶器缓冷条件下连铸坯宽度 1/4 处表层 TiN 夹杂物的数量分布、尺寸分布和面积分布。图 14-18～图 14-20 分别对比了正常冷却与结晶器缓冷条件下连铸坯宽度中心处表层 TiN 夹杂物的数量分布、尺寸分布和面积分布。在连铸坯宽度 1/4 处，结晶器缓冷获得的连铸坯表层 TiN 夹杂物的数密度较小，平均尺寸略微偏大，而面积分数与正常冷却相差不大；但在连铸坯宽度中心处，结晶器缓冷并未使得连铸坯表层 TiN 夹杂物的数密

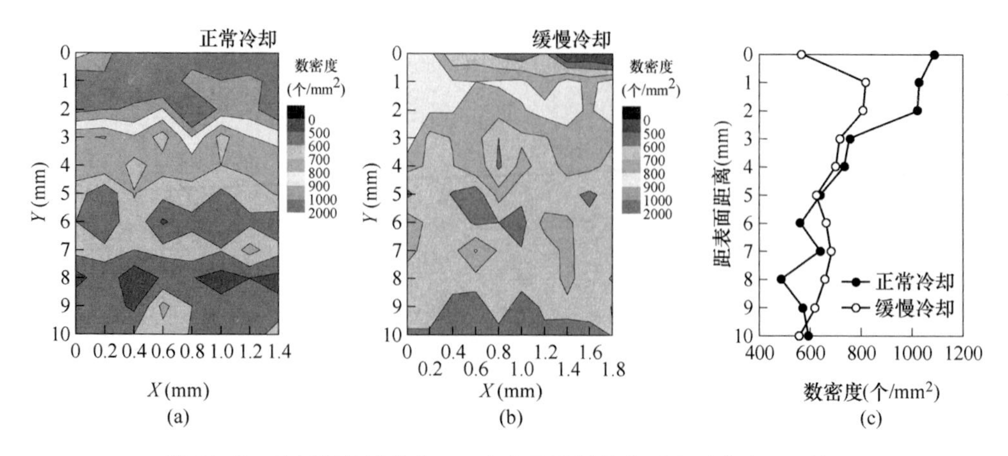

图 14-15　冷却调整试验中 TiN 夹杂物数量分布对比（宽度 1/4 处）

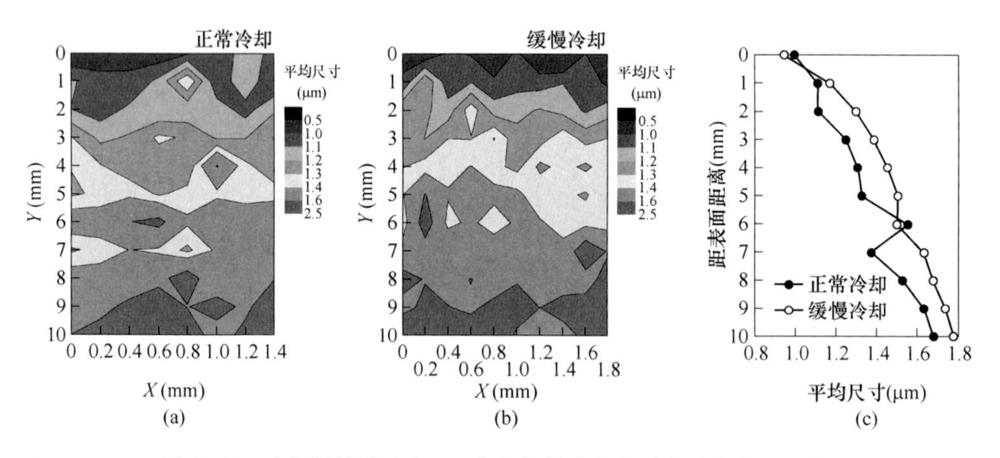

图 14-16　冷却调整试验中 TiN 夹杂物尺寸分布对比（宽度 1/4 处）

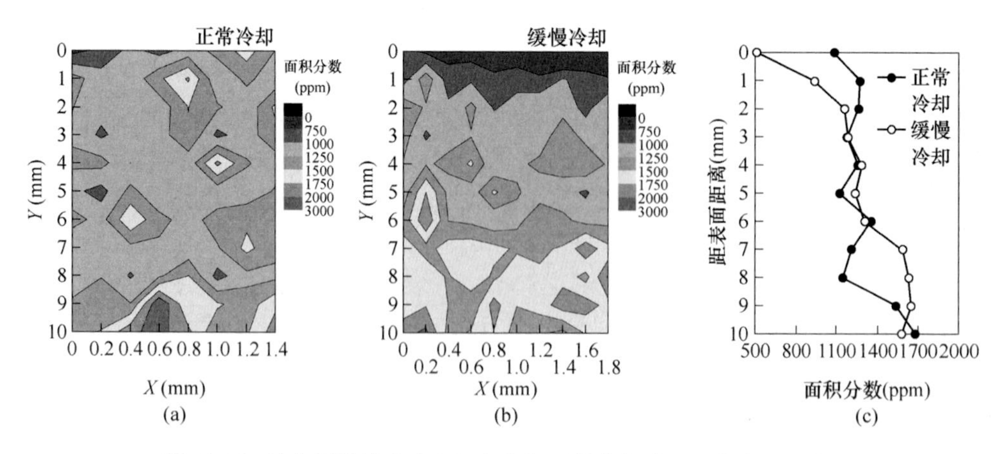

图 14-17　冷却调整试验中 TiN 夹杂物面积分布对比（宽度 1/4 处）

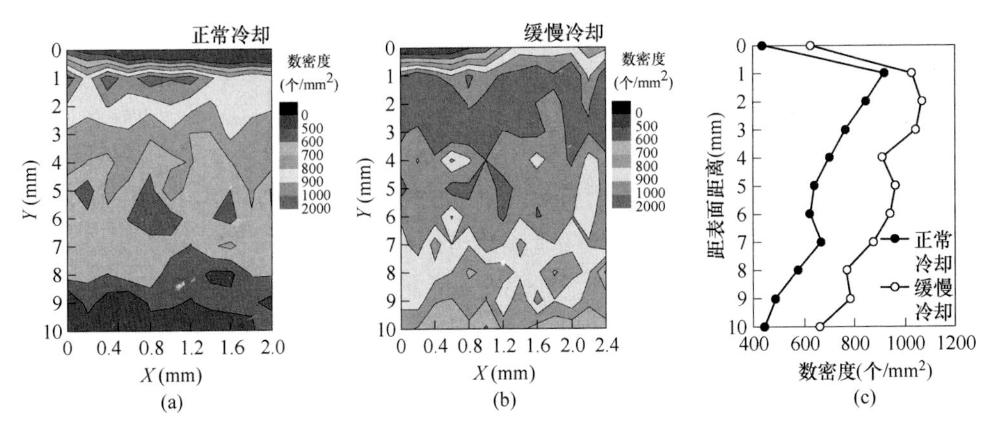

图 14-18　冷却调整试验中 TiN 夹杂物数量分布对比（宽度中部）

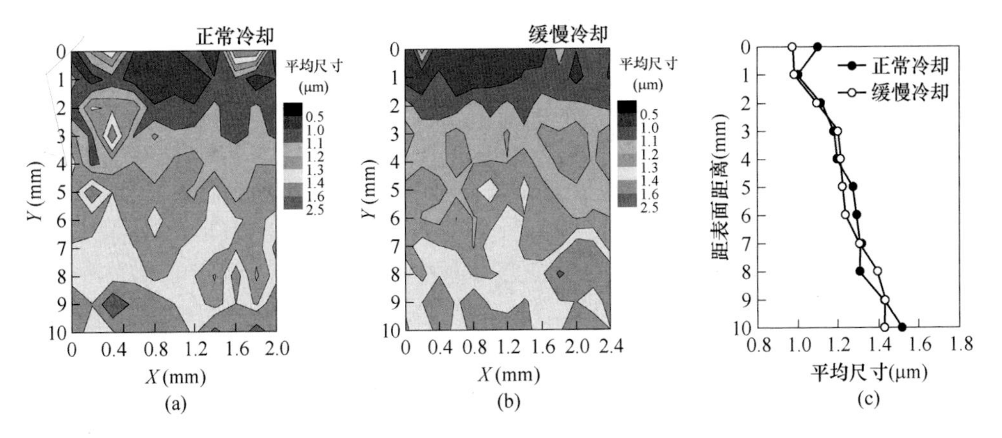

图 14-19　冷却调整试验中 TiN 夹杂物尺寸分布对比（宽度中部）

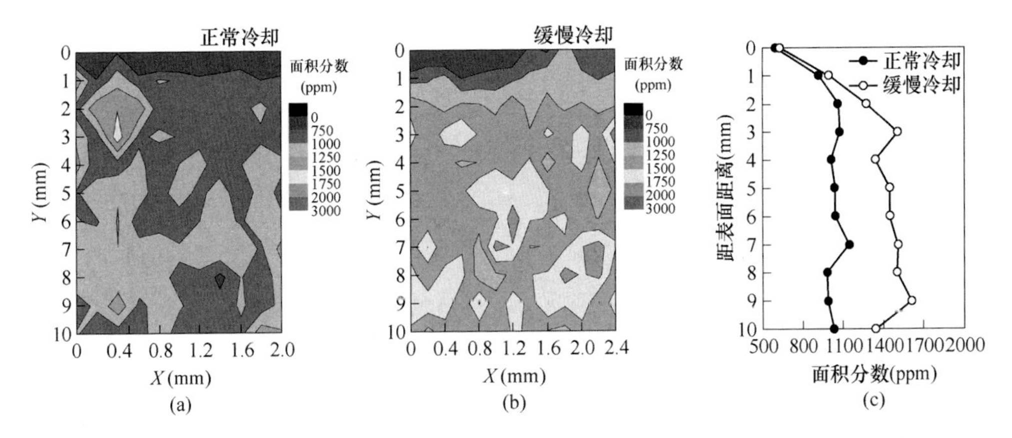

图 14-20　冷却调整试验中 TiN 夹杂物面积分布对比（宽度中部）

度和面积分数减少，反而增大了，平均尺寸与正常冷却相差不大。由于结晶器的缓冷是通过降低拉速实现的，并且采用结晶器缓冷并未达到减少 TiN 夹杂物数量、增大 TiN 夹杂物尺寸的效果，故结晶器缓冷不是解决钛条纹缺陷的方法。

14.5　小结

（1）冷速实验结果表明，采用水冷方式获得的 TiN 夹杂物尺寸很小，空冷次之，炉冷最大。从而说明，冷速越大，钢中的 TiN 夹杂物尺寸越小。

（2）保温温度实验结果表明，保温温度在 1400～1500℃时，TiN 夹杂物的数密度小而平均尺寸大，温度的影响很小。保温温度由 1500℃升高至 1600℃时，TiN 夹杂物的数密度急剧增大而平均尺寸急剧减小。这与钢液的凝固和 TiN 的生成温度有着密切的联系。当保温温度为 1400～1500℃时，钢液已凝固或已开始凝固，并且 TiN 已经生成，保温有利于 TiN 的长大，由于熟化作用，TiN 夹杂物的数量减少而尺寸增大；而当保温温度高于 1500℃时，是在液态下保温，TiN 夹杂物还未生成，故钢中的 TiN 数量多而尺寸小。TiN 夹杂物面积分数与保温温度没有明显的规律性。

（3）保温时间实验结果表明，无论是在空气、氮气，还是氩气气氛下，随着保温时间的延长，TiN 夹杂物的数密度、平均尺寸和面积分数均有增加的趋势；而不同气氛下条件下的保温实验结果表明，TiN 夹杂物的数密度和面积分数在氮气气氛中最大，空气中次之，而氩气中最少；平均尺寸为氮气中最大，氩气中次之，而空气中最小。由此说明，在 1200℃保温过程中，钢中 TiN 夹杂物的生成主要包括两种途径：一种是钢中的固溶钛与钢中的固溶氮进行反应生成 TiN 夹杂物，另一种是钢中的固溶钛与气氛中的氮进行反应生成 TiN 夹杂物。

（4）通过结晶器冷却调整试验发现，调整结晶器缓冷并未达到减少 TiN 夹杂物数量、增大 TiN 夹杂物尺寸的效果，并且结晶器的缓冷是通过降低拉速来实现的，因此，结晶器缓冷不是解决钛条纹缺陷的有效措施。

15 化学成分对400系不锈钢中TiN夹杂物的影响

400系不锈钢中TiN夹杂物的生成直接受到钢液成分的影响，一方面钢液中的钛和氮元素会直接影响钢中TiN夹杂物的析出条件；另一方面，钢中的氧化铝等氧化物夹杂物粒子也会促进钢中TiN夹杂物的非均质形核。因此，本章通过工业数据统计了钢化学成分对钢中氮化钛夹杂物和产品钛条纹缺陷率的影响，通过工业试验研究了钢中钛和氮含量对钢中TiN夹杂物生成的影响，以及研究了通过提高钢中铝含量增加钢中氧化铝夹杂物数量、促进TiN夹杂物形核的效果。

15.1 化学成分与钛条纹缺陷率关系的数据统计

钢中钛、氮含量与TiN的生成密切相关，因此统计了不同Ti-N积与钛条纹缺陷率间的关系，如图15-1所示。随着Ti-N积的增加，钛条纹缺陷率呈明显的增加趋势，因此，主要控制措施之一为严格控制钢中的Ti-N积，避免钢中过高的钛、氮含量。建议$[\%Ti]\cdot[\%N]<0.0025$，即$[\%Ti]<0.25$，$[\%N]<0.01$。

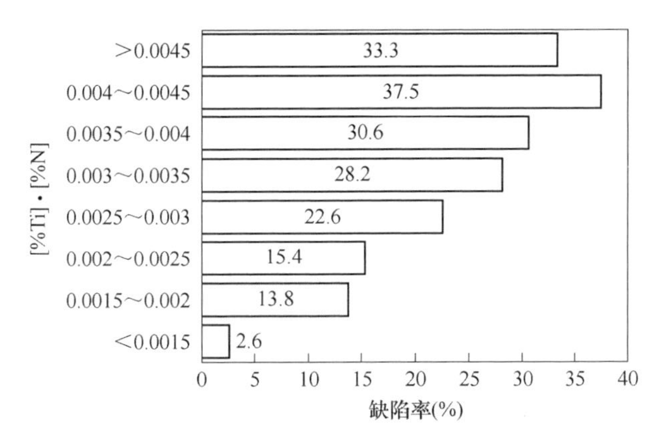

图15-1　Ti-N积与钛条纹缺陷率间的关系

由于浦项和日新均采用铝脱氧，而国产采用硅脱氧，并且浦项和日新无钛条纹缺陷，而国产存在钛条纹缺陷。故还统计了不同硅含量和铝含量与钛条纹缺陷率间的关系，如图15-2所示。随着硅含量的增加，钛条纹缺陷率呈增加的趋势，而随着铝含量的增加，钛条纹缺陷率呈减少的趋势。造成上述变化趋势的原因可能包含两点，一是由于增加钢中的铝含量，将会促进钢中生成 Al_2O_3 夹杂物，而小尺寸均匀分布的含铝夹杂物将会成为 TiN 夹杂物的异质形核核心，从而使 TiN 提前生成和长大并均匀分布。另一个是由于钢中的高硅低铝，将会促使 TiN 夹杂物在热轧前的加热保温过程中生成大量的 TiN 夹杂物，从而导致钛条纹的发生。由于生产的限制，国产还未采用低硅高铝的脱氧方式。建议［Si］<0. 30%，同时 $[Al]_s$>0. 05%。

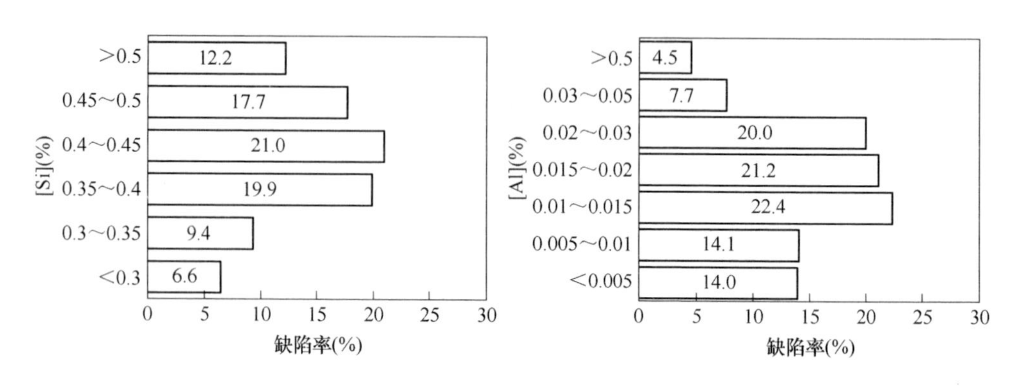

图 15-2　硅含量和铝含量与钛条纹缺陷率间的关系

15. 2　钛和氮含量调整工业试验

钢中的 TiN 生成与钢中的钛、氮含量密切相关，因此，尝试对比生产了不同钛、氮含量炉次条件下的现场试验。表 15-1 为进行高钛高氮试验与正常炉次化学成分的对比，其中试验炉次钛含量和氮含量比正常炉次明显偏高，以达到对比的目的。图 15-3~图 15-5 分别对比了高钛高氮炉次与正常炉次连铸坯表层 TiN 夹杂物的数量分布、尺寸分布和面积分布。可以看到，增加钢中的钛、氮含量会使得连铸坯表层的 TiN 夹杂物数密度和面积分数显著增加，而平均尺寸略有减小。

表 15-1　高钛高氮炉次与正常炉次化学成分对比　（%）

炉号	$[Al]_s$	［Ti］	T. N
正常炉次	0. 015	0. 278	0. 0062
高钛高氮炉次	0. 011	0. 346	0. 0091

表 15-2 为进行高钛试验炉次与正常炉次化学成分的对比，其中试验炉次钛含量比正常炉次明显偏高。图 15-6~图 15-8 分别对比了高钛炉次与正常炉次连铸坯表层 TiN 夹杂物的数量分布、尺寸分布和面积分布。增加钢中的钛含量会使得连铸坯表层的 TiN 夹杂物数密度、平均尺寸和面积分数均增加。

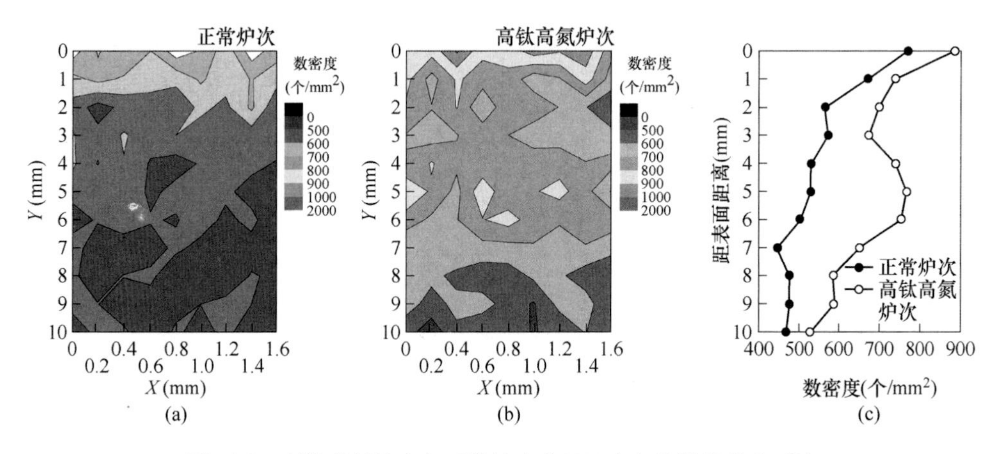

图 15-3　高钛高氮炉次与正常炉次中 TiN 夹杂物数量分布对比

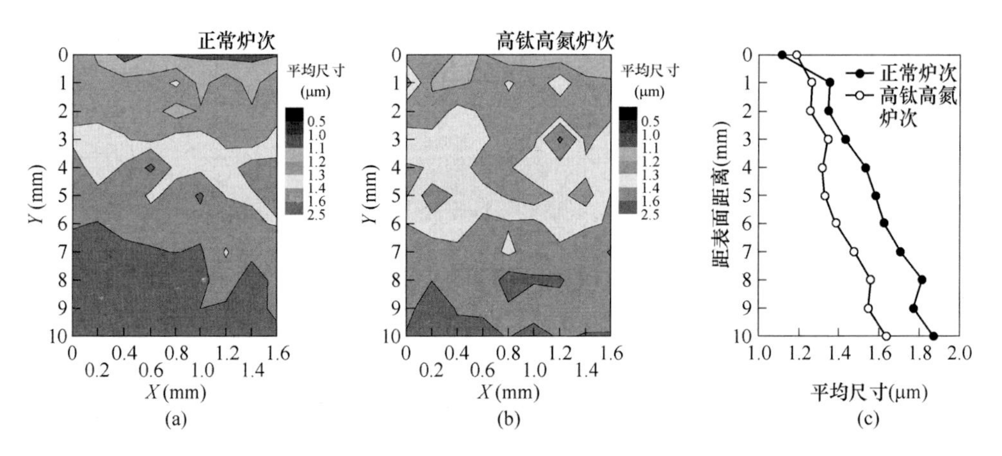

图 15-4　高钛高氮炉次与正常炉次中 TiN 夹杂物尺寸分布对比

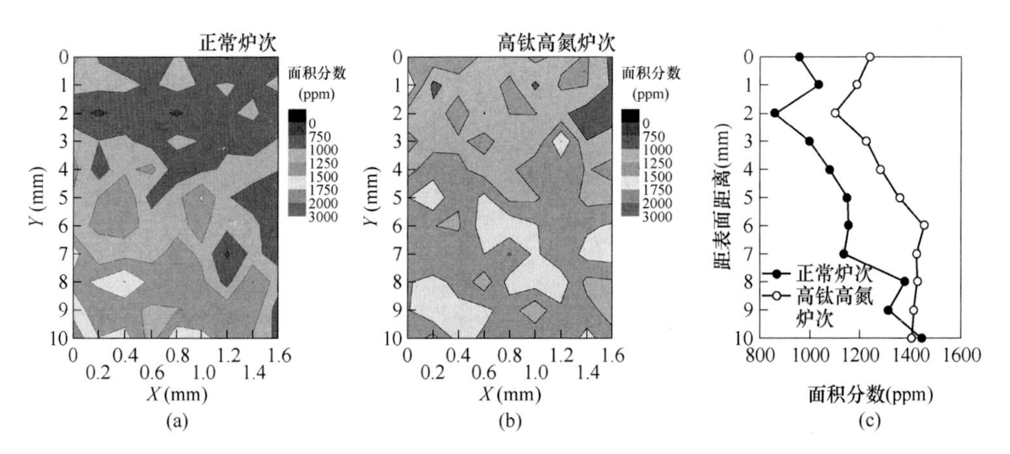

图 15-5　高钛高氮炉次与正常炉次中 TiN 夹杂物面积分布对比

表 15-2　高钛炉次与正常炉次化学成分对比　(%)

炉号	[Al]$_s$	[Ti]	T. N
高钛炉次	0.002	0.351	0.0083
正常炉次	0.011	0.287	0.0086

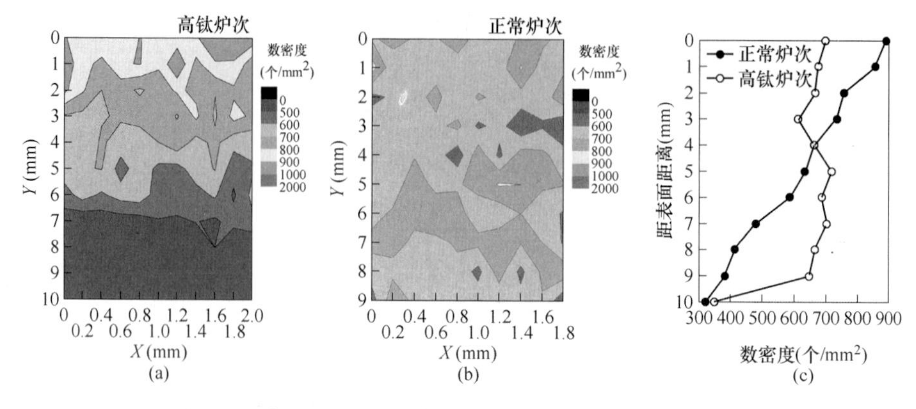

图 15-6　高钛炉次与正常炉次中 TiN 夹杂物数量分布对比

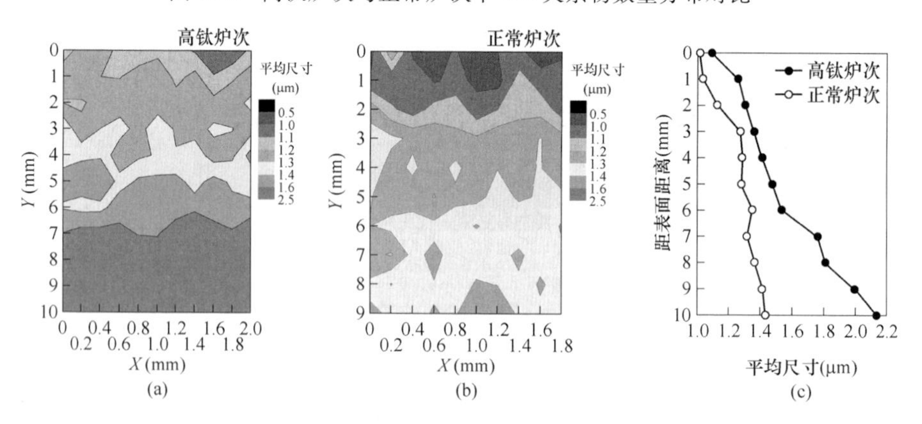

图 15-7　高钛炉次与正常炉次中 TiN 夹杂物尺寸分布对比

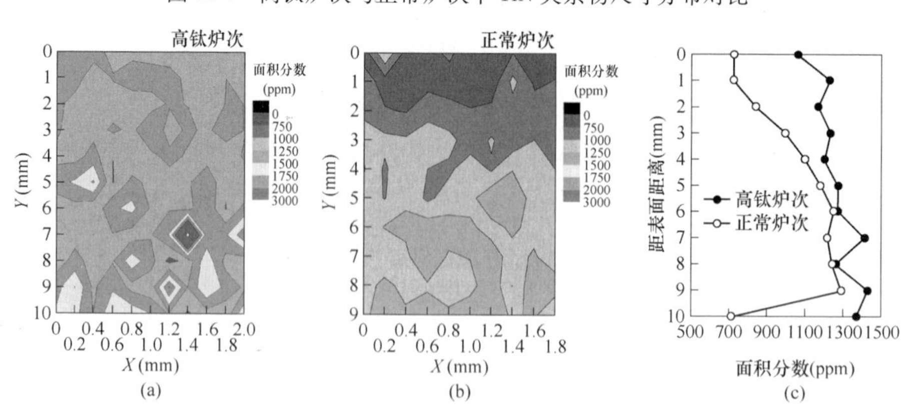

图 15-8　高钛炉次与正常炉次中 TiN 夹杂物面积分布对比

表 15-3 为进行低钛低氮试验炉次与正常炉次化学成分的对比，低钛低氮试样中的钛含量和氮含量明显低于正常炉次钢种。图 15-9～图 15-11 分别对比了低钛低氮炉次与正常炉次连铸坯表层 TiN 夹杂物的数量分布、尺寸分布和面积分布。可以看到，降低钢中的钛、氮含量会使得连铸坯表层的 TiN 夹杂物数密度、平均尺寸和面积分数均减小。

表 15-3　低钛低氮炉次与正常炉次化学成分对比　　(%)

炉号	[Al]$_s$	[Ti]	T. N
低钛低氮炉次	0.009	0.138	0.0055
正常炉次	0.01	0.255	0.0077

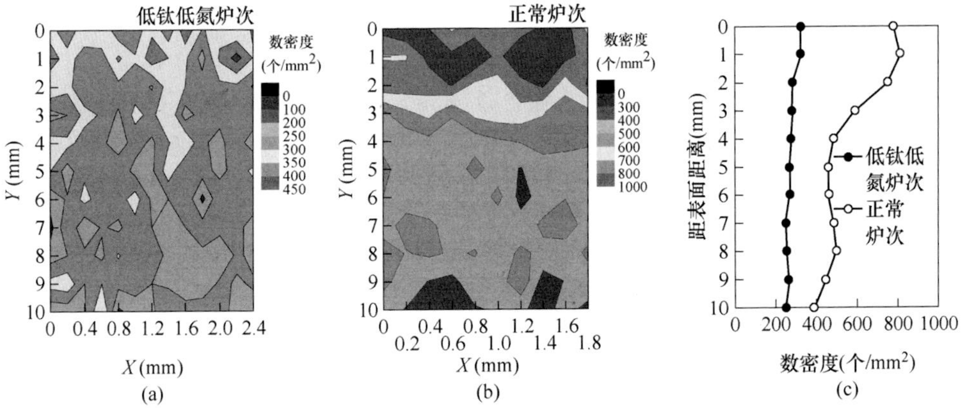

图 15-9　低钛低氮炉次与正常炉次中 TiN 夹杂物数量分布对比

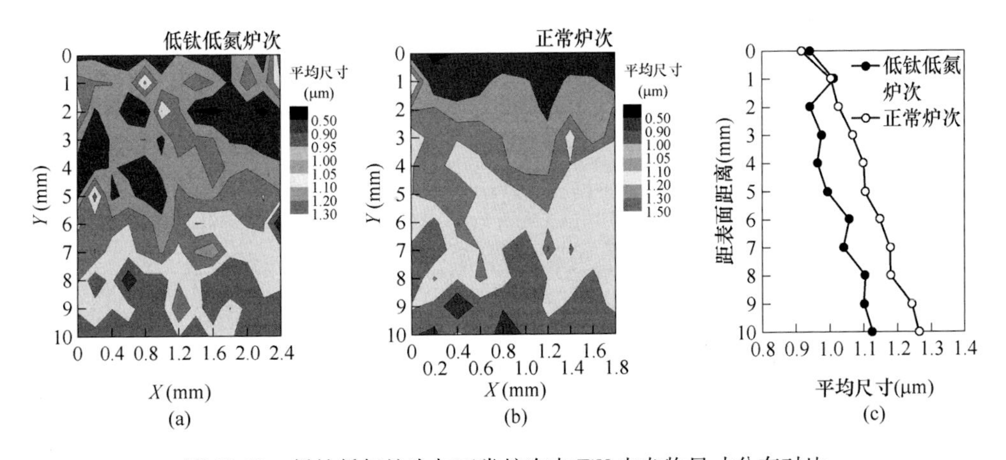

图 15-10　低钛低氮炉次与正常炉次中 TiN 夹杂物尺寸分布对比

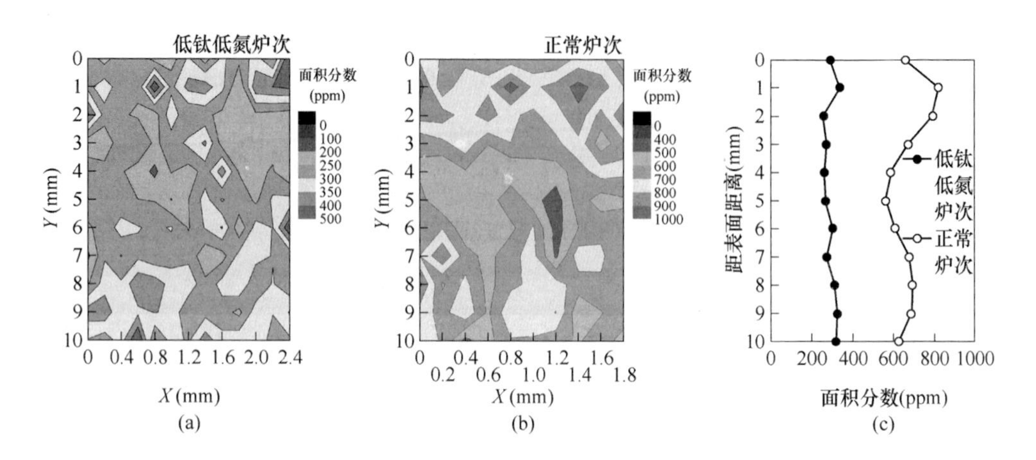

图 15-11　低钛低氮炉次与正常炉次中 TiN 夹杂物面积分布对比

通过以上结果可以看到，钛、氮含量越高，连铸坯内 TiN 夹杂物的数密度越大、平均尺寸越大，面积分数也越大。因此，控制连铸坯内，特别是连铸坯表层 TiN 夹杂物，需要严格控制钛、氮含量，避免产生过高的 Ti-N 积，从而避免冷轧板表面产生钛条纹缺陷。

15.3　铝含量调整工业试验

浦项和日新采用铝脱氧，无钛条纹缺陷；而国产采用硅脱氧，存在钛条纹缺陷。因此，尝试对比进行了不同铝含量下的现场试验。表 15-4 为进行高铝试验炉次与正常炉次化学成分的对比，试验炉次无论是 $[Al]_s$ 还是 T. Al 均高于对比炉次。同时对比炉次的 T. Mg 偏高而 T. O 偏低，这是由于铝含量偏高导致的。试验炉次和对比炉次的 [Ti] 和 T. N 相差不大。

表 15-4　正常炉次与高铝炉次测量化学成分对比　(%)

炉号	Al_s	T. Al	T. Mg	T. O	Ti	T. N
正常炉次	0.0086	0.0094	0.0009	0.0036	0.29	0.0073
高铝炉次	0.055	0.056	0.0006	0.0019	0.27	0.0079

图 15-12~图 15-14 分别对比了高铝炉次与正常炉次连铸坯表层 TiN 夹杂物的数量、尺寸和面积分布。可以看到，增加钢中的铝含量对连铸坯中 TiN 夹杂物的影响不大。但需要指出的是，钢中的铝、硅含量对铸坯中 TiN 夹杂物的生成影响不大，但可能会对热轧过程中 TiN 的析出产生影响，从而影响冷轧板表面的钛条纹缺陷。

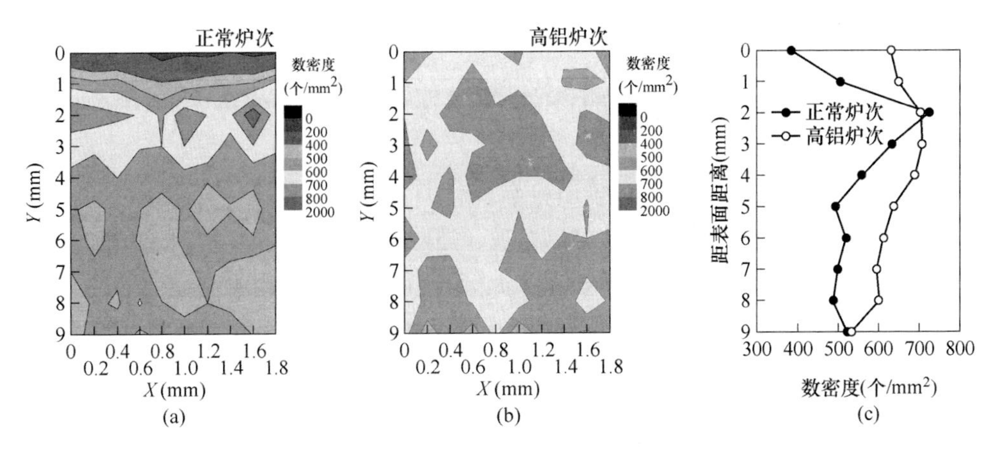

图15-12　高铝炉次与正常炉次中TiN夹杂物数量分布对比

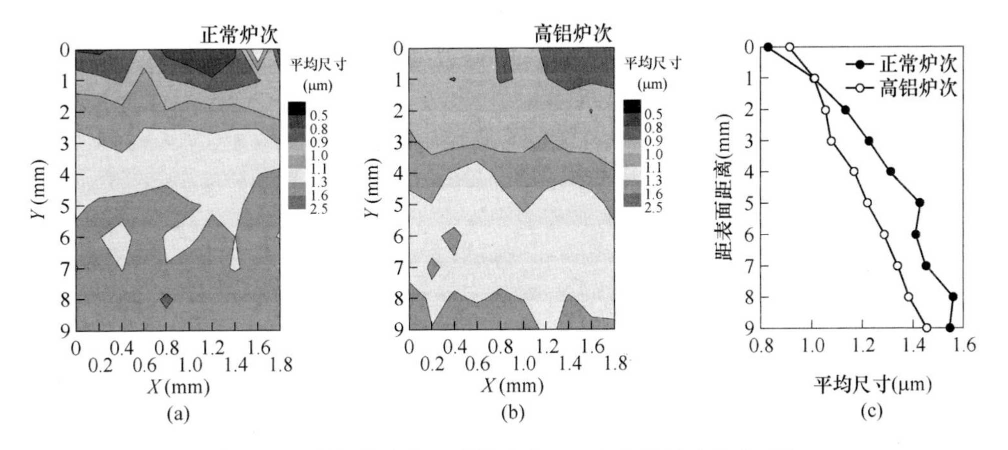

图15-13　高铝炉次与正常炉次中TiN夹杂物尺寸分布对比

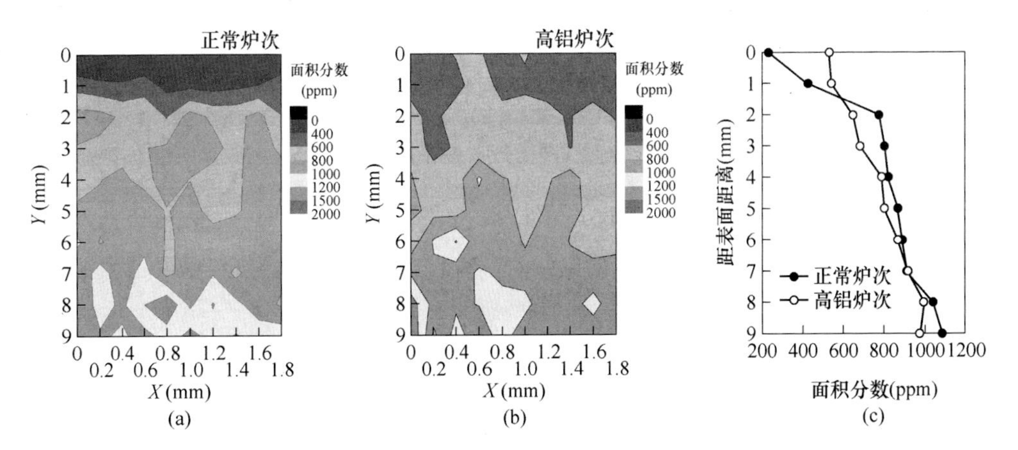

图15-14　高铝炉次与正常炉次中TiN夹杂物面积分布对比

15.4　小结

（1）通过统计生产过程中不同 Ti-N 积与钛条纹缺陷率间的关系发现，随着 Ti-N 积的增加，钛条纹缺陷率呈明显的增加趋势，因此，其主要控制措施之一为严格控制钢中的 Ti-N 积，避免钢中过高的钛、氮含量。通过统计不同硅含量和铝含量与钛条纹缺陷率间的关系可以发现，随着硅含量的增加，钛条纹缺陷率呈增加的趋势；而随着铝含量的增加，钛条纹缺陷率呈减少的趋势。

（2）通过钛、氮含量调整试验发现，钛、氮含量越高，连铸坯内 TiN 夹杂物的数量密度、平均尺寸和面积分数均越大。因此需要严格控制钛、氮含量，避免产生过高的 Ti-N 积，从而控制连铸坯内，特别是连铸坯表层少生成 TiN 夹杂物。

（3）通过铝含量调整试验发现，增加钢中的铝含量对连铸坯中 TiN 夹杂物的影响不大。但需要指出的是，虽然钢中的铝、硅含量对铸坯中 TiN 夹杂物的生成影响不大，但可能会对热轧过程中 TiN 的析出产生影响。

400 系不锈钢中非金属夹杂物控制的关键问题

（1）含钛超纯铁素体不锈钢冷轧板表面钛条纹缺陷形成机理：冷轧板表面钛条纹缺陷，大约为宽 0.5~1.5mm、长 0.2~1.0m，在冷轧板表面随机分布，没有明显的规律性；钛条纹缺陷是由于冷轧板表面富集有大量裸露的小尺寸 TiN 夹杂物造成的。

（2）非金属夹杂物的成分：LF 精炼过程随着钙处理和钛铁的加入，夹杂物由 $MgO-Al_2O_3$ 转变为 Mg-Al-Ca-Ti-O 复合夹杂物，在连铸坯中大量析出了尺寸为 2~5μm 的 TiN 夹杂物，部分 TiN 夹杂物是在 $MgO-Al_2O_3-TiO_x$ 氧化物核心上析出的，可以确定 TiN 夹杂物主要是在连铸过程的结晶器内和二冷段生成。在冷轧板中，夹杂物主要为尺寸为 2~5μm 的 TiN，并且能够看到部分 TiN 在轧制过程中被轧碎。因此，有效降低钢中 TiN 夹杂物的数量和尺寸是避免钛条纹缺陷产生的关键。

（3）国内外对比调研：随着硅含量的增加，钛条纹缺陷率呈增加的趋势，而随着铝含量的增加，钛条纹缺陷率呈减少的趋势。国产含钛铁素体不锈钢采用硅脱氧，而浦项和日新采用铝脱氧。我国生产的超纯铁素体不锈钢冷轧板表面 TiN 夹杂物的数量密度明显高于浦项和日新样品，而尺寸明显小于浦项和日新样品，但总的面积分数相差不大。因此，建议将化学成分控制为 $[\%Si]<0.30$ 和 $[\%Al]>0.05$。

（4）TiN 夹杂物分布均匀性：在连铸坯中沿厚度方向，从铸坯表面到铸坯中心，TiN 夹杂物的数量呈逐渐递减的趋势，尺寸为逐渐增加的趋势，面积为不规则变化。在连铸坯表层 10mm 内，TiN 夹杂物的数量在平行于内弧面的分布是不均匀的，尤其是在连铸坯表层 4mm 内，TiN 夹杂物的数密度很大并且随着离铸坯表面的距离增加呈快速递减的趋势。TiN 夹杂物在热轧板表面数密度明显大于热轧板内部，即热轧板表面富集有大量的 TiN 夹杂物，热轧板表面的 TiN 夹杂物的分布极不均匀，将会沿着轧制方向进行富集。因此，对连铸坯进行有效合理的修磨是控制铸坯钛条纹的重要措施之一。

（5）夹杂物生成热力学计算：不锈生产超纯铁素体不锈钢中的 TiN 夹杂物主要是在连铸过程中生成的，而不会在冶炼过程中生成；且 TiN 的生成主要受到钛和氮的影响。凝固过程中的偏析会使得氮、氮元素在固液界面前沿富集，促进 TiN 夹杂物的生成。

（6）化学成分对 TiN 夹杂物的影响：随着 Ti-N 积的增加，连铸坯内 TiN 夹杂物的数密度、平均尺寸和面积分数也越大，钛条纹缺陷率呈明显的增加趋势。建议［%Ti］< 0.25 和［%N］< 0.01。

（7）凝固和冷却对 TiN 夹杂物的影响：采用水冷方式获得的 TiN 夹杂物尺寸很小，空冷次之，炉冷最大。冷速越大，钢中的 TiN 夹杂物尺寸越小。但是由于较大幅度调整结晶器冷却速率具有较大的难度，很难通过调整结晶器缓冷明显降低 TiN 夹杂物的析出行为。

（8）热处理对 TiN 夹杂物的影响：在 1200℃ 保温过程中，随着保温时间的延长，TiN 夹杂物的数密度、平均尺寸和面积分数均有增加的趋势；并且在氮气气氛中增加趋势最大，空气中次之，而氩气中最小。在连铸坯的加热过程中应尽可能地减短加热时间或采用氩气保护气氛。

参考文献

[1] 迟泽浩一郎. 不锈钢：耐蚀钢的发展 [M]. 北京：冶金工业出版社，2007.
[2] 严旺生. 200 系列（锰系）不锈钢发展前景 [J]. 中国锰业，2004，22（2）：8-12.
[3] 邵华. 304/J4 不锈钢冶炼过程优化配料研究 [D]. 北京：北京科技大学，2013.
[4] 张存信，田华，孙红，秦丽柏，刘国忠. 不锈钢冶金技术的进展 [J]. 兵器材料科学与工程，2009，32（4）：109-111.
[5] 程志旺，许勇. 不锈钢冶炼工艺技术 [J]. 特钢技术，2011，17（66）：1-5.
[6] 林企增，李成. 转炉用铁水冶炼不锈钢的技术进展 [J]. 不锈钢，2000（4）：52.
[7] 李晓波. 国内铁素体不锈钢的最新发展 [J]. 铸造设备研究，2006（4）：1-6.
[8] Fritz E. 不锈钢生产技术的发展趋势 [J]. 钢铁，2003，38（5）：67-72.
[9] Steins J，Dimitrov S，Hiebler M，Krumenacker J，Thalhammer M，Schulz O. 比利时 Ugine&Alz 新建不锈钢厂投产一年的运行情况 [J]. 钢铁，2004，39（5）：26-29.
[10] 陈礼斌，高永春. 不锈钢技术及其发展 [J]. 河北冶金，2011（3）：5-12.
[11] 郝祥寿. 不锈钢冶炼设备和工艺路线 [J]. 特殊钢，2005，26（2）：28-31.
[12] 游香米. 不锈钢冶炼工艺及炉型比较 [J]. 钢铁技术，2009（6）：17-20.
[13] 朱敏之. 日本川崎公司的不锈钢技术特点 [J]. 特殊钢，2001，22（1）：1-5.
[14] 朱敏之. 日本川崎制铁的不锈钢生产工艺特点与新产品开发 [J]. 特钢技术，2004（2）：48-49.
[15] Hara N，Hirabayashi K，Sugawara Y，Muto I. Improvement of pitting corrosion resistance of type 316L stainless steel by potentiostatic removal of surface MnS inclusions [J]. Int. J. Corros.，2012，2012：1-6.
[16] Chiba A，Muto I，Sugawara Y，Hara N. Direct observation of pit initiation process on type 304 stainless steel [J]. Mater. Trans.，2014，55（5）：857-860.
[17] Kucernak A R，Peat R，Williams D E. Dissolution and reaction of sulfide inclusions in stainless steel imaged using scanning laser photoelectrochemical microscopy [J]. J. Electron. Soc.，1992，139（8）：2337-2340.
[18] Zheng S，Wang Y，Zhang B，Zhu Y，Liu C，Hu P，Ma X L. Identification of $MnCr_2O_4$ nano-octahedron in catalysing pitting corrosion of austenitic stainless steels [J]. Acta Mater.，2010，58（15）：5070-5085.
[19] Wranglen G. Pitting and sulphide inclusions in steel [J]. Corros. Sci.，1974，14（5）：331-349.
[20] Webb E，Suter T，Alkire R. Microelectrochemical measurements of the dissolution of single MnS inclusions，and the prediction of the critical conditions for pit initiation on stainless steel [J]. J. Electron. Soc.，2001，148（5）：B186-B195.
[21] Park J H，Kang Y. Inclusions in Stainless Steels—A Review [J]. Steel Res. Int.，2017，88（12）：1700130.
[22] Liu Q，Yang S，Zhao M，Zhu L，Li J. Pitting corrosion of steel induced by Al_2O_3 inclusions [J]. Metals，2017，7（9）：347.

[23] Zheng S, Li C, Qi Y, Chen L, Chen C. Mechanism of (Mg, Al, Ca) -oxide inclusion-induced pitting corrosion in 316L stainless steel exposed to sulphur environments containing chloride ion [J]. Corros. Sci., 2013, 67: 20-31.

[24] Gateman S M, Stephens L I, Perry S C, Lacasse R, Schulz R, Mauzeroll J. The role of titanium in the initiation of localized corrosion of stainless steel 444 [J]. Mater. Degrad., 2018, 2 (1): 5.

[25] Park J H, Todoroki H. Control of MgO · Al_2O_3 spinel inclusions in stainless steels [J]. ISIJ Int., 2010, 50 (10): 1333-1346.

[26] Horstemeyer M F, Gokhale A M. A void-crack nucleation model for ductile metals [J]. Int. J. Solids Struct., 1999, 36 (33): 5029-5055.

[27] Todoroki H, Kirihara F, Kanbe Y, Miyazaki Y. Effect of compositions of non-metallic inclusions on CC nozzle clogging of a Fe-Cr-Ni-Mo system stainless steel [J]. Tetsu to Hagane, 2014, 100 (4): 539-547.

[28] 郑宏光. 含钛不锈钢连铸水口结瘤和结晶器“结鱼”[J]. 宝钢技术, 2008 (1): 50-58.

[29] Ånmark N, Karasev A, Jönsson P. The effect of different non-metallic inclusions on the machinability of steels [J]. Mater., 2015, 8 (2): 751-783.

[30] Yang W, Wang X, Zhang L, Wang W. Characteristics of alumina-based inclusions in low carbon Al-killed steel under no-stirring condition [J]. Steel Res. Int., 2013, 878-891.

[31] Kang Y, Thunman M, Sichen D, Morohoshi T, Mizukami K, Morita K. Aluminum deoxidation equilibrium of molten iron-aluminum alloy with wide aluminum composition range at 1873K [J]. ISIJ Int., 2009, 49 (10): 1483-1489.

[32] Braun T B, Elliott J F, Flemings M C. The clustering of alumina inclusions [J]. Metall. Mater. Trans. B, 1979, 10 (5): 171-184.

[33] Paek M K, Jang J M, Kang H J, Pak J J. Reassessment of AlN(s) = Al+N equilibration in liquid iron [J]. ISIJ Int., 2013, 53 (3): 535-537.

[34] Goro O, Koji Y, Syuji T, Ken-ichi S. Effect of slag composition on the kinetics of formation of Al_2O_3-MgO inclusions in aluminum killed ferritic stainless steel [J]. ISIJ Int., 2000, 40 (2): 121-128.

[35] 魏耀武, 李楠, 潘德福. 镁质耐火材料与钢中镁铝尖晶石夹杂形成的热力学关系 [J]. 硅酸盐通报, 2006, 25 (6): 34-37.

[36] Jansson S, Brabie V, Jonsson P. Corrosion mechanism of commercial MgO-C refractories in contact with different gas atmospheres [J]. ISIJ Int., 2008, 48 (6): 760-767.

[37] Jiang M, Wang X, Chen B, Wang W. Formation of MgO · Al_2O_3 inclusions in high strength alloyed structural steel refined by CaO-SiO_2-Al_2O_3-MgO slag [J]. ISIJ Int., 2008, 48 (7): 885-890.

[38] 姜敏, 陈斌, 王新华. 坩埚实验中渣组成对合金钢液洁净度的影响 [J]. 特殊钢, 2008, 29 (4): 11-12.

[39] Jiang M, Wang X, Chen B, Wang W. Laboratory study on evolution mechanisms of non-metallic inclusions in high strength alloyed steel refined by high basicity slag [J]. ISIJ Int., 2010, 50

(1): 95-104.

[40] Cha W Y, Miki T, Sasaki Y, Hino M. Identification of titanium oxide phases equilibrated with liquid Fe-Ti alloy based on EBSD analysis [J]. ISIJ Int., 2006, 46 (7): 987-995.

[41] Cha W Y, Nagasaka T, Miki T, Sasaki Y, Hino M. Equilibrium between titanium and oxygen in liquid Fe-Ti alloy coexisted with titanium oxides at 1873K [J]. ISIJ Int., 2006, 46 (7): 996-1005.

[42] Pak J J, Jo J O, Kim S I, Kim W Y, Chung T I, Seo S M, Park J H, Kim D S. Thermodynamics of titanium and oxygen dissolved in liquid iron equilibrated with titanium oxides [J]. ISIJ Int., 2007, 47 (1): 16-24.

[43] Vanderschueren D, Yoshinaga N, Yoshinaga K. Recrystallisation of Ti IF steel investigated with electron backscattering pattern (EBSP) [J]. ISIJ Int., 1996, 36 (8): 1046-1054.

[44] Yamamoto K, Hasegawa T, Takamura J-I. Effect of boron on intra-granular ferrite formation in Ti-oxide bearing steels [J]. ISIJ Int., 1996, 36 (1): 80-86.

[45] Ren Y, Li S, Zhang L, Yang S, Yang W. Fundamentals for the formation of Mg-Al-Ti-O compound inclusions in steel [A]. AISTech 2013 Iron and Steel Technology Conference and Exposition [C], Pittsburg, PA, United states: Association for Iron and Steel Technology, 2013: 1159-1166.

[46] Ren Y, Zhang L, Yang W, Duan H. Formation and thermodynamics of Mg-Al-Ti-O complex inclusions in Mg-Al-Ti-deoxidized steel [J]. Metall. Mater. Trans. B, 2014: 1-15.

[47] Verma N, Pistorius P C, Fruehan R J, Potter M, Lind M, Story S. Transient inclusion evolution during modification of alumina inclusions by calcium in liquid steel: Part Ⅱ. Results and discussion [J]. Metall. Mater. Trans. B, 2011, 42 (4): 720-729.

[48] Verma N, Pistorius P C, Fruehan R J, Potter M, Lind M, Story S. Transient inclusion evolution during modification of alumina inclusions by calcium in liquid steel: Part Ⅰ. Background, experimental techniques and analysis methods [J]. Metall. Mater. Trans. B, 2011, 42 (4): 711-719.

[49] Yang S, Wang Q, Zhang L, Li J, Peaslee K. Formation and modification of $MgO \cdot Al_2O_3$-based inclusions in alloy steels [J]. Metall. Mater. Trans. B, 2012, 43 (4): 731-750.

[50] Yang W, Zhang L, Wang X, Ren Y, Liu X, Shan Q. Characteristics of inclusions in low carbon Al-killed steel during ladle furnace refining and calcium treatment [J]. ISIJ Int., 2013, 53 (8): 1401-1410.

[51] Ren Y, Zhang L, Li S, Yang W, Wang Y. Formation mechanism of CaO-CaS inclusions in pipeline steels [A]. AISTech 2014 Iron and Steel Technology Conference and Exposition [C], Pittsburg, PA, United states: Association for Iron and Steel Technology, 2014: 1607-1617.

[52] Wang X, Li X, Li Q, Huang F, Li H, Yang J. Control of stringer shaped non-metallic inclusions of CaO-Al_2O_3 system in API X80 linepipe steel plates [J]. Steel Res. Int., 2014, 85 (2): 155-163.

[53] Park J H, Kang Y B. Effect of Ferrosilicon addition on the composition of inclusions in 16Cr-14Ni-Si stainless steel melts [J]. Metall. Mater. Trans. B, 2006, 5 (37): 791-797.

[54] Ono-Nakazato H, Taguchi K, Maruo R, Usui T. Silicon deoxidation equilibrium of molten Fe-Mo alloy [J]. ISIJ Int., 2007, 47 (3): 365-369.

[55] Suzuki K, Ban-ya S, Hino M. Deoxidation equilibrium of chromium stainless steel with Si at the temperatures from 1823 to 1923K [J]. ISIJ Int., 2001, 41 (8): 813-817.

[56] Dashevskii V Y, Katsnelson A M, Makarova N N, Grigorovitch K V, Kashin V I. Deoxidation equilibrium of manganese and silicon in liquid iron-nickel alloys [J]. ISIJ Int., 2003, 43 (10): 1487-1494.

[57] Itoh T, Nagasaka T, Hino M. Equilibrium between dissolved chromium and oxygen in liquid high chromium alloyed steel saturated with Pure Cr_2O_3 [J]. ISIJ Int., 2000, 40 (11): 1051-1058.

[58] Itoh H, Hino M, Ban-ya S. Thermodynamics on the formation of spinel nonmetallic inclusion in liquid steel [J]. Metall. Mater. Trans. B, 1997, 28 (5): 953-956.

[59] Lee S B, Choi J H, Lee H G, Rhee P H, Jung S M. Aluminum deoxidation equilibrium in liquid Fe-16 pct Cr alloy [J]. Metall. Mater. Trans. B, 2005, 36 (3): 414-416.

[60] Park J H, Lee S B, Kim D S. Inclusion control of ferritic stainless steel by aluminum deoxidation and calcium treatment [J]. Metall. Mater. Trans. B, 2005, 36 (1): 67-73.

[61] Jo S K, Kim S H, Song B. Thermodynamics on the formation of spinel ($MgO \cdot Al_2O_3$) inclusion in liquid iron containing chromium [J]. Metall. Mater. Trans. B, 2002, 33 (5): 703-709.

[62] 袁纲，李光强，李永军，陈兆平. 钛稳定超纯铁素体不锈钢硅铝复合脱氧的试验研究[J]. 钢铁研究学报，2013，25 (2)：33-38.

[63] Mizuno K, Todoroki H, Noda M, Tohge T. Effect of Al and Ca in ferrosilicon alloys for deoxidation on inclusion composition in type 304 stainless steel [J]. Iron Steelmaker, 2001, 28 (8): 93-101.

[64] Suito H, Inoue R. Thermodynamics on control of inclusions composition in ultraclean steels [J]. ISIJ Int., 1996, 36 (5): 528-536.

[65] Taguchi K, Ono-Nakazato H, Usui T, Marukawa K, Katogi K, Kosaka H. Complex deoxidation equilibria of molten iron by aluminum and calcium [J]. ISIJ Int., 2005, 45 (11): 1572-1576.

[66] Jung S S, Sohn I. Crystallization Behavior of the $CaO\text{-}Al_2O_3\text{-}MgO$ System studied with a confocal laser scanning microscope [J]. Metall. Mater. Trans. B, 2012, 43 (6): 1530-1539.

[67] Park J H, Lee S B, Gaye H R. Thermodynamics of the formation of $MgO\text{-}Al_2O_3\text{-}TiO_x$ inclusions in Ti-stabilized 11Cr ferritic stainless steel [J]. Metall. Mater. Trans. B, 2008, 39 (6): 853-861.

[68] Park J H. Formation mechanism of spinel-type inclusions in high-alloyed stainless steel melts [J]. Metall. Mater. Trans. B, 2007, 38 (4): 657-663.

[69] Park J H, Kim D. Effect of $CaO\text{-}Al_2O_3\text{-}MgO$ slags on the formation of $MgO \cdot Al_2O_3$ inclusions in ferritic stainless steel [J]. Metall. Mater. Trans. B, 2005, 36 (4): 495-502.

[70] Shin J H, Park J H. Modification of inclusions in molten steel by Mg-Ca transfer from top slag: Experimental confirmation of the 'Refractory-Slag-Metal-Inclusion (ReSMI)' multiphase reaction Model [J]. Metall. Mater. Trans. B, 2017, 48 (6): 2820-2825.

[71] Seo C W, Kim S H, Jo S K, Suk M O, Byun S M. Modification and minimization of spinel (Al_2O_3 · MgO) inclusions formed in Ti-added steel melts [J]. Metall. Mater. Trans. B, 2010, 41 (4): 790-797.

[72] Chen S, Jiang M, He X, Wang X. Top slag refining for inclusion composition transform control in tire cord steel [J]. Int. J. Min. Metall. Mater., 2012, 19 (6): 490-498.

[73] Chen S, Wang X, He X, Wang W. Industrial application of desulfurization using low basicity refining slag in tire cord steel [J]. J. Iron Steel Res. Int., 2013, 20 (1): 26-33.

[74] Bertrand C, Molinero J, Molinero S, Elvira R, Wild M, Barthold G, Valentin P, Schifferl H. Metallurgy of plastic inclusions to improve fatigue life of engineering steels [J]. Ironmak. Steelmak., 2003, 30 (2): 165-169.

[75] Kang Y-B, Lee H-G. Inclusions chemistry for Mn/Si deoxidized steels: thermodynamic predictions and experimental confirmations [J]. ISIJ Int., 2004, 44 (6): 1006-1015.

[76] Ehara Y, Yokoyama S, Kawakami M. Control of formation of spinel Inclusion in type 304 stainless steel by slag composition [J]. Tetsu to Hagane, 2007, 93 (7): 475-482.

[77] Ohta H, Suito H. Activities in CaO-MgO-Al_2O_3 slags and deoxidation equilibria of Al, Mg, and Ca [J]. ISIJ Int., 1996, 36 (8): 983-990.

[78] Park J S, Park J H. Effect of slag composition on the concentration of Al_2O_3 in the inclusions in Si-Mn-killed steel [J]. Metall. Mater. Trans. B, 2014, 45 (3): 953-960.

[79] Zhang L, Taniguchi S. Fundamentals of inclusion removal from liquid steel by bubble flotation [J]. Int. Mate. Rev., 2000, 45 (2): 59-82.

[80] Zhong L, Li B, Zhu Y, Wang R, Wang W, Zhang X. Fluid flow in a four-strand bloom continuous casting tundish with different flow modifiers [J]. ISIJ Int., 2007, 47 (1): 88-94.

[81] Zhang L, Aoki J, Thomas B G. Inclusion removal by bubble flotation in a continuous casting mold [J]. Metall. Mater. Trans. B, 2006, 37 (3): 361-379.

[82] Lou W, Zhu M. Numerical Simulations of inclusion behavior in gas-stirred ladles [J]. Metall. Mater. Trans. B, 2013, 44 (3): 762-782.

[83] Duan H, Ren Y, Zhang L. Initial agglomeration of non-wetted solid particles in high temperature melt [J]. Chem. Eng. Sci., 2018, 196: 14-24.

[84] Felice V D, Daoud I L A, Dussoubs B, Jardy A, Bellot J-P. Numerical modelling of inclusion behaviour in a gas-stirred ladle [J]. ISIJ Int., 2012, 52 (7): 1273-1280.

[85] 段豪剑. 钢液中非金属夹杂物相关的基础研究 [D]. 北京: 北京科技大学, 2018.

[86] Strandh J, Nakajima K, Eriksson R, Jonsson P. Solid inclusion transfer at a steel-slag interface with focus on tundish conditions [J]. ISIJ Int., 2005, 45 (11): 1597-1606.

[87] Choi J-Y, Lee H-G, Kim J-S. Dissolution rate of Al_2O_3 into molten CaO-SiO_2-Al_2O_3 slags [J]. ISIJ Int., 2002, 42 (8): 852-860.

[88] Park J-H, Jung I-H, Lee H-G. Dissolution behavior of Al_2O_3 and MgO inclusions in the CaO-Al_2O_3-SiO_2 slags: Formation of ring-like structure of $MgAl_2O_4$ and Ca_2SiO_4 around MgO inclusions [J]. ISIJ Int., 2006, 46 (11): 1626-1634.

[89] Valdez M, Shannon G S, Sridhar S. The ability of slags to absorb solid oxide inclusions [J].

ISIJ Int., 2006, 46 (3): 450-457.

[90] Cho W D, Fan P. Diffusional dissolution of alumina in various steelmaking slags [J]. ISIJ Int., 2004, 44 (2): 229-234.

[91] Choi J-Y, Lee H-G. Wetting of solid Al_2O_3 with molten CaO-Al_2O_3-SiO_2 [J]. ISIJ Int., 2003, 43 (9): 1348-1355.

[92] Kawakami M, Yokoyama S, Takagi K, Nishimura M, Kim J-S. Effect of aluminum and oxygen content on diffusivity of aluminum in molten iron [J]. ISIJ Int., 1997, 37 (5): 425-431.

[93] Park J S, Park J H. Effect of physicochemical properties of slag and flux on the removal rate of oxide inclusion from molten steel [J]. Metall. Mater. Trans. B, 2016, 47 (6): 3225-3230.

[94] Sommerville I D, McKeogh E J. Reoxidation of steel by air entrained during casting [A]. Continuous Casting of Steel, Second Process Technology Conference [C], 1981: 256-268.

[95] Habu Y, Kitaoka H, Yoshii Y, Emi T, Iida Y, Ueda T. Origin and removal of large nonmetallic inclusions occurring during continuous casting of wide slabs [J]. Tetsu to Hagane, 1976, 62 (14): 1803-1812.

[96] Wang C, Verma N, Kwon Y, Tiekink W, Kikuchi N, Sridhar S. A study on the transient inclusion evolution during reoxidation of a Fe-Al-Ti-O melt [J]. ISIJ Int., 2011, 51 (3): 375-381.

[97] Sasai K, Mizukami Y. Reoxidation behavior of molten steel in tundish [J]. ISIJ Int., 2000, 40 (1): 40-47.

[98] Yan P, Ende M-A V, Zinngrebe E, Laan S V D, Blanpain B, Guo M. Interaction between steel and distinct gunning materials in the tundish [J]. ISIJ Int., 2014, 54 (11): 2551-2558.

[99] Wang Y, Sridhar S, Sridhar A W, Gomez A, Cicutti C. Reoxidation of low-carbon, aluminum-killed steel [J]. Iron steel tech., 2004, 1 (2): 87-96.

[100] Wang Y, Sridhar S. Reoxidation on the surface of molten low-carbon aluminum-killed steel [J]. Steel Res. Int., 2005, 76 (5): 355-361.

[101] Rampersadh R, Pistorius P C. Reoxidation and castability of aluminium-killed steels [J]. Journal of the South African Institute of Mining and Metallurgy, 2006, 106 (4): 265-268.

[102] Zhang L, Thomas B G. State of the art in evaluation and control of steel cleanliness [J]. ISIJ Int., 2003, 43 (3): 271-291.

[103] Verma N, Pistorius P C, Fruehan R J, Potter M S, Oltmann H G, Pretorius E B. Calcium modification of spinel inclusions in aluminum-killed Steel: Reaction steps [J]. Metall. Mater. Trans. B, 2012, 43 (4): 830-840.

[104] Yang G, Wang X, Huang F, Wang W, Yin Y, Tang C. Influence of reoxidation in tundish on inclusion for Ca-treated Al-killed steel [J]. Steel Res. Int., 2014, 85 (5): 784-792.

[105] Ren Y, Zhang L, Ling H, al e. A reaction model for prediction of inclusion evolution during reoxidation of Ca-treated Al-killed steels in tundish [J]. Metall. Mater. Trans. B, 2017, 48 (3): 1433-1438.

[106] Ende M-A V, Guo M, Guo E, Blanpain B, Jung I-H. Evolution of non-metallic inclusions in secondary steelmaking: Learning from inclusion size distributions [J]. ISIJ Int., 2013, 53 (11): 1974-1982.

[107] Takahashi I, Sakae T, Yoshida T. Changes of the nonmetallic inclusion by heating-study on the nonmetallic inclusion in 18-8 stainless steel (Ⅱ) [J]. Tetsu to Hagane, 1967, 53 (3): 350-352.

[108] Takano K, Nakao R, Fukumoto S, Tsuchiyama T, Takaki S. Grain size control by oxide dispersion in austenitic stainless steel [J]. Tetsu to Hagane, 2003, 89 (5): 616-622.

[109] Shibata H, Tanaka T, Kimura K, Kitamura S Y. Composition change in oxide inclusions of stainless steel by heat treatment [J]. Ironmak. Steelmak., 2010, 37 (7): 522-528.

[110] Shibata H, Kimura K, Tanaka T, Kitamura S. Mechanism of change in chemical composition of oxide inclusions in Fe-Cr alloys deoxidized with Mn and Si by heat treatment at 1473 K [J]. ISIJ Int., 2011, 51 (12): 1944-1950.

[111] 龙琼, 伍玉娇, 凌敏, 钟云波. 稀土元素处理钢的研究进展及应用前景 [J]. 炼钢, 2018, 34 (1): 57-64.

[112] Waudby P E. Rare earth additions to steel [J]. Int. Metals Rev., 1978, 23 (1): 74-98.

[113] 王龙妹, 杜挺, 卢先利, 乐可襄. 微量稀土元素在钢中的作用机理及应用研究 [A]. 稀土在钢中应用技术研讨会 [C], 2001: 37-40.

[114] Yue L, Wang L, Han J. Effects of rare earth on inclusions and corrosion resistance of 10PCuRE weathering steel [J]. J. Rare Earth, 2010, 28 (6): 952-956.

[115] Zhang S, Yu Y, Wang S, Li H. Effects of cerium addition on solidification structure and mechanical properties of 434 ferritic stainless steel [J]. Rare Earth, 2017, 35 (5): 518-524.

[116] Sun K K, Kong Y M, Park J H. Effect of Al deoxidation on the formation behavior of inclusions in Ce-added stainless steel melts [J]. Metals Mater. Int., 2014, 20 (5): 959-966.

[117] Kim S T, Jeon S H, Lee I S, Park Y S. Effects of rare earth metals addition on the resistance to pitting corrosion of super duplex stainless steel—Part 1 [J]. Corros. Sci., 2010, 52 (6): 1897-1904.

[118] Ma Q, Wu C, Cheng G, Li F. Characteristic and formation mechanism of inclusions in 2205 duplex stainless steel containing rare earth elements [J]. Mater. Today, 2015, 2 (2): S300-S305.

[119] Xiao L, Yang J C, Gao X Z. Thermodynamic analysis and observation of inclusions in RE-2Cr13 stainless steel [J]. Adv. Mat. Res., 2013, 718-720 (8): 4-8.

[120] Liu X, Wang L M. Thermodynamic analysis and observation of inclusions in 2205 duplex stainless steel with rare earth metals [J]. Adv. Mat. Res., 2012, 512-515: 1833-1839.

[121] Shi W, Yang S, Li J. Correlation between evolution of inclusions and pitting corrosion in 304 stainless steel with yttrium addition [J]. Sci. Rep., 2018 (3).

[122] 张慧敏. Ce 对 00Cr17Mo 不锈钢组织及硬度的影响 [J]. 稀土, 2013, 34 (1): 17-31.

[123] 冯海波. 430 铁素体不锈钢中稀土作用机理的研究 [D]. 沈阳: 东北大学, 2008.

[124] Park J S, Lee C, Park J H. Effect of complex inclusion particles on the solidification structure of Fe-Ni-Mn-Mo alloy [J]. Metall. Mater. Trans. B, 2012, 43 (6): 1550-1564.

[125] 董方. 铈对 202 不锈钢夹杂物形态和力学性能的影响 [J]. 中国稀土学报, 28 (3): 372-378.

[126] 陈雷，刘晓，杜晓建，叶晓宁，王龙妹. 微量稀土对奥氏体耐热钢高温力学性能的影响[J]. 中国稀土学报，2009，27（6）：829-833.

[127] Yang X, Yang J, Xue Z. Effect of Ce on inclusions and impact property of 2Cr13 stainless steel [J]. J. Iron Steel Res. Int., 2010, 17 (12): 59-64.

[128] Chen L, Ma X, Wang L, Ye X. Effect of rare earth element yttrium addition on microstructures and properties of a 21Cr-11Ni austenitic heat-resistant stainless steel [J]. Mater. Design, 2011, 32 (4): 2206-2212.

[129] Marina Fuser Pillis, Edval Gonçalves de Araújo, Ramanathan L V. Effect of rare earth oxide additions on oxidation behavior of AISI 304L stainless steel [J]. Mater. Res., 2006, 9 (4): 375-379.

[130] Samanta S K, Mitra S K, Pal T K. Effect of rare earth elements on microstructure and oxidation behaviour in TIG weldments of AISI 316L stainless steel [J]. Mater. Sci. Eng., 2006, 430: 242-247.

[131] Zhang T, Li D Y. Improvement in the corrosion-erosion resistance of 304 stainless steel with alloyed yttrium [J]. J. Mater. Sci., 2001, 36 (14): 3479-3486.

[132] Kim J W, Kim S K, Kim D S, Lee Y D, Yang P. Formation mechanism of Ca-Si-Al-Mg-Ti-O inclusions in type 304 stainless steel [J]. ISIJ Int., 1996, 36 (Supplement): S140-S143.

[133] Nishi T, Shinme K. Formation of spinel inclusions in molten stainless steel under Al deoxidation with slags [J]. Tetsu to Hagane, 1998, 84 (12): 837-843.

[134] Mizuno K, Todoroki H, Noda M, Tohge T. Effects of Al and Ca in ferrosilicon alloys for deoxidation on inclusion composition in type 304 stainless steel [J]. Iron Steelmaker, 2001, 28 (8): 93-101.

[135] Todoroki H, Mizuno K. Variation of inclusion composition in 304 stainless steel deoxidized with aluminum [J]. Iron Steelmaker, 2003, 30 (3): 60-67.

[136] Todoroki H, Mizuno K. Effect of silica in slag on inclusion compositions in 304 stainless steel deoxidized with aluminum [J]. ISIJ Int., 2004, 44 (8): 1350-1357.

[137] Sakata K. Technology for production of Austenite type clean stainless steel [J]. ISIJ Int., 2006, 46 (12): 1795-1799.

[138] Zhuang Y, Jiang Z, Li Y. Effect of refining slag' s basicity on inclusions in molten 304 stainless steel [J]. J. Northeastern Univ., 2010, 31 (10): 1445-1448.

[139] 茅卫东. SUS304不锈钢的抛光缺陷控制和改进措施[J]. 上海金属，2011，33（2）：58-62.

[140] 翟俊，刘浏. EAF+AOD+LF流程冶炼310S耐热钢夹杂物控制[J]. 钢铁，2017，52（5）：31-35.

[141] Du H, Karasev A, Sundqvist O, Jönsson P G. Modification of non-metallic inclusions in stainless steel by addition of CaSi [J]. Metals, 2019, 9 (1): 74.

[142] Yin X, Sun Y H, Yang Y D, Bai X F, Deng X X, Barati M, McLean A. Inclusion evolution during refining and continuous casting of 316L stainless steel [J]. Ironmak. Steelmak., 2016, 43 (7): 533-540.

[143] 李吉东，韩培德，王烽，任永秀，贾元伟. 316L 不锈钢 LF 精炼过程夹杂行为热力学分析和工艺优化 [J]. 特殊钢，2017，38 (1)：23-26.

[144] 付邦豪，侯海滨，成国光，潘吉祥，李岩，潘伟. 409L 不锈钢冶炼过程夹杂物特征及成因 [J]. 钢铁，2011，46 (6)：40-44.

[145] 王建新，陈兴润，潘吉祥. 410S 不锈钢冶炼过程全氧和夹杂物分析 [J]. 炼钢，2013，29 (3)：32-35.

[146] 赵建伟. 410 不锈钢冶炼过程全氧及夹杂物特征分析 [J]. 连铸，2016，41 (1)：10-13.

[147] Cha W Y, Kim D S, Lee Y D, Pak J J. A Thermodynamic study on the inclusion formation in ferritic stainless steel melt [J]. ISIJ Int., 2004, 44 (7): 1134-1139.

[148] 易忠烈，徐斌. 酒钢铁素体不锈钢冶炼的钢水纯净度浅析 [J]. 酒钢科技，2014 (3)：7-11.

[149] Changbo Guo W Y, Ying Ren, Lifeng Zhang, Haitao Ling, Dongteng Pan. Deformability of non-metallic oxide inclusions in tire cord steels [J]. Metall. Mater. Trans. B, 2017, 49 (2): 803-811.

[150] Ren Y, Zhang L, Fang W, Shao S, Yang J, Mao W. Effect of slag composition on inclusions in Si-deoxidized 18Cr-8Ni stainless steels [J]. Metall. Mater. Trans. B, 2016, 47 (2): 1024-1034.

[151] Van Ende M-A, Kim Y-M, Cho M-K, Choi J, Jung I-H. A kinetic model for the Ruhrstahl Heraeus (RH) degassing process [J]. Metall. Mater. Trans. B, 2011, 42 (3): 477-489.

[152] Van Ende M-A, Jung I-H. A kinetic ladle furnace process simulation model: Effective equilibrium reaction zone model using FactSage macro processing [J]. Metall. Mater. Trans. B, 2017, 48 (1): 28-36.

[153] Schmuki P, Hildebrand H, Friedrich A, Virtanen S. The composition of the boundary region of MnS inclusions in stainless steel and its relevance in triggering pitting corrosion [J]. Corros. Sci., 2005, 47 (5): 1239-1250.

[154] Chiba A, Muto I, Sugawara Y, Hara N. Effect of atmospheric aging on dissolution of MnS inclusions and pitting initiation process in type 304 stainless steel [J]. Corros. Sci., 2016, 106 (5): 25-34.

[155] Oikawa K, Sumi S I, Ishida K. The effects of addition of deoxidation elements on the morphology of (Mn,Cr)S inclusions in stainless steel [J]. JPE, 1999, 20 (3): 215-223.

[156] Liu C, Gao X, Kim S-J, Ueda S, Kitamura S. Dissolution behavior of Mg from MgO-C refractory in Al-killed molten steel [J]. ISIJ Int., 2018, 58 (3): 488-495.

[157] Liu C, Yagi M, Gao X, Kim S-J, Huang F, Ueda S, Kitamura S. Dissolution behavior of Mg from magnesia-chromite refractory into Al-killed molten steel [J]. Metall. Mater. Trans. B, 2018, 49 (5): 2298-2307.

[158] Neumann G, Tuijn C. Self-diffusion and Impurity Diffusion in Pure Metals: Handbook of Experimental Data [M]. Elsevier, 2009.

[159] Thorvaldsson T, Salwén A. Measurement of diffusion coefficients for Cr at low temperatures in a type 304 stainless steel [J]. Scripta Metall., 1984, 18 (7): 739-742.

[160] Kim W-Y, Jo J-O, Chung T-I, Kim D-S, Pak J-J. Thermodynamics of Titanium, Nitrogen and TiN Formation in Liquid Iron [J]. ISIJ Int., 2007, 47 (8): 1082-1089.

[161] Pak J-J, Jeong Y-S, Hong I-K, Cha W-Y, Kim D-S, Lee Y-Y. Thermodynamisc of TiN Formation in Fe-Cr Melts [J]. ISIJ Int., 2005, 45 (8): 1106-1111.

[162] Mitsutaka Hino, Kimihisa Ito. Thermodynamic Data for Steelmaking [M]. Senda: Tohoku University Press, 2010.

[163] Brody H D, Flemings M C. Solute redistribution during dendritic solidificat [J]. AIME, 1966, 236: 615-622.

[164] Mizukami Hideo, Suzuki Toshio, Umeda Takateru. Numerical analysis for initial stage of rapid solidification of 18Cr-8Ni stainless steel [J]. Tetsu to Hagane, 1992, 78 (5): 767-773.

[165] Clyne T W, Kurz W. Solute redistribution during solidification with rapid solid state diffusion [J]. Metall. Mater. Trans. A, 1981, 12 (A): 965-971.

精炼渣成分对 300 系不锈钢中夹杂物的影响

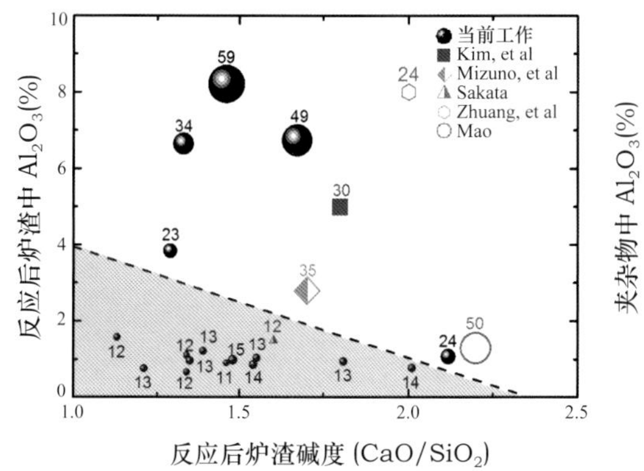

图 7-54 渣碱度和渣中 Al_2O_3 含量对夹杂物中 Al_2O_3 含量的影响

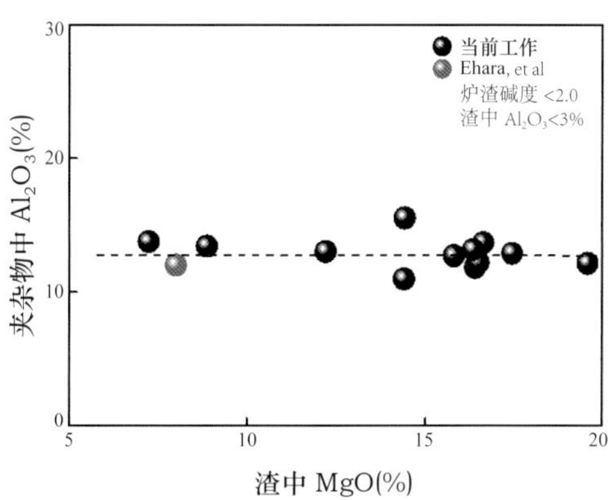

图 7-55 渣中 MgO 含量对夹杂物中 Al_2O_3 含量的影响

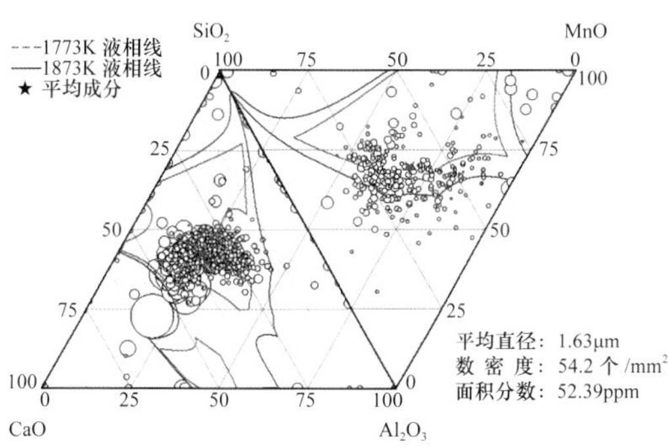

图 7-67 原有工艺炉次铸坯中夹杂物成分

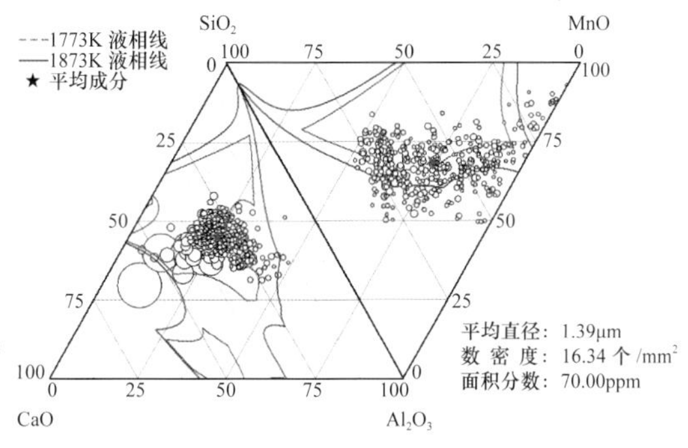

图 7-78 LF 降碱度工艺炉次铸坯内弧处夹杂物成分

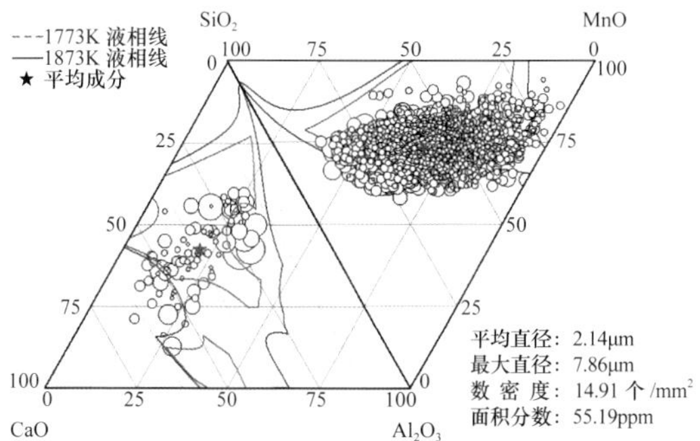

图 7-92 AOD 降碱度工艺铸坯内弧处夹杂物三元相图

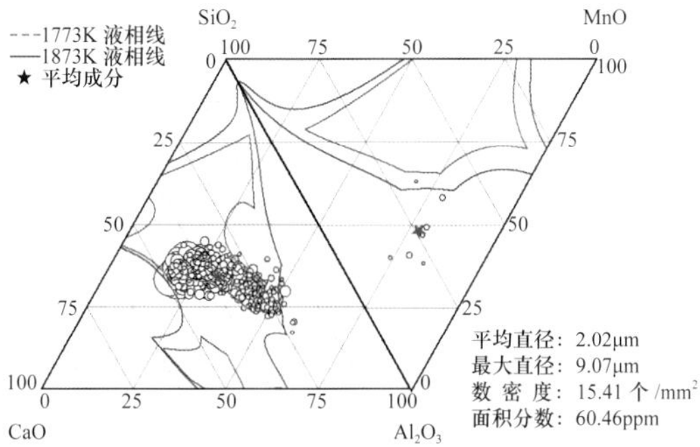

图 7-102 AOD 出钢扒渣炉次铸坯内弧处夹杂物三元相图

精炼渣洁净冶炼控制技术：随着精炼渣碱度增加，不锈钢非金属夹杂物中的 Al_2O_3 含量增加。当前工艺下，LF 炉精炼渣碱度为 2.0 左右，为了降低夹杂物中的 Al_2O_3 和 CaO 含量，可以将碱度控制在 1.7 左右。低碱度渣可使 304 不锈钢中的危害较大的 B 类不变形氧化铝夹杂物转变为危害很小的 C 类易变形硅酸盐夹杂物，在 AOD 末期直接将碱度降低效果更好。

不锈钢合金脱氧夹杂物生成热力学

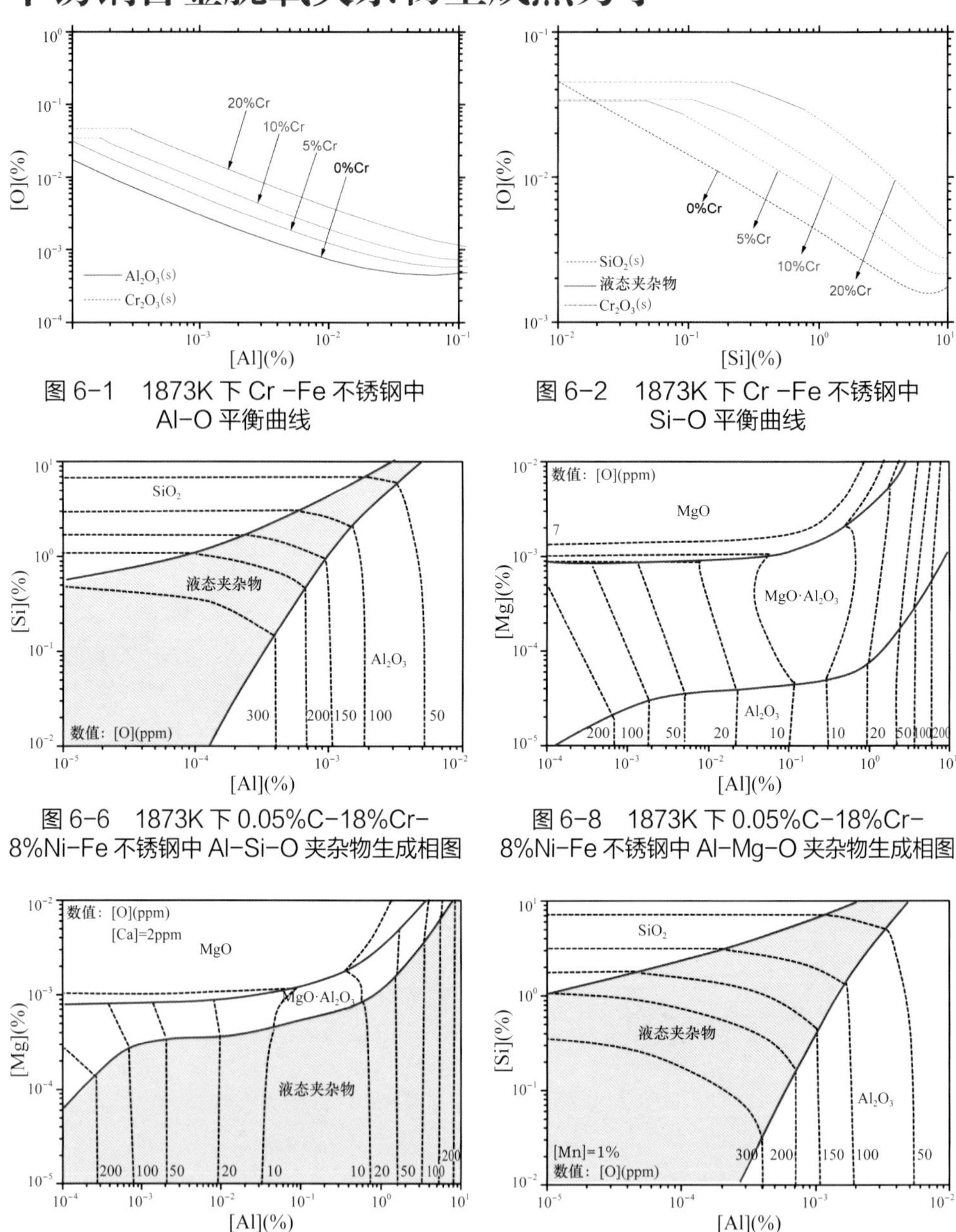

图 6-1　1873K 下 Cr-Fe 不锈钢中 Al-O 平衡曲线

图 6-2　1873K 下 Cr-Fe 不锈钢中 Si-O 平衡曲线

图 6-6　1873K 下 0.05%C-18%Cr-8%Ni-Fe 不锈钢中 Al-Si-O 夹杂物生成相图

图 6-8　1873K 下 0.05%C-18%Cr-8%Ni-Fe 不锈钢中 Al-Mg-O 夹杂物生成相图

图 6-10　1873K 下 0.05%C-18%Cr-8%Ni-2ppm Ca-Fe 不锈钢中 Al-Mg-Ca-O 夹杂物生成相图

图 6-11　1873K 下 0.05%C-18%Cr-8%Ni-1%Mn-Fe 不锈钢中 Al-Si-Mn-O 夹杂物生成相图

计算了 Fe-Cr 不锈钢中 Al-O 和 Si-O 等一元脱氧平衡曲线，可根据钢液成分对钢中的氧含量进行预测。计算了 304 不锈钢中二元 Al-Si-O 系、Al-Mn-O 系、Si-Mn-O 系、Al-Mg-O 系、Al-Ca-O 系，以及三元 Al-Mg-Ca-O 系、Al-Si-Ca-O 系、Al-Si-Mn-O 系夹杂物生成相图，可根据钢液成分预测各种类型夹杂物的生成。

硅铁合金的洁净度对 300 系不锈钢中夹杂物的影响

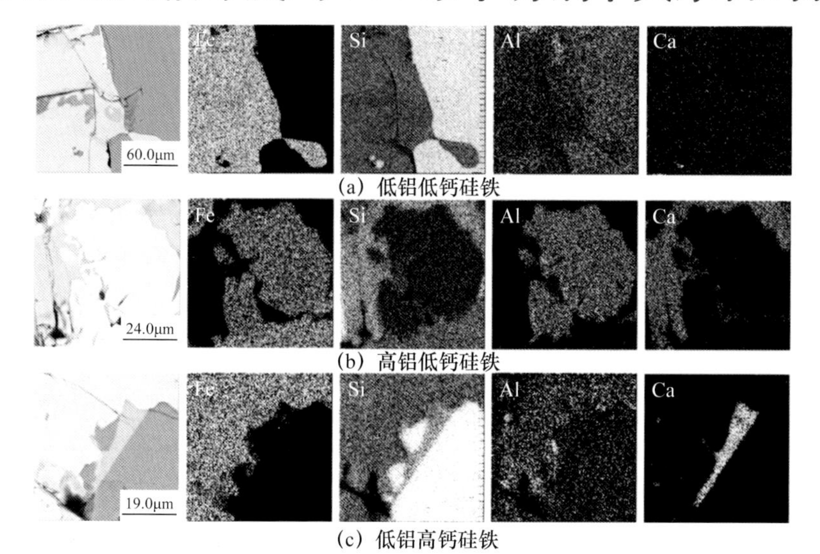

(a) 低铝低钙硅铁

(b) 高铝低钙硅铁

(c) 低铝高钙硅铁

图 6-15　不同硅铁中典型的相成分面扫描

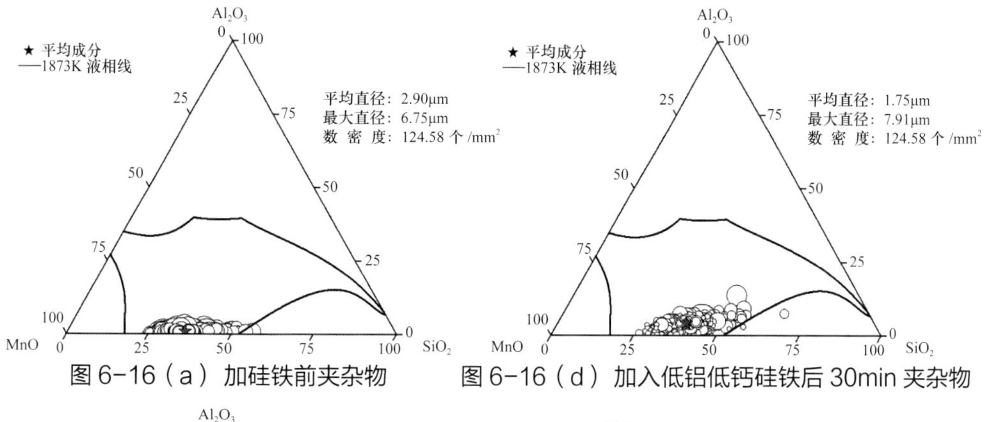

图 6-16（a）加硅铁前夹杂物　图 6-16（d）加入低铝低钙硅铁后 30min 夹杂物

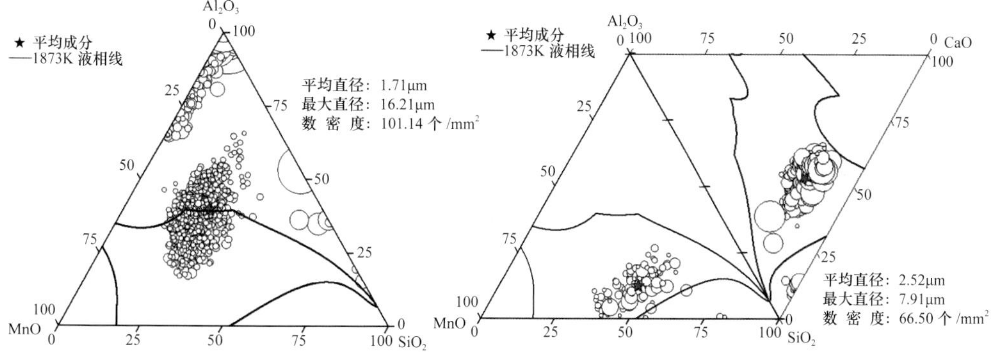

图 6-17（d）加入高铝低钙硅铁后 30min 夹杂物　图 6-18（d）加入低铝高钙硅铁后 30min 夹杂物

硅铁合金的洁净度控制技术：低铝低钙硅铁对夹杂物的成分影响很小，高铝硅铁和高钙硅铁会分别导致夹杂物中 Al_2O_3 和 CaO 含量升高。钢铁企业用硅铁合金中的铝含量和钙含量达到了 1% 以上，会引起夹杂物中的 Al_2O_3 和 CaO 含量增加，建议在 LF 炉不加硅铁合金。

不锈钢中夹杂物的精准钙处理

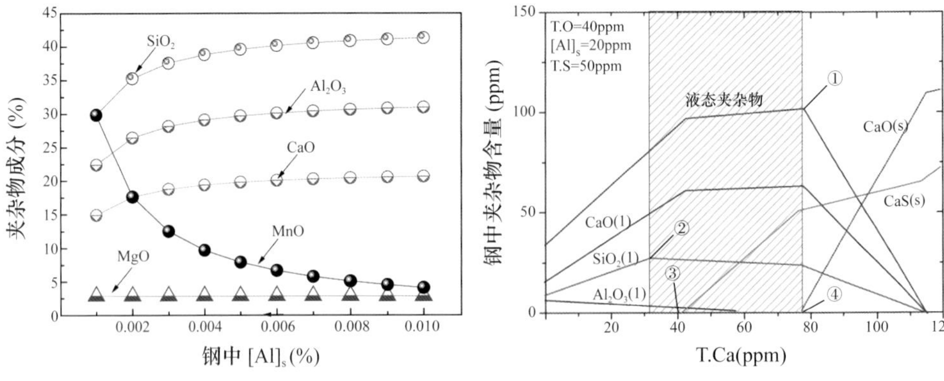

图 6-35 LF 过程钢液中 $[Al]_s$ 含量对夹杂物成分的影响

图 6-36 钢中钙含量与夹杂物成分的关系

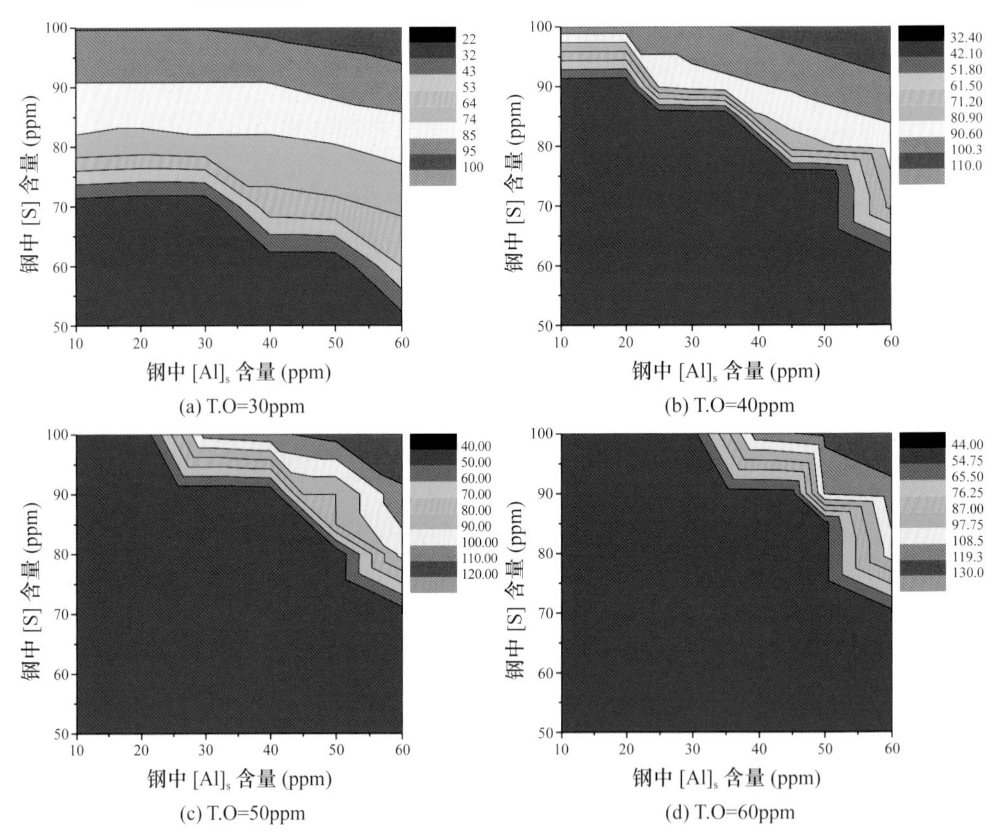

图 6-37 钙处理过程的最优钙加入量

304 不锈钢的生产过程中加入硅铁合金进行脱氧，由于脱氧硅铁合金中有一定含量的铝，导致夹杂物中 Al_2O_3 偏高，这同样需要进行钙处理，增加夹杂物的变形能力。作者建立了 304 不锈钢夹杂物精准钙处理模型，可根据不同钢液成分确定出最优加钙量。随钢中 T.O 增加，所需钙加入量增大。T.S 含量达到一定值后，随 T.S 含量增加，所需钙含量增加。对于 T.S 含量过高的钢水，采用钙处理会产生大量高熔点 CaS 夹杂物。

基于 FactSage 的渣 – 钢 – 夹杂物平衡热力学模型

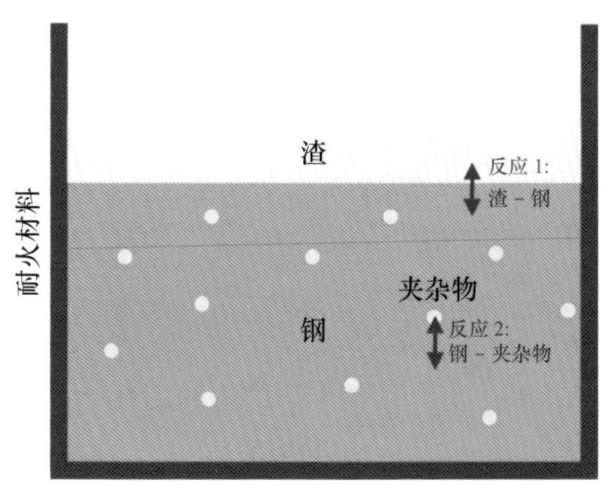

图 7-116　精炼过程渣、钢和夹杂物平衡反应示意图

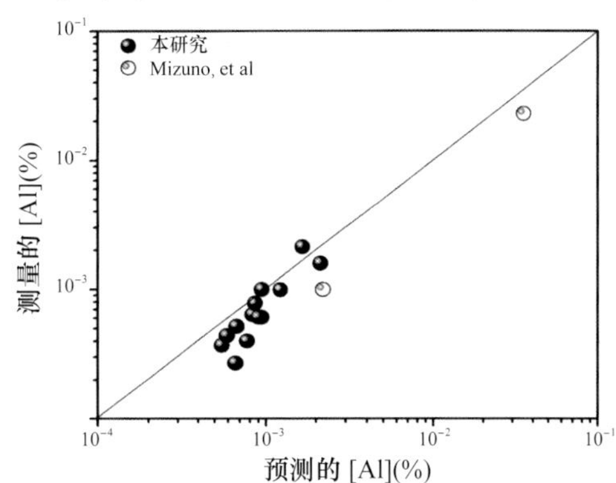

图 7-117(a)　304 不锈钢精炼渣、钢液和夹杂物反应计算结果与实验结果对比

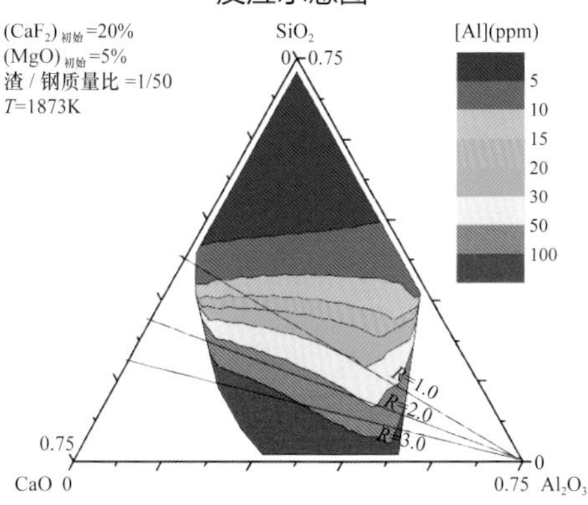

图 7-118　不同精炼渣成分对 304 不锈钢中 [Al] 含量的影响

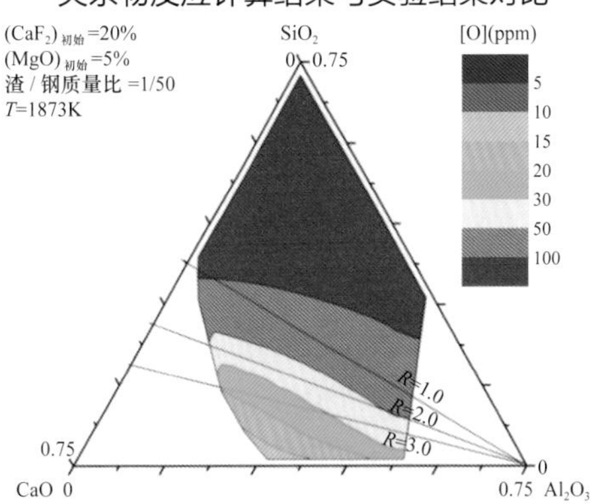

图 7-119　不同精炼渣成分对 304 不锈钢中 [O] 含量的影响

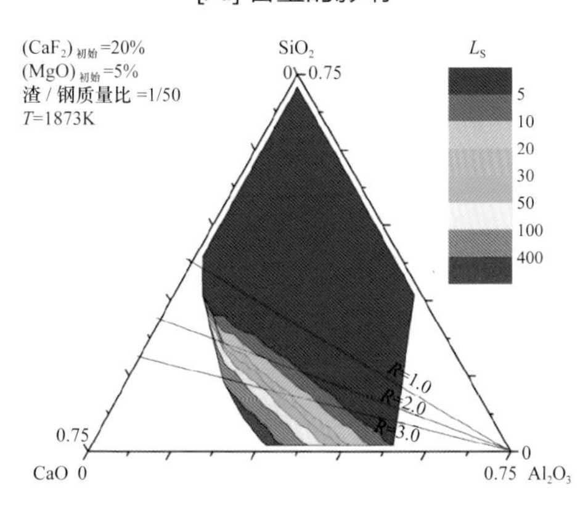

图 7-120　不同精炼渣成分对 304 不锈钢中 (S)/[S] 的影响

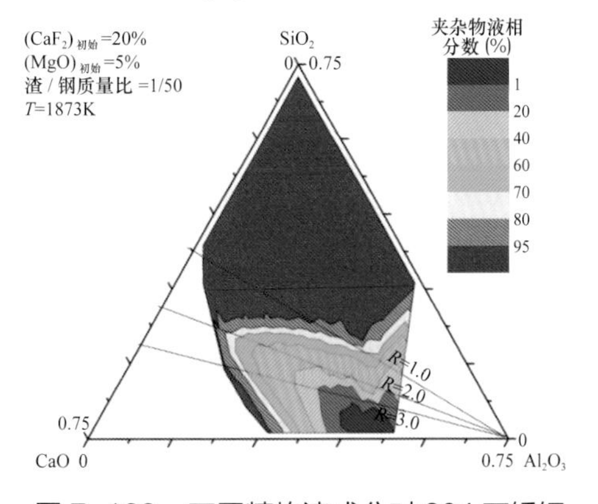

图 7-122　不同精炼渣成分对 304 不锈钢夹杂物液相分数的影响

建立了渣 - 钢 - 夹杂物平衡反应热力学模型，计算结果可以较好地与实验结果吻合。此模型可广泛地应用于预测不同精炼渣成分对钢液成分、脱硫、夹杂物成分、夹杂物熔点等的影响。$CaO-Al_2O_3$ 基渣系有利于钢中氧和硫的去除，但是生成的夹杂物中 Al_2O_3 含量过高；$CaO-SiO_2$ 基渣系精炼后，虽然钢中氧和硫含量较高，但是夹杂物中 Al_2O_3 含量很低。

热处理对 304 不锈钢中氧化物的影响

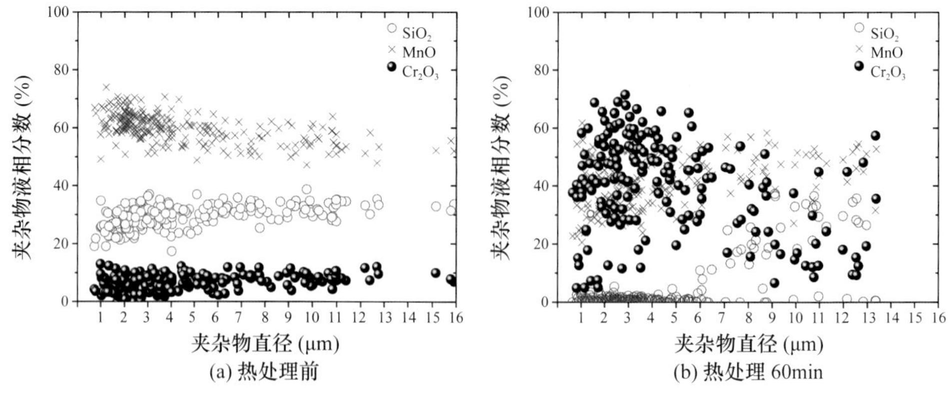

图 10-3　不锈钢热处理前后夹杂物成分和尺寸的关系

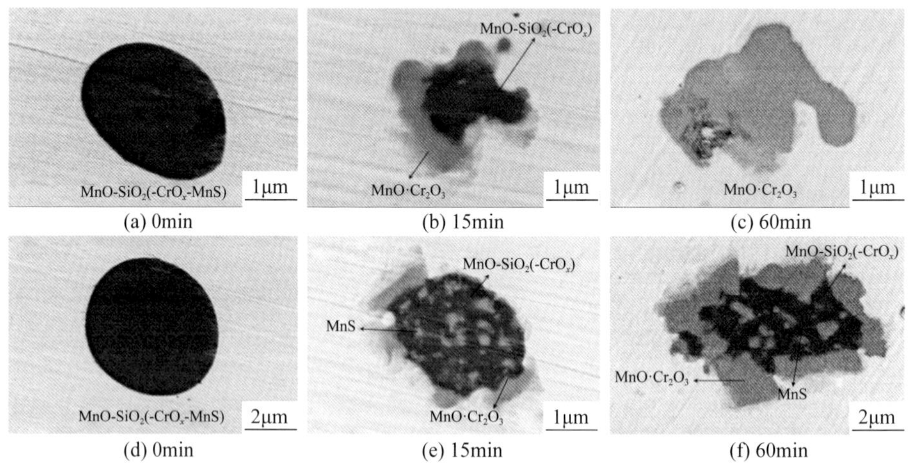

图 10-11　1200℃下热处理过程中不同时刻不锈钢中典型夹杂物的形貌演变

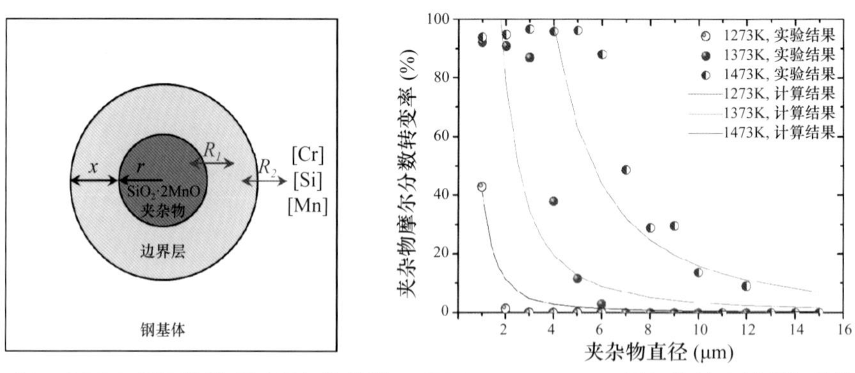

图 10-18　304 不锈钢热处理过程氧化物转变动力学模型示意图

图 10-19　304 不锈钢热处理过程氧化物转变动力学模型计算结果与实验结果的对比

热处理过程夹杂物转变控制技术： 在热处理过程中，304 不锈钢中的夹杂物与钢基体中的铬元素反应，夹杂物逐渐由 $2MnO·SiO_2$ 向 $MnO·Cr_2O_3$ 尖晶石转变。随着热处理温度由 1000℃增加至 1300℃，夹杂物的转变速率增加，但是在 1400℃下夹杂物与 304 不锈钢基体不发生反应。通过建立的动力学模型，可以有效预测不同温度下的热处理过程中夹杂物的转变率。

400 系不锈钢连铸坯和轧板中夹杂物的分布规律

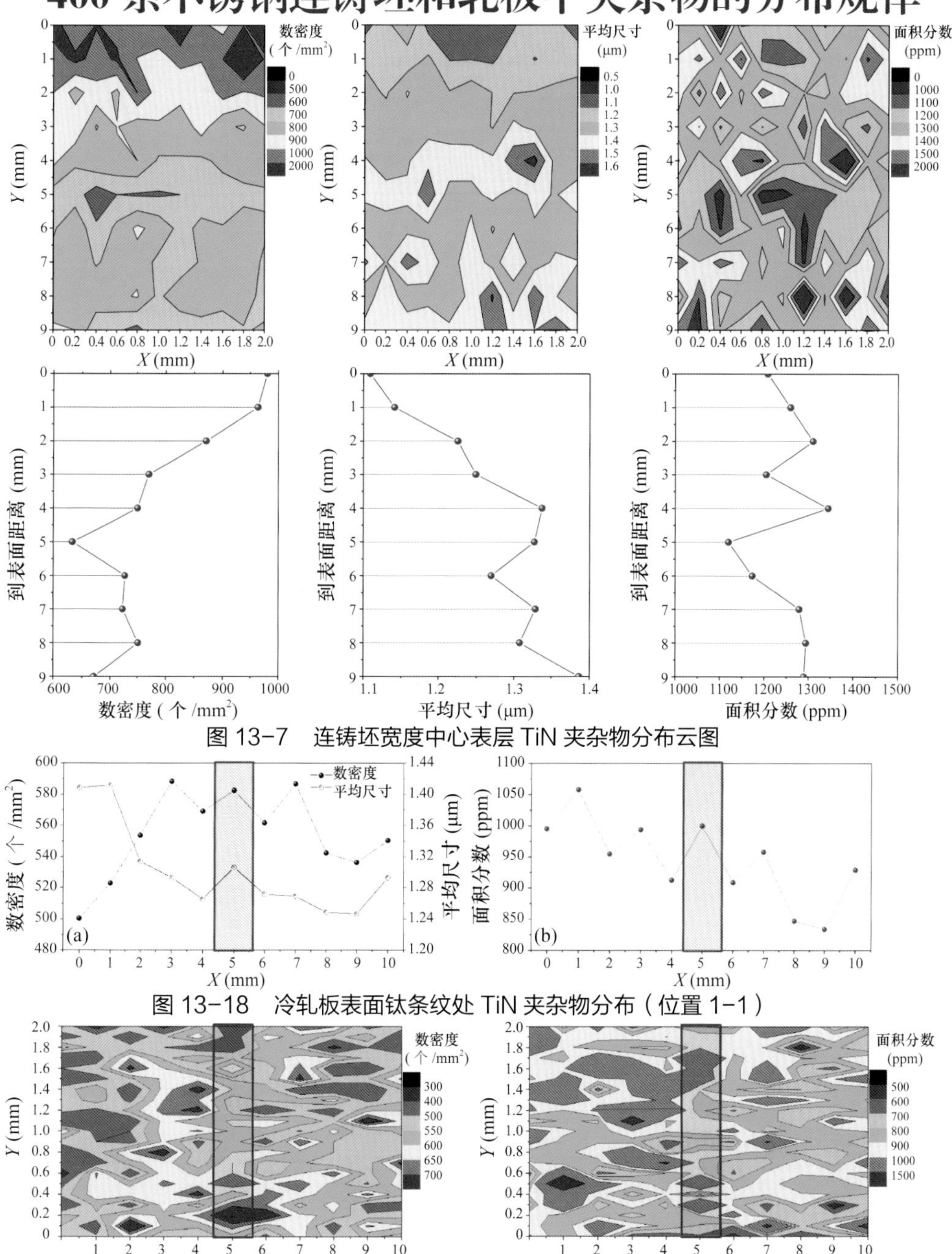

图 13-7　连铸坯宽度中心表层 TiN 夹杂物分布云图

图 13-18　冷轧板表面钛条纹处 TiN 夹杂物分布（位置 1-1）

图 13-22　冷轧板表面钛条纹处 TiN 夹杂物分布云图（位置 1-1）

TiN 夹杂物在连铸坯中沿厚度方向由表面到中心，TiN 夹杂物的数量均是呈逐渐递减的趋势，尺寸均为逐渐增加的趋势，面积为不规则分布，TiN 夹杂物的数量也是呈逐渐递减的趋势，尺寸也为逐渐增加的趋势，面积为不规则分布。其原因为从连铸坯的表面到中心，冷却速率减小，连铸坯的凝固减慢，将抑制 TiN 夹杂物的形核而促进 TiN 夹杂物的生长。在连铸坯宽度方向边部，TiN 夹杂物数量、尺寸和面积均为不规则分布，这与连铸坯窄面处的复杂的冷却条件相关。

在钛条纹缺陷处 TiN 夹杂物的数量将会富集，而尺寸分布和面积分布没有明显的规律性。由此认为，冷轧板表面出现钛条纹缺陷的主要原因为大量的 TiN 夹杂物在冷轧板表面数量的不均匀分布。

化学成分对 400 系不锈钢中 TiN 夹杂物的影响

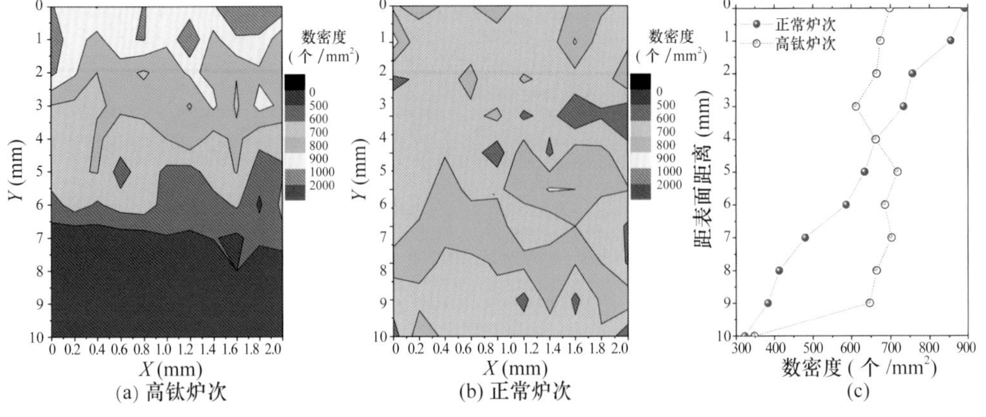

图 15-6　高钛炉次与正常炉次中 TiN 夹杂物数量分布对比

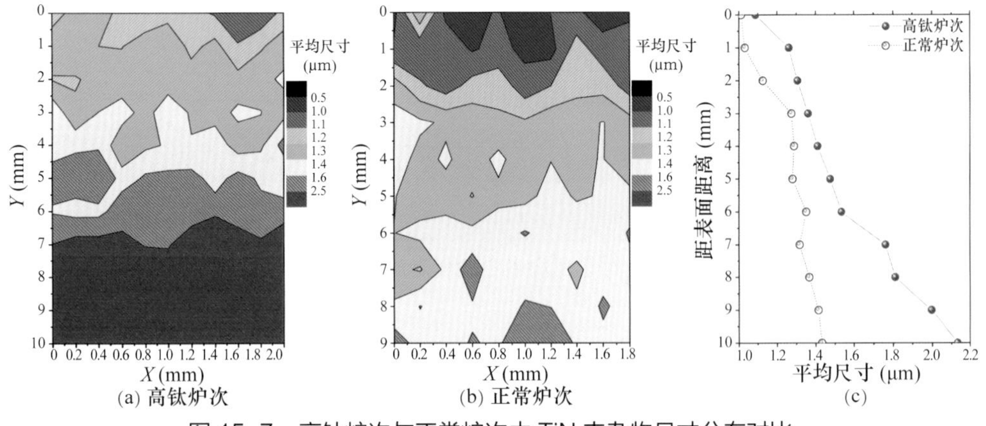

图 15-7　高钛炉次与正常炉次中 TiN 夹杂物尺寸分布对比

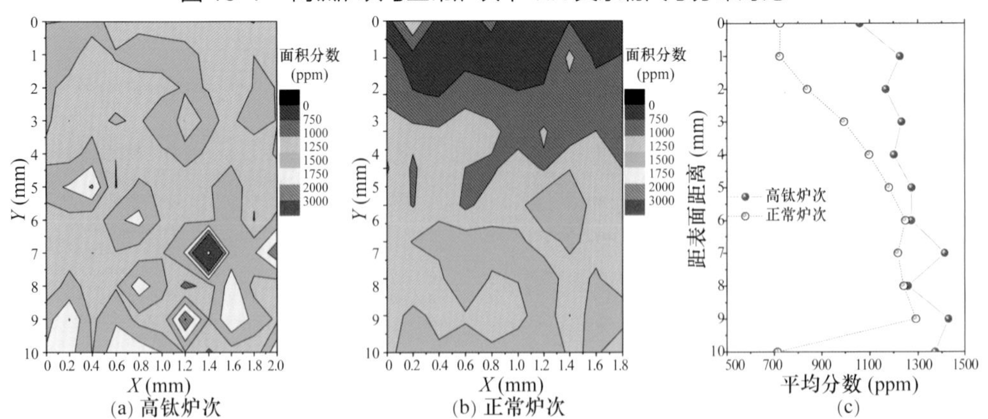

图 15-8　高钛炉次与正常炉次中 TiN 夹杂物面积分布对比

400 系不锈钢中 TiN 夹杂物的生成直接受到钢液成分的影响，钢液中的钛和氮元素会直接影响钢中 TiN 夹杂物的析出条件。通过钛、氮含量调整试验发现，钛、氮含量越高，连铸坯内 TiN 夹杂物的数密度、平均尺寸和面积分数均越大。因此需要严格控制钛、氮含量，避免产生过高的 Ti-N 积，从而控制连铸坯内，特别是连铸坯表层少生成 TiN 夹杂物。